NANOMATERIALS

纳米材料前沿

编委会

“十三五”国家重点出版物出版规划项目

纳米材料前沿 >

Nanostructured Electrocatalysts

电催化纳米材料

孙世刚 主编

化学工业出版社
·北 京·

本书依据作者研究团队以及国内外电催化纳米材料的最新研究进展，系统介绍了铂基和非铂基氧还原催化剂纳米材料、碳基非贵金属氧还原催化剂纳米材料、质子交换膜氢氧燃料电池阳极催化剂纳米材料、直接醇类燃料电池阳极电催化纳米材料、锂－空气电池碳基催化剂纳米材料、锂－空气电池正极催化剂纳米材料、环境污染物电催化处理纳米材料、光电解水电催化纳米材料、生物燃料电池电催化纳米材料、微生物制备纳米材料的电子传递机制及其应用、有机分子合成电催化纳米材料、CO_2还原电催化纳米材料、水电催化纳米材料。

本书可供从事电化学、电催化、催化化学、表面科学、材料科学等领域的研究人员及高等院校相关专业学生参考使用。

图书在版编目（CIP）数据

电催化纳米材料/孙世刚主编. —北京：化学工业出版社，2017.12
（纳米材料前沿）
ISBN 978-7-122-30579-4

Ⅰ.①电… Ⅱ.①孙… Ⅲ.①电催化–纳米材料–研究 Ⅳ.①O643.3②TB383

中国版本图书馆CIP数据核字（2017）第220990号

责任编辑：韩霄翠　仇志刚
责任校对：王素芹
装帧设计：尹琳琳

出版发行：化学工业出版社
（北京市东城区青年湖南街13号　邮政编码100011）
印　　装：北京瑞禾彩色印刷有限公司
710mm×1000mm　1/16　印张37　字数635千字
2018年6月北京第1版第1次印刷

购书咨询：010-64518888
（传真：010-64519686）
售后服务：010-64518899
网　　址：http://www.cip.com.cn
凡购买本书，如有缺损质量问题，本社销售中心负责调换。

定　　价：198.00元

NANOMATERIALS

电催化纳米材料

编写人员名单

（按姓氏汉语拼音排序）

陈　驰　厦门大学
何　平　南京大学
胡吉明　浙江大学
贾法龙　华中师范大学
姜艳霞　厦门大学
廖世军　华南理工大学
陆嘉星　华东师范大学
申　燕　华中科技大学
孙世刚　厦门大学
王　欢　华东师范大学
王鸣魁　华中科技大学
王宇成　厦门大学
吴雪娥　厦门大学
魏子栋　重庆大学
伍廉奎　浙江大学
杨　辉　中国科学院上海高等研究院
杨晓冬　厦门大学
张新波　中国科学院长春应用化学研究所
赵　峰　中国科学院城市环境研究所
周豪慎　南京大学
周明华　南开大学
周小春　中国科学院苏州纳米技术与纳米仿生研究所
周志有　厦门大学
朱俊杰　南京大学

总序
SERIES PREFACE

纳米材料是国家战略前沿重要研究领域。《中华人民共和国国民经济和社会发展第十三个五年规划纲要》中明确要求："推动战略前沿领域创新突破，加快突破新一代信息通信、新能源、新材料、航空航天、生物医药、智能制造等领域核心技术"。发展纳米材料对上述领域具有重要推动作用。从"十五"期间开始，我国纳米材料研究呈现出快速发展的势头，尤其是近年来，我国对纳米材料的研究一直保持高速发展，应用研究屡见报道，基础研究成果精彩纷呈，其中若干成果处于国际领先水平。例如，作为基础研究成果的重要标志之一，我国自2013年开始，在纳米科技研究领域发表的SCI论文数量超过美国，跃居世界第一。

在此背景下，我受化学工业出版社的邀请，组织纳米材料研究领域的有关专家编写了"纳米材料前沿"丛书。编写此丛书的目的是为了及时总结纳米材料领域的最新研究工作，反映国内外学术界尤其是我国从事纳米材料研究的科学家们近年来有关纳米材料的最新研究进展，展示和传播重要研究成果，促进学术交流，推动基础研究和应用基础研究，为引导广大科技工作者开展纳米材料的创新性工作，起到一定的借鉴和参考作用。

类似有关纳米材料研究的丛书其他出版社也有出版发行，本丛书与其他丛书的不同之处是，选题尽量集中系统，内容偏重近年来有影响、有特色的新颖研究成果，聚焦在纳米材料研究的前沿和热点，同时关注纳米新材料的产业战略需求。丛书共计十二分册，每一分册均较全面、系统地介绍了相关纳米材料的研究现状和学科前沿，纳米材料制备的方法学，材料形貌、结构和性质的调控技术，常用研究特定纳米材料的结构和性质的手段与典型研究结果，以及结构和性质的优化策略等，并介绍了相关纳米材料在信息、生物医药、环境、能源等领域的前期探索性应用研究。

丛书的编写，得到化学及材料研究领域的多位著名学者的大力支持和积极响应，陈小明、成会明、刘云圻、孙世刚、张洪杰、顾忠泽、王训、杨卫民、张立群、唐智勇、王春儒、王树等专家欣然应允分别担任分册组织人员，各位作者不懈努力、齐心协力，才使丛书得以问世。因此，丛书的出版是各分册作者辛勤劳动的结果，是大家智慧的结晶。另外，丛书的出版得益于化学工业出版社的支持，得益于国家出版基金对丛书出版的资助，在此一并致以谢意。

众所周知，纳米材料研究范围所涉甚广，精彩研究成果层出不穷。愿本丛书的出版，对纳米材料研究领域能够起到锦上添花的作用，并期待推进战略性新兴产业的发展。

万立骏

识于北京中关村

2017年7月18日

前言
FOREWORD

随着能源短缺和环境污染等问题日益突出，发展化石能源清洁、高效利用技术，开发太阳能、风能等可再生能源，以及实现新物质绿色合成等成为当前社会发展的重大需求和科学技术的前沿。电化学能源转换不受热机卡诺循环的限制，清洁高效；电化学物质转化以电子为氧化剂或还原剂、绿色环保；电化学能量储存一方面为移动电器和电动车提供电源，另一方面则为间歇性、可再生能源的大规模开发利用提供有力的支撑。电催化是电化学能源转换、能量储存和物质转化的核心科学和技术，在解决当今能源和环境问题中扮演着关键的角色。同时，电催化还在太阳能、生物质能等的综合利用，氢能源，纳米材料和功能材料制备，液体燃料合成和转化，电解、水处理和有机电化学等工业，以及生物传感等领域中发挥着重要的作用。

电催化的关键是电催化剂。在电催化体系中，可以在温和条件下（常温、常压）调变界面电场，控制化学反应朝着希望的方向进行。高性能的电催化剂通过改变反应途径降低反应的活化能，具有高催化活性、高选择性和耐久性。电催化涉及反应分子与电催化剂表面的相互作用，电荷转移，反应分子吸附、解离、转化等关键步骤都发生在电极表面。因此，电催化剂的性能主要取决于表面结构，即化学结构（组成）、几何结构（原子排列结构）、电子结构和纳米结构。近年来纳米科技迅速发展，促进了电催化纳米材料的研究和应用，原始创新和应用成果不断涌现。从纳米尺度和纳米结构设计高性能电催化剂，发展纳米材料形貌和结构控制合成方法，并应用于各种实际电催化体系，不仅丰富了电催化剂的内涵，而且拓展了电催化的基础理论和应用。

本书邀请活跃于电催化研究第一线的中青年科学家撰写，内容涵盖燃料电池电催化纳米材料、锂-空气电池电催化纳米材料、环境和光电转换电催化纳米材料、生物电催化纳米材料以及绿色合成电催化纳米材料五个方面。全书一共13章，分别由重庆大学魏子栋（第1章　铂基和非铂基氧还原催化剂纳米材料），厦门大学周志有等（第2章　碳基非贵金属氧还原催化剂纳米材料），中国科学院上海高等研究院杨辉等（第3章　质子交换膜氢氧燃料电池阳极催化剂纳米材料），华南理工大学廖世军（第4章　直接醇类燃料电池阳极电催化纳米材料），中国科学院长春应用化学研究所张新波（第5章　锂-空气电池碳基催化剂纳米材料），南京大学周豪慎等（第6章　锂-空气电池正极催化剂纳米材料），南开大学周明华（第7章　环境污染物电催化处理纳米材料），华中科技大学王鸣魁等（第8章　光电解水电催化纳米材料），南京大学朱俊杰（第9章　生物燃料电池电催化纳米材料），中国科学院城市环境研究所赵峰等（第10章　微生物制备纳米材料的电子传递机制及其应用），华东师范大学陆嘉星等（第11章　有机分子合成电催化纳米材料），华中师范大学贾法龙（第12章　CO_2还原电催化纳米材料）和浙江大学胡吉明等（第13章　水电催化纳米材料）撰写。

本书的内容包含各章作者长期在电催化领域各个方面的科学研究中取得的重要成果，代表了我国近年来在电催化纳米材料科学和技术研究中的最新进展。在本书各章的撰写中，作者们既注重基础知识和研究方法的介绍，又紧紧围绕学科发展的前沿方向。因此，本书既适合电化学、电催化、催化化学、表面科学、材料科学等研究方向的研究生，也适合从事电催化及相关领域科学研究和技术开发的科技工作者参考，同时也可作为物理化学教学和相关工作人员的参考书。

本书得以顺利出版，离不开“纳米材料前沿”丛书编委会主任万立骏院士在选题、内容布局和全书风格诸方面给予的指导性建议及其严格把关，离不开全体作者的辛勤劳动，在此一并致以衷心的感谢。

孙世刚

中国科学院院士

厦门大学化学系教授

2017年5月于厦大芙蓉园

目录 CONTENTS

Chapter 1

第1章
铂基和非铂基氧还原催化剂纳米材料
001

魏子栋
（重庆大学化学化工学院）

Chapter 2

第2章
碳基非贵金属氧还原催化剂纳米材料
065

杨晓冬，周志有，陈驰，王宇成，孙世刚
（厦门大学能源材料化学协同创新中心，厦门大学固体表面物理化学国家重点实验室，厦门大学化学化工学院）

Chapter 3

第3章 质子交换膜氢氧燃料电池阳极催化剂纳米材料

周小春，杨辉
（中国科学院苏州纳米技术与纳米仿生研究所，中国科学院上海高等研究院）

Chapter 4

第4章 直接醇类燃料电池阳极电催化纳米材料

廖世军
（华南理工大学化学与化工学院）

Chapter 5

第5章 锂-空气电池碳基催化剂纳米材料

张新波
（中国科学院长春应用化学研究所）

Chapter 7

第7章 环境污染物电催化处理纳米材料

周明华
（南开大学环境科学与工程学院）

Chapter 8

第8章 光电解水电催化纳米材料

申燕，王鸣魁
（武汉光电国家研究中心，华中科技大学光学与电子信息学院）

Chapter 9

第9章 生物燃料电池电催化纳米材料

朱俊杰
（南京大学化学化工学院）

Chapter 10

第10章 微生物制备纳米材料的电子传递机制及其应用

361

赵峰，吴雪娥，姜艳霞
（中国科学院城市环境研究所，厦门大学化学化工学院）

Chapter 11

第11章 有机分子合成电催化纳米材料

385

王欢，陆嘉星
（华东师范大学化学与分子工程学院，上海市绿色化学与化工过程绿色化重点实验室）

Chapter 12

第12章

CO_2还原电催化纳米材料

贾法龙
（华中师范大学化学学院）

NANOMATERIALS

电催化纳米材料

Chapter 1

第1章
铂基和非铂基氧还原催化剂纳米材料

魏子栋
重庆大学化学化工学院

1.1
概述

能源是人类社会存在和发展的物质基础。当今社会，能源和环境问题已经成为困扰人类社会进步和发展的重大课题。自从英国工业革命以来，以煤炭、石油和天然气等化石燃料为一次能源的供能系统极大地促进了世界各国的经济发展。与此同时，大量使用化石燃料带来了严重的后果：资源枯竭、环境污染、生态资源破坏等。自20世纪70年代发生能源危机以来，人类一直在探寻一种新的、清洁、安全可靠的可持续能源系统，世界各国对新能源与可再生能源日益重视，促进了新能源与可再生资源利用技术和装置的研发。在能源和环保并重的时代，高容量能量转化装置，例如燃料电池、金属-空气电池等被认为可以满足当今电动车辆需求和实现可再生能源的应用[1,2]。氧还原反应（oxygen reduction reaction，ORR）是这些先进电化学能源转换技术中的关键反应[3～5]。然而，由于ORR迟缓的动力学过程，人们控制氧气电催化还原的能力仍然受限，且依赖于高载量的Pt系贵金属催化剂，而Pt系贵金属资源稀少、价格高昂，成为制约这些先进电化学能源转换技术实际大规模商业化生产的关键因素。美国能源部（Department of Energy，DOE）2007年对燃料电池大规模生产预估成本的研究报告指出，燃料电池堆56%的成本来自于Pt系贵金属催化剂层[6,7]。为了降低甚至摆脱对贵金属Pt的依赖，开发低价且高活性、高利用率的氧还原催化剂变得尤为迫切。此外，氧还原反应的反应物来源通常为空气，而空气中含有的杂质气体（CO和SO_2等）会与Pt发生强吸附作用，占据活性位使Pt中毒；氢气或甲醇做燃料的阳极，面临着中间产物（如CO）使Pt催化剂失效、失活的问题；且在阴极的高电位下铂催化剂及载体碳很容易被氧化造成铂催化剂流失和载体碳氧化，严重影响电池的性能和寿命，所以提高ORR催化剂的稳定性也是亟待解决的问题之一。

为了解决上述问题，目前许多研究致力于开发高效低铂（low-Pt）或非铂（Pt-free）催化剂。在过去的几十年由于材料科学和纳米技术的飞速发展，合理设计和合成高效低铂或非铂催化剂已取得显著进展[8～11]。通过调控催化剂纳米尺度的物理和化学性质，结合先进原位表征技术，研究者们提出了一些纳米ORR催化剂的新颖的构筑方法和深刻的催化机制。本章基于当前氧还原催化的机理，总结和讨论了低铂或非铂催化剂的设计和合成，分析了他们的氧还原性能以及面临的挑战。

1.2 氧还原催化机理

对氧气电催化还原过程动力学的模拟，主要是了解其电催化机理，寻找各基元步骤的过渡态和活化能，确定速率控制步骤，从而了解不同催化剂的催化活性，达到改善催化活性，设计新型电催化剂的目的。

氧气还原过程首先是氧气接近电极表面，然后在上面发生吸附分解，包括氧气的扩散与氧气的化学吸附分解，实际上氧分子与溶液中的水分子总是争先占据电极表面的活性部位。氧气的电催化还原反应是多电子还原反应，包括一系列的基元步骤和不同的中间物种。氧气催化还原历程基本上包括以下几种可能的途径（如图1.1所示）[12]：

① 直接4电子还原反应途径，生成H_2O（酸性介质）或OH^-（碱性介质）；

② 生成过氧化氢中间物种的2电子途径；

③ 2电子和4电子还原的连续反应途径；

④ 包含前面三个步骤的平行反应途径；

⑤ 交互式途径，包括了物种从连续反应途径扩散到直接反应途径等。

基于上述机理，许多理论研究主要致力于模拟不同催化剂的ORR机理，寻找反应速率控制步骤，主要包括电子转移、质子转移、键的形成和断裂以及可能的中间物种等。对过渡金属催化剂，在活性较低的金属如Au和Hg上一般发生2电子还原路径。对活性较高的金属如Pt，通常发生4电子还原，但其反应路径和机理还不是很清楚。

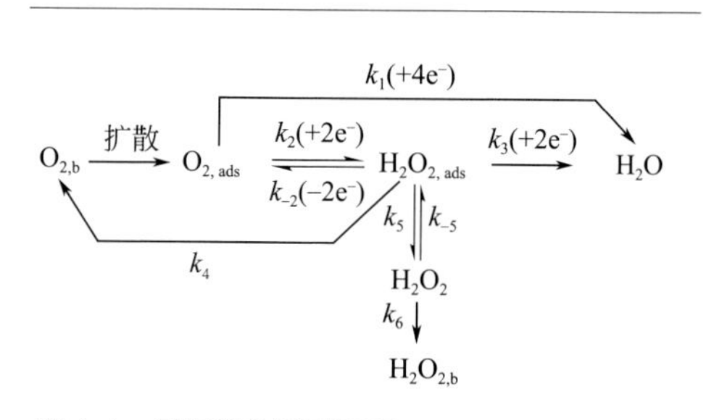

图1.1 氧气催化还原历程

根据氧还原机理的模拟，目前

研究主要分为两大类：① 关注与电子、质子转移和键的断裂和形成相关的反应过程；② 关注物种吸附强度与催化活性的关系。

（1）第一步电子转移反应

目前对氧还原机理的理论研究主要存在两种模型：一种为非电化学反应模型；另一种为电化学反应模型。

非电化学反应模型考虑了ORR机理中的非电化学反应，比如质子的转移、键的断裂和形成，而没有涉及电子转移过程[13]。该模型主要包括的反应为：

$$O_{2,ads} \longrightarrow O_{ads}+O_{ads} \tag{1.1}$$

$$O_2H_{ads} \longrightarrow O_{ads}+OH_{ads} \tag{1.2}$$

$$H_2O_{ads} \longrightarrow H_{ads}+OH_{ads} \tag{1.3}$$

$$OH_{ads}+OH_{ads} \longrightarrow O_{ads}+H_2O_{ads} \tag{1.4}$$

$$OH_{ads}+O_{ads} \longrightarrow O_{ads}+OH_{ads} \tag{1.5}$$

对上述非电化学反应模型的理论计算发现，Pt催化剂上反应（1.2）、反应（1.4）和反应（1.5）对整个氧还原机理的影响最大，即O—O键的解离和质子的转移影响着Pt催化氧还原的反应速率。

非电化学反应模型在量子化学的计算中较容易实施，但并不完全符合氧还原过程。因为氧气的电化学反应中最重要的包括电子转移过程、电极电势对氧还原反应的影响不容忽略，因此后面发展了电化学反应模型。该模型除了考虑上述非电化学反应机理外，还考虑了电子的转移过程。要有效模拟氧还原机理中电子的转移过程，必须考虑电极电势对反应过程的影响。目前模拟电极电势的方法主要有三种：① 反应中心场模型（reaction center models）；② 双辅助模型（double reference models）；③ 热力学方法（thermodynamic method）。

Anderson研究小组对氧还原电催化还原机理进行了一系列的研究。对外氛氧还原机理提出了4个单电子步骤进行计算，利用反应中心场模型计算了一定电极电势范围内4个单电子步骤的反应活化能。单电子反应步骤如下：

$$O_2(g)+H^+(aq)+e^-(U) \longrightarrow HO_2(aq) \tag{1.6}$$

$$HO_2(aq)+H^+(aq)+e^-(U) \longrightarrow H_2O(aq) \tag{1.7}$$

$$H_2O_2(aq)+H^+(aq)+e^-(U) \longrightarrow HO(aq)+H_2O(aq) \tag{1.8}$$

$$HO(aq)+H^+(aq)+e^-(U) \longrightarrow H_2O(aq) \tag{1.9}$$

电极电势采用公式$U/\mathrm{V}=\varphi/\mathrm{eV}-\varphi_{\mathrm{H^+/H_2}}/\mathrm{eV}$进行转换，公式中$\varphi$和$\varphi_{\mathrm{H^+/H_2}}$分别代

表电极表面和标准氢电极的热力学功函。可以认为当电极的电离势IP与反应物的电子亲和势EA相等时，电子转移即可发生，此时φ=IP=EA。质子的模拟采用水合氢离子与两个水分子的模型。

根据上述定域反应中心场模型，对无催化的氧还原反应[14～16]，各步骤的活化能按反应（1.8）> 反应（1.6）> 反应（1.7）> 反应（1.9）的顺序递减。对上述反应逆反应的活化能，其按反应（1.9）> 反应（1.8）= 反应（1.7）> 反应（1.6）的顺序递减，得到在无催化时，反应（1.6）和反应（1.8）具有最高的活化能。当考虑Pt催化剂对氧还原机理的影响时，研究发现酸性环境中，Pt上O_2先解离的活化能远远大于质子和电子转移后形成的OOH解离活化能，说明O_2还原更易先形成OOH后再发生解离，且第一步电子转移和质子转移步骤是整个反应的速率控制步骤，电子转移同质子转移同时发生[17～21]。

周期性密度泛函理论中采用双辅助模型模拟电极电势的方法主要是由Filhol和Neurock提出并发展的[22]。Janik和Taylor等[23]采用双辅助模型研究了电极电势对氧还原反应机理的影响。研究发现吸附的分子氧的第一步还原步骤为氧还原的速率控制步骤。质子向氧气分子的转移过程发生在第一步电子转移之后。

Nørskov研究小组[24,25]则在热力学的基础上发展了一套在外电场下计算电化学反应机理的模型。他们以标准氢电极为辅助电极，采用密度泛函理论（density functional theory，DFT），以平板周期模型模拟计算了Pt上ORR各基元步骤在不同电极电势下的热力学吉布斯自由能变化值，并在一些假定的基础上将自由能变化值同反应活化能关联起来。他们同时计算比较了联合机理［O_2发生第一步电子和质子转移后形成OOH再解离，反应（1.10）、反应（1.11）和反应（1.12）］和解离机理［O—O先解离再发生电子转移，反应（1.13）和反应（1.14）］在平衡电势和零电势下的自由能变化。基本反应步骤为：

$$O_2 + * \longrightarrow O_2^* \tag{1.10}$$

$$O_2^* + (H^+ + e^-) \longrightarrow HO_2^* \tag{1.11}$$

$$HO_2^* + (H^+ + e^-) \longrightarrow H_2O + O^* \tag{1.12}$$

$$O^* + (H^+ + e^-) \longrightarrow HO^* \tag{1.13}$$

$$HO^* + (H^+ + e^-) \longrightarrow H_2O + * \tag{1.14}$$

计算结果说明：在高覆盖度时，联合机理占主要；低覆盖度时，则易遵循解离机理。联合机理中第一步电子和质子转移为速率控制步骤，解离机理的速率控制步骤则为氧气的解离。另外在真实过电势环境下，两种反应机理同时存在。该模型较好地分析了不同电极电势下氧气还原反应各基元步骤的吉布斯自由能变化值。尽管根据一些假设可以将自由能的变化值同活化能关联起来，但热力学数据与实际的机理动力学信息仍存在一定的差异。Shao 等[26]通过表面增强红外反射吸收光谱实验发现碱性介质（pH=11）中存在O_2^-，而酸性介质（pH=1）中则由于O_2^-寿命较短无法检测，说明吸附的O_2更易发生电子转移形成O_2^-，证明氧气还原反应中存在联合机理。该计算结果可以预测，低覆盖度时，氧气平行吸附在Pt表面，利于O—O键的断裂；高覆盖度时，平行吸附的氧气较少，主要发生电子和质子转移后OOH的断裂。

此外，Balbuena研究小组[27,28]却有不同的发现，他们采用从头计算法、裸露簇模型，模拟计算了氧气与水以及不同氧化物种的共吸附对氧还原机理的影响，发现Pt簇模型上（Pt_n，n=3、6和10）吸附的OOH存在两种形式：一种还原生成中间产物H_2O_2；另一种则直接解离成氧原子和羟基。因此他们认为Pt上氧还原反应主要发生的平行反应途径，包括直接还原和连续还原反应途径，其中直接还原途径为主要途径。另外他们还采用AIMD模拟了燃料电池工作温度350K下Pt(111)晶面上O_2的还原机理，也发现O_2还原机理由直接还原和连续还原途径组成，中间产物包括了H_2O_2、原子氧、OH以及OOH。

可以看出，各研究小组都在致力于研究不同催化剂上的氧气还原进行的途径。尽管不同研究小组的计算模型各不相同，但均发现氧还原过程中第一步电子转移为速率控制步骤。

（2）中间物种的吸附

在上述研究的基础上，Koper研究小组在对氧气还原ORR第一步电子转移进行深入研究时发现了与前面研究不同的结论。Koper等[29]采用分子动力学研究了无催化剂时内氛重组能和外氛溶剂化重组能对氧气还原第一步电子转移过程活化能的影响，发现外氛溶剂化活化能垒高达85kJ·mol^{-1}，内氛活化能垒仅10kJ·mol^{-1}，由此认为ORR第一步电子转移的活化能主要受到外氛溶剂化的影响。倘若该结论与之前研究中ORR第一步电子转移为速度控制步骤的结论同时成立的话，就会出现与实验事实不相符的情况，即相同溶剂不同催化剂上应该具有相同的氧气还原速率。仔细对照氧气电化学还原过程，可以看出，在氧气还原机理模拟计算的步骤中，忽略了物种的吸附和脱附步骤。只有当物种吸附到催化剂表面，反应才能开始进行；而只有当产物脱附离开催化剂表面，存在活性位时，反应才能持续进行。因此可以认为氧气还原的第一步电子转移反应不应该是唯一的速率控制步骤。该结论在后面的研究中得到了证实。

Stamenkovic等[30]在Pt和$Pt_3Ni(111)$合金对氧还原活性的研究中指出，$Pt_3Ni(111)$合金活性比Pt(111)高10倍，比目前商用Pt/C活性高90倍；且$Pt_3Ni(111)$高催化活性的关键因素是中间物种OH_{ads}在其表面的吸附较Pt更弱，OH_{ads}更易脱附，便于ORR后续反应的进行，从而使其催化活性得到提高。该小组[31]还通过理论计算证实了Pt、Pd对中间物种（O_{ads}、OH_{ads}）的吸附偏大，且Pd对中间物种（O_{ads}、OH_{ads}）的吸附较Pt更强，使中间物种难以脱附而阻碍氧气的进一步吸附和还原。

Shao研究小组[32]通过实验和理论结合的方法研究了不同催化剂的氧还原活性，研究发现，金属催化剂的氧还原催化活性与催化剂对氧还原中间物种的吸附强度呈“火山形”关系，如图1.2所示。从图中可以看出，只有当催化剂对中间物种的吸附强度在适宜的范围内，才有最优的催化活性，因此当催化剂对中间物种的吸附强度太弱时，可能会导致反应物较难吸附到催化剂表面，而使整体反应速率降低；当中间物种吸附太强时，中间物种较难脱附而占据表面活性位，阻碍ORR后续反应的持续进行。从图1.2可以看到Pt对中间物种的吸附太强，导致其活性并不在最优位置。

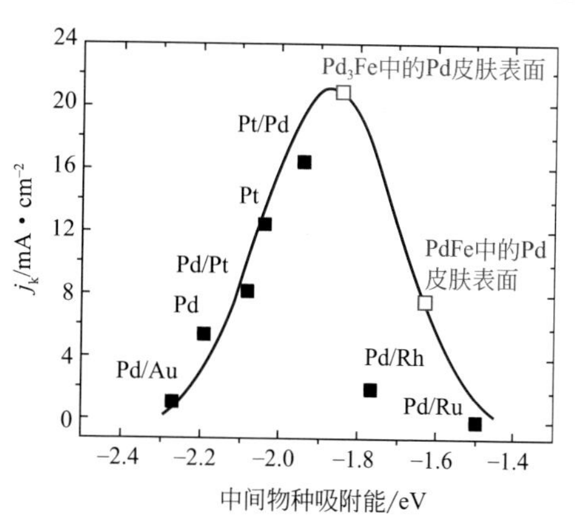

图1.2　金属催化剂的催化活性与中间物种吸附强度的关系图

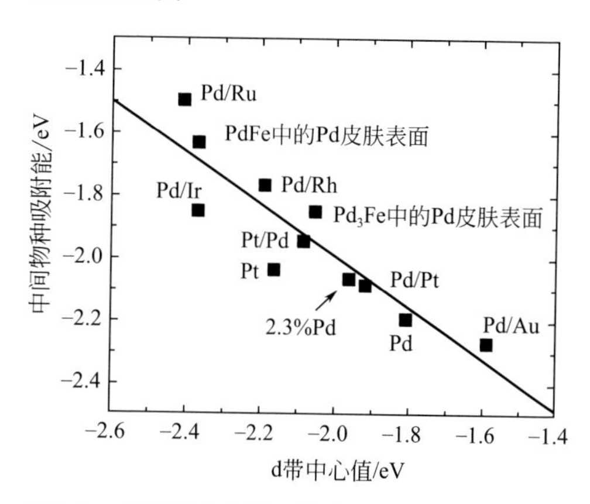

图1.3　金属催化剂的d带中心值与中间物种吸附强度的关系图

Nørskov小组通过微动力学计算发现，对于$4e^-$的氧气还原过程，ORR活性最优出现在氢氧物种结合能比Pt(111)低0.1eV左右处；而对于$2e^-$的氧气还原过程，ORR活性最优出现在氢氧物种结合能比Pt(111)低0.3eV左右处。根据Nørskov小组提出的d带中心理论（即金属催化剂对物种的吸附强度与金属表面原子d带中心值呈线性关系，如图1.3所示），

d带中心值越负，催化剂与物种的相互作用程度越弱，吸附强度越小，反之则越大。此时可将金属催化剂电子构型与催化活性联系起来，根据该关系，就可以通过调节金属催化剂的电子构型，获得具有更高氧还原活性的催化剂。

1.3 铂基催化剂

Pt系金属由于其出众的催化效果成为目前氧还原反应应用中最主要的催化剂，同时也正是由于Pt系金属出众的催化效果导致了本身降解失活，这也成为阻碍质子交换膜燃料电池（proton exchange membrane fuel cell，PEMFC）商业化应用的一个重要因素。此外由于Pt系金属资源稀缺，价格高昂，为提高利用率、降低用量，Pt以纳米级颗粒的形式高度分散在高比表面积的无定形碳上。这种高活性、低Pt担载量的Pt/C催化剂[33,34]，在PEMFC工作条件下的耐久性差，Pt的电化学活性表面积（ECSA）会逐渐减少，使起催化作用的Pt活性位逐渐减少。目前普遍认为，造成Pt/C催化剂ECSA减小的主要原因是：Pt纳米颗粒在碳载体上的迁移、团聚；Pt纳米粒子的溶解再沉积；Pt中毒；碳载体腐蚀并伴随着的Pt纳米颗粒脱落。催化剂ECSA的减小，还会因电位波动、温度和湿度的增加而加速。

（1）Pt在碳载体上的迁移、团聚

PEMFC在长时间的运行后，其性能大幅降低，催化层中的铂纳米颗粒粒径也随之长大。Pt纳米颗粒粒径随着电势循环次数以及温度的增加而增大，同时湿度过大也会导致Pt颗粒的长大。在Pt/C催化剂中[35]，一方面，Pt颗粒以纳米级的形式高度分散在碳载体上，因为表面能随着颗粒尺寸的减小而升高，因此Pt颗粒就具有很高的表面能，稳定性下降，在表面能最小化的驱动下，Pt颗粒趋向于形成较大粒径的颗粒；另一方面，金属铂的电子结构与载体电子的结构存在较大差异，它们之间只是依靠很弱的作用力黏附在一起。正是由于以上原因使得Pt纳米粒子容易在碳载体表面发生迁移合并、团聚长大。

（2）Pt纳米粒子的溶解再沉积

在PEMFC的长时间运行过程中Pt催化剂表面会发生氧化最终导致溶解，尤其在中间电位（0.6 ～ 1.2V）下表现十分明显[36]。这主要是因为在更高的电位下，铂颗粒表面会形成Pt氧化物起到保护膜的作用，抑制了铂的溶解；而在较低的电位下，铂颗粒是相对稳定的。高电位下溶解的Pt离子会在电位循环的过程中于较低电位下再次沉积到其他Pt纳米粒子上，从而会改变整个催化剂的形貌和结构，这就使得Pt纳米粒子长大，Pt催化剂的ECSA也相应减少，催化剂的活性也因此降低。此外一部分溶解的Pt离子还会随着水扩散到质子交换膜中，被从阳极渗透过来的H_2还原并沉积在交换膜中，甚至有些会取代膜中的H^+，导致交换膜的性能恶化，最终影响燃料电池的性能。

（3）Pt中毒

考虑到成本和来源等问题，PEMFC所采用的燃料通常不是纯氢气，而是经过重整等方式制备的富氢气体，通常重整气中含有少量的CO_2、CO、NH_3和H_2S等杂质[37,38]。同样，PEMFC所采用的氧化气也不是纯氧气，而是空气，由于空气污染，空气中通常会含有微量的SO_x、NO_x和烃类等杂质，它们会强烈吸附在铂催化剂表面，阻止氢气氧化和氧气还原反应的发生，使铂催化剂中毒。特别是CO、H_2S，会以强键合力吸附在Pt表面，覆盖Pt的活性点。当CO在燃料气体中的浓度大于0.001%时，就会导致电池性能明显下降；H_2S对电催化剂的毒化作用比CO更强，因H_2S中毒的电催化剂性能的恢复也比较困难。

此外，燃料气和氧化气中的这些杂质除了会稀释反应气体外，更重要的是这些杂质还可能吸附在碳载体上，改变载体的表面特性，从而影响载体的憎水性和PEMFC的传质性能。

（4）碳载体腐蚀并伴随着的Pt纳米颗粒脱落

ORR所用的Pt/C催化剂的载体主要为多孔碳载体，其比表面积大、导电性能优良且化学和电化学性能稳定，如介孔碳、碳纳米管、石墨烯等[39～41]。虽然还没有一个能被广泛接受的碳腐蚀机理，但是碳载体的腐蚀是毋庸置疑的。纳米Pt颗粒高度分散在碳上，一旦碳载体腐蚀必然会影响Pt催化层的催化效果，尤其是在燃料电池工作的高电位下，碳载体的腐蚀会造成铂颗粒与载体间的分离，使铂颗粒脱离三相界面无法获得电子而失去催化作用[39]；这种高比表面积的碳载体材料表面含有大量的缺陷和不饱和键，在PEMFC工作的情况下，电位在0.207V（vs. NHE）左右时，碳表面就会形成中间氧化物产物，这种氧化物在高电位（0.6～0.9V，vs. NHE）及有水的情况下，还会有新的表面缺陷生成，即高电位下碳载体的腐蚀还会改变碳的表面状态，增加了—COOH、—OH等含氧官能团，这些官能团会增加电极的亲水性和阻抗，增加气体传质阻力，降低电极的扩散传质性能[42～46]。与此同时这些表面缺陷位点在Pt催化、80℃左右及潮湿的运行工况下，很容易被氧化，并生成CO、HCOOH及CO_2。当电位低于0.55V（vs. NHE）时，CO和类CO产物会稳定地吸附在Pt催化剂的表面，引起Pt中毒[44～46]。这些CO要在更高的电位下才能被氧化成CO_2。CO、CO_2的形成均会减少碳载体的含量，严重时还会导致电极的坍塌，这类碳载体的腐蚀就会造成铂颗粒的塌陷并产生聚集，而聚集的铂颗粒更容易受到碳载体的遮蔽，导致铂催化剂的失活。

此外担载在碳载体上的Pt纳米粒子还会起到助催化的作用，加速碳载体的腐蚀。随着Pt载量和分散均匀度的增加，碳载体的损失也会越快。另外Pt纳米颗粒的粒径对碳的腐蚀也有一定程度的影响。即使温度低于50℃的情况下，担载有Pt颗粒的碳腐蚀速率明显比没有担载Pt的碳快。可以看出Pt对碳的腐蚀有一定的催化作用。

综上所述，为了降低对贵金属的依赖，开发低Pt担载量、高效Pt利用率的氧还原催化剂是目前推动燃料电池商业化亟须解决的问题。由于ORR是界面反应，对催化剂的表面性质尤为敏感，因而从根本上来说，提高Pt基氧还原催化剂催化性能需要合理调控Pt表面结构性质，如表面电子结构、原子排布、组成分布等。表面电子结构的改变会引起催化剂表面化学吸附特性的改变，特别是会使得Pt表面氧物种形成电位正移。研究表明，这种化学吸附行为的变化是获得更好氧还原活性的根源。通常，有四种途径可以调控Pt表面结构性质：① 晶面调控，即控制Pt纳米晶体的晶面以充分暴露对ORR最具活性的晶面；② 加入其他金属与Pt构成二元或多元金属体系，这是目前降低铂载量、提高铂活性的主要研究方向；③ 用金属簇、分子、离子、无机或有机化合物对Pt进行表面修饰；④ 合理选择其他非碳类载体，通过其与Pt纳米颗粒之间的相互作用增强Pt的ORR活性和稳定性。下面将按照以上分类对Pt基氧还原催化剂进行详细讨论。

1.3.1
晶面调控

合成具有可控晶面的纳米晶体可以显著调控纳米晶体的催化性能[47]。早期对于单晶Pt电极的研究已证实ORR活性对催化剂晶面具有很大的依赖性[48～54]。例如，在无吸附性的$HClO_4$电解液中，不同晶面的单晶Pt的ORR活性服从以下关系：Pt(110) > Pt(111) > Pt(100)[48]；而在H_2SO_4电解液中，Pt(100)的ORR活性比Pt(111)高[55～57]，这归结于硫酸根离子在Pt表面的吸附效应。关于硫酸根离子吸附效应的系统研究结果表明，在相同浓度的H_2SO_4溶液中，SO_4^{2-}在Pt(111)电极上的覆盖度是Pt(100)电极上的3倍；且在更宽的电位区间里SO_4^{2-}在Pt(111)上吸附更强。这种吸附性能的差异是由于不同晶面之间的性能差异引起的。之后的研究从单晶晶面转移到纳米尺度晶面，通过晶面调控合成纳米催化剂的策略，显著提高了Pt的ORR活性。El-Sayed等阐述了如何合成不同晶面包围的Pt纳米晶体，包括{111}晶面包围的纳米四面体，{100}晶面包围的纳米立方体，以及由{111}晶面和{100}晶面混合包围的“近球型”纳米颗粒[58]。Sun等报道了一种高温有机相合成单分散{100}晶面包围的纳米立方体的方法，并研究了它们在H_2SO_4电解液中的ORR性能[59]。电化学测试结果表明，在1.5mol·L^{-1} H_2SO_4溶液中，7nm左右的{100}晶面包围的Pt纳米立方体显示出比其他晶面包围的纳米晶体更好的ORR活性（如图1.4所示），且它的面积是商业化Pt/C催化剂的2倍。

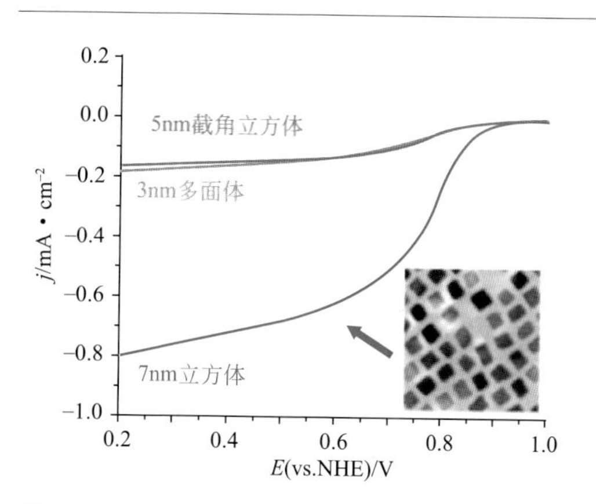

图1.4　不同晶面Pt催化剂在1.5mol·L^{-1} H_2SO_4溶液中的ORR活性

相对于低指数晶面，一些高指数晶面由于具有大量的原子阶梯位、边缘位和扭角位，可以表现出显著增强的催化活性[60,61]。近年来高指数晶面包围的纳米晶体的制备取得了很大的进展。例如，Sun课题组采用方波电位法制备了{730}、{210}和{520}包围的Pt二十四面纳米晶体[60]；Xia等采用简单的液相还原法制备了{510}、{720}和{830}包围的Pt凹面纳米立方体[62]，它们的ORR面积比活性优于商业化Pt/C催化剂。

虽然这些具有高指数晶面的Pt纳米晶体具有很高的催化活性，特别是面积比活性，但其催化机制仍未探究清楚。此外，由于这些生长完全的高指数晶面包围的纳米晶体颗粒尺寸通常很大，他们的质量比活性远低于商业化Pt/C催化剂。更重要的是，在实际燃料电池工作条件下，这些纳米晶体由于表面能太高，会逐渐失去原有形貌，最终成为球形，从而造成催化性能的衰减。

1.3.2
构建双金属或多金属体系

1.3.2.1
铂基合金催化剂

合金催化剂通常能表现出比单一组分更优越的性能。将过渡金属M与Pt合金化形成二元或多元合金电催化剂，是目前降低铂载量，提高铂活性的主要研究方向。目前铂合金体系如PtPd、PtAu、PtAg、PtCu、PtFe、PtNi、PtCo、PtW和PtCoMn等已被报道具有显著提高的ORR活性[63～77]。其活性大幅度提高的原因可能是合金中Pt电子结构得到优化，Pt-Pt间距缩短，有利于氧的双位解离吸附。

Stamenkovic等对一系列Pt与3d结构过渡金属M多晶合金（Pt_3M，M=Ni、Co、Fe和Ti）薄膜催化剂的研究发现，这些合金的ORR性能很大程度上依赖于3d过渡金属的种类，并总结了这些合金中Pt的电子结构（d带中心值）与ORR活性的“火山形”关系，如图1.5所示[15]。该“火山形”趋势表明优异的催化活性是由反应中间物种吸附速率及脱附速率两者的平衡决定的；且一个好的ORR催化剂吸附氧物种的能力应比纯Pt稍弱，其与氧物种的结合能应比纯Pt低0.2eV左右[31,78～82]。从这一点来看，Ni、Co、Fe是最好的合金组分选择[82]。

与此同时，Stamenkovic等制备了一系列成分均匀的具有可控粒径和可控组成的Pt_3M（M=Fe、Ni或Co）纳米催化剂，并研究了它们的氧还原性能[83]。其中Pt_3Co/C具有最好的ORR活性，其面积比活性达到3.2mA·cm^{-2}。此外，上述“火山形”趋势也体现在了这些纳米尺度催化剂上，如图1.6所示。

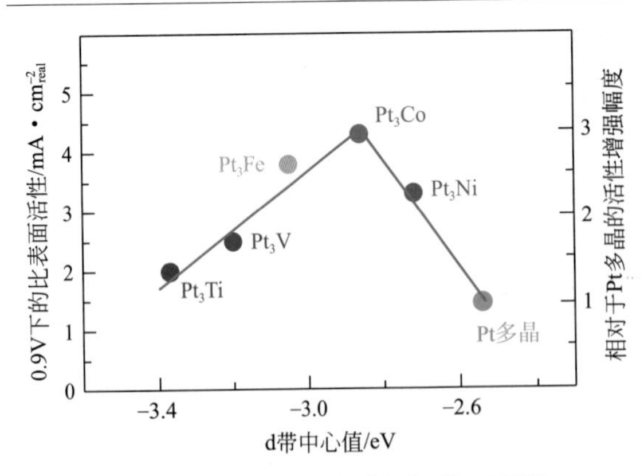

图1.5　ORR活性-d带中心值“火山形”关系图

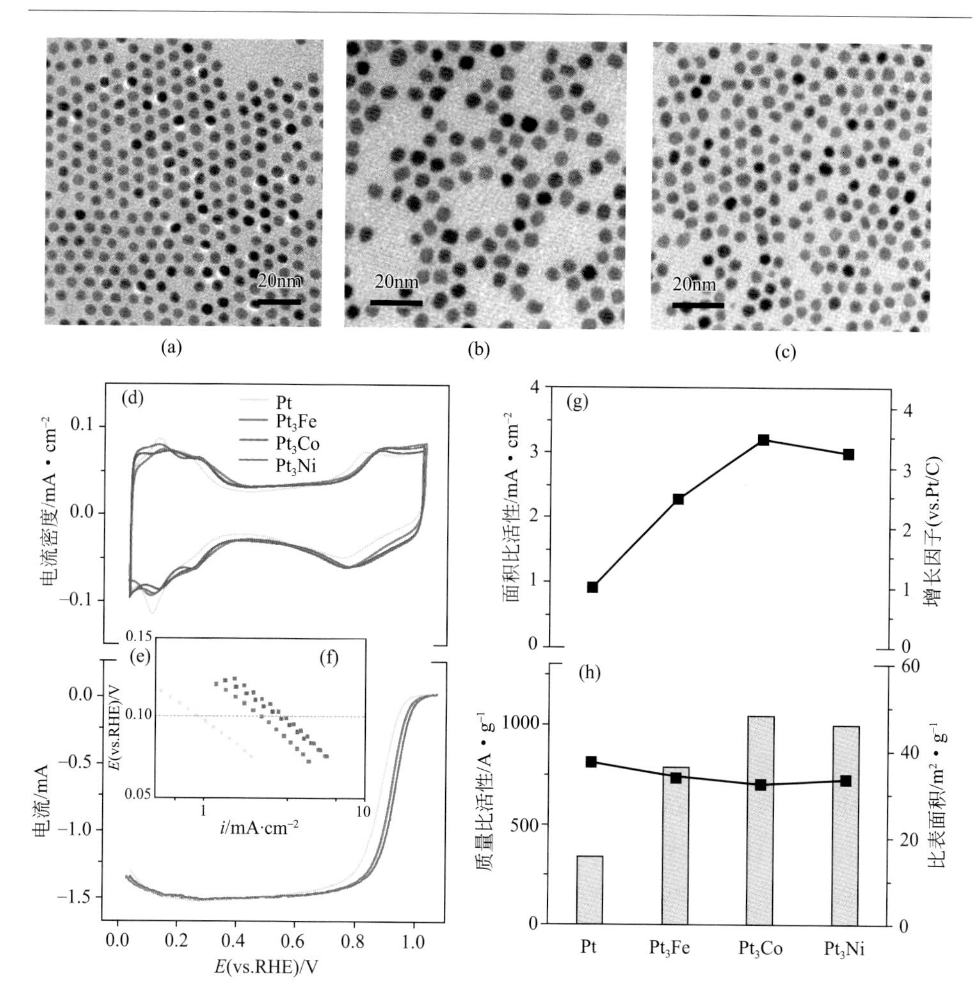

图1.6 （a）Pt_3Fe，（b）Pt_3Co，（c）Pt_3Ni的透射电子显微镜图；不同催化剂的（d）CV曲线，（e）LSV曲线，（f）Tafel曲线，（g）面积比活性和（h）质量比活性

此外，研究发现将具有3d结构的过渡金属M（如Ti、Fe、Cr、Ni、Mn、Co、Zr等）与Pt构成二元、三元合金催化剂可以提高Pt催化剂的稳定性[84～86]。这主要是因为合金中M对Pt具有“锚定效应”。将催化剂和其载体碳作为催化剂的整体加以考虑，通过对合金催化剂及其载体构成的原子簇运用从头计算法和密度泛函分析发现：簇模型Pt_3Fe/C总能量比Pt/C显著降低，Pt_3Fe/C中合金催化剂原子与载体碳之间的Mulliken集居数较Pt/C有显著增加。这表明，合金中铁原子的引入，可使铂原子更好地嵌入或锚定在碳表面，有效地控制金属催化剂在碳表面的聚集或从碳表面流失。

改变催化剂的合金组成不仅可以提高催化剂的稳定性，还可以提高催化剂对杂质毒化的耐受能力。已有大量研究工作提到耐CO毒化的二元或多元催化剂合金材料[87～92]，这些合金材料包括PtM、$PtWO_x$、PtRuM和PtRu-H_xWO_3等，其中M为Mo、Nb、Sn、Co、Ni、Ta、Cr、Ti、Fe、Mn、V、Pd、Os、Rh和Zr等过渡金属元素。这些添加的金属元素主要通过以下两种方式起作用：一是降低CO在铂表面强的吸附作用；二是能够增加氧化CO所需要的含氧物种。相关研究工作已有多篇综述进行总结，这里不再赘述。值得注意的是，到目前为止，大部分的研究工作都集中在耐CO毒化的催化剂，对合金催化剂材料耐其他杂质的研究还较少，相关研究工作值得进一步的开展。

近年来，纳米合金催化剂的可控制备取得了显著的进展。通常，合金纳米颗粒可通过分解金属碳基化合物或还原金属前驱体制备得到。然而大多数制备工艺只针对一种特定的合金体系，这并不利于未来大批量工业应用以及各种合金之间活性的比较。最近Sun等报道了一种简单通用的方法。在油胺的保护下300℃共还原乙酰丙酮金属前驱体，制得一系列单分散PtM（M = Fe、Co、Ni、Cu、Zn）纳米颗粒[93]。虽然合金化后催化剂的ORR活性能得到提升，不过在燃料电池工作条件下，一旦这些过渡金属发生腐蚀和溶解，重金属离子就会扩散进入质子交换膜。由于金属离子对质子交换膜中磺酸根基团的亲和力比对H^+更强，因此它们会取代磺酸根基团上的质子形成磺酸盐结构，产生“质子交换膜的阳离子效应”，致使膜的含水量和水分子的扩散系数下降，并且电迁移系数升高，致使膜电导率下降，电池性能衰减[94]。先进的电子显微和光谱研究已证实在去合金后会形成两种不同的微观结构：实心核壳结构（具有富铂壳层，将在1.3.2.2节中详细讨论）和疏松纳米多孔结构（亦被称为“海绵型”或“奶酪型”结构）[95～101]。后者形成的孔结构不仅可以提供高比表面积和低密度，也可以加快反应物种氧分子在反应过程中的传质速率。近期许多研究已证实在去合金过程中，颗粒尺寸必须大于一个临界值才能形成纳米孔结构[95,97]。例如，Snyder等认为$PtNi_3$纳米颗粒尺寸必须大于15nm才能形成完全的孔结构[97]；Oezaslan等证实$PtCu_3$和$PtCo_3$形成孔结构的临界尺寸值大约是30nm[95]。另外一方面，研究者也探究了孔结构形成对于ORR性能的影响。Strasser课题组发现当$PtNi_3$纳米颗粒尺寸大于10nm时，有氧条件下的酸处理导致Ni溶出形成孔结构，伴随着催化剂ORR催化性能的衰减；而无氧条件下的酸处理会形成实心核壳结构，这种结构能保持催化剂的活性和稳定性，如图1.7所示。因而他们认为控制$PtNi_3$纳米颗粒尺寸在10nm以下，避免孔结构生成，可以进一步提高纳米颗粒的稳定性[102]。

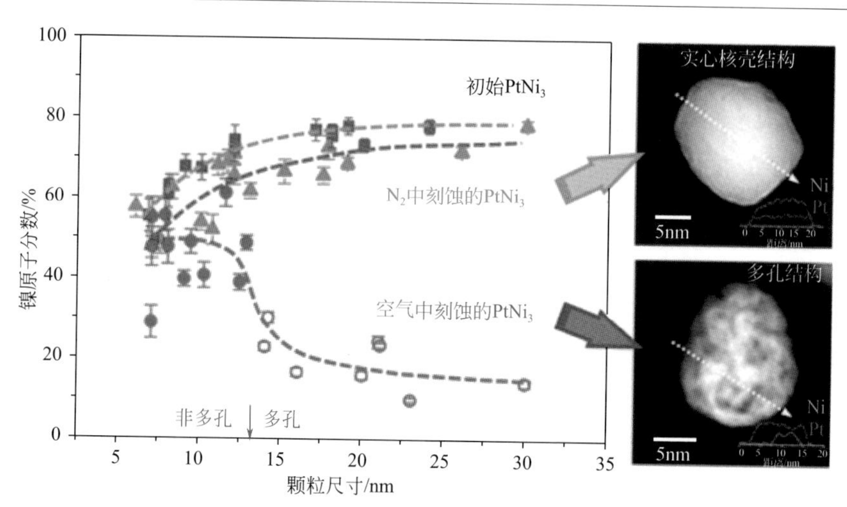

图1.7　初始$PtNi_3$、无氧条件下酸处理（N_2中刻蚀）的$PtNi_3$以及有氧条件下酸处理（空气中刻蚀）的$PtNi_3$催化剂的颗粒尺寸、组成和孔结构关系图

如前所述，调控纳米颗粒的晶面可以显著增强催化剂的活性。传统的纳米球颗粒表面有大量的低配位位点和未配位位点，这些位点与氧中间物种吸附很强，氧中间物种不易脱附，导致活性位点被占据，催化剂活性降低。Stamenkovic等[30]发现在$HClO_4$溶液体系中，直径约为6mm的$Pt_3Ni(111)$单晶，RDE测试其表面催化ORR的面积比活性比Pt(111)表面约高一个数量级，是Pt/C催化剂的90倍，而其他低指数面［$Pt_3Ni(100)$和$Pt_3Ni(110)$］面积比活性远不及$Pt_3Ni(111)$。这个发现给研究者带来极大的兴趣，如果能够制备暴露面全为{111}取向的纳米晶，那就有望将面积比活性提高两个数量级（对比最佳Pt/C催化剂比活性）。Carpenter等[103]以*N*,*N*-二甲基甲酰胺为溶剂，在水热条件下合成了PtNi八面体，通过控制反应时间，可以改变PtNi八面体的表面组成分布，如图1.8（b）所示。粒径为9.5nm的PtNi八面体，其面积比活性高达3.14mA·cm^{-2}，是商业化Pt/C催化剂的10倍。Zou等[104]以$W(CO)_6$为形貌调控剂，采用高温有机溶剂法，制备了（111）晶面包围的Pt_3Ni纳米八面体和（100）晶面包围的Pt_3Ni纳米四面体。其中Pt_3Ni纳米八面体的活性是Pt_3Ni纳米四面体的5倍，Pt_3Ni纳米八面体的面积比活性和质量比活性分别是Pt/C的7倍和4倍。

然而，这些已报道的纳米八面体的活性值远远低于在单晶上的研究值，这种差距形成的主要原因是在制备纳米多面体过程中使用的形貌控制剂会强吸附在产品表面，造成部分活性位点的覆盖。进一步在多面体中导入孔结构可以增加

反应时间/h	颗粒尺寸/nm	ECSA/$m^2 \cdot g^{-1}$	质量比活性/$A \cdot mg^{-1}$	面积比活性/$mA \cdot cm^{-2}$
16	9.0 ± 1.1	24.1	0.56 ± 0.065	2.35 ± 0.28
28	9.2 ± 0.9	36.7	1.02 ± 0.070	2.77 ± 0.20
42	9.5 ± 0.8	50.0	1.45 ± 0.120	3.14 ± 0.24

(b)

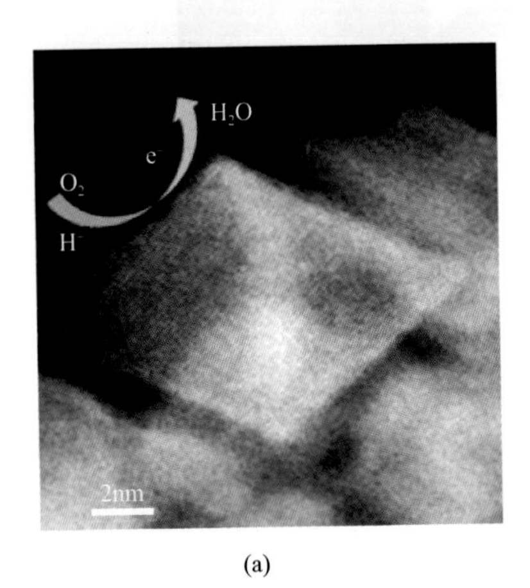

(a)

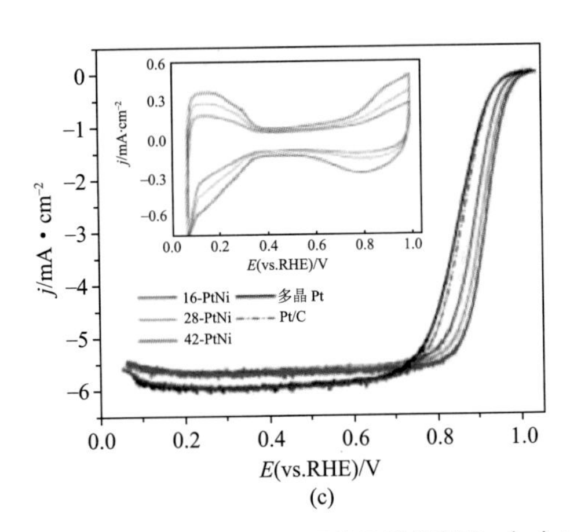

(c)

图1.8 （a）PtNi八面体透射电子显微镜图；（b）反应时间对PtNi八面体性能的影响；（c）PtNi八面体循环伏安图和氧还原极化曲线

活性位点的利用率。近期Yang和Stamenkovic等[105]在这方面又取得了巨大的进展，他们由多面体$PtNi_3$颗粒经过腐蚀得到Pt_3Ni纳米框架（Pt_3Ni nanoframes），最后将纳米框架碳载（图1.9）得到了一种面积比活性惊人的催化剂（Pt_3Ni/C nanoframes），该催化剂的ORR质量比活性以及ORR面积比活性分别是传统Pt/C催化剂的22倍以及16倍以上。如果Pt_3Ni纳米框架中掺入质子离子液体（nanoframes/IL），则其活性表现更惊人，ORR质量比活性以及ORR面积比活性分别是传统Pt/C催化剂的36倍以及22倍。Yang等还对Pt_3Ni/C纳米框架作了耐久性试验，发现于0.6～1.0V范围内循环10000圈后面积比活性几乎没有变化。根据RDE测试结果，其在0.9V的质量比活性（$5.7A \cdot mg^{-1}$）几乎比2017年DOE目标（$0.44A \cdot mg^{-1}$）高一个数量级以上，从而非常期待该催化剂能在MEA中也有如此惊人表现，实现燃料电池的超低铂目标［阴极Pt载量≤$0.1g \cdot kW^{-1}$（或≤$0.1mg \cdot cm^{-2}$）］。

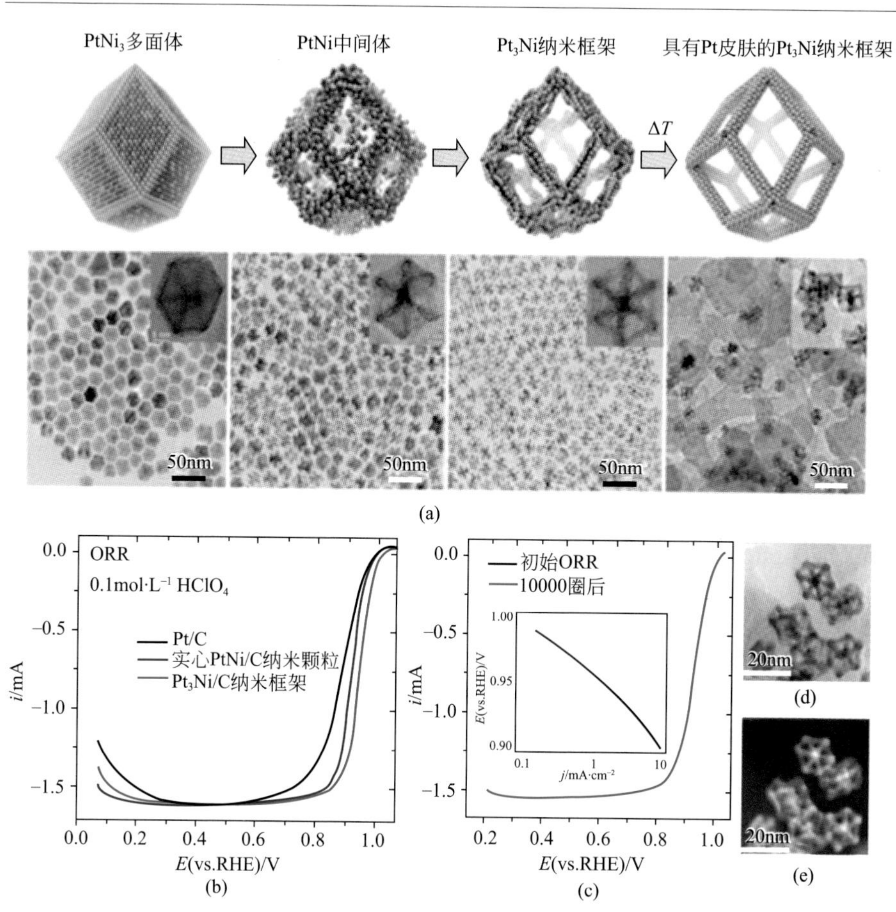

图1.9 （a）Pt_3Ni纳米框架合成示意图及相应的SEM图；（b）Pt_3Ni纳米框架ORR活性；（c）Pt_3Ni纳米框架稳定性测试前后活性；Pt_3Ni纳米框架稳定性测试（d）前、（e）后形貌比较

1.3.2.2
铂基核壳结构催化剂

如前所述，在酸性溶液条件下铂合金表面的贱金属溶出会导致铂合金纳米颗粒结构不稳定，ORR性能下降。近年来许多研究致力于构筑Pt基非贵金属核壳型催化剂，其外部的富铂壳层可以保护内部非贵金属核，有效缓解非贵金属的溶解，从而提高催化剂的稳定性；此外，由于ORR是界面反应，在实际反应过程中，只有催化剂表面的几层铂原子才真正起到催化作用，因而核壳型催化剂可以很大程度上降低铂载量、提高铂的利用率。目前制备Pt基核壳结构催化剂一般分为核粒

子或金属合金的制备和包覆层的形成，常见的制备方法有胶体法、电化学法和化学还原法等[106]。

胶体法即在聚电解质［聚乙烯吡咯烷酮（PVP）、聚乙烯醇（PVA）等］保护剂存在下制备种子胶体溶液，然后加入另一种金属化合物在种子表面还原生成壳。其中保护剂吸附在种子表面，通过静电或空间位阻的作用避免粒子间的直接接触，使胶体粒子能稳定地存在于溶液中，如图1.10所示。许多核壳纳米颗粒如Au@Pt、AuCu@Pt、Pd@Pt、Cu@Pt、Ni@Pt等都已通过胶体法制备得到[107～113]。此方法简单易操作，但难点是如何选择合适的保护剂使后续的Pt粒子包覆在基底层外面形成核壳结构，而不是单独成核。

电化学法包括欠电位沉积法（UPD）和去合金化法。欠电位沉积法和置换法相结合的方法是先通过欠电位使金属M沉积在基底层S上，然后沉积的金属层M被更加活泼的金属P置换，从而形成P/S结构，如图1.11所示。美国Brookhaven National Laboratory实验室的Radoslav Adzic博士通过欠电位沉积与后续置换过程制备得到$Pt_{ML}/Pd/C$和$Pt_{ML}/Pd_9Au_1/C$纳米催化剂[114]。

去合金化法是先制备PtM金属合金，然后通过化学法（酸处理）或电化学法溶解表面的M金属，从而形成具有粗糙表面，且表面铂原子为低配位或无配位的“Pt骨架”型核壳结构催化剂。Toda等首先发现这种结构[115,116]，且他们指出当表面Pt壳层足够薄时，这种结构的催化剂可以表现出可观的ORR活性[117,118]。

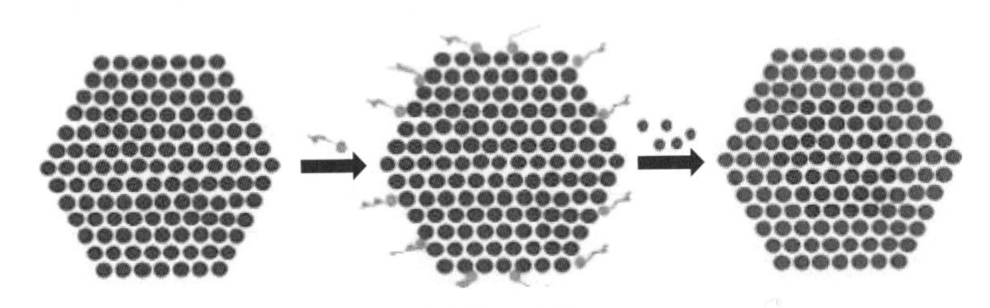

图1.10　胶体法制备核壳结构催化剂的示意图

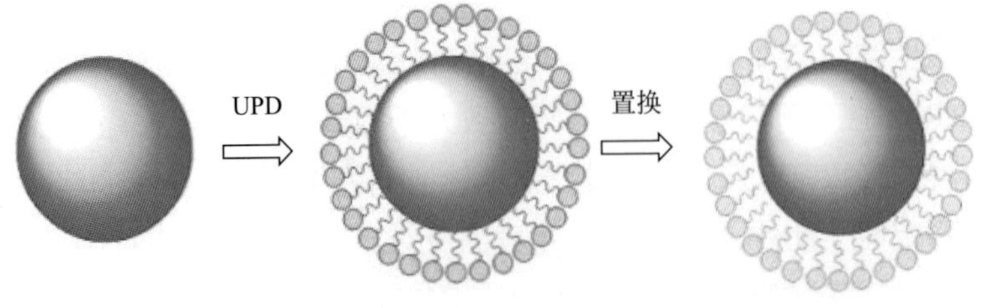

图1.11　欠电位沉积法和置换法相结合制备核壳结构催化剂的示意图

另一种形成Pt单层壳的方法是热处理PtM合金前驱体，这种方法可得到具有“Pt皮肤”结构的纳米颗粒。Stamenkovic以及Toda等指出热处理可以使催化剂近表面区域原子重排，减少表面低配位原子数，形成特殊的表面元素组成分布（第一和第三单层为富Pt层，第二单层为富M层）[82,115]。Chen等的早期研究表明“Pt皮肤”和“Pt骨架”结构可以在纳米尺度上进行调控[113]。“Pt皮肤”和“Pt骨架”结构的形成和相互转化如图1.12所示。

此外，利用活性气体参与反应也是一种特别构筑核壳型催化剂的方法（吸附物诱导偏析法，adsorbate-induced segregation）[119～121]。例如，对于Pt_3Co合金，经过在CO气氛中热处理后，可以形成表面富含Pt的纳米颗粒，这是由于CO与表面铂原子具有更高的吸附能[122]。Jang等也证实，对于Pt_3Au/C合金，若将其暴露于还原性CO气体中时，表面会富含Pt；若暴露于惰性Ar气体中时，Pt将会转移到核中，表面富含Au[123]，如图1.13所示。

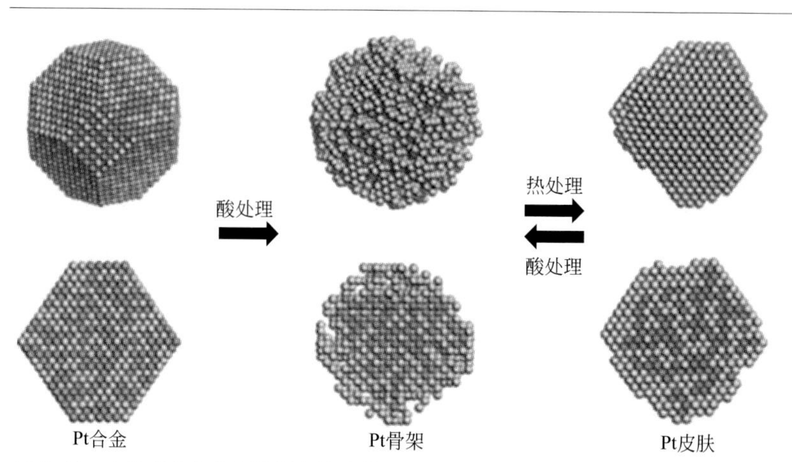

图1.12　电化学去合金化法制备核壳结构催化剂的示意图

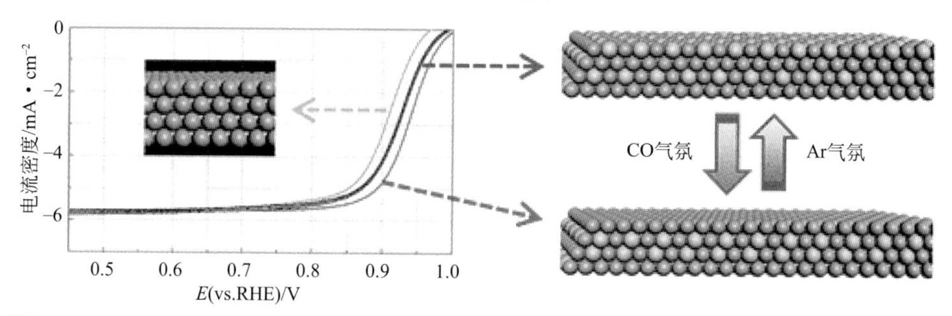

图1.13　Pt_3Au/C在不同气氛中表面组成的转换及相应ORR活性

红色曲线是CO气氛下处理的Pt_3Au/C的ORR曲线，蓝色曲线是氩气气氛下处理的Pt_3Au/C的ORR曲线，灰色曲线代表纯Pt/C催化剂的ORR曲线；蓝球表示铂原子，金球表示金原子

对于核壳型纳米颗粒，内部的“核”会改变外表层的“铂壳”电子结构和几何性质，从而调控表层原子的化学吸附性质，进而影响ORR活性。此外，核壳型纳米颗粒也具有优异的稳定性能。例如，由Adzic课题组制备得到的$Pt_{ML}/Pd_9Au_1/C$纳米催化剂在经过200000圈电位扫描后，其质量比活性只降低了30%，而商业化Pt/C在经过不到50000圈电位扫描后活性已完全丧失。他们认为$Pt_{ML}/Pd_9Au_1/C$催化剂稳定性高的原因是Pd_9Au_1/C核升高了Pt壳层的氧化电位[114]。

总的来说，Pt基核壳型催化剂可以提高铂利用率，降低铂担载量，提高ORR活性和稳定性，是一类具有很大商业应用前景的材料。如何进一步大批量生产具有可控组成、壳厚度和高分散的核壳型纳米催化剂是未来Pt基核壳型催化剂的主要研究方向。

1.3.2.3
多枝状或各向异性结构的催化剂

以上提及的Pt基催化剂均是零维纳米颗粒且通常担负在高比表面碳载体上。这些零维纳米颗粒具有高的表面能，因而容易发生迁移和团聚，从而降低催化剂的电化学活性表面积（ECSA）[124～127]。此外，碳载体的腐蚀以及伴随着的纳米颗粒脱落也是上述催化剂面临的严重问题[128～131]。这些弊端促使研究者们开发具有高比表面积且各向异性的自负载型催化剂，例如，纳米线、纳米管、多枝纳米花以及纳米树枝[132～140]。这些材料表面具有大量的高活性边缘、转角以及阶梯原子位点，因而可以充分利用其内在固有潜力。此外，此类催化剂的各向异性和高比表面积特征使得它们不易出现溶解、迁移和团聚，同时也避免了碳类载体的使用，从而消除了纳米颗粒团聚和碳腐蚀造成的催化剂活性降低的问题。例如，Yan等[134]通过置换银纳米线成功制备了Pt和PtPd纳米管。纳米管的一维特性（高纵横比）赋予了催化剂高比表面积且不团聚的优点。稳定性测试结果表明，Pt纳米管催化剂在1000次循环后仍然可以维持80%以上的表面积，而Pt/C催化剂的表面积则已降低到10%左右，充分说明Pt纳米管催化剂材料的良好稳定性。而且，研究发现这种Pt纳米管催化剂还有利于改善传质能力和催化剂的利用率，具有比Pt/C催化剂更强的催化活性。Pivovar等合成了直径为150～250nm，长度为100～200μm的PtNi纳米线[141]，其质量比活性为917mA·mg^{-1}，是商业化Pt/C催化剂的3倍。虽然此类催化剂能够获得较高的ORR活性，但由于失去了纳米颗粒的形貌，其在燃料电池系统的实际应用仍然受到限制。

1.3.3
表面修饰

除了上述晶面调控以及构建二元或多元金属体系的方法，在Pt纳米颗粒表面修饰金属团簇、分子、离子、有机或无机化合物也可以实现Pt电子结构的优化，从而提高ORR性能。最显著的研究成果来自Adzic等在《科学》杂志上发表的工作[142]。在这一工作中，首先通过欠电位沉积的方法在铂粒子的表面沉积Cu单层，然后通过置换反应（galvanic displacement）将纳米尺度的金簇沉积在铂表面，即利用铜原子与溶液中金离子在电位差上的关系产生置换作用，在铜原子溶解给出电子的同时，金离子接受电子，在Pt表面还原成金簇。这种经过金簇修饰的铂催化剂在电位循环条件下具有非常强的抗溶解能力。图1.14中的氧气还原极化曲线表明，经过30000次循环后金修饰的铂催化剂的氧气还原特性与初始状态相比并没有明显降低，但是未经修饰的铂催化剂的氧气还原电位却出现了明显

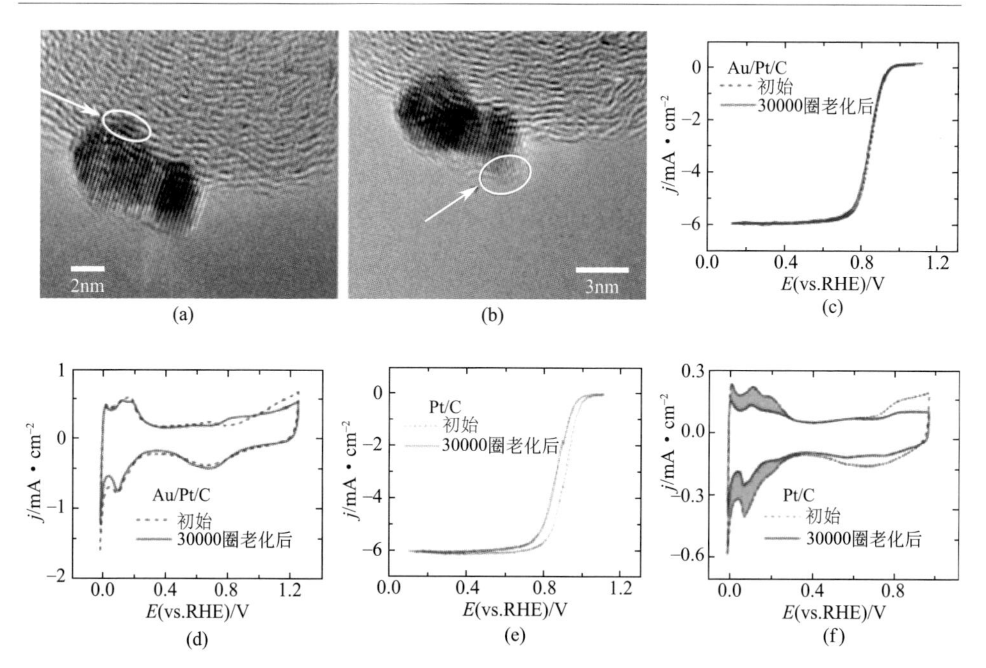

图1.14 （a），（b）金簇修饰的铂催化剂的透射电子显微镜图；金簇修饰的铂催化剂老化测试前后（c）LSV曲线和（d）CV曲线；未经金簇修饰的铂催化剂老化测试前后（e）LSV曲线和（f）CV曲线

的降低；从循环伏安曲线也可以看出，经过30000次循环后金修饰的铂催化剂的活性表面积与初始状态相比并没有明显的降低，而未经金修饰的铂催化剂的活性表面积却有非常明显的下降。作者认为这主要是因为金簇修饰的铂催化剂的起始氧化电位要比未修饰的铂催化剂高许多，而铂氧化物的形成和还原会明显增加铂的溶解速率，而催化剂起始氧化电位的提高无疑会降低铂氧化物的生成，有力地稳定了铂催化剂。

在传统观念中，“封端剂”会覆盖金属纳米颗粒表面的活性位点，使其整体催化活性降低。然而，基于某些非金属分子或化合物可以阻碍有毒物种吸附、影响金属亲/疏水性、电子特性的考量，金属表面的选择性功能化已成为设计电催化剂的新趋势[143～146]。例如，Markovic课题组证明了氰化物修饰的Pt{111}晶面在H_2SO_4/H_3PO_4电解液中的ORR活性是无修饰的Pt{111}晶面的10～25倍。这是由于表面的氰化物可以选择性阻碍硫酸根和磷酸根的吸附，从而提高Pt表面活性位点的利用率[145,146]。Mikio Miyake等采用两相液相还原法制备了辛胺/嵌二萘修饰的Pt纳米颗粒并将其担载在炭黑上，其活性和稳定性均优于商业化Pt/C催化剂。Jonah Erlebacher[147]等制备了疏水质子性离子液体包覆的多孔PtNi纳米颗粒。由于离子液体（IL）的高溶氧性以及孔道限域作用，氧与PtNi颗粒接触频率增加，从而使得催化反应动力学加快。

在Pt表面包覆碳层或硅层可以有效防止金属颗粒的溶解、迁移和团聚，从而提高催化剂的稳定性。例如，Takenaka等[148]用多孔硅包覆Pt/CNTs制备了SiO_2/Pt/CNTs催化剂（Pt含量为$0.0088mg \cdot cm^{-2}$），并将其与Pt/CNTs催化剂（Pt含量为$0.0143mg \cdot cm^{-2}$）比较，发现SiO_2/Pt/CNTs催化剂具有较高的稳定性。Wen等[149]以葡萄糖为碳源和还原剂，首先将Pt纳米粒子还原沉积到中孔硅（SBA-15）的孔隙中，然后使葡萄糖碳化，溶解SBA-15，得到了多孔碳封装的Pt@C/MC催化剂。在O_2饱和且含有$0.5mol \cdot L^{-1}$ CH_3OH和$0.5mol \cdot L^{-1}$ H_2SO_4的溶液中对Pt@C/MC催化剂CV测试，Pt@C/MC催化剂显示了较高的氧还原活性，说明Pt@C/MC催化剂具有很好的耐甲醇能力。此外，由于碳膜对Pt纳米粒子的保护，抑制了Pt的溶解、迁移，从而使该催化剂显示了较高的稳定性，在O_2饱和的含有$0.5mol \cdot L^{-1}$ CH_3OH和$0.5mol \cdot L^{-1}$ H_2SO_4的溶液中老化测试后，其对氧还原的峰电流仅降低了4%。与Takenaka方法相比，Wen采用导电能力强的MC作保护层，从而不会影响到电极的电子传输能力。

虽然上述方法可以显著提高Pt的稳定性，但势必会造成Pt活性表面积的损失，因而并不利于ORR活性的提高。Wei等[150]采用原位吸附化学氧化聚合的方式将导电聚苯胺PANI包覆在Pt/C催化剂上（如图1.15所示），利用PANI的化学稳定性，阻止碳载体直接暴露在燃料电池工作环境下，抑制了Pt纳米颗粒的团聚长大；利用聚苯胺优异的质子、电子传导性和氧气渗透能力，将聚苯胺覆盖在碳载体表面可以增加Pt纳米粒子暴露在燃料电池三相反应界面的概率，提高催化剂的利用率。如图1.16（a）和（b）所示，加速老化实验（0～1.2V，1500圈）后，Pt/C@PANI的ECSA损失约为30%，粒径由2nm变为6nm；而相同条件下Pt/C损失高达83%，粒径由4nm增大至28nm；此外单电池老化测试结果也表明了Pt/C@PANI比Pt/C具有更好的稳定性能［图1.16（c）和（d）］。XPS分析和DFT理论研究发现[151]，PANI与Pt/C之间的电子转移是造成其活性和稳定性提高的根源。PANI将电子转移给Pt/C后，自身部分氧化，空穴增加，导电性得以提升。同时，Pt/C得到电子后，Pt纳米颗粒的最高占据分子轨道（HOMO）能级升高，d带中心下降，利于与O_2的最低占据分子轨道（LUMO）能级间的电子转移；且氧物种在Pt纳米颗粒的吸附减弱，脱附变易，释放活性位点的速率加快，从而活性和稳定性提升［图1.16（e）］。有趣的是，将Pt/C@PANI进行高温处理后，其ORR性能得到进一步增强，这是由于Pt/C表面形成了具有活性的氮掺杂石墨化碳壳层（NGC）[152]。此外，在高温处理过程中，PANI的限域效应可以稳定Pt纳米颗粒，抑制Pt的烧结长大，从而避免了Pt活性表面积的损失，如图1.17所示。最终获得的催化剂Pt/C@NGC在0.9V下的面积比活性和质量比活性分别为$0.308mA \cdot cm^{-2}$和$163mA \cdot mg^{-1}$，是商业化Pt/C催化剂的2.5倍和1.7倍。选择性表面修饰金属纳米颗粒这一方法开辟了一条提高Pt基催化剂氧还原性能的新途径。

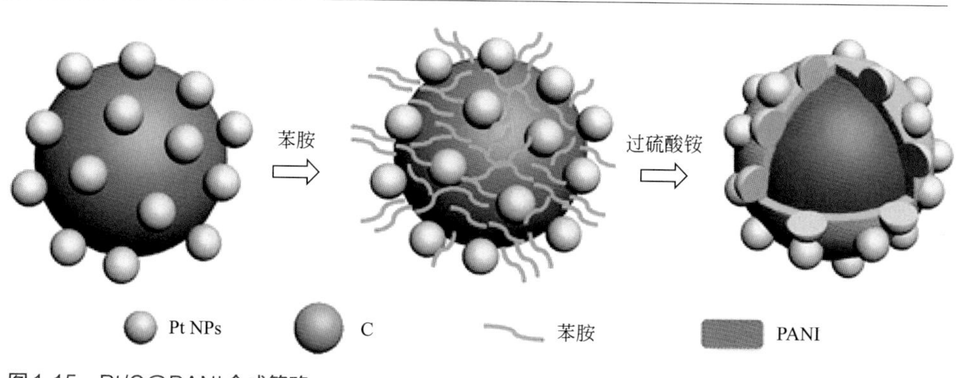

图1.15 Pt/C@PANI合成策略

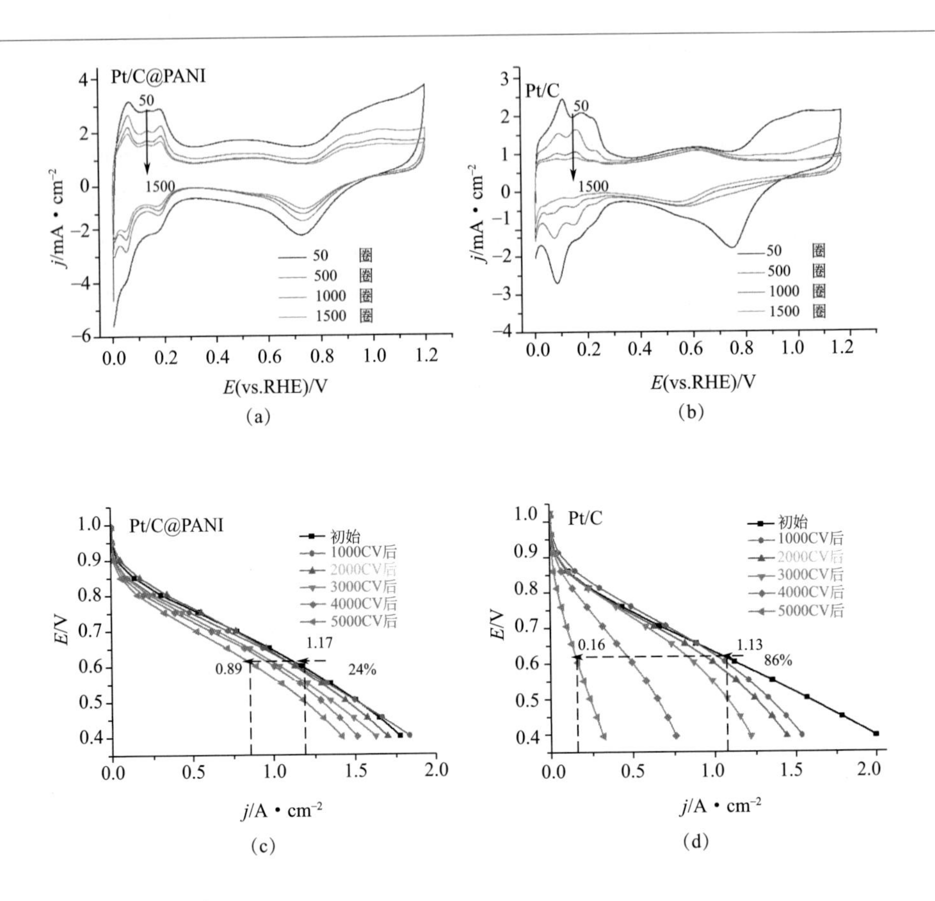

催化剂	$E_{Inter\text{-}PANI}$/eV	平均净电荷数	ε_d/eV	HOMO/eV	O_2 LUMO/eV
Pt_3/C	–5.86	–0.00	–2.245	–4.974	
Pt_3/C@PANI (3C)	–9.09	–0.17	–2.399	–4.708	
Pt_3/C@PANI (N2C-Ⅰ)	–8.52	–0.14	–2.388	–4.858	–4.567
Pt_3/C@PANI (N2C-Ⅱ)	–8.22	–0.08	–2.303	–4.962	
Pt_3/C	–6.44	–0.04	–2.009	–5.109	
Pt_3/C@PANI (3C)	–9.44	–0.11	–2.363	–4.604	

(e)

图1.16 （a）Pt/C@PANI和（b）Pt/C的CV老化测试前后ECSA变化；（c）Pt/C@PANI和（d）Pt/C单电池老化测试前后性能比较；（e）Pt/C@PANI的DFT计算结果

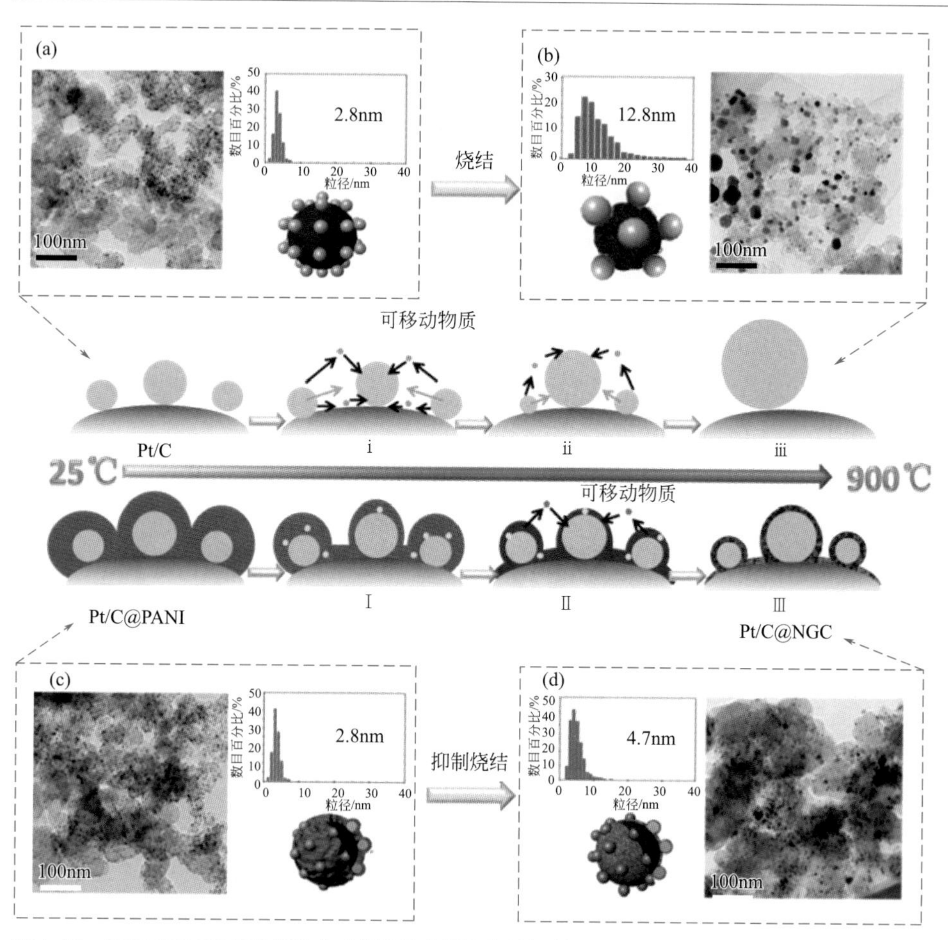

图1.17 Pt/C@NGC催化剂的合成策略及高温抗烧结机制

1.3.4 载体增强

将Pt基催化剂与表面修饰或改良过的载体（包括碳类和非碳类）结合，可协同增强Pt基催化剂活性。传统的碳载体表面含有大量的缺陷和不饱和键，在

PEMFC运行工况下，很容易被氧化，形成新的表面缺陷，从而导致其担载的贵金属催化剂的迁移团聚。研究人员将炭黑进行石墨化稳定处理，发现载体的石墨化程度越高，载体的稳定性也就越好。这主要是因为石墨化程度增大后，碳载体的缺陷位点就会大大减少，同时对Pt起锚定作用的π位点（碳的sp^2）也得以增强，从而增强了Pt-C之间的相互作用力[153～155]。进一步构筑具有新型纳米结构的高度石墨化碳，如碳纳米管（CNTs）、纳米碳纤维（CNFs）、石墨烯、有序介孔碳（OMC）、碳纳米卷（CNCs）和碳纳米角（SWNHs）等[156～161]，可有效增强ORR稳定性。最近，Mayrhofer和Schüth等报道了一种中空石墨化碳球（HGS）作为氧还原载体[162]，如图1.18所示。HGS具有超高的比表面积（>$1000m^2 \cdot g^{-1}$）和精确控制的孔结构，可负载高分散且粒径可控（3～4nm）的铂纳米颗粒（Pt@

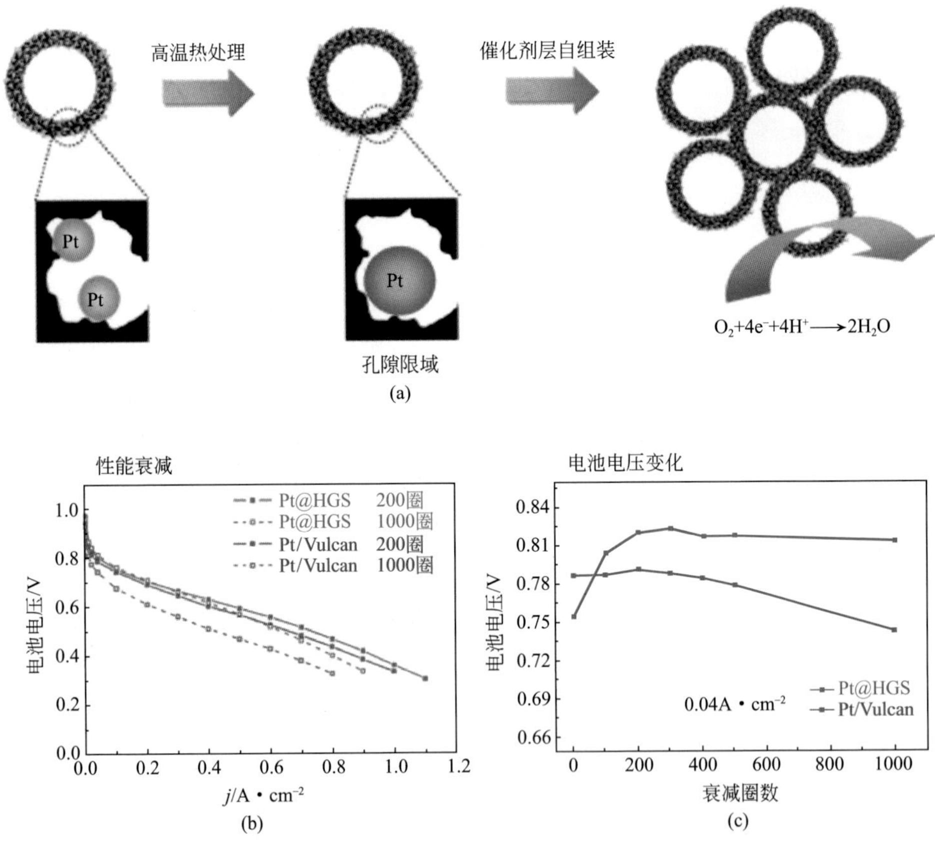

图1.18 （a）Pt@HGS合成策略；（b）Pt@HGS单电池性能测试；（c）Pt@HGS单电池老化测试结果

HGS）。在电池测试中经过1000圈启动-停止测试后，Pt@HGS的电池电压几乎未受影响，表明其杰出的稳定性。

然而对于大多数石墨化程度高的新型碳载体，其表面呈现化学惰性，没有足够数量的活性位点用以锚定Pt的前驱体或者Pt颗粒。采用传统方法（例如浸渍法）很难将金属催化剂成功分散在碳载体上，在Pt载量较高的情况下更为困难。为解决此问题，通过强酸氧化处理在石墨化碳载体的表面引入极性氧基团，可以提高前驱体的吸附。然而，引入的这些极性基团正是载体腐蚀破坏的起源，由此导致整个石墨化碳载体的腐蚀，催化剂稳定性降低。因此对碳载体的研究主要基于表面改性，在保留其优良导电性的同时，还可以有效提高碳载体的耐腐蚀性。Wei等[163]通过表面共价接枝手段在原始CNTs的惰性表面上引入稳定基团，成功制备了表面连接巯基（—SH）的新型巯基化碳纳米管。巯基与Pt之间的强相互作用有利于提高Pt的分散性，减少Pt的溶解、Ostwald熟化效应和Pt纳米颗粒的团聚。三种催化剂在Pt的氧化/还原电位区间（0.6～1.0V）表现出明显的区别，其中Pt/COOH-CNTs和Pt/初始-CNTs中Pt的氧化电位相似（0.75V左右），而Pt/SH-CNTs催化剂的Pt氧化起始电位出现了明显的正移现象，如图1.19（a）所示，说明在相同的条件下，Pt/SH-CNTs催化剂上的Pt相比较前两种催化剂更难以氧化，老化实验结果证明碳纳米管经巯基修饰后，ECSA损失较少，稳定性大大提高。对比三种催化剂Pt 4f7/2峰的电子结合能可以看出，Pt/SH-CNTs催化剂Pt 4f7/2峰的电子结合能明显高于Pt/COOH-CNTs和Pt/初始-CNTs，说明Pt与SH-CNTs载体之间存在强相互作用［图1.19（b）］。DFT计算结果进一步证实—SH基团提高了Pt簇和CNTs的抗氧化性能并抑制了Pt在CNTs上的迁移[164]。Wang等[165]将多壁碳纳米管与聚季铵盐-6［poly(diallyldimethylammoniumchloride)，PDDA］混合，制得PDDA修饰的碳纳米管PDDA-MWCNTs，用修饰后的碳纳米管负载铂纳米粒子得到催化剂Pt/PDDA-MWCNTs，结果表明，PDDA修饰的碳纳米管作为催化剂载体能提高铂纳米颗粒的分散性，相对于传统的酸氧化法，PDDA修饰碳纳米管没有破坏碳管表面的结构，并提高了碳纳米管官能团的覆盖密度。

此外，通过氮、硼等元素以及二氧化钛、二氧化硅、二氧化铈、三氧化钨、碳化钨等金属化合物[166～170]修饰碳载体，可有效改变碳的表面状态，提高催化剂的稳定性。Jin等[171]通过溶胶凝胶聚合及热解法成功将N掺入碳干凝胶中，在酸性介质中表现出良好的稳定性。Wang等[172]采用喷雾热解化学气相沉积方法成功制备了耐腐蚀的三维硼掺杂碳纳米棒（BCNRs）。担载Pt纳米颗粒后，BCNRs表

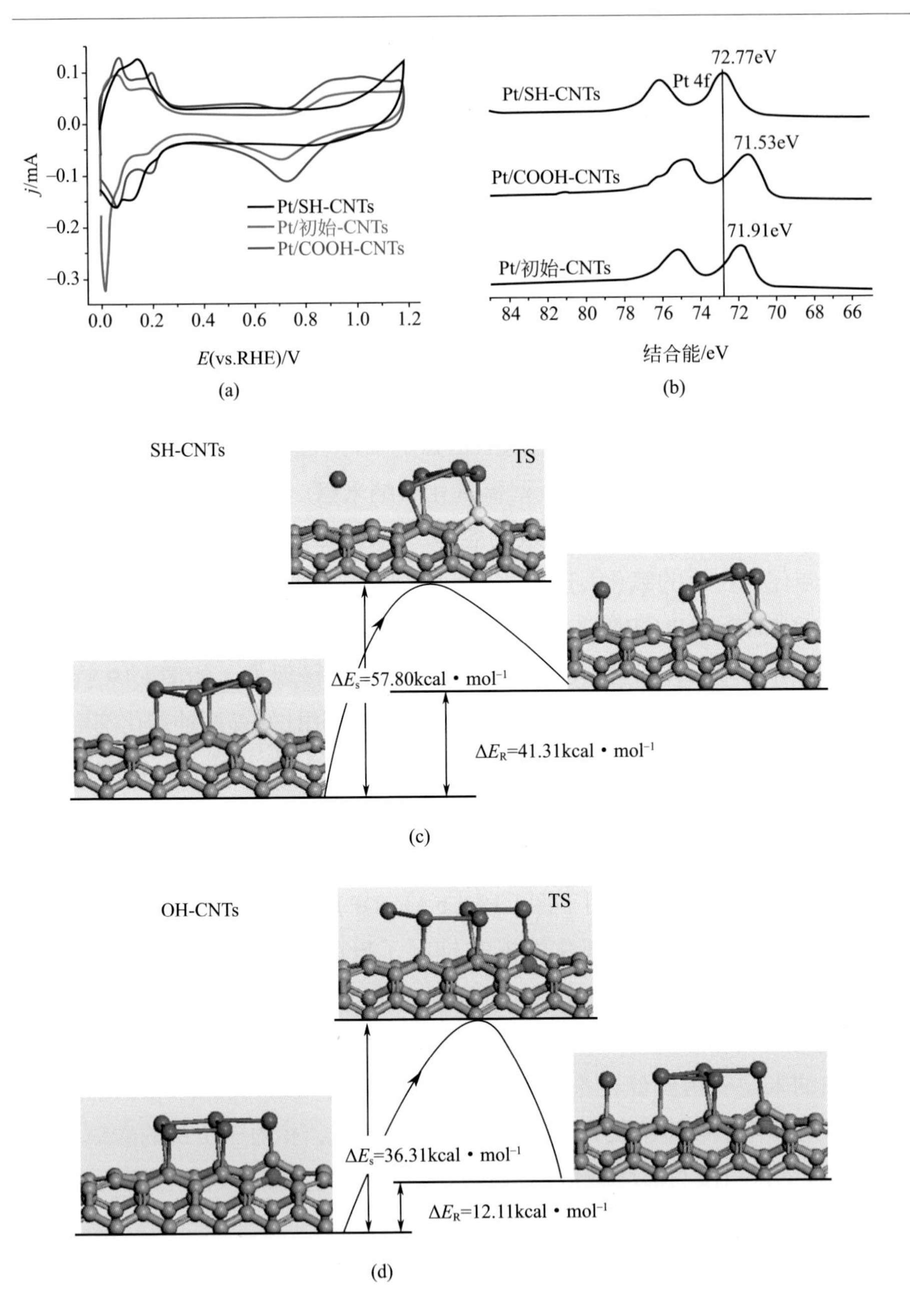

图1.19 不同催化剂的（a）CV曲线；（b）Pt 4f峰；（c）SH-CNTs和（d）OH-CNTs的反应能示意图

图中E_a和E_R分别代表Pt簇在载体上发生团聚时所需的活化能和相对反应能。可看出Pt簇在SH-CNT上团聚所需活化能（57.80kcal • mol^{-1}，1kcal=4.1868J）大于Pt簇在OH-CNT上团聚所需活化能（36.31kcal • mol^{-1}），表明相比于OH—，SH—的引入更能抑制Pt的团聚

面B与Pt形成了强化学键，极大地提高了Pt纳米颗粒的稳定性，Pt/BCNRs的稳定性为传统催化剂的3倍。Xia等[173]将TiO_2纳米薄片嫁接于CNT支柱上，以此分层结构作为载体应用于低温燃料电池。该分层结构充分发挥了CNTs的高导电率和TiO_2的耐腐蚀性，从而极大地提高了Pt/CNT@TiO_2催化剂在酸性和氧化环境的稳定性。

近年来非碳载体如WC、WO_x、TiO_2、TiC、ITO、RuO_2-SiO_2和TaB_2等[174～186]，因其高抗腐蚀性能也引起广泛关注。Huang等[187]研究表明，以软模板法合成的导电介孔TiO_2负载Pt催化剂的性能优于商业化Pt/C催化剂，燃料电池于1.2V（vs. RHE）恒电位条件下进行加速老化实验。腐蚀200h后，Pt/TiO_2催化剂极化曲线几乎未见衰减，而Pt/C催化剂50h过后电池电位已大幅下降。通过金属（例如铌、钨、钌等[188,189]）掺杂TiO_2可进一步提高TiO_2的电导率，加强催化剂金属与载体之间的强相互作用，提高催化剂的化学稳定性。许多研究已证实强铂纳米颗粒与此类载体间的金属-载体相互作用（SMSI）可显著提高铂的电化学催化活性，其原因是金属-载体相互作用可引起铂纳米颗粒的电子状态或费米能级上升或下降从而影响其活性和稳定性。例如，Hwang等[190]采用一步水热合成法制备了多孔钼（Mo）掺杂的TiO_2（$Ti_{0.7}Mo_{0.3}O_2$）作为Pt催化剂载体，研究发现，$Ti_{0.7}Mo_{0.3}O_2$与Pt之间的强相互作用（电子从$Ti_{0.7}Mo_{0.3}O_2$转移到Pt）使得Pt的d带中心偏移，改变了Pt表面的电子结构，提供了大量的表面Pt结合位点，从而提高了催化剂的稳定性，如图1.20所示。虽然许多非碳类材料在ORR电催化体系中表现出很大的应用前景，但仍有一些障碍横亘在其进一步发展的道路上，例如较小的比表面

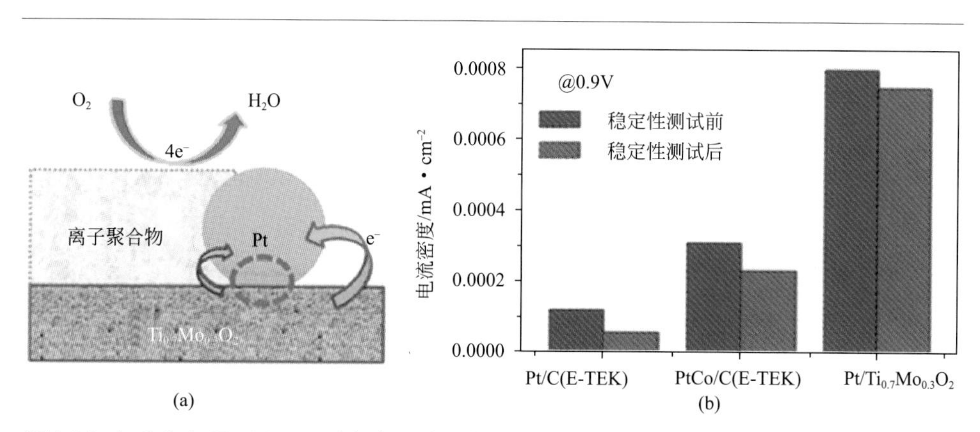

图1.20 （a）Pt与$Ti_{0.7}Mo_{0.3}O_2$之间相互电子作用示意图；（b）稳定性测试前后Pt-$Ti_{0.7}Mo_{0.3}O_2$和商业化催化剂在0.9V下的ORR电流密度比较

积和低的导电性。Wei等[191,192]通过氢氟酸或强碱处理Ti_3AlC_2，将其中Al刻蚀掉后得到改性后的TiAlC载体［图1.21（a）为强碱处理Ti_3AlC_2后负载Pt示意图］。这种材料不仅具有陶瓷材料耐腐蚀、抗氧化的优点，且其导电性也可与传统碳载体媲美［如图1.21(b)、(c）所示］，为寻找可替代碳的非碳类载体提供了新的路径。

到目前为止，能够实际应用的催化剂载体只有炭黑，因而开发稳定、抗腐蚀、能够批量生产的催化剂载体变得尤为迫切。通过结合碳载体与无机陶瓷材料，使载体性质（如抗腐蚀性、ORR催化活性、抗中毒性等）最优化是发展稳定化载体、新型催化剂的重要方向。

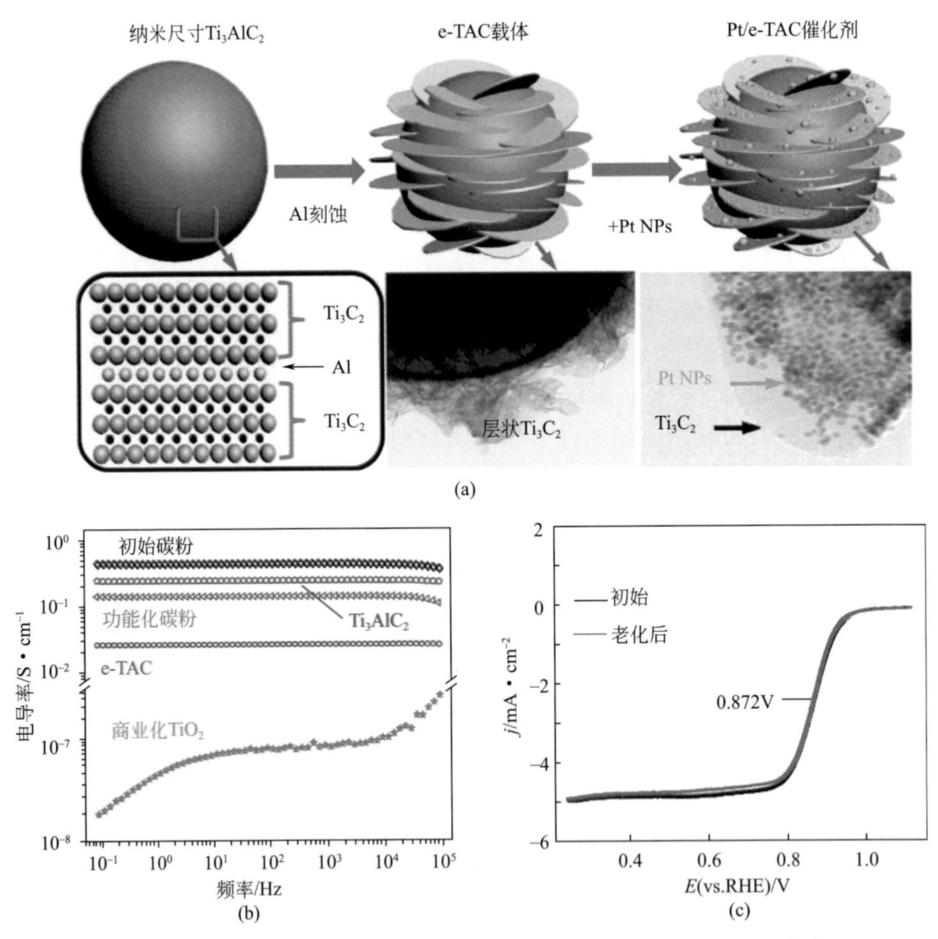

图1.21 （a）Ti_3AlC_2的碱处理示意图；（b）Ti_3AlC_2与碳载体的电化学阻抗比较；（c）$Pt/Ti_3C_2X_2$老化测试前后ORR活性比较

1.4
非铂基催化剂

1.4.1
Pd基催化剂

金属Pd具有储量丰富、价格便宜等优点，被视为铂的最理想替代金属[193～195]。然而，Pd基催化剂的催化活性还远不及铂类催化剂，无法满足商业化使用的要求。调节Pd基催化剂的表面电子结构可使其获得与Pt基催化剂相当的催化活性。通过与过渡金属如Fe、Ni、Au等形成Pd合金是一种调节Pd电子结构的有效方法[196,197]。合金种类以及合金程度显著影响Pd的电子结构，产生两种作用相异的效应，即晶格收缩效应和表面配位效应。其中，晶格收缩效应会降低Pd的d带中心，减弱氧的吸附，被认为是Pd活性提高的主要原因[196]。近年来，研究人员制备了多种活性组分的高分散钯基合金催化剂，在催化ORR中显示了可与铂基催化剂相媲美的效果。Radoslav R.Adzic等[198]制备了Pd_3Fe/C催化剂，该催化剂的氧还原半波电位比商业化Pt/C催化剂正约20mV。Ding等[199]以纳米多孔铜作为模板和还原剂合成了纳米管状PdCu合金。与商业化Pt/C和Pd/C催化剂相比，PdCu合金催化剂在酸性溶液中表现出更优异的ORR性能和抗甲醇性能。JoseÂ L.FernaÂndez等研究了Pd-Co-Au/C以及Pd-Ti/C作为阴极ORR催化剂在PEMFC中的表现[200]。在相同载量下，Pd-Co-Au/C以及Pd-Ti/C的初始性能表现可与商业化Pt/C催化剂相媲美；$200mA \cdot cm^{-2}$电流密度下持续12h后，Pd-Co-Au/C性能明显衰减，而Pd-Ti/C性能基本没有变化。Xu等[201]通过脱除PdTiAl合金中的Al制备了具有相互交联网状结构的纳米多孔PdTi合金。该催化剂不仅表现出比Pt/C更优异的氧还原和抗甲醇性能，而且在5000次循环伏安（CV）老化实验中表现出较Pt/C更优异的稳定性。DFT理论研究表明，Ti与Pd合金化使Pd的d带中心下降，从而削弱了Pd—O键能。

另外，Pd的电子结构会随暴露晶面的改变而改变。因此，调控Pd的纳米几何形态以暴露不同的晶面也是一种调节Pd金属电子结构的有效方法[193,202～204]。Kondo等研究表明氧还原催化反应在以下Pd单晶面上的活性递减，即，Pd（110）< Pd（111）< Pd（100）[205]；而Xiao等则认为Pd（110）晶面具有最优的氧还原催化活性[206]。近期，Shao等[202]研究了具有不同晶面的6nm钯颗粒Pd/C催化剂的活性，发现Pd催化氧还原反应的活性强烈依赖于Pd纳米颗粒所暴露的晶面。{100}晶面合围的Pd/C立方体活性比被{111}晶面合围的Pd/C八面体活性高一个数量级，与传统Pt/C催化氧还原活性相似，如图1.22所示。

利用载体和金属纳米颗粒之间的电子耦合效应也是优化金属纳米颗粒电子结构的一种手段。金属纳米颗粒在载体上可以暴露出多种复合位点，包括不同的晶面、边缘、棱角以及缺陷。这些复合位点会与载体产生较强的相互作用，从而对金属纳米颗粒的电子结构产生较大影响。Libuda研究发现，金属颗粒Pd开始氧化时，在Pd与载体Fe_3O_4的接触界面上形成了一层Pd氧化物，并在载体的作用下稳定存在[207]。该界面氧化物可以导致Pd电子状态或者是费米能级上升（或下降），改变Pd的电子结构。Wei课题组[208,209]采用具有单片层结构的剥离蒙脱土片（ex-MMT）负载纳米Pd金属颗粒，调节Pd催化剂的电子结构，以增强其稳定性和提高催化活性。蒙脱土的引入减少了因为碳载体的腐蚀而造成催化金属从载体脱落和流失的可能性，从而提高了催化剂的稳定性。此外，蒙脱土具有优异的质子传导能力，可加速质子在燃料电池催化层内部的传递，提高催化活性。电化学测试表明，Pd/ex-MMT具有与Pt/C相似的催化活性（如图1.23所示）。理论计算和实

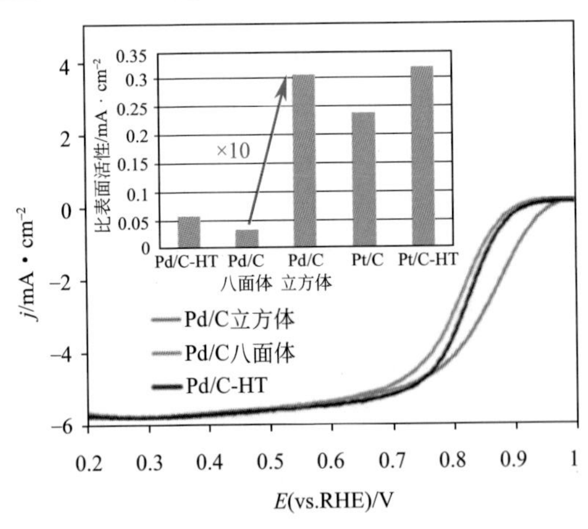

图1.22 Pd/C立方体以及Pd/C八面体在0.1mol · L^{-1} $HClO_4$溶液中的ORR极化曲线

验数据表明催化剂活性及稳定性的提高是由于在Pd金属颗粒与载体之间的界面上形成了一层界面氧化物PdOx或Pd-O-ex-MMT价键。这种特殊的结构改变了Pd/ex-MMT催化剂电子结构，使Pd的d带宽化，d带中心负移，使其电子结构更趋近于Pt，从而表现出与Pt相当的ORR催化活性，以及酸性环境中良好的稳定性，如图1.23（a）所示。

由于钯具有与铂相媲美的催化性质，且Pd储量远高于Pt，因而开发高效Pd基催化剂是替代Pt、降低商业化成本的有效途径。然而，迄今为止，在酸性条件下，Pd基催化剂的活性和稳定性很难与铂基催化剂相当。此外，由于需求/价格波动的关系，用Pd基催化剂完全替代Pt不能从根本上摆脱贵金属的资源限制。

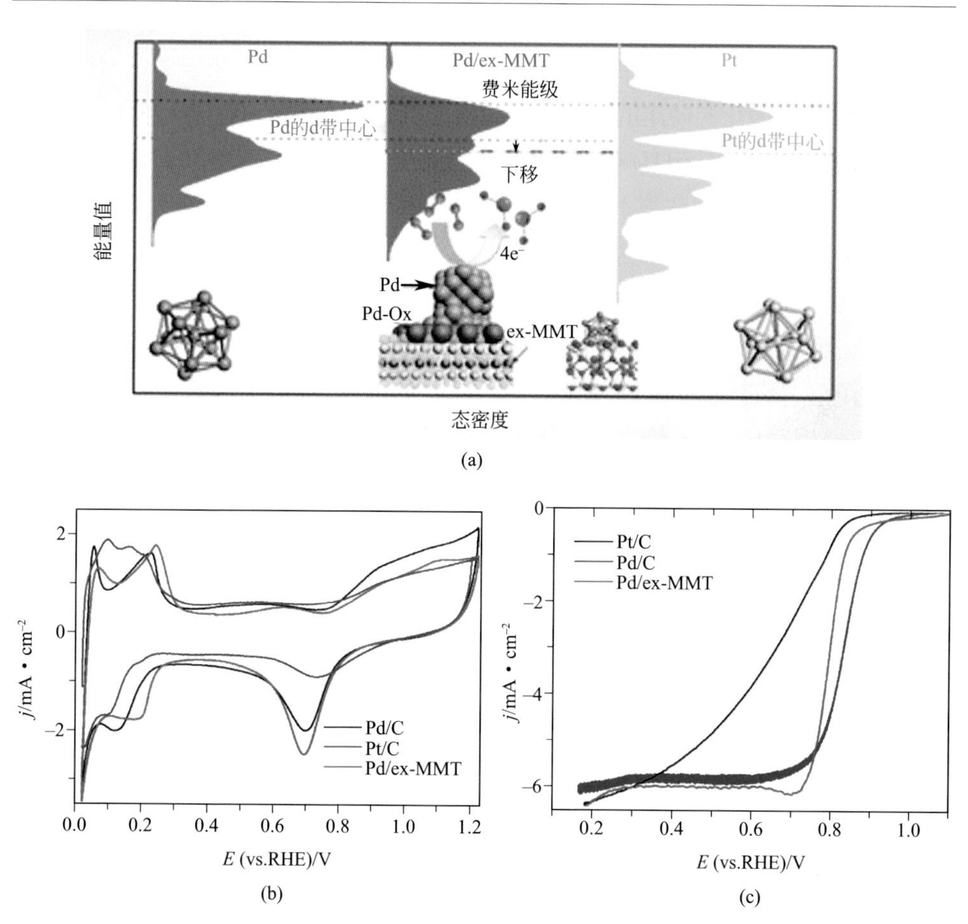

图1.23 Pd和Pd/ex-MMT催化剂中的d带结构与d带中心（a）以及Pd、Pd/ex-MMT和Pt/C在0.1mol·L^{-1} $HClO_4$溶液中的CV曲线（b）和LSV曲线（c）

1.4.2
非贵金属催化剂

在众多非贵金属催化剂中，过渡金属-氮-碳化合物（M/N/C）因具有可观的ORR催化活性（在酸性溶液中）、低成本、寿命长、抗甲醇和环境友好等特点，被认为是最具潜力替代铂基催化剂的非贵金属燃料电池催化剂之一。自从1964年Jasinski首次报道过渡金属卟啉和酞菁能有效催化ORR后，M/N/C便吸引了研究者的广泛关注[210]。金属大环类催化剂具有较高的起始活性但稳定性较差[211]，高温处理后可提高催化剂的稳定性，但催化剂易烧结，导致比表面积减小，降低了催化剂的活性。该类催化剂主要以反应速率较慢的2电子过程催化氧还原。Yeager等首次报道了以非N4大环化合物为前驱体高温热解制备M/N/C催化剂用于ORR[212]。之后各种不同形式的金属、氮、碳前驱体被开发和应用于制备M/N/C催化剂。目前该类催化剂使用的氮源主要包括无机氮源（氨气、叠氮化钠）、有机小分子（乙腈、吡咯、1-甲基咪唑等）和含氮有机聚合物（三聚氰胺甲酸树脂、聚苯胺、聚吡咯、聚多巴胺等）[213～227]。与小分子前驱体相比，含氮有机聚合物有序化更高，可以在高温热解过程中指导形成更有序稳定的碳基活性层。聚吡咯是应用最早的聚合物，之后研究发现聚苯胺衍生的M/N/C催化剂活性更好且更稳定[228]。最近，Zelenay等[222]用聚苯胺结合铁和钴的热处理制备了一类M/N/C（如图1.24所示）。该类催化剂中催化活性最高的催化剂为PANI-Fe-C，其ORR半波电位与Pt/C相差60mV；稳定性最优的催化剂为PANI-FeCo-C，它在0.4V下稳定运行了700h。Dodelet课题组于2011年8月在“Nature Communications”报道了一种金属-有机框架类化合物作为前驱体制备的M/N/C，该前驱体具有优异的金属-有机配位结构，在经过两次热处理（第一次在氮气气氛下1h，第二次在NH_3气氛中15min）后，该催化剂表现出了优异的催化性能，在0.8V下其体积活性高达230A・cm^{-3}（i_R-free）[218]，已经非常接近DOE所设定的2020年目标（300A・cm^{-3}）。

此类催化剂的催化机理和活性中心一直是研究的重点，但催化机理尚不明确。目前，有两种主要观点：① 催化剂表面的氮活性物种直接提供ORR活性；② 含氮基团与金属配位成为活性中心。虽然此类材料的催化机理仍存在争论，但不能否认的是，过渡金属的类型和含量，碳源、氮源的类型与含量，以及热处理条件和持续时间对催化剂的性能有很大影响。许多研究工作致力于探究制备工艺与最终ORR性能的关系[229～232]。就不同金属种类来说，Fe和Co基M/N/C催化剂活性一般比其他金属基（如Zn、Ni、Mn、Cu、Cr）M/N/C催化剂活性高[233]。而

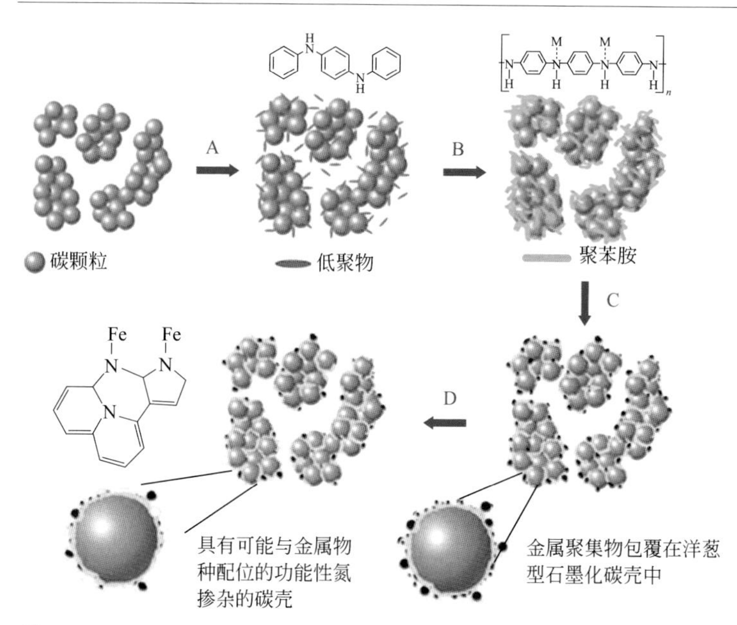

图1.24 PANI-FeCo-C催化剂制备的示意图

且，不同金属的加入对活性位点形成所起的作用也不同。例如，对于由乙二胺或聚苯胺衍生的Co/N/C催化剂，其表现出的电化学性能（如起始电位、Tafel斜率）与无金属掺杂的氮掺杂碳基催化剂类似，这意味着Co物种的存在可能只是单纯辅助氮原子更好地掺入碳晶格中，并不直接参与形成活性中心[226]。与Co不同的是，Fe物种可以与周围的氮配位（$Fe\text{-}N_x$），直接参与形成活性中心[215]。Kramm和Dodelet提出了几种不同的$Fe\text{-}N_x$物种，其中，FeN_4/C和$N\text{-}FeN_{2+2}/C$位点的ORR活性最高[234,235]。实验研究表明，同时加入Fe、Co物种可以显著增强催化剂ORR活性[236]。Xia和Sun等利用DFT证明对于聚苯胺衍生的M/N/C体系，其催化活性衰减次序依次为：CoFe-PANI > Fe-PANI > Co-PANI[237]。这是由于掺入的不同金属之间产生了协调作用，加快了电子向吸附氧物种的转移。Co的加入可能还降低了催化剂中HOMO-LUMO带，使得催化剂更加稳定。

除了催化剂机理不明确，传统热解方法制备的M/N/C还存在孔结构少、比表面积低、暴露的活性位点有限等缺点。在M/N/C中引入足够的活性位点，最常规的方法便是通过硬模板或柔模板增加催化剂的比表面积。例如，Klaus Müllen等[238]以硅胶球、介孔硅和蒙脱土为模板，VB_{12}或PANI为前驱体，制备了介孔的Fe/Co-N-C材料，显著提高了催化剂的比表面积。

在M/N/C催化剂高温制备过程中，金属颗粒通常会包覆在石墨化碳壳中，而被包覆的金属对催化活性的贡献已被探究[239]。包信和等[216,240,241]的一系列研究表明，当金属纳米颗粒限域在碳纳米管中时（如图1.25所示，图中是他们制备的金属铁纳米粒子包裹在豆荚状氮掺杂纳米管中的催化剂），金属颗粒不与酸性介质、氧和硫等污染物直接接触，也不妨碍活化氧分子电催化氧还原反应，它们之间特殊的电荷转移降低了碳纳米管表面的局部功函从而形成ORR电催化活性中心。Wei课题组[232]开发了一种Co-N-C壳层包覆钴纳米颗粒催化剂（Co@Co-N-C），其中高分散的Co@N-C和表面Co-N物种产生的电子效应协同增强了氧还原活性，如图1.26所示。最近，Li和Xing等[242]制备了一种空心球型石墨碳层包覆Fe_3C纳米催化剂。包覆在内部的Fe_3C纳米颗粒虽然没有与外界电解液直接接触，但它们却使得周围的石墨化碳层活化而更有利于ORR的发生和进行，这与包信和等的研究结果类似。此外，该催化剂表面的氮和金属含量极少可忽略，却在酸性和碱性溶液中表现出很好的ORR活性，为此类包覆型催化剂活性位点的探究提供了新的模型。

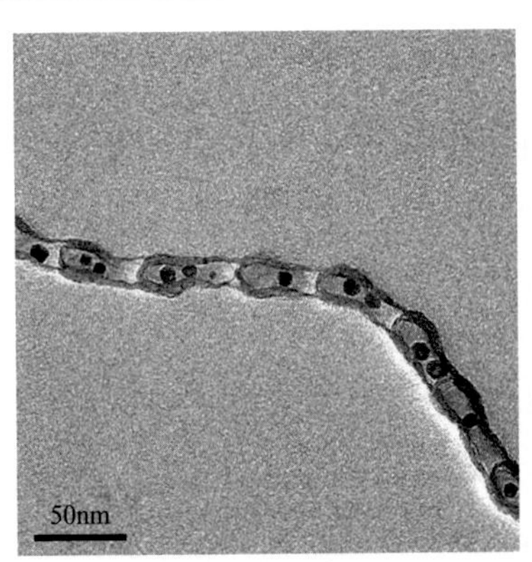

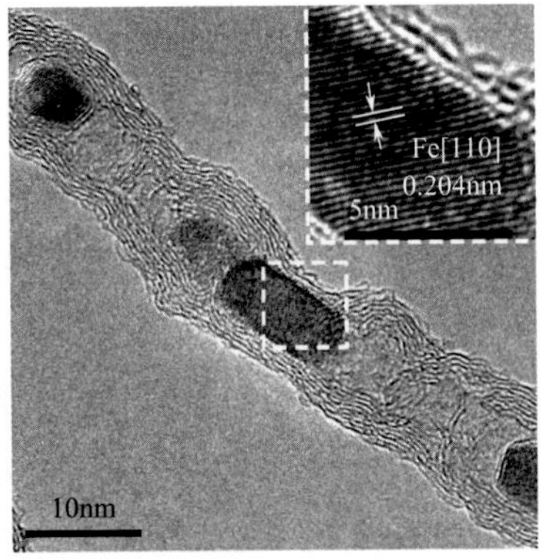

图1.25　Pod-Fe催化剂的透射电镜图

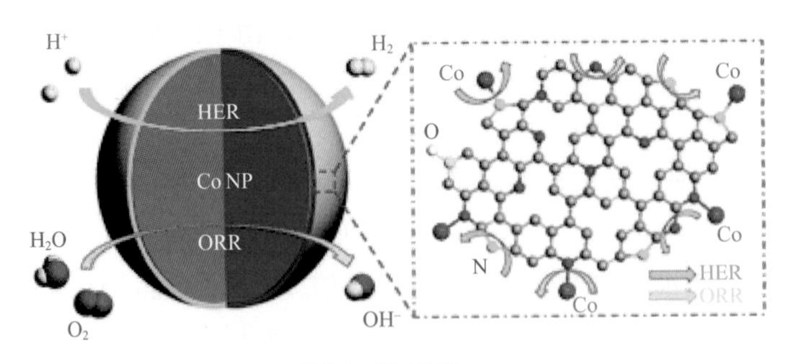

图1.26　Co@Co-N-C催化机理示意图

过渡金属氧化物，尤其是锰基和钴基氧化物在碱性溶液中表现出很好的催化氧还原活性[243～245]。Dai[246,247]等通过水热法制备了Co_3O_4和CoO纳米颗粒并担载于氮掺杂碳类载体上（CNTs、石墨烯），协同增强氧还原活性。通过X射线近边吸收精细结构分析可知，该催化剂形成了金属-碳-氧和金属-碳-氮共价键，电子由氮传至金属氧化物，从而赋予了金属氧化物好的导电性和电化学活性。将不同价态的过渡金属氧化物复合形成尖晶石结构是过渡金属氧化物催化剂研究的重点。Dai等[248]发现，用Mn^{3+}取代部分Co^{3+}得到的具有尖晶石结构的$MnCo_2O_4$可以显著增强氧还原活性。Sun等[249]通过热解乙酰丙酮盐前驱体，以油胺-油酸作稳定剂，制备了单分散、粒径小于10nm的$M_xFe_x^{3-}O_4$（M=Fe、Cu、Co、Mn）纳米颗粒。这些纳米颗粒即便担载在传统碳载体上，也表现出与Pt/C相当的氧还原催化活性。近期，Wei课题组[250]开发了一种新型钴基催化剂——碱式碳酸钴（CCH），并发现该催化剂相比于贵金属催化剂Pt/C具有更优的氧还原催化性能。研究还发现，随着水热时间的延长，制备的催化剂发生了明显的相变和形变，并具有不同的催化活性，如图1.27所示。其中正交相的碱式碳酸钴$[Co(CO_3)_{0.5}(OH)\cdot 0.11H_2O]$同由单斜$[Co_2(OH)_2CO_3]$和正交相组成的混合相的碱式碳酸钴相比具有更高的氧还原活性。

其他金属氧化物，如TiO_2、NbO_2和Ta_2O_5也具有ORR催化活性[251～253]。近年来，钙钛矿型氧化物因同时具有电子和离子导电性，越来越多地用作高温燃料电池中的氧还原催化剂。钙钛矿型氧化物ABO_3中稀土元素占据A位，过渡金属占据B位。其中，通过阳离子取代很容易调控$Ba_{0.5}Sr_{0.5}Co_{0.8}Fe_{0.2}O_{3-\delta}$（BSCF5582）基钙钛矿型氧化物组成，BSCF5582被认为是此类材料中最具潜力的氧还原催化剂[254]。

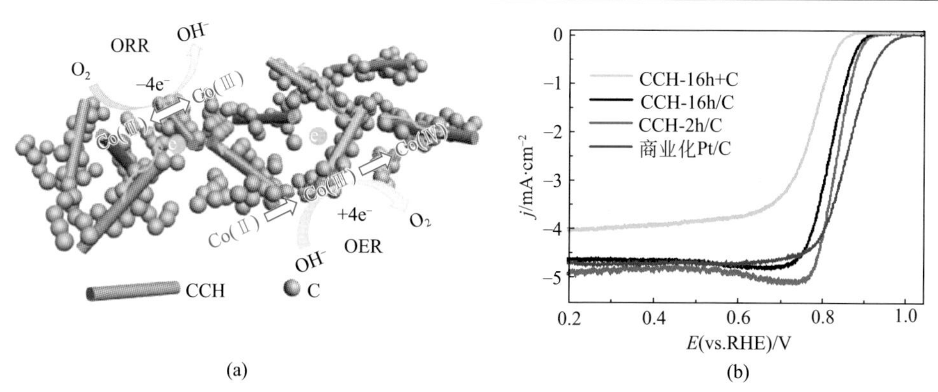

图1.27 （a）碱式碳酸钴催化机理示意图；（b）反应时间对碱式碳酸钴在0.1mol·L^{-1} KOH溶液中ORR活性影响

Jin等[254]提出钙钛矿型氧化物在燃料电池中的氧还原活性与e_g（σ*-轨道占据）和A-B-O型中的B位密切相关，且e_{g}-填充接近1的钙钛矿型氧化物可以表现出最好的氧还原活性。最近，Shao-Horn等采用脉冲激光沉积法制备的BSCF/LSMO/NSTO催化剂，表现出很好的氧还原和析氧（OER）活性[255]。

过渡金属硫属化合物M-X（其中M=Co、Ru、Re或Rh；X=S、Se或Te）高温处理后能形成纳米微晶[256]，在酸性介质中具有高ORR催化活性[257,258]。金属硫化物（如Co_9S_8）被认为是硫属化合物中ORR活性最高的一类[259]。DFT研究表明，在Co_9S_8中，氧气的吸附是在S上，且氧气在（202）晶面上的还原过电势与Pt相当[74]。此外，$Co_{1-x}S$、Co_4S_3、$CoSe_2$[258,260～262]等在碱性溶液中均可以表现出近4电子过程，然而在酸性溶液中，这类催化剂通常表现为2电子过程。Wu等开发的Co_9S_8-N-C催化剂，在0.1mol·L^{-1} NaOH溶液中，其ORR活性明显优于Pt/C催化剂[263]。Dai等还制备了还原氧化石墨烯负载的$Co_{1-x}S$纳米颗粒，协同增强ORR活性[264]。

过渡金属氮化物和氧氮化合物由于其较好的导电性和耐腐蚀性也被广泛应用于ORR的研究中。表面氮化物的形成可以调控催化剂的电子结构，使得d带收缩，电子密度增大更接近费米能级。这样加快了电子向氧吸附物种的转移，从而使得活性金属更容易还原氧[265]。之前，Ⅳ-Ⅵ主族的单金属氮化物/氧氮化合物被广泛研究[266～269]，如ZrO_xN_y和TaO_xN_y，它们在硫酸溶液中有很好的电化学稳定性；MoN和Mo_2N表现出可观的ORR活性且反应接近4电子过程。之后研究者们开发了双金属氧氮化合物并发现它们发挥了协同增强的优势。例如，碳担载双金属Co-W-O-N催化剂在0.5mol·L^{-1} H_2SO_4中ORR起始电位为0.749V，显著优于单金属W或Co氧氮化合物催化剂[270]。最近，Khalifah等[271]采用溶液浸渍法合成了$Co_xMo_{1-x}O_yN_z$催化剂，其在酸性溶液中表现出可观的氧还原活性，其在碱性溶液中的活性与Pt/C相差0.1V。

1.4.3
非金属催化剂

非金属催化剂的研究主要是各种杂原子掺杂的纳米碳材料，主要包括硼掺杂、氮掺杂、磷掺杂、硫掺杂以及多原子的双掺杂或三掺杂[272～286]。研究表明，碳材料掺杂后，无论是否与过渡金属复合，都显示出明显的氧还原催化活性。目前关于不同原子掺杂的碳材料的催化机理仍不明确。Dai 等[273]认为，对于氮原子掺杂碳材料，由于氮原子电负性较碳原子大（电负性：氮=3.04；碳=2.55），它的引入使得邻近碳原子带正电荷，这有利于氧气的吸附从而保障氧还原反应的进行。然而这种解释并不适用于电负性较碳原子小的磷原子和硼原子（电负性：磷=2.19；硼=2.04）。Hu 等[272]认为，无论掺杂原子的电负性与碳原子相比是大还是小，只要破坏了 sp^2 杂化的碳原子的电中性，生成了利于氧吸附的带电位点就可以提升催化剂活性。对于电负性与碳接近的硫原子（电负性：硫=2.58），Zhang 等[287]认为其催化活性增强的原因是自旋密度变化改变了表面电子结构。

各类杂原子掺杂碳类材料中，氮掺杂碳（NC）研究最多。氮原子的分子结构对最终催化剂的性能具有至关重要的影响。掺氮碳材料中，氮有五种键合结构，如图 1.28 所示，分别为石墨氮、吡啶氮、吡咯氮、氨基氮以及氧化氮。哪一种掺氮碳材料氧还原电催化活性最好，目前尚有争议。吡啶氮掺杂的石墨烯，其 ORR 的过程系 2 电子还原过程，据此认为吡啶氮不是有效的 ORR 催化中心[288]。与此相反，还有研究发现，酸性条件下催化剂氧还原活性随吡啶氮含量增加而升高[289]；在碱性介质中，其电催化活性随吡咯氮含量增加而升高[290]。故氮掺杂碳材料的活性中心，须考虑如下要点：首先氮键合结构不同时，其催化剂的导电性是否处于同一水平；再者催化剂中 sp^2 杂化 C 含量、石墨化程度是否一致。通常，石墨氮形成的温度较高，更有利于碳材料石墨化，也影响着材料的导电性和 sp^2 杂化 C 结构。因此，“高石墨氮含量-高 ORR 活性”可能与碳基材料的导电性有关。除了氮的分子结构类型，掺入氮的总含量、碳边缘位的含量、比表面积等也是影响最终 NC 催化剂性能的重要因素。

纳米碳材料氮掺杂的方法大致可分为三类[291～293]：① 原位掺杂，即在纳米碳材料期间掺入氮，如化学气相沉积法（CVD），这种方法得到的产品掺杂率很高，

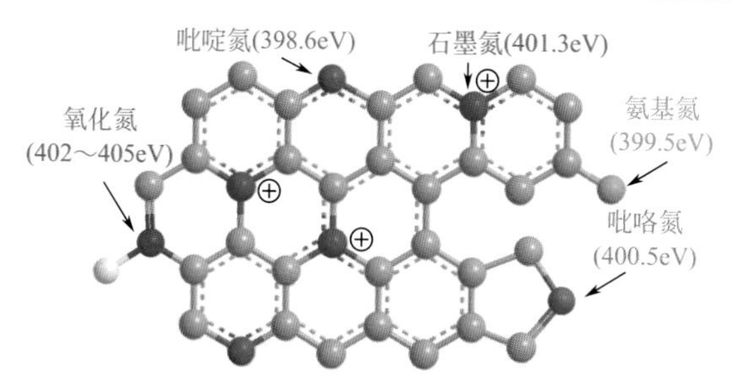

图 1.28　氮在石墨结构中掺入位置以及相应的结合能数据

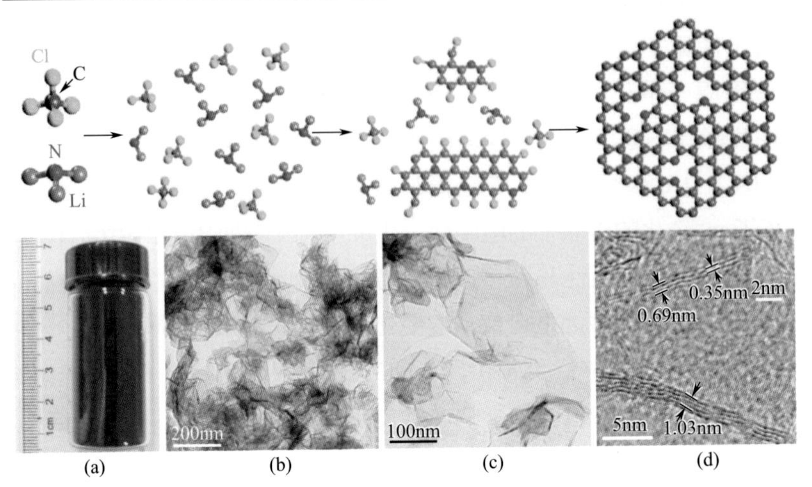

图1.29 溶剂热法氮掺杂石墨烯制备示意图及产品的电镜照片

但不适用于实际大规模批量生产；② 后掺杂，即合成纳米碳材料后，再用含氮原子的前驱体对其进行后处理，然而这种方法得到的产品氮掺杂率不高；③ 直接热解含氮原子丰富的有机物，这种方法简单易操作，得到的产品掺杂率高，然而由于过高的含氮量，破坏了碳材料原共轭大π键结构，使得产品电导率低。包信和等[294]报道了大批量高质量氮掺杂石墨烯的方法，如图1.29所示。其采用溶剂热反应将四氯化碳和氮化锂直接反应生成氮掺杂石墨烯（NG），实现了克量级制备氮掺杂石墨烯。

设计制备含氮量高、导电性好且比表面积大的氮掺杂碳材料是提高氮掺杂类碳材料性能亟须解决的问题。通常采用软模板法或硬模板法可以显著增加催化剂的比表面积。例如，通过多孔二氧化硅模板辅助法[295]、热解具有优异金属配位效应的金属-有机框架化合物（MOF）或多孔有机聚合物（POP）制备得到的NC材料[296～298]，氮含量高，且比表面积大，然而在酸性溶液中，它们的氧还原活性与Pt相比仍相差很远。这是因为，在酸性介质体系中，平面结构的吡啶氮和吡咯氮氧还原电催化更为重要[299～301]。吡啶型和吡咯型的二维平面结构使NG保持了石墨烯原有的平面共轭大π键结构，具有良好的导电性，因而具有优异的ORR催化活性；而石墨氮为三维空间不平整结构，破坏了石墨烯原有的共轭大π键，导电性差，ORR催化活性低，如图1.30所示。如何在高度石墨化的条件下选择性地合成具有平面构型的吡啶氮和吡咯氮（平面氮）并尽可能减少甚至抑制石墨氮的形成则是获得高活性ORR催化剂的关键。

针对上述问题，Wei课题组[302]在分子结构的基础上，认识到“NG分子结构-NG电导率-ORR催化活性”的关联，巧妙地利用层状材料（LM）的层间限域效应，通过调制LM层间距，在LM层间插入苯胺（AN）单体，层间聚合，然后热解的方法，获得平面氮掺杂达90%以上的NG材料，如图1.31所示。其催化ORR的半波电位仅比Pt/C催化剂落后60mV，是传统方法获得的NG材料ORR催化活性的54倍，以该材料为正极催化剂的质子交换膜燃料电池的输出功率达320mW·cm^{-2}，如图1.32所示。LM层间近乎封闭的扁平反应空间不仅克服了传统开放体系下合成的NG以石墨型为主、导电性差、活性低的弊病，而且也克服了开放体系下因掺氮效率低而导致合成NG成本高的问题。

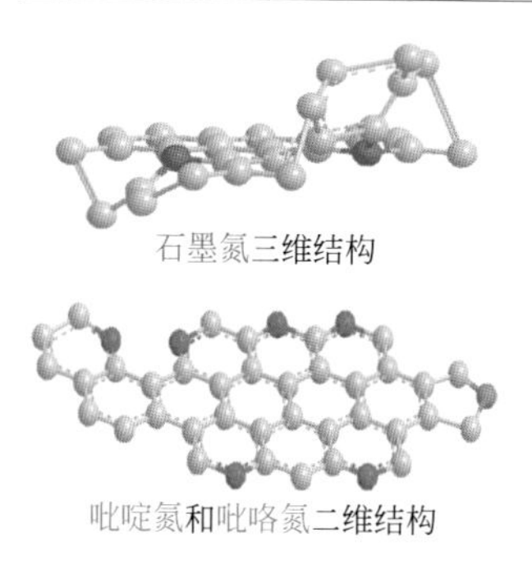

图1.30　石墨氮和平面氮示意图

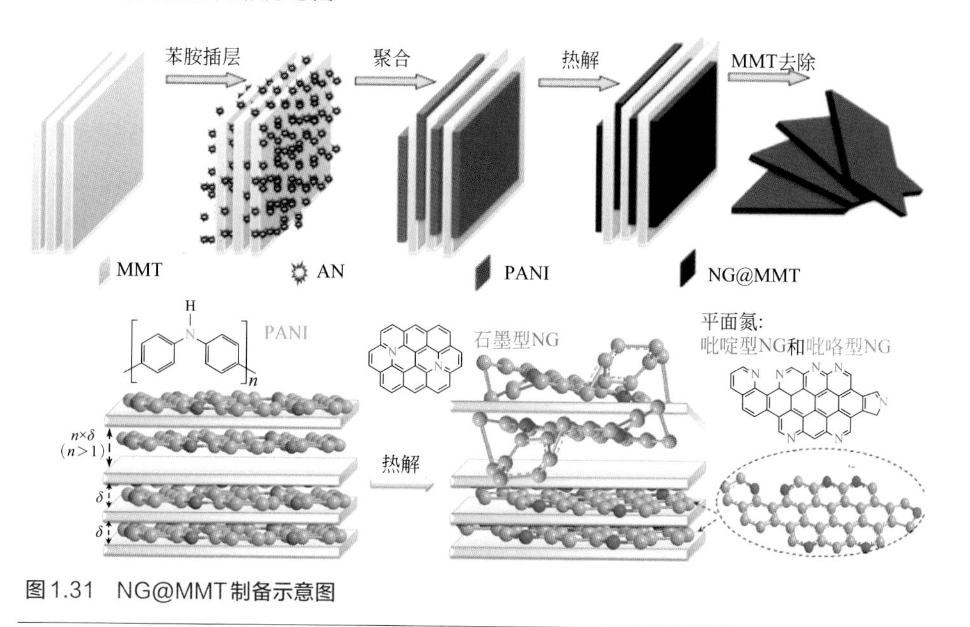

图1.31　NG@MMT制备示意图

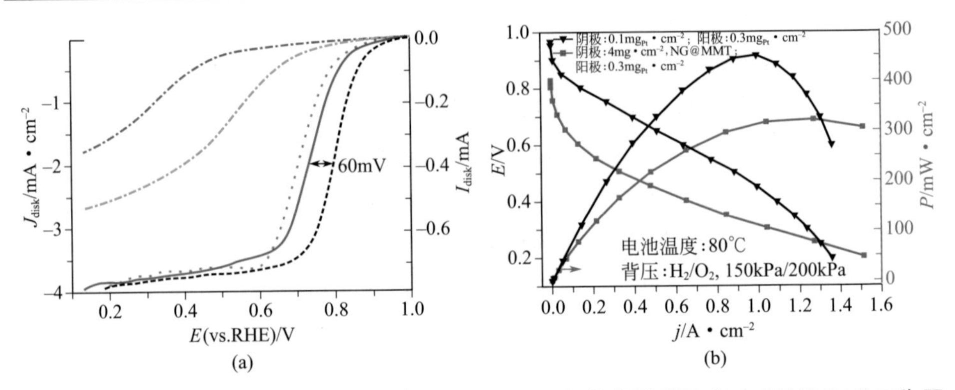

图1.32 （a）NG@MMT在0.1mol·L^{-1} $HClO_4$中ORR极化曲线以及（b）以NG@MMT为阴极催化剂制备的MEA单电池测试极化曲线

除了增加活性位点数量，将活性位点充分暴露在三相界面也是非常重要的。氧还原反应是一个多相反应，涉及氧气、质子、电子和水的传导，因而一个高效的ORR催化剂须含有足够多的小孔以承载活性位点，同时这些小孔还需联通至能有效传输反应气体、生成水、电子导体以及质子导体的中孔或大孔网络结构中。然而对于传统的直接热解前驱体的方法，难以控制所制备的催化剂的孔结构，导致活性位点难以暴露到可以被ORR催化反应利用的区域中[303～305]。

上述Wei课题组设计的扁平纳米反应器制备的平面氮掺杂石墨烯，可有效地提高催化活性位的密度，增加反应界面。但由于缺少传质通道，在制备成膜电极（MEA）后其活性位暴露的概率大大降低，影响了电池性能。在此工作的基础上，Wei课题组进一步开发了一种基于形态控制转换纳米聚合物制备高效氧还原碳纳米材料催化剂的方法——“NaCl重结晶固型热解法”[306]，可以有效地使大量的活性位暴露在ORR催化反应的三相界面上，制备过程如图1.33所示。通过对含氮聚合物无机盐水溶液混合物的蒸发重结晶，将含氮聚合物固化在无机盐NaCl晶体中，利用无机盐结晶的盐封效应，避免了传统直接碳化过程中活性位严重烧失、高石墨氮掺杂和结构坍塌等问题；避免了传统模板法模板去除与纳米催化剂分离的困难问题；巧妙地将低温下聚合物的形态最大限度地保留到高温碳化后的终极产品，如图1.34所示。此外，由于盐封局域空间的限域效应，氮掺杂石墨烯以具有二维平面结构的吡啶型和吡咯型为主，最大限度地抑制了撑开型石墨型NG；同时，由于盐封效应，在碳化过程中NG内部形成了大量的气蚀孔，NG片边沿及内孔边沿的大量存在，有利于吡啶型和吡咯型NG的形成，使活性中心数量倍增。如图1.35和图1.36所示，与没有微孔生成的对比样品相比，NaCl固型热解法制备得到的催化剂平面氮含量增加了68%，FeN_x位点增加了130%。大量的活性位点结合高效的传质通道使活性位暴露在三相界面的概率增高从而极大地提高了活性位点的利用率。以该材料为正极催化剂的质子交换膜燃料电池输出功率达600mW·cm^{-2}，较之前以扁平纳米反应器制备的平面氮掺杂石墨烯有大幅提高，为世界领先水平。加速老化实验显示该催化剂非常稳定。该方法具有广泛的应用性和通用性，并可以有效地控制碳材料的孔结构、活性位点以及纳米形貌。

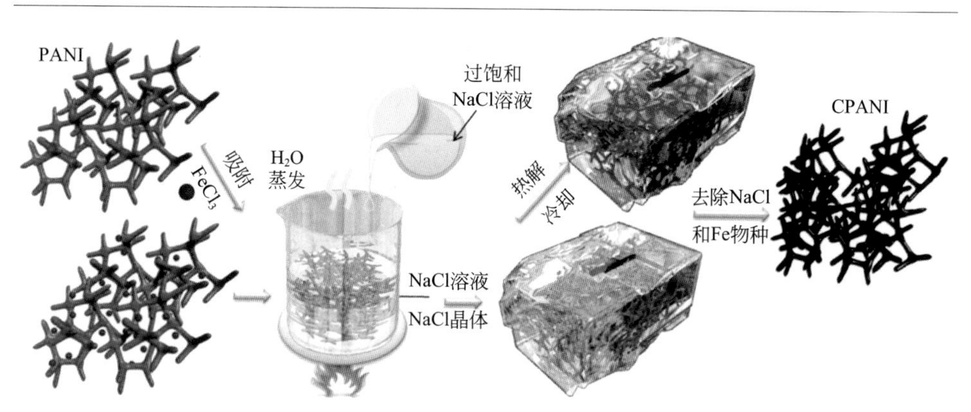

图1.33　基于形态控制的NaCl重结晶固型热解法的示意图

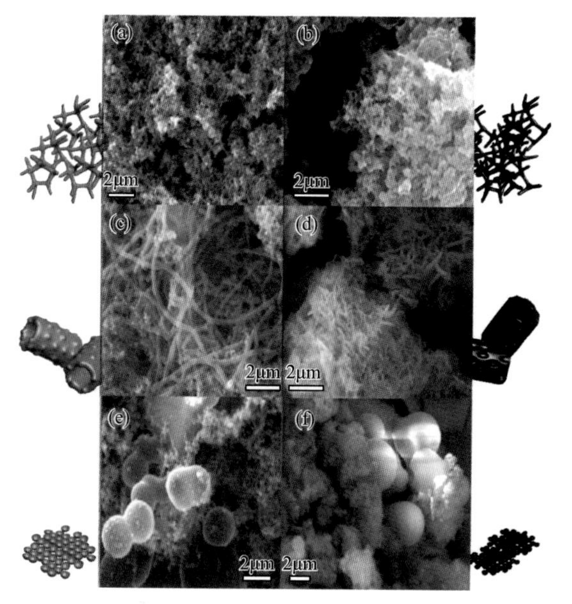

图1.34　PANI三维网状、PANI纳米管、PANI纳米壳以及其相应碳化后产品的扫描电镜图

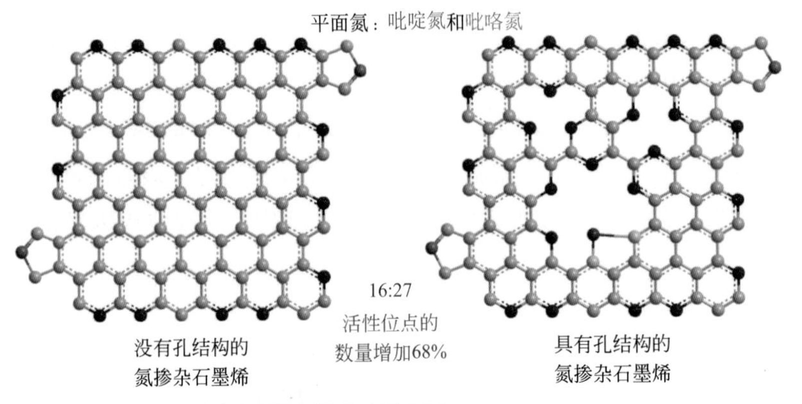

图1.35　边缘位及孔内平面氮活性位点示意图

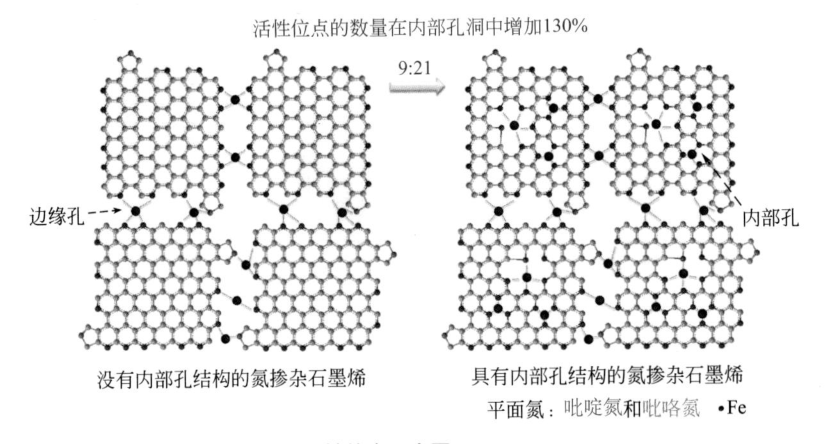

图1.36　边缘位及孔内 FeN_x 活性位点示意图

碳材料之间的复合也是一种有效制备非金属催化剂的方法。陈胜利等[307]在氧化石墨烯表面，以Fe催化三聚氰胺热解，实现了Fe-N同时掺杂石墨烯和碳纳米管的同步合成路线（N-CNT/N-G），如图1.37所示。该复合催化剂中纳米管分散均匀，管径均一，其特殊的3D结构有利于提高传质和电催化活性。最近，Wei等[308]以FeMo-MgAl层状双氢氧化物为模板，采用CVD法制备了氮掺杂石墨烯/单壁碳纳米管复合物（NGSHs）。FeMo-MgAl层状双氢氧化物中的Fe纳米颗粒不仅可以作为氮掺杂单壁碳纳米管生长的催化剂，还可以作为氮掺杂石墨烯沉积的基底。以此制备得到的NGSHs催化剂具有高比表面积和高石墨化程度。研究发现，NGSHs复合物表现出比其单组分更好的氧还原活性，因而氮掺杂石墨烯与单壁碳纳米管的复合很有可能协同增强最终氧还原活性。

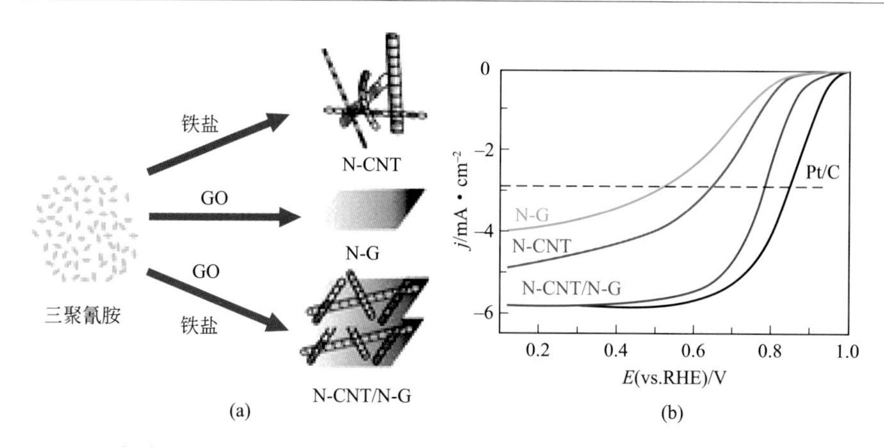

图1.37 （a）N-CNT/N-G制备路线示意图及（b）其在0.1mol · L^{-1} KOH中氧还原活性

值得指出的是，大多数使用的碳材料在制备过程中都有一些金属的参与，例如，通过Hummers法制备氧化石墨烯、CVD法制备碳纳米管和以生物或自然材料为前驱体或模板制备碳材料。以Hummers法制备氧化石墨烯为例，最终石墨烯产品中的金属杂质可达到整个材料的2%（质量分数）[309～314]。这些残留在sp^2碳材料中的金属杂质包括Fe、Ni、Co、Mo、Mn、V和Cr，它们可以很大程度上影响最终碳材料的电化学性能[315～319]。因而，在制备过程卷入的痕量金属（trace metal）对最终催化剂的氧还原活性的影响是不能忽略的。Masa等[320]证明了无定形碳中的痕量金属残余对ORR活性是有贡献的。研究表明，在整个制备周期不涉及任何金属参与的非金属催化剂，其ORR活性低于制备时有少量金属参与的催化剂。而且，加入低至0.05%含量的Fe就会对最终ORR活性和选择性有很大影响。最近，Pumera等[321]研究了痕量金属杂质对杂原子掺杂石墨烯ORR性能的影响。为了探究锰基金属杂质的影响，他们采用Hummers氧化法（得到的产品标记为G-HU）和Staudenmaier氧化法（利用氯酸盐氧化剂制备肼还原的石墨烯，得到的产品标记为G-ST）制备了两组不同的石墨烯材料，并且利用耦合等离子体质谱法（ICP-MS）分析制备原料及产品中的金属杂质含量。研究结果表明，富含锰基杂质（$>8000\times10^{-6}$，质量分数）的G-HU催化剂的氧还原起始电位比含有少量锰基杂质（约18×10^{-6}，质量分数）的G-ST催化剂正50mV，有力证明了锰基杂质的ORR催化作用。此外，即便是锰基杂质含量低至0.0018%（质量分数），G-ST催化剂表现的ORR电位比裸露的玻碳电极（GC）正80mV，进一步证明痕量金属杂质足以改变石墨烯材料的氧还原电催化性能。

1.5 总结与展望

非贵金属催化剂和非金属催化剂完全摆脱了对贵金属的依赖。在众多的非贵金属催化剂中，包含或不包含过渡金属的氮掺杂碳基催化剂（M/N/C或NC）都表现出可观的ORR催化活性。尽管对于金属物种是否直接参与形成活性中心仍存在争议，但碳结构中氮原子的掺入对提高ORR活性的作用是不可否认的。基于当前对非铂催化剂的理论认识和实验探究，非铂催化剂的催化活性已有大幅提高，但其稳定性仍与铂基催化剂有很大差距。探究非金属催化剂的活性与原子组成、电子构型、表面形貌的构效关系，结合理论计算在分子、电子水平确定非金属催化剂的活性位点，开发提高活性位密度的技术，构筑高效新型非铂催化剂结构，提高催化剂的稳定性，是未来非铂氧还原催化剂研究发展的主要方向。

参考文献

[1] Vielstich W, Lamm A, Gasteiger H. Handbook of fuel cells: fundamentals, technology and applications. New York: Wiley, 2003.

[2] Bruce PG, Freunberger SA, Hardwick LJ, Tarascon JM, et al. Li-O_2 and Li-S batteries with high energy storage. Nat Mater, 2012, 11: 19-29.

[3] Wagner FT, Lakshmanan B, Mathias MF. Electrochemistry and the future of the automobile. J Phys Chem Lett, 2010, 1: 2204.

[4] Gasteiger HA, Kocha SS, Sompalli B, Wagner FT. Activity benchmarks and requirements for Pt, Pt-alloy, and non-Pt oxygen reduction catalysts for PEMFCs. Appl Catal B, 2005, 56: 9-35.

[5] Yu W, Porosoff MD, Chen JG. Review of Pt-based bimetallic catalysis: from model surfaces to supported catalysts. Chem Rev, 2012, 112: 5780-5871.

[6] James B, Kalinoski J. In DOE-EERE fuel cell technologies program-2009 DOE hydrogen program review. www. hydrogen. energy. gov/pdfs/review09/fc_30_james. pdf

[7] Sinha J, Lasher S, Yang Y. In DOE-EERE fuel cell technologies program-2009 DOE hydrogen program review. www. hydrogen. energy. gov/pdfs/review09/fc_31_sinha. pdf

[8] Bell AT. The impact of nanoscience on heterogeneous catalysis. Science, 2003, 299: 1688-1691.

[9] Li Y, SomorjaiGA. Nanoscale advances in

catalysis and energy applications. Nano Lett, 2010, 10: 2289-2295.

[10] Zaera F. New challenges in heterogeneous catalysis for the 21st Century. Catal Lett, 2012, 142: 501-516.

[11] Zaera F. The new materials science of catalysis: toward controlling selectivity by designing the structure of the active site. J Phys Chem Lett, 2010, 1: 621-627.

[12] Prakash J, Donald AT. Kinetic investigation of oxygen reduction and evolution reaction on lead ruthenate catalysts. J Electrochem Soc, 1999, 146: 41-45.

[13] Walch S, Dhanada A, Aryanpour M, Pitsch H. Mechanism of molecular oxygen reduction at the cathode of a PEM fuel cell: non-electrochemical reactions on catalytic Pt particles. J Phys Chem C, 2008, 112: 8464-8475.

[14] Anderson AB, Albu TV. Ab intio determination of reversible potentials and activation energies for outer-sphere oxygen reduction to water and the reverse oxidation reaction. J Am Chem Soc, 1999, 121: 11855-11863.

[15] Anderson AB. Albu TV. Ab intio approach to calculating activation energies as functions of electrode potential trial application to four-electron reduction of oxygen. Electrochem Comm, 1999, 1: 203-206.

[16] Albu TV, Anderson AB. Studies of model dependence in an ab initio approach to uncatalyzed oxygen reduction and the calculation of transfer coefficients. Electrochimica Acta, 2001, 46: 3001-3013.

[17] Sidik RA, Anderson AB. Density function theory study of O_2 electroreduction when bonded to a Pt dual site. J Electroanal Chem, 2002, 528: 69-76.

[18] Anderson AB, Albu TV. An ab initio model including dependence on the electrode potential. J Electrochem Soc, 2000, 147: 4229-4238.

[19] Anderson AB. Theory at the electrochemical interface: reversible potentials and potential-dependent activation energies. Electrochimica Acta, 2003, 48: 3743-3749.

[20] Anderson AB, Cai Y, Sidik RA, Kang DB. Advancements in the local reaction center electron transfer theory and the transition state structure in the first step of oxygen reduction over platinum. J Electronanl Chem, 2005, 580: 17-22.

[21] Albu TV, Mikel SE. Performance of hybrid density functional theory methods toward oxygen electroreduction over platinum. Electrochimica Acta, 2007, 52: 3149-3159.

[22] Filhol JS , Neurock M. Elucidation of the electrochemical activation of water over Pd by first principles. Angew Chem Int Ed, 2006, 45: 402-406.

[23] Janik MJ, Taylor CD, Neurock M. First-principles analysis of the initial electroreduction steps of oxygen over Pt (111). J Electrochem Soc, 2009, 156: 126-135.

[24] Nørskov JK, Rossmeisl J, Logadottir A, Lindqvist L. Origin of the overpotential for oxygen reduction at a fuel-cell cathode. J Phys Chem B, 2004, 108: 17886-17892.

[25] Kalberg GS, Rossmeisl J, Nørskov JK. Estimations of electric field effects on the oxygen reduction reaction based on the density functional theory. Phys Chem Chem Phys, 2007, 9 (37): 5158-5161.

[26] Shao MH, Liu P, Adzic RR. Superoxide anion is the intermediate in the oxygen reduction reaction on platinum electrodes. J Am Chem Soc, 2006, 128: 7408-7409.

[27] Wang YX, Balbuena PB. Ab initio molecular dynamic simulations of the oxygen reduction on a Pt (111) surface in the presence of hydrated hydronium $(H_3O) + (H_2O)_2$: direct or series pathway. J Phys Chem B, 2005, 109: 14896-14907.

[28] Wang Y, Balbuena PB. Potential energy surface profile of the oxygen reduction reaction on a Pt cluster: adsorption and decomposition of OOH and H_2O_2. J Chem Theory Comput, 2005, 1: 935-943.

[29] Harting C, Koper MTM. Molecular dynamics

simulation of the first electron transfer step in the oxygen reduction reaction. J Electroanal Chem, 2002, 532: 165-170.

[30] Stamenkovic VR, Fowler B, Mun BJS, Wang GF, Markovic NM. Improved oxygen reduction activity on Pt_3Ni (111) via increased surface site availability. Science, 2007, 315: 493-497.

[31] Stamenkovic VR, Mun BS, Nørskov JK, et al. Changing the activity of electrocatalysts for oxygen reduction by tuning the surface electronic structure. Angew Chem Int Ed, 2006, 45: 2897-2901.

[32] Shao MH, Liu P, Adzic R, et al. Origin of enhanced activity in palladium alloy electrocatalysts for oxygen reduction reaction. J Phys Chem B, 2007, 111: 6772-6775.

[33] Viswanathan V, Hansen HA, Rossmeisl J, Nørskov JK. Unifying the $2e^-$ and $4e^-$ reduction of oxygen on metal surfaces. J Phys Chem Lett, 2012, 3: 2948-2951.

[34] Hansen HA, Viswanathan V, Nørskov JK. Unifying kinetic and thermodynamic analysis of $2e^-$ and $4e^-$ reduction of oxygen on metal surfaces. J Phys Chem C, 2014, 118: 6706-6718.

[35] Kang M, Bae YS, Lee CH. Effect of heat treatment of activated carbon supports on the loading and activity of Pt catalyst. Carbon, 2005, 43: 1512-1516.

[36] Coloma F, A Sepulveda-E, F Rodriguez-R. Heat-treated carbon-blacks as supports for platinum catalysts. J Catal, 1995, 154: 299-305.

[37] Dicks A. The role of carbon in fuel cells. J Power Sources, 2006, 156: 128-141.

[38] Kim P, Kim H, Joo J, Kim W, Song I, Yi J. Preparation and application of nanoporous carbon templated by silica particle for use as a catalyst support for direct methanol fuel cell. J Power Sources, 2005, 145: 139-146.

[39] Hall S, Subramaniana V, Teeterb G, Rambabu B. Influence of metal-support interaction in Pt/C on CO and methanol oxidation reactions. Solid State Ionics, 2004, 175: 809-813.

[40] Kong K, Choi Y, Ryu B, Lee J, Chang H. Investigation of metal/carbon-related materials for fuel cell applications by electronic structure calculations. Mater Sci Eng C, 2006, 26: 1207-1210.

[41] 陈煜，唐亚文，周益民. 碳纳米管作燃料电池催化剂载体的研究进展. 电池，2006, 36 (1): 71-73.

[42] Ralph TR, Hogarth MP. Catalysis for low-temperature fuel cells. Platinum Met Rev, 2002, 46: 117-135.

[43] Kim M, Park J, Kim H, Song S, Lee W. The preparation of Pt/C catalysts using various carbon materials for the cathode of PEMFC. J Power Sources, 2006, 163: 93-97.

[44] Nguyen TV, Wiley S, Nguyen MV. American institute of chemical engineering spring national meeting. New Orleans, LA, United States, 2002.

[45] Hall S, Subramanian V, Teeter G, Rambabu B. Influence of metal–support interaction in Pt/C on CO and methanol oxidation reactions. Solid State Ionics, 2004, 175, 809.

[46] Hoogers G. fuel cell technology handbook Boca Raton: CRC Press, 2003 (Chapter VI).

[47] Tian N, Zhou ZY, Sun SG, Ding Y, Wang ZL. Synthesis of tetrahexahedral platinum nanocrystals with high-index facets and high electro-oxidation activity. Science, 2007, 316, 732-735.

[48] Markovic NM, Adzic RR, Cahan BD, Yeager EB. Structural effects in electrocatalysis: oxygen reduction on platinum low index single-crystal surfaces in perchloric acid solutions. J Electroanal Chem, 1994, 377: 249-259.

[49] Macia MD, Campina JM, Herrero E, Feliu JM. On the kinetics of oxygen reduction on platinum stepped surfaces in acidic media. J Electroanal Chem, 2004, 564, 141-150.

[50] Kuzume A, Herrero E, Feliu JM. Oxygen reduction on stepped platinum surfaces in acidic media. J Electroanal Chem, 2007, 599: 333-343.

[51] Cahan BD, Villulas HM. The hanging meniscus rotating disk (HMRD). J Electroanal Chem, 1991, 307: 263-268.

[52] Abe T, Swain GM, Sashikata K, Itaya K. Effect of underpotential deposition (UPD) of copper on oxygen reduction at Pt (111) surfaces . J Electroanal Chem, 1995, 382, 73-83.

[53] Hoshi N, Nakamura M, Hitotsuyanagi A. Active sites for the oxygen reduction reaction on the high index planes of Pt. Electrochim Acta, 2013, 112: 899-904.

[54] Hitotsuyanagi A, Nakamura M, Hoshi N. Structural effects on the activity for the oxygen reduction reaction on *n* (111) - (100) series of Pt: correlation with the oxide film formation. Electrochim Acta, 2012, 82: 512-516.

[55] Zelenay P, Aldeco MG, Horanyi G, Wieckowski A. Adsorption of anions on ultrathin metal deposits on single-crystal electrodes: Part 3. Voltammetric and radiochemical study of bisulfate adsorption on Pt (111) and Pt (poly) electrodes containing silver adatoms. J Electroanal Chem, 1993, 357: 307-326.

[56] Varga K, Zelenay P, Wieckowski A. Adsorption of anions on ultra-thin metal deposits on single-crystal electrodes: II: voltammetric and radiochemical study of bisulfate adsorption on Pt (111) and Pt (poly) electrodes containing copper adatoms. J Electroanal Chem, 1992, 330: 453-467.

[57] Aldeco MEG, Herrero E, Zelenay P, Wieckowski A. Adsorption of bisulfate anion on a Pt (100) electrode: A comparison with Pt (111) and Pt (poly). J Electroanal Chem, 1993, 348: 451-457.

[58] Narayanan R, El-Sayed MA. Catalysis with transition metal nanoparticles in colloidal solution: nanoparticle shape dependence and stability. J Phys Chem B, 2005, 109: 12663-12676.

[59] Wang C, Sun S. Synthesis of monodisperse Pt nanocubes and their enhanced catalysis for oxygen reduction. J Am Chem Soc, 2007, 129: 6974-6975.

[60] Xia Y, Yang P, Sun Y, Wu Y, Mayers B, Gates B, Yin Y, Kim F, Yan H. One-dimensional nanostructures: systhesis, characterization and apllications. Adv Mater, 2003, 15: 353-389.

[61] Chen J, Lim B, Lee EP, Xia Y. Shape-controlled synthesis of platinum nanocrystals for catalytic and electrocatalytic applications. Nano Today, 2009, 4: 81-95

[62] Yu T, Xia Y, et al. Platinum concave nanocubes with high-index facets and their enhanced activity for oxygen reduction reaction. Angew Chem Int Ed, 2011, 50: 2773-2777.

[63] Wu J, Gross A, Yang H. Shape and composition-controlled platinum alloy nanocrystals using carbon monoxide as reducing agent. Nano Lett, 2011, 11: 798-802.

[64] Zhang J, Fang JY. A general strategy for preparation of Pt 3d-transition metal (Co, Fe, Ni) nanocubes. J Am Chem Soc, 2009, 131: 18543-18547.

[65] Dai Y, Ou LH, Chen S, et al. Efficient and superiorly durable Pt-lean electrocatalysts of Pt-W alloys for the oxygen reduction reaction. J Phys Chem C, 2011, 115: 2162-2168.

[66] Kim J, Lee Y, Sun SH. Structurally ordered FePt nanoparticles and their enhanced catalysis for oxygen reduction reaction. J Am Chem Soc, 2010, 132: 4996-4997.

[67] Xu D, Liu ZP, Yang HZ, et al. Solution-based evolution and enhanced methanol oxidation activity of monodisperse platinum-copper nanocubes. Angew Chem Int Ed, 2009, 48: 4217-4221.

[68] Chen JY, Wiley B, Xiong YJ, Li ZY, Xia YN. Optical properties of Pd-Ag and Pt-Ag nanoboxes synthesized via galvanic replacement reactions. Nano Lett, 2005, 5: 2058-2062.

[69] Peng ZM, Yang H. Synthesis and oxygen reduction electrocatalytic property of Pt-on-Pd bimetallic heteronanostructures. J Am Chem

Soc, 2009, 131: 7542-7543.
[70] Wang L, Nemoto Y, Yamauchi Y. Direct synthesis of spatially-controlled Pt-on-Pd bimetallic nanodendrites with superior electrocatalytic activity. J Am Chem Soc, 2011, 133: 9674-9677.
[71] Teng XW, Feygenson M, Wang Q, He JQ, Du WX, Frenkel AI, Han WQ, Aronson M. Electronic and magnetic properties of ultrathin Au/Pt nanowires. Nano Lett, 2009, 9: 3177-3184.
[72] Esfahani HA, Wang L, Nemoto Y, Yamauchi Y. Synthesis of bimetallic Au@Pt nanoparticles with Au core and nanostructured Pt shell toward highly active electrocatalysts. Chem Mater, 2010, 22: 6310-6318.
[73] Zhang J, Yang HZ, Fang JY, Zou SZ. Synthesis and oxygen reduction activity of shape-controlled Pt_3Ni nanopolyhedra. Nano Lett, 2010, 10: 638-644.
[74] Wu JB, Zhang JL, Peng ZM, Wagner FT, Yang H. Truncated octahedral Pt_3Ni oxygen reduction reaction electrocatalysts. J Am Chem Soc, 2010, 132: 4984-4985.
[75] Wu Y, Cai SF, Wang DS, He W, Li YD. Synthesis of water-soluble octahedral, truncated octahedral, and cubic Pt-Ni nanocrystals and their structure-activity study in model hydrogenation reactions. J Am Chem Soc, 2012, 134: 8975-8981.
[76] Kuttiyiel KA, Sasaki K, Choi YM, Su D, Liu P, Adzic RR. Nitride stabilized PtNi core-shell nanocatalyst for high oxygen reduction activity. Nano Lett, 2012, 12: 6266-6271.
[77] Sasaki K, Naohara H, Choi YM, Cai Y, Chen WF, Liu P, Adzic RR. Highly stable Pt monolayer on PdAu nanoparticle electrocatalysts for the oxygen reduction reaction. Nat Comm, 2012, 3: 1115
[78] Kitchin JR, Nørskov JK, Barteau MA, Chen JG. Role of strain and ligand effects in the modification of the electronic and chemical properties of bimetallic surfaces. Phys Rev Lett, 2004, 93: 156801
[79] Bligaard T, Nørskov JK. Ligand effects in heterogeneous catalysis and electrochemistry. Electrochim Acta, 2007, 52: 5512-5516.
[80] Wu J, Qi L, You H, Gross A, Li J, Yang H. Icosahedral platinum alloy nanocrystals with enhanced electrocatalytic activities. J Am Chem Soc, 2012, 134: 11880-11883.
[81] Strasser P, Koh S, Anniyev T, Greeley J, More K, Yu CF, Nilsson A. Lattice-strain control of the activity in dealloyed core-shell fuel cell catalysts. Nat Chem, 2010, 2: 454-460.
[82] Stamenkovic VR, MunBS, Arenz M, Markovic NM. Trends in electrocatalysis on extended and nanoscale Pt-bimetallic alloy surfaces. Nat Mater, 2007, 6: 241-247.
[83] Wang C, Markovic NM, Stamenkovic VR, et al. Synthesis of homogeneous Pt-bimetallic nanoparticles as highly efficient electrocatalysts. ACS Catal, 2011, 1: 1355-1359.
[84] Wei ZD, Guo HT, Tang ZY. Heat treatment of carbon-based powders carrying platinum alloy catalysts for oxygen reduction: influence on corrosion resistance and particle size. J Power Sources, 1996, 62: 233-236.
[85] Wei ZD, Yin F, Li LL. et al. Study of Pt/C and Pt–Fe/C catalysts for oxygen reduction in the light of quantum chemistry. J Electroanal Chem, 2003, 541: 185-191.
[86] 魏子栋，郭鹤桐，唐致远. 氧在Pt-Fe-Co合金催化剂上的还原. 催化学报，1995, 16 (2): 141-144.
[87] Tseung ACC, DharaSC. Loss of surface area by platinum and supported platinum black electrocatalyst. Electrochim Acta, 1975, 20: 681-683.
[88] Honji A, Mori T, Tamura K, Hishimura Y. Agglomeration of platinum particles supported on carbon in phosphoric acid. Electrochem Soc, 1988, 135: 355-359.
[89] Okada T, Ayata Y, Satou H, Yuasa M, Sekine I. The effect of impurity cations on the oxygen

reduction kinetics at platinum electrodes covered with perfluorinated onomer . J Phys Chem B, 2001, 105: 6980-6986.

[90] Kinumoto T, Inaba M, Nakayama Y, Ogata K, Umebayashi R, Tasaka A, Iriyama Y, Abe T, Ogumi Z. Durability of perfluorinated ionomer membrane against hydrogen peroxide. Power Sources, 2006, 158: 1222-1228.

[91] Guilminot E, Corcella A, Charlot F, Maillard F, Chatenet M. Detection of Pt ions and Pt nanoparticles inside the membrane of a used PEMFC. J Electrochem Soc, 2007, 154: B96-B105.

[92] Kobelev AV, Kobeleva RM, Ukhov VF. Durability of perfluorinated ionomer membrane against hydrogen peroxide. J Power Sources, 1978, 243: 692.

[93] Yu Y, Sun S, et al. Monodisperse MPt (M = Fe, Co, Ni, Cu, Zn) nanoparticles prepared from a facile oleylamine reduction of metal salts. Nano Lett, 2014, 14: 2778-2782.

[94] 候中军，衣宝廉．质子交换膜燃料电池性能衰减研究进展．电源技术，2005, 29: 482-487.

[95] Oezaslan M, Strasser P. Size-dependent morphology of dealloyed bimetallic catalysts: linking the nano to the macro scale J Am Chem Soc, 2012, 134: 514-524.

[96] Wang D, Yu Y, Abruna HD, et al. Tuning oxygen reduction reaction activity via controllable dealloying: a model study of ordered Cu_3Pt/C intermetallic nanocatalysts. Nano Lett, 2012, 12: 5230-5238.

[97] Snyder J, Mccue I, Erlebacher J, et al. Structure/processing/properties relationships in nanoporous nanoparticles as applied to catalysis of the cathodic oxygen reduction reaction. J Am Chem Soc, 2012, 134: 8633-8645.

[98] Chen S, Sheng WC, Yang SH, et al. Origin of oxygen reduction reaction activity on "Pt_3Co" nanoparticles: atomically resolved chemical compositions and structures. J Phys Chem C 2009, 113: 1109-1125.

[99] Yu Z, Zhang JL, Wagner FT, et al. Comparison between dealloyed $PtCo_3$ and $PtCu_3$ cathode catalysts for proton exchange membrane fuel cells. J Phys Chem C, 2012, 116: 19877-19885.

[100] Dutta I, Irish NP. Electrochemical and structural study of a chemically dealloyed PtCu oxygen reduction catalyst. J Phys Chem C, 2010, 114, 16309-16329.

[101] Liu Z, Wagner F T. Atomic-scale compositional mapping and 3-dimensional electron microscopy of dealloyed $PtCo_3$ catalyst nanoparticles with spongy multi-core/shell structures. J Electrochem Soc, 2012, 159, F554-F559.

[102] Gan L, Strasser P. Understanding and controlling nanoporosity formation for improving the stability of bimetallic fuel cell catalysts. Nano Lett, 2013, 13: 1131-1138.

[103] Carpenter MK, Moylan TE, Ratandeep Singh Kukreja, Mohammed H Atwan, Misle M Tessema. Solvothermal synthesis of platinum alloy nanoparticles for oxygen reduction electrocatalysis. J Am Chem Soc, 2012, 134: 8535-8542.

[104] Zhang J, Yang HZ, Fang JY, Zou SZ, et al Synthesis and oxygen reduction activity of shape-controlled Pt_3Ni nanopolyhedra. Nano Lett, 2010, 10: 638-644.

[105] Chen C, Yang P, Stamenkovic VR, Highly crystalline multimetallic nanoframes with three-dimensional electrocatalytic surfaces. Science, 2014, 343: 1339-1343.

[106] Oezaslan M, Hasché F, Strasser P. Pt-based core-shell catalyst architectures for oxygen fuel cell electrodes. J Phys Chem Lett, 2013, 4: 3273.

[107] Zhao D, Xu B. Enhancement of Pt utilization in electrocatalysts by using gold nanoparticles. Angew Chem, 2006, 118: 5077-5081.

[108] Zhao D, Xu B. Platinum covering of gold nanoparticles for utilization enhancement of Pt in electrocatalysts. Phys Chem Chem

Phys, 2006, 8: 5106-5114.

[109] Wang G, Xiao L, Zhuang L. Pt skin on AuCu intermetallic substrate: a strategy to maximize Pt utilization for fuel cells. J Am Chem Soc, 2014, 136: 9643-9649.

[110] Wang Y, Toshima N. Preparation of Pd-Pt bimetallic colloids with controllable core/shell structures. J Phys Chem B, 1997, 101: 5301-5306.

[111] Lim Y, Yoo SJ, Kim P. One-step synthesis of carbon-supported Pd@ Pt/C core–shell nanoparticles as oxygen reduction electrocatalysts and their enhanced activity and stability. Nanoscale, 2014, 6: 4038-4042.

[112] Zhou S, Varughese B, Eichhorn B, et al. Pt-Cu core-shell and alloy nanoparticles for heterogeneous NO(x) reduction: anomalous stability and reactivity of a core-shell nanostructure. Angewandte Chemie, 2005, 44(29): 4539.

[113] Chen Y, Chen S. Ni-Pt core-shell nanoparticles as oxygen reduction electrocatalysts: effect of Pt shell coverage. J Phys Chem C, 2011, 115: 24073-24079.

[114] Sasaki K, Naohara H, Cai Y, Choi YM, Liu P, Vukmirovic MB, Wang JX, Adzic RR. Protected platinum monolayer shell high stability electrocatalysts for fuel-cell Cathodes. Angew Chem Int Ed, 2010, 49: 8602-8607.

[115] Toda T, Igarashi H, Uchida H, Watanabe M. Enhancement of the electroreduction of oxygen on Pt alloys with Fe, Ni, and Co. J Electrochem Soc, 1999, 146: 3750-3756.

[116] Toda T, Watanabe M. Role of electronic property of Pt and Pt alloys on electrocatalytic reduction of oxygen. J Electrochem Soc, 1998, 145: 4185-4188.

[117] Stephens IEL, Bondarenko AS, Bech L, Chorkendorff I, Oxygen electroreduction Activity and X-Ray Photoelectron Spectroscopy of Platinum and Early Transition Metal Alloys. Chem Catal Chem, 2012, 4: 341-349.

[118] Stamenkovic VR, Markovic NM. Effect of surface composition on electronic structure, stability, and electrocatalytic properties of Pt-transition metal alloys: Pt-skin versus Pt-skeleton surfaces. J Am Chem Soc, 2006, 128: 8813-8819.

[119] Andersson KJ, Rossmeisl J, Chorkendorff I. Adsorption-driven surface segregation of the less reactive alloy component. J Am Chem Soc, 2009, 131: 2404-2407.

[120] Tao F, Somorjai GA. Reaction-driven restructuring of Rh-Pd and Pt-Pd core-shell nanoparticles. Science, 2008, 322: 932-934.

[121] Hammer B, Nørskov JK. Theoretical surface science and catalysis-calculations and concepts. Adv Catal, 2000, 45: 71-129.

[122] Mayrhofer KJJ, Arenz M. Adsorbate-Induced Surface Segregation for Core-Shell Nanocatalysts. Angew Chem Int Ed, 2009, 48: 3529-3531.

[123] Lee K, Jang JH. Reversible surface segregation of Pt in a Pt_3Au/C catalyst and its effect on the oxygen reduction reaction. J Phys Chem C, 2013, 117: 9164-9170.

[124] Bagotsky VS. Fuel Cells: Problems and Solutions. New York: Wiley, 2009.

[125] Chung Y, Pak C, Lee Y, Seung D. Understanding a degradation mechanism of direct methanol fuel cell using TOF-SIMS and XPS. J Phys Chem C, 2008, 112: 313-318.

[126] Park GS, Pak C, Lee Y, Seung D. Decomposition of Pt-Ru anode catalysts in direct methanol fuel cells. J Power Sources, 2008, 176: 484-489.

[127] Shao-Horn Y, Morgan D. Instability of supported platinum nanoparticles in low-temperature fuel cells. Top Catal, 2007, 46: 285-305.

[128] Antolini E, Gonzalez ER. Ceramic materials as supports for low-temperature fuel cell catalysts. Solid State Ionics, 2009, 180: 746-763.

[129] Subban CV, Wagner FT, DiSalvo FJ. Sol-gel

synthesis, electrochemical characterization, and stability testing of $Ti_{0.7}W_{0.3}O_2$ nanoparticles for catalyst support applications in proton-exchange membrane fuel cells. J Am Chem Soc, 2010, 132: 17531-17536.

[130] Huang SY, Ganesan P, ParkS, Popov BN. Development of a titanium dioxide-supported platinum catalyst with ultrahigh stability for polymer electrolyte membrane fuel cell applications. J Am Chem Soc, 2009, 131: 13898-13899.

[131] Jang SE, Kim H. Effect of water electrolysis catalysts on carbon corrosion in polymer electrolyte membrane fuel cells. J Am Chem Soc, 2010, 132: 14700-14701.

[132] Sun S, Dodelet JP. Template-and surfactant-free room temperature synthesis of self-assembled 3D Pt nanoflowers from single-crystal nanowires. Adv Mater, 2008, 20: 571-574.

[133] Koenigsmann C, Adzic RR, Wong SS. Size-dependent enhancement of electrocatalytic performance in relatively defect-free, processed ultrathin platinum nanowires. Nano Lett, 2010, 10: 2806-2811.

[134] Chen Z, Yan Y. Supportless Pt and PtPd nanotubes as electrocatalysts for oxygen-reduction reactions. Angew Chem Int Ed, 2007, 46: 4060-4063.

[135] Alia SM, Zhang G, Yan YS. Porous platinum nanotubes for oxygen reduction and methanol oxidation reactions. Adv Funct Mater, 2010, 20; 3742-3746.

[136] SongYJ, et al. Foamlike nanostructures created from dendritic platinum sheets on liposomes[J]. Chemistry of Materials, 2006, 18(9): 2335-2346.

[137] Song Y, Shelnutt JA. Evolution of dendritic platinum nanosheets into ripening-resistant holey sheets. Nano Lett, 2009, 9: 1534-1539.

[138] Liang HW, Yu SH. A free-standing pt-nanowire membrane as a highly stable electrocatalyst for the oxygen reduction reaction. Adv Mater, 2011, 23: 1467-1471.

[139] Lim B, Xia Y. Pd-Pt bimetallic nanodendrites with high activity for oxygen reduction. Science, 2009, 324: 1302-1305.

[140] Lin ZH, Lin MH, et al. Facile synthesis of catalytically active platinum nanosponges, nanonetworks, and nanodendrites. Chemistry—A European Journal, 2009, 15: 4656-4662.

[141] Alia SM, Pivovar BS. Platinum-coated nickel nanowires as oxygen-reducing electrocatalysts. ACS Catal, 2014, 4: 1114-1119.

[142] Zhang J, Sasaki K, Sutter E, Adzic RR. Stabilization of platinum oxygen-reduction electrocatalysts using gold clusters. Science, 2007, 315: 220-222.

[143] Tong YJ. Unconventional promoters of catalytic activity in electrocatalysis. Chem Soc Rev, 2012, 41: 8195-8209.

[144] Escribano ME, Cuesta A. Quantitative study of non-covalent interactions at the electrode-electrolyte interface using cyanide-modified Pt (111) Electrodes. Chem Phys Chem, 2011, 12, 2230-2234.

[145] Strmcnik D, Escudero-Escribano M, Kodama K, et al. Enhanced electrocatalysis of the oxygen reduction reaction based on pattering of platinum surfaces with cyanide. Nature Chemistry, 2010, 2 (10): 880.

[146] Genorio B, Subbaraman R, Strmcnik D, et al. Tailoring the selectivity and stability of chemically modified platinum nanocatalysts to design highly durable anodes for PEM fuel cells. Angewandte Chemie International Edition, 2011, 50 (24): 5468-5472.

[147] Joshua S, Kenneth L, Jonah E. Oxygen reduction reaction performance of [MTBD][beti]-encapsulated nanoporous NiPt alloy nanoparticles. Adv Funct Mater, 2013, 23: 5494-5501.

[148] Takenaka S, Matsumori H, Nakagawa K. Improvement in the durability of Pt

electrocatalysts by coverage with silica layers. J Phys Chem C, 2007, 111: 15133-15136.

[149] Wen ZH, Liu J, Li JH. Core/shell Pt/C nanoparticles embedded in mesoporous carbon as a methanol-tolerant cathode catalyst in direct methanol fuel cells. Adv Mater, 2008, 20: 743-747.

[150] Chen S, Wei ZD, Wan LJ, et al. Nanostructured polyaniline-decorated Pt/C@ PANI core–shell catalyst with enhanced durability and activity. J Am Chem Soc, 2012, 134, 13252-13255.

[151] Li L, Qi XQ, Xia MR, Chen SG, Wei ZD. Density functional theory study of electronic structure and catalytic activity for Pt/C catalyst covered by polyaniline. Scientia Sinica Chimica, 2013, 43, 1566-1577.

[152] Nie Y, Chen SG, Wei ZD. Pt/C trapped in activated graphitic carbon layers as a highly durable electrocatalyst for the oxygen reduction reaction. Chem Commun, 2014, 50, 15431-15434.

[153] Kang M, Bae YS, Lee CH. Effect of heat treatment of activated carbon supports on the loading and activity of Pt catalyst. Carbon, 2005, 43: 1512-1516.

[154] Coloma F, Sepulveda-E A, Rodriguez-R F. Heat-Treated Carbon-Blacks as Supports for Platinum Catalysts. J Catal, 1995, 154: 299-305.

[155] Mathias MF, Yu PT. Two fuel cell cars in every garage. Electrochem Soc Interface, 2005, 14: 24-35.

[156] YuX, YeS. Recent advances in activity and durability enhancement of Pt/C catalytic cathode in PEMFC: Part II: Degradation mechanism and durability enhancement of carbon supported platinum catalyst. J Power Sources, 2007, 172: 145-154.

[157] Coloma F. Heat-treated carbon-blacks as supports for platinum catalysts. Catal, 1995, 154: 299-305.

[158] Cuong NT. Structural and electronic properties of Pt*n* (*n*= 3, 7, 13) clusters on metallic single wall carbon nanotube. Phys Status Solidi, 2006, 13: 3472-3475.

[159] Banham D, Briss V. First time investigation of Pt nanocatalysts deposited inside carbon mesopores of controlled length and diameter. J Mater Chem, 2012, 22: 7164-7171.

[160] Fang B, Yu JS. Ordered hierarchical nanostructured carbon as a highly efficient cathode catalyst support in proton exchange membrane fuel cell. Chem Mater, 2009, 21: 789-796.

[161] Johnston KP. Highly stable Pt/ordered graphitic mesoporous carbon electrocatalysts for oxygen reduction. J Phys Chem C, 2010, 114: 10796-10805.

[162] Mayrhofer KJJ, Schüth F. Toward highly stable electrocatalysts via nanoparticle pore confinement. J Am Chem Soc, 2012, 134: 20457-20465.

[163] Chen S, Wei Z, Guo L, et al. Enhanced dispersion and durability of Pt nanoparticles on a thiolated CNT support. Chemical Communications, 2011, 47(39): 10984-10986.

[164] Li L, Chen SG, Wei ZD, et al. Experimental and DFT study of thiol-stabilized Pt/CNTs catalysts. Phys Chem Chem Phys, 2012, 14: 16581-16587.

[165] Wang S, Jiang S, Wang X. Polyelectrolyte functionalized carbon nanotubes as a support for noble metal electrocatalysts and their activity for methanol oxidation. Nanotechnology, 2008, 19: 265601.

[166] Li X, Park S, Popov B N. Highly stable Pt and PtPd hybrid catalysts supported on a nitrogen-modified carbon composite for fuel cell application [J]. Journal of Power Sources, 2010, 195(2): 445-452.

[167] Huang K, Sasaki K, Adzic RR, et al. Increasing Pt oxygen reduction reaction activity and durability with a carbon-doped TiO_2 nanocoating catalyst support. J Mater Chem, 2012, 22: 16824-16832.

[168] Lei M, Yang TZ, Wang WJ, et al. Self-

assembled mesoporous carbon sensitized with ceria nanoparticles as durable catalyst support for PEM fuel cell. Int J Hydrogen Energy, 2013, 38: 205-211.

[169] Xia BJ, Wang B, Wu HB, et al. Sandwich-structured TiO_2-Pt-graphene ternary hybrid electrocatalysts with high efficiency and stability. J Mater Chem, 2012, 22: 16499-16505.

[170] Zhang L, Wang LY, Holt CMB, et al. Highly corrosion resistant platinum–niobium oxide–carbon nanotube electrodes for the oxygen reduction in PEM fuel cells. Energy Environ Sci, 2012, 5: 6156-6172.

[171] Jin H, Zhang HM, Zhong HX, et al. Nitrogen-doped carbon xerogel: A novel carbon-based electrocatalyst for oxygen reduction reaction in proton exchange membrane (PEM) fuel cells. Energy Environ Sci, 2011, 4: 3389-3394.

[172] Wang J, Chen Y, Zhang Y, et al. 3D boron doped carbon nanorods/carbon-microfiber hybrid composites: synthesis and applications in a highly stable proton exchange membrane fuel cell. Journal of Materials Chemistry, 2011, 21(45):18195-18198.

[173] Xia BY, Ding SJ, Wu HB, et al. Hierarchically structured Pt/CNT@TiO_2 nanocatalysts with ultrahigh stability for low-temperature fuel cells. RSC Adv, 2012, 2: 792-796.

[174] Shao YY, Liu J, Wang Y, Lin YH. Novel catalyst support materials for PEM fuel cells: current status and future prospects. J Mater Chem, 2009, 19, 46-59.

[175] Sharma S, Pollet BG. Support materials for PEMFC and DMFC electrocatalysts-A review. J Power Sources, 2012, 208: 96-119.

[176] Liu Y, Shrestha S, Mustain WE. Synthesis of nanosize tungsten oxide and its evaluation as an electrocatalyst support for oxygen reduction in acid media. ACS Catal, 2012, 2: 456-463.

[177] Cui X, Shi J, Chen H, Zhang L. Platinum/mesoporous WO_3 as a carbon-free electrocatalyst with enhanced electrochemical activity for methanol oxidation. J Phys Chem B, 2008, 112: 12024-12031.

[178] Rajeswari J, Viswanathan B, Varadarajan TK. Tungsten trioxide nanorods as supports for platinum in methanol oxidation. Mater Chem Phys, 2007, 106: 168-174.

[179] Huang S, Ganesan P, Popov BN. Electrocatalytic activity and stability of Titania-supported platinum–palladium electrocatalysts for polymer electrolyte membrane fuel cell. ACS Catal, 2012, 2: 825-831.

[180] Yao C, Li F, Li X, et al. Fiber-like nanostructured Ti_4O_7 used as durable fuel cell catalyst support in oxygen reduction catalysis. Journal of Materials Chemistry, 2012, 22 (32): 16560-16565.

[181] Senevirathne K, Hui R, Campbell S. Electrocatalytic activity and durability of Pt/NbO_2 and Pt/Ti_4O_7 nanofibers for PEM fuel cell oxygen reduction reaction. Electrochim Acta, 2012, 59: 538-547.

[182] Liu H, Wang F, Zhao Y, Fong H. Mechanically resilient electrospun TiC nanofibrous mats surface-decorated with Pt nanoparticles for oxygen reduction reaction with enhanced electrocatalytic activities. Nanoscale, 2013, 5: 3643-3647.

[183] Liu Y, Mustain WE, High stability, high activity Pt/ITO oxygen reduction electrocatalysts. J Am Chem Soc, 2013, 135: 530-533.

[184] Chhina H, Campbell S. An oxidation-resistant indium tin oxide catalyst support for proton exchange membrane fuel cells. J Power Sources, 2006, 161: 893-900.

[185] Lo CP, Ramani V. SiO_2-RuO_2: a stable electrocatalyst support. ACS Appl Mater Interfaces, 2012, 4: 6109-6116.

[186] Toyoda E, Jinnouchi R. Catalytic activity of Pt/TaB_2 (0001) for the oxygen reduction reaction. Angew Chem Int Ed, 2013, 52:

4137-4140.

[187] Huang SY, Ganesan P, Popov BN, et al. Development of a titanium dioxide-supported platinum catalyst with ultrahigh stability for polymer electrolyte membrane fuel cell applications. J Am Chem Soc, 2009, 131: 13898-13899.

[188] Cerri I, Nagami T, Davies J, et al. Innovative catalyst supports to address fuel cell stack durability. Int J Hydrogen Energy, 2013, 38: 640-645.

[189] Subban CV, Zhou Q, Hu A, et al. Sol-gel synthesis, electrochemical characterization, and stability testing of $Ti_{0.7}W_{0.3}O_2$ nanoparticles for catalyst support applications in proton-exchange membrane fuel cells. J Am Chem Soc, 2010, 132: 17531-17536.

[190] Ho VT, Pan CJ, Hwang B, et al. Nanostructured $Ti_{0.7}Mo_{0.3}O_2$ support enhances electron transfer to pt: high-performance catalyst for oxygen reduction reaction. J Am Chem Soc, 2011, 133: 11716-11724.

[191] Xie XH, Chen SG, Wei ZD, et al. An extraordinarily stable catalyst: Pt NPs supported on two-dimensional $Ti_3C_2X_2$ (X = OH, F) nanosheets for oxygen reduction reaction. Chem Commun, 2013, 49: 10112-10114.

[192] Xie XH, Xue Y, Li L, Wei ZD, et al. Surface Al leached Ti_3AlC_2 as a substitute for carbon for use as a catalyst support in a harsh corrosive electrochemical system. Nanoscale, 2014, 6: 11035-11040.

[193] Xiao L, Zhuang L, Liu Y. Activating Pd by morphology tailoring for oxygen reduction. J Am Chem Soc, 2008, 131 (2): 602-608.

[194] Sha Y, Yu TH, Merinov BV. Oxygen hydration mechanism for the oxygen reduction reaction at Pt and Pd fuel cell catalysts. J Phys Chem Lett, 2011, 2 (6): 572-576.

[195] Antolini E. Palladium in fuel cell catalysis. Energy Environ Sci, 2009, 2: 915-931.

[196] Suo Y, Zhuang L, Lu JT. First-principles considerations in the design of Pd-alloy catalysts for oxygen reduction. Angew Chem Int Ed, 2007, 46: 2862-2864.

[197] Wei YC, Liu CW, Wang KW. Improvement of oxygen reduction reaction and methanol tolerance characteristics for PdCo electrocatalysts by Au alloying and CO treatment. Chem Commun, 2011, 47: 11927-11929.

[198] Shao MH, Sasaki K, Adzic RR: Pd-Fe nanoparticles as electrocatalysts for oxygen reduction. J Am Chem Soc, 2006, 128: 3526-3527.

[199] Xu C, Zhang Y, Wang L, Xu L, Bian X, Ma H, Ding Y. Nanotubular mesoporous PdCu bimetallic electrocatalysts toward oxygen reduction reaction. Chem Mater, 2009, 21: 3110-3116.

[200] FernaÂndez JoseÂ L, Raghuveer V, Manthiram A, Bard AJ. Pd-Ti and Pd-Co-Au electrocatalysts as a replacement for platinum for oxygen reduction in proton exchange membrane fuel cells. J Am Chem Soc, 2005, 127: 13100-13101.

[201] Liu Y, Xu C. Nanoporous PdTi alloys as non-platinum oxygen-reduction reaction electrocatalysts with enhanced activity and durability. Chem Sus Chem, 2013, 1: 78-84

[202] Shao M, Yu T, Odell JH. Structural dependence of oxygen reduction reaction on palladium nanocrystals. Chem Commun, 2011, 47: 6566-6568.

[203] Shao M, Odell J, Humbert M. Electrocatalysis on shape-controlled palladium nanocrystals: oxygen reduction reaction and formic acid oxidation. J Phys Chem C, 2013, 117: 4172-4180.

[204] Zhang L, Hou F, Tan Y W. Shape-tailoring of CuPd nanocrystals for enhancement of electro-catalytic activity in oxygen reduction reaction. Chem Commun, 2012, 48: 7152-7154.

[205] Kondo S, Nakamura M, Maki N, Hoshi N.

Active sites for the oxygen reduction reaction on the low and high index planes of palladium. J Phys Chem C, 2009, 113: 12625-12628.

[206] Xiao L, Zhuang L, Liu Y, Lu J, Abruna HD. Activating Pd by morphology tailoring for oxygen reduction. J Am Chem Soc, 2009, 131: 602-608.

[207] Schalow T, Brandt B, Starr DE, Laurin M, et al. Size-dependent oxidation mechanism of supported Pd nanoparticles. Angew Chem Int Ed, 2006, 45: 3693-3697.

[208] Ding W, Xia M, Wei Z, Wan L. Enhanced stability and activity with Pd-O junction formation and electronic structure modification of palladium nanoparticles supported on exfoliated montmorillonite for the oxygen reduction reaction. Chem Commun, 2014, 50: 6660-6663.

[209] Xia MR, Ding W, Wei ZD. Anchoring effect of exfoliated-montmorillonite-supported Pd catalyst for the oxygen reduction reaction. J Phys Chem C, 2013, 117: 10581-10588.

[210] Jasinski R. A new fuel cell cathode catalyst. Nature, 1964, 201: 1212-1213.

[211] Beck F. Redox mechanism of chelate-catalyzed oxygen cathode. J Appl Electrochem, 1977, 7: 239-245.

[212] Yeager E. Electrocatalysts for O_2 reduction. Electrochim Acta, 1984, 29: 1527-1537.

[213] Liu H, Song C, Tang Y, Zhang J. High-surface-area CoTMPP/C synthesized by ultrasonic spray pyrolysis for PEM fuel cell electrocatalysts. Electrochim Acta, 2007, 52: 4532-4538.

[214] Ren Q, Max, et al, Heat-treated metalloporphyrin compounds supported on different carbons as electrocatalyst for oxygen reduction. Journal of Chemical Industry and Engineering, 2006, 57 (11): 2597-2603.

[215] Lefèvre M, Proietti E, Jaouen F, Dodelet JP. Iron-based catalysts with improved oxygen reduction activity in polymer electrolyte fuel cells. Science, 2009, 324: 71-74.

[216] Deng D, Yu L, Chen X, Wang G, Jin L, Pan X, Deng J, Sun G, Bao X. Iron encapsulated within pod-like carbon nanotubes for oxygen reduction reaction. Angew Chem Int Ed, 2013, 52: 371-375.

[217] 万术伟, 张靖, 邓棚. Research progress of non-platinum Fe/N/C and Co/N/C cathode electrocatalyst for fuel cell. 电源技术, 2010, 34 (10): 1087-1092.

[218] Proietti E, Jaouen F, Lefèvre M, et al. Iron-based cathode catalyst with enhanced power density in polymer electrolyte membrane fuel cells. Nat Commun, 2011, 2: 416.

[219] Xiao H, Shao ZG, Zhang G, Gao Y, Lu W, Yi B. Fe-N-carbon black for the oxygen reduction reaction in sulfuric acid. Carbon, 2013, 57: 443-451.

[220] Wohlgemuth SA, Fellinger TP, Jäker P. Tunable nitrogen-doped carbon aerogels as sustainable electrocatalysts in the oxygen reduction reaction. Journal of Materials Chemistry A, 2013, 1: 4002-4009.

[221] Su P, Xiao H, Zhao J, Yao Y, Shao Z, Li C, Yang Q. Nitrogen-doped carbon nanotubes derived from Zn-Fe-ZIF nanospheres and their application as efficient oxygen reduction electrocatalysts with in situ generated iron species. Chem Sci, 2013, 4: 2941-2946.

[222] Wu G, More KL, Johnston CM, Zelenay P. High-performance electrocatalysts for oxygen reduction derived from polyaniline, iron, and cobalt. Science, 2011, 332: 443-447.

[223] Zhang P, Sun F, Xiang Z, Shen Z, Yun J, Cao D. ZIF-derived in situ nitrogen-doped porous carbons as efficient metal-free electrocatalysts for oxygen reduction reaction. Energy Environ Sci, 2014, 7: 442-450.

[224] Wu ZS, Chen L, Liu J, Parvez K, Liang H, Shu J, Sachdev H, Graf R, Feng X, Müllen K. High-performance electrocatalysts for oxygen

reduction derived from cobalt porphyrin-Based conjugated mesoporous polymers. Adv Mater, 2013, 26: 1450-1455.

[225] Lee JS, Park GS, Kim ST. A highly efficient electrocatalyst for the oxygen reduction reaction: N-doped Ketjen black incorporated into Fe/Fe_3C-functionalized melamine foam. Angewandte Chemie, 2013, 125: 1060-1064.

[226] Wu G, Johnston CM, Mack NH, Artyushkova K, Ferrandon M, Nelson M, Lezama-Pacheco JS, Conradson SD, More KL, Myers DJ, Zelenay P. Synthesis-structure-performance correlation for polyaniline-Me-C non-precious metal cathode catalysts for oxygen reduction in fuel cells. J Mater Chem, 2011, 21: 11392-11405.

[227] Ai K, Liu Y, Ruan C, Lu L, Lu G. Sp^2 C-dominant N-doped carbon sub-micrometer spheres with a tunable size: A versatile platform for highly efficient oxygen-reduction catalysts. Adv Mater, 2013, 25: 998-1003.

[228] Shao MH, Adzic RR. Pd-Fe nanoparticles as electrocatalysts for palladium alloy electrocatalysts for oxygen reduction. Langmuir, 2006, 22, 10409-10415.

[229] 李贽，周彦方，邱鹏，et al. Preparation of Co-based non-noble metal catalyst and its electrocatalytic activity for oxygen reduction. 科学通报，2009, 54: 881-887.

[230] Wu G, Zelenay P. Nitrogen-doped graphene-rich catalysts derived from heteroatom polymers for oxygen reduction in nonaqueous lithium-O_2 battery cathodes. ACS Nano, 2012, 6: 9764-9776.

[231] 张玉晖，易清风. Effect of Fe/Co mass ratio on activity of non-noble metal catalyst for oxygen reduction reaction. 化工学报，2014, 65: 2113-2119.

[232] Wang Y, Nie Y, Wei ZD, et al. Unification of catalytic oxygen reduction and hydrogen evolution reactions: highly dispersive Co nanoparticles encapsulated inside Co and nitrogen co-doped carbon. Chemical Communications, 2015, 54 (43): 8942.

[233] Ohms D, Herzog S, Franke R, Neumann V, Wiesener K, Gamburcev S, Kaisheva A, Iliev I. Influence of metal ions on the electrocatalytic oxygen reduction of carbon materials prepared from pyrolyzed polyacrylonitrile. J Power Sources, 1992, 38: 327-334.

[234] Kramm UI, Dodelet JP. Structure of the catalytic sites in Fe/N/C-catalysts for O_2-reduction in PEM fuel cell. Phys Chem Chem Phys, 2012, 14: 11673-11688.

[235] Kattel S, Wang G. Reaction pathway for oxygen reduction on FeN_4 embedded graphene. J Phys Chem Lett, 2014, 5: 452-456.

[236] Nallathambi V, Lee JW, Kumaraguru SP, Wu G. Development of high performance carbon composite catalyst for oxygen reduction reaction in PEM Proton Exchange Membrane fuel cells. J Power Sources, 2008, 183: 34-42.

[237] Chen X, Sun S, Xia D. DFT Study of polyaniline and metal composites as nonprecious metal catalysts for oxygen reduction in fuel cells. J Phys Chem C, 2012, 116 (43): 22737-22742.

[238] Liang HW, Feng X, Müllen K. Mesoporous metal-nitrogen-doped carbon electrocatalysts for highly efficient oxygen reduction reaction. J Am Chem Soc, 2013, 135: 16002-16005.

[239] Faubert G, Cote R, Dodelet JP, Lefèvre M, Bertrand P. Oxygen reduction catalysts for polymer electrolyte fuel cells from the pyrolysis of Fe^{II} acetate adsorbed on 3, 4, 9, 10-perylenetetracarboxylic dianhydride. Electrochim Acta, 1999, 44: 2589-2603.

[240] Zhang F, Pan X, Hu Y, Yu L, Chen X, Jiang P, Zhang H, Deng S, Zhang J, Bolin T B, Zhang S, Huang Y, Bao X, Natl Proc. Tuning the redox activity of encapsulated metal clusters via the metallic and semiconducting character of carbon nanotube. Acad Sci USA , 2013, 110:

14861-14866.
[241] Chen W, Fan Z, Pan X, Bao X. Effect of confinement in carbon nanotubes on the activity of fischer-tropsch iron catalyst. J Am Chem Soc, 2008, 130: 9414-9419.
[242] Hu Y, Xing W, Li Q. Hollow spheres of iron carbide nanoparticles encased in graphitic layers as oxygen reduction catalysts. Angew Chem Int Ed, 2014, 53 (14): 3675-3679.
[243] Wu G, Li N, Zhou DR. Anodically electrodeposited Co+Ni mixed oxide electrode: preparation and electrocatalytic activity for oxygen evolution in alkaline media. J Solid State Chem, 2004, 177: 3682-3692.
[244] Liang Y, Dai H. Co_3O_4 nanocrystals on graphene as a synergistic catalyst for oxygen reduction reaction. Nature Materials, 2011, 10: 780-786.
[245] Liang Y, Dai H. Covalent hybrid of spinel manganese–cobalt oxide and graphene as advanced oxygen reduction electrocatalysts. J Am Chem Soc, 2012, 134: 3517-3523.
[246] Liang YY, Wang HL, Xie L, Zhou J, Wang J, Wei F, Dai H, et al. Oxygen reduction electrocatalyst based on strongly coupled cobalt oxide nanocrystals and carbon nanotubes. J Am Chem Soc, 2012, 134: 15849-15857.
[247] Liang Y, Li Y, Wang H, Zhou J, Wang J, Regier T, Dai H. Co_3O_4 nanocrystals on graphene as a synergistic catalyst for oxygen reduction reaction. Nat Mater, 2011, 10: 780-786.
[248] Liang Y, Li Y, Wang H, Zhou J, Wang J, Regier T, Dai H. Covalent hybrid of spinel manganese-cobalt oxide and graphene as advanced oxygen reduction electrocatalysts. J Am Chem Soc, 2012, 134: 3517-3523.
[249] Zhu H, Zhang S, Huang Y, Wu L, Sun S. Monodisperse $M_xFe_{3-x}O_4$ (M = Fe, Cu, Co, Mn) nanoparticles and their electrocatalysis for oxygen reduction reaction. Nano Lett, 2013, 13: 2947-2951.
[250] Wang Y, Ding W, Chen S, Nie Y, Xiong K, Wei ZD. Cobalt carbonate hydroxide/C: an efficient dual electrocatalyst for oxygen reduction/evolution reactions. Chem Commun, 2014, 50: 15529-15532.
[251] Wu G, Zelenay P. Titanium dioxide-supported non-precious metal oxygen reduction electrocatalyst. Chem Commun, 2010, 46: 7489-7491.
[252] Sasaki K, Adzic R R. Niobium oxide-supported platinum ultra-low amount electrocatalysts for oxygen reduction. Phys Chem Chem Phys, 2008, 10: 159-167.
[253] Imai H. Structural defects working as active oxygen-reduction sites in partially oxidized Ta-carbonitride core-shell particles probed by using surface-sensitive conversion-electron-yield *x*-ray absorption spectroscopy. Appl Phys Lett, 2010, 96: 191905.
[254] Suntivich J, Gasteige HA, Yabuuchi N, Nakanishi H, Goodenough JB, Shao-Horn Y. A perovskite oxide optimized for oxygen evolution catalysis from molecular orbital principles. Nat Chem, 2011, 334: 1383-1385.
[255] Risch M, Horn YS. $La_{0.8}Sr_{0.2}MnO_{3-\delta}$decorated with $Ba_{0.5}Sr_{0.5}Co_{0.8}Fe_{0.2}O_{3-\delta}$: A bifunctional surface for oxygen electrocatalysis with enhanced stability and activity. J Am Chem Soc, 2014, 136: 5229-5232.
[256] Feng YJ, Alonso-Vante N. Nonprecious metal catalysts for the molecular oxygen-reduction reaction. Phys Status Solidi B, 2008, 245: 1792-1806.
[257] behret H, Binder H, Sandstede G. Electrocatalytic oxygen reduction with thiospinels and other sulphides of transition metals. Electrochim Acta, 1975, 20: 111-117.
[258] Feng YJ, He T, Alonso-Vante N. In situ free-surfactant synthesis and ORR-electrochemistry of carbon-supported Co_3S_4 and $CoSe_2$ nanoparticles. Chem Mater, 2007, 20: 26-28.
[259] Sidik RA, Anderson AB. Co_9S_8 as a catalyst

for electroreduction of O_2: quantum chemistry predictions. The Journal of Physical Chemistry B, 2006, 110: 936-941.
[260] Wang H, Liang Y, Li Y. $Co_{1-x}S$-graphene hybrid: A high-performance metal chalcogenide electrocatalyst for oxygen reduction. Angewandte Chemie International Edition, 2011, 50: 10969-10972.
[261] Feng YJ, He T, Alonso-Vante N. Carbon-supported $CoSe_2$ nanoparticles for oxygen reduction reaction in acid Medium. Fuel Cells, 2010, 10: 77-83.
[262] Zhou YX, Yao HB, Wang Y. Hierarchical hollow Co_9S_8 microspheres: solvothermal synthesis, magnetic, electrochemical, and electrocatalytic properties. Chemistry—A European Journal, 2010, 16: 12000-12007.
[263] Wu G, Chung HT, Nelson M. Graphene-riched Co_9S_8-NC non-precious metal catalyst for oxygen reduction in alkaline media. ECS Transactions, 2011, 41: 1709-1717.
[264] Wang H, Liang Y, Li Y. $Co_{1-x}S$-graphene hybrid: A high-performance metal chalcogenide electrocatalyst for oxygen reduction. Angewandte Chemie International Edition, 2011, 50: 10969-10972.
[265] Ham DJ, Lee JS. Transition metal carbides and nitrides as electrode materials for low temperature fuel cells. Energies, 2009, 2: 873-899.
[266] Zhong H, Zhang H, Liu G. A novel non-noble electrocatalyst for PEM fuel cell based on molybdenum nitride. Electrochemistry Communications, 2006, 8: 707-712.
[267] Xia D, Liu S, Wang Z. Methanol-tolerant MoN electrocatalyst synthesized through heat treatment of molybdenum tetraphenylporphyrin for four-electron oxygen reduction reaction. Journal of Power Sources, 2008, 177: 296-302.
[268] Kim J H, Ishihara A, Mitsushima S. Catalytic activity of titanium oxide for oxygen reduction reaction as a non-platinum catalyst for PEFC. Electrochimica acta, 2007, 52: 2492-2497.
[269] Ishihara A, Lee K, Doi S. Tantalum oxynitride for a novel cathode of PEFC. Electrochemical and Solid-State Letters, 2005, 8: A201-A203.
[270] Ando T, Izhar S, Tominaga H. Ammonia-treated carbon-supported cobalt tungsten as fuel cell cathode catalyst. Electrochimica Acta, 2010, 55: 2614-2621.
[271] Cao B, Veith GM, Diaz RE, et al. Cobalt molybdenum oxynitrides: synthesis, structural characterization, and catalytic activity for the oxygen reduction reaction. Angewandte Chemie, 2013, 125: 10953-10957.
[272] Yang L, Jiang S, Zhao Y, et al. Boron-doped carbon nanotubes as metal-free electrocatalysts for the oxygen reduction reaction. Angewandte Chemie, 2011, 123: 7270-7273.
[273] Gong K, Du F, Xia Z, et al. Nitrogen-doped carbon nanotube arrays with high electrocatalytic activity for oxygen reduction. Science, 2009, 323: 760-764.
[274] Qu L, Liu Y, Baek JB. Nitrogen-doped graphene as efficient metal-free electrocatalyst for oxygen reduction in fuel cells. ACS Nano, 2010, 4: 1321-1326.
[275] Yu D, Zhang Q, Dai L. Highly efficient metal-free growth of nitrogen-doped single-walled carbon nanotubes on plasma-etched substrates for oxygen reduction. Journal of the American Chemical Society, 2010, 132: 15127-15129.
[276] Sheng ZH, Shao L, Chen JJ. Catalyst-free synthesis of nitrogen-doped graphene via thermal annealing graphite oxide with melamine and its excellent electrocatalysis. ACS Nano, 2011, 5: 4350-4358.
[277] Liu R, Wu D, Feng X. Nitrogen-doped ordered mesoporous graphitic arrays with high electrocatalytic activity for oxygen reduction. Angewandte Chemie, 2010, 122: 2619-2623.
[278] Xiong C, Wei Z, Hu B. Nitrogen-doped carbon

nanotubes as catalysts for oxygen reduction reaction. Journal of Power Sources, 2012, 215: 216-220.

[279] Yang Z, Yao Z, Li G. Sulfur-doped graphene as an efficient metal-free cathode catalyst for oxygen reduction. ACS Nano, 2011, 6: 205-211.

[280] Yang DS, Bhattacharjya D, Inamdar S. Phosphorus-doped ordered mesoporous carbons with different lengths as efficient metal-free electrocatalysts for oxygen reduction reaction in alkaline media. Journal of the American Chemical Society, 2012, 134: 16127-16130.

[281] Liu ZW, Peng F, Wang HJ. Phosphorus-doped graphite layers with high electrocatalytic activity for the O_2 reduction in an alkaline medium. Angewandte Chemie, 2011, 123: 3315-3319.

[282] Sun X, Zhang Y, Song P. Fluorine-doped carbon blacks: highly efficient metal-free electrocatalysts for oxygen reduction reaction. ACS Catalysis, 2013, 3 1726-1729.

[283] Choi CH, Park SH, Woo SI. Phosphorus–nitrogen dual doped carbon as an effective catalyst for oxygen reduction reaction in acidic media: effects of the amount of P-doping on the physical and electrochemical properties of carbon. Journal of Materials Chemistry, 2012, 22: 12107-12115.

[284] Liang J, Jiao Y, Jaroniec M. Sulfur and nitrogen dual-doped mesoporous graphene electrocatalyst for oxygen reduction with synergistically enhanced performance. Angewandte Chemie International Edition, 2012, 51: 11496-11500.

[285] Zheng Y, Jiao Y, Ge L. Two-step boron and nitrogen doping in graphene for enhanced synergistic catalysis. Angewandte Chemie, 2013, 125: 3192-3198.

[286] Wang S, Zhang L, Xia Z. BCN graphene as efficient metal-Free electrocatalyst for the oxygen reduction reaction. Angewandte Chemie International Edition, 2012, 51: 4209-4212.

[287] Zhang L, Xia Z. Mechanisms of oxygen reduction reaction on nitrogen-doped graphene for fuel cells. The Journal of Physical Chemistry C, 2011, 115: 11170-11176.

[288] Luo Z, Lim S, Tian Z. Pyridinic N doped graphene: synthesis, electronic structure, and electrocatalytic property. Journal of Materials Chemistry, 2011, 21: 8038-8044.

[289] Rao CV, Cabrera CR, Ishikawa Y. In search of the active site in nitrogen-doped carbon nanotube electrodes for the oxygen reduction reaction. The Journal of Physical Chemistry Letters, 2010, 1: 2622-2627.

[290] Unni SM, Devulapally S, Karjule N. Graphene enriched with pyrrolic coordination of the doped nitrogen as an efficient metal-free electrocatalyst for oxygen reduction. Journal of Materials Chemistry, 2012, 22: 23506-23513.

[291] Jin Z, Yao J, Kittrell C. Large-scale growth and characterizations of nitrogen-doped monolayer graphene sheets. ACS Nano, 2011, 5: 4112-4117.

[292] Gao F, Zhao GL, Yang S. Nitrogen-doped fullerene as a potential catalyst for hydrogen fuel cells. Journal of the American Chemical Society, 2013, 135: 3315-3318.

[293] Zhao Y, Watanabe K, Hashimoto K. Self-Supporting Oxygen reduction electrocatalysts made from a nitrogen-rich network polymer. J Am Chem Soc, 2012, 134: 19528-19531.

[294] Deng DH, Pan XL, Yu L, et al. Toward N-doped graphene via solvothermal synthesis. Chem Mater, 2011, 23, 1188-1193.

[295] Liu RL, Wu DQ, Feng XL, Müllen K. Nitrogen-doped ordered mesoporous graphitic arrays with high electrocatalytic activity for oxygen reduction. Angewandte Chemie, 2011, 122: 2619-2623.

[296] Proietti E, Jaouen F, Lefèvre M. Iron-based cathode catalyst with enhanced power density in polymer electrolyte membrane fuel cells. Nat

Commun, 2011, 2: 416.
[297] Yuan S, Shui JL, Grabstanowicz L. A Highly active and support-free oxygen reduction catalyst prepared from ultrahigh-surface-area porous polyporphyrin. Angew Chem, 2013, 125: 8507-8511.
[298] Tian J, Morozan A, Sougrati MT. Optimized synthesis of Fe/N/C cathode catalysts for PEM fuel cells: a matter of iron-ligand coordination strength. Angew Chem Int Ed, 2013, 52: 6867.
[299] Kundu S, Nagaiah TC, Xia W. Electrocatalytic activity and stability of nitrogen-containing carbon nanotubes in the oxygen reduction reaction. The Journal of Physical Chemistry C, 2009, 113: 14302-14310.
[300] A Dorjgotov, J Ok, K Jeon Y. Activity and active sites of nitrogen-doped carbon nanotubes for oxygen reduction reaction. J Appl Electrochem, 2013, 43: 387-397.
[301] Sidik RA, Anderson AB, Subramanian NP. O_2 reduction on graphite and nitrogen-doped graphite: experiment and theory. The Journal of Physical Chemistry B, 2006, 110: 1787-1793.
[302] Ding W, Wei Z, Chen S. Space-confinement-induced synthesis of pyridinic and pyrrolic-nitrogen-doped graphene for the catalysis of oxygen reduction. Angewandte Chemie, 2013, 125: 11971-11975.
[303] Ignaszak A, Ye S, Gyenge E. A study of the catalytic interface for O_2 electroreduction on Pt: The interaction between carbon support meso/microstructure and ionomer (Nafion) distribution. J Phys Chem C, 2008, 113: 298-307.
[304] Antolini E. Carbon supports for low-temperature fuel cell catalysts . Appl Catal B: Environ, 2009, 88: 1-24.
[305] Jaouen F, Proietti E, Lefèvre M. Recent advances in non-precious metal catalysisfor oxygen-reduction reaction in polymer electrolyte fuel cells. Energy Environ Sci, 2011, 4: 114-130.
[306] Ding W, Wei Z D. Shape fixing via salt recrystallization: a morphology-controlled approach to convert nanostructured polymer to carbon nanomaterial as a highly active catalyst for oxygen reduction reaction. J Am Chem Soc, 2015, 137: 5414-5420.
[307] Zhang SM , Zhang HY, Chen SL, et al. Fe-N doped carbon nanotube/graphene composite: facile synthesis and superior electrocatalytic activity. Journal of Materials Chemistry A, 2013, 1: 3302-3308.
[308] Tian GL, Zhao MQ, Yu D, Wei F. Graphene hybrids: nitrogen-doped graphene/carbon nanotube hybrids: in situ formation on bifunctional catalysts and their superior electrocatalytic activity for oxygen evolution/ reduction reaction. Small, 2014, 10: 2113-2113.
[309] Liu S, Loper C R. a source of crystalline graphite. Carbon, 1991, 29: 1119-1124
[310] Mayer HK. Elemental analysis of graphite// The American Carbon Society's 24th Biennial Conference on Carbon-CARBON. 1999: 99.
[311] Koshino Y, Narukawa A. Determination of trace metal impurities in graphite powders by acid pressure decomposition and inductively coupled plasma atomic emission spectrometry. Analyst, 1993, 118: 827-830.
[312] Zaghib K, Song X, Guerfi A. Purification process of natural graphite as anode for Li-ion batteries: chemical versus thermal. Journal of Power Sources, 2003, 119: 8-15.
[313] McKee DW. Effect of metallic impurities on the gasification of graphite in water vapor and hydrogen. Carbon, 1974, 12: 453-464.
[314] Heintz E A, Parker W E. Catalytic effect of major impurities on graphite oxidation[J]. Carbon, 1966, 4 (4): 473-482.
[315] Dai X, Wildgoose G G, Compton R G. Apparent ‘electrocatalytic’ activity of multiwalled carbon nanotubes in the detection

of the anaesthetic halothane: occluded copper nanoparticles. Analyst, 2006, 131 (8): 901-906.
[316] Batchelor-McAuley C, Wildgoose GG, Compton RG. Copper oxide nanoparticle impurities are responsible for the electroanalytical detection of glucose seen using multiwalled carbon nanotubes. Sensors and Actuators B: Chemical, 2008, 132: 356-360.
[317] Jurkschat K, Ji X, Crossley A. Super-washing does not leave single walled carbon nanotubes iron-free. Analyst, 2006, 132: 21-23.
[318] Dai X, Wildgoose GG, Salter C. Electroanalysis using macro-, micro-, and nanochemical architectures on electrode surfaces. Bulk surface modification of glassy carbon microspheres with gold nanoparticles and their electrical wiring using carbon nanotubes. Analytical Chemistry, 2006, 78: 6102-6108.
[319] Wong CHA, Chua CK, Khezri B. Graphene oxide nanoribbons from the oxidative opening of carbon nanotubes retain electrochemically active metallic impurities. Angewandte Chemie, 2013, 125: 8847-8850.
[320] Masa J, Zhao A, Xia W. Trace metal residues promote the activity of supposedly metal-free nitrogen-modified carbon catalysts for the oxygen reduction reaction. Electrochemistry Communications, 2013, 34: 113-116.
[321] Wang L, Ambrosi A, Pumera M. “Metal-free” catalytic oxygen reduction reaction on heteroatom-doped graphene is caused by trace metal impurities. Angewandte Chemie International Edition, 2013, 52: 13818-13821.

NANOMATERIALS

电催化纳米材料

Chapter 2

第2章 碳基非贵金属氧还原催化剂纳米材料

杨晓冬，周志有，陈驰，王宇成，孙世刚
厦门大学能源材料化学协同创新中心
厦门大学固体表面物理化学国家重点实验室
厦门大学化学化工学院

2.1
概述

燃料电池要实现商业化应用，仍有许多科学及工程问题亟待解决，如电池的成本、寿命，以及燃料的储运等。催化剂作为燃料电池的核心组成部分，其活性将直接影响燃料电池的能量转换效率和输出功率。目前燃料电池仍需依赖价格昂贵的铂基催化剂，其成本约占电池总成本的40%以上（如图2.1所示），且难以通过规模化生产降低成本。此外，地球上铂族金属资源分布严重不均匀，大约铂族金属储量的89.27%分布在南非，9.07%在俄罗斯境内，我国的铂金属储量仅为0.47%。全球铂的年产量仅200t左右，价格波动很大，而且随需求量增大而急剧上升。这些都成为阻碍燃料电池大规模商业化应用的瓶颈。

由于阴极氧还原反应（oxygen reduction reaction，ORR）动力学迟缓，燃料电池中的铂催化剂绝大部分用于阴极。因此，探索以储量丰富的资源为原料，制备廉价高效的非贵金属氧还原催化剂对于降低燃料电池的成本，推进其商业化应用具有决定性的意义，已成为低温燃料电池的重要发展方向。理想的氧还原催化剂材料需要满足以下几点：① 具有与铂金属催化剂相当的氧还原催化活性和稳定性；② 具有催化四个电子反应的能力，使氧气完全还原成水；③ 耐电解质和氧化/还原气氛的腐蚀；④ 导电性高；⑤ 催化选择性好，不易被燃料小分子和杂质毒化；⑥ 比表面积大，结构稳定，传质速率快。已有的研究表明，非贵金属催化剂在抗毒化性能方面明显优于铂催化剂，对氧还原反应也表现出较好的催化活性[2～5]。另外，非贵金属催化剂成本低廉，通过增加载量可一定程度上弥补其与铂基催化剂在活性方面的差距。本章阐述近年来碳基非贵金属催化剂的制备技术、

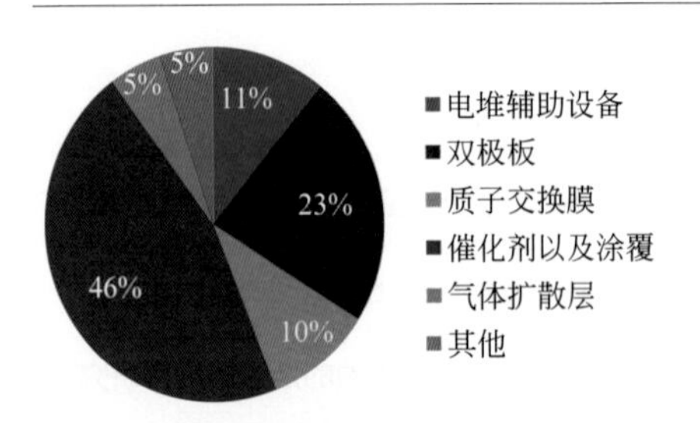

图2.1 质子交换膜燃料电池的成本分布图，以每年50万件燃料电池堆的生产规模估算[1]

碳基非贵金属催化剂的活性位结构研究和碳基非贵金属催化剂在燃料电池中应用三个方面的主要进展，最后给出结论和展望。

2.2 碳基非贵金属氧还原催化剂的发展历程

非贵金属氧还原催化剂包含杂原子掺杂碳材料、过渡金属氧化物、硫化物，以及一些原子簇化合物等。其中碳基催化剂是当前最受关注的非贵金属氧还原催化剂，它可追溯到过渡金属大环化合物。1964年，Raymond Jasinski首次发现含有$M-N_4$结构的酞菁钴（CoPc）在碱性条件下具有氧还原催化活性[6]。这一报道开辟了非贵金属氧还原催化剂的先河，引起了广泛的关注。此后，许多基于过渡金属大环化合物的非贵金属催化剂相继出现，如卟啉（PP）、酞菁（Pc）、四苯基卟啉（TPP）等大环分子的金属螯合物[7]。值得一提的是，这些大环化合物的结构与动物血红细胞内的血红素活性中心铁卟啉结构非常类似。图2.2展示了三种不同的过渡金属大环化合物的结构示意图。这类催化剂的优点是分子结构明确，即Fe、Co等过渡金属原子与四个氮原子配位，有利于氧还原催化的活性中心和反应机理研究；缺点是其性能与铂催化剂有较大差距，且大环化合物的价格也比较昂贵。

1976年和1977年，Horst Jahnke等[8]和Vladimir S.Bagotzky等[9]相继报道了将过渡金属大环化合物在800 ～ 900℃的惰性气氛中进行高温热处理后，其氧还原的活性和稳定性都得到显著提高。这两项工作开辟了碳基非贵金属催化剂

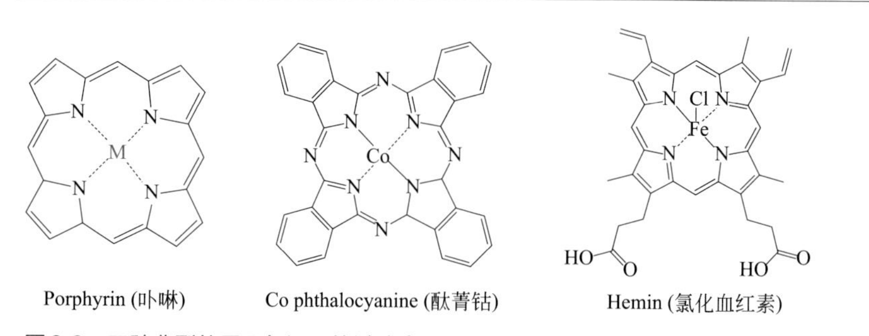

图2.2　三种典型的用于氧还原的过渡金属大环化合物

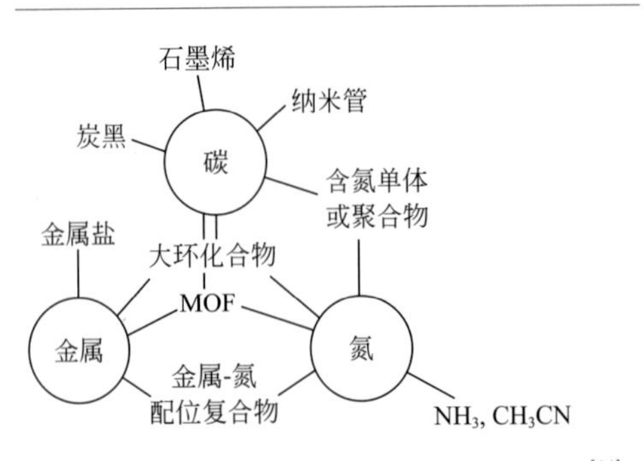

图2.3　不同类型过渡金属、氮、碳的前驱体[11]

高温热处理合成的新方法。将前驱体在特定气氛中进行高温热处理已成为当前制备碳基非贵金属催化剂最常用的方法之一。1989年，Ernest Yeager等[10]发现采用廉价的炭黑、聚丙烯腈（PAN）和无机铁盐/钴盐的混合物为前驱体，在氩气保护下经800℃高温热处理，也可制备出具有较高活性的M/N/C型氧还原催化剂（M为过渡金属）。该项研究首次表明，无须大环化合物，只要在过渡金属、氮元素和碳元素前驱体同时存在的情况下，通过高温热处理就可以制备出具有氧还原反应活性的M/N/C型碳基非贵金属催化剂，从而极大地扩展了前驱体的选择空间，十分有利于降低催化剂成本。其缺点则是高温下前驱体的化学结构通常会被破坏，导致催化剂的活性中心不明确，也不利于研究氧还原反应机理。

在Ernest Yeager等研究的基础上，人们开始广泛探索使用不同的过渡金属和含氮前驱体以及不同的碳载体。图2.3概括了近年来用于制备M/N/C催化剂的不同类型的前驱体[11]。碳载体包括不同型号的炭黑颗粒（如XC-72、BP2000、KJ600）、石墨烯和碳纳米管等；含氮前驱体包括氨气、乙腈、三聚氰胺、聚苯胺、聚苯二胺、聚吡咯等含氮分子，含氮聚合物、大环化合物以及金属-有机框架（MOF）等。同时，在催化剂合成设计上也推陈出新，如模板法、多种杂原子共掺杂、非热解法等。

2.3 碳基非贵金属催化剂的制备技术

2.3.1 高温热解法

近年来，过渡金属（Fe、Co）掺杂的M/N/C催化剂的研究取得重要进展，它在酸性和碱性介质中的氧还原反应活性甚至可与铂基催化剂相比拟。

加拿大Jean-Pol Dodelet课题组对M/N/C型催化剂进行了长期研究，并于2009年取得突破性进展。他们以BP2000炭黑为载体，以邻二氮菲和醋酸亚铁作为填孔剂，通过球磨法获得前驱体，然后分别在Ar和NH_3气氛中进行两次高温热处理，制得高活性的氧还原Fe/N/C型催化剂[12]。作者认为在NH_3中热处理时形成的微孔有利于形成大量的活性中心。氢氧燃料电池测试的结果表明：开路电压高于1.0V，欧姆降损失校正后（即iR-free）的催化剂体积活性可达到99A · cm^{-3} @0.8V，如图2.4所示，已经很接近美国能源部（DOE）提出的非贵金属催化剂的氧还原活性的2010年目标，即130A · cm^{-3}@0.8V。

在上述工作的基础上，Jean-Pol Dodelet等优化微孔载体并进一步提高了催化剂的体积活性。2011年，他们报道了一种以ZIF-8金属-有机框架（MOF）材料为载体负载醋酸亚铁和邻二氮菲，依次在氩气和氨气中两次热处理制得的Fe/N/C催化剂[13]。ZIF-8具有很高的含氮量和比表面积，热处理后形成多孔结构的石

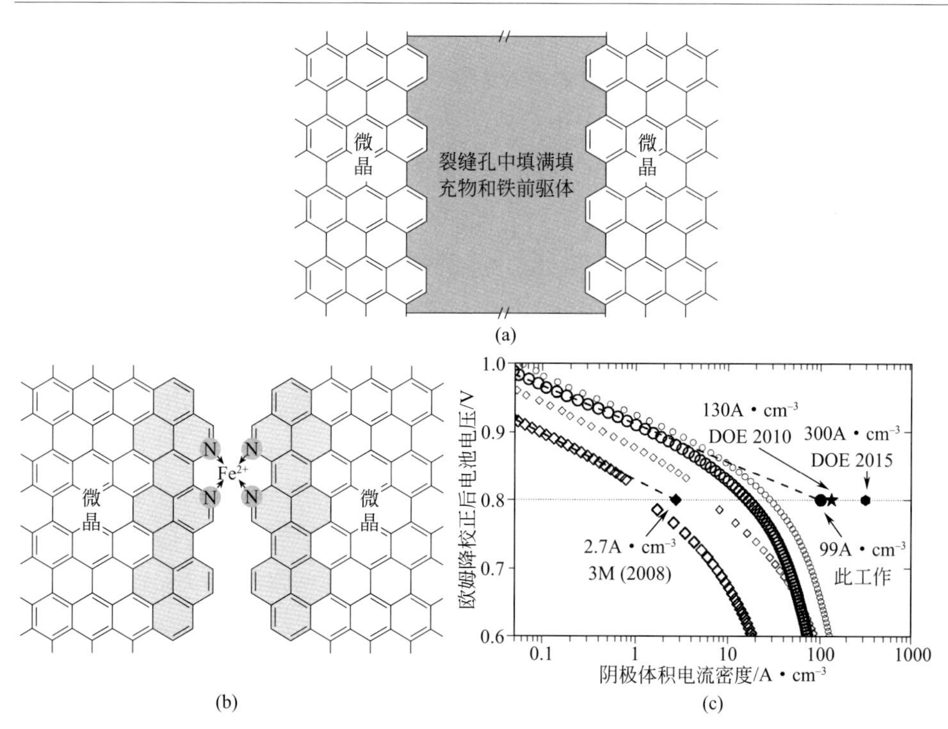

图2.4 （a）填孔剂填充示意图；（b）Fe/N/C催化剂活性中心结构示意图；（c）以Fe/N/C催化剂为阴极的质子交换膜燃料电池的体积电流密度[12]

黑色星号为美国能源部（DOE）2010年目标（130A · cm^{-3}），黑色六边形为美国能源部（DOE）2015年目标（300A · cm^{-3}）

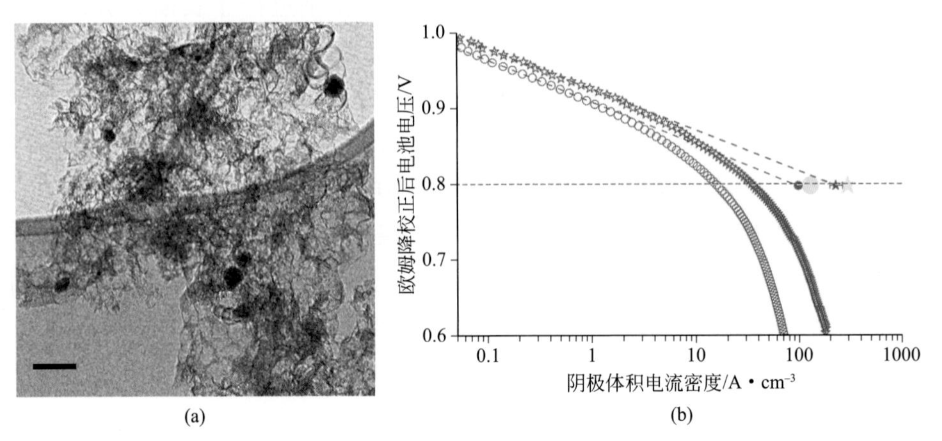

图2.5 （a）以ZIF-8为载体的Fe/N/C催化剂TEM图，标尺为50nm；（b）燃料电池阴极体积活性的Tafel曲线图[13]

墨化碳，有利于反应物质传递，提高氧还原反应催化活性。该催化剂的体积活性可达到230A・cm^{-3}@0.8V（欧姆降损失校正，即iR-free），是当时活性最高的非贵金属氧还原反应催化剂之一，也很接近美国能源部的2015年目标300A・cm^{-3}@0.8V，如图2.5所示。此后，Jean-Pol Dodelet等又将合成体系中的邻二氮菲替换成2,4,6-三吡啶基三嗪（TPTZ）作为铁配合物[14]，通过紫外-可见分光光度法和穆斯堡尔谱等方法，进一步发现ZIF-8上的配位基团与TPTZ会对铁阳离子产生竞争吸附，对催化剂的活性有不利影响，而邻二氮菲与铁离子的配位能力更强，大部分铁离子与邻二氮菲形成稳定的配合物，分布在ZIF-8表面，因而得到的催化剂活性更高。这一发现对其他用MOF材料和铁配合物制备M/N/C催化剂的研究有重要指导意义。

与小分子含氮化合物相比，含氮聚合物具有规整的结构、良好的热稳定性等优点，经历高温热处理后，仍可以保持较高的含氮量，在M/N/C催化剂的探索中也受到广泛关注。Piotr Zelenay等[15]用聚苯胺包覆炭黑颗粒作为前驱体，混合铁和钴的无机盐后，在惰性气氛下经过热处理-酸洗-二次热处理的工序，制备出PANI-M-C催化剂。该催化剂在旋转环盘电极半电池测试中的半波电位仅比商业Pt/C催化剂低60mV，并且过氧化氢产率低于1%，表现出优异的氧还原反应催化活性和四电子过程选择性。相比于Jean-Pol Dodelet的方法，Piotr Zelenay的方法制备的M/N/C催化剂表现出更高的稳定性，燃料电池工作在0.40V，可运行700h。

在此基础上，周志有等[16]采用比聚苯胺含氮量更高的聚间苯二胺（PmPDA）为氮源，制备出PmPDA-FeN_x/C催化剂。该催化剂在酸性介质中的质量活性可达11.5A·g^{-1}@0.8V(vs.RHE)，过氧化氢的产率也低于1%。该催化剂同样还表现出良好的H_2O_2还原活性。进一步研究发现PmPDA-FeN_x/C催化剂不会被一氧化碳和氮氧化合物（NO_x）毒化，但易被卤素离子和低价态的含硫物种（如SCN^-、SO_2、H_2S等）毒化（图2.6），证明Fe/N/C的活性位含有Fe。另外，将铁源$FeCl_3$替换成

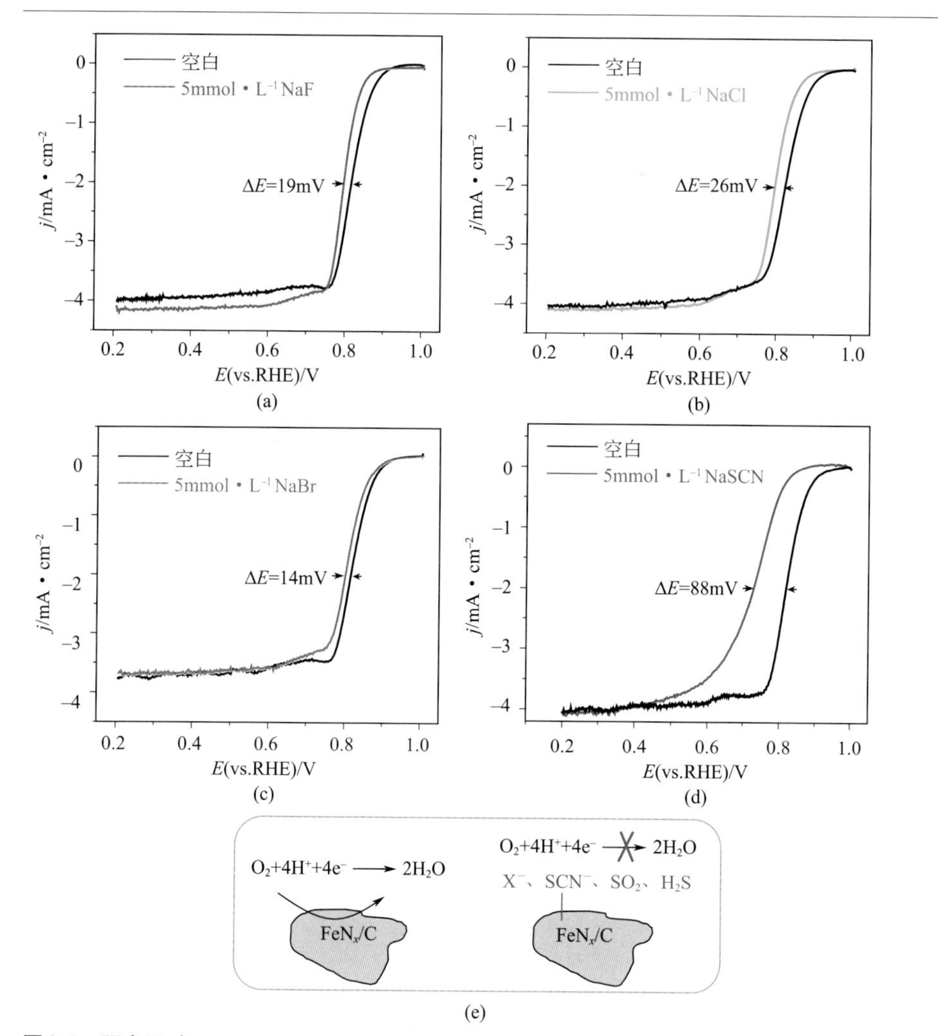

图2.6 阴离子对PmPDA-FeN_x/C的氧还原反应活性的影响

（a）F^-；（b）Cl^-；（c）Br^-；（d）SCN^-，实验条件：0.1mol·L^{-1} H_2SO_4，阴离子浓度为5mmol·L^{-1}，催化剂载量为0.6mg·cm^{-2}，RDE转速为900r·min^{-1}；（e）卤素离子和低价态的含硫物种（如SCN^-、SO_2、H_2S等）毒化FeN_x/C催化剂示意图[16]

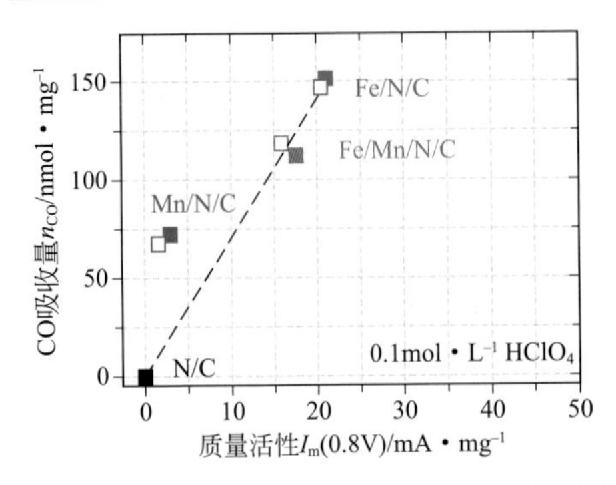

图2.7　CO吸附量与氧还原反应质量活性的线性关系图[19]

CO吸附温度：193K；脱附：20K·min^{-1}升温至693K；氧还原测试溶液：0.1mol·L^{-1} HClO$_4$

Fe(SCN)$_3$，在热处理过程中引入S掺杂，制备出Fe/N/C-SCN催化剂[17]。该催化剂的质量活性高达23A·g^{-1}@0.8V(vs.RHE)，比不含S的Fe/N/C-Cl催化剂提高了一倍，在氢氧燃料电池测试中的峰值功率密度首次超过1W·cm^{-2}。活性的大幅提升得益于S、N共掺杂引起的协同效应以及高比表面积的结构特点。吴长征等[18]利用XANES和XPS技术观察到S、N共掺杂催化剂中，部分硫以还原态形式存在，即形成了C—S键。他们认为S的引入提高了sp^{2}碳原子的电子云密度，从而使得Fe-N更有利于氧气的吸附过程。

Peter Strasser等[19]以聚苯胺为氮源，KJ300炭黑为载体，经过三次热处理和两次酸洗的工序制备了一系列Fe/N/C、FeMn/N/C、Mn/N/C催化剂，催化剂在酸性和碱性介质中都具有非常好的氧还原反应活性。Fe/N/C催化剂在0.1mol·L^{-1} HClO$_4$溶液中的半波电位达到0.84V(vs.RHE)，质量活性可达21A·g^{-1}。他们结合一氧化碳低温脉冲化学吸附和程序升温脱附、^{57}Fe穆斯堡尔谱学分析等方法，提出一种定量分析M/N/C催化剂表面和体相的活性点密度及催化转换频率的方法（图2.7），可用于指导催化剂制备。

2.3.2
高温热解催化剂的结构设计

在燃料电池中，由于M/N/C催化剂的载量通常较大（2～6mg·cm^{-2}），催化层较厚，因此催化剂的孔道结构和比表面积等物理特性对于增加反应活性位点的数量、促进反应物质传输，提高氧还原反应催化活性具有重要作用[20]。Frédéric Jaouen等[21]以不同孔径分布的金属-有机框架（MOF）作为前驱体，通过对MOF、铁盐和邻菲罗啉进行球磨，再在NH_3气氛中高温（900～1050℃）处理，得到一系列Fe/N/C催化剂。他们观察到MOF前驱体的比孔容和最终Fe/N/C催化剂的氧还原反应活性具有线性关系，而MOF前驱体的Zn、N的含量和配位情况并不会影响Fe/N/C催化剂的活性。可见，M/N/C催化剂的孔径分布和孔道结构设计对其催化活性起到至关重要的作用。常用的结构设计方法包括复合载体法和模板法（如SiO_2）等。

2.3.2.1
复合载体法

复合载体常常选用碳纳米颗粒、碳纳米管、石墨烯等的组合。复合结构可以为催化剂提供介孔通道，改善传质，提高氧还原活性。Piotr Zelenay等[22]以BP2000炭黑为载体、醋酸铁为铁源、腈胺为氮源，通过高温热处理制备出铁、氮共掺杂的竹节状碳纳米管与炭黑颗粒的复合材料（N-Fe-CNT/CNP），可有效实现碳纳米管的良好分散［图2.8（a）］。该催化剂在碱性介质中表现出很高的氧还原活性。当催化剂的载量为1.0mg·cm^{-2}时，半波电位甚至可以超过商业Pt/C催化剂，如图2.8（b）所示。该催化剂还具备很好的稳定性，在循环伏安加速衰减测试中，其活性不仅没有降低，半波电位反而稍向正移。在经过5000周电势扫描后，该催化剂的半波电位比相同条件下的Pt/C催化剂高50mV，在碱性燃料电池中表现出替代铂催化剂的潜力。

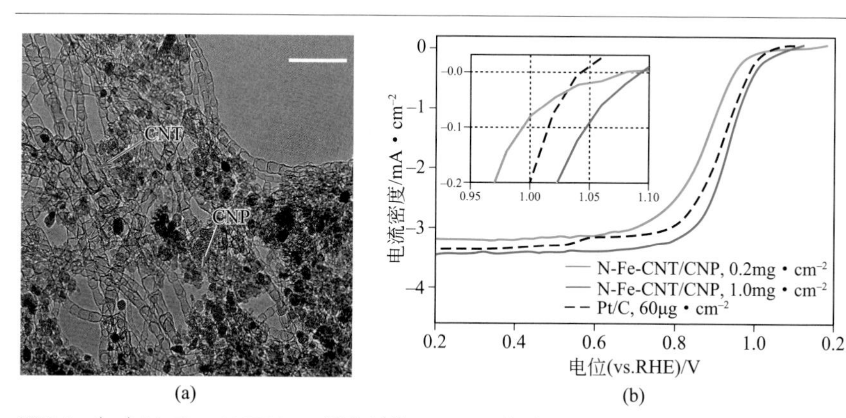

图2.8 （a）N-Fe-CNT/CNP催化剂的TEM图；（b）不同载量N-Fe-CNT/CNP催化剂与商业Pt/C的氧还原反应性能比较，插图为高电位区的极化曲线[22]

实验条件：O_2饱和0.1mol·L^{-1} NaOH，25℃，900r·min^{-1}

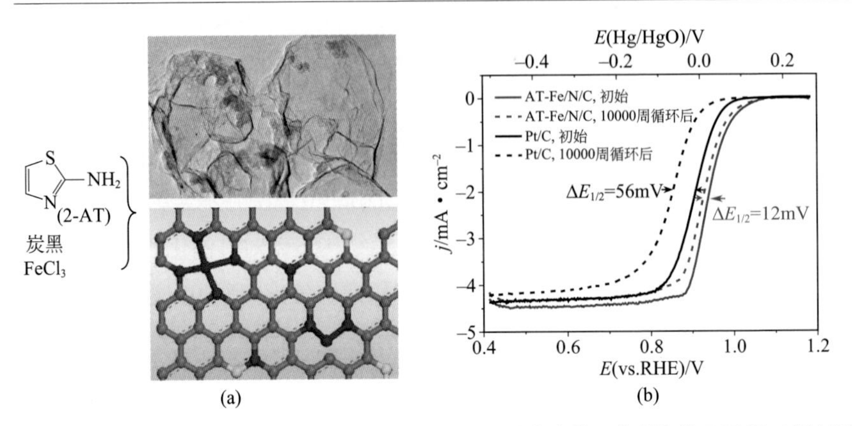

图2.9 （a）以聚2-氨基噻唑、KJ600炭黑和氯化铁作为前驱体制备的石墨烯-碳纳米粒子Fe/N/C复合催化剂（AT-Fe/N/C）；（b）AT-Fe/N/C（1.0mg·cm^{-2}）和Pt/C（0.1mg·cm^{-2}）稳定性测试[23]

图（b）的实验条件：O_2饱和0.1mol·L^{-1} NaOH，以50mV·s^{-1}在0.60～1.0V循环10000周

周志有等[23]以聚2-氨基噻唑（2-AT）、KJ600炭黑和氯化铁作为前驱体，制备出石墨烯片和碳纳米颗粒复合的Fe/N/C（AT-Fe/N/C）。纳米颗粒可以将石墨烯片撑开，防止石墨烯片的自堆垛，暴露更多的活性位，为氧还原反应物种提供传输通道，如图2.9（a）所示。AT-Fe/N/C在碱性溶液中表现出很高的氧还原反应活性和稳定性。在1V时其质量活性达到0.56A·g^{-1}，达到Pt/C催化剂的40%（1.35A·g^{-1}）。在10000周循环后，AT-Fe/N/C的半波电位仅下降12mV，优于Pt/C催化剂（下降56mV），如图2.9（b）所示。

陈接胜等[24]以廉价的生物质（细菌纤维素和尿素）为前驱体，通过一步法高温热处理得到一种“叶脉-叶子”式三维框架，碳纳米纤维和N掺杂石墨烯通过C—C键相接，有效提高了氧还原反应的电荷传递，三维框架结构也有利于传质扩散。陈胜利等采用复合载体的方法，制备出一系列具备多孔结构的M/N/C型催化剂。例如用三聚氰胺、氧化石墨烯、铁盐为前驱体，合成了Fe、N共掺杂的石墨烯-碳纳米管材料，其在酸性和碱性介质中都表现出良好的ORR催化活性[25]；在此基础上再添加XC-72炭黑制备出Fe、N共掺杂的碳球-碳纳米管-石墨烯三相复合材料[26]；用尿素、铁盐、氧化石墨烯和炭黑混合载体为前驱体，经高温热解合成Fe、N掺杂的石墨烯-炭黑材料[27]。研究表明复合载体催化剂的活性比单一载体催化剂高，其原因可能是碳纳米管和炭黑颗粒能起到支撑作用，避免石墨烯堆叠，充分利用了内部的活性位点，从而提高氧还原反应活性。

2.3.2.2
模板法

二氧化硅是常用的M/N/C模板，其在高温下稳定，热解后可通过HF、碱溶液等除去。Klaus Müllen等[28]采用二氧化硅纳米粒子、SBA-15有序介孔分子筛和蒙脱土作为三种不同的硬模板，合成了不同介孔结构的M/N/C（M为Co或Fe）氧还原催化剂（如图2.10）。对比不同孔结构催化剂ORR的活性表明，催化剂比表面积越大，活性越高。其中，以二氧化硅纳米粒子为模板得到的多孔碳催化剂活性最好，在酸性介质中的半波电位可达到0.79V，仅比Pt/C催化剂低58mV；电子转移数大于3.95，表明良好的四个电子选择性；稳定性好，经过10000周循环伏安扫描，半波电位仅负移9mV。良好的氧还原反应活性得益于分布均匀、大小均一的孔结构和大量的$M\text{-}N_x$活性点以及高比表面积。

Sang Hoon Joo等[29]以有序介孔二氧化硅为模板，填充金属卟啉前驱体，经高温热处理和去模板步骤，制备出具有高比表面积和可调孔结构的有序介孔

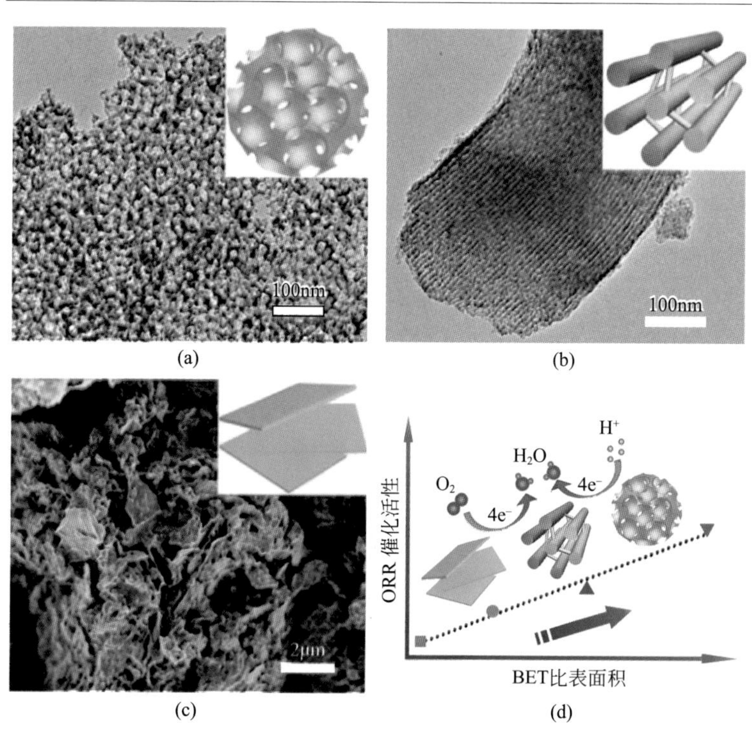

图2.10　分别以（a）二氧化硅纳米粒子、（b）SBA-15和（c）蒙脱土为模板制备的M/N/C（M为Co或Fe）催化剂；（d）氧还原活性与催化剂比表面积正相关[28]

M-OMPC材料，M为Fe、Co或FeCo。FeCo-OMPC催化剂在酸性介质中的氧还原反应活性甚至略高于Pt/C催化剂，且具有更加优异的稳定性和抗甲醇性。作者认为双金属掺杂能够引入协同效应。DFT计算和同步辐射X射线谱学分析（EXAFS、XANES）结果表明，FeCo-OMPC能弱化氧原子与催化剂表面的相互作用，从而促进氧还原反应活性。该课题组随后又报道了利用二氧化硅薄层覆盖在碳纳米管-铁卟啉复合物的表面作为前驱体，再经过预热处理-去模板-高温热处理的过程，可以制备高活性Fe/N/C催化剂。二氧化硅模板能够有效地防止铁前驱体在高温下发生团聚而形成Fe颗粒，从而促进单原子分散的Fe活性位的形成[30]。Tewodros Asefa等[31]以有序介孔SBA-15为硬模板、聚苯胺为填充剂，制备了N、O掺杂的介孔碳，并对比了不同金属掺杂的影响。逯乐慧等[32]以聚多巴胺改性的混合纤维素酯滤膜为单一模板，以三聚氰胺掺杂的酚醛树脂为前驱体，经过高温碳化后，通过氢氧化钾活化，最终制得同时具有微孔、介孔、大孔的三维多孔氮掺杂碳催化剂。该催化剂具有非常高的比表面积（$2191m^2\cdot g^{-1}$），其相互连通的多孔系统能充分利用内孔的活性位点。作者认为前驱体碳化过程中原位形成、并分布于催化剂表面的石墨氮能有效提高碱性介质中的氧还原反应活性并促进四电子过程选择性。乔世璋等人采用双重模板，即以有序堆积的聚苯乙烯微球为三维有序大孔硬模板，以F127表面活性剂胶束为软模板，制备了多孔Fe/N/C复合材料氧还原反应催化剂[33]。该材料具有多级有序介孔结构，并由原位生长的CNT相连，既可促进反应物传质，同时CNT也保证了良好的电导率。

魏子栋等以苯胺为前体，采用价格低廉的蒙脱土为模板，利用其扁平状的结构特点作为纳米反应器，在空间诱导效应下制备出片层结构的氮掺杂石墨烯，其中氮的存在形式以平面型氮为主（图2.11）[34]。该催化剂具有很好的氮掺杂率、

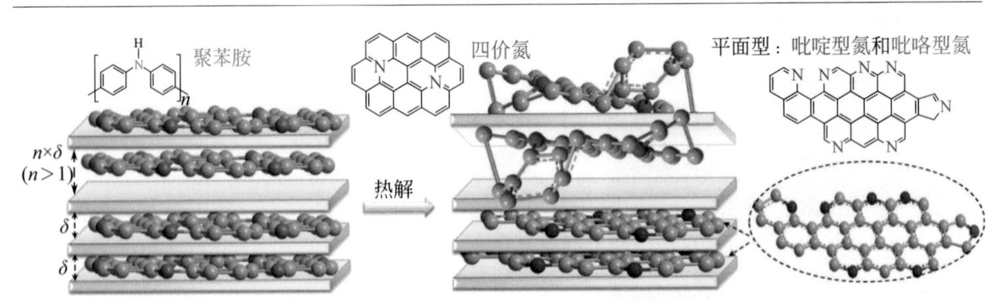

图2.11 以蒙脱土为模板制备平面氮掺杂石墨烯的示意图[34]

当蒙脱土层间距较小时，可形成以吡啶氮和吡咯氮为主的平面型氮掺杂石墨烯，其氧还原活性高；当蒙脱土层间距较大时，则形成以四价氮为主的非平面型结构，其氧还原活性低

导电性及氧还原反应催化活性，在H_2-O_2质子交换膜燃料电池中的开路电位达到0.85V，最大功率密度为0.32W·cm^{-2}。此外，他们还开发了全新的熔融盐热解法用于纳米碳材料催化剂的形貌控制合成[35]。该方法将具有三维网格结构的聚苯胺前驱体封装固形于重结晶的NaCl晶体中后再高温热处理，促进铁和氮掺杂，并保持其三维网状结构，进一步通过控制条件还可得到其他形貌的碳。NaCl晶体起到封闭纳米反应器的作用，制得的CPANI-Fe-NaCl催化剂在酸性条件下表现出优异的氧还原反应活性，其半波电位仅比Pt/C催化剂负移58mV，在氢氧燃料电池中的最大功率密度可达到0.6W·cm^{-2}。

2.3.2.3 包覆法

除了原子级分散的FeN_x催化活性位，碳壳包裹的Fe或Fe_3C等纳米粒子近年来也被认为是一种氧还原活性位。包信和课题组[36]将二茂铁和叠氮化钠在氮气中350℃热处理，制备出豆荚状碳纳米管包覆铁纳米颗粒的复合催化剂（Pod-Fe），如图2.12所示。将铁纳米粒子包裹在碳壳中可有效避免活泼的金属铁被酸腐蚀，也有效阻止了二氧化硫等中毒，同时Fe还能够向外层碳原子提供电子，促进氧气活化。在碳外壳的保护下，该催化剂在10μL/L的SO_2环境中，仍能稳定工作200h。DFT结果表明铁纳米粒子的电子转移可使碳纳米管的局部功函降低，具备催化氧还原反应的能力，在碳的晶格中掺杂氮能进一步降低局部功函，提高氧还原反应活性。

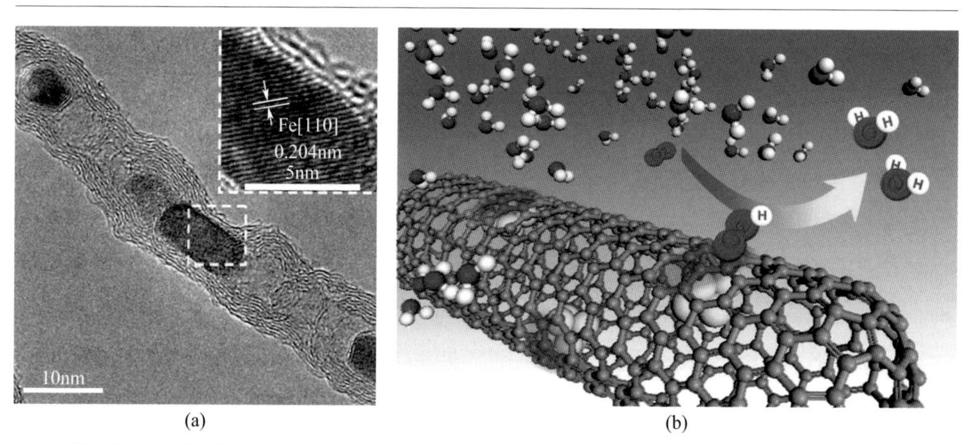

图2.12 （a）豆荚状碳纳米管包覆铁纳米颗粒催化剂（Pod-Fe）的高分辨透射电镜图，插图为铁纳米粒子的高分辨图；（b）Pod-Fe催化剂催化氧还原示意图[36]

俞书宏等[37]以碳纳米纤维、吡咯和$FeCl_3$为前驱体，通过高温热处理制得包覆Fe_3C纳米颗粒的Fe-N掺杂碳纳米纤维（Fe-N-CNFs）。该催化剂具有较好的比表面积（$425m^2 \cdot g^{-1}$）和介孔石墨碳纤维网，可促进传质。其活性中心可能包含两种，即Fe-N掺杂的碳纳米纤维和包裹Fe_3C纳米颗粒的石墨碳层。该催化剂在碱性介质中有较高的活性。邢巍等[38]以二茂铁和腈胺为前驱体，在700℃下高温高压热处理，制得均匀分布Fe_3C纳米颗粒的空心碳球。Fe_3C颗粒被石墨层包裹，可保护其在反应过程中不受电解质腐蚀，提高催化剂的稳定性。他们还采用二氨基萘和$FeCl_3$为前驱体，通过直接热解也得到了具有介孔/大孔结构的Fe_3C/NG材料，Fe_3C粒子包覆于氮掺杂的石墨烯外壳内[39]。该材料的比表面积高达$920.6m^2 \cdot g^{-1}$，在直接甲醇燃料电池中有良好的催化活性。Junhong Chen等[40]通过对氰胺和$FeCl_3$混合物进行高温热处理，得到具有核壳结构的氮掺杂石墨碳包裹的Fe/Fe_3C纳米棒，XRD证实Fe和Fe_3C同时存在。该材料在中性磷酸盐缓冲溶液中表现出较好的氧还原反应催化活性，在微生物燃料电池中的功率密度和库仑效率可超过Pt/C催化剂。Sanjeev Mukerjee等[41]利用原位X射线吸收光谱（in situ XAS）技术观察到豆荚结构中铁颗粒不随着氧还原反应过程发生变化，这与FeN_x结构的催化剂具有明显的区别（其氧还原反应过程伴随着Fe—N键伸缩变化）。他们认为豆荚结构中没有形成Fe—N键，其活性位为氮掺杂碳，并且其包裹的Fe纳米颗粒促进了表面氮掺杂碳的氧还原反应过程。

2.3.3
非热解法

过渡金属大环化合物（如卟啉、酞菁等）最初于1964年被发现具有氧还原反应催化能力，但这一类催化剂的活性和稳定性都比较低[6,42]。之后发展的高温热处理法虽然能有效提高其催化性能，但是大环化合物的结构也被破坏，活性中心结构和催化反应机理不明确，无法进一步理性设计性能更加优异的M/N/C催化剂。Piotr Zelenay等受钴卟啉结构的启发，于2006年报道了一种非热处理法制备的钴-聚吡咯-碳复合氧还原反应催化剂，使钴与吡咯环上的氮配位形成Co-N活性中心[43]。以该催化剂为阴极的氢氧燃料电池在0.4V下可连续稳定地放电100h，但功率密度比较低。

大部分大环化合物催化剂的研究都是以四配位氮结构为基础，通过衍生，可以进一步调控电子结构来提高氧还原反应性能[44]。细胞色素c氧化酶作为动物体内的氧还原反应催化剂，在自然界中已经存在了十亿年之久，其结构中也包含铁（Ⅱ）卟啉大环结构。但不同的是，生物体系中的铁中心还连接着一个轴向咪唑基配位，属于五配位结构。Jaephil Cho等[45]受此启发，将吡啶修饰在碳纳米管上作为轴向配体固定酞菁铁分子，使铁中心形成五配位结构，制得FePc-Py-CNT催化剂。碳纳米管可提供电子快速传输的通道。该催化剂在碱性介质中表现出很高的氧还原反应活性和稳定性，并在锌-空气电池中具有良好的性能。对四配位和五配位结构的DFT理论计算（图2.13）结果表明，轴向配合基的轨道会与铁的3d轨道进行杂化，改变其电子结构和几何结构，使五配位铁更容易吸附氧气，并且可使O—O键拉伸程度增大，更容易断裂，从而提高氧还原反应速率。另一方面，对于四配位的结构，氧气吸附造成铁原子的位移较大，拉伸并弱化Fe—N_4键，导致催化剂稳定性下降；而在五配位结构中，氧气吸附对铁原子的位移影响非常小，因此稳定性显著提高。

刘劲刚等也报道了一项类似的工作[46]。他们在多壁碳纳米管上修饰咪唑，再通过轴向配位的方式连接铁卟啉，制得与亚铁血红素结构非常类似的

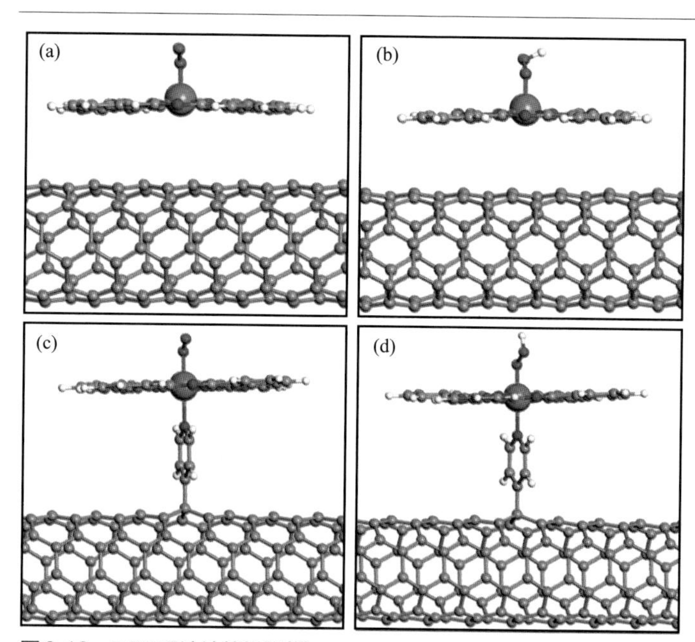

图2.13　DFT理论计算模型[45]

（a）氧气吸附在碳纳米管-轴向配位酞菁铁（FePc-CNT）的模型；（b）OOH物种吸附于FePc-CNT；（c）氧气吸附于FePc-Py-CNT；（d）OOH物种吸附于FePc-Py-CNT

(DFTPP)Fe-Im-CNT氧还原催化剂。这种仿生催化剂在酸性和碱性介质中均表现出优良的氧还原反应活性和四电子反应选择性。在0.1mol·L^{-1} $HClO_4$中的半波电位可达到0.880V(vs. RHE)，在0.1mol·L^{-1} KOH中的半波电位为0.922V(vs. RHE)，而不含轴向配体的对照样品（DFTPP）Fe-CNT的催化活性则非常低，反映出五配位结构的重要性。这两项工作为进一步设计制备高性能的M/N/C氧还原催化剂提供了一个新的思路。非热处理法制备的催化剂结构明确，也有利于氧还原反应的活性中心和反应机理研究。

2.4 碳基非贵金属催化剂的活性位结构研究

如上所述，经过长达几十年的探索，M/N/C氧还原催化剂的性能得到了大幅提高，已经初步具备实际应用的潜力，但是关于活性中心和反应机理方面则始终没有定论。主要困难来自在高温热处理过程中前驱体发生了不可控的热解重构，产物结构复杂，并且可能还存在不同类型催化剂的活性位。为了深入认识氧还原催化活性中心，进而实现对高性能催化剂的理性设计，研究者们开展了大量工作。目前探测M/N/C催化剂活性中心的方法主要有光电子能谱（XPS）、^{57}Fe穆斯堡尔谱、X射线近边吸收结构（XANES）、扩展X射线吸收精细结构（EXAFS），以及离子/分子探针（CN^-、SCN^-等）等。

2.4.1 碳缺陷活性位

碳材料的结构对M/N/C催化剂的活性影响很大，边缘位和缺陷位具有更高的氧还原催化活性。以结构明确的石墨烯为例，王双印等[47]将空气饱和的电解液微滴滴在高序热解石墨（HOPG）的不同位置，利用微电极采集微液滴上的电化学信号，发现边缘缺陷碳原子的氧还原活性显著高于平面内sp^2杂化碳原子。将商业石墨颗粒进行球磨，结果表明球磨时间越长，氧还原反应活性越好，说明边缘缺陷碳密度增加有利于氧还原反应。DFT计算也指出，缺陷碳原子带有更高的电荷密度，可提供氧还原反应吸附位点。其他研究也证实，通过高温下对石墨烯、碳纳米管等进行等离子体刻蚀，形成非掺杂、表面富缺陷的结构，可显著提高氧还原反应催化活性，这为探索高活性的M/N/C氧还原催化剂提供了新的思路[48]。

胡征等[49]以苯为碳源，在高温下以MgO模板制备出碳纳米笼。碳纳米笼未引入杂原子，且在碱性条件下表现出良好的氧还原反应活性。他们认为缺陷位是其活性来源。通过DFT计算锯齿型边缘（zigzag edge）、扶手椅型边缘（armchair edge）、五元环缺陷和孔缺陷在各个反应步骤的自由能，结果显示锯齿型边缘和五元环缺陷表现出随反应进行自由能下降，有利于氧还原反应过程，从而揭示了本征碳缺陷对氧还原反应活性的贡献。

2.4.2
氮掺杂碳活性位

氮掺杂碳是最常见的一类非金属氧还原催化剂。有三种类型的氮被认为可能是氧还原反应活性位中心，包括吡啶氮（Pyridinic N）、吡咯氮（Pyrrolic N）和四价氮（Quaternary N，或石墨氮）等。四价氮为非平面型的sp^3杂化，而吡啶氮和吡咯氮均为平面型的sp^2杂化。

2009年，戴黎明等[50]报道通过热解酞菁铁制备出氮掺杂碳纳米管（NCNT）阵列，并利用电化学方法小心地除去金属杂质，观察到其在碱性条件下具有与商业化Pt/C相当的氧还原活性，且具有更高的稳定性和抗CO毒化能力。此后，氮掺杂碳材料开始受到关注，但是否存在痕量金属的影响也成为讨论的热点。胡征等[51]利用MgO模板法，以吡啶为前驱体制备出氮掺杂碳纳米笼。此方法制备的碳源纯净，且没有氧还原活性金属的干扰，有力地证明了氮掺杂碳材料在碱性条件下具有很好的氧还原活性。

Xiaoguang Bao等认为锯齿型边缘的四价氮具有较合适的吸附氧气结构，其“V”字形底顶点为氮，两个邻位碳能够分别吸附氧气分子的两个原子。同时，质子对邻位碳的进攻帮助完成氧还原反应过程，且起到至关重要作用[52]。陈胜利等[53]通过DFT计算，系统分析了氮掺杂碳11种可能的表面位的氧还原过程，发现氧还原催化活性与OH吸附自由能呈“火山形”曲线关系，其中扶手椅型石墨氮（armchair graphitic N）、锯齿型吡啶氮（zigzag pyridinic N）和其氧化态的活性比较高。魏子栋等利用蒙脱土的层状结构制备出几乎只有sp^2杂化的平面型氮，即吡啶型氮和吡咯型氮。良好氧还原反应催化活性说明了吡啶型氮和吡咯型氮对氧还原反应发挥了重要的作用[34]。乔世璋等观察到，氮掺杂碳材料在碱性溶液中反应后吡啶型氮的邻位碳上接上了羟基，如图2.14（a）所示。他们认为邻位碳的OH_{ads}为氧还原反应的中间体，吡啶型氮在氧还原反应过程中扮演重要角色，而邻位碳是氧还原反应的活性位[54]。随后，Donghui Guo等在模型催化剂方面取得重要进展，在高序热解石墨（HOPG）上选择性地制备出吡啶氮和四价氮（或石墨氮）。他们观察到在酸性溶液中吡啶氮含量与氧还原反应活性直接相关，且在反应后样品氧含量增加。他们推测吡啶氮的邻位碳接上了羟基，并认为氧还原反应过程是在邻位碳上进行的，其反应路径如图2.14（b）所示[55]。邢巍等[56]制备出氟掺杂的碳材料，在碱性条件下表现出良好的氧还原反应活性。Sang Hoon Joo等[57]利用开尔文探针力显微镜（Kelvin probe force microscopy）测量了三元掺杂碳（N、S和O）、二元掺杂碳（N、S和O两两组合）和氧掺杂碳的功函数（work function），观察到功函数与碱性中的氧还原反应活性呈线性反比关系。如果降低碳基催化剂的功函数，将提高其氧还原反应催化活性。

对于杂原子掺杂的碳材料催化剂，其本质上也可解释为具有不同电负性、电子极性的杂原子打破了碳原子间原有的sp^2杂化电子结构平衡，使杂原子和相邻的碳原子带电荷，增加了活性中心的密度，从而提高了氧还原反应活性。杂原子掺

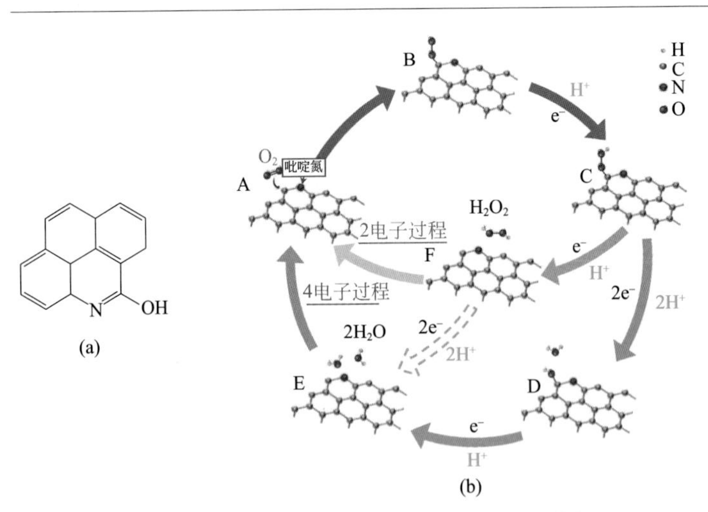

图2.14 （a）吡啶型氮的邻位碳在碱性溶液中接上—OH[54]；（b）吡啶型氮的邻位碳上进行氧还原反应路径[55]

杂的关键是活化π电子，使之能被O_2分子有效利用，而不在于掺杂原子本身是富电子还是缺电子[58,59]。对于氮掺杂碳的氧还原活性，如上文所述理论计算倾向于认为氧还原活性来源于石墨型氮，而实验上则认为是吡啶型氮。该争议的主要原因可能是忽略了缺陷对于氧还原的贡献。吡啶型氮在较低的温度下形成，伴随着较多的缺陷，而石墨型氮在较高的温度下形成，缺陷较少。实验上观察到的吡啶型氮的活性可能有一部分来源于缺陷的额外贡献[60]。

Martin Pumera[61]和Wolfgang Schuhmann[62]研究组认为在一些所谓的“Metal-Free”催化剂中残留的微量金属杂质，如Mn、Fe、Co等，虽然很难被XPS、EDS等表征方法检测出来，却会对氧还原反应催化活性有极大的促进作用。因此他们认为对“Metal-Free”催化剂的认定还需谨慎。这同时也说明过渡金属对活性的重要影响。

2.4.3 Fe/N/C活性位

目前，M/N/C中的金属包括：铁、钴和锰，其中Fe/N/C是氧还原活性最高的一类催化剂。因此，M/N/C催化剂活性位的研究主要集中在Fe/N/C。在Fe/N/C催化剂中铁可能有两种作用：① 像过渡金属大环化合物那样，铁原子是活性中心的组成部分，参与氧还原反应；② 铁在高温热处理下促进氧还原反应活性中心的形成，但其本身并不是氧还原活性位。虽然存在争议，但有一点是共识的，即Fe的掺入显著提升了氧还原活性。Umit S.Ozkan等通过热处理、酸洗等条件改变Fe的状态，但并未观察到氧还原反应活性与Fe的改变之间存在联系[63]。Chang Hyuck Choi等通过电化学在线电感耦合等离子体质谱（ICP-MS）和差分电化学质谱（DEMS）观察到，在低电位（$<0.7V$）时Fe发生溶解，但活性并未衰减；在高电位（$>0.9V$）时，部分碳发生氧化，活性衰减[64]。这两项工作均未观察到氧还原反应活性与Fe之间的直接关系，反而氧还原反应活性与碳、氮的变化更相关。因此，部分学者认为Fe只是在高温中催化活性位的形成，而其自身并不参与催化氧还原反应。不过，一些研究者选用不同的分子或离子作为毒化物种吸附催化剂中的铁原子，包括CO[65]、CN^-、SCN^-、H_2S、SO_2和乙硫醇等[16,66～68]。其中CN^-和SCN^-对铁原子的吸附能力最强，对催化剂的毒化效果最明显。若对催化剂再进行清洗除去吸附离子，可恢复大部分活性。据此，研究者们认为在Fe/N/C催化剂中，Fe很有可能作为活性中心的一部分参与了氧还原反应。

热解Fe/N/C催化剂中，铁通常以两种物相形式存在：原子级分散的非晶态铁和以纳米粒子形式存在的晶态铁或Fe_3C。这两种形式都被认为可能是氧还原活性物种。

2.4.3.1
Fe/N/C中的非晶态铁

存在非晶态Fe的Fe/N/C中，Fe被普遍认为是氧还原反应活性位之一。然而其具体结构却一直是争论的焦点。Jean-Pol Dodelet等运用飞行时间二次离子质谱技术（TOF-SIMS）分析以醋酸亚铁和铁卟啉为前驱体、在不同气氛（H_2/NH_3/Ar）和温度（400 ～ 1000℃）下热处理所制得的催化剂的活性中心[69]。实验检测到$FeN_4C_y^+$和$FeN_2C_y^+$物种，其丰度与氧还原活性成正相关，表明在催化剂中同时存在FeN_4-C和FeN_2-C位点。另外，在700 ～ 900℃区间热处理可生成大量的FeN_2-C位点。作者认为FeN_2-C的活性比FeN_4-C高。若将过渡金属换成Co，则只能检测到CoN_4-C，并且CoN_2和CoN_4被认为具有相同的活性。苏党生等[70]运用穆斯堡尔谱对使用邻/间/对-苯二胺为前体制备的催化剂进行分析，提出Fe-N_6结构，即在平面的Fe(Ⅲ)卟啉上下各与一个吡啶配位[Fe(Ⅲ)(卟啉)(吡啶)$_2$]。苏党生等关于Fe(Ⅲ)处于六配位结构的观点与Hendrik Schulenburg等相似，后者采用^{57}Fe穆斯堡尔谱研究热解后的Fe-TMPP-Cl得出了相似的结论。他们认为，活性位点的Fe^{3+}处于六重配位环境，其中包括4个氮和另外两个部分，可能是氧和/或碳[71]。

Piotr Zelenay等[72]运用^{57}Fe穆斯堡尔谱、XANES等多种技术对PANI-Fe-C体系进行研究，得到以下几个结论：① 较低的热处理温度可能会形成更易溶于酸的含铁物种，且不会形成碳包覆层，使最终催化剂中铁的含量降低；② 活性最好的催化剂具有最高的微孔率和Fe-N_4含量；③ 氧还原反应活性与形成的石墨氮、Fe-N物种含量以及BET表面积、微孔率都有很好的相关性，而吡咯型氮对活性的贡献不大；④ S的添加可促使热处理时形成FeS，抑制碳化铁生成，对形成Fe-N_4中心有利。

Jean-Pol Dodelet课题组通过制备铁含量在0.03% ～ 1.55%（质量分数）范围内的Fe-N-C催化剂，结合穆斯堡尔谱和EXAFS研究活性中心[73]。他们将含铁物种分为五类（图2.15），分别为亚铁离子处于低自旋态（FeN_4/C，D1）、中间自旋态（FeN_{2+2}/C，D2）、高自旋态（N-FeN_{2+2}/C，D3）的FeN_4位点、表面氧化的氮

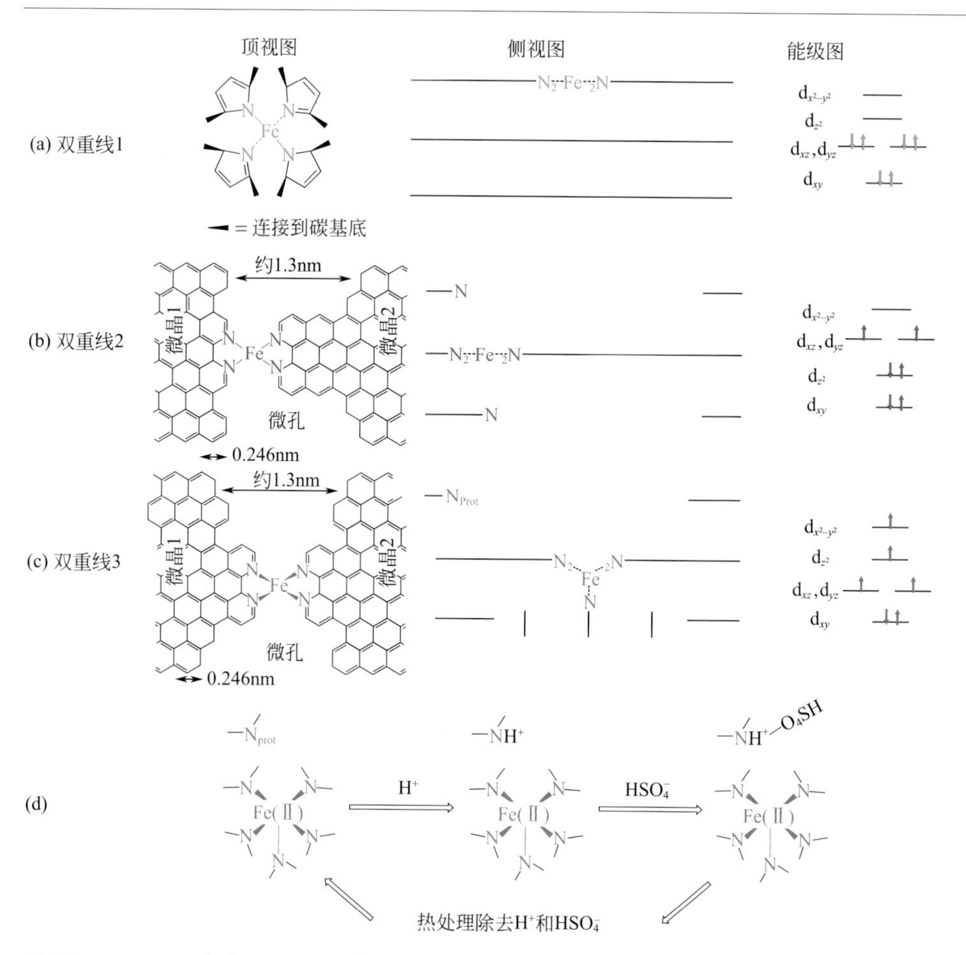

图2.15　FeN_4/C（a），FeN_{2+2}/C（b）和N-FeN_{2+2}/C（c）活性位点的结构示意图及Fe(Ⅱ)的电子轨道填充示意图；（d）N-FeN_{2+2}/C位点变化示意图，从左至右分别与其相邻的氮基团未质子化、质子化和阴离子中和，当处于质子化状态时活性最高[73]

化铁纳米颗粒（D4、D5）以及铁含量大于0.27%（质量分数）时存在的不完整FeN_4结构。其中只有D1和D3具有一定的抗酸性，D3只在NH_3中热处理时才会形成，其铁原子与五个吡啶氮配位，并且在附近存在着可质子化的氮基团，也有利于提高活性。氧还原反应活性主要来源于D1和D3两种结构，这是因为D1和D3结构中，亚铁离子的$3d_{z^2}$轨道没有被完全占据，D2则被完全占据，不能吸附O_2。作者描绘了D1、D2、D3结构的可能存在形式，并设想了D3结构未质子化、质子化和被阴离子中和的结构变化，如图2.15所示。进一步研究表明，分别在控制Ar或NH_3的气氛进行二次热处理得到的高活性Fe/N/C催化剂也得益于D1和D3位点

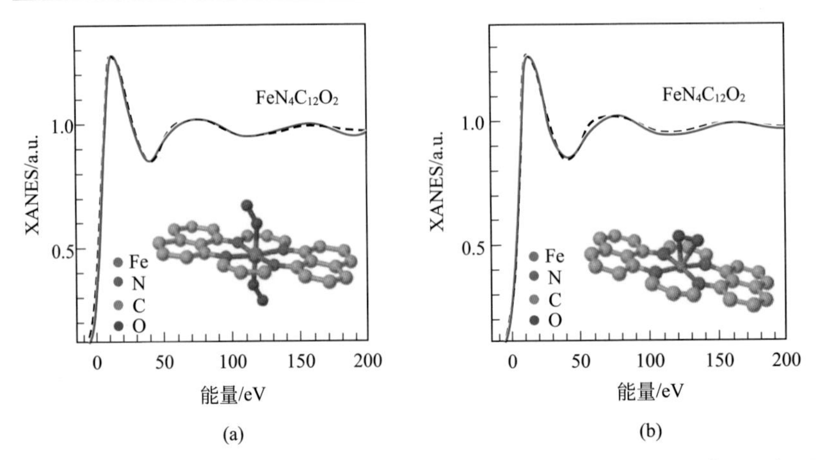

图2.16　Fe/N/C的X射线近边吸收光谱（XANES的Fe K边，黑虚线）和以插图中结构拟合的XANES（红实线）[75]

（a）FeN_4C_{12}上下两侧端式吸附两个氧气分子；（b）FeN_4C_{12}侧面吸附一个氧气分子

数量增加[74]。在Ar/NH_3混合气氛中热处理的催化剂相比在纯氩气中热处理具有更大的孔隙率，可参与反应的催化位点更多，因此氧还原反应活性更高，而纯氩气中热处理形成的活性位点有一部分被隔绝在内部，不能发挥作用。

Frédéric Jaouen等通过EXAFS和XANES定量分析了Fe-N-C催化剂，检测到类卟啉结构的FeN_4C_{12}物种，如图2.16所示[75]。电化学研究表明这些物种能有效地催化O_2生成水。作者通过几何结构分析，提出卟啉物种可能存在于高度无序的石墨烯片或石墨烯Z字形边缘间，形成一个微孔。他们也分析了在氩气和氨气中热处理的影响。在氨气中热处理可促进形成可质子化的含氮基团，进一步提高FeN_4C_{12}物种的氧还原反应活性。Ulrike I.Kramm等利用H_2/N_2混合气氛热处理和酸洗的过程有效地除去晶态铁颗粒，也制备出只含有FeN_4的Fe-N-C催化剂。这种方法的特点是Fe含量较高（$>3\%$），且不存在晶态铁[76]。

Sanjeev Mukerjee等利用原位XAS技术，在氧还原反应过程中观察到中心铁离子发生变价，由平面型的$Fe\text{-}N_4$转变成$O_x\text{-}Fe\text{-}N_4$。他们认为氧还原反应过程始于中心金属离子的变价，即$Fe\text{-}N_4$中心吸附O_2后，Fe^{2+}转变成Fe^{3+}，如图2.17（a）所示[77,78]。他们同时发现在碱溶液中碳基底的缺陷度与氧还原反应的转化数（TON）存在线性关系，认为这是由于碳基底的缺陷增加，破坏部分离域π键，增加了氮的路易斯碱度，使得Fe的反键轨道（d_{z^2}）的能级降低，提高了铁中心离子的氧化还原电位，从而增强氧还原反应活性，如图2.17（b）所示[79]。

研究Fe/N/C催化剂活性位结构的另一种途径是制备结构明确，易于表征的模型催化剂。周志有等[80]在$FeCl_3(g)/NH_3$前驱体气氛中，高温热处理单层石墨烯，制得单原子层的Fe/N/C模型催化剂，如图2.18所示。单层Fe/N/C表现出与纳米Fe/N/C催化剂相近的氧还原反应活性和相同SCN^-毒化响应。以此为模型催化剂，通过控制模型催化剂中FeN含量，观察到N_x-Fe含量与氧还原反应活性之间的线性关系，证明了N_x-Fe为氧还原反应的活性位。值得一提的是，此体系中所有物种均在表面上，即氧还原的反应界面，可以准确地反映出物种与氧还原反应活性之间的关系，不存在体相物种的干扰。

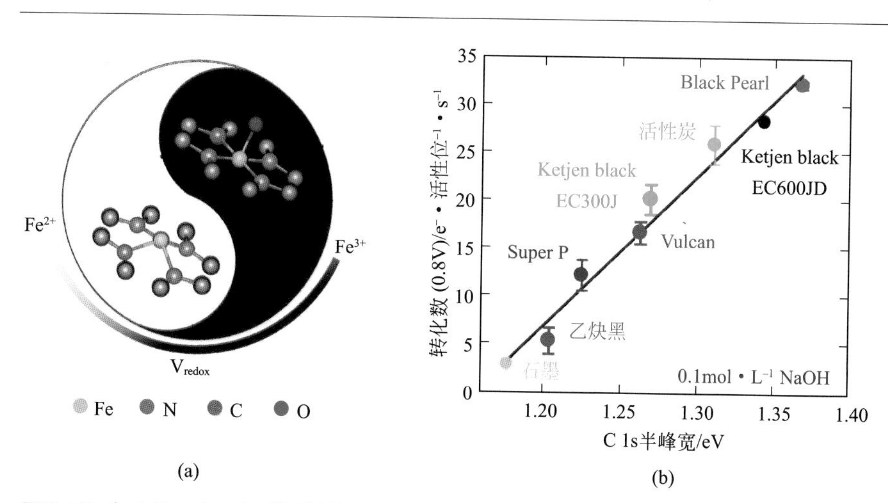

图2.17 (a) $Fe-N_4-C_8$模型结构中，氧原子垂直方向的配位引起Fe^{2+}/Fe^{3+}的转变[78]；(b) Fe-N-C中XPS的C 1s半峰宽（碳的缺陷度）与氧还原反应的转化数（TON）之间的线性关系[79]

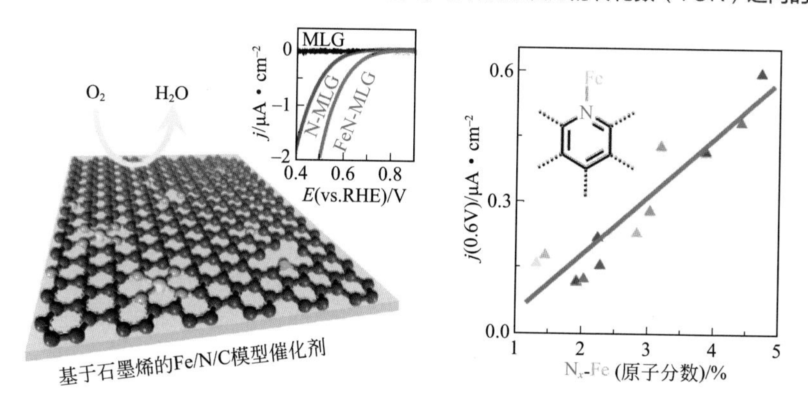

图2.18 单层Fe/N/C模型催化剂示意图及N_x-Fe物种与氧还原反应活性的线性关系[80]（氧气饱和$0.1mol \cdot L^{-1}$ H_2SO_4）

氧还原电催化过程仅发生在催化剂表界面，且涉及到电解质溶液等。然而，常用的Fe/N/C催化剂表征方法，包括EXAFS[74～76]、^{57}Fe穆斯保尔谱[74～76]、飞行时间二次离子质谱（TOF-SIMS）[69]和X射线光电子能谱（XPS）[81,82]等，均是表征材料体相信息的手段，且不是原位测量。仅用这些方法难于捕捉到真正参与反应的表面物种的信息，Fe/N/C催化剂的研究需要表面敏感的表征技术，如表面探针分子。目前使用的表面探针一般是表面物种（Fe物种）的强配体，如卤素、含硫物种（SCN^-、SO_2、和H_2S）[16]，或者是在低温下工作的弱配体，例如CO（193K低温吸附）[19]。表面探针通过与金属原子配位，占据金属活性位，使金属中心无法进行氧还原反应过程。实验上可以观察到加入表面探针前后，金属中心催化剂的氧还原反应活性明显下降。另外，一氧化氮（NO）和亚硝酸根（NO_2^-）在酸性介质中氧还原反应电位窗口内（0.3～1.0V，vs.RHE）可以和FeN_xC形成稳定的配位。在更低电位时（–0.3～0.3V，vs.RHE）吸附物种（NO）则被还原成NH_3和N_2。Anthony Kucernak等利用NO的吸、脱附（NO striping）的电量差值，估算出Fe/N/C活性位的数量[83]。这种方法将非贵金属的表面探针技术从定性表征发展为定量表征技术，为缺乏高效表征技术的Fe/N/C的研究提供了一种有力的工具。可以预见表面探针技术将会是一个重要的研究方向，尤其是将其与电化学原位谱学技术相结合。

2.4.3.2
Fe/N/C中的晶态铁

热解Fe/N/C催化剂中往往还存在着被碳包裹的Fe或者Fe_3C晶态纳米粒子，在XRD和透射电镜测量过程中非常容易观察到。部分学者认为晶态铁也能够促进氧还原反应活性，虽然其本身未直接参与氧还原反应。例如前文提及的豆荚状碳纳米管包覆铁纳米颗粒的复合催化剂（Pod-Fe）[36]、竹节状碳纳米管包裹铁颗粒（N-Fe-CNT/CNP）[22]。另外，胡劲松等认为在碱溶液中，Fe/Fe_3C和$Fe-N_xC$共存可以提高氧还原反应活性，即Fe/Fe_3C促进了$Fe-N_x$的活性[84]。Andrew A.Gewirth等[85]观察到在Cl_2气氛中高温处理Fe/N/C催化剂，使得晶态Fe/Fe_3C和非晶态$Fe-N_x$均转化为$FeCl_3$，催化剂失活；但失活后的催化剂通过氢气再还原形成晶态Fe后，其氧还原活性又得到恢复。据此，他们认为碳包裹的铁纳米粒子是活性位。然而，Sanjeev Mukerjee等[41]通过原位XAS测试，认为豆荚状结构的晶态铁并非活性位。他们未观察到豆荚状结构形成Fe—N键，且Fe价态并不随电极电位移动而发生变化；而对于具有Fe—N键的非晶态Fe-N_xC材料，Fe会随电位移动发生价态的变化。因此，他们认为还是氮掺杂碳是氧还原活性位。需要注意的是，该研究制备的豆荚状结构Fe含量很高（3.1%，质量分数），而通常非晶态的FeN_xC中Fe含量（质量分数）低于1%，甚至低于0.5%，因此，较高含量的晶态Fe可能会掩盖低含量Fe-N的信号，使得原位XAS未能观察到Fe—N。目前，对于晶态铁的作用仍存在较大的争议，不同课题组或者不同方法制备的Fe/N/C常常得到不同甚至相反的结论。

尽管经过数十年的研究，热解Fe/N/C的活性位结构依旧不够明确。不同实验室提出的活性位模型往往只能解释自己数据，而难以推广。其原因一方面在于热解Fe/N/C结构十分复杂，有可能就存在多种形式的活性位；另一方面，现有研究所用的表征手段往往是非原位的（如XPS、穆斯堡尔谱等），导致对活性位的理解造成偏差。因此，深入认识热解Fe/N/C的活性位需要由简入繁，即研制结构明确单一的模型催化剂，再结合原位谱学技术，尤其是对成键结构非常敏感的振动谱学方法，以及DFT理论计算等，从不同层次和角度开展研究。随着表征和制备技术的发展，相信人们对Fe/N/C的活性位会有新的认识。

2.5 碳基非贵金属催化剂在燃料电池中的应用

当前燃料电池的主流催化剂仍是Pt基催化剂，碳基非贵金属催化剂在燃料电池的应用仍处在实验室探索阶段。近年来，碳基非贵金属催化剂在燃料电池的应用研究已取得较大的进展，初步显示出应用潜力。研究显示，在质子交换膜氢氧燃料电池（PEMFC）中，以Fe/N/C为阴极催化剂，其最大功率密度可达到1.03W·cm^{-2}；在活化极化区域，极化曲线已经接近Pt/C催化剂[17]。在阴离子交换膜氢氧燃料电池（AEMFC）中，文献[30]报道的最大功率密度可达到0.379W·cm^{-2}。AEMFC性能低于PEMFC，其主要原因在于阴离子交换膜的综合性能仍落后于质子交换膜。

2.5.1
在质子交换膜燃料电池中的应用

Jean-Pol Dodelet课题组[12]通过球磨前驱体（BP2000活性炭等）、高温下氨气气氛热解制备出高氧还原反应活性的Fe/N/C催化剂。在氢氧PEMFC中，最大功率密度可达到0.45W・cm^{-2}。随后，他们使用高比表面积的金属-有机框架（ZIF-8）作为载体，进一步提高了其氧还原反应活性。在一个背压下，PEMFC最大功率密度达到0.91W・cm^{-2}；0.6V下功率密度可达0.75W・cm^{-2}，如图2.19（a）所示[68]。该性能与0.3mg・cm^{-2}载量下的商业Pt/C催化剂相当。Di jia Liu等[86]以多孔有机聚合物和卟啉铁为前驱体，制备出高比表面积的Fe/N/C催化剂（BET比表面积达903m^2・g^{-1}），其最大功率密度可以达到0.73W・cm^{-2}。周志有等[17]使用$Fe(SCN)_3$代替$FeCl_3$作为铁源。S的引入不但促进催化剂活性增加，还提高了孔隙率，改善了传质，作为PEMFC的阴极，最大功率密度达到目前同类催化剂的最高值1.03W・cm^{-2}［图2.19（b）］。

稳定性是M/N/C催化剂走向实际应用的一个非常重要指标。M/N/C催化剂在液体电解质测试中表现出了高活性，但其在加速老化实验中的稳定性并不理想，在H_2-O_2 PEMFC中衰减速度也很快，尤其工作在高电位区域时［图2.20（a）］[87]。Jean-Pol Dodelet等[12]通过球磨和NH_3热处理的Fe/N/C在PEMFC中0.5V持续放

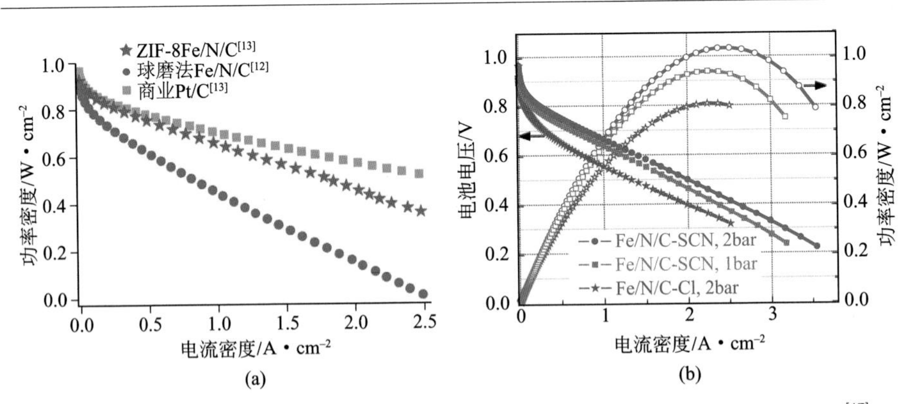

图2.19 （a）H_2-O_2 PEMFC的输出功率；（b）H_2-O_2 PEMFC的极化曲线和输出功率[17]

图（a）中Fe/N/C载量约为3.9mg・cm^{-2}，Pt/C载量为0.3mg・cm^{-2}。实验条件：NRE 211膜作为质子交换膜；工作温度80℃；背压约为1bar（1bar=10^5Pa），实际压力为1.5bar，其中0.5bar来自80℃水蒸气气压；H_2和O_2气体流量均为0.3L・min^{-1}；湿度100%

图（b）中催化剂载量，阴极为4.0mg・cm^{-2}；阳极为Pt/C［40%（质量分数），JM］，载量0.4mg・cm^{-2}。实验条件：Nafion NRE 211膜；工作温度80℃；背压为2bar或1bar，对应实际压力为2.5bar或1.5bar；气体流速为0.3L・min^{-1}；膜电极（MEA）面积为1.0cm^2

电100h后，其放电电流下降为初始电流的44%。2011年，他们进一步提高Fe/N/C的活性，然而其活性在0.5V测试100h后仅剩15%[13]。工作在较低的电位和氢气-空气操作条件下，Fe/N/C基PEMFC的稳定性有所提高。比如一个很重要的进展是2011年Piotr Zelenay等人[15]报道通过聚苯胺、炭黑、硝酸钴和三氯化铁制备的PANI-FeCo-C催化剂，该催化剂具有洋葱似的结构，催化剂工作时不断被腐蚀，同时又不断裸露出新鲜的活性位，表现出优异的稳定性。该催化剂在PEMFC中的最大功率密度可达0.55W·cm^{-2}。在700h 0.4V恒电位放电测试中，其电流几乎没有衰减，如图2.20（b）所示。另外，他们认为钴元素的添加有助于提高催化剂的稳定性。众所周知，燃料电池工作电位越低，能量转化效率也越低（约为工作电压与理论电压1.23V的比值）。当燃料电池工作在0.4V时，发电效率仅有32%。显然，提高Fe/N/C催化剂在高电位时的稳定性具有重要应用价值。然而，近几年来，基于M/N/C催化剂的PEMFC的稳定性并没有实质性的提高。

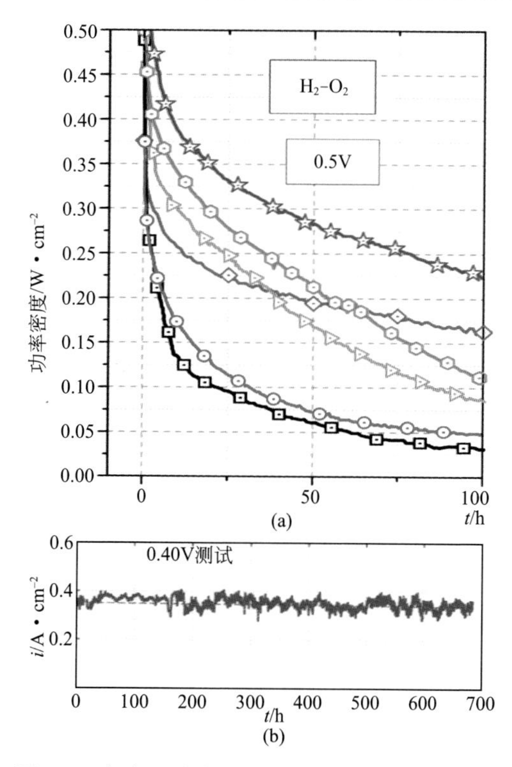

图2.20 （a）几种典型Fe/N/C催化剂作为阴极的H_2-O_2 PEMFC工作在0.5V时的稳定性曲线[87]；（b）聚苯胺基FeCo共掺杂催化剂（PANI-FeCo-C）为阴极H_2-空气 PEMFC稳定性曲线[15]

M/N/C催化剂性能衰减包括催化剂活性位的丧失、阴极产物被水淹没以及气体传输通道和质子交换膜的腐蚀等。三者在PEMFC中表现出不同现象：活性位丧失主要体现在低电流区（或高电位区，主要受活化极化控制）放电性能下降；水淹表现为在大电流密度时出现传质控制，即电压急剧下降；质子交换膜的腐蚀则表现为欧姆极化增加。目前，活性位的丧失是Fe/N/C催化剂在燃料电池应用的最大障碍，燃料电池运行2h后，高电位的放电性能损失往往大于20%。

2.5.2
在阴离子交换膜燃料电池中的应用

非贵金属M/N/C催化剂在碱性（KOH或NaOH）溶液中可表现出优于商业Pt/C的氧还原反应活性和极好的稳定性。然而，相同的M/N/C催化剂，应用在AEMFC的性能要远逊于用于PEMFC的性能。与PEMFC不同，目前AEMFC的限制因素主要是阴离子交换膜（AEM）。AEM以OH^-为传输离子，而OH^-电导率仅为H^+的一半，使得AEM的离子电导率往往低于PEM。膜的机械强度和稳定性亦是目前AEM面临的主要问题。近年来，庄林课题组[88,89]、徐铜文课题组[90～92]和Yan Yushan课题组[93,94]等在AEM研究方面取得了重要进展。AEM的突破，将为非贵金属M/N/C催化剂的发展开辟新的天地。近年来非贵金属催化剂在氢氧AEMFC中的应用汇总如表2.1。目前，已报道的最大输出功率为0.379W・cm^{-2}。

表2.1　以非贵金属催化剂为阴极的H_2−O_2 AEMFC性能对比

催化剂	最大功率密度/W・cm^{-2}	催化剂载量/mg・cm^{-2}	参考文献
CNT/PC	0.379	2.0	[30]
CoFe/NC	0.177	4.0	[95]
GP4/C	0.195	3	[96]
N-CNT	0.037	5.0	[97]
CoPc/MWCNT	0.105	0.6	[98]
CoO-RGO（N）	0.248	N/A	[99]
CNT/HDC	0.27	2.0	[100]
NpGr-72	0.026	2.5	[101]
N-800	0.03	3.0	[102]
FeNCNH-900	0.035	4.0	[92]

续表

催化剂	最大功率密度/W·cm^{-2}	催化剂载量/mg·cm^{-2}	参考文献
Co-Fe_3O_4/C	0.114	0.8	[103]
g-CN-CNF	0.171	0.8	[104]
NPOMC-L2	0.09	0.5	[94]
AT-Fe/N/C	0.164	4.0	[23]

2.5.3
在甲醇燃料电池中的应用

直接甲醇燃料电池（DMFC）具有能量密度高、燃料易得、运输储存方便等优点，有望应用于移动设备的电源。然而，铂基催化剂DMFC却面临着严重的甲醇渗透问题，即甲醇从阳极穿过Nafion膜渗透达阴极。渗透过来的甲醇在铂催化剂上发生电氧化，使得阴极氧还原电位下降，形成所谓的混合电位（降低燃料电池开路电位）。非贵金属M/N/C催化剂具有极好的抗有机物小分子毒化的能力，非常适合作为DMFC的阴极催化剂，有望解决DMFC的甲醇渗透问题。邢巍等[105]在Fe/N/C催化剂中掺杂磷元素，掺杂过程没有引起催化剂的形态和结构，且提高了催化剂的活性。该催化剂在DMFC的最大功率密度可达0.021W·cm^{-2}。Piotr Zelenay等[106]使用卟啉钴热解的催化剂作为DMFC的阴极，在催化剂载量为2mg·cm^{-2}，电池温度为70℃下的功率密度为0.045W·cm^{-2}，表现出极好的抗甲醇渗透能力。Chen Shengzhou等[107]使用氮掺杂碳凝胶作为Fe/N/C催化剂的载体，在DMFC中，载量为10mg·cm^{-2}，电池温度为60℃，甲醇流量为2mol·L^{-1}时，功率密度可达0.058W·cm^{-2}。Fe/N/C催化剂的活性位主要位于微孔，然而在燃料电池运行过程中微孔很容易被水堵塞，阻碍氧气传输，使得性能下降。为此，周志有等在催化层中引入疏水的二甲基硅油（DMS），通过筛选合适的DMS分子量（14kD），使其部分进入催化剂微孔，在微孔内构造一个“气-固-液”三相界，既防止水淹，又不影响氧气和质子传输，使得基于DMS修饰Fe/N/C催化层在直接甲醇燃料电池中可输出0.102W·cm^{-2}的功率密度，与铂催化剂相当，并且具有优异的抗甲醇性能，能直接工作于15mol·L^{-1}的甲醇溶液（图2.21）[108]。值得提出的是，DMS分子量对DMFC性能影响至关重要。分子量太小的DMS（如3.8kD），虽然也能提供良好的疏水性，但它会大量进入微孔内，堵塞氧气和质子传输，导致性能甚至劣于未经DMS修饰Fe/N/C催化剂。

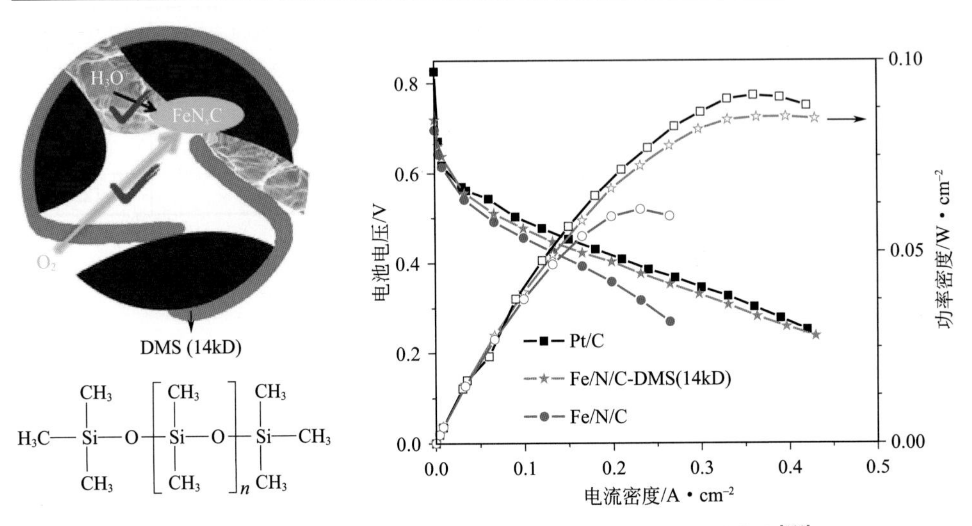

图2.21　二甲基硅油（DMS）修饰Fe/N/C催化剂的直接甲醇燃料电池性能曲线[108]

2.5.4
碳基非贵金属催化剂的传质

非贵金属M/N/C催化剂活性位密度低，价格低廉。在燃料电池中使用时往往通过增加载量弥补其与Pt基催化剂的活性差距。这使得催化层厚度达到100μm，远高于Pt/C（10μm）。由此可见，非贵金属催化剂阴极面临着严峻的传质问题，需要合理地设计催化剂孔道分布，优化阴极制备工艺。周志有等利用酸洗除去铁等纳米颗粒而形成介孔，制备出具有介孔结构的Fe/N/C。与微孔Fe/N/C相比，介孔Fe/N/C的PEMFC具有更好的传质，可输出更高的峰值功率（图2.22）[109]。他们认为，介孔为阴极水提供缓存空间，防止水淹，从而改善阴极传质。Jinwoo Lee等[94]利用模板法制备出介孔氮掺杂碳（NPOMC-L），其AEMFC的最大功率能够达到0.090W·cm^{-2}。他们认为介孔不仅能改善传质，也能改变活性位的分布。

当前，从微纳尺度到宏观尺度优化构筑非贵金属M/N/C催化层仍处于起步阶段。随着M/N/C催化剂的活性和稳定性进一步提升，理性设计催化层孔道结构，强化传质，将是其应用的必经之路。

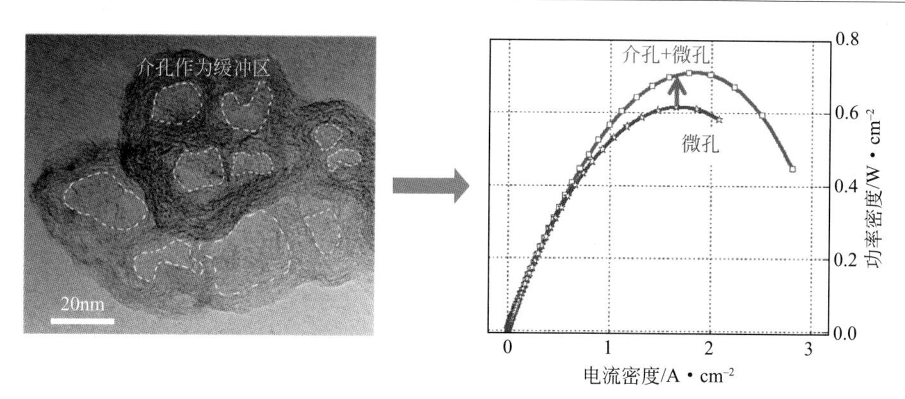

图2.22 具有介孔结构的氨基咪唑衍生Fe/N/C催化剂（红色）及其在H_2–O_2 PEMFC的应用[109]

对照样为微孔结构的间苯二胺衍生Fe/N/C催化剂（蓝色）

2.6 总结与展望

碳基非贵金属催化剂是一类非常有前景的燃料电池氧还原反应催化剂。经过研究者几十年的努力探索，已经取得了长足进步。目前碳基非贵金属催化剂在碱性介质中的氧还原活性可以达到甚至超过铂催化剂；在酸性溶液中的活性也稳步提高，在燃料电池上可输出较高的功率密度（约1W·cm^{-2}）。但要在燃料电池中取代铂催化剂，碳基非贵金属催化剂的活性，尤其是稳定性还需要进一步提高。实现这个目标的关键是对活性位结构的清晰认识，从而指导催化剂的理性设计和制备，从而大幅度提高活性位密度。当前虽然已有大量关于活性位结构的报道，但并未能达成一致性的结论，争议很大。热解M/N/C非贵金属催化剂结构复杂，很可能存在多种类型的氧还原活性位，包括单原子分散金属中心与氮配位结构、非金属氮掺杂碳，以及碳（氮掺杂碳）包裹型金属纳米颗粒等。未来研究需要借鉴表面科学已取得巨大成功的模型催化剂研究思路，力求通过设计和制备结构明确可控的模型催化剂，结合原位谱学技术深入研究。另外在催化剂稳定性方面还面临巨大挑战，迫切需要在燃料电池层面明晰影响稳定性的主要因素，包括金属活性位中心的酸腐蚀、氧还原的活性中间体（过氧化氢、超氧化物和含氧自由基等）对催化剂和离子交换膜的氧化腐蚀以及微孔水淹等，进而设计结构优化的催化层，以及引入抗氧剂、疏水剂等。相信随着对碳基非贵金属催化剂活性位结构的深入认识，精确构筑活性位并提高其密度，结合燃料电池催化层的结构优化设计，碳基非贵金属催化剂在燃料电池和金属空气电池等电化学能源转化装置的实际应用将得到实质性推进。

参考文献

[1] Papageorgopoulos D. Fuel Cells [M]. Annual Merit Review and Peer Evaluation Meeting. U. S. Department of Energy Hydrogen and Fuel Cells Program. 2013.

[2] Su D S, Sun G. Nonprecious-metal catalysts for low-cost fuel cells [J]. Angew Chem Int Ed, 2011, 50 (49): 11570-11572.

[3] Bezerra C W B, Zhang L, Lee K, et al. A review of Fe-N/C and Co-N/C catalysts for the oxygen reduction reaction [J]. Electrochim Acta, 2008, 53 (15): 4937-4951.

[4] Wang D W, Su D S. Heterogeneous nanocarbon materials for oxygen reduction reaction [J]. Energy Environ Sci, 2014, 7 (2): 576-591.

[5] Othman R, Dicks A L, Zhu Z. Non precious metal catalysts for the PEM fuel cell cathode [J]. Int J Hydrogen Energy, 2012, 37 (1): 357-372.

[6] Jasinski R. A new fuel cell cathode catalyst [J]. Nature, 1964, 201 (4925): 1212-1213.

[7] Shi Z, Zhang J. Density functional theory study of transitional metal macrocyclic complexes' dioxygen-binding abilities and their catalytic activities toward oxygen reduction reaction [J]. J Phys Chem C, 2007, 111 (19): 7084-7090.

[8] Jahnke H, Schönborn M, Zimmermann G. Organic dyestuffs as catalysts for fuel cells [J]. Top Curr Chem, 1976, 61 (411): 133-181.

[9] Bagotzky V S, Tarasevich M R, Radyushkina K A, et al. Electrocatalysis of the oxygen reduction process on metal chelates in acid electrolyte [J]. J Power Sources, 1978, 2 (3): 233-240.

[10] Gupta S, Tryk D, Bae I, et al. Heat-treated polyacrylonitrile-based catalysts for oxygen electroreduction [J]. J Appl Electrochem, 1989, 19 (1): 19-27.

[11] Jaouen F. Heat-treated transition metal-N_xC_y electrocatalysts for the O_2 reduction reaction in acid PEM fuel cells [M]//Chen Z, Dodelet J-P, Zhang J. Non-Noble Metal Fuel Cell Catalysts. Germany: Wiley-VCH Verlag GmbH & Co. 2014: 40.

[12] Lefevre M, Proietti E, Jaouen F, et al. Iron-based catalysts with improved oxygen reduction activity in polymer electrolyte fuel cells [J]. Science, 2009, 324 (5923): 71-74.

[13] Proietti E, Jaouen F, Lefevre M, et al. Iron-based cathode catalyst with enhanced power density in polymer electrolyte membrane fuel cells [J]. Nat Commun, 2011, 2: 416.

[14] Tian J, Morozan A, Sougrati M T, et al. Optimized synthesis of Fe/N/C cathode catalysts for PEM fuel cells: a matter of iron-ligand coordination strength [J]. Angew Chem Int Ed, 2013, 52 (27): 6867-6870.

[15] Wu G, More K L, Johnston C M, et al. High-performance electrocatalysts for oxygen reduction derived from polyaniline, iron, and cobalt [J]. Science, 2011, 332 (6028): 443-447.

[16] Wang Q, Zhou Z Y, Lai Y J, et al. Phenylenediamine-based FeN_x/C catalyst with high activity for oxygen reduction in acid medium and its active-site probing [J]. J Am Chem Soc, 2014, 136 (31): 10882-10885.

[17] Wang Y C, Lai Y J, Song L, et al. S-doping of an Fe/N/C ORR catalyst for polymer electrolyte membrane fuel cells with high power density [J]. Angew Chem Int Ed, 2015, 54 (34): 9907-9910.

[18] Chen P, Zhou T, Xing L, et al. Atomically dispersed iron-nitrogen species as electrocatalysts for bifunctional oxygen evolution and reduction reactions [J]. Angew Chem Int Ed, 2017, 56 (2): 610-614.

[19] Sahraie N R, Kramm U I, Steinberg J, et al. Quantifying the density and utilization of active sites in non-precious metal oxygen electroreduction catalysts [J]. Nat Commun, 2015, 6: 8618.

[20] Wu G, Zelenay P. Nanostructured nonprecious metal catalysts for oxygen reduction reaction [J]. Acc Chem Res, 2013, 46 (8): 1878-1889.

[21] Armel V, Hindocha S, Salles F, et al. Structural descriptors of zeolitic–imidazolate frameworks are keys to the activity of Fe-N-C catalysts [J]. J Am Chem Soc, 2017, 137 (1): 453-464.

[22] Chung H T, Won J H, Zelenay P. Active and stable carbon nanotube/nanoparticle composite electrocatalyst for oxygen reduction [J]. Nat Commun, 2013, 4: 1922.

[23] Chen C, Yang X D, Zhou Z Y, et al. Aminothiazole-derived N, S, Fe-doped graphene nanosheets as high performance electrocatalysts for oxygen reduction [J]. Chem Commun, 2015, 51 (96): 17092-17095.

[24] Ye T N, Lv L B, Li X H, et al. Strongly veined carbon nanoleaves as a highly efficient metal-free electrocatalyst [J]. Angew Chem Int Ed, 2014, 53 (27): 6905-6909.

[25] Zhang S, Zhang H, Liu Q, et al. Fe–N doped carbon nanotube/graphene composite: facile synthesis and superior electrocatalytic activity [J]. J Mater Chem, 2013, 1 (10): 3302.

[26] Zhang S, Liu B, Chen S. Synergistic increase of oxygen reduction favourable Fe-N coordination structures in a ternary hybrid of carbon nanospheres/carbon nanotubes/graphene sheets [J]. Phys Chem Chem Phys, 2013, 15 (42): 18482.

[27] Liu Q, Zhang H, Zhong H, et al. N-doped graphene/carbon composite as non-precious metal electrocatalyst for oxygen reduction reaction [J]. Electrochim Acta, 2012, 81: 313-320.

[28] Liang H W, Wei W, Wu Z S, et al. Mesoporous metal-nitrogen-doped carbon electrocatalysts for highly efficient oxygen reduction reaction [J]. J Am Chem Soc, 2013, 135 (43): 16002-16005.

[29] Cheon J Y, Kim T, Choi Y, et al. Ordered mesoporous porphyrinic carbons with very high electrocatalytic activity for the oxygen reduction reaction [J]. Sci Rep, 2013, 3: 2715.

[30] Sa Y J, Seo D-J, Woo J, et al. A general approach to preferential formation of active $Fe-N_x$ sites in Fe-N/C electrocatalysts for efficient oxygen reduction reaction [J]. J Am Chem Soc, 2016, 138 (45): 15046-15056.

[31] Silva R, Voiry D, Chhowalla M, et al. Efficient metal-free electrocatalysts for oxygen reduction: polyaniline-derived N- and O-doped mesoporous carbons [J]. J Am Chem Soc, 2013, 135 (21): 7823-7826.

[32] Hu C, Zheng G, Zhao F, et al. A powerful approach to functional graphene hybrids for high performance energy-related applications [J]. Energy Environ Sci, 2014, 7 (11): 3699-3708.

[33] Liang J, Zhou R F, Chen X M, et al. Fe-N decorated hybrids of CNTs grown on hierarchically porous carbon for high-performance oxygen reduction [J]. Adv Mater, 2014, 26 (35): 6074-6079.

[34] Ding W, Wei Z, Chen S, et al. Space-confinement-induced synthesis of pyridinic- and pyrrolic-nitrogen-doped graphene for the catalysis of oxygen reduction [J]. Angew Chem Int Ed, 2013, 125 (45): 11971-11975.

[35] Ding W, Li L, Xiong K, et al. Shape fixing via salt recrystallization: a morphology-controlled approach to convert nanostructured polymer to carbon nanomaterial as a highly active catalyst for oxygen reduction reaction [J]. J Am Chem Soc, 2015, 137 (16): 5414-5420.
[36] Deng D, Yu L, Chen X, et al. Iron encapsulated within pod-like carbon nanotubes for oxygen reduction reaction [J]. Angew Chem Int Ed, 2013, 52 (1): 371-375.
[37] Wu Z Y, Xu X X, Hu B C, et al. Iron carbide nanoparticles encapsulated in mesoporous Fe-N-doped carbon nanofibers for efficient electrocatalysis [J]. Angew Chem Int Ed, 2015, 54 (28): 8179-8183.
[38] Hu Y, Jensen J O, Zhang W, et al. Hollow spheres of iron carbide nanoparticles encased in graphitic layers as oxygen reduction catalysts [J]. Angew Chem Int Ed, 2014, 53 (14): 3675-3679.
[39] Xiao M, Zhu J, Feng L, et al. Meso/macroporous nitrogen-doped carbon architectures with iron carbide encapsulated in graphitic layers as an efficient and robust catalyst for the oxygen reduction reaction in both acidic and alkaline solutions [J]. Adv Mater, 2015, 27 (15): 2521-2527.
[40] Wen Z H, Ci S Q, Zhang F, et al. Nitrogen-enriched core-shell structured Fe/Fe_3C-C nanorods as advanced electrocatalysts for oxygen reduction reaction [J]. Adv Mater, 2012, 24 (11): 1399-1404.
[41] Strickland K, Miner E, Jia Q, et al. Highly active oxygen reduction non-platinum group metal electrocatalyst without direct metal-nitrogen coordination [J]. Nat Commun, 2015, 6: 7343.
[42] Vasudevan P, Mann N, Tyagi S. Transition metal complexes of porphyrins and phthalocyanines as electrocatalysts for dioxygen reduction [J]. Transition Met Chem, 1990, 15 (2): 81-90.
[43] Bashyam R, Zelenay P. A class of non-precious metal composite catalysts for fuel cells [J]. Nature, 2006, 443 (7107): 63-66.
[44] Li Z, Liu B. The use of macrocyclic compounds as electrocatalysts in fuel cells [J]. J Appl Electrochem, 2010, 40 (3): 475-483.
[45] Cao R, Thapa R, Kim H, et al. Promotion of oxygen reduction by a bio-inspired tethered iron phthalocyanine carbon nanotube-based catalyst [J]. Nat Commun, 2013, 4: 2076.
[46] Wei P J, Yu G Q, Naruta Y, et al. Covalent grafting of carbon nanotubes with a biomimetic heme model compound to enhance oxygen reduction reactions [J]. Angew Chem Int Ed, 2014, 53 (26): 6659-6663.
[47] Shen A, Zou Y, Wang Q, et al. Oxygen reduction reaction in a droplet on graphite: direct evidence that the edge is more active than the basal plane [J]. Angew Chem Int Ed, 2014, 53 (40): 10804-10808.
[48] Tao L, Wang Q, Dou S, et al. Edge-rich and dopant-free graphene as a highly efficient metal-free electrocatalyst for the oxygen reduction reaction [J]. Chem Commun, 2016, 52 (13): 2764-2767.
[49] Jiang Y, Yang L, Sun T, et al. Significant contribution of intrinsic carbon defects to oxygen reduction activity [J]. ACS Catal, 2015, 5 (11): 6707-6712.
[50] Gong K, Du F, Xia Z, et al. Nitrogen-doped carbon nanotube arrays with high electrocatalytic activity for oxygen reduction [J]. Science, 2009, 323 (5915): 760-764.
[51] Chen S, Bi J, Zhao Y, et al. Nitrogen-doped carbon nanocages as efficient metal-free electrocatalysts for oxygen reduction reaction [J]. Adv Mater, 2012, 24 (41): 5593-5597.
[52] Bao X, Nie X, Deak D V, et al. A first-principles study of the role of quaternary-N doping on the oxygen reduction reaction activity and selectivity of graphene edge sites [J]. Top Catal, 2013, 56 (18-20): 1623-1633.
[53] Liang W, Chen J, Liu Y, et al. Density-functional-theory calculation analysis of active sites for four-electron reduction of O_2 on Fe/N-doped graphene [J]. ACS Catal, 2014, 4 (11): 4170-4177.

[54] Xing T, Zheng Y, Li L H, et al. Observation of active sites for oxygen reduction reaction on nitrogen-doped multilayer graphene [J]. ACS Nano, 2014, 8 (7): 6856-6862.

[55] Guo D, Shibuya R, Akiba C, et al. Active sites of nitrogen-doped carbon materials for oxygen reduction reaction clarified using model catalysts [J]. Science, 2016, 351 (6271): 361-365.

[56] Sun X, Zhang Y, Song P, et al. Fluorine-doped carbon blacks: highly efficient metal-free electrocatalysts for oxygen reduction reaction [J]. ACS Catal, 2013, 3 (8): 1726-1729.

[57] Cheon J Y, Kim J H, Kim J H, et al. Intrinsic relationship between enhanced oxygen reduction reaction activity and nanoscale work function of doped carbons [J]. J Am Chem Soc, 2014, 136 (25): 8875-8878.

[58] Yang L, Jiang S, Zhao Y, et al. Boron-doped carbon nanotubes as metal-free electrocatalysts for the oxygen reduction reaction [J]. Angew Chem Int Ed, 2011, 123 (31): 7270-7273.

[59] Zhao Y, Yang L, Chen S, et al. Can boron and nitrogen co-doping improve oxygen reduction reaction activity of carbon nanotubes? [J]. J Am Chem Soc, 2013, 135 (4): 1201-1204.

[60] Wu Q, Yang L, Wang X, et al. From Carbon-Based Nanotubes to Nanocages for Advanced Energy Conversion and Storage [J]. Acc Chem Res, 2017, 50 (2): 435-444.

[61] Wang L, Ambrosi A, Pumera M. "Metal-free" catalytic oxygen reduction reaction on heteroatom- doped graphene is caused by trace metal impurities [J]. Angew Chem Int Ed, 2013, 52 (51): 13818-13821.

[62] Masa J, Zhao A, Xia W, et al. Trace metal residues promote the activity of supposedly metal-free nitrogen-modified carbon catalysts for the oxygen reduction reaction [J]. Electrochem Commun, 2013, 34: 113-116.

[63] Matter P H, Wang E, Millet J M M, et al. Characterization of the iron phase in CN_x-based oxygen reduction reaction catalysts [J]. J Phys Chem C, 2007, 111 (3): 1444-1450.

[64] Choi C H, Baldizzone C, Grote J P, et al. Stability of Fe-N-C catalysts in acidic medium studied by operando spectroscopy [J]. Angew Chem Int Ed, 2015, 54 (43): 12753-12757.

[65] Birry L, Zagal J H, Dodelet J-P. Does CO poison Fe-based catalysts for ORR? [J]. Electrochem Commun, 2010, 12 (5): 628-631.

[66] Thorum M S, Hankett J M, Gewirth A A. Poisoning the oxygen reduction reaction on carbon-supported Fe and Cu electrocatalysts: evidence for metal-centered activity [J]. J Phys Chem Lett, 2011, 2 (4): 295-298.

[67] von Deak D, Singh D, King J C, et al. Use of carbon monoxide and cyanide to probe the active sites on nitrogen-doped carbon catalysts for oxygen reduction [J]. Appl Catal, B, 2012, 113-114 (22): 126-133.

[68] Li W, Wu J, Higgins D C, et al. Determination of iron active sites in pyrolyzed iron-based catalysts for the oxygen reduction reaction [J]. ACS Catal, 2012, 2 (12): 2761-2768.

[69] Lefevre M, Dodelet J P, Bertrand P. Molecular oxygen reduction in PEM fuel cells: Evidence for the simultaneous presence of two active sites in Fe-based catalysts [J]. J Phys Chem B, 2002, 106 (34): 8705-8713.

[70] Zhu Y, Zhang B, Liu X, et al. Unravelling the structure of electrocatalytically active Fe-N complexes in carbon for the oxygen reduction reaction [J]. Angew Chem Int Ed, 2014, 53 (40): 10673-10677.

[71] Schulenburg H, Stankov S, Schünemann V, et al. Catalysts for the oxygen reduction from heat-treated iron (III) tetramethoxyphenylporphyrin chloride: structure and stability of active sites [J]. J Phys Chem B, 2003, 107 (34): 9034-9041.

[72] Ferrandon M, Kropf A J, Myers D J, et al. Multitechnique characterization of a polyaniline-iron-carbon oxygen reduction catalyst [J]. J Phys Chem C, 2012, 116 (30): 16001-16013.

[73] Kramm U I, Herranz J, Larouche N, et al. Structure of the catalytic sites in Fe/N/C-catalysts for O_2-reduction in PEM fuel cells [J]. Phys Chem Chem

Phys, 2012, 14 (33): 11673-11688.
[74] Kramm U I, Lefevre M, Larouche N, et al. Correlations between mass activity and physicochemical properties of Fe/N/C catalysts for the ORR in PEM fuel cell via ^{57}Fe Mossbauer spectroscopy and other techniques [J]. J Am Chem Soc, 2014, 136 (3): 978-985.
[75] Zitolo A, Goellner V, Armel V, et al. Identification of catalytic sites for oxygen reduction in iron- and nitrogen-doped graphene materials [J]. Nat Mater, 2015, 14 (9): 937-944.
[76] Kramm U I, Herrmann-Geppert I, Behrends J, et al. On an easy way to prepare metal-nitrogen doped carbon with exclusive presence of MeN_4-type sites active for the ORR [J]. J Am Chem Soc, 2016, 138 (2): 635-640.
[77] Jia Q, Ramaswamy N, Hafiz H, et al. Experimental observation of redox-induced Fe-N switching behavior as a determinant role for oxygen reduction activity [J]. ACS Nano, 2015, 9 (12): 12496-12505
[78] Li J, Ghoshal S, Liang W, et al. Structural and mechanistic basis for the high activity of iron-nitrogen-carbon electrocatalysts toward oxygen reduction [J]. Energy Environ Sci, 2016, 9 (7): 2418-2432.
[79] Ramaswamy N, Tylus U, Jia Q, et al. Activity descriptor identification for oxygen reduction on nonprecious electrocatalysts: Linking surface science to coordination chemistry [J]. J Am Chem Soc, 2013, 135 (41): 15443-15449.
[80] Yang X-D, Zheng Y, Yang J, et al. Modeling Fe/N/C catalysts in monolayer graphene [J]. ACS Catal, 2017, 7 (1): 139-145.
[81] Jaouen F, Herranz J, Lefevre M, et al. Cross-laboratory experimental study of non-noble-metal electrocatalysts for the oxygen reduction reaction [J]. ACS Appl Mater Interfaces, 2009, 1 (8): 1623-1639.
[82] Artyushkova K, Serov A, Rojas-Carbonell S, et al. Chemistry of multitudinous active sites for oxygen reduction reaction in transition metal-nitrogen-carbon electrocatalysts [J]. J Phys Chem C, 2015, 119 (46): 25917-25928.
[83] Malko D, Kucernak A, Lopes T. In situ electrochemical quantification of active sites in Fe-N/C non-precious metal catalysts [J]. Nat Commun, 2016, 7: 13285.
[84] Jiang W J, Gu L, Li L, et al. Understanding the high activity of Fe-N-C electrocatalysts in oxygen reduction: Fe/Fe_3C nanoparticles boost the activity of Fe-N_x [J]. J Am Chem Soc, 2016, 138 (10): 3570-3578.
[85] Varnell J A, Tse E C M, Schulz C E, et al. Identification of carbon-encapsulated iron nanoparticles as active species in non-precious metal oxygen reduction catalysts [J]. Nat Commun, 2016, 7: 12582.
[86] Yuan S, Shui J L, Grabstanowicz L, et al. A highly active and support-free oxygen reduction catalyst prepared from ultrahigh-surface-area porous polyporphyrin [J]. Angew Chem Int Ed, 2013, 52 (32): 8349-8353.
[87] Zhang G, Chenitz R, Lefèvre M, et al. Is iron involved in the lack of stability of Fe/N/C electrocatalysts used to reduce oxygen at the cathode of PEM fuel cells? [J]. Nano Energy, 2016, 29: 111-125.
[88] Pan J, Chen C, Li Y, et al. Constructing ionic highway in alkaline polymer electrolytes [J]. Energy Environ Sci, 2014, 7 (1): 354-360.
[89] Pan J, Li Y, Han J, et al. A strategy for disentangling the conductivity-stability dilemma in alkaline polymer electrolytes [J]. Energy Environ Sci, 2013, 6 (10): 2912-2915.
[90] Yang Z, Guo R, Malpass-Evans R, et al. Highly conductive anion-exchange membranes from microporous Tröger's base polymers [J]. Angew Chem Int Ed, 2016, 55 (38): 11499-11502.
[91] Ge X, He Y, Guiver M D, et al. Alkaline anion-exchange membranes containing mobile ion shuttles [J]. Adv Mater, 2016, 28 (18): 3467-3472.
[92] Unni S M, Ramadas S, Illathvalappil R, et al. Surface-modified single wall carbon nanohorn as an effective electrocatalyst for platinum-free fuel cell cathodes [J]. J Mater Chem, 2015, 3 (8): 4361-4367.

[93] Zhang B, Kaspar R B, Gu S, et al. A new alkali-stable phosphonium cation based on fundamental understanding of degradation mechanisms [J]. ChemSusChem, 2016, 9 (17): 2374-2379.

[94] Lee S, Choun M, Ye Y, et al. Designing a highly active metal-free oxygen reduction catalyst in membrane electrode assemblies for alkaline fuel cells: effects of pore size and doping-site position [J]. Angew Chem Int Ed, 2015, 54 (32): 9230-9234.

[95] Li X, Popov B N, Kawahara T, et al. Non-precious metal catalysts synthesized from precursors of carbon, nitrogen, and transition metal for oxygen reduction in alkaline fuel cells [J]. J Power Sources, 2011, 196 (4): 1717-1722.

[96] Mamlouk M, Kumar S M S, Gouerec P, et al. Electrochemical and fuel cell evaluation of Co based catalyst for oxygen reduction in anion exchange polymer membrane fuel cells [J]. J Power Sources, 2011, 196 (18): 7594-7600.

[97] Venkateswara Rao C, Ishikawa Y. Activity, selectivity, and anion-exchange membrane fuel cell performance of virtually metal-free nitrogen-doped carbon nanotube electrodes for oxygen reduction reaction [J]. J Phys Chem C, 2012, 116 (6): 4340-4346.

[98] Kruusenberg I, Matisen L, Shah Q, et al. Non-platinum cathode catalysts for alkaline membrane fuel cells [J]. Int J Hydrogen Energy, 2012, 37 (5): 4406-4412.

[99] He Q, Li Q, Khene S, et al. High-loading cobalt oxide coupled with nitrogen-doped graphene for oxygen reduction in anion-exchange-membrane alkaline fuel cells [J]. J Phys Chem C, 2013, 117 (17): 8697-8707.

[100] Sa Y J, Park C, Jeong H Y, et al. Carbon nanotubes/heteroatom-doped carbon core–sheath nanostructures as highly active, metal-free oxygen reduction electrocatalysts for alkaline fuel cells [J]. Angew Chem Int Ed, 2014, 53 (16): 4102-4106.

[101] Palaniselvam T, Valappil M O, Illathvalappil R, et al. Nanoporous graphene by quantum dots removal from graphene and its conversion to a potential oxygen reduction electrocatalyst via nitrogen doping [J]. Energy Environ Sci, 2014, 7 (3): 1059-1067.

[102] Unni S M, Bhange S N, Illathvalappil R, et al. Nitrogen-induced surface area and conductivity modulation of carbon nanohorn and its function as an efficient metal-free oxygen reduction electrocatalyst for anion-exchange membrane fuel cells [J]. Small, 2015, 11 (3): 352-360.

[103] Wang C-H, Yang C-W, Lin Y-C, et al. Cobalt–iron (II, III) oxide hybrid catalysis with enhanced catalytic activities for oxygen reduction in anion exchange membrane fuel cell [J]. J Power Sources, 2015, 277 (2): 147-154.

[104] Kim O H, Cho Y H, Chung D Y, et al. Facile and gram-scale synthesis of metal-free catalysts: toward realistic applications for fuel cells [J]. Sci Rep, 2015, 5: 8376.

[105] Hu Y, Zhu J, Lv Q, et al. Promotional effect of phosphorus doping on the activity of the Fe-N/C catalyst for the oxygen reduction reaction [J]. Electrochim Acta, 2015, 155: 335-340.

[106] Piela B, Olson T S, Atanassov P, et al. Highly methanol-tolerant non-precious metal cathode catalysts for direct methanol fuel cell [J]. Electrochim Acta, 2010, 55 (26): 7615-7621.

[107] Wei Y, Shengzhou C, Weiming L. Oxygen reduction on non-noble metal electrocatalysts supported on N-doped carbon aerogel composites [J]. Int J Hydrogen Energy, 2012, 37 (1): 942-945.

[108] Wang Y C, Huang L, Zhang P, et al. Constructing a triple-phase interface in micropores to boost performance of Fe/N/C catalysts for direct methanol fuel cells [J]. ACS Energy Letters, 2017, 2 (3): 645-650.

[109] Shi W, Wang Y C, Chen C, et al. A mesoporous Fe/N/C ORR catalyst for polymer electrolyte membrane fuel cells [J]. Chin J Catal, 2016, 37 (7): 1103-1108.

NANOMATERIALS

电催化纳米材料

Chapter 3

第3章

质子交换膜氢氧燃料电池阳极催化剂纳米材料

周小春，杨辉
中国科学院苏州纳米技术与纳米仿生研究所
中国科学院上海高等研究院

3.1 概述

燃料电池是一种直接把化学能转化为电能的发电装置。由于这种能量转换不受卡诺循环的限制，所以它的能量转换效率可以比内燃机高很多。另外，燃料电池还具有环境污染低、安全可靠、操作简单等优点，而且可以应用在从移动电源到电站的广泛领域，所以世界各国都投入巨资进行燃料电池的研究与开发。

质子交换膜燃料电池（proton exchange membrane fuel cell，PEMFC）是众多燃料电池中的一种，它用固态电解质高分子膜作为电解质，有能量转换率高、低温启动、无电解质泄漏等特点，被公认为最有希望成为航天、军事、电动汽车和区域性电站的首选电源。由于PEMFC的众多优点，所以是最有希望商业化的燃料电池，因此成为燃料电池研究中的热点。从1992年到2001年，美国能源部共拨款7亿美元，用于燃料电池的研制和开发。美国已选定燃料电池作为经济繁荣和国家安全的22项必须发展的技术之一，其中PEMFC为重要发展方面。

氢气的电化学氧化（hydrogen oxidation reaction，HOR）是质子交换膜燃料电池阳极上发生的电化学反应，是PEMFC的重要反应之一，具有非常重要的地位。氢气的电氧化是一个失去两个电子的电化学反应，反应原理比较简单［式（3.1）］，而且反应产物是氢离子，比较容易传输。

$$H_2 \longrightarrow 2H^+ + 2e^- \tag{3.1}$$

对于氢气的电氧化，已经开发出一些活性很高的催化剂（比如铂纳米催化剂），这些催化剂对于HOR的活性往往比阴极电催化剂对氧气的电还原活性高几个数量级。因此，最近几年，产业界和科学界的研究重点不仅仅是追求阳极催化剂的高活性，更加关注阳极催化剂在工程应用方面的性能，因此研究重点主要放在自增湿催化剂、超低铂载量方法、非铂催化剂、抗中毒催化剂等方面。

自增湿催化剂的重要意义在于，它可以提高电池的稳定性和寿命，同时大大降低辅助设备的复杂度和成本，对于PEMFC的实际推广应用非常有意义。虽然阳极催化剂的活性相对较高，但他们都是以贵金属铂为主，所以人们仍然在探索降低铂载量或者不含铂的催化剂的方法。一些相关的研究，比如非铂催化剂、以及其他具有潜在价值的阳极材料及其合成等，也在一直进行中，并取得了显著的进展。另外，抗中毒催化剂可以提高催化剂对于大气污染和燃料纯度的耐受性，延长电堆的寿命，这也是未来的应用中必须要解决的问题。因此，在未来的一段时间内，工程应用相关的研究将会越来越成熟，而基础研究方面将会不断有新的材料和方法出现，这对于工程应用的相关研究也会起到促进作用。

本章将重点介绍自增湿催化剂、超低铂载量方法、非铂催化剂这三个方面。而关于CO中毒催化剂的研究方面，由于已有较为系统的综述和报道[1,2]，所以本章将不再赘述。另外，也有一些文献研究了抗H_2S[3]、SO_2[4,5]、甲苯[6]等中毒的催化剂，但是这类化合物在电池的操作中并不常见，而且较容易用吸附、氧化等方法直接去除，所以本章也不对其进行深入讨论。

3.2 基本原理和表征方法

3.2.1 氢的电氧化原理

在催化反应的原理方面，氢气既具有惰性，又相对非常活泼。氢分子中的H—H单键具有高达436kJ·mol^{-1}的键能，远高于一般的单键，接近于普通的双键的键能。因此，氢气在常温下具有较高的稳定性，很难在普通的导电材料（如碳材料）上直接发生电子转移，也就不容易发生电化学反应。所以氢的电氧化需要特定催化剂的参与，这样才能大大加速氢的电化学反应速率，从而制备出具有实际应用价值的燃料电池HOR电催化剂。

众所周知，目前性能最优异的HOR电催化剂是铂系金属及其合金催化剂，这类催化剂已经被广泛研究和应用。另外还有非贵金属的Mo、Ag、Cu、Ni、WC等催化剂也在研究，这是由于人们希望找到性能优异且价格低廉的催化剂。尤其是采用铂催化剂的时候，氢气在其上的反应速率极快，过电位极小，几乎处于可逆的状态。相比于氧气在铂催化剂上的电化学反应，氢气在铂催化剂上的活性要高得多，也就是说氢气相对氧气来说非常活泼。

氢分子在进行电化学反应的时候，分子氢先要溶解于溶液中，并向电极表面进行扩散，然后氢分子在电极表面上解离吸附，形成吸附氢原子。吸附可能有三种方式，分别是物理吸附、化学解离吸附、电化学解离吸附。物理吸附主要靠范德华力作用，比较弱，氢分子并不发生解离。而化学解离吸附会使氢分子解离成两个氢原子：

$$2M+H_2 \longrightarrow M—H+M—H \tag{3.2}$$

另外，电化学解离吸附会使氢分子解离成一个氢原子和一个氢离子，并释放出一个电子：

$$M+H_2 \longrightarrow M—H+H^++e^- \tag{3.3}$$

氢气在电极表面的解离吸附是催化反应的一个关键步骤。经过化学解离吸附之后，两个氢原子即可进行下一步的电化学反应；而经过电化学解离吸附之后，已有一个氢原子发生了电化学反应，另一个氢原子也即可进行下一步的电化学反应。然而，下一步的电化学反应却受到M—H键强度的控制：过弱的M—H键将会导致电化学反应困难，过电位增加；而过强的M—H键又会使得氢的解离吸附发生困难，同样不利于反应的顺利进行。因此，适中的M—H键的强度才可以产生活性最高的催化剂。

关于氢氧燃料电池的热力学原理，已经有多本专著进行了介绍，其中包括毛宗强教授的《燃料电池》[7]和衣宝廉院士的《燃料电池——原理·技术·应用》等[8]，这里将不细述，而只是根据这些著作进行一个概括。PEMFC阴阳两极上发生的总反应式为：

$$H_2+1/2O_2 \longrightarrow H_2O \tag{3.4}$$

在25℃，1个大气压（101325Pa）下，氢被氧化生成液态水和气态水的吉布斯自由能变化分别为–237.2kJ·mol^{-1}和–228.6kJ·mol^{-1}，电池的可逆电动势为1.229V和1.190V。而且，随着温度的升高，电池的电动势将降低，因此在较低的反应温度下，理论上可以产生更多的电能。

3.2.2
阳极纳米催化剂的表征方法

PEMFC阳极催化剂作为众多催化剂的一种，表征方法在很多方面与其他催化剂的基本相同。比如，对于催化剂的基本结构和形貌表征主要采用透射电镜（TEM）、扫描电镜（SEM）、扫描探针（SPM）等方法；对于晶体结构的表征主要采用X射线衍射（XRD）技术；原子价态的表征主要采用X射线电子能谱（XPS）技术等。这些方法在很多材料合成和催化剂的表征文献中都有较为详细的介绍，因此这里就不再赘述。该部分将主要介绍一些对PEMFC阳极催化剂有一定针对性的表征和测试方法，其中包括旋转圆盘电极法、电化学活性表面积的测定、电化学交流阻抗法。

3.2.2.1
旋转圆盘电极法

旋转圆盘电极法（RDE）是一种经典的电化学方法，主要用来检测气体相关的电化学反应。该方法在氧气的电还原反应研究中被大量采用，用来研究各种催化剂的活性和反应动力学。该方法在氢气的电氧化反应研究中也较常用，且显示出比较明显的优势。

首先，旋转圆盘电极法可以较为直观地检测到HOR的过电位，如图3.1（a）所示。从图中可以看出，氢在$Pt/Ti_{0.7}W_{0.3}O_2$催化剂上的过电位极小，几乎可以忽略，这说明该催化剂可以有效地活化氢分子，使其快速进行电化学反应[9]。

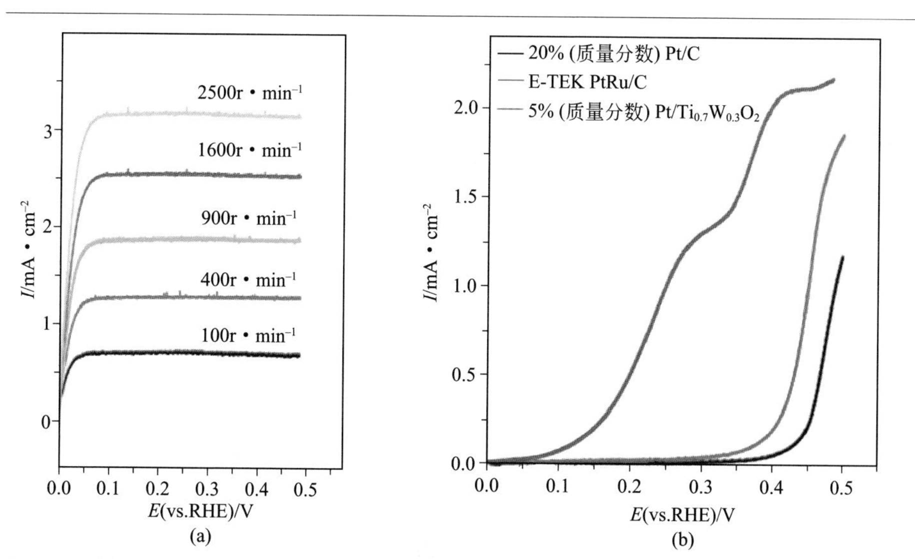

图3.1　旋转圆盘电极法对于氢气在不同催化剂上电氧化的研究[9]

（a）不同转速下，氢气在$Pt/Ti_{0.7}W_{0.3}O_2$催化剂上的电氧化线性扫描曲线图；（b）在2% CO存在的条件下，氢气在不同催化剂上的电氧化线性扫描曲线图

转速$1600r \cdot min^{-1}$；扫速$1mV \cdot s^{-1}$

其次，在相同的转速、扫速等条件下，较高的电流意味着更高的电化学活性。比如，文献报道，在1600r · min^{-1}转速和1mV · s^{-1}的扫速下，采用旋转圆盘电极法比较了$Pt/Ti_{0.7}W_{0.3}O_2$、PtRu/C、Pt/C这三种催化剂的活性，发现$Pt/Ti_{0.7}W_{0.3}O_2$在CO存在的时候具有更高的氢电氧化活性，如图3.1（b）所示[9]。

再次，旋转圆盘电极法的另一个重要特点是可以从扫速、转速和电流的关系计算出电化学反应过程中的电子转移数，而从这些不同的电子转移数可以推测出电化学反应的机理。这对氧还原一类包含多个电子转移的电化学反应尤为重要，而对氢电氧化一类的两电子反应也有重要的价值。一般使用的公式如下[10]：

$$\frac{1}{J}=\frac{1}{J_{\mathrm{k}}}+\frac{1}{J_{\mathrm{diff}}}=\frac{1}{J_{\mathrm{k}}}+\frac{1}{B\omega^{1/2}}$$
$$B=\frac{0.62nFC_0D_0^{2/3}}{\eta^{1/6}} \tag{3.5}$$

式中，J是所测到的电流密度；J_{k}是动力学电流密度；J_{diff}是极限扩散电流密度；ω是转速；n是转移的电子数；F是法拉第常数；C_0是气体在溶液中的浓度；D_0是扩散系数；η是溶液的黏度系数。根据这个公式即可求出电化学反应过程中的电子转移数n。

3.2.2.2
电化学活性表面积的测定

电化学活性表面积（ECSA）是电催化剂的一个重要指标，如果单位质量的贵金属能够制备得到更大的电化学活性表面积，那么催化剂的整体性能可能会得到提高。对于电催化剂来说，电化学活性表面积比BET测试方法所得到的比表面积更加重要，因为它能够直接反映单位质量的催化剂所包含的活性中心的数量。

ECSA测量的主要原理是依靠探针分子的单层定量吸附特性，利用溶出伏安法检测探针分子吸附或者脱附的电量，再通过电量计算出ECSA的数值。较常用的两种探针分子分别是欠电位吸附的氢和CO分子。对于欠电位吸附的氢来说，可以测量氢从催化剂表面溶出过程中所释放的电量，如图3.2（a）所示[11～13]。

$$\mathrm{M{-}H} \longrightarrow \mathrm{M+e^-+H^+} \tag{3.6}$$

式中，M代表金属表面的电化学活性中心。然后可以计算出ECSA的数值$ECSA_H$：

$$\mathrm{ECSA_H}=\frac{Q_{\mathrm{H}}}{[\mathrm{Pt}]\times Q_S} \tag{3.7}$$

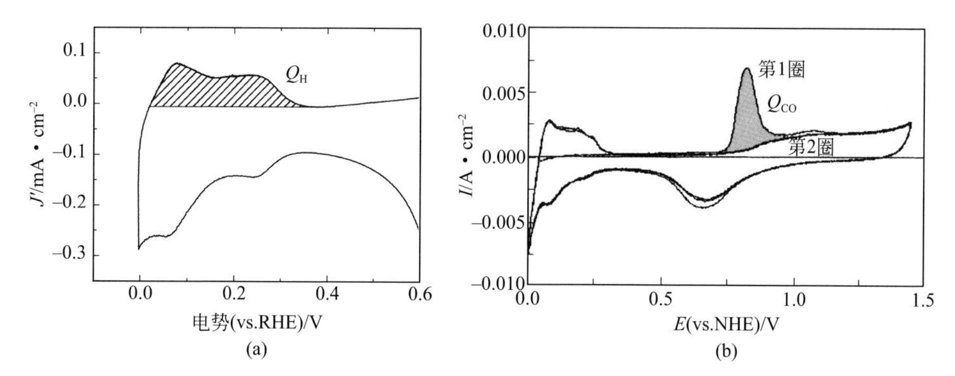

图3.2 （a）欠电位吸附的氢的脱附峰，阴影部分的积分即为氢从催化剂表面溶出过程中所释放的电量；（b）吸附了CO的Pt/C催化剂的循环伏安图，阴影部分的积分即为CO电氧化所释放的电量[13]

其中，Q_H是图3.2（a）所测得的氢从催化剂表面溶出过程中所释放的电量；[Pt]是铂的含量；而Q_S是单位面积的Pt表面所能测到的电量，对于Pt一般可以用210μC・cm^{-2}。

当采用CO分子作为探针的时候，方法基本类似，不过电极上发生的电化学反应为[13,14]：

$$M—CO+H_2O \longrightarrow M+CO_2+2e^-+2H^+ \quad (3.8)$$

当进行电化学扫描的时候，第1圈就可以检测到CO电氧化的溶出伏安峰，如图3.2（b）所示，到第2圈扫描的时候溶出伏安峰将不存在。然后积分计算得到CO电氧化所产生的电荷数Q_{CO}，并通过上式的计量关系，就可以得到ECSA的计算公式：

$$ECSA_{CO}=\frac{Q_{CO}}{[Pt]\times 0.484} \quad (3.9)$$

其中，0.484代表光滑铂电极上的CO发生电氧化的时候所需要的电荷密度[15,16]。

3.2.2.3 电化学交流阻抗法（EIS）

电化学交流阻抗法是一种常用的电化学测试方法，在电催化剂的表征中有着重要的作用。尤其是，这种方法可以检测电催化剂在工作时候的电荷传递阻力等相关性能。一般情况下，EIS的测试都是先把电极恒定在某个电位下，然后施加一个电压为几毫伏的正弦交流扰动，扰动频率范围一般为100mHz ～ 100kHz，同

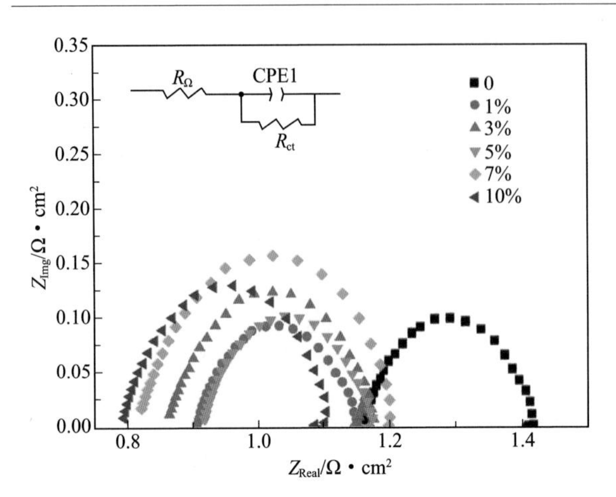

图3.3　用不同含量（质量分数）的PVA制备的膜电极的交流阻抗图[17]

检测电压为0.8V，采用的电对为H_2/空气

时检测扰动后产生的电信号。图3.3所示为一个比较典型的EIS测试图[17]。采用图中的等效电路对图中的数据进行拟合，即可以得到两个重要的参数，R_Ω和R_{ct}，这两个参数分别代表电路的电阻和电荷传递阻力。比如，从图3.3的数据处理可以得出，随着PVA的添加，R_Ω在开始的时候减小，到10%（质量分数）的时候显著增加，R_{ct}的变化趋势也基本相同。这就说明PVA的添加具有一个最优值，而这个最优值可以通过EIS的检测来确定。

3.3 阳极纳米催化剂的主要研究进展

3.3.1 自增湿催化剂

湿度在电池工作中有着非常重要的影响，主要体现在两个方面。一方面，质子交换膜需要一定的含水量，以保证质子的正常传输。如果质子交换膜中的含水量过低，那么质子在膜中的传递将会受阻，从而导致整个电池的内阻上升，使得电池的性能下降。因此，电池在运行的时候需要对氢气燃料和氧化剂，如空气或者氧气，进行增湿[18]。另一方面，过大的湿度又会使大量的液态水在催化层中聚集，堵塞气体的传输通道，增加传质阻力，这也会使得电池的性能急剧下降，所以氢气和空气的湿度又不能太大。因此，为了使质子交换膜燃料电池能够一直在最优的工况条件下工作，在实际的应用中需要严格控制氢气和空气的湿度。

然而，实际的湿度控制是一个非常繁重而复杂的任务。首先，加湿器是一个体积较大、消耗能量的装置，会加重整个燃料电池系统的复杂程度和成本；另外，实际的湿度控制是一个动态过程，需要根据实际的运行情况进行调节。为了解决湿度控制这个问题，人们研制了一些相关的技术，直接改进燃料电池的性能，希望能够以此减轻或者彻底解决繁重而复杂的湿度控制问题。

首先，人们在质子交换膜中添加催化剂使得氢气在透过PEM的时候被氧化成水，或者添加具有较高保水能力的材料，从而研制出具有自增湿能力的质子交换膜。然而，仅仅有自增湿的PEM还不够，催化层中的水管理仍然面临着同样的问题。

然后，人们又研究具有自增湿能力的催化剂，使得催化层中的水管理问题得到了改善。这样，质子交换膜燃料电池就可以在低增湿和非增湿的条件下正常工作，使得质子交换膜燃料电池适应性、成本、可操作性等各个方面更贴近实用。

目前，这些自增湿催化剂的制备有一个共同的特点，那就是采取某种措施，使得催化剂的亲水性增加，提高催化层的保水能力，从而达到在相对湿度低的情况下提供足够的水，保证电极的正常工作。自增湿催化剂的制备主要有两类方法：一类是对催化剂载体直接进行改性或者变更催化剂载体；另一类是在催化剂中添加另外一种保水的物质。下面将介绍这两类方法中有代表性的自增湿催化剂。

（1）基于载体改性所制备的自增湿催化剂

由于自呼吸燃料电池在实际运行过程中没有额外增湿，带来了较严重的电极干化问题，并因此使得电池性能下降。针对这一问题，文献报道了一种改性的活性炭载体[19]。该载体的制备是通过采用柠檬酸改性活性炭，使得活性炭表面负载一层亲水的官能团，从而赋予载体保水的能力，提高了膜电极的性能。从图3.4（a）可以看出，经过柠檬酸处理之后，XC-72R活性炭的亲水性非常强，相比较没有处理前的分层现象，处理之后的水溶性大大提高了。而且，当采用改进之后的活性炭载体制备氢氧自呼吸电池阳极的时候，可以使电池的功率密度达到204mW·cm^{-2}，如图3.4（b）所示[19]。而且，当这种催化剂用到阴极之后，功率

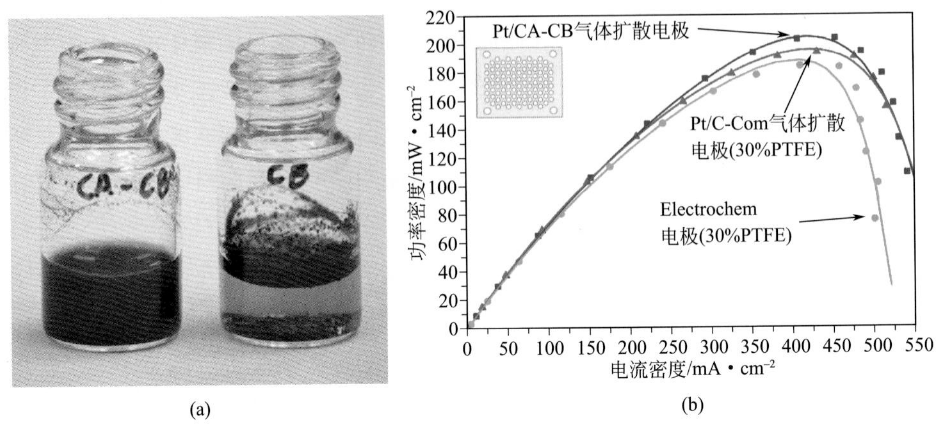

图3.4 （a）比较柠檬酸处理前（CB）和处理后（CA-CB）XC-72R活性炭的水溶性；（b）采用这两种活性炭作为载体所制备的催化剂的活性[19]

密度还可以提高23.4%[19]。所以，通过对载体的改性能够比较有效地提高催化剂的性能。另外，也研究了其他的改进方法，比如文献报道，碳气凝胶的应用也可以改善低湿度下的电池性能[18]。

（2）基于添加剂所制备的自增湿催化剂

含有SiO_2的阳极催化剂是自增湿催化剂的代表[20～24]。较早进行这方面研究的是韩国的研究者Sung Hyun Kim等[20]。在他们的研究中，将7nm的商业SiO_2直接添加到碳载铂的催化剂中，然后按照常规的方法对该催化剂进行相关的测试。接触角的测试表明，随着SiO_2含量的增加，水的接触角在不断降低，也就证明催化层的亲水性增加了。这种亲水性的增加将会对催化层的含水量起到一定的作用。单电池的测试表明，当催化剂中添加SiO_2之后，电极在较低湿度下的性能得到了较大的提升。然而，直接添加SiO_2的方法有一些不足之处，比如，添加的纳米颗粒容易团聚和剥离，使得该种方法制备的电极的长期工作稳定性较差。

为了解决上述问题，华南理工大学廖世军教授提出了一种把无定形二氧化硅直接固定到碳载体上的方法，通过这种改进，把二氧化硅均匀地分散到碳载体上，使得催化剂有一个均匀的润湿环境，最终制备了$Pt/SiO_2/C$的复合阳极催化剂[21,22]。该方法增湿的原理如图3.5（a）所示，从图中可以看出，附着在碳载体上的二氧化硅起到了蓄水池的作用，可以吸收从阴极传递过来的水，储存起来，并传递到需要水的Pt催化剂上，使得电极可以正常工作。他们的研究发现，加入二氧化硅后，催化层对水的接触角减小了，催化层的亲水性也增加了，如图3.5（b）

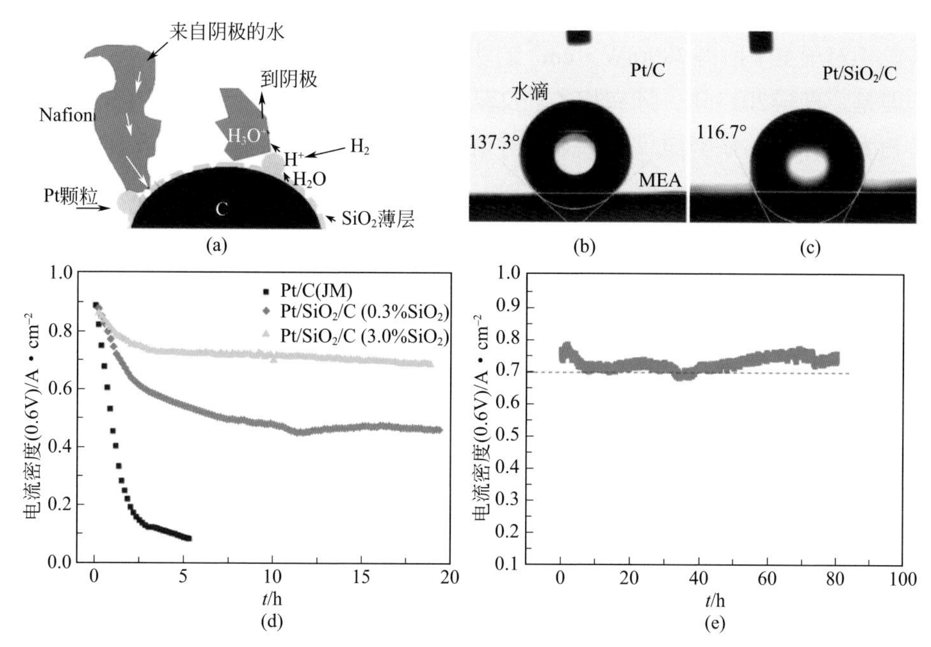

图3.5 （a）SiO_2对膜电极增湿的工作原理示意图；（b）水在Pt/C催化剂表面的接触角；（c）水在Pt/SiO_2/C催化剂表面的接触角；（d）含不同SiO_2比例（质量分数）的Pt/SiO_2/C催化剂的工作性能图；（e）Pt/SiO_2（3%）/C催化剂的长时间测试图[22]

和（c）所示。当二氧化硅的含量在3%的时候，即使在没有增湿的情况下，电池也表现出一个较好的工作性能，如图3.5（d）所示。而且该电极还表现出了较好的工作稳定性，如图3.5（e）所示。

另外，还有一种方法是直接把催化剂担载到尺寸较大的二氧化硅纳米颗粒上，然后再把这种催化剂与活性炭混合，制备成一种复合的催化剂[23]。这种方法所制备的电极的最大特点是具有优越的自增湿性能，在相对湿度为31%～100%的宽阔区间内表现出几乎相同的性能。然而，这种方法的一个较大的缺点是，二氧化硅的电子导电性很差，这样就大大降低了铂催化剂的利用率。

为了进一步提高含有二氧化硅的催化剂的性能，对其他添加剂也进行了研究。比如，廖世军研究组在添加了二氧化硅的催化剂中又添加了氧化钌的纳米颗粒，从而制备了Pt/RuO_2-SiO_x/C复合催化剂。研究发现，这种催化剂对甲醇的氧化和氧气的还原都有较高的活性。更重要的是，氧化钌的加入可以明显地提高膜电极在非增湿条件下的性能，比没有添加的时候增加了20%。他们推测这种性能的提高是由于氧化钌改善了铂催化剂的分散以及与铂的协同作用。另外，在催化剂中添加3%（质量分数）的聚乙烯醇和3%（质量分数）的二氧化硅能够使电极在15%的相对湿度下取得780mW·cm^{-2}的功率密度，以及30h稳定工作的性能[25]。

但是，直到2013年，才有相关的文献深入研究二氧化硅在催化层中的作用机理。日本的Uchida研究组[26]系统研究了在相对湿度较低的工作情况下，含有二氧化硅的催化层的自增湿机理。研究发现，二氧化硅的加入可以增加水的含量，从而降低欧姆电阻。而且，由于水含量的增加，质子导通网络更加畅通，还抑制了磺酸根在催化剂上的吸附，使得电极的电化学活性表面积增加。更有意思的是，二氧化硅还有利于阴极产生的水往阳极扩散，使得阴极的孔道更加通畅，从而增加了氧气的扩散速率。另外，液态水从阴极扩散到阳极的过程中还增加了质子交换膜的含水量，使得膜的电导率增加。综上所述，二氧化硅的加入为PEMFC带来一系列有利的影响，提高了PEMFC在低湿度下的性能。

除了二氧化硅之外，其他种类的自增湿催化剂也有相关的研究。已经研究过的添加剂包括聚苯胺纳米纤维[27]、微晶态纤维素[28]、聚乙烯醇（PVA）[17]、γ-Al_2O_3[29]等。这些添加剂的加入都改善了电极的亲水性，使得电极的保水能力提高，PVA的含量对保水量的影响如图3.6所示[17]，其他添加剂也使得催化层在低湿度下的保水性能得到不同程度提高。

综上所述，经过自增湿质子交换膜的研究发现，在燃料电池的膜中添加保水材料可以提高水管理的效率，为燃料电池的性能提高起到重要作用。在此启发下，催化层的自增湿研究也渐渐得到重视，这将使整个膜电极的各个关键部分都得到自增湿的功能，从而进一步提高燃料电池对低湿度的耐受能力，提高运行效率。

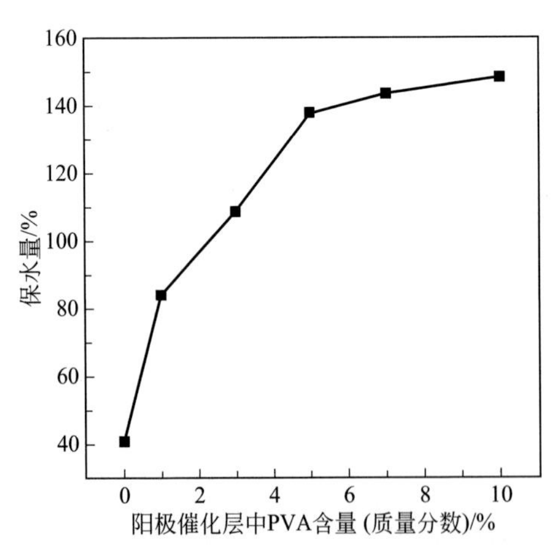

图3.6　阳极催化层中PVA的含量和保水量的关系[17]

值得一提的是，尽管膜电极的保水能力增加了，电极被水淹的情况却并不严重，即使在100%的相对湿度下，大多数电极仍然能够正常工作。但是，这些电极的长时间测试并没有报道，寿命相关的性能还有待进一步考察。总而言之，膜电极的自增湿、自排水相关的研究必将继续开展，催化剂相关的研究是这方面工作的重要基础之一。

3.3.2
超低载量方法

膜电极集合体（MEA）是燃料电池的核心部件之一，其成本占到了整个PEMFC的40%[30]。目前，MEA中的阴极和阳极催化层均含Pt催化剂，其成本在膜电极成本中占有很大比例。如果PEMFC实行量产，那么催化剂墨水的成本将会占到整个燃料电池电堆的34%[31]，这是一个非常高的成本负担。

另外，Pt又是一种地球上资源极其稀有的贵金属，在地壳中的含量仅为0.001μg/g，全球的可开采总储量仅为14kt，每年全球的产量仅仅为100～200t。如果以当前的PEMFC技术实施量产，那么全球的Pt产量都难以满足。因此，开发超低载量的方法制备低Pt载量的膜电极，对于有效降低质子交换膜燃料电池的成本，促进质子交换膜燃料电池技术的发展具有十分重要的意义。

3.3.2.1
原子层沉积技术

近年来，原子层沉积（ALD）技术被证明是一种在多孔纳米材料内表面沉积不同材料的有效方法[32～34]。如图3.7所示，ALD可利用顺序的或者自我限制的表面反应来制备得到原子级水平控制的薄膜。比如，可以将一个二元反应拆分为两个半反应，交替通入两种不同气相前驱体，同时，利用连续通入两种前驱体和两个半反应之间的自催化作用，也可以精确控制被沉积金属膜的厚度和组分的比例[35]。并且，在某些情况下，ALD还能够形成离散的纳米粒子，同时控制粒子的生长[36]，甚至形成纳米线[37]。就催化剂而言，纳米粒子的比表面积远比薄膜层大，从而能够为催化反应提供更多的反应场所。

利用ALD技术可以在不同载体表面，如碳化钨[39]、碳纳米管[40～43]、碳气凝胶[44]等，沉积贵金属催化剂。ALD 技术在XC-72R载体表面沉积制备厚度可控

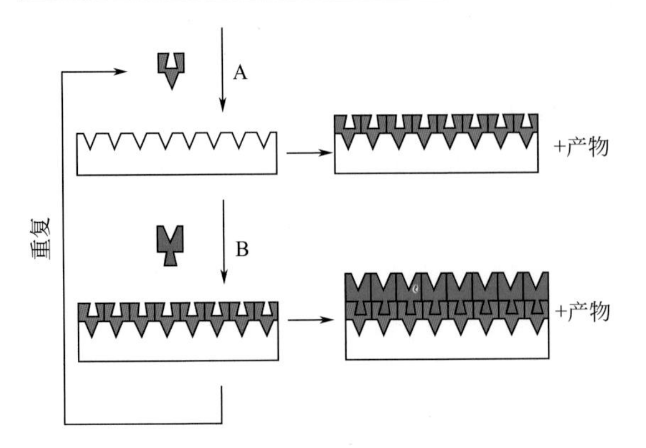

图3.7　一个代表性的原子层沉积过程示意图

该过程采用了自限制的表面化学和一个AB二元反应的顺序[38]

的Pt粒子薄层，其过程包括4个关键步骤：① 通入前驱体$MeCpPtMe_3$；② 系统氮气吹扫；③ 通入氧气或者空气；④ 系统氮气吹扫。经过氧化处理，XC-72R碳载体的表面含有大量官能基团（如羧基），这些基团成为ALD制备过程中前驱体$MeCpPtMe_3$吸附在电极表面的活性点。吸附在碳载体表面的$MeCpPtMe_3$在ALD系统的特殊环境下，与氧气发生反应，生成铂金属颗粒[45]。

为了提高铂催化剂的载量，可以提高ALD沉积次数[40]。随着沉积次数的增加，铂催化剂的载量基本是在线性增加。经过ALD处理100次后，Pt在碳纳米管上已经有了一层比较均匀的覆盖。经过电池的测试发现，即使铂的载量低至$0.016mg \cdot cm^{-2}$，电池的性能仍然可以接近载量为$0.5mg \cdot cm^{-2}$的E-TEK电极的性能。因此，ALD技术在超低载量的燃料电池电极的制备方面具有较大的潜力。

3.3.2.2
蒸发和溅射沉积技术

沉积技术包括电子束蒸发沉积技术[46]、等离子蒸发沉积技术[47]和溅射沉积技术[48]等，这类技术的共同特点是把块体材料蒸发成原子或者转变成很小的纳米颗粒，然后沉积在基底材料上。这种方法的优点在于省去了化学沉积法的烦琐步骤和溶剂，可以一步得到需要的催化材料，而且污染很少。

电子束蒸发沉积是蒸发沉积的代表方式之一，常用来制备厚度从几十埃到几千微米的薄膜[49]，是一种高度可控、成本低廉的薄膜制备方法。电子束加热蒸发的热源是电子枪，由电子发射源、电子加速电源、坩埚、磁场线圈、水冷系统组成。将膜料放入水冷坩埚中，电子束自源发出，用磁场线圈使电子束聚焦和偏转，对膜料进行轰击和加热。

电子束反应蒸发过程，是以高密度的电子束射向固体材料，高能电子束和原子互相撞击，把能量传递给原子。因为原子在晶格中处于束缚状态无法逃逸，所以只能加剧振动。传递过来的能量转化为原子的热振动，从而使材料的温度增加。如果电子束继续轰击固体材料，原子就会获得更多的能量，造成晶格的化学键断裂，从而使固体熔化或气化。物质的温度继续上升，能量逐渐达到能够使原子从蒸发源材料上面蒸发或升华[46]。

如图3.8所示，在沉积之初，当气相原子扩散到基片表面后，将会在表面上形成吸附状态，从而失去表面法线方向上的动能，但是依然具有与表面水平方向相平行的动能，因此在基片表面作随机运动。在这个扩散过程中，单个吸附原子间相互碰撞而结合成小原子团或原子对，然后在基片表面凝结。其他被吸附的原子与小原子团碰撞以后结合，反复进行这种过程，当原子团中原子数目达到某一临界值时，原子团就向着长大方向发展，并形成稳定的原子团，之后继续结合其他吸附的原子或是直接与入射的气态原子束碰撞，进一步结合形成小岛最终成核。成核之后，薄膜形成和生长[50]主要有三种模式：岛状生长模式（Volmer-Weber）、层状生长模式（Frank-Vander Merwe）、层岛结合模式（Stranski-Krastanov），而大多数薄膜的形成和生长都属于第一种形式。

目前，采用等离子蒸发沉积技术制备的催化剂已经应用在PEMFC中[47]。研究发现，载体的化学预处理和金属化可以提高催化剂在载体上的附着力。所制备的催化剂的活性比表面积高达$44m^2 \cdot g^{-1}$，电池的性能也较高。虽然该类方法在PEMFC阳极催化方面的应用还比较少，但是由于该方法具有沉积量高度可控、成本低廉的优点，所以在超低载量的燃料电池电极的制备方面具有一定的发展潜力。

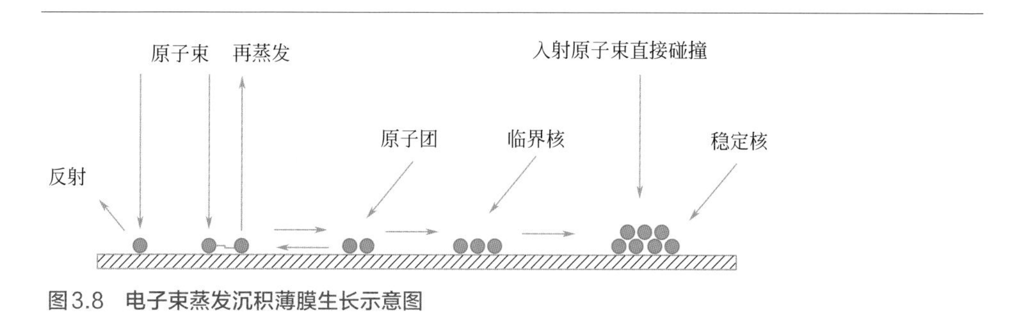

图3.8　电子束蒸发沉积薄膜生长示意图

溅射沉积技术是一种用高能粒子轰击靶材，使靶材中的原子溅射出来，沉积在基底表面形成薄膜的方法。目前已被应用在把Pt纳米催化剂沉积到多壁碳纳米管的研究上[48]。扫描电镜的研究发现，Pt纳米颗粒均匀的分散在多壁碳纳米管上，具有很好的分散性。没有沉积Pt的多壁碳纳米管的管壁是光滑的，而沉积之后变得粗糙了，证明了Pt的沉积。该催化剂对氧还原反应表现出很高的催化活性，因此该方法也有望用来制备PEMFC的阳极催化剂。

3.3.2.3
非晶合金

非晶合金又称为无定形合金，一般具有下列特点。

① 从结构上看，非晶合金具有长程无序、短程有序的类似原子簇的体相结构，这种短程有序被保持在几个晶格常数范围之内。非晶合金的原子在三维空间呈拓扑无序排列，组成元素之间以金属键相连，从而可以形成比较大的催化活性中心数目；非晶合金表面能高，表面缺陷密度高且分布均匀，因而活性中心的活性比较高。

② 从结晶学观点看，非晶合金不存在通常结晶态合金含有的某些缺陷，如不完整晶面、不同晶面间的台阶、晶粒界限、棱边和结点、空位和位错、积层等，在化学上保持近理想的均匀性，不会出现偏析、相分离等不利于催化的现象。

③ 非晶合金在一定温度下会逐渐晶化，导致活性逐渐下降，因此其使用范围可能会受到一定限制。即非晶合金是一种处于非平衡态的材料，具有向平衡态晶体合金转化的趋势。非晶态向晶态转变包括两个过程，一是晶核的形成过程，二是晶核的长大过程。

制备非晶合金最常见的方法可以分为三大类。

① 液相急冷法：将合金熔体以较快的冷却速率进行快冷处理而制备非晶合金。由于多元块体非晶合金具有很强的玻璃形成能力，所需的临界冷却速率小，用常规的金属熔体凝固技术即可实现，如水淬法、喷射吸铸法、溶剂包覆法、定向凝固法等。

② 气相沉积法：通过各种工艺在真空中对晶态材料进行加热，使其蒸发后无规则地沉积到低温冷却的基板上，形成非晶态薄膜。

③ 机械研磨法：将混合金属粉末通过机械碾磨过程中的固相反应而形成非晶态金属粉末或合金粉末。

Koch等采用机械研磨法首次制备出Ni和Nb的非晶合金（$Ni_{60}Nb_{40}$）[51]。随后，以$Ni_{60}Nb_{40}$为基础，A.R.Pierna课题组[52～56]同样采用机械研磨法制备出了一系列非晶合金，如$Ni_{59}Nb_{40}Pt_{(1-x)}M_x$(M = Ru、Sn；$x$ = 1、0.4)、$Ni_{59}Nb_{40}Pt_{0.6}X_{0.4}$ (X=Pd、Rh、Ru、Co)和$Ni_{59}Nb_{40}Pt_{0.6}Rh_{0.2}Ru_{0.2}$。Ruiz等人着重研究了$Ni_{59}Nb_{40}Pt_{0.6}X_{0.4}$ (X=Pd、Rh、Ru、Co)这类催化剂在PEMFC阳极中的应用。他们的研究发现，加入钯、铑、钌、钴等共催化剂提高了铂催化剂的活性，从而使得催化剂的Pt载量从文献报道的0.4mg · cm^{-2}下降到了0.02 ～ 0.05mg · cm^{-2}，大大降低了贵金属载量[52]。

3.3.2.4
电极制备工艺

先进的电极制备工艺可以提高催化剂的利用率，从而降低催化剂的载量。最早的PEMFC膜电极是直接采用的磷酸燃料电池（PAFC）的电极，催化剂的载量高达4mg · cm^{-2}。1986年，I.D.Raistrick[57]等发明了至今仍采用的两个技术：在催化层中添加质子导体（如Nafion）和热压技术，从而把催化剂的载量惊人地降低到原来的1/10，达到0.4mg · cm^{-2}。I.D.Raistrick[57]等在催化层中添加Nafion能够起到两个作用：第一，可以增加三相界面的面积，让更多的催化剂处于良好的电子、质子和反应物共存的环境中，极大提高催化剂的利用率；第二，可以大幅降低催化层中的阻力，降低电池的内阻。而热压技术的应用可以极大加强电极和质子交换膜之间的接触，降低电池的质子电阻。因此我们可以看出，I.D.Raistrick所带来的巨大进步主要得益于催化层内部质子环境的改善。

为了进一步提高PEMFC催化层内部的质子电导，M.S.Wilson等[58]弃用了PTFE作为黏结剂，而只采用Nafion。此时，Nafion同时具备黏结剂和质子导体的双重功能，这样可以把无效的PTFE置换为有效的Nafion，从而大大改善催化层内部的质子环境，提高催化剂的利用率，降低电池的内阻。这样，可以把催化剂的载量进一步降低至0.1mg · cm^{-2}。

超声喷涂是一种较新的制备燃料电池膜电极的方法[31,59～61]。图3.9是由美国Sono-Tek公司生产的用于制备燃料电池电极的超声喷涂设备。英国伯明翰大学研究小组认为，相比于其他涂覆方式，超声喷涂技术能通过超声波创造特殊喷涂条件，使铂碳催化剂纳米颗粒高度分散，减少团聚，为氧还原提供更高的催化性能[59]。该小组于2011年发表的论文结果表明，超声喷涂方式制备的膜电极性能优于手工涂覆方式，说明超声喷涂是一种有效的制备薄层涂层的方法[62]。他们认为超声涂覆法能提供非常均匀的催化剂分布，因此能提供更好的电池性能。

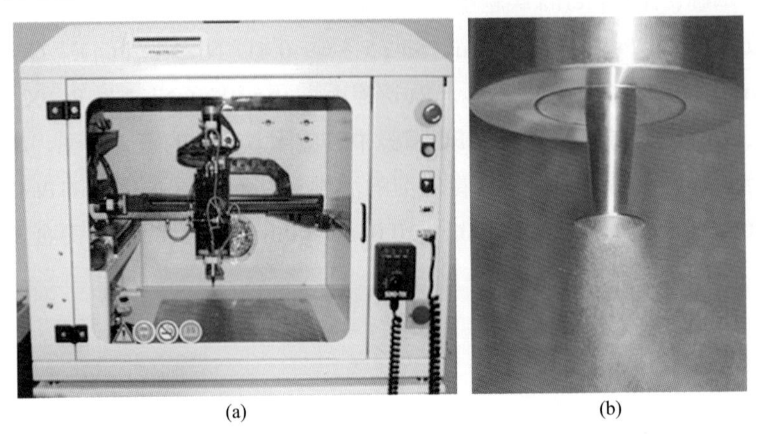

图3.9 （a）Sono-Tek超声喷涂系统；（b）液体形成喷雾瞬间[59]

3.3.3
非铂催化剂

目前，PEMFC所用催化剂仍然以Pt为主，但是，由于铂的储量低，价格昂贵，单位价格在202元/克（2015年9月18日报价），导致催化剂的成本较高，限制了其应用。因此，非铂催化剂近年来一直是PEMFC催化剂研究的热点。这方面的研究对于降低催化剂的成本，或改善催化剂的性能有着重大意义。

3.3.3.1
Ir基催化剂

铱（Ir）的原子序数为77，原子量192.22。铱的化学性质非常稳定，是最耐腐蚀的金属，甚至对王水都有一定的耐受性。铱虽然也是一种贵金属，但是其价格仅为122元/克（2015年9月18日报价），比铂的价格低，因此，有研究者把它作为一种非铂催化剂加以研究，希望得到价格更加低廉的催化剂。

首先，人们把铱作为一种添加剂加入到Pt催化剂中，从而使得在催化剂性能基本不变的情况下，或者有所提高的情况下，降低铂的载量。研究发现，由于Pt-Ir/C催化剂具有把H_2分子解离成H^+的强大能力，因此该催化剂提高了HOR的催化能力[63]。经过DFT计算得到，与Pt(111)相比，Pt-Ir(111)对H_2分子解离吸附的能力较强，且该能力来自于HOMO-LUMO电子带隙的降低[63]。扫描电化学显微镜（scanning electrochemical microscopy，SECM）的研究发现，Pt-Ir双金属催化剂的原子比为3 ： 7的时候，催化性能达到最佳值，而且Pt_3Ir_7催化剂的动力学参数为Tafel斜率=114mV；$k°$=0.11cm·s^{-1}；α=0.48。因此，Pt-Ir/C催化剂是一种潜在的高性能HOR催化剂。

然而，Ir单独作为HOR的催化剂并不理想，性能只有Pt催化剂的60%左右[64]。因此，Ir往往需要结合其他的元素，如Co[64,65]、V[65～69]、Ni[65]、Ti[65]、Rh[70]等，从而提高其HOR的性能。Jianxin Ma课题组系统研究了V、Co、Ni、Ti对Ir的催化促进作用，他们的研究发现，Ir-M（M=V、Co、Ni和Ti）纳米粒子的尺寸可以控制在2～3nm，并且可以均匀的分散在Vulcan XC-72活性炭上，这些催化剂的活性顺序为IrCo/C > IrV/C > IrNi/C > IrTi/C > 商业化Pt/C > Ir/C[65]。

由上述的研究可见，IrCo/C和IrV/C都具有较为突出的性能，因此成为重点研究对象。对于IrCo双金属催化剂的研究，最优的催化剂为20%Ir-30%Co/C，该催化剂所制备的电极的最大功率密度为610.5mW·cm^{-2}，此时，铱的载量为0.2mg·cm^{-2}，该性能甚至比载量为0.4mg·cm^{-2}的40%Pt/C催化剂高29%[64]。另外，Li等报道了Ir-V/C催化剂具有非常高的HOR活性，超过商业化的Pt/C催化剂[66]。当以Ir-V/C和Pt/C分别作为阳极和阴极催化剂，所组装的电池在70℃下功率密度高达1008mW·cm^{-2}，该性能比阴极和阳极都为商业的Pt/C催化剂所组装的电池提高了50%[66]。研究还发现，铱基的催化剂还具有出色的抗CO中毒的能力[71]，即使在0.5%的CO含量下，铱催化剂仍然具有一定的性能，而此时的Pt催化剂已经完全失去了催化活性。而且，Ir-V/C还被应用到1.5kW的PEMFC电堆中，研究证明40%Ir-10%V/C的催化剂可以取得与商业Pt/C阳极类似的性能，而且在1010h的循环测试中只有1.2%的衰减。因此，铱基的HOR催化剂不仅具有较为突出的催化性能，而且具有优异的寿命表现，是一种很有潜力的PEMFC阳极添加剂或者催化剂。

3.3.3.2 Pd基催化剂

钯（Pd）也是一种贵金属，其价格为149元/克（2015年9月18日报价），比铂的价格低，而且Pd对HOR有一定的催化活性，因此，有一些研究者把它作为一种非铂催化剂进行了较多的研究，希望得到高活性、低成本的HOR催化剂。

可是，纯Pd催化剂的活性只有Pt催化剂的1/4，不适合直接用在燃料电池阳极中[72]。为了提高Pd的活性，同时减少Pt的载量，人们制备了Pd-Pt的合金催化剂[72～78]。研究表明，Pd-Pt/C（Pd ∶ Pt原子比为19 ∶ 1）催化剂具有与Pt/C催化剂相似的HOR性能[72]。Cho等的研究表明[75]，$Pd_{50}Pt_{50}/C$和$Pd_{75}Pt_{25}/C$作为阳极催化剂的时候，可以在0.4V的条件下取得Pt/C催化剂95%的性能。这样，可以在电池性能基本不变的情况下，大大降低Pt的用量，从而起到降低成本的作用。

由于Pd基催化剂具有一定的抗CO中毒的能力，因此在这方面得到了重点研究。而且，Pd在与其他金属形成合金的时候将会表现出更加优异的抗CO中毒的特性。目前，主要是加入Pt、Au、Ru等金属。当加入Pt的时候，CO的溶出伏安峰向负电位移动，但是一般要大于CO在纯Pt上的氧化峰电位[73～75,79]。尽管如此，PdPt催化剂抗CO中毒能力依然比较出色，在0.5V的电池电压下，即使CO的浓度高达200μL/L以上，电池的电流仍然可以达到300mA · cm^{-2}。而同样条件下的Pt和Pd催化剂所制备的电极只有100mA · cm^{-2}以下的电流[79]。而且，由DEMS的研究发现，PdPt催化剂的抗中毒机理与PdPtRu催化剂的机理不同[73]。PdPt催化剂的抗中毒原理主要是通过减少CO的吸附，从而降低Pd上CO的覆盖度，使得催化剂的表面有更多的氢气氧化的活性面积。因此，即使在比较高的过电位下，PdPt催化剂上仍然检测不到CO_2的信号。而PdPtRu催化剂的抗中毒主要是通过CO的电氧化，从而使催化剂表面不断更新，使催化剂获得更多的活性面积。因此，在200mV的过电位下即可检测到明显的CO_2的信号[73]。

非常值得关注的是，PdAu催化剂具有比PdPt更加突出的抗CO中毒的能力[80～83]。即使在含有1000μL/L CO的H_2中，Pd含量较高的PdAu催化剂仍然保持较为可观的性能。同样条件下，PtRu以及低Pd含量的PdAu催化剂都已经基本失活[80]。Schmidt等的研究发现，PdAu催化剂的抗CO中毒的机理与PdPt非常相似：在较高的温度下（60℃），Au的存在可以降低CO在Pd上的吸附，从而使得CO在Pd上不能形成致密的吸附层，这样，Pd的表面就可以空出足够的活性位点提供给氢的电氧化。从以上的分析不难看出，可以在Pd中添加另外一种金属，从而制备出具有抗中毒性能的催化剂。这些催化剂可以通过两种抗中毒的机理起作用，一种是降低CO的吸附，另一种是促进CO的电氧化。这两种机理方式都可以使得CO在Pd表面的吸附覆盖度降低，从而增加氢电氧化的活性面积。不过，相关的公开研究还很欠缺，到底哪些金属的添加会带来哪种效应还不完全清楚。另外，这两种效应是否可以同时起作用也不得而知。可以设想，如果在Pd中添加某一种或者多种元素，从而带来两种效应，并使这两种效应可以很好地协同工作，那么很可能研制出一种具有超强抗CO中毒的Pd基催化剂。

3.3.3.3 过渡金属碳化物WC、MoC、WO_3/C复合物

如前所述，质子交换膜燃料电池的阳极Pt电催化剂仍然存在着较为严重的CO中毒问题。为了解决这个问题，人们研究了很多Pt基催化剂，如PtRu合金，还研究了很多非Pt基催化剂，碳化物是其中的代表之一。早期研究表明，WC/C可以用作低温燃料电池中H_2氧化的电催化剂[84]。这是由于碳化钨（WC）具有与贵金属Pt类似的电子结构，并且对一氧化碳的吸附较低，不像Pt那么容易被毒化，因此人们将WC、MoC等金属碳化物作为可能的燃料电池催化剂来进行研究[85]。虽然WC对H_2氧化具有一定的电催化活性，并且其作为低温燃料电池阳极电催化剂具有较强的抗CO和H_2S中毒的能力[86]，但是催化剂的HOR活性仍不高，只为Pt/C的10% ～ 15%，因此关于WC的研究一直未受到重视。

然而最近十几年，由于人们对质子交换膜燃料电池商业化的重视，才开始对W和Mo等过渡金属碳化物的催化性能进行了深入研究，在提高其催化活性和稳定性等方面做了大量工作。这些研究发现，许多因素都会影响过渡金属碳化物的性能，包括制备方法、渗碳方法和渗碳温度等。Zellner等[87]采用磁控溅射方法制备了单相WC薄膜，薄膜在阳极电位低于0.6V时具有很好的稳定性，表明其可用作阳极电催化剂。McIntyre等[88]采用化学方法制备了WC和WMC（M =Co、Ni）催化剂，并测试了其对含CO的H_2氧化的电催化活性。结果表明对含有1% CO的氢气，其氧化电流仅仅降低了3%，说明WC具有很好的抗CO毒化的能力。CO对WC催化活性的影响是由于CO在WC表面产生吸附，阻止了H_2在WC表面活性位的吸附，而这种吸附非常微弱，因此对其催化性能的影响不是很大。Nagai等[89]研究Co-Mo碳化物对H_2氧化的电催化活性，结果表明，在制备过程中，碳化温度对催化剂的催化活性影响很大。对Ni-W碳化物、Co-W碳化物和Mo-W碳化物催化剂的HOR研究结果表明[90,91]，这些碳化物催化剂均对H_2氧化具有电催化活性；其活性位可能由金属碳化物和金属碳氧化物两种材料组成，碳氧化物的生成有利于催化过程中电子转移过程的进行，从而提高催化剂的催化活性。

此外，W或Mo的氧化物也是很有希望提高阳极电催化剂抗CO中毒能力的材料。这些氧化物以无定形形式存在，由于其变价快速，使得H_xMO_3表现出优异的助催化作用，在PtRu-H_xMO_3/C（M=W、Mo）上出现了氢和CO的溢流氧化电流，降低了CO的氧化电势，提高了电池的抗CO能力。H_xWO_3具有很好的抗酸性和金属电导性，这种材料可以作为氢阳极氧化的中间物。其可能的反应为：

$$(2x+1)WO_3+2xPt\text{-}H \longrightarrow H_xWO_3+2xPt\text{-}WO_3+xe^-+xH^+ \qquad (3.10)$$

Shen和Tseung等人在催化剂中加入WO_3，研究结果表明，由于WO_3的加入，$Pt\text{-}WO_3$和$PtRu\text{-}WO_3$对H_2/CO的催化活性都有明显提高，并且具有非常好的抗CO中毒的能力[92,93]。对于WO_3的一系列研究表明，MoO_3、V_2O_5和Nb_2O_5也可能作为阳极HOR催化剂或者添加剂。

3.4 总结与展望

经过这些年的发展，PEMFC已经取得了巨大的进步，电池系统的性能和寿命得到了明显的提高。相对于电池的其他部分来说，HOR催化剂的问题并不突出。然而，HOR催化剂仍然以Pt为主，载量依然较高，所以仍然有系列问题需要解决。针对这些问题，最近的HOR催化剂研究主要集中在自增湿催化剂、超低铂载量方法、非铂催化剂和抗CO、H_2S等中毒方面。这些方面的研究和进步为PEMFC的推广应用打下了坚实的基础。目前，自增湿催化剂的研究已经较为成熟；在未来的研究中，可能会更加关注超低铂载量方法、非铂催化剂和抗CO中毒方面的研究。尤其是开发廉价的、性能优异的非铂催化剂，并使这种催化剂具有抗CO中毒的能力。因此，面对PEMFC即将到来的广泛应用，HOR催化剂的研究依然有着不轻的任务，也留下了很多的期待。

参考文献

[1] Ehteshami SMM, Chan SH. A review of electrocatalysts with enhanced CO tolerance and stability for polymer electrolyte membarane fuel cells. Electrochimica Acta, 2013, 93: 334-345.

[2] Wee JH, Lee KY. Overview of the development of CO-tolerant anode electrocatalysts for proton-exchange membrane fuel cells. Journal of Power Sources, 2006, 157: 128-135.

[3] Brosha EL, Rockward T, Uribe FA, Garzon FH. Measurement of H_2S crossover rates in polymer fuel cell membranes using an ion-probe technique. Journal of the Electrochemical Society, 2010, 157: B180-B186.

[4] Punyawudho K, Monnier JR, Van Zee JW. SO_2

adsorption on carbon-supported Pt electrocatalysts. Langmuir, 2011, 27: 3138-3143.
[5] Lee S. Single cell performance recovery of SO_2 poisioned PEMFC using cyclic voltametry. Journal of the Korean Oil Chemists Society, 2011, 28: 497-501.
[6] Angelo MS, Bethune KP, Rocheleau RE. Electrode processes relevant to fuel cell technology // Birss V, Mustain W, Wilkinson D, Kulesza P, Ota K (Editors). ECS transactions. Pennington: Electrochemical Soc Inc, 2010, 28 (23) 169-181.
[7] 毛宗强. 燃料电池. 北京：化学工业出版社, 2005.
[8] 衣宝廉. 燃料电池——原理・技术・应用. 北京：化学工业出版社, 2003.
[9] Wang D, Subban CV, Wang H, Rus E, DiSalvo FJ, Abruna HD. Highly stable and CO-tolerant Pt/$Ti_{0.7}W_{0.3}O_2$ electrocatalyst for proton-exchange membrane fuel cells. Journal of the American Chemical Society, 2010, 132: 10218-10220.
[10] Wang C, Daimon H, Onodera T, Koda T, Sun S. A general approach to the size- and shape-controlled synthesis of platinum nanoparticles and their catalytic reduction of oxygen. Angewandte Chemie, 2008, 120: 3644-3647.
[11] Tian L, Yuan B, Li H, Dong Z, Zhang Z, Zhou X. Insights into the promotion effect of macrocycle molecule on HCOOH electro-oxidation. Journal of Electroanalytical Chemistry, 2014, 734: 38-42.
[12] He W, Jiang H, Zhou Y, Yang S, Xue X, Zou Z, Zhang X, Akins DL, Yang H. An efficient reduction route for the production of Pd-Pt nanoparticles anchored on graphene nanosheets for use as durable oxygen reduction electrocatalysts. Carbon, 2012, 50: 265-274.
[13] Pozio A, De Francesco M, Cemmi A, Cardellini F, Giorgi L. Comparison of high surface Pt/C catalysts by cyclic voltammetry. Journal of Power Sources, 2002, 105: 13-19.
[14] Xue X, Ge J, Tian T, Liu C, Xing W, Lu T. Enhancement of the electrooxidation of ethanol on Pt-Sn-P/C catalysts prepared by chemical deposition process. Journal of Power Sources, 2007, 172: 560-569.
[15] Ciureanu M, Wang H. Electrochemical impedance study of electrode-membrane assemblies in PEM fuel cells I. Electro-oxidation of H_2 and H_2/CO mixtures on Pt-based gas-diffusion electrodes. Journal of the Electrochemical Society, 1999, 146: 4031-4040.
[16] Weaver MJ, Chang SC, Leung LWH, Jiang X, Rubel M, Szklarczyk M, Zurawski D, Wieckowski A. Evaluation of absolute saturation coverages of carbon-monoxide on ordered low-index platinum and rhodium electrodes. Journal of Electroanalytical Chemistry, 1992, 327: 247-260.
[17] Liang H, Zheng L, Liao S. Self-humidifying membrane electrode assembly prepared by adding PVA as hygroscopic agent in anode catalyst layer. International Journal of Hydrogen Energy, 2012, 37: 12860-12867.
[18] Ouattara-Brigaudet M, Berthon-Fabry S, Beauger C, Achard P. Correlations between the catalytic layer composition, the relative humidity and the performance for PEMFC carbon aerogel based membrane electrode assemblies. International Journal of Hydrogen Energy, 2014, 39: 1420-1429.
[19] Poh CK, Tian Z, Bussayajarn N, Tang Z, Sue F, Lim SH, Feng YP, Chua D, Lin J. Performance enhancement of air-breathing proton exchange membrane fuel cell through utilization of an effective self-humidifying platinum-carbon catalyst. Journal of Power Sources, 2010, 195: 8044-8051.
[20] Jung UH, Park KT, Park EH, Kim SH. Improvement of low-humidity performance of PEMFC by addition of hydrophilic SiO_2 particles to catalyst layer. Journal of Power Sources, 2006, 159: 529-532.
[21] Su HN, Yang LJ, Liao SJ, Zeng Q. Membrane electrode assembly with Pt/SiO_2/C anode catalyst for proton exchange membrane fuel cell operation under low humidity conditions. Electrochimica Acta, 2010, 55: 8894-8900.

[22] Su H, Xu L, Zhu H, Wu Y, Yang L, Liao S, Song H, Liang Z, Birss V. Self-humidification of a PEM fuel cell using a novel $Pt/SiO_2/C$ anode catalyst. International Journal of Hydrogen Energy, 2010, 35: 7874-7880.

[23] Choi I, Lee KG, Ahn SH, Kim DH, Kwon OJ, Kim JJ. Sonochemical synthesis of Pt-deposited SiO_2 nanocomposite and its catalytic application for polymer electrolyte membrane fuel cell under low-humidity conditions. Catalysis Communications, 2012, 21: 86-90.

[24] Inoue N, Uchida M, Watanabe M, Uchida H. SiO_2-containing catalyst layers for PEFCs operating under low humidity. Electrochemistry Communications, 2012, 16: 100-102.

[25] Liang H, Dang D, Xiong W, Song H, Liao S. High-performance self-humidifying membrane electrode assembly prepared by simultaneously adding inorganic and organic hygroscopic materials to the anode catalyst layer. Journal of Power Sources, 2013, 241: 367-372.

[26] Inoue N, Uchida M, Watanabe M, Uchida H. Experimental analyses of low humidity operation properties of SiO_2-containing catalyst layers for polymer electrolyte fuel cells. Electrochimica Acta, 2013, 88: 807-813.

[27] Huang YF, Kannan AM, Chang CS, Lin CW. Development of gas diffusion electrodes for low relative humidity proton exchange membrane fuel cells. International Journal of Hydrogen Energy, 2011, 36: 2213-2220.

[28] Hou S, Liao S, Dang D, Zou H, Shu T, Du L. Self-humidifying membrane electrode assembly prepared by adding microcrystalline cellulose in anode catalyst layer as preserve moisture. International Journal of Hydrogen Energy, 2014, 39: 12842-12848.

[29] Chao WK, Lee CM, Tsai DC, Chou CC, Hsueh KL, Shieu FS. Improvement of the proton exchange membrane fuel cell (PEMFC) performance at low-humidity conditions by adding hygroscopic gamma-Al_2O_3 particles into the catalyst layer. Journal of Power Sources, 2008, 185: 136-142.

[30] Esmaeilifar A, Rowshanzamir S, Eikani MH, Ghazanfari E. Synthesis methods of low-Pt-loading electrocatalysts for proton exchange membrane fuel cell systems. Energy, 2010, 35: 3941-3957.

[31] Huang TH, Shen HL, Jao TC, Weng FB, Su A. Ultra-low Pt loading for proton exchange membrane fuel cells by catalyst coating technique with ultrasonic spray coating machine. International Journal of Hydrogen Energy, 2012, 37: 13872-13879.

[32] Aaltonen T, Ritala M, Tung YL, Chi Y, Arstila K, Meinander K, Leskela M. Atomic layer deposition of noble metals: Exploration of the low limit of the deposition temperature. Journal of Materials Research, 2004, 19: 3353-3358.

[33] Zhu Y, Dunn KA, Kaloyeros AE. Properties of ultrathin platinum deposited by atomic layer deposition for nanoscale copper-metallization schemes. Journal of Materials Research, 2007, 22: 1292-1298.

[34] Aaltonen T, Ritala M, Sajavaara T, Keinonen J, Leskela M. Atomic layer deposition of platinum thin films. Chemistry of Materials, 2003, 15: 1924-1928.

[35] George SM. Atomic layer deposition: an overview. Chemical Reviews, 2010, 110, 111-131.

[36] Christensen ST, Elam JW, Rabuffetti FA, Ma Q, Weigand SJ, Lee B, Seifert S, Stair PC, Poeppelmeier KR, Hersam MC, Bedzyk MJ. Controlled growth of platinum nanoparticles on strontium titanate nanocubes by atomic layer deposition. Small, 2009, 5: 750-757.

[37] Lee HBR, Baeck SH, Jaramillo TF, Bent SF. Growth of Pt nanowires by atomic layer deposition on highly ordered pyrolytic graphite. Nano Letters, 2013, 13: 457-463.

[38] George SM, Ott AW, Klaus JW. Surface chemistry for atomic layer growth. The Journal of Physical Chemistry, 1996, 10: 13121-13131.

[39] Hsu IJ, Hansgen DA, McCandless BE, Willis BG, Chen JG. Atomic layer deposition of Pt

on tungsten monocarbide (WC) for the oxygen reduction reaction. Journal of Physical Chemistry C, 2011, 115: 3709-3715.

[40] Liu C, Wang CC, Kei CC, Hsueh YC, Perng TP. Atomic layer deposition of platinum nanoparticles on carbon nanotubes for application in proton-exchange membrane fuel cells. Small, 2009, 5: 1535-1538.

[41] Johansson AC, Larsen JV, Verheijen MA, Haugshoj KB, Clausen HF, Kessels WMM, Christensen LH, Thomsen EV. Electrocatalytic activity of atomic layer deposited Pt-Ru catalysts onto N-doped carbon nanotubes. Journal of Catalysis, 2014, 311: 481-486.

[42] Johansson AC, Yang RB, Haugshoj KB, Larsen JV, Christensen LH, Thomsen EV. Ru-decorated Pt nanoparticles on N-doped multi-walled carbon nanotubes by atomic layer deposition for direct methanol fuel cells. International Journal of Hydrogen Energy, 2013, 38: 11406-11414.

[43] Johansson AC, Dalslet BT, Yang RB, Haugshoj KB, Molgaard MJG, Christiansen K, Christensen LH, Thomsen EV. Electrocatalytic activity of Pt grown by ALD on carbon nanotubes for Si-based DMFC applications. Atomic Layer Deposition Applications 8, 2012, 50: 117-125.

[44] King JS, Wittstock A, Biener J, Kucheyev SO, Wang YM, Baumann TF, Giri SK, Hamza AV, Baeumer M, Bent SF. Ultralow loading Pt nanocatalysts prepared by atomic layer deposition on carbon aerogels. Nano Letters, 2008, 8: 2405-2409.

[45] Shu T, Liao S, Hsieh C, Su A. High performance membrane electrode assembly with low platinum loadings prepared by atomic layer deposition for PEMFC application. Journal of Electrochemistry, 2013, 19: 65-70.

[46] Raso MA, Carrillo I, Mora E, Navarro E, Garcia MA, Leo TJ. Electrochemical study of platinum deposited by electron beam evaporation for application as fuel cell electrodes. International Journal of Hydrogen Energy, 2014, 39: 5301-5308.

[47] Fedotov AA, Grigoriev SA, Millet P, Fateev VN. Plasma-assisted Pt and Pt–Pd nano-particles deposition on carbon carriers for application in PEM electrochemical cells. International Journal of Hydrogen Energy, 2013, 38: 8568-8574.

[48] Jukk K, Kozlova J, Ritslaid P, Sammelselg V, Alexeyeva N, Tammeveski K. Sputter-deposited Pt nanoparticle/multi-walled carbon nanotube composite catalyst for oxygen reduction reaction. Journal of Electroanalytical Chemistry, 2013, 708: 31-38.

[49] Il Park H, Mushtaq U, Perello D, Lee I, Cho SK, Star A, Yun M. Effective and low-cost platinum electrodes for microbial fuel cells deposited by electron beam evaporation. Energy & Fuels, 2007, 21: 2984-2990.

[50] Venables JA, Spiller GDT, Hanbucken M. Nucleation and growth of thin-films. Reports on Progress in Physics, 1984, 47: 399-459.

[51] Koch CC, Cavin OB, McKamey CG, Scarbrough JO. Preparation of amorphous $Ni_{60}Nb_{40}$ by mechanical alloying. Applied Physics Letters, 1983, 43: 1017-1019.

[52] Ruiz N, Pierna AR, Sanchez M. Low loading Pt catalysts based on $Ni_{59}Nb_{40}Pt_{0.6}X_{0.4}$ (X = Pd, Rh, Ru, Co) as anodes and Nafion XL membranes as support in PEMFCs. International Journal of Hydrogen Energy, 2014, 39: 5319-5325.

[53] Ramos-Sanchez G, Pierna AR, Solorza-Feria O. Amorphous $Ni_{59}Nb_{40}Pt_xM_{1-x}$ (M = Ru, Sn) electrocatalysts for oxygen reduction reaction. Journal of Non-Crystalline Solids, 2008, 354: 5165-5168.

[54] Sistiaga M, Pierna AR. Application of amorphous materials for fuel cells. Journal of Non-Crystalline Solids, 2003, 329: 184-187.

[55] Barranco J, Pierna AR. Bifunctional amorphous alloys more tolerant to carbon monoxide. Journal of Power Sources, 2007, 169: 71-76.

[56] Barranco J, Pierna AR. Amorphous $Ni_{59}Nb_{40}Pt_{1-x}Y_x$ (Y = Sn, Ru, x = 0, 0.4) modified carbon paste electrodes and their role in the electrochemical methanol deprotonation and CO oxidation process. Journal of Non-Crystalline Solids, 2007,

353: 851-854.

[57] Raistrick ID. Modified gas diffusion electrode for proton exchange membrane fuel cells. Diaphragms Separators and Ion exchange Membrane, 1986, 86 (13): 172-178.

[58] Wilson MS, Gottesfeld S. Thin-film catalyst layers for polymer electrolyte fuel-cell electrodes. Journal of Applied Electrochemistry, 1992, 22: 1-7.

[59] Pollet BG. The use of ultrasound for the fabrication of fuel cell materials. International Journal of Hydrogen Energy, 2010, 35: 11986-12004.

[60] Pollet BG. A novel method for preparing PEMFC electrodes by the ultrasonic and sonoelectrochemical techniques. Electrochemistry Communications, 2009, 11: 1445-1448.

[61] Devrim Y, Erkan S, Bac N, Eroglu I. Improvement of PEMFC performance with Nafion/inorganic nanocomposite membrane electrode assembly prepared by ultrasonic coating technique. International Journal of Hydrogen Energy, 2012, 37: 16748-16758.

[62] Millington B, Whipple V, Pollet BG. A novel method for preparing proton exchange membrane fuel cell electrodes by the ultrasonic-spray technique. Journal of Power Sources, 2011, 196: 8500-8508.

[63] Kwon S, Ham DJ, Lee SG. Enhanced H_2 dissociative phenomena of Pt-Ir electrocatalysts for PEMFCs: an integrated experimental and theoretical study. Rsc Advances, 2015, 5: 54941-54946.

[64] Yang D, Li B, Zhang H, Ma J. High performance by applying IrCo/C nanoparticles as an anode catalyst for PEMFC. Fuel Cells, 2013, 13: 309-313.

[65] Li B, Higgins DC, Yang D, Lv H, Yu Z, Ma J. Carbon supported Ir nanoparticles modified and dealloyed with M (M = V, Co, Ni and Ti) as anode catalysts for polymer electrolyte fuel cells. International Journal of Hydrogen Energy, 2013, 38: 5813-5822.

[66] Li B, Qiao J, Zheng J, Yang D, Ma J. Carbon-supported Ir-V nanoparticle as novel platinum-free anodic catalysts in proton exchange membrane fuel cell. International Journal of Hydrogen Energy, 2009, 34: 5144-5151.

[67] Li B, Qiao J, Yang D, Lin R, Lv H, Wang H, Ma J. Effect of metal particle size and Nafion content on performance of MEA using Ir-V/C as anode catalyst. International Journal of Hydrogen Energy, 2010, 35: 5528-5538.

[68] Yang DJ, Li B, Tao K, Lv H, Zheng JS, Ma JX. Enhanced activity of Ir-V as anode catalyst for PEMFC at elevated temperature. Polymer Electrolyte Fuel Cells 10, Pts 1 and 2, 2010, 33: 287-292.

[69] Li B, Qiao J, Yang D, Zheng J, Ma J, Zhang J, Wang H. Synthesis of a highly active carbon-supported Ir-V/C catalyst for the hydrogen oxidation reaction in PEMFC. Electrochimica Acta, 2009, 54: 5614-5620.

[70] Uribe-Godinez J, Garcia-Montalvo V, Jimenez-Sandoval O. A novel Rh-Ir electrocatalyst for the oxygen reduction reaction and the hydrogen and methanol oxidation reactions. International Journal of Hydrogen Energy, 2014, 39: 9121-9127.

[71] Uribe-Godinez J, Garcia-Montalvo V, Jimenez-Sandoval O. Development of Ir-based and Rh-based catalyst electrodes for PEM fuel cell applications. International Journal of Hydrogen Energy, 2013, 38: 7680-7683.

[72] Cho YH, Choi B, Cho YH, Park HS, Sung YE. Pd-based PdPt (19: 1) /C electrocatalyst as an electrode in PEM fuel cell. Electrochemistry Communications, 2007, 9: 378-381.

[73] Garcia AC, Paganin VA, Ticianelli EA. CO tolerance of PdPt/C and PdPtRu/C anodes for PEMFC. Electrochimica Acta, 2008, 53: 4309-4315.

[74] Alcaide F, Alvarez G, Cabot PL, Miguel O, Querejeta A. Performance of carbon-supported PtPd as catalyst for hydrogen oxidation in the

anodes of proton exchange membrane fuel cells. International Journal of Hydrogen Energy, 2010, 35: 11634-11641.

[75] Cho YH, Cho YH, Lim JW, Park HY, Jung N, Ahn M, Choe H, Sung YE. Performance of membrane electrode assemblies using PdPt alloy as anode catalysts in polymer electrolyte membrane fuel cell. International Journal of Hydrogen Energy, 2012, 37: 5884-5890.

[76] Lopes PP, Ticianelli EA, Varela H. Potential oscillations in a proton exchange membrane fuel cell with a Pd-Pt/C anode. Journal of Power Sources, 2011, 196: 84-89.

[77] Weng YC, Hsieh CT. Scanning electrochemical microscopy characterization of bimetallic Pt-M (M = Pd, Ru, Ir) catalysts for hydrogen oxidation. Electrochimica Acta, 2011, 56: 1932-1940.

[78] Antolini E, Zignani SC, Santos SF, Gonzalez ER. Palladium-based electrodes: a way to reduce platinum content in polymer electrolyte membrane fuel cells. Electrochimica Acta, 2011, 56: 2299-2305.

[79] Papageorgopoulos DC, Keijzer M, Veldhuis JBJ, de Bruijn FA. CO tolerance of Pd-rich platinum palladium carbon-supported electrocatalysts-proton exchange membrane fuel cell applications. Journal of the Electrochemical Society, 2002, 149: A1400-A1404.

[80] Schmidt TJ, Jusys Z, Gasteiger HA, Behm RJ, Endruschat U, Boennemann H. On the CO tolerance of novel colloidal PdAu/carbon electrocatalysts. Journal of Electroanalytical Chemistry, 2001, 501: 132-140.

[81] Simonov AN, Plyusnin PE, Shubin YV, Kvon RI, Korenev SV, Parmon VN. Hydrogen electrooxidation over palladium-gold alloy: effect of pretreatment in ethylene on catalytic activity and CO tolerance. Electrochimica Acta, 2012, 76: 344-353.

[82] Schmidt TJ, Stamenkovic V, Markovic NM, Ross PN. Electrooxidation of H_2, CO and H_2/CO on well-characterized Au (111) -Pd surface alloys. Electrochimica Acta, 2003, 48: 3823-3828.

[83] Simonov AN, Pyrjaev PA, Moroz BL, Bukhtiyarov VI, Parmon VN. Electrodeposited Pd sub-monolayers on carbon-supported Au particles of few nanometers in size: electrocatalytic activity for hydrogen oxidation and co tolerance vs. Pd coverage. Electrocatalysis, 2012, 3: 119-131.

[84] Riecker RE, Rooney TP. Water-induced weakening of hornblende and amphibolite. Nature, 1969, 224: 1299.

[85] Levy R, Boudart M. Platinum-like behavior of tungsten carbide in surface catalysis. Science, 1973, 181: 547-549.

[86] Ross PN, Stonehart P. Surface characterization of catalytically active tungsten carbide (WC) . Journal of Catalysis, 1975, 39: 298-301.

[87] Zellner MB, Chen JG. Surface science and electrochemical studies of WC and W_2C PVD films as potential electrocatalysts. Catalysis Today, 2005, 99: 299-307.

[88] McIntyre D, Burstein G, Vossen A. Effect of carbon monoxide on the electrooxidation of hydrogen by tungsten carbide. Journal of Power Sources, 2002, 107: 67-73.

[89] Izhar S, Nagai M. Cobalt molybdenum carbides as anode electrocatalyst for proton exchange membrane fuel cell. Journal of Power Sources, 2008, 182: 52-60.

[90] Nagai M, Yoshida M, Tominaga H. Tungsten and nickel tungsten carbides as anode electrocatalysts. Electrochimica Acta, 2007, 52: 5430-5436.

[91] Izhar S, Yoshida M, Nagai M. Characterization and performances of cobalt-tungsten and molybdenum–tungsten carbides as anode catalyst for PEFC. Electrochimica Acta, 2009, 54: 1255-1262.

[92] Tseung A, Chen K. Hydrogen spill-over effect on Pt/WO_3 anode catalysts. Catalysis Today, 1997, 38: 439-443.

[93] Shen P, Chen K, Tseung A. CO oxidation on Pt-Ru/WO_3 electrodes. Journal of the Electrochemical Society, 1995, 142: 85-86.

电催化纳米材料

Chapter 4

第4章

直接醇类燃料电池阳极电催化纳米材料

廖世军
华南理工大学化学与化工学院

4.1 概述

直接醇类燃料电池（direct alcohol fuel cells，DAFC）是一种使醇类或者其水溶液直接在燃料电池阳极上氧化产生电能的一种电化学转化装置。与作为燃料电池燃料的氢气相比较，醇类具有如下优点：① 醇类的能量密度几乎可以媲美汽油，远远高于一般压力的氢气；② 醇类在通常条件下多为液态，便于储存、运输和携带，无须像氢气一样进行加压和使用高性能的耐高压容器；③ 醇类来源丰富，如：甲醇可以通过煤炭或者生物质转化的合成气低成本地合成出来，乙醇可以通过含糖类的生物质发酵制得。基于这些优点，直接醇类燃料电池受到了全球科学界的广泛关注和研究，尤其是直接甲醇燃料电池，目前全球已有多家公司开发出了具有实际使用价值的产品。

从表4.1所列数据可知，以常见的几种低碳醇为燃料的直接醇类燃料电池的理论开路电压均可达1.0V以上，其理论能量密度可达6kW·h·kg^{-1}以上，热力学可逆能量效率可达0.9以上。

表4.1 几种低碳醇类完全电化学氧化的相关热力学数据[1]

名称	$\Delta G^{\ominus}$/kJ·mol^{-1}	$E^{\ominus}_{cell}$/V	W_e/kW·h·kg^{-1}	$\Delta H^{\ominus}$/kJ·mol^{-1}	ε_r
甲醇	–702	1.213	6.09	–726	0.967
乙醇	–1325	1.145	8.00	–1367	0.969
正丙醇	–1853	1.067	8.58	–2021	0.916
正丁醇	–2381	1.029	8.93	–2676	0.890

然而，直接醇类燃料电池也存在许多困难和挑战。由于醇类的阳极氧化比氢气要困难许多，加上醇类氧化的中间体对催化剂具有强烈的毒化作用等原因，目前的直接醇类燃料电池不得不大量使用贵金属铂作为催化剂；除此之外，直接醇类燃料电池也存在电极密度低、使用寿命短等问题，使得直接醇类燃料电池的发展和商业化也面临着极大的挑战。

事实上，尽管开发抗甲醇中毒的阴极催化剂也十分重要，但是开发高活性、高抗毒性的直接醇类燃料电池阳极催化材料已成为直接醇类燃料电池实现低成本商业化的关键之所在。

用于直接醇类燃料电池阳极催化最为有效的催化剂仍然是Pt，随着Pt纳米颗粒的不断减小及纳米结构的不断创新和优化，催化剂的活性不断提高，铂的使用量不断降低，已从早期的每平方厘米数十毫克降低到了目前的数毫克的水平，但是这一用量仍然远远高于目前氢氧燃料电池的阳极铂使用量（$0.1mg \cdot cm^{-2}$）。因此，探索具有新的组成和结构的纳米催化材料，有效降低阳极金属铂的使用量已成为直接醇类燃料电池阳极催化材料的重要研究方向。

铂纳米粒子用于醇类电氧化催化剂时，难以抵御CO类中间体的毒化作用，因此，添加具有抗毒作用的其他组分制备合金催化剂是目前的最佳选择。根据报道，许多二组分及三组分的合金表现出了优良的活性及抗毒性能：对于甲醇的阳极氧化，PtRu合金表现出最佳的活性和抗毒性；而Sn的添加可以显著提升催化剂对于乙醇氧化的催化性能。

4.2 直接醇类燃料电池阳极反应及其一般机理

直接醇类燃料电池中进行的电池氧化反应可表达如下：

$$C_nH_{2n+1}OH+\frac{3}{2}nO_2 \longrightarrow nCO_2+(n+1)H_2O \quad (4.1)$$

阳极及阴极反应如下：

阳极：
$$C_nH_{2n+1}OH+(2n-1)H_2O \longrightarrow nCO_2+6nH^++6ne^- \quad (4.2)$$

阴极：
$$\frac{3}{2}nO_2+6nH^++6ne^- \longrightarrow 3nH_2O \quad (4.3)$$

对于直接甲醇燃料电池，其阳极反应则为：

$$CH_3OH+H_2O \longrightarrow CO_2+6H^++6e^- \quad (4.4)$$

醇类的阳极电氧化机理通常较为复杂，按照研究报道，甲醇的阳极氧化机理如图4.1所示。在铂基催化剂作用下，甲醇阳极氧化的中间体包括甲醛、甲酸，最后氧

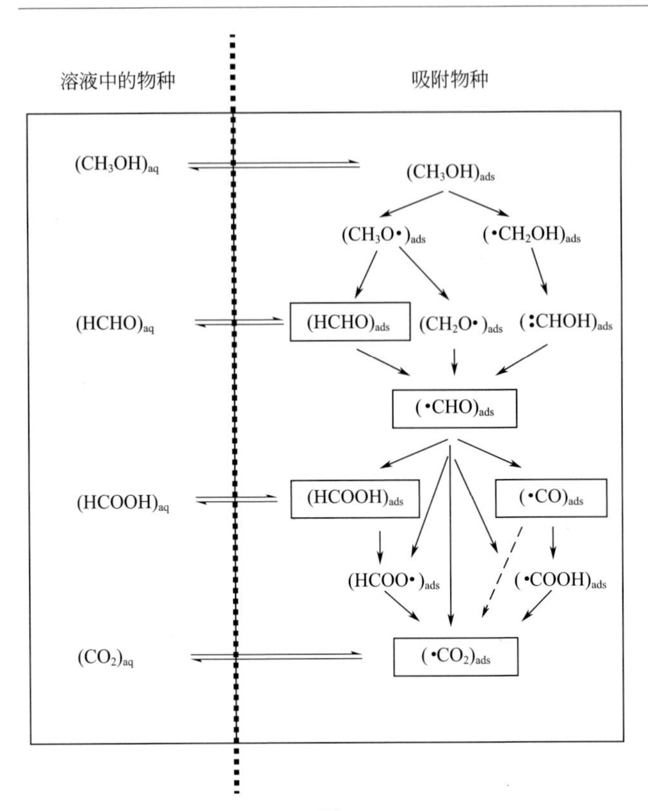

图4.1　甲醇阳极氧化的机理图[1]

化成为二氧化碳和水。在电极表面吸附态的中间体的组成及结构则要复杂得多，有多达10种的吸附中间体。

按照目前的研究结果，乙醇的阳极氧化机理比甲醇更为复杂，包括复杂的平行反应和连串反应等。但是，基本上还是按照乙醛、乙酸、二氧化碳的机理进行的。而有关其他高碳醇类的阳极氧化的机理，目前少见有关研究报道。

从图4.1所列甲醇氧化机理可以看出，吸附物种中包括CO这类对于铂具有极强毒化作用的物种，因此醇类阳极氧化催化剂必须具备良好的抗毒性能。同时，由于醇类分子中的烃基基团（甲基、乙基等）的氧化非常困难，因此，醇类的烃基越长，其氧化的难度越大，对于催化剂的活性的要求也越高。

正是由于醇类阳极氧化的困难性，目前的直接醇类燃料电池的阳极过电位常常数倍于氢氧燃料电池的氢氧化过电位，造成直接醇类燃料电池的功率密度及性价比都比较低。

4.3 直接甲醇燃料电池阳极催化剂纳米材料

如上所述，直接甲醇燃料电池（DMFC）阳极催化纳米材料主要是贵金属纳米粒子（如Pt、Pd、Ir等）。贵金属中，Pt表现出的催化活性最佳，因此，目前的直接甲醇燃料电池阳极催化剂均采用铂作为主要活性组分。由于甲醇氧化中间产物（如CO等）能吸附在Pt表面占据活性位点，使催化剂中毒失去活性，降低Pt的催化效率，因此需要在催化剂中添加具有抗毒作用的组分，使得实际应用于直接甲醇燃料电池阳极的纳米材料均为铂的合金纳米粒子，相关研究也主要基于铂的合金纳米粒子进行。因此，本节中我们将对主要的合金纳米粒子阳极催化剂的相关研究进行介绍。

4.3.1 PtRu二元合金纳米粒子催化剂

如上所述，由于单一Pt金属催化剂在甲醇氧化过程中易吸附中间产物而毒化，直接降低对甲醇的催化活性，添加具有抗毒性能的第二组分（如Ru、Ni、Sn、Mo等）可以显著改善催化剂的抗毒性能，提高其稳定性，同时，第二组分的添加常常还可显著提高催化剂的活性。

大量的研究工作表明，最理想的第二组分元素为金属钌，PtRu二元合金催化剂对甲醇氧化催化活性及稳定性的改善最为理想。目前，被研究者广泛接受的PtRu抗毒化作用机理有两种：即本征机理（也被称为电子效应理论）和双功能催化机理。

电子效应理论提出Ru通过电子效应削弱Pt与甲醇中间反应产物的相互作用，降低中间产物在Pt金属表面的吸附强度。Lin等[2]采用扩展X射线精细结构吸收光谱（EXAFS）对PtRu催化剂在吸附过程中的电子结构进行了研究，发现PtRu催化剂中存在的部分合金相改变了Pt的电子云密度，削弱了Pt对CO的吸附强度，同时Ru的加入使得吸附中间产物碳原子上正电荷增加，使其更容易受H_2O亲核攻击，该研究结果对本征机理的证实具有重要的意义。

双功能催化机理认为，Ru的加入不仅可以使毒化Pt的活性位点重新暴露，还可以在较低的电位下使H_2O分解为OH_{ads}，有利于中间产物的氧化分解。相关的催化反应机理如下反应式所表述[3]：

$$Pt + CH_3OH \longrightarrow PtCO_{ads} + 4H^+ + 4e^- \tag{4.5}$$

$$Ru + H_2O \longrightarrow Ru(OH)_{ads} + H^+ + e^- \tag{4.6}$$

$$PtCO_{ads} + Ru(OH)_{ads} \longrightarrow CO_2 + Pt + Ru + H^+ + e^- \tag{4.7}$$

Koper等[4]采用化学计算方法研究了以Pt（Ru）作为主体掺入Ru（Pt）组分，结果发现CO和OH在Pt上表现出完全不同的吸附强度，同时还发现CO在PtRu（001）晶面上吸附较弱，而在（111）晶面上具有较强吸附，他们认为该现象主要由于d带能级位移差异造成。此外，相关研究表明PtRu的合金程度[5,6]（Pt、Ru金属原子之间的相互作用差异）也会影响其催化性能，其催化性能很大程度上受Pt、Ru金属原子间的距离影响。合金度高时，金属原子间的距离较小，相互作用增强，原子周围环境发生改变，催化剂活性明显提高。因此，目前有关这类催化剂的大量研究工作集中在对催化剂制备方法及制备条件的探索，以及宏观组分及形貌的调控方面，通过对催化剂微观结构及尺度的改变，从根本上解决中间产物对Pt催化剂的毒化问题。

Lee等[7]采用分段间歇电沉积方法以Al_2O_3纳米线阵列为模板制备出不同长度的PtRu双金属纳米线片段催化剂，在0.1mol·L^{-1} $HClO_4$+0.5 mol·L^{-1} CH_3OH体系中考察催化剂对甲醇的催化氧化性能。研究结果表明：根据不同长度PtRu双金属纳米线段催化剂对于甲醇的催化效率差异，可以建立不同长度PtRu双金属催化剂催化活性位点数量与催化活性之间的关系。Yan等[8]采用贾凡尼置换反应以金属铜纳米线为模板制备了PtRu纳米管和PtRu负载铜纳米线催化剂（如图4.2），在0.1mol·L^{-1} $HClO_4$+1.0mol·L^{-1} CH_3OH体系中考察二者对甲醇的催化氧化性能。研究发现：PtRu纳米管和PtRu负载铜纳米线催化剂均表现出优于商业PtRu/C催化剂（Hispec 12100）的甲醇氧化活性。XPS表征揭示金属Ru外层电子向Pt发生偏移并对Pt的d电子轨道修饰，从而削弱了CO对Pt的吸附，提高了催化剂对甲醇的氧化催化活性。一般而言，高性能PtRu催化剂通常具有较窄且均匀的纳米颗粒分布和高合金化程度，在载体上具有较高分散性。

早期许多研究者认为Pt与Ru的原子比为1 ∶ 1的催化剂具有最好的活性及抗毒性能，近年来，Lamy等发现Pt ∶ Ru=4 ∶ 1的催化剂表现出更加优异的抗毒性能，在电流密度为200mA·cm^{-2}的条件下，其极化过电位比Pt∶Ru=1∶1的催化剂要低80mV左右（图4.3），他们的进一步研究还表明，在添加钌的基础上进一步添加第三组分可以使催化剂的活性得到进一步的提升。

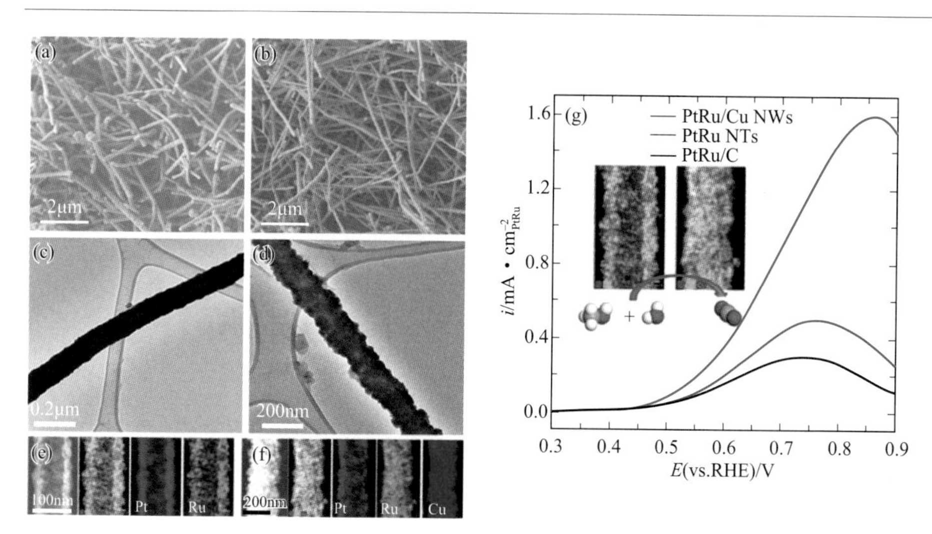

图4.2 （a）～（d）催化剂的SEM和TEM图：（a）、（c）PtRu（6：1）纳米管，（b）、（d）PtRu（4：1）/Cu纳米线；（e）、（f）高角环形暗场像-扫描透射电子像：（e）PtRu（6：1）纳米管，（f）PtRu（4：1）/Cu纳米线；（g）不同催化剂面积比活性伏安曲线（0.1mol · L^{-1} $HClO_4$+1.0mol · L^{-1} CH_3OH溶液）[8]

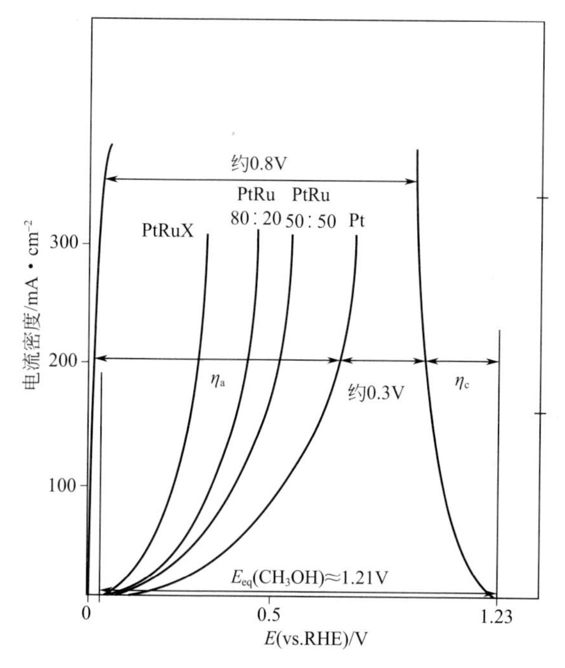

图4.3 采用不同阳极催化剂时直接甲醇燃料电池的极化曲线图

商业PtRu催化剂常用的碳材料载体具有大的比表面积、良好的导电性、结构稳定性和适宜的多孔。研究表明功能化碳载体材料（碳纳米管[9,10]、碳纳米纤维[11,12]、石墨烯[13～15]、碳气凝胶[16]等）对负载贵金属催化剂的性质也有着极其重要的影响，包括：金属颗粒的形貌、粒径和粒径分布；催化剂合金程度；金属纳米颗粒生长及颗粒团聚稳定性；金属与载体之间相互作用对电催化活性的影响；催化剂的利用率；催化剂层中的物质传送；催化剂层的导电性等。因此，PtRu二元催化剂催化活性及稳定性的改善可结合金属催化剂材料本身及载体方面开展研究，以寻求最佳的微观结构，并与载体组合发挥协同效应，全面提升催化剂性能。

4.3.2 PtRu/氧化物催化剂

商业PtRu催化剂通常以碳材料作为载体，由于直接甲醇燃料电池阴极电极电势较高，传统碳载体容易发生电化学氧化腐蚀，导致金属纳米粒子易从载体上脱落，从而导致催化活性及电池稳定性衰减。近几年来，大量研究工作报道了有关金属氧化物（如Fe_2O_3[17]、CeO_2[18,19]、WO_x[20]、MoO_x[21,22]等）修饰PtRu催化剂可以明显提高金属催化剂的催化活性，降低燃料电池的成本，提高催化剂的电化学稳定性，延长燃料电池的使用寿命。金属氧化物修饰PtRu催化剂改善催化性能的主要原因在于：① 金属氧化物中的金属元素处于高氧化态，很难进一步失去电子被氧化，因此将其作为助催化剂或者载体时能够明显改善催化剂体系的稳定性；② 金属氧化物与催化剂金属之间存在强烈的相互作用，调控催化剂金属的电子结构，改变反应物分子在其表面的吸附性质，可提高催化剂的活性。

Sun等[23]采用恒电位沉积方法在SnO_2纳米线上沉积得到分散均匀的PtRu合金纳米粒子，该催化剂对甲醇氧化的活性明显高于PtRu/C。进行稳定性测试后对催化剂进行TEM测试发现SnO_2纳米线和碳结合良好，二者结构和大小均没有发生变化，这说明SnO_2和碳之间存在很强的相互作用，这种相互作用可能有利于提高PtRu催化剂的活性和稳定性。彭峰等[24]采用回流方式制备了MnO_2负载PtRu/CNTs催化剂，并研究了该催化剂对甲醇的催化氧化性能。研究结果表明，在$1.0mol \cdot L^{-1}$ $HClO_4$+$1.0mol \cdot L^{-1}$ CH_3OH溶液中进行循环伏安测试，MnO_2/PtRu/CNTs催化剂明显提高了甲醇的氧化活性，主要原因在于MnO_2的加入提高了催化剂的质子传导性。Wataru等[25]制备了少量TiO_2修饰的PtRu/C催化剂，并研究了该催化剂对甲醇的催化氧化及对CO的预吸附性能。催化剂经TiO_2修饰后带负电的Ti_4O_9将高电势下被氧化的钌离子固定，抑制了Ru在电解液中的溶解，采用该催化剂对甲醇氧化的初始活性明显高于PtRu/C，且加速老化测试后活性是PtRu/C的10倍。

总而言之，金属氧化物作为助催化剂或载体，通过与PtRu催化剂金属之间强烈的相互作用，修饰催化剂金属的电子结构，改变甲醇氧化中间反应物分子在其表面的吸附性质，提高了催化剂的活性；同时这些金属氧化物又具有较高的抗电化学氧化能力，有利于催化剂稳定性的提高。然而，大多数金属氧化物具有较低的电子导电性，使得电极反应过程中电子传递受阻，电极反应速率变慢，催化效率较低。因此，采用新型的纳米材料制备技术对金属氧化物表面结构和组成进行修饰，降低氧化物带隙从而提高导电性；控制金属氧化物粒子的形貌和尺寸以增强与催化剂金属的接触面积和相互作用，提高催化剂性能，这可能是未来金属氧化物助催化剂的研究发展方向。

4.3.3 PtRuX三元催化剂

二元PtRu催化剂虽然在一定程度上降低了反应中间体对催化剂的毒化，提高了催化效率，然而PtRu中的金属钌在强酸或强碱介质中易于流失，因此使得二元PtRu催化剂的整体效率仍处于较低水平。通过加入第三组分元素，进行组合筛选，形成的较为庞大的PtRuX三元催化剂体系，进一步提高了催化剂的活性和稳定性。由于多组分金属间的相互协同效应，不仅将双功能效应和电子效应结合，而且还会产生氢溢流效应，使得PtRuX三元催化剂表现出对甲醇催化氧化更为优越的催化性能。

Liao等[26]采用有机溶胶法制备了CNT上负载平均粒径为1.1nm的PtRuIr催化剂并考察其对甲醇的催化氧化活性（如图4.4）。研究发现Ir的添加明显提高了催化剂的电催化氧化活性。室温下对催化剂PtRuIr/CNT、PtRu/CNT、PtRuIr/XC-72R和商业催化剂PtRu/XC-72R（Johnson Matthey）在甲醇溶液（$0.5mol \cdot L^{-1}$甲醇+$0.5mol \cdot L^{-1}$硫酸）中进行循环伏安测试，峰电流密度分别为$81.7mA \cdot cm^{-2}$、$61.2mA \cdot cm^{-2}$、$33.4mA \cdot cm^{-2}$和$17.4mA \cdot cm^{-2}$，PtRuIr/CNT催化剂的活性约是商业催化剂的4倍。此外，在0～0.8V循环16h没有观察到活性衰减，表明该催化剂具有较高的抗毒化能力。Zhao等[27]采用表面活性剂辅助液相化学法制备了直径约200nm的PtRuPd三元合金空心纳米球。CV测试结果显示，PtRuPd三元空心球催化剂具有较高的电催化

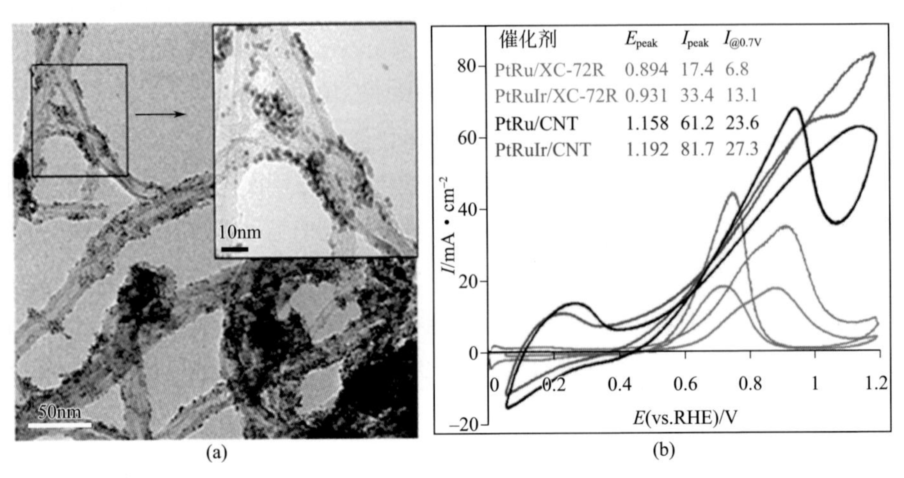

图4.4 （a）PtRuIr/CNT催化剂的TEM图；（b）室温下，催化剂PtRuIr/CNT、PtRu/CNT、PtRuIr/XC-72R以及PtRu/XC-72R（Johnson Matthey）在0.5mol · L^{-1} CH_3OH + 0.5mol · L^{-1} H_2SO_4溶液中的循环伏安曲线[26]

甲醇氧化活性。这归因于空心球结构较大的比表面积及Ru和Pd的协同作用。采用该法制备的空心球结构大大减少了贵金属用量，从而可以有效降低催化剂的制作成本。

为了进一步降低催化剂的成本，添加以过渡金属为主的第三组分元素研究也有相关报道。由于过渡元素具有较多的d轨道外层电子，催化反应时可以转移部分电子弥补金属Pt的d轨道空位，从而降低甲醇氧化中间产物在金属Pt上的吸附。A.Limy等[28]研究了PtRuX（X = Au、Co、Cu、Fe、Mo、Ni、Sn、W）对甲醇的共催化性能，对比研究得出：PtRuMo表现出最佳的催化活性，相比于PtRu二元催化剂其活性提高了近8倍；除了Sn和Au的掺入外，加入其他元素催化活性也有不同程度的提高（图4.5）。

Woo等[29]采用浸渍法制备了PtRuFe/C复合催化剂，通过对该复合催化进行XRD及XPS表征发现：Fe以Fe_2O_3氧化物形式存在，加入Fe后，Fe与Pt的d轨道电子发生了较强的相互作用，使Pt的d轨道电子流向Fe_2O_3的空轨道，导致Pt的d轨道电子出现大量的空位，从而降低了Pt与CO的键合力。此外，Wang等[30]通过简单的阳离子交换反应合成了$Fe_{1-x}PtRu_x$，理论计算发现Ru、Fe与Pt之间电子转移加快，同时Pt的d轨道电子发生转移，有效降低了对CO的吸附，使得Pt的活性位点得到重新利用。目前对于第三种金属与Pt、Ru相互作用的研究虽然有一定的进展，但寻找最佳的第三种金属元素（如过渡金属[31～33]、稀土金属元素[34]等），明确组分含量对Pt电子云密度的影响，优化能级结构，还是亟须解决的关键问题。

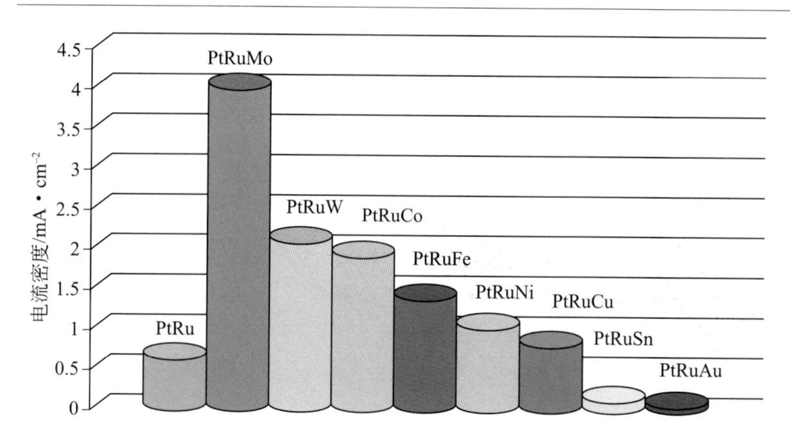

图4.5 几种PtRuX（X = Mo、W、Co、Ni等）三元催化剂的甲醇阳极氧化活性

室温，0.5mol · L^{-1}甲醇 + 0.5mol · L^{-1}硫酸溶液[28]

4.4 直接乙醇燃料电池阳极催化剂纳米材料

4.4.1 单组分贵金属催化剂

大量的研究工作表明，在单组元的催化剂中，Pt在酸性介质中对乙醇的电化学氧化有较高的活性与稳定性，而在碱性条件下，Pd金属表现出比Pt更高的乙醇催化活性。另一方面，Pd储量相对于Pt更加丰富，价格更加便宜，能够进一步降低乙醇燃料电池成本[35,36]。因此，当前单金属Pd催化剂引起了大家越来越多的重视。Tian等[37]利用硼氢化钠还原法将Pd负载到聚二烯丙基二甲基氯化铵修饰的石墨烯上，发现此种催化剂乙醇催化活性是未修饰石墨烯负载Pd和商业Pt/C的1.4和2.4倍。Li等[38]利用ZnO纳米棒模板成功制备了Pd/PANI/Pd三明治结构的新型Pd基催化剂（图4.6），由于Pd和聚苯胺之间的电子相互作用，使得电子从Pd流向聚苯胺，这种电子离域作用使得负载的Pd更加难以被氧化，更加稳定。同时，这种特殊的一维形

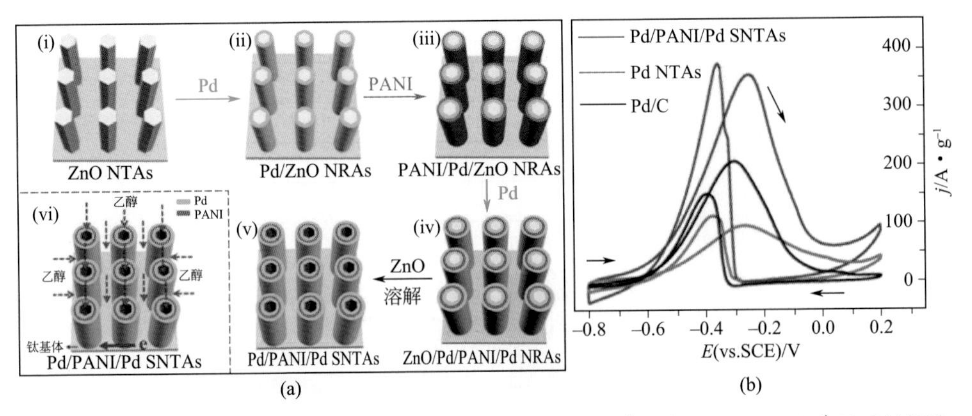

图4.6 （a）Pd/PANI/Pd纳米管制备图解；（b）在1.0mol · L^{-1}乙醇 + 1.0mol · L^{-1} NaOH溶液中，Pd/PANI/Pd纳米管、Pd纳米管和商业Pd/C的循环伏安曲线，扫描速率为50mV · s^{-1}[38]

貌增强了乙醇反应过程中的传质性能，从而提高了乙醇氧化活性和稳定性。

然而，不同于甲醇完全氧化是一个6电子转移过程，乙醇的完全电催化氧化涉及12个电子和12个质子的释放和转移，同时还需要断裂分子中的C—C键，过程和中间产物更加复杂，加之乙醇在不同催化剂上反应的复杂性，乙醇不完全氧化产生的中间产物对Pt或者Pd电极的强吸附作用使其催化活性迅速降低，单金属催化剂很难满足实际应用[39,40]。另一方面，单纯的Pd或者Pt在乙醇氧化过程中对CO_2氧化途径具有较低的选择性，难以使C—C键断裂，所以乙醇的氧化产物主要是乙醛和乙酸，这迫使人们寻求更活泼的乙醇氧化的电催化材料[41,42]。

4.4.2
双组分贵金属催化剂

双组分催化剂主要是以Pt基和Pd基合金催化剂为主[42～48]。由于乙醇和甲醇在分子结构上的相似性，在最初探索乙醇低温氧化催化剂时，主要工作集中在对甲醇氧化具有较佳催化活性的PtRu催化剂上[49～52]，并通过多种表征手段检测乙醇在PtRu电极上的氧化产物及中间物种，探索和研究乙醇在PtRu催化剂上的反应途径和机理。

Spinacé等[53]利用乙二醇还原法制备了PtRu/C催化剂，它表现出比单金属Pt更好的乙醇催化活性，作者认为Ru含量的增加有利于乙醇的氧化反应。Liu等[52]利用微波辅助多元醇法制备了PtRu/C催化剂，同样发现随着PtRu合金中Ru含量的增加，催化剂对乙醇活性有所提高。Dong等[49]制备了石墨烯负载的PtRu催化剂，研究表明Ru的加入降低了乙醇的氧化电位，并增加了催化剂的氧化中间体抗中毒性能。在Ru或RuO_2表面上，水解离电位大约在0.2V（vs.RHE），而在Pt的表面约为0.7V（vs. RHE）。从以上研究结果可知，Ru的加入使Pt基催化剂对乙醇的电催化氧化活性得到了较大的提高。一方面是由于PtRu相互作用产生的电子效应，使Pt对中间产物或者含氧物种的吸附能力减弱，有利于中间产物的脱附，降低对Pt的毒化；另一方面，由于Ru能够在较低电位下活化水，使其表面富集OH_{ads}，能够加速氧化相邻铂原子表面吸附的含氧中间体，两者共同作用从而使乙醇电催化作用增强。

随着研究的不断深入，研究者们发现，对甲醇有极高催化活性的PtRu二元催化剂并不是最有效的乙醇电催化剂，因而，一系列的二元催化体系被研究和开发出来。Xin等[54]通过多元醇还原法制备的PtSn催化剂对乙醇的电催化氧化优于PtRu催化剂，这是由于PtSn催化剂能够促使C—C键的断裂，并且在C—C键断裂过程中形成的CO_{ads}能够被Sn表面丰富的含氧基团所氧化，从而提高了PtSn对乙醇氧化性能和稳定性，而Ru并不能促使C—C键的断裂。Lamy等[55]利用溶胶法制备了PtSn/C催化剂，在乙醇氧化实验中，通过原位红外反射光谱研究表明，最终产物CO_2不仅仅来自于低电位下吸附的CO_{ads}的氧化，部分还来自于PtSn催化剂对中间产物乙醛的彻底氧化（Sn的存在能够促使C—C键的断裂）。Pastor等[47]利用甲酸还原的方式制备了一系列$PtSn_x$催化剂，并对乙醇氧化进行了单电池测试和不同温度下的性能研究，研究表明Pt_1Sn_1/C对乙醇氧化具有较强的催化作用，随着运行温度从40℃增加到90℃，催化剂乙醇催化活性增加了5倍。他们认为，低温下C—C键的不易断裂仍是限制乙醇氧化催化性能的重要因素。Teng等[56]利用多元醇还原法制备了Pt-SnO_2/C核壳结构催化剂用于乙醇氧化（图4.7），并利用原位CO_2微电极对Pt/C、PtSn/C和Pt-SnO_2/C在乙醇氧化过程中CO_2生成量进行了细致的研究，结果表明Pt-SnO_2/C比PtSn/C具有更强的断裂C—C键的能力，并指出SnO_2的存在是断裂C—C键的必要条件。

Yang等[46]利用抗坏血酸还原法制备了类蒲公英结构的PtPd催化剂（DPtPdNC），PtPd之间较强的电子相互作用和特殊的形貌结构，使其具有较高的乙醇氧化活性和稳定性（图4.8）。Wang等[48]利用肼还原法制备了多孔PtPd纳米花状催化剂，XPS结果证实Pt能够从Pd得到电子，从而使催化剂中零价Pt的含量提高，提高了乙醇催化性能。Matsumoto等[57]利用两步法合成Pt_3Pb_3-PtPb核壳结构催化剂，发现Pb的加入能够增强催化剂的脱氢性能，并且Pb能在较低电位下提供较多的吸附氢氧根（OH_{ads}），从而增强了乙醇的电催化能力。

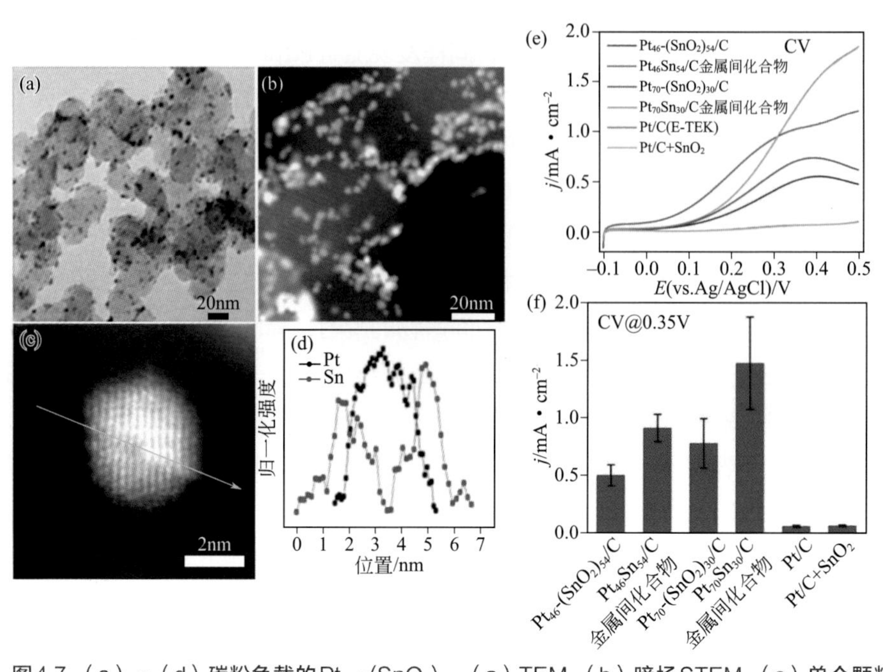

图4.7 （a）～（d）碳粉负载的Pt_{46}-$(SnO_2)_{54}$：（a）TEM，（b）暗场STEM，（c）单个颗粒的环形暗场扫描，（d）图（c）中箭头线段EELS扫描；（e）不同比例的PtSn催化剂和Pt/C（E-TEK）催化剂的循环伏安扫描曲线（正扫）；（f）在0.35V（vs.Ag/AgCl）不同催化剂的面积比活性[56]

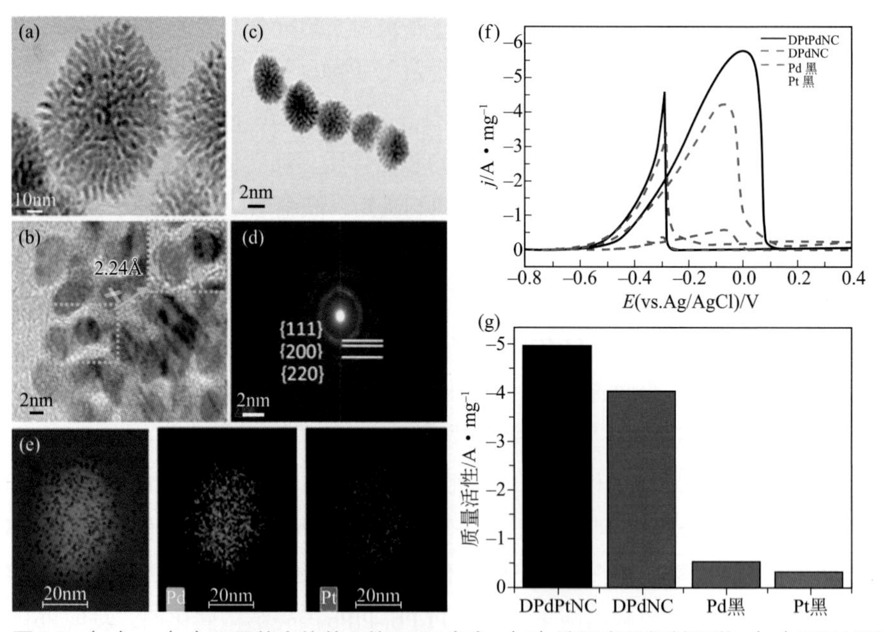

图4.8 （a）～（c）不同放大倍数下的PtPd合金；（d）选区电子衍射图谱；（e）EDX元素图谱（Pd：绿色图谱，Pt：红色图谱）；（f）蒲公英状PtPd合金、蒲公英状Pd、商业Pd/C和商业Pt/C在1.0mol・L^{-1}乙醇＋0.5mol・L^{-1} NaOH溶液中循环伏安曲线；（g）在−0.1V（vs.Ag/AgCl）时，几种催化剂质量活性对比[46]

4.4.3
三组分金属催化剂

乙醇氧化三元催化剂当前主要集中于在PtRu、PtPd或PtSn[58～62]的基础上添加第三金属元素，三元合金在调节金属Pd、Ru或者Pt的电子和几何效应上面更富有弹性和灵活性，从而使乙醇氧化具有更高的催化活性成为可能。

Adzic课题组[63]合成了$PtRhSnO_2/C$三元催化剂，这种催化剂乙醇催化能力是商业Pt/C（E-TEK）的100倍，通过原位红外反射光谱研究，这种催化剂能够在常温下断裂C—C键，使得乙醇氧化不经过乙醛中间体而断裂C—C键。通过密度泛函理论计算，乙醇氧化通过氧化乙烯基（CH_2CH_2O）中间体过程，并认为Rh的加入能够促使通过氧化乙烯基这一反应路径。同时，在低电位下，强吸附在SnO_2表面的水分子形成大量的OH_{ads}：一方面通过层间排斥作用抑制了Pt和Rh表面OH_{ads}的形成；另一方面促进了Rh表面CO_{ads}的氧化和Pt对乙醇的脱氢作用，从而使得催化剂具有极高的乙醇催化活性。该课题组使用同种方法合成了$PtIrSnO_2/C$三元催化剂[61]（图4.9），并结合电化学测试手段和原位红外反射光谱对该催化剂的乙醇氧化催化性能和氧化产物CO_2选择性进行了研究，指出当Pt/Ir/Sn的原子比为1 ∶ 1 ∶ 1时，催化剂具有最高的乙醇氧化活性和选择性，证明Ir的加入也使催化剂能够在常温下有效的断裂C—C键。Passos等[62]利用甲酸还原法制备了PtRhSn/C催化剂，其乙醇氧化性能都远大于PtRh/C和PtSn/C二元催化剂，研究认为是PtRhSn三者之间的电子相互作用增强了催化效果，并且Rh能够断裂C—C的同时，亦能够阻碍乙醇的吸附，从而使得乙醇氧化更倾向于生成CO_2，而不是乙酸。

Zhao等[64]利用硼氢化钠还原法制备了PdIrNi/C三元催化剂，发现Ni的加入使得催化剂的性能比二元PdIr催化剂增加了69%，研究认为Ni主要以氧化物形式存在，

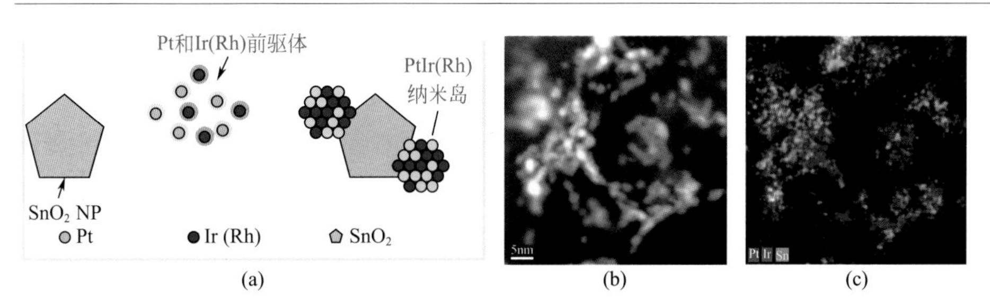

图4.9 （a）利用种子生长的方法在二氧化锡表面沉积金属颗粒图示；（b）$PtIrSnO_2/C$ 高倍环形暗场扫描STEM图；（c）Pt、Ir和Sn三种元素的EDS扫描[61]

表面存在的氢氧化物能够促进Pd表面CO_{ads}的氧化。Guan等[65]采用置换法制备了PtRuNi/C催化剂，乙醇氧化性能是商业Pt/C的8倍，研究认为RuNi的存在改变了Pt的电子结构，使Pt对于CO_{ads}吸附力减弱，利于中间产物的移除；另外，Ru在较低电位下能够提供丰富的OH_{ads}，一方面抑制Pt表面OH_{ads}的吸附，另一方面可加速临近Pt表面碳质中间体的氧化和移除。Li等[66]制备了PtPdNi三元催化剂，研究表明其具有较高的活性和稳定性，并超过Pt、Pd或Ni的二元组分的乙醇催化性能。

PdNiP三元催化剂作为4电子反应过程，也有广泛的报道[67,68]。以上研究认为，NiP的加入能够改变Pd的电子结构，是Pd对乙醇中间产物保持适度的吸附强度，从而有利于中间产物的脱除，增强Pd对乙醇解离能力。同时，Ni能够提供丰富的OH_{ads}，加速氧化Pd表面吸附物，从而增强乙醇氧化性能。

4.4.4 非贵金属催化剂体系

由于非贵金属在强酸性介质中缺乏稳定性，因此，非贵金属催化剂主要在碱性介质中用作乙醇阳极氧化催化剂，目前研究较多的非贵金属乙醇催化剂主要集中在CoNi合金以及Zn/Ti电极材料上面。Wang等[69]利用肼作为还原剂制备了石墨烯负载的NiCo合金，研究表明Co的加入能够增强乙醇的氧化性能。Zhan等[70]同样利用肼还原法制备了氧化钴镍纳米纤维（图4.10），研究表明，Co和Ni之间的协同作用使其具有较高的电子传导能力。他们的研究还表明乙醇扩散速率是催化反应的限速步骤。Barakat等[71]制备了碳纳米纤维负载的NiCo合金，并研究了Co/Ni不同比例下乙醇氧化性能，指出$Ni_{0.1}Co_{0.9}$具有最好的催化活性，是纯金属Ni活性的3.8倍。Bredol等[72]采用共沉淀方式合成了碳负载的纳米ZnS颗粒，研究结果认为乙醛和乙酸为最终产物，表明反应以4电子路径进行。通过对电池性能分析，认为催化剂活性较低主要是由乙醇的浓差极化带来较低的传质问题造成的。

从以上文献报道可看出，虽然非贵金属原材料丰富、价格低廉，但非贵金属催化剂在活性和稳定性方面离直接乙醇燃料电池的实际应用还有相当大的差距，非贵金属催化乙醇氧化方面的探索仍然任重而道远。

此外，对于贵金属催化剂，尽管提高操作温度可以增强乙醇的电催化反应活性，但目前低温燃料电池中所广泛采用的电解质膜主要为全氟磺酸聚合膜，该膜在较高温度下（>90℃）长时间操作容易失水，发生降解和抽缩现象，这将导致电解质膜

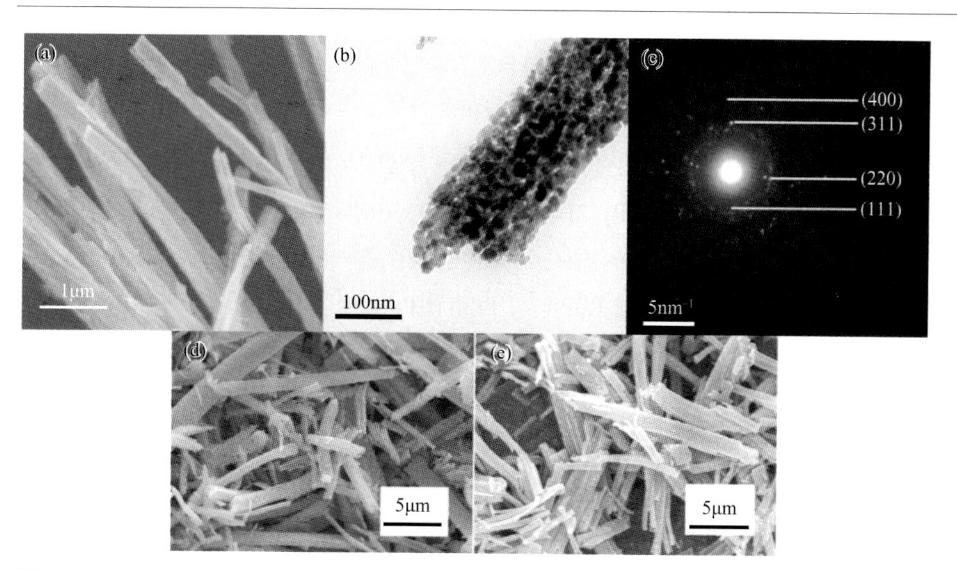

图4.10 $NiCo_2O_4$纤维的（a）SEM图，（b）TEM图，（c）选区电子衍射图；（d）NiO纤维；（e）Co_3O_4纤维[70]

的质子电导率下降，降低电池性能。此外，高温操作需要提供较多的外加能源，这也不可避免地降低了直接乙醇燃料电池的能效。因此，提高电极反应温度并不是最好的选择，探索和研制高效的阳极催化剂才是合理的提高直接乙醇燃料电池性能的根本途径。在室温下，贵金属Ph和Ir在乙醇氧化过程中，都表现出了极高的断裂C—C键的能力，同时Pt和SnO_2共同体在低温下也表现出了较好的氧化CO_2选择性，而PtRhSn三元催化剂被证实为当前最为有效的乙醇低温催化剂[63]。然而，贵金属高昂的价格仍是制约直接乙醇燃料电池的商业化发展的重大因素，找到相对廉价、高性能和高稳定性的乙醇催化剂仍是广大科学工作者面临的重大挑战。

4.5 其他醇类燃料电池阳极催化剂纳米材料

小分子醇类具有沸点高、不易挥发、毒性低、能量密度高、理论容量高等特点。这些小分子醇类的毒性和透过率都比甲醇低，在醇类燃料电池中有广泛的应用前景。

在可代替甲醇、乙醇作为直接醇类燃料电池的燃料中，小分子醇类是很有前途的一种。已经研究过的甲醇或乙醇替代燃料有乙二醇[73～81]、丙醇[82～87]、丙三醇[88,89]、1-甲氧基-2-丙醇[90]、丁醇[91～93]、戊醇[94]、庚醇[95]等。

乙二醇完全氧化可以产生10个电子［如式（4.8）］，具有较高的能量转换效率。

$$(CH_2OH)_2+2H_2O \longrightarrow 2CO_2+10H^++10e^- \qquad (4.8)^{[73]}$$

乙二醇在酸性或碱性溶液中电化学氧化的催化剂一般是铂及其合金催化剂，包括PtRu[74]、PtRuW、PtRuNi、PtRuPd[75]、PtSn和PtSnNi[80,81]催化剂。Vielstich等[74]的研究表明酸性溶液中用Ru修饰Pt/C有利于乙二醇的电化学氧化。他们发现Ru含量的增加有利于催化活性的提高，但将乙二醇完全氧化成CO_2需要较高Pt载量的催化剂。Neto等[80]认为酸性溶液中PtSn/C对乙二醇的电化学活性比 PtRu/C好。Chetty等[75]研究了用Ni、Pd、W修饰PtRu对乙二醇电化学氧化的影响。他们发现添加Ni或Pd后对乙二醇的电化学氧化并没有积极作用，添加W后降低了乙二醇氧化的起始电位，从而提高了PtRu催化剂的催化活性。Matsuoka等[76]在H_2SO_4、KOH、K_2CO_3溶液中研究了乙二醇、甘油、木糖醇等多羟基醇类在铂电极上的电化学氧化情况。所有多羟基醇在碱性溶液中的电化学活性都比在酸性溶液中好，其中乙二醇在碱性溶液中显示了最高的活性。在酸性溶液中，只有少量乙二醇会在铂电极上发生电化学氧化，反应生成的中间还原产物强烈地吸附在铂电极的表面从而阻止了反应的进行。为了降低成本，并提高抗中毒能力，Ramanujam等人[77]以抗坏血酸为还原剂，用固相法制备了Pd@C-VXC、Pd@C-MWCMT、Pd@C-RGO等非Pt催化剂，图4.11描述了这种方法制备过程中Pd纳米粒子的形成过程。在高比表面积的RGO载体上，能够形成更小颗粒的花状Pd纳米颗粒，因此Pd@C-RGO催化剂表现出最高的析氧反应电

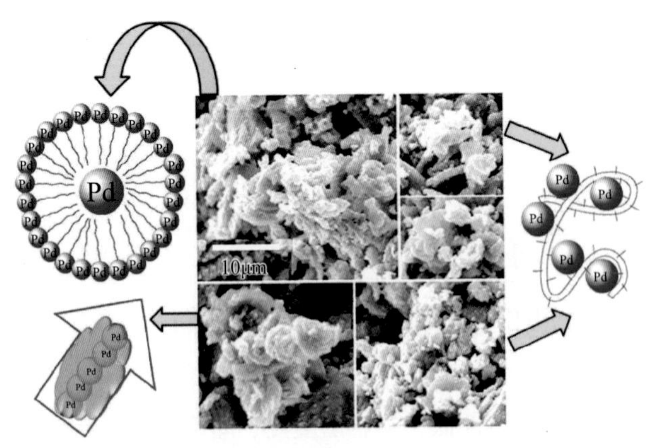

图4.11 SEM图描述Pd纳米颗粒的形成过程[77]

流，且大部分中间产物都被氧化成CO_2，表现出很好的抗中毒能力。

一般来说，随着醇中碳原子数的增加，电化学氧化变得困难，但是碳原子数多的小分子醇也有低毒性、低渗透性等优点。Wang等[82]报道了第一个直接丙醇燃料电池，使用纯的1-丙醇、2-丙醇作为燃料，1-丙醇的性能比较好。Jiang等[83]研究了碱性介质中异丙醇在Pt、Pd、Au电极上的电化学氧化情况。异丙醇在Pd电极上具有很好的电化学氧化性能。随后他们研究了在碱性介质中PdAu/C催化剂对直接异丙醇燃料电池的电化学氧化情况[84]。PdAu（4：1）/C比Pd/C和E-TEK Pt/C电化学氧化异丙醇的电催化活性和稳定性更高。Qi等[90]研究了以PtRu为阳极催化剂，Pt为阴极催化剂，Nafion112膜作为电解质，1-甲氧基-2-丙醇水溶液作为燃料的直接醇类燃料电池。在60～80℃和低空气流速下，其放电性能在整个区域比直接甲醇燃料电池要好。Chen等[91]研究了碱性溶液中1-丁醇在Pt电极上的电化学氧化。Mukherjee等[93]研究了碱性NaOH溶液中正丁醇在Pd、Pt电极上的电化学氧化。Yáñez等[95]研究了酸性溶液中丁醇、庚醇、*n*-丁醇、*n*-庚醇在Au/Pt黑电极上的电化学氧化。这些小分子醇都显示了比较好的电化学氧化活性，但这些小分子醇很难完全氧化成CO_2，经常生成一些中间产物酸或酮，燃料难以完全得到利用。因此，开发高催化性能和抗中毒性的纳米级电催化剂对降低燃料电池成本，促进燃料电池商业化具有重要的现实意义。

4.6 总结与展望

总而言之，Pt仍然是直接醇类燃料电池阳极催化纳米材料的主要活性成分（其次是Pd，主要用于直接乙醇燃料电池）。为了有效降低醇类氧化中间体对催化剂的毒化作用，目前均采用添加第二组分和第三组分来达到这一目标。对于直接甲醇燃料电池，最为有效的双组分催化剂为PtRu催化剂，最为有效的三组分催化剂则为PtRuMo催化剂；对于直接乙醇燃料电池，研究发现Sn的添加可以有效促进乙醇分子中C—C键的断裂。

尽管开展了许多卓有成效的研究工作，但是，直接醇类燃料电池阳极催化材料仍然存在大量使用贵金属Pt、催化剂活性不高等问题，目前尚未找到从根本上解决催化剂中毒的方案，已有的方案只能增强催化剂的抗毒性能。这些问题实际上已成为制约直接醇类燃料电池发展和商业化进程的最为重要的因素，因此，在揭示醇类氧化和中毒机理的基础上，探索和制备具有更高活性和更高抗毒稳定性的阳极催化纳米材料对于直接醇类燃料电池的发展和应用具有十分重要的意义，也是目前燃料电池领域十分重要的研究课题。

参考文献

[1] Lamy C, Lima A, LeRhun V, Delime F, Coutanceau C, Léger JM. Recent advances in the development of direct alcohol fuel cells (DAFC). Journal of Power Sources, 2002, 105 (2): 283-296.

[2] Lin SD, Hsiao TC, Chang JR, Lin AS. Morphology of carbon supported Pt-Ru electrocatalyst and the CO tolerance of anodes for PEM fuel cells. Journal of Physical Chemistry B, 1999, 103 (1): 97-103.

[3] Masahiro Watanabe, Makoto Uchida, Motoo S. Preparation of highly dispersed Pt+Ru alloy clusters and the activity for the electrooxidation of methanol. Journal of Electroanalytical Chemistry and Interfacial Electrochemistry, 1987, 229 (1): 395-406.

[4] Marc T M, Koper TES, Rutger A, van Santen. Periodic density functional study of CO and OH adsorption on Pt-Ru alloy surfaces implications for CO tolerant fuel cell catalysts. J Phys Chem B, 2002, 106 (3): 686-692.

[5] Shao ZG, Zhu F, Lin WF, Christensen PA, Zhang H. PtRu/Ti anodes with varying Pt ratio: Ru ratio prepared by electrodeposition for the direct methanol fuel cell. Physical Chemistry Chemical Physics: PCCP. 2006, 8 (23): 2720-2726.

[6] Lee KS, Jeon TY, Yoo SJ, et al. Effect of PtRu alloying degree on electrocatalytic activities and stabilities. Applied Catalysis B: Environmental, 2011, 102 (1-2): 334-342.

[7] Liu F, Lee JY, Zhou WJ. Multisegment PtRu nanorods: electrocatalysts with adjustable bimetallic pair sites. Advanced Functional Materials, 2005, 15 (9): 1459-1464.

[8] Zheng J, Cullen DA, Forest RV, et al. Platinum-ruthenium nanotubes and platinum-ruthenium coated copper nanowires as efficient catalysts for electro-oxidation of methanol. ACS Catalysis, 2015, 5 (3): 1468-1474.

[9] Wang SY, Wang X, Jiang SP. PtRu nanoparticles supported on 1-aminopyrene-functionalized multiwalled carbon nanotubes and their electrocatalytic activity for methanol oxidation. Langmuir: the ACS Journal of Surfaces and Colloids, 2008, 24 (18): 10505-10512.

[10] Guo DJ. Novel synthesis of PtRu/multi-walled carbon nanotube catalyst via a microwave-assisted imidazolium ionic liquid method for methanol oxidation. Journal of Power Sources, 2010, 195 (21): 7234-7237.

[11] Maiyalagan T. Pt-Ru nanoparticles supported PAMAM dendrimer functionalized carbon nanofiber composite catalysts and their application to methanol oxidation. Journal of Solid State Electrochemistry, 2008, 13 (10): 1561-1566.

[12] Lee SY, Park JM, Park SJ. Roles of nitric acid treatment on PtRu catalyst supported on graphite nanofibers and their methanol electro-oxidation behaviors. International Journal of Hydrogen Energy, 2014, 39 (29): 16468-16473.

[13] Zhao S, Yin H, Du L, Yin G, Tang Z, Liu S. Three dimensional N-doped graphene/PtRu nanoparticle hybrids as high performance

anode for direct methanol fuel cells. Journal of Materials Chemistry A, 2014, 2 (11): 3719.

[14] Kung CC, Lin PY, Xue Y, et al. Three dimensional graphene foam supported platinum-ruthenium bimetallic nanocatalysts for direct methanol and direct ethanol fuel cell applications. Journal of Power Sources, 2014, 256: 329-335.

[15] Shen Y, Xiao K, Xi J, Qiu X. Comparison study of few-layered graphene supported platinum and platinum alloys for methanol and ethanol electro-oxidation. Journal of Power Sources, 2015, 278: 235-244.

[16] Alegre C, Calvillo L, Moliner R, et al. Pt and PtRu electrocatalysts supported on carbon xerogels for direct methanol fuel cells. Journal of Power Sources, 2011, 196 (9): 4226-4235.

[17] Jeon MK, Lee KR, Woo SI. Enhancement in electro-oxidation of methanol over PtRu black catalyst through strong interaction with iron oxide nanocluster. Langmuir: the ACS Journal of Surfaces and Colloids, 2010, 26 (21): 16529-16533.

[18] Kolla P, Smirnova A. Methanol oxidation on hybrid catalysts: PtRu/C nanostructures promoted with cerium and titanium oxides. International Journal of Hydrogen Energy, 2013, 38 (35): 15152-15159.

[19] Feng C, Takeuchi T, Abdelkareem MA, Tsujiguchi T, Nakagawa N. Carbon-CeO_2 composite nanofibers as a promising support for a PtRu anode catalyst in a direct methanol fuel cell. Journal of Power Sources, 2013, 242: 57-64.

[20] Chen W, Wei X, Zhang Y. A comparative study of tungsten-modified PtRu electrocatalysts for methanol oxidation. International Journal of Hydrogen Energy, 2014, 39 (13): 6995-7003.

[21] Huang T, Zhang D, Xue L, Cai WB, Yu A. A facile method to synthesize well-dispersed $PtRuMoO_x$ and $PtRuWO_x$ nanoparticles and their electrocatalytic activities for methanol oxidation. Journal of Power Sources, 2009, 192 (2): 285-290.

[22] Ranga Rao G, Justin P, Meher SK. Metal oxide promoted electrocatalysts for methanol oxidation. Catalysis Surveys from Asia, 2011, 15 (4): 221-229.

[23] Saha MS, Li R, Sun X. Composite of Pt-Ru supported SnO_2 nanowires grown on carbon paper for electrocatalytic oxidation of methanol. Electrochemistry Communications, 2007, 9 (9): 2229-2234.

[24] Zhou C, Wang H, Peng F, Liang J, Yu H, Yang J. MnO_2/CNT supported Pt and PtRu nanocatalysts for direct methanol fuel cells. Langmuir: the ACS Journal of Surfaces and Colloids, 2009, 25 (13): 7711-7717.

[25] Saida T, Ogiwara N, Takasu Y, Sugimoto W. Titanium oxide nanosheet modified PtRu/C electrocatalyst for direct methanol fuel cell anodes. J Phys Chem C, 2010, 114 (31): 13390-13396.

[26] Liao S, Holmes K A, Tsaprailis H, et al. High performance PtRuIr catalysts supported on carbon nanotubes for the anodic oxidation of methanol. Journal of the American Chemical Society, 2006, 128: 3504-3505.

[27] Zhao Y, Cai Y, Tian J, Lan H. Facile preparation and excellent catalytic performance of PtRuPd hollow spheres nanoelectrocatalysts. Materials Chemistry and Physics, 2009, 115 (2-3): 831-834.

[28] Limy A, Coutanceau C, Leger JM, Lamy C. Investigation of ternary catalysts for methanol electrooxidation. Journal of Applied Electrochemistry, 2001, 31 (4): 379-386.

[29] Jeon MK, Won JY, Lee KR, Woo SI. Highly active PtRuFe/C catalyst for methanol electro-oxidation. Electrochemistry Communications, 2007, 9 (9): 2163-2166.

[30] Wang DY, Chou HL, Lin YC, et al. Simple replacement reaction for the preparation of ternary Fe $(1-x)$ PtRu (x) nanocrystals with superior catalytic activity in methanol oxidation reaction. Journal of the American Chemical Society, 2012, 134 (24): 10011-10020.

[31] Kang DK, Noh CS, Kim NH, et al. Effect of transition metals (Ni, Sn and Mo) in Pt_5Ru_4M alloy ternary electrocatalyst on methanol electro-oxidation. Journal of Industrial and Engineering Chemistry, 2010, 16 (3): 385-389.

[32] Zhao Y, Fan L, Ren J, Hong B. Electrodeposition of Pt-Ru and Pt-Ru-Ni nanoclusters on multi-walled carbon nanotubes for direct methanol fuel cell. International Journal of Hydrogen Energy, 2014, 39 (9): 4544-4557.
[33] Cheng Y, Shen PK, Saunders M, Jiang SP. Core-shell structured $PtRuCo_x$ nanoparticles on carbon nanotubes as highly active and durable electrocatalysts for direct methanol fuel cells. Electrochimica Acta, 2015.
[34] An XS, Fan YJ, Chen DJ, Wang Q, Zhou ZY, Sun SG. Enhanced activity of rare earth doped PtRu/C catalysts for methanol electro-oxidation. Electrochimica Acta, 2011, 56 (24): 8912-8918.
[35] Qin YH, Yang HH, Zhang XS, Li P, Ma CA. Effect of carbon nanofibers microstructure on electrocatalytic activities of Pd electrocatalysts for ethanol oxidation in alkaline medium. International Journal of Hydrogen Energy, 2010, 35 (15): 7667-7674.
[36] Li YH, Xu QZ, Li QY, Wang H, Huang Y, Xu CW. Pd deposited on MWCNTs modified carbon fiber paper as high-efficient electrocatalyst for ethanol electrooxidation. Electrochimica Acta, 2014, 147: 151-156.
[37] Fan Y, Zhao Y, Chen D, Wang X, Peng X, Tian J. Synthesis of Pd nanoparticles supported on PDDA functionalized graphene for ethanol electro-oxidation. International Journal of Hydrogen Energy, 2015, 40 (1): 322-329.
[38] Wang AL, Xu H, Feng JX, Ding LX, Tong YX, Li GR. Design of Pd/PANI/Pd sandwich-structured nanotube array catalysts with special shape effects and synergistic effects for ethanol electrooxidation. Journal of the American Chemical Society, 2013, 135 (29): 10703-10709.
[39] Wu P, Huang Y, Zhou L, Wang Y, Bu Y, Yao J. Nitrogen-doped graphene supported highly dispersed palladium-lead nanoparticles for synergetic enhancement of ethanol electrooxidation in alkaline medium. Electrochimica Acta, 2015, 152: 68-74.
[40] Mukherjee P, Roy PS, Mandal K, Bhattacharjee D, Dasgupta S, Bhattacharya SK. Improved catalysis of room temperature synthesized Pd-Cu alloy nanoparticles for anodic oxidation of ethanol in alkaline media. Electrochimica Acta, 2015, 154: 447-455.
[41] Kwak DH, Lee YW, Han SB, et al. Ultrasmall PtSn alloy catalyst for ethanol electro-oxidation reaction. Journal of Power Sources, 2015, 275: 557-562.
[42] Liu XY, Zhang Y, Gong MX, et al. Facile synthesis of corallite-like Pt-Pd alloy nanostructures and their enhanced catalytic activity and stability for ethanol oxidation. Journal of Materials Chemistry A, 2014, 2 (34): 13840-13844.
[43] Ahmed MS, Jeon S. Highly active graphene-supported Ni_xPd_{100-x}Binary alloyed catalysts for electro-oxidation of ethanol in an alkaline media. ACS Catalysis, 2014, 4 (6): 1830-1837.
[44] Peng C, Hu Y, Liu M, Zheng Y. Hollow raspberry-like PdAg alloy nanospheres: high electrocatalytic activity for ethanol oxidation in alkaline media. Journal of Power Sources, 2015, 278: 69-75.
[45] Qin YH, Li Y, Lv RL, Wang TL, Wang WG, Wang CW. Pd-Au/C catalysts with different alloying degrees for ethanol oxidation in alkaline media. Electrochimica Acta, 2014, 144: 50-55.
[46] Pan Y, Guo X, Li M, et al. Construction of dandelion-like clusters by PtPd nanoseeds for elevating ethanol eletrocatalytic oxidation. Electrochimica Acta, 2015, 159: 40-45.
[47] Asgardi J, Calderón JC, Alcaide F, et al. Carbon monoxide and ethanol oxidation on PtSn supported catalysts: Effect of the nature of the carbon support and Pt：Sn composition. Applied Catalysis B: Environmental, 2015, 168-169: 33-41.
[48] Lv JJ, Wisitruangsakul N, Feng JJ, Luo J, Fang KM, Wang AJ. Biomolecule-assisted synthesis of porous PtPd alloyed nanoflowers supported on reduced graphene oxide with highly electrocatalytic performance for ethanol

oxidation and oxygen reduction. Electrochimica Acta, 2015, 160: 100-107.

[49] Dong L, Gari RRS, Li Z, Craig MM, Hou S. Graphene-supported platinum and platinum-ruthenium nanoparticles with high electrocatalytic activity for methanol and ethanol oxidation. Carbon. 2010; 48 (3): 781-787.

[50] Bambagioni V, Bianchini C, Marchionni A, et al. Pd and Pt-Ru anode electrocatalysts supported on multi-walled carbon nanotubes and their use in passive and active direct alcohol fuel cells with an anion-exchange membrane (alcohol=methanol, ethanol, glycerol). Journal of Power Sources, 2009, 190 (2): 241-251.

[51] Sen S, Sen F, Gokagac G. Preparation and characterization of nano-sized Pt-Ru/C catalysts and their superior catalytic activities for methanol and ethanol oxidation. Physical Chemistry Chemical Physics: PCCP, 2011, 13 (15): 6784-6792.

[52] Liu Z, Ling XY, Su X, Lee JY, Gan LM. Preparation and characterization of Pt/C and PtRu/C electrocatalysts for direct ethanol fuel cells. Journal of Power Sources, 2005, 149: 1-7.

[53] Spinacé EV, Neto AO, Vasconcelos TRR, Linardi M. Electro-oxidation of ethanol using PtRu/C electrocatalysts prepared by alcohol-reduction process. Journal of Power Sources, 2004, 137 (1): 17-23.

[54] Zhou WJ, Zhou B, Li WZ, et al. Performance comparison of low-temperature direct alcohol fuel cells with different anode catalysts. Journal of Power Sources. 2004, 126 (1-2): 16-22.

[55] Vigier F, Coutanceau C, Hahn F, Belgsir EM, Lamy C. On the mechanism of ethanol electro-oxidation on Pt and PtSn catalysts: electrochemical and in situ IR reflectance spectroscopy studies. Journal of Electroanalytical Chemistry, 2004, 563 (1): 81-89.

[56] Du W, Yang G, Wong E, et al. Platinum-tin oxide core-shell catalysts for efficient electro-oxidation of ethanol. Journal of the American Chemical Society, 2014, 136 (31): 10862-10865.

[57] Gunji T, Tanabe T, Jeevagan AJ, et al. Facile route for the preparation of ordered intermetallic Pt_3Pb-PtPb core-shell nanoparticles and its enhanced activity for alkaline methanol and ethanol oxidation. Journal of Power Sources, 2015, 273: 990-998.

[58] Huang M, Wu W, Wu C, Guan L. Pt_2SnCu nanoalloy with surface enrichment of Pt defects and SnO_2 for highly efficient electrooxidation of ethanol. Journal of Materials Chemistry A, 2015, 3 (9): 4777-4781.

[59] Gao H, Liao S, Liang Z, Liang H, Luo F. Anodic oxidation of ethanol on core-shell structured Ru@PtPd/C catalyst in alkaline media. Journal of Power Sources, 2011, 196 (15): 6138-6143.

[60] Almeida TS, van Wassen AR, VanDover RB, de Andrade AR, Abruña HD. Combinatorial PtSnM (M = Fe, Ni, Ru and Pd) nanoparticle catalyst library toward ethanol electrooxidation. Journal of Power Sources, 2015, 284: 623-630.

[61] Li M, Cullen DA, Sasaki K, Marinkovic NS, More K, Adzic RR. Ternary electrocatalysts for oxidizing ethanol to carbon dioxide: making ir capable of splitting C—C bond. Journal of the American Chemical Society, 2013, 135 (1): 132-141.

[62] de Souza EA, Giz MJ, Camara GA, Antolini E, Passos RR. Ethanol electro-oxidation on partially alloyed Pt-Sn-Rh/C catalysts. Electrochimica Acta, 2014, 147: 483-489.

[63] Kowal A, Li M, Shao M, et al. Ternary Pt/Rh/SnO_2 electrocatalysts for oxidizing ethanol to CO_2. Nature Materials, 2009, 8 (4): 325-330.

[64] Shen S, Zhao TS, Xu J, Li Y. High performance of a carbon supported ternary PdIrNi catalyst for ethanol electro-oxidation in anion-exchange membrane direct ethanol fuel cells. Energy & Environmental Science, 2011, 4 (4): 1428.

[65] Huang M, Dong G, Wang N, Xu J, Guan L. Highly dispersive Pt atoms on the surface of RuNi nanoparticles with remarkably enhanced catalytic performance for ethanol oxidation. Energy & Environmental Science, 2011, 4 (11):

4513.
[66] Ma J, Wang J, Zhang G, et al. Deoxyribonucleic acid-directed growth of well dispersed nickel-palladium-platinum nanoclusters on graphene as an efficient catalyst for ethanol electrooxidation. Journal of Power Sources, 2015, 278: 43-49.
[67] Wang Y, Shi FF, Yang YY, Cai WB. Carbon supported Pd-Ni-P nanoalloy as an efficient catalyst for ethanol electro-oxidation in alkaline media. Journal of Power Sources, 2013, 243: 369-373.
[68] Li G, Feng L, Chang J, et al. Activity of platinum/carbon and palladium/carbon catalysts promoted by Ni_2P in direct ethanol fuel cells. ChemSusChem, 2014, 7 (12): 3374-3381.
[69] Wang Z, Du Y, Zhang F, Zheng Z, Zhang Y, Wang C. High electrocatalytic activity of non-noble Ni-Co/graphene catalyst for direct ethanol fuel cells. Journal of Solid State Electrochemistry, 2012, 17 (1): 99-107.
[70] Zhan J, Cai M, Zhang C, Wang C. Synthesis of mesoporous $NiCo_2O_4$ fibers and their electrocatalytic activity on direct oxidation of ethanol in alkaline media. Electrochimica Acta, 2015, 154: 70-76.
[71] Barakat NAM, Motlak M, Elzatahry AA, Khalil KA, Abdelghani EAM. Ni_xCo_{1-x} alloy nanoparticle-doped carbon nanofibers as effective non-precious catalyst for ethanol oxidation. International Journal of Hydrogen Energy, 2014, 39 (1): 305-316.
[72] Bredol M, Kaczmarek M, Wiemhöfer H D. Electrocatalytic activity of ZnS nanoparticles in direct ethanol fuel cells. Journal of Power Sources, 2014, 255: 260-265.
[73] Alexey Serov CK. Recent achievements in direct ethylene glycol fuel cells (DEGFC). Applied Catalysis B: Environmental, 2010, 97: 1-12.
[74] Lima R D, Paganin V, Iwasita T, et al. On the electrocatalysis of ethylene glycol oxidation. Electrochimica Acta, 2004, 49(1): 85-91.
[75] Raghuram Chetty KS. Catalysed titanium mesh electrodes for ethylene glycol fuel cells. J Appl Electrochem, 2007, 37: 1077-1084.
[76] Matsuoka M, Inaba M, Iriyama Y, et al. Anodic oxidation of polihydric alcohols on a Pt electrode in alkaline solution. Fuel Cells, 2002, 2: 35-39.
[77] Ramanujam Kannan ARK, Kee Suk Nahm, Hong-Ki Leed, Dong Jin Yoo. Synchronized synthesis of Pd@C-RGO carbocatalyst for improved anode and cathode performance for direct ethylene glycol fuel cell. Chem Commun, 2014, 50: 14623-14626.
[78] Peled VL E, Duvdevani T. High-power direct ethylene glycol fuel cell (DEGFC) based on nanoporous proton-conducting membrane (NP-PCM). Journal of Power Sources, 2002, 106: 245-248.
[79] Livshits V, Philosoph M, Peled E. Direct ethylene glycol fuel-cell stack: study of oxidation intermediate products. Journal of Power Sources, 2008, 178: 687-691.
[80] Neto A O, Vasconcelos T R R, Silva R W R V D, et al. Electro-oxidation of ethylene glycol on PtRu/C and PtSn/C electrocatalysts prepared by alcohol-reduction process. Journal of Applied Electrochemistry, 2005, 35(2): 193-198.
[81] Neto A O, Linardi M, Spinacé E V. Electro-oxidation of ethylene glycol on PtSn/C and PtSnNi/C electrocatalysts. Ionics, 2006, 12(4): 309-313.
[82] Wang J, Wasmus S, Savinell R F. Evaluation of ethanol, 1-propanol, and 2-propanol in a direct oxidation polymer-electrolyte fuel cell. Journal of the Electrochemical Society, 1995, 142(12): 4218-4224.
[83] Ye J, Liu J, Xu C, et al. Electrooxidation of 2-propanol on Pt, Pd and Au in alkaline medium. Electrochemistry Communications, 2007, 9: 2760-2763.
[84] Xu C, Tian Z, Chen Z, Jiang SP. Pd/C promoted by Au for 2-propanol electrooxidation in alkaline media. Electrochemistry Communications, 2008, 10: 246-249.
[85] Anis A, Al-Zahrani S M, Aleem F A A E. Optimization of direct 2-propanol fuel cell

performance using statistical design of experiments approach. International Journal of Electrochemical Science, 2012, 7(7): 6221-6233.

[86] Cao D, Bergens SH. A direct 2-propanol polymer electrolyte fuel cell. Journal of Power Sources, 2003, 124: 12-17.

[87] Habibi E, Bidad E, Feizbakhsh A, et al. Comparative electrooxidation of C1 ~ C4, alcohols on Pd|CC nanoparticle anode catalyst in alkaline medium. International Journal of Hydrogen Energy, 2014, 39(32): 18416-18423.

[88] Zhang Z, Xin L, Li W. Supported gold nanoparticles as anode catalyst for anion-exchange membrane-direct glycerol fuel cell (AEM-DGFC). International Journal of Hydrogen Energy, 2012, 37: 9393-9401.

[89] Han X, Chadderdon D J, Ji Q, et al. Numerical analysis of anion-exchange membrane direct glycerol fuel cells under steady state and dynamic operations, 2014, 39 19767-19779.

[90] Qi Z, Kaufman A. Electrochemical oxidation of 1-methoxy-2-propanol in direct liquid fuel cells. Journal of Power Sources, 2002, 110: 65-72.

[91] Chen Shengli, Schell Mark Excitability and multistability in the electrochemical oxidation of primary alcohols. Electrochimica Acta, 2000, 45: 3069-3080.

[92] Habibi B, Dadashpour E. Electrooxidation of 2-propanol and 2-butanol on the Pt-Ni alloy nanoparticles in acidic media. Electrochimica Acta, 2013, 88: 157-164.

[93] Mukherjee P, Bhattacharya S K. Anodic oxidation of butan-1-ol on Pd and Pt electrodes in alkaline medium. J Appl Electrochem, 2014, 44: 857-866.

[94] Taksande P, Kongre DSC. Performance analysis of higher alcohol/gasoline blends as a fuel in 4-stroke SI engine. Journal of Mechanical and Civil Engineering, 2013, 9: 15-16.

[95] Yáñez C, Gutiérrez C, Ureta-Zañartu M S. Electrooxidation of primary alcohols on smooth and electrodeposited platinum in acidic solution. Journal of Electroanalytical Chemistry, 2003, 541(2): 39-49.

NANOMATERIALS

电催化纳米材料

Chapter 5

第5章
锂-空气电池碳基催化剂纳米材料

张新波
中国科学院长春应用化学研究所

为了解决因使用化石能源而带来的一系列问题，发展清洁能源（如水电、太阳能、风能等）已经成为实现社会可持续发展的重要课题。但清洁能源的大规模应用受到了地域性的限制。如何将能源储存以便所需时使用已成为关键的课题，研发高效储能设备可以有效地解决这一难题。其中，作为一种新兴的高效储能设备，锂-空气电池因具有极高的理论能量密度近年来成为国内外研究的热点。然而，当前锂-空气电池的能量转换效率低，循环稳定性差，这些问题限制了其在实际中的应用。大量的研究结果表明，通过开发高效的电催化剂并构筑合理的微结构正极，可以显著地提高锂-空气电池的综合性能。碳基材料因具有较高的电导率、良好的催化活性及电化学稳定性等特点而成为锂-空气电池的主要正极材料。本章首先概述了锂-空气电池近年来的发展状况，并从材料的合成与制备、电化学性能的测试与电化学机理的分析三个方面重点介绍了三种类型的碳基电催化材料在锂-空气电池中的应用：① 碳电催化纳米材料；② 碳载金属/金属氧化物复合电催化纳米材料；③ 杂原子掺杂碳基电催化纳米材料。最后，展望了碳基电催化在锂-空气电池中的应用前景。

5.1 概述

5.1.1 锂-空气电池发展背景

当前世界的能源结构以化石能源为主，化石能源在较长时期内仍是人类生存和发展的能源基础。但化石能源的不可再生性和因使用化石能源造成的环境污染等问题制约了社会的可持续发展[1]。为此，有效地利用水电、太阳能及风能等清洁能源成为推动社会可持续发展的当务之急。然而，这些清洁能源在社会中的应用受到地域性的限制，如何方便有效地实现这些清洁能源的存储与利用，成为社会发展的重中之重。化学电源作为一种高效的储能设备，因其可重复利用、使用便利等特点，已成为社会发展不可或缺的一部分，并在民用、军用等各个领域均得到了广泛的应用。

在所有的化学电源中，锂离子电池因具有高安全性、可观的可逆容量及长循环稳定性等优点而被广泛地应用于便携式电子产品、汽车、航空航天等行业。然而受到电极材料理论比容量的限制，锂离子电池的理论能量密度较低，不能满足日益增长的社会生活需求。相比锂离子电池，金属-空气电池因具有较高的理论能量密度而受到人们的日益关注。根据负极所用金属的种类，目前所使用的空气电池可以分为锂-空气电池、锌-空气电池、镁-空气电池和铝-空气电池。相比其他三种金属负极，金属锂具有最低的标准电位（–3.01V），最高的理论比容量（$3861mA \cdot h \cdot g^{-1}$）与最小的密度（$0.53g \cdot cm^{-3}$）[2]。因此锂-空气电池在这四种金属-空气电池中具有最高的理论能量密度，其数值高达$11680W \cdot h \cdot kg^{-1}$，接近汽油的能量密度（$13000W \cdot h \cdot kg^{-1}$）[1]。由此可见，锂-空气电池是一种高效的储能设备。锂-空气电池技术的发展有利于促进社会的可持续发展。

锂-空气电池由Littauer和Tsai[3]于1976年首次提出。该电池以金属锂为负极，水作为溶剂，氧气作为正极活性物质。由于该电池构造无法避免金属锂与水发生反应，因此在20世纪80年代锂-空气电池相关的研究很少。1996年，Abraham等首次报道了有机体系的锂-空气电池并且证明了电池的放电产物是Li_2O_2[4]。而且，该电池的能量密度高达250～$350W \cdot h \cdot kg^{-1}$，远高于常规的锂离子电池体系。2006年，Bruce课题组发现在有机电解液锂-空气电池体系中，Li_2O_2的生成与分解是实现电池可逆循环的前提，并且实现了50余次的循环[5]。随后，各国科研工作者对锂-空气电池展开了大量的研究，并取得了一系列的进展。本章内容将简要介绍碳基电催化纳米材料在锂-空气电池领域中的应用。

5.1.2
锂－空气电池的工作原理和分类

目前研究的锂-空气电池主要由负极锂片、多孔氧气扩散正极和电解液组成。根据电解液溶剂的种类，锂-空气电池可分为有机体系、水溶液体系、有机-水混合体系和全固态体系四种[6]。

（1）有机体系

有机体系锂-空气电池的组成和工作原理如图5.1所示。它由金属锂负极、有机电解液和多孔空气正极组成。在放电过程中，金属锂负极失去电子变成Li^+并通

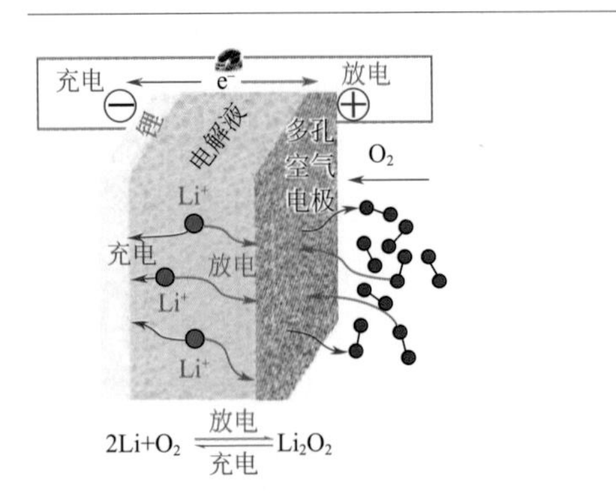

图5.1 锂－空气电池的组成和工作原理示意图

过电解液的传导到达多孔正极。同时，在多孔空气电极上，氧气在催化剂的还原作用下生成O_2^-，并与电解液中的Li^+结合产生Li_2O_2。在充电过程中，在正极表面上沉积的Li_2O_2被氧化，释放出O_2和Li^+，Li^+在负极表面上被还原成金属Li。

（2）水溶液体系

水系锂-空气电池是由负极金属锂、锂离子传导缓冲层（PEO_{18}，LiTFSI）、锂离子传导玻璃陶瓷电解质（LTAP）和多孔正极组成。其中缓冲层的作用是减小金属锂和锂离子传热玻璃陶瓷电解质的接触电阻，并防止金属锂与锂离子传热玻璃陶瓷电解质发生反应。LTAP具有隔水隔氧的作用，将水系电解液与金属锂隔开，进而保护金属锂。水系电解液通常是由LiCl或LiAc溶解于酸性或碱性溶剂中形成。其中，发生的反应如下。

① 酸性：$4Li+O_2+4H^+ \rightleftharpoons 4Li^++2H_2O$ ($E^{\ominus}$=4.26V, vs.Li/Li^+)；

② 碱性：$4Li+O_2+2H_2O \rightleftharpoons 4LiOH$ ($E^{\ominus}$=3.43V, vs.Li/Li^+)。

（3）有机-水混合体系

有机-水混合体系锂-空气电池由负极金属锂、有机电解液、超级锂离子玻璃膜（LISICON）、水相电解液、空气电极组成。有机-水混合电解质体系中发生的反应根据电解液的酸碱性可以分为：

① 酸性：$4Li+O_2+4H^+ \rightleftharpoons 4Li^++2H_2O$ ($E^{\ominus}$=4.26V, vs.Li/Li^+)；

② 碱性：$4Li+O_2+2H_2O \rightleftharpoons 4LiOH$ ($E^{\ominus}$=3.43V, vs.Li/Li^+)。

通过反应可知，放电产物具有很好的溶解性，因此不存在电极阻塞的问题。为了防止有机-水混合锂-空气电池中负极金属锂和水、CO_2之间的反应，寻找能够同时与水相和有机相均有较好相容性的隔膜成为本领域的关键问题。用于混合锂-空气电池的理想隔膜应具备以下特点：① 具有高的机械强度；② 与有机系和水系电解液具有较好的相容性；③ 具有良好的Li^+导通性；④ 能够有效地阻止水和CO_2的通过。

（4）全固态体系

全固态锂-空气电池由Kumar等首次提出，正极是碳与玻璃纤维粉末的复合物，负极是金属锂，电解液是由两种聚合物和玻璃纤维膜构成的固态电解液。与有机电解液相比，固态电解液具有多方面的优点：① 固态电解液具有较宽的电化学窗口；② 固态电解液不易燃，提高了电池的安全性。但全固态锂-空气电池也有局限性。一方面，全固态锂-空气电池对温度的依赖性强。温度对电池的导电性和充放电过程的动力学都有重大的影响，升高温度可以有效地改善倍率性能和减小电极反应过电位，但也会加剧副反应的发生。另一方面，界面接触电阻比较大，进而限制其性能的提高。与此同时，放电产物和正极碳材料反应产生的Li_2CO_3也会增加电池整体电阻，不利于电池性能的提高。针对这一问题，Kitaura和Zhou等在Kumar提出的全固态锂-空气电池的基础上，进一步发展了全固态锂-空气电池[7]。他们在正极和玻璃纤维膜之间没有使用聚合物电解液，而是使用热压的方法使二者结合起来，这种方法不仅有效地减小了界面电阻，而且优化了电池的性能。

5.1.3
锂–空气电池的基本组成及关键材料

目前，绝大多数的锂-空气电池的研究都是以有机体系锂-空气电池为主要对象，以下章节的内容将围绕在有机体系锂-空气电池展开的研究进行介绍。若无特别说明，以下内容提到的锂-空气电池都是有机体系锂-空气电池。锂-空气电池的材料对其性能有着重要的影响。锂-空气电池一般由负极、隔膜、有机电解液和多孔正极组成。另外还包括其他辅助部件，如垫片、电池壳等。

（1）负极

目前，关于锂-空气电池展开的研究绝大多数以金属锂片为负极材料。

（2）隔膜

隔膜是锂-空气电池的重要组成材料之一，在电池内部起着隔离正负电极、保持两电极之间具有良好的离子通道等作用，并对锂空气电池的性能具有一定的影响。锂-空气电池中隔膜材料应该满足以下要求：① 绝缘性，膜应是电子的良好绝缘体，避免正负极之间的接触；② 离子通过能力，隔膜应具有均匀的孔径范围和孔隙率，以确保电池在充放电过程中，Li^+在正负极之间能顺利地传输；③ 化学和热稳定性，隔膜在电解质溶液中应具有良好的化学稳定性和热稳定性，耐电解质溶液的腐蚀，而且不产生膨胀现象；④ 力学性能，隔膜应具有一定机械强度，不会因电极材料的挤压而破裂；⑤ 与电解质的作用，隔膜应易被电解液湿润，不膨胀。目前，应用在锂-空气电池的研究中的隔膜主要是PP膜和玻璃纤维隔膜。

（3）电解液

电解液是锂-空气电池的主要组成之一，在电池内部起到传输反应物质（包括锂离子和氧气分子等）的作用。它包括溶剂和电解质两部分。电解液的溶解氧能力、氧扩散能力和给电子能力等对锂-空气电池的放电容量、倍率性能和循环稳定性等都有影响。理想的电解液溶剂应具有以下特点：① 对O^{2-}稳定，不与任何O_2还原态物质反应；② 化学窗口宽，能够承受较高的充电电压；③ 沸点高，氧溶解度高和黏度小，O_2和Li^+的扩散速率快。

（4）多孔空气正极

在锂-空气电池中，空气正极是影响锂-空气电池性能的一个关键因素。空气电极不仅提供了O_2的扩散通道同时还提供了反应界面，绝大部分的反应都发生在空气正极的表面[8]。经过研究发现，正极材料的种类和正极的形貌、比表面积以及导电性等因素对电池的性能有很大的影响。其中以ORR催化剂为例，人们通过提供有效的表面和适宜的孔结构，将活性组分负载于载体之上，可以使催化剂获得大的活性表面和适宜的孔结构。催化剂的宏观结构，如比表面积、孔结构、孔隙率、孔径分布等，对催化剂的活性会有很大的影响。在锂-空气电池的体系中，生成的Li_2O_2会沉积在正极表面，从而钝化活性位，影响传质过程，最终降低ORR催化剂的催化活性。目前锂-空气电池正极用材料分为以下3种类型：碳材料；贵金属及合金；金属氧化物材料。以下内容中将围绕碳基材料在锂-空气电池中的应用展开讨论。

5.2 碳电催化纳米材料

碳材料因其良好的电导率、高的比表面积和化学稳定性在燃料电池、锂离子电池等领域里被用作催化剂的载体、导电黏结剂和电极材料等。近几年，受益于这些良好的性质，碳材料也被广泛地用作锂-空气电池的正极材料。以下将简略地介绍各种纯碳电催化纳米材料的分类、电化学性能及其在锂-空气电池中的反应机理。

5.2.1
分类及电化学性能

5.2.1.1
零维碳材料

早期锂-空气电池的正极材料主要以商业碳材料为主，包括SuperP、科琴黑（Ketjen black，KB）、活性炭（activated carbon）等，它们具有良好的导电性。科琴黑有两种型号：EC600JD和EC300JD，其中EC600JD型号的科琴黑在锂-空气电池中的应用比较广泛。相比其他种类的商业碳材料，KB碳具有比较均匀的孔径分布和较高的孔体积。当KB碳浸泡在电解液中时，会吸收大量的电解液，体积发生明显的膨胀（>100%）。巨大膨胀的电极会提供额外的三相界面促进$Li\text{-}O_2$反应的发生，同时也会提供额外的体积储存放电产物，因而基于KB碳正极的锂-空气电池比基于其他商业碳材料的锂-空气电池具有更大的放电比容量。然而，相比其他商业碳材料构筑的正极，纯KB碳材料正极的循环性能比较差[9]。相比之下，商业Super P的比表面积相对较低，只有$62m^2 \cdot g^{-1}$，但它具有较高的放电比容量和较好的循环稳定性。B. Scrosati和Y. K. Sun课题组用Super P碳做正极材料，在$1A \cdot g^{-1}$的电流密度下，首次突破了100余次的放电充电循环。在$500mA \cdot g^{-1}$的电流密度和$5000mA \cdot h \cdot g^{-1}$放电比容量的条件下，该锂-空气电池可以循环30余次，是锂-空气电池领域的巨大突破。该成果于2012年发表在“Nature Chemistry”期刊上并引起了人们广泛的关注[10]。

尽管利用商业碳材料制备电极的工艺简单，但是，受到它们较差氧还原（oxygen reduction reaction，ORR）和氧析出（oxygen evolution reaction，OER）活性的限制，基于商业碳材料的锂-空气电池的能量转换效率低，倍率性能和循环稳定性差。所以，目前在锂-空气电池的研究领域中，各种商业碳材料主要被用作正极导电剂或者催化剂的载体等。

5.2.1.2
一维碳材料

一维碳纳米材料是一类重要的碳纳米材料。一维碳纳米材料拥有优异的电学、磁学和光学性质，在电子器件、传感器和环境保护等领域有良好的应用前景。常见的一维碳纳米材料有碳纳米管（CNTs）、碳纳米纤维（CNFs）、碳纳米卷等。

其中，碳纳米管和碳纳米纤维具有良好的导电性、较大的比表面积和良好的化学稳定性，是理想的锂-空气电池正极材料。下面主要介绍碳纳米管和碳纳米纤维在锂-空气电池中的应用。

（1）碳纳米管

碳纳米管的制备有许多种方法，常用的方法有电弧放电法、催化热解法和激光蒸发法。相比其他两种制备方法，催化热解法由于具有反应过程易于控制、设备简单、生长温度相对较低、产品纯度高等优点，因而被广泛应用于碳纳米管的制备。催化热解法是通过热解有机物碳源产生碳原子，在催化剂颗粒上催化生长碳纳米管。催化剂一般使用过渡金属元素Fe、Co、Ni或其组合，有时也添加稀土等其他元素及化合物。

根据目前的研究报道，构筑正极的碳材料的种类会对空气正极的性能产生较大的影响。同时，在碳材料种类相同的情况下，构筑碳正极的方式也会对空气正极的性能产生较大的影响。正极的构筑方式决定了电极中碳材料真正裸露在外的表面积、气体扩散孔道的大小及其电极的整体电导性等。正极的构筑方式还会影响放电产物在正极表面的覆盖和分布状态，影响产物与正极材料的有效接触等微观状态并影响电池的整体性能。

以构筑碳纳米管电极为例，目前主要的方法有混浆法和独立支撑法。混浆法制备碳纳米管电极的步骤是将纯碳纳米管和导电黏结剂（聚偏氟乙烯）按一定的质量分数（通常是80%的纯碳纳米管，20%的导电黏结剂）混合并加入分散剂甲基吡咯烷酮（NMP）研磨制浆。将制备的浆料均匀地涂覆在导电集流体（例如碳纸或泡沫镍）上，然后将制备的正极片烘干。虽然步骤简单，成本较低，但是由混浆法制备的碳纳米管正极存在以下缺点。

① 碳纳米管被黏结剂粘在一起发生了团聚，致使反应物不能在正极的孔道内进行有效传输，影响了锂-空气电池的倍率性能。同时团聚的碳纳米管粉末无法为放电过程中生成的Li_2O_2提供充足的存储空间，不利于提升锂-空气电池的容量性能。

② 碳纳米管通过聚合物黏结剂和集流体相连，然而聚合物的导电性差，阻碍了电子在集流体与碳纳米管之间的传输，从而增加了正极的内阻并降低了锂-空气电池的过电位。

③ 在锂-空气电池工作过程中，会产生强氧化性的反应中间体例如超氧根离子（O^{2-}）或超氧化锂（LiO_2）等，聚合物黏结剂会被氧化分解生成LiOH等副产物，从而钝化正极表面活性点位，恶化锂-空气电池性能[11]。

相比混浆法制备的碳纳米管正极，独立自支撑法制备正极的优势在于：

① 制备的正极因不使用黏结剂从而避免了碳纳米管之间的团聚，有利于离子和氧分子的输运，进而有利于提升锂-空气电池的倍率性能等。同时，在制备正极的过程中可以调控正极的形貌从而为过氧化锂的沉积提供充足的空间。

② 碳纳米管与集流体直接相连，有利于电子在碳纳米管与集流体之间的传输，提高正极的导电性。

③ 制备的正极不含黏结剂，因此避免了因黏结剂分解而产生的问题。

综上所述，独立自支撑法制备正极是一种理想的制备碳纳米管正极的方法。例如，文献[12]利用悬浮催化剂的方法制备了由碳纳米管相互贯穿组成的正极。这种一体化无黏结剂碳纳米管正极具有丰富的孔道结构，有利于锂离子和氧气在电池放电和充电过程中的传输，同时为过氧化锂的沉积提供了充足的空间。基于该空气正极的锂-空气电池在250mA·g^{-1}的电流密度及1000mA·h·g^{-1}比容量的条件下实现了50次的放电充电循环。

2013年韩国的Kisuk Kang 课题组将制备的网状碳纳米管纤维垂直正交放置在不锈钢网基体上，制成了独立支撑的碳纳米管正极[13]。图5.2为碳纳米管正极的扫描电镜图。通过图5.2可知该碳纳米管看上去像是一张网，能够看到明显的孔隙，“网线”由约17.6nm 粗的碳纤维组成，整体的孔道结构非常均匀。通过控制孔隙率，能够有效地控制产物的形成过程，防止孔道结构堵塞，使氧气和锂离子源源不断地进入空气电极的内部。该空气正极的倍率性能具有很大的优势，在1000mA·g^{-1}的电流密度下限制容量能稳定循环80次。为了更有力地证明可控的正极结构对锂-空气电池性能的重要性，该课题组用混浆法构筑了碳纳米管粉末正极作为对照组。

图5.3为碳纳米管纤维一体化正极和利用碳纳米管粉末作为正极的第一次放电扫描电镜图片。由图5.3（a）可知放电产物均匀地覆盖在正极表面，并且为氧气和锂离子向正极内部扩散提供了畅通的通道，有利于为生成放电产物提供更多的活性位点进而提高了锂-空气电池的循环稳定性。由图5.3（b）可知，放电产物覆盖在由混浆法制备的空气正极的外表面并完全堵塞了正极孔道，阻

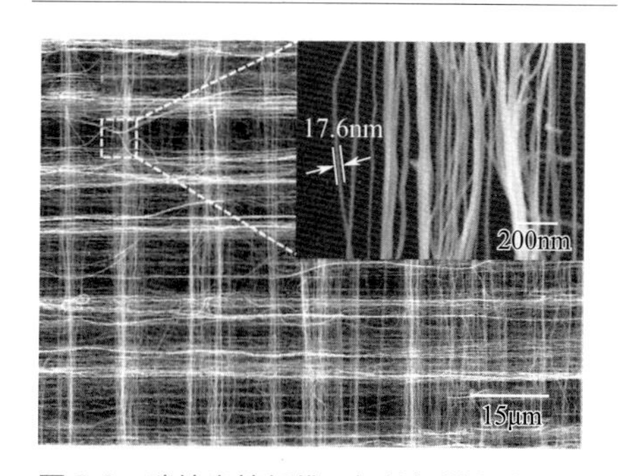

图5.2　碳纳米管纤维正极的扫描电镜图

止了锂离子和氧气向正极内部的扩散，最终导致锂-空气电池循环稳定性的退化。

图5.4（a）和（b）分别是基于一体化碳纳米管和碳纳米管粉末正极的锂-空气电池在2000mA·g^{-1}的电流密度及2.0～4.7V的截止电压下的放电/充电性能。由图可知，基于一体化碳纳米管正极的锂-空气电池在自由循环20次之后依然有2500mA·h·g^{-1}的比容量，而基于碳纳米管粉末正极的锂-空气电池只能循环了几圈而且放电容量随着循环发生了严重的衰减，其性能远远低于基于一体化碳纳米管正极的锂-空气电池的性能。这有力地说明了独立支撑法是一种构筑正极的有效方法。

（2）碳纳米纤维（CNFs）

作为一维碳纳米材料中的一员，碳纳米纤维也具有一系列优异的特性，例如，高的比表面积，较好的导电性、导热性和化学稳定性等，也是一种理想的锂-空

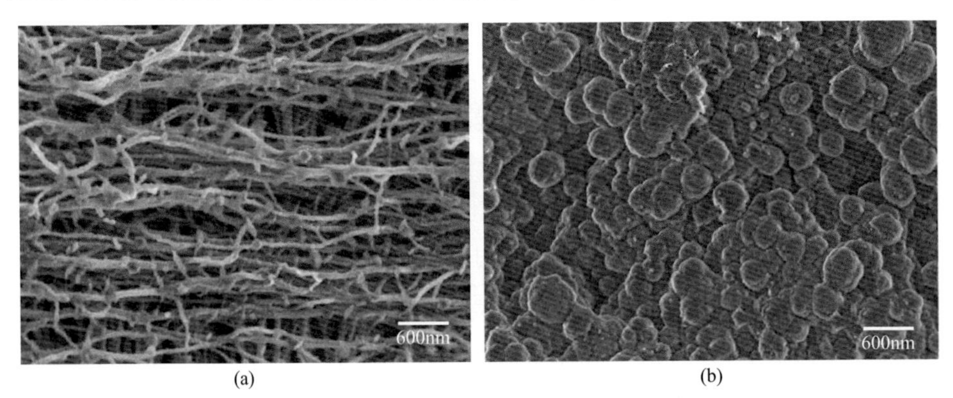

图5.3 （a）一体化碳纳米管正极和（b）碳纳米管粉末正极的第一次放电的扫描电镜图片

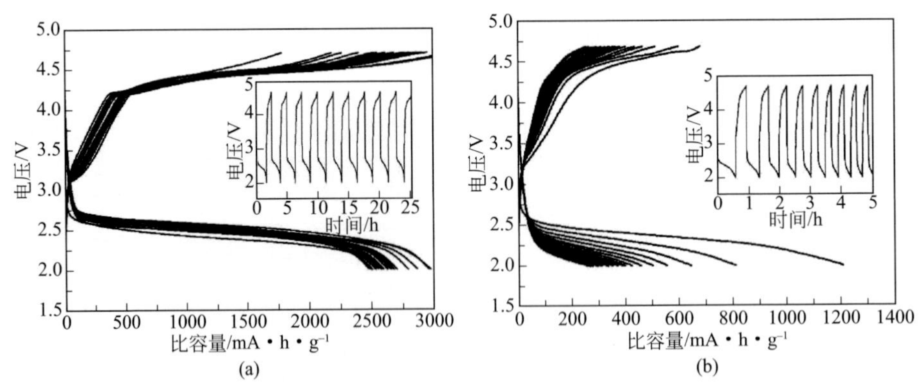

图5.4 （a）基于一体化碳纳米管和（b）碳纳米管粉末正极的锂-空气电池在2000mA·g^{-1}的电流密度及2.0～4.7V的截止电压下的放电/充电性能

气正极材料。文献[14]利用CVD法在处理过的多孔氧化铝基底上生长了垂直定向的碳纳米纤维，并将其直接用作空气正极。在锂-空气电池放电过程中，正极高孔隙率的线毯状结构促进了锂离子和氧气在正极内部的扩散以及放电产物Li_2O_2在碳纳米纤维上的沉积，从而有效地提高了电极的质量比能量。最终，该正极实现了2500W·h·kg^{-1}的能量密度，是当时最先进的锂离子嵌层正极例如$LiCoO_2$（600W·h·kg^{-1}）正极能量密度的4倍。

目前碳纳米纤维的制备方法有很多，主要包括化学气相沉积法、静电纺丝法和固相合成法等。

① 化学气相沉积（CVD）法。CVD法是利用廉价的烃类作原料，在一定的温度（500～1000℃）下，使烃类在金属催化剂上进行热分解来合成碳纳米纤维的方法。其中，按催化剂加入或存在的方式，可将热化学气相沉积法分为基体法、喷淋法和气相流动催化法。

② 固相合成法。固相合成法作为一种新型的制备方法，引起了较多科研工作者的关注。该方法不同于以往单一的使用气态或液态碳源的合成方法，而是采用固相碳源作为原料制备出碳纳米纤维，故名固相合成法。

③ 静电纺丝法。静电纺丝法是一种制备碳纳米纤维的新方法。静电纺丝的工作原理是，首先将聚合物溶液或熔体带上数千伏静电，带电的聚合物在电场的作用下在纺丝口形成泰勒（Taylor）锥。当电场力克服纺丝液内部张力时，泰勒锥体被牵伸，且做加速运动，运动的射流被逐渐牵伸变细。由于其运动速率极快，而使得最终沉积在收集板上的纤维呈纳米级，形成类似非织造布的纤维毡。纤维毡经过空气中的预氧化处理和高温炭化处理之后最终变成碳纳米纤维。静电纺丝是一种对高分子溶液或熔体施加高压进行纺丝的方法。与其他纳米纤维制造方法相比较，静电纺丝法具备如下优点：静电纺丝通常用的电压在数千伏以上，而所用电流很小，因而能量消耗少；可以直接制造纳米纤维非织造布。采用静电纺丝法，纳米纤维按二维扩张的形式即可制成。

5.2.1.3
二维碳材料

石墨烯是一种由单层六角原胞碳原子组成的蜂窝状二维晶体。其中每个碳原子均以sp^2杂化并将剩余的p轨道上的电子形成离域大π键，π电子可以自由移动，这赋予了石墨烯良好的导电性。同时石墨烯具有较大的比表面积以及良好的热和化学稳定性，是一种理想的锂-空气电池用的碳催化材料。目前，石墨烯制备的主要方法有机械剥离法、晶体外延生长法、化学气相沉积法、氧化法、碳纳米管剖开法等。其中，氧化法（Hummers method）是指把天然石墨与强酸或强氧化性物质反应生成氧化石墨（GO），经过超声分散制备成氧化石墨烯（单层氧化石墨）。该制备方法成本低、产率高、工艺简单易行，因而成为实验室制备石墨烯的最简便的方法。利用上述几种方法制备的石墨烯具有带状或片状的微观形貌，而且含有丰富的孔隙，有利于电解液浸润正极表面并有效地增加反应的三相界面（正极-电解液-氧气），从而表现出许多优于其他碳材料的性能，例如较大的放电比容量[15,16]。但是在电池放电过程中，放电产物Li_2O_2在空气正极上的堆积会堵塞孔道，从而减缓甚至终止传质的发生，恶化锂-空气电池的性能。通过调控石墨烯空气正极的空间结构，可以有效地解决这个问题。

文献[17]构筑了具有多级孔道结构的石墨烯空气正极。图5.5为石墨烯正极的扫描电镜图片。由图可知，石墨烯正极上大孔的孔壁上附着许多尺寸较小的孔，两者之间有良好的内部连通特性。在放电过程中尺寸较大的孔可以为氧提供快速传输的通道，尺寸较小的孔主要由大量的相互连通的微孔和介孔组成，因而可以为氧气传输至正极内部提供通畅的扩散通道，为生成过氧化锂提供充足的反应位点，还可以为氧还原反应提供充足的三相界面。与此同时，石墨烯正极表面的缺陷和官能团可促进孤立Li_2O_2纳米颗粒的形成，从而有效地避免了空气正极的堵塞。最终，这种“破鸡蛋壳”的空气正极实现了15000mA·h·g^{-1}的放电比容量。

然而，利用混浆法制备的正极含有聚合物黏结剂，黏结剂会增加电极的电阻。同时，在黏结剂的作用下，活性物质的团聚会降低传质速率。为此，文献[18]首次提出了石墨烯一体化空气电极的概念，成功地利用泡沫镍基体构筑了自支撑三维多孔石墨烯（FHPC）空气电极。图5.6是石墨烯一体化空气电极的扫描电镜图片。由图可知，多孔的碳颗粒呈现出片状的形貌。这些多孔的碳片堆积松散，而且大致与泡沫镍基体表面垂直排列，从而形成了独立自支撑结构。而且整体正极含有丰富的大尺寸的相互连通的通道。在放电过程中，这些通道促进了氧气和锂离子到正极内部

图5.5　石墨烯正极的扫描电镜图片

的传输而且为过氧化锂的沉积提供了充足的空间。受益于这种先进的结构，这种气体扩散正极展现出优异的容量特性（11060mA·h·g^{-1}，电流密度为0.2mA·cm^{-2}、280mA·g^{-1}）并且具有良好的倍率性能（2020mA·h·g^{-1}，电流密度为2mA·cm^{-2}、2800mA·g^{-1}）。另外，此复合空气正极一次成型，克服了传统电极活性物质附着性差和添加黏结剂之后导电性差的缺点，提高了电池的可靠性和性能均一性。其他制备独立自支撑正极的方法，例如化学气相沉积法[19,20]、石墨烯抽滤法[21]和电化学发酵法[22]等在锂-空气电池领域中也具有很好的应用前景。

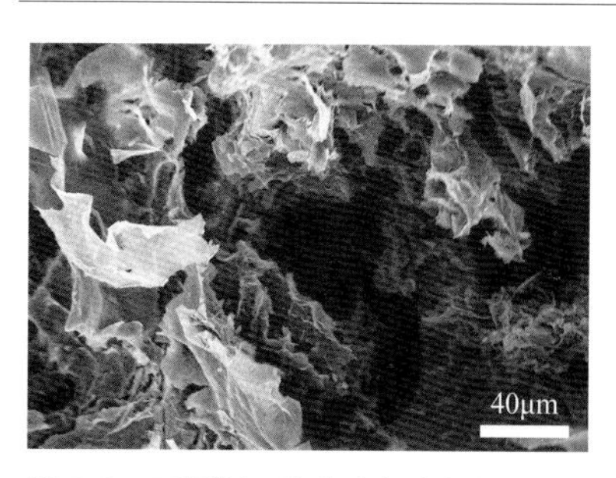

图5.6 石墨烯一体化空气电极的扫描电镜图

5.2.2 在锂-空气电池中的反应机理

碳材料由于具有多孔性、价格低廉、电导率高和化学稳定性良好等特点，而被选作空气电极的主体。它不仅仅是催化剂的载体，本身也具有一定的催化活性。良好的锂-空气电池的性能对碳材料的比表面积、孔容、孔径分布均有一定的要求。Cheng等[23,24]研究了碳材料的比表面积与比能量之间的关系，发现高的比表面积有利于获得高的比能量。但并不是所有的高比表面积的碳材料都具有很好的放电性能，更重要的是孔径。如果碳材料的孔径太小，那么孔很容易被电解液浸没，孔的内侧无法被利用，能够参与氧还原的比表面积比例较低。例如Super P的比表面积虽然比较低，但其具有合适的孔隙尺寸，活性比表面积较大，放电性能优于其他碳材料。J.G.Zhang等[25]研究了不同孔径的碳材料的电池性能，表明放电容量随着平均孔径和孔容积的增大而增加。其中以KB碳材料为空气电极的锂-空气电池具有最高的比能量。这是因为KB碳具有一定的体积膨胀能力，电极孔隙表面、电解液和氧气构成的三相界面的总面积较大，能够容纳较多的放电产物。此外，碳的孔径分布对电池性能的影响也很大。碳内部的孔道结构主要由微孔（2nm以下）、介孔（2～50nm）及大孔（50nm以上）组成。微孔和小孔径介孔具有较大的氧还原活性比表面积，放电产物优先在其表面上进行沉积，而大孔径介孔与大孔则共同构成了氧在碳孔结构中传输的主孔道，对氧向微孔的传输影响显著。放电初始，依附在主孔道的微孔含氧量较高，反应产物主要利用其表面进行沉积，导致主孔道的尺寸随着反应的进行而逐渐变窄，最终堵塞电极，电池放电终止。对于以微孔为主、主孔道数目相对有限的多孔结构碳材料，由于主孔道较早被堵塞，位于主孔道深处的微孔难以与氧接触，反应场所得不到充分利用，从而限制了正极放电比容量的提高；而对于以主孔道为主、小孔径介孔和微孔数目有限的碳材料，虽然氧气的自由扩散比较容易，但缺少可供反应的场所，因此正极的孔道利用率较低，相应空气电极的放电性能也难以提高。因此，在尽量保持高比表面积的情况下，具有相对最优孔径分布的碳材料既能充分容纳放电产物，又能保证氧气和锂离子的自由传输，使氧还原反应得以持续进行，从而使空气电极能够表现出良好的放电性能。

锂-空气电池在放电过程中生成的中间体（O_2^-或LiO_2）和放电产物Li_2O_2具有较强的氧化性，因此它们可以将与其接触的碳材料氧化生成Li_2CO_3[26,27]。Li_2CO_3是一种绝缘体，价带宽度是8.8eV，Li_2O_2的价带宽度是4.9eV，Li_2CO_3的导电性比Li_2O_2的导电性差且难分解[28]。当其覆盖在正极表面上的时候，会覆盖在活性点位上，钝化空气正极，阻碍反应物质在锂-空气电池中的传输。B.D.McCloskey等利用理论电荷传质模型表明，位于C-Li_2O_2界面的碳酸锂会增加阻抗并将交换电流密度降低至原来的1/100 ～ 1/10，从而增加了充电过电势。与此同时，在充电过程中，当充电电压大于3.5V的时候，位于C-Li_2O_2界面的碳材料也会被氧化生成大量的Li_2CO_3[29]。除此之外，碳材料的表面的缺陷位也会被氧化[30]。

5.3 碳载金属/金属氧化物复合电催化纳米材料

碳材料由于导电性好、易于造孔、成本低等优点而被广泛地用作锂-空气电池的正极材料。但是，纯碳电催化纳米材料的OER活性较低，氧析出过程电流密度偏小，过电位偏高，进而降低了锂-空气电池的能量转换效率。同时，当充电电压高于3.5V的时候，电解液和碳材料会被氧化，产生大量的副产物。而副产物在正极表面的堆积会进一步加大电极的极化，从而降低锂-空气电池的循环稳定性。大量的研究结果表明，催化剂的加入可以有效地降低锂-空气电池电极反应过电位，并提升电池的能量利用效率、容量，改善倍率性能及循环稳定性等。目前应用较为广泛的催化剂可以分为以下几类：贵金属及其合金、金属氧化物、金属氮化物等。虽然，这类催化剂材料具有良好的ORR/OER性能，但仍需要碳基材料作为催化剂的载体。碳基材料作为这些催化材料的载体作用主要体现在：有效地控制电催化剂的使用量，降低催化剂的成本；有效地控制电催化剂的晶粒粒径以提高活性比表面积，改善电催化剂在电极材料中的分散进而提高活性表面积，为反应提供通畅的电子传输网络。这一节将从制备方法、反应机理及电化学性能方面重点介绍碳载金属电催化纳米材料以及碳载金属氧化物电催化纳米材料在锂-空气电池中的应用。

5.3.1
制备方法

5.3.1.1
碳载贵金属系列电催化纳米材料

Pt、Au、Pd、Ru等贵金属在地壳中储量较少，而且价格昂贵。在应用为锂-空气电池正极催化剂时，需要将其以微粒子的形式负载于炭黑等高导电、高比表面积的载体表面，获得贵金属-碳复合催化剂，以降低贵金属的用量，提高利用率。下面主要介绍Pt/C和Ru/C电催化剂的制备方法。

（1）Pt/C电催化剂

Pt/C电催化剂的制备方法对催化剂中Pt颗粒的粒径及晶态都有很大的影响，进而使得制备的催化剂在性能上有很大的不同。目前Pt/C电催化剂的传统化学制备方法主要有浸渍法、离子交换法、Bonnemann法和胶体法四种，现在还发展了其他一些制备方法。

① 浸渍法。将碳载体与Pt的化合物，如H_2PtCl_6或$Pt(NH_3)_4Cl_2$等，在异丙醇和水的混合溶液中充分润湿和吸附，然后在碱性条件下与过量还原剂（如HCHO或HCOONa等）充分反应即可制得Pt/C电催化剂。由此方法制得的Pt/C电催化剂，Pt颗粒粒径均可达到2～7nm。

② 离子交换法。碳载体的表面含有不同程度的各种类型结构缺陷，缺陷处的

碳原子较为活跃，可以和羧基、酚基、醌基等官能团相结合。这些表面基团在恰当的介质里能够与溶液中的离子进行交换，离子交换法即是利用这个特性制备高分散性的电催化剂。其反应如下：

$$2ROH+[Pt(NH_3)_4]^{2+} \longrightarrow (RO)_2Pt(NH_3)_4+2H^+$$

制备过程是将铂氨盐溶液添加到悬浮着碳载体的氨水中，经过一定时间后，将固体过滤、洗涤、干燥，然后利用氢气流对产物进行还原。这种方法允许分别控制碳载体上的Pt含量和颗粒尺寸，制备出Pt粒径很小的电催化剂（1 ～ 2nm）。

③ Bonnemann法。此方法是在有机溶液中，利用有机硼盐还原金属盐、金属氧化物及金属胶体的方法。其制备过程较复杂，各种反应类型均要经过Pt(Ⅱ)→[PtH]→Pt的步骤，因此制得的催化剂中均含有不同百分含量的氢，其Pt颗粒尺寸在10nm之内。

④ 胶体法。以Pt化合物为原料，在一定的介质和氧化剂存在的条件下，进行水解-氧化反应，使溶液中的$[PtCl_6]^{2-}$变成含Pt的稳定胶体，再经干燥热处理得到Pt基催化剂。在胶体法中，载体材料上的金属Pt晶粒尺寸较小，达1.5 ～ 5nm，分散性较好。但在水解反应过程中，溶液中OH^-含量（pH值）将影响能否形成胶体；陈化时间则影响胶体颗粒的大小和胶体的稳定性。

在以上四种传统制备方法中，浸渍法和离子交换法制备过程简单，工艺条件易于控制，尤其是浸渍法较适合于较大规模高水平的生产；而胶体法可以得到小颗粒尺寸的催化剂，但水解过程的工艺条件难以控制；Bonnemann法反应条件苛刻，适合较小规模的实验室研究。

⑤ 其他制备方法。除了上述的几种传统的制备方法外，现在还有用微波法制备Pt/C催化剂。其方法是应用微波调控技术，将催化剂活性组分一次性均匀地还原并吸附在碳载体表面，其中化学反应由微波诱导控制。该方法能使活性物质快速沉积，所以制备的催化剂颗粒直径小，分布均匀，并可大部分的保留非晶态，使电化学活性提高。还有就是微乳法，微乳法由油包水型微乳液中的微小水滴作为微型反应器来制备Pt纳米颗粒，其粒度可由水与表面活性剂的比例来加以调控。其缺点是所得的催化剂不易过滤分离。

除了化学法，另外还发展了真空溅射法，它是比较成熟的物理方法。这种方法是以要溅射的金属（如Pt）为溅射源并作为阴极，被溅射物体（如作为电极扩散层的碳纸）为阳极，在两极间加以高压，可使溅射源上的Pt粒子以纳米级粒度溅射到碳纸上。为改善溅射到碳纸上的铂粒子的分散度和增加电极的厚度，以适应电极在工作时反应界面的移动，也可采用刻蚀的方法，在碳纸表面制备一薄层纳米级的碳须（whisker），然后再溅射纳米级的铂。

文献[31]利用直流溅射的方法在碳纳米管正极上沉积了Pt纳米颗粒。图5.7为用该方法制备的Pt/碳纳米管正极的TEM照片。由图可知，Pt纳米颗粒的粒径为3～4nm并且均匀地负载在碳纳米管上。这不仅提高了Pt纳米颗粒的利用率，同时还增大了正极的活性比表面积，有利于提高Pt/碳纳米管正极的整体性能。图5.8（a）为基于碳纳米管正极和Pt/碳纳米管正极的锂-空气电池的电化学性能曲线。由图可知，在2000mA·g^{-1}的电流密度以及1000mA·h·g^{-1}比容量的条件下，Pt/碳纳米管正极的过电位比纯碳纳米管正极明显降低了500mV。图5.8（b）为基于碳纳米管正极和Pt/碳纳米管正极的锂-空气电池的循环性能图。在2000mA·g^{-1}的电流密度以及1000mA·g^{-1}的比容量的条件下，相比以纯碳

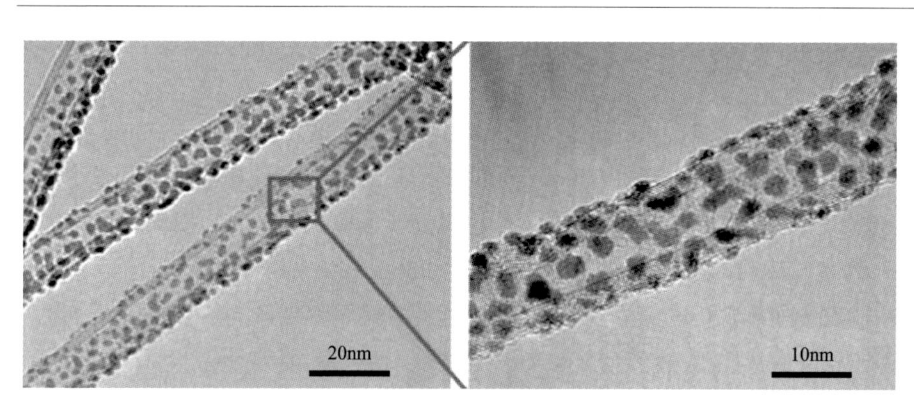

图5.7　Pt/碳纳米管正极的透射电镜照片

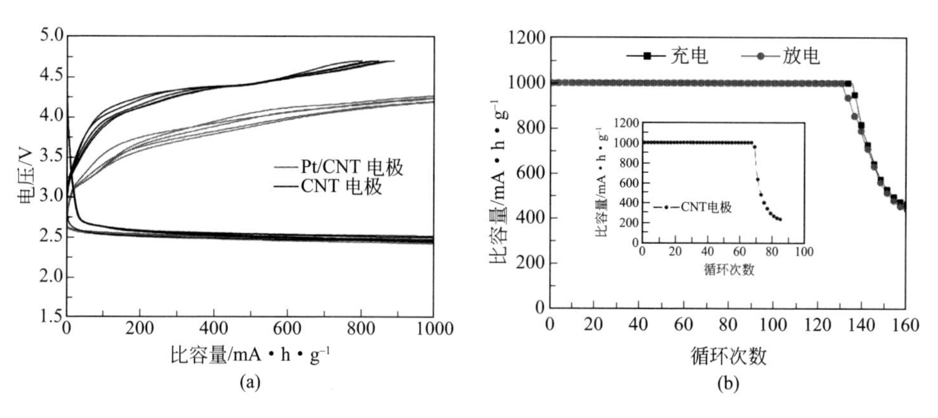

图5.8　基于碳纳米管正极和Pt/碳纳米管正极的锂-空气电池的电化学性能曲线

纳米管作为正极的锂-空气电池，以Pt/碳纳米管为正极的锂-空气电池具有更高的循环稳定性。

（2）Ru/C电催化剂

金属钌因具有较好的催化性能而被广泛地应用在乙醇氧化、CO氧化、水电解等反应中。同样，在锂-空气电池中，金属钌也具有良好的催化活性。

文献[32]利用多元醇方法制备了Ru@RGO电催化材料。超声分散100mL 1mg·mL^{-1}的乙二醇石墨烯分散液，之后加入10mL 21mg·mL^{-1}乙二醇$RuCl_3$溶液并搅拌2h。用2.5mol·L^{-1}的NaOH乙二醇溶液将溶液的pH值调节至13。随后，将混合液的温度升到120℃，当升到120℃后，将$NaBH_4$的乙二醇溶液缓慢地注入混合液中。之后溶液在120℃下回流1h，然后冷却至室温。图5.9（a）和（b）是用该方法制备的质量分数为44%Ru@RGO电催化材料的TEM照片和Ru粒子的粒径分布。由图可知，44%Ru@RGO催化剂钌粒子均匀地分布在石墨烯片层上，而且Ru粒子的平均直径为2.36nm，粒径分布也比较均匀。

文献[33]利用软模板法合成了Ru-Super P 电催化剂。将24mg的Super P分散到24mL的蒸馏水中，然后超声分散10min。之后加入120mg三嵌段共聚物F127，F127上的疏水基团吸附在炭颗粒表面并暴露出亲水基团，长时间搅拌直至形成均匀的分散液。然后向悬浮液中加入0.8mL（20mg·mL^{-1} H_2O）$RuCl_3$溶液。通过一定的弱配位作用，Ru^{3+}吸附在F127的长链上。最后将制备的溶胶在还原气氛下热处理还原。通过热重分析，Ru在Ru-CB纳米颗粒上的担载量是34%。

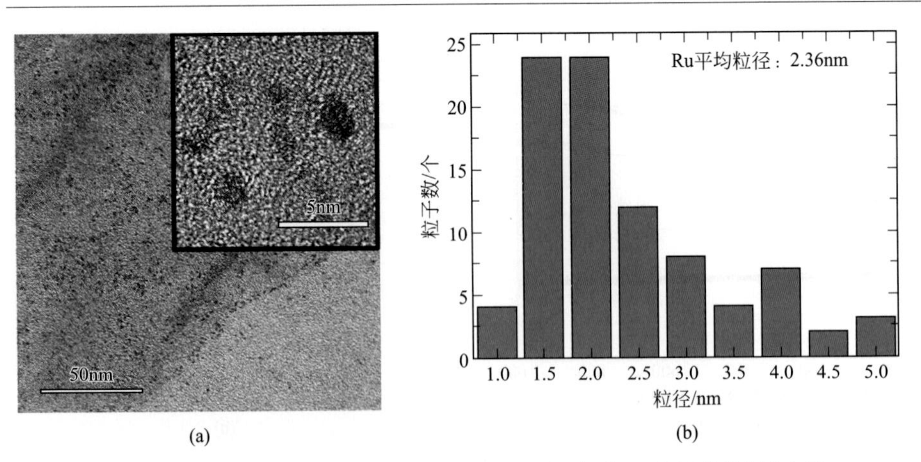

图5.9 （a）质量分数为44%的Ru@RGO透射电镜图片；（b）Ru粒子的粒径分布图

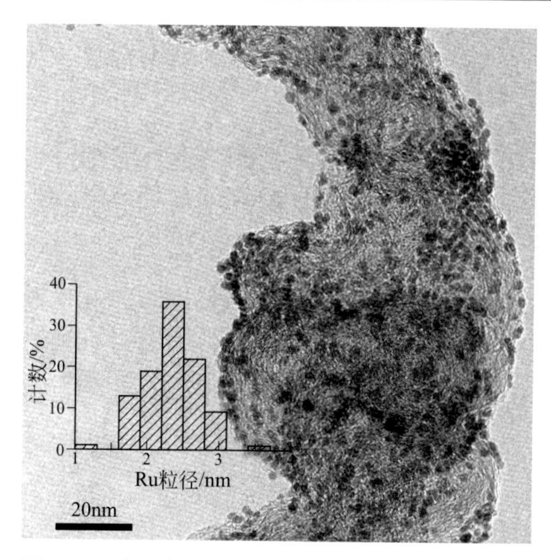

图5.10　炭黑上Ru纳米颗粒的透射电镜图片和粒径分布

图5.10是炭黑上Ru纳米颗粒的透射电镜图片和粒径分布。结果表明，Ru纳米颗粒均匀地分布在炭黑表面上并且粒径平均尺寸是2.3nm，从而有利于增加催化剂的活性。此外，浸渍法也是制备Ru/C催化剂的一种有效的方法[34]。

5.3.1.2
碳载金属氧化物电催化纳米材料

（1）RuO_2/C电催化剂

在锂-空气电池中，RuO_2/C是一种高效的ORR和OER催化剂。文献[35]利用溶胶凝胶法合成了碳纳米管/RuO_2粉末。首先在110℃的条件下利用硝酸（40%）酸化碳纳米管，随后将150mg酸化后的碳纳米管分散在0.1mol・L^{-1}的$RuCl_3$溶液超声处理5min至混合均匀。然后将0.3mol・L^{-1} $NaHCO_3$的水溶液缓慢地加入上述混合液中直至溶液的pH值达到7并搅拌15h。之后用蒸馏水多次清洗沉淀并将制备的碳纳米管/RuO_2粉末烘干。文献[36]利用溶剂热的方法成功地在碳纳米管上均匀地负载了RuO_2颗粒。首先将碳纳米管和$RuCl_3$・H_2O的混合物按1∶2的质量比加入二乙胺溶剂中。经过10min的超声分散后，将悬浮液转入到水热釜中并鼓入O_2。然后将水热釜放置在240℃的烘箱中反应2h。之后利用冰浴将水热釜冷却至室温。用乙醇清洗制备的RuO_2/碳纳米管粉末并置于80℃的烘箱将其烘干。图5.11是碳纳米管上负载RuO_2纳米颗粒的透射电镜图片。由图可

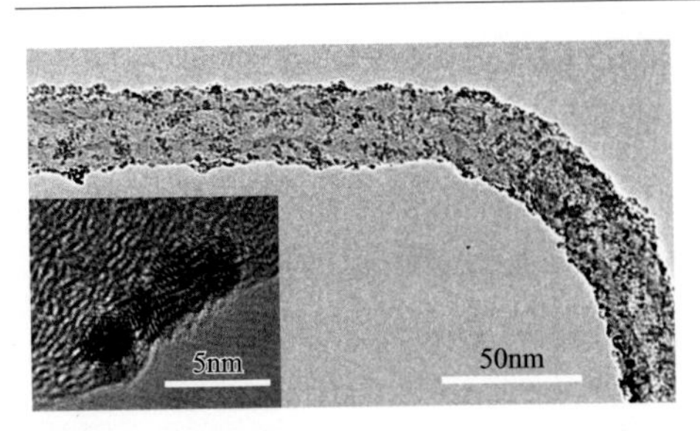

图5.11 碳纳米管上负载RuO_2纳米颗粒的透射电镜图片

知，RuO_2颗粒均匀地分散在碳纳米管上并且平均尺寸是1.73nm。

（2）MnO_2/C电催化剂

相比贵金属系列电催化剂，过渡金属氧化物具有成本低廉的优势。同时，过渡金属氧化物也容易被合成并具有较好的催化效果。因此，过渡金属氧化物（MnO_2、Co_3O_4、Fe_2O_3等）也被广泛地用作锂-空气电池催化剂。在几种过渡金属氧化物中，MnO_2是一种廉价高效的催化剂。Bruce 研究小组采用共混方式将商品电解二氧化锰（EMD）与碳多孔材料混合用于空气电极，该电极可对Li^+/Li_2O_2的氧化还原反应起到一定的催化作用。目前二氧化锰催化剂的制备方法主要有水热法、溶胶凝胶法、化学沉淀法、高温分解法以及固相合成法等。相比其他三种方法，化学沉淀法是在常压条件下，将反应物通过均匀混合，使其生成沉淀，而后干燥处理得到所需的产物。该法特点是操作简单，方法易行，对装置要求较低且产物粒度可控。

相比MnO_2和碳材料共混的方法，将MnO_2原位生长在碳基体上可以提高MnO_2催化剂的分散性以及增强MnO_2催化剂和碳载体之间的结合力，从而可以提高MnO_2催化剂的利用效率。Y. Cao小组[37]在石墨烯纳米片上原位生长得到α-MnO_2纳米棒。将制备的50mg石墨烯纳米片加入浓度为2mol/L的硫酸溶液中，在90℃下搅拌2h。然后将大量的$KMnO_4$加入混合溶液中，在90℃下搅拌30 min，等反应结束后，自然冷却至室温。过滤沉淀后，利用二次水和乙醇反复清洗，最后将材料放置在85℃的烘箱里至烘干。

（3）Co_3O_4/C电催化剂

Co_3O_4具有一定的催化活性，但是导电性较差。通过和碳材料复合，可以提高含Co_3O_4催化剂的导电性等。文献[38]先向100mg氧化石墨烯中加入50mL去离子水（简称为溶液A）并且超声3h；然后将100mg酞菁钴加入50mL 25%的NH_4OH溶液（简称为溶液B）并超声3h。将溶液B持续地移入溶液A中，并将33.4mL的质量分数为35%的N_2H_4水溶液逐滴加入混合后的溶液。之后将溶液加热到40℃反应48h，再用体积比为1 ∶ 1的水/乙醇混合液清洗收集到的样品。将样品在95℃下烘干后，在氩气气氛下，对制备的酞菁钴/石墨烯进行热解处理。

随后冷却，将样品暴露在空气中然后对其进行第二次加热处理。经过上述的过程，可制得Co_3O_4/RGO电催化剂。

5.3.2 在锂-空气电池中的催化机理及电化学性能

对于锂-空气电池来说，电极中的催化反应发生在碳活性物和催化剂、电解液及氧气之间的“固/液/气”三相界面上，其反应过程及机制较为复杂。解析反应过程和洞悉反应机理是发展高效、长寿命锂-空气电池的关键。但需要指出的是在锂-空气电池放电和充电的过程中发生的反应比较复杂。以下内容将结合具体的且具有代表性的工作简要地从调控正极结构、优化反应历程两个方面阐述碳载金属/金属氧化物在锂-空气电池中的催化机理及电化学性能。

（1）调控正极结构

目前，纯碳正极的锂-空气电池正面临着诸多问题，如能量转换效率低、倍率性能差等。解决这些问题的一种重要途径即寻找合适的催化剂及设计合理的电极结构。催化剂的加入一方面可以增强其ORR及OER活性，另一方面也可以优化电极的结构，从而改善传质并提高锂-空气电池的性能[39,40]。文献[40]利用静电纺丝技术合成了多孔Fe_2O_3纳米纤维。这些纳米纤维构成了三维网状结构，为电池反应提供了足够的反应位点，同时也对电极结构进行了调控，使其具有足够的空间容纳反应物及产物。在限制容量1000mA·h·g^{-1}、电流密度为200mA·g^{-1}的情况下，多孔Fe_2O_3纳米纤维催化剂的电极（Fe_2O_3纳米纤维/SP）在截止电压为2.0V时能循环70次，而在相同条件下纯SP正极只能循环45次。

（2）优化反应历程

根据反应$2Li + O_2 \rightleftharpoons Li_2O_2$（$E^{\ominus}$= 2.96V，vs.Li/Li$^+$）得知，锂-空气电池是通过生成/分解$Li_2O_2$实现能量的释放与存储。因此，生成/分解$Li_2O_2$的难易程度与锂-空气电池性能的优劣有着密切的联系。需要指出的是，Li_2O_2的生成与分解是通过以下基元反应实现。

放电：

负极：$Li \longrightarrow Li^+ + e^-$；

正极：① $O_2 + Li^+ + e^- \longrightarrow LiO_2$；

② $2LiO_2 \longrightarrow Li_2O_2 + O_2$（化学过程）；

③ $LiO_2+Li^++e^- \longrightarrow Li_2O_2$；

充电：

负极：$Li^++e^- \longrightarrow Li$；

正极：$Li_2O_2 \longrightarrow 2Li^++O_2+2e^-$。

我们可以推断上述所有基元反应发生的顺利程度直接决定了锂-空气电池的放、充电性能。需要指出的是，反应$Li \rightleftharpoons Li^+ +e^-$是可逆反应，电势接近平衡电势0V，对$Li_2O_2$的生成与分解影响较小，因此可以忽略金属锂的氧化与锂离子的还原对锂-空气电池性能的影响。同时，上述绝大多数的基元反应发生在多孔正极界面。据此通过调控正极的表面状态可以有效地调节正极表面和反应中间体之间的相互作用，从而有利于提高正极的电化学性能。

文献[41]制备了Co_3O_4/RGO电催化剂。他们指出碳材料表面的悬垂键阻碍了Li_xO_2在正极表面的传输。Co_3O_4的表面比较光滑，有利于Li_xO_2在Co_3O_4/RGO/KB正极表面上的传输。最终，基于Co_3O_4/RGO/KB正极的锂-空气电池的充电过电位比基于纯KB正极的锂-空气电池的充电过电位低，大约350mV。

文献[42]制备了多孔碳球壳（HSC）正极和负载Pd纳米颗粒的多孔碳球壳（P-HSC）正极。图5.12（a）和（b）分别是纳米片状Li_2O_2在P-HSC正极和圆饼状Li_2O_2在HSC正极上的生长机理图。在锂-空气电池放电过程中，氧分子（O_2）在正极表面的活性位（碳缺陷位或Pd催化剂）上被还原生成超氧根离子（O_2^-），之后O_2^-与Li^+结合生成LiO_2（表面吸附）。在HSC正极上，其表面缺陷位对反应中间体超氧化物［O_2^-或LiO_2（表面吸附）］有较强的吸附作用。因而这些超氧化物

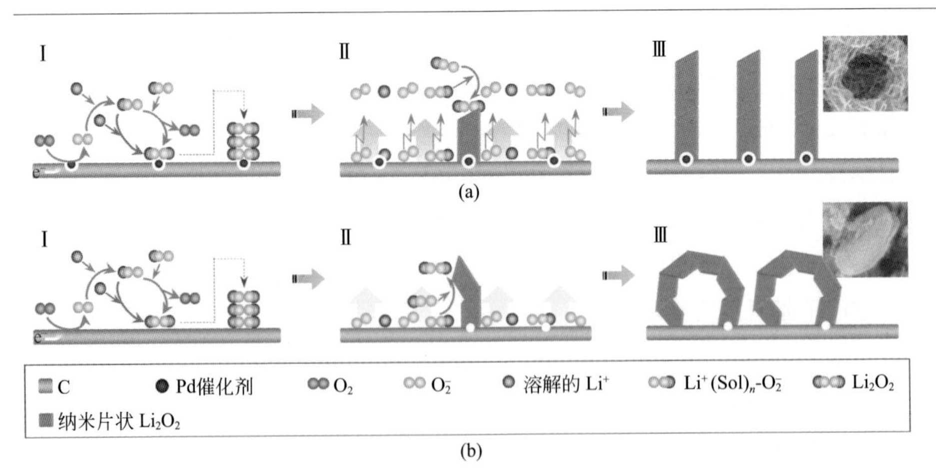

图5.12 （a）片状Li_2O_2在P-HSC正极和（b）圆饼状Li_2O_2在HSC正极上的生长机理图

在HSC正极表面发生反应生成圆饼状Li_2O_2。Pd纳米颗粒的表面比富含悬垂键的碳表面光滑，因此在P-HSC正极上，基体对生成的超氧化物的吸附较弱，进而增加了超氧化物在电解液中的溶解量。这有利于Li_2O_2在优势晶面上形核与结晶，最终导致了片状Li_2O_2的生长。

图5.13（a）和（b）分别是HSC和P-HSC正极在比容量为3000mA·h·g^{-1}的条件下的放电形貌。从图5.13（a）中可以看出Li_2O_2是圆盘状的，颗粒的大小在1μm 左右并且散乱排布。在放电过程中，具有这种形貌的Li_2O_2会把完整的碳球壳撑破。在后续的充电过程中，球壳结构就会坍塌，电极的整体结构就会受到破坏，进而电池的倍率和循环等性能都会受到影响。而沉积在P-HSC正极上的片状Li_2O_2沿着碳球壳内壁垂直生长，维持了正极结构的完整性，进而有助于提高P-HSC正极的稳定性。同时，相比圆盘状的结构，这种片状结构可以提供更多和电解液接触的位点，有利于促进充电过程中的反应动力学进而有助于降低充电电压。

用该材料作锂-空气电池的正极在1.5A·g^{-1}的电流密度下放电比容量可以达到5900mA·h·g^{-1}。限定充放电比容量为1000mA·h·g^{-1}，以300mA·g^{-1}的电流密度充放电，电池可以循环205次。该电池性能的大幅度提高可以归因于以下几个方面：① Pd粒子负载对氧还原与氧析出都有一定的催化活性，有效地降低了过电位；② 微孔与介孔双通道促进了氧气与电解液传质过程，且为产物 Li_2O_2提供了更多的储存位点；③ 多级孔道碳材料原位沉积在碳纤维表面增加了电极结构的稳定性，大幅度提高了电池的循环性能；④ 优化的反应历程调控了Li_2O_2的沉积形貌，这对正极结构稳定性的破坏较小以及在充电过程中容易分解从而有利于降低充电电压。上述两个工作从加入电催化剂改变锂-空气电池反应过程中超氧化物传输的角度阐述了电催化剂的作用。

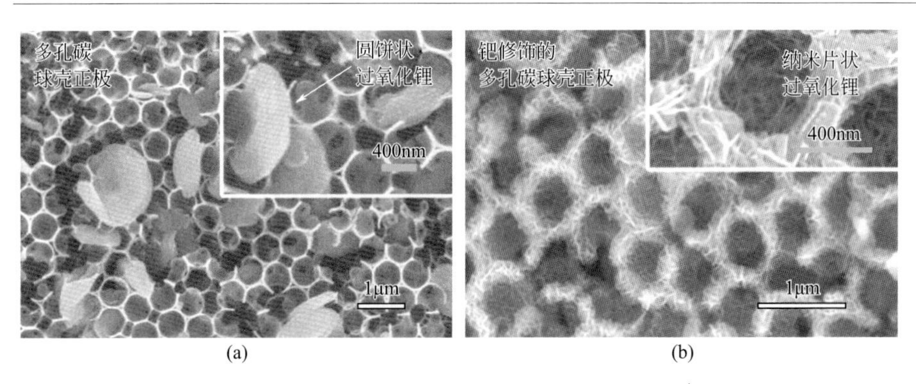

图5.13 （a）HSC和（b）P-HSC正极在比容量为3000mA·h·g^{-1}的条件下的放电形貌

在锂-空气电池充电过程中，Li_2O_2的分解是通过电子从Li_2O_2转移到空气正极的过程。因此Li_2O_2与正极的接触面积的大小影响了电子从Li_2O_2转移到空气正极难易程度[43]。在纯碳正极上，生成的Li_2O_2通常呈圆饼状或圆盘状且零散地分布在空气正极上，有限的Li_2O_2/正极界面限制了充电过程中电荷从Li_2O_2到正极的传递从而提高了充电电压。据此，通过优化Li_2O_2形貌增加Li_2O_2/正极界面可以有效地促进电荷的传递，从而降低充电电压。因为Li_2O_2的形貌受到其形核和生长两个历程的影响。而且这是一个电化学过程，因此调控正极表面电子的分布状态可以有效地调控Li_2O_2的形核与生长过程，进而优化Li_2O_2的形貌。

文献[44]利用浸渍法和退火法制备了碳纳米管包覆贵金属（Pd、Pt、Ru和Au）复合物（简称为贵金属@碳纳米管）。相比直接在碳纳米管上负载的贵金属（Pd、Pt、Ru和Au）（简称为贵金属-碳纳米管），碳纳米管内包覆贵金属（Pd、Pt、Ru和Au）促进了碳纳米管上的电子在碳纳米管上均匀地分布。这促进了放电过程中Li_2O_2的形核并抑制了Li_2O_2的生长。最终，Li_2O_2在贵金属@碳纳米管正极上分布均匀。由图5.14（a）可知，贵金属-碳纳米管正极上Li_2O_2团聚在表面，由图5.14（b）可知，贵金属@碳纳米管正极上Li_2O_2均匀地覆盖在表面，这增大了Li_2O_2/正极界面的面积，促进了充电过程中电荷在Li_2O_2/正极界面之间的转移，从而实现了较低的充电电压。

除了Li_2O_2在正极上形貌与分布，Li_2O_2的结晶度也是影响充电电位的一个重要因素。在放电过程中Li_2O_2是以固体形式沉积在正极表面。在充电过程中，电子需要通过Li_2O_2的传输才能分解远离正极的Li_2O_2[45,46]。结晶Li_2O_2的导电性较差，而非晶Li_2O_2具有由无定形晶界组成的导电网络，具有更好的导电性，从而有利于在充电过程中电子的传输从而降低分解Li_2O_2所需要的电压。而Li_2O_2的结晶度受到其生长过程的影响。通过加入催化剂可以调控Li_2O_2的生长历程进而促进非晶

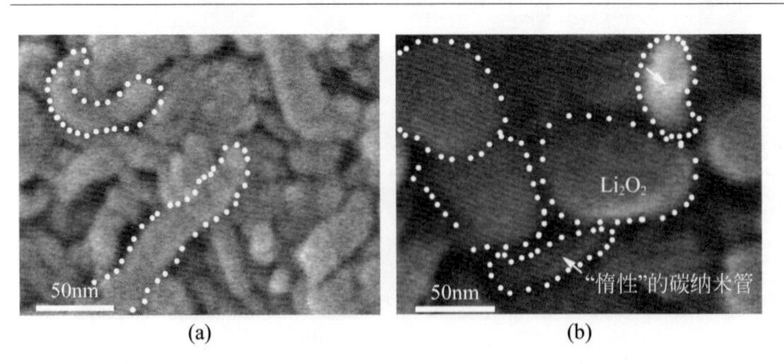

图5.14 （a）贵金属@碳纳米管和（b）贵金属-碳纳米管正极放电产物的扫描电镜图

Li_2O_2的生成。RuO_2纳米颗粒在水溶液体系中对氧气分子的吸附能力比较强。文献[26]利用了RuO_2纳米颗粒这一特性，制备了对O_2吸附比较强的RuO_2/CNT正极。在放电过程中，Li_2O_2在RuO_2/CNT正极上的生长路径得到了优化，生成了膜状非晶Li_2O_2，而在纯CNT正极上生成了圆饼状结晶Li_2O_2。膜状非晶Li_2O_2中具有较多的非化学计量比Li_2O_2和缺陷，从而增加了Li_2O_2的导电性。同时，其膜状的形貌增加了Li_2O_2和RuO_2/CNT正极的接触面积，也促进了电子在充电过程中的传输。最终，基于RuO_2/CNT正极的锂-空气电池的能量转换效率高达73%，远高于基于CNT正极的锂-空气电池53%的能量转换效率。

需要指出的是，虽然催化剂在一定程度上提高了电池的性能，但锂-空气电池的研究还处于初级阶段，具体的催化机制目前还没有统一的定论，还需要更深入的研究。

5.3.3
选择、设计与开发

在锂-空气电池体系中，由于氧还原、氧析出反应的动力学缓慢，反应速率低，要在远离平衡电位的高过电势下才能进行。因此需要应用催化剂来降低反应活化能和过电位，从而提高锂-空气电池的能量转换效率、倍率性能等性能。为了达到这一目标，碳载金属/金属氧化物电催化纳米材料（以下简称为碳载催化剂）应该具备以下特点。

① 导电性良好。在锂-空气电池的循环过程中，碳载催化剂（混浆法制备正极或一体化正极）既是催化剂反应的活性中心和电化学反应的场所，又是电子传导的媒介，将电子传送至集流体而形成电流。因此氧还原、氧析出碳载催化剂必须具有良好的导电性，能够降低电池的内阻，减少电子传导过程中的能量损失。如果催化活性中心本身的导电性稍差，则必须将其负载于高导电性的碳载体上，如碳纳米管、石墨烯等，进而提高碳载催化剂的导电性能。

② 高比表面积。提高催化剂的比表面积，将贵金属或金属氧化物以纳米粒子的状态均匀分散于载体表面，可以大大降低催化剂活性材料的用量，降低锂-空气电池正极的制作成本；小尺寸的活性中心粒径可以提高催化剂与电解液的接触面积，增大催化剂的实际电化学活性面积，从而提高催化剂的利用率。同时，高的比表面积也提供了更多的存储Li_2O_2的空间，有利于提高锂-空气电池的容量，

进而提高电池的能量密度。

③ 催化活性高。作为氧还原、氧析出反应的碳载催化剂，主要特点就是拥有较高的催化活性，能够降低过电位和反应活化能。除了催化材料的本征催化特性外，其活性的高低还与表面成分的电子结构、晶格结构等性质密切相关。

④ 稳定性高。碳材料载体与催化纳米材料之间相互作用的强度影响着催化剂粒子的附着力，二者相互作用的增强可以防止催化剂活性纳米颗粒的团聚、迁移，这是提高催化剂稳定性的关键。由于催化纳米粒子和载体之间不存在稳定的化学键，随着电化学反应的进行，催化纳米粒子容易发生团聚、迁移现象，造成活性显著下降。同时，由于锂-空气电池的工作环境呈强氧化性，贵金属的氧化也是一个可能导致碳载催化剂失活的问题。因此如何提高碳载催化剂的抗氧化性也是设计高效催化剂的一个指导原则。

目前被大家所认知的催化剂的催化方式分为两种：① 通过改变反应路径，降低活化能来达到催化反应目的；② 促进传质和电子的转移，降低电池反应的极化，从而减小过电位。例如Bruce课题组推测，催化剂对Li_2O_2的电化学氧化分解（$Li_2O_2 \longrightarrow O_2+2Li^++2e^-$）的作用机理，类似于传统研究中催化剂对$H_2O_2$的电化学氧化分解过程（$2H_2O_2 \longrightarrow O_2+2H_2O$）；而在ORR过程中，氧分子的π电子占有轨道与催化剂活性中心的占有轨道重叠，只是催化剂削弱了O—O键，导致O—O键变长，产生氧还原催化效果。尽管目前已经有大量的关于锂-空气电池催化剂应用的报道，但是需要指出的是，人们对锂-空气电池体系中催化机理的认识尚浅。

Nazar等用软模板法合成的介孔烧绿石结构的$A_2B_2O_{7-\delta}$（δ=0.5；A=Pb、Bi；B=Ru）催化剂使锂-空气电池的性能有了大幅度提高。在70mA·g^{-1}的电流密度下实现了10030mA·h·g^{-1}的可逆循环，控制放电深度为89%时，能循环11圈。这是目前锂-空气电池在大容量放电的前提下，实现的最优循环性能。同时该催化剂还可以降低充电电压，提高了能源利用效率。这些优异的性能主要归于以下几个原因：① 烧绿石的结构有很多氧缺陷暴露；② 介孔的存在，能够使氧气和电解液更好的扩散；③ 良好的导电性。另外，该课题组还对催化剂具体的催化机理做了深度讨论，使催化作用的途径和方式更加明了。除烧绿石外，尖晶石型和钙钛矿型化合物在锂-空气中也有很好的催化活性。Nazar等用硝酸浸滤$Na_{0.44}MnO_2$，脱水热处理得到了大量可控的缺陷，这些缺陷在高分辨的扫描电镜中可以清晰的看到。把该材料用作锂-空气电池的催化剂的时候，放电比容量增加到11000mA·h·g^{-1}，充放电过电位明显降低。缺陷和空位在氧还原和氧析出中的作用显现出来，这也为未来设计锂-空气电池催化剂指明了一个新的方向。

5.4 杂原子掺杂碳基电催化纳米材料

5.3节的内容提到了纯碳纳米材料的OER活性差，从而限制了其在锂-空气电池领域中的应用。通过在碳材料上负载金属、金属氧化物可以有效地提高碳基正极的催化活性进而有效解决这个问题。向碳材料中掺杂杂原子也是一种提高碳纳米材料电催化活性的有效方式。杂原子掺杂碳纳米材料是指在碳材料中掺杂其他原子。这些原子以纳米尺寸存在于碳结构中，使其产生特定的电学、磁学和光学等性能。同时杂原子的掺杂可以改变原碳材料的微观和宏观结构，在某种程度上增加碳材料中自由电荷的传递密度，进而增加碳材料的催化活性。

杂原子掺杂碳催化剂是近几年发展出来的新一代的非金属（metal-free）催化剂。按照掺杂元素的种类可以将杂原子掺杂碳基电催化纳米材料分为B、N、P、S四种类型。但需要注意的是，在锂-空气电池领域中，关于杂原子掺杂的研究主要集中在氮掺杂碳基电催化纳米材料，其他杂原子掺杂碳基电催化纳米材料的报道较少。因此，以下的内容将主要围绕氮掺杂碳基电催化纳米材料的制备和在锂-空气电池中的催化机理和性能展开讨论。

5.4.1 杂原子掺杂碳基电催化纳米材料的制备

氮掺杂碳材料制备方法大致可分为两类：原位掺杂和后掺杂。原位掺杂是指在制备碳材料的过程中直接掺入氮元素。目前原位掺杂主要有基体生长法和模板法两种方式。基体生长法是在基体材料上担载过渡金属催化剂，利用含碳和氮的前驱体发生热解，化学气相沉积（CVD）生长得到氮掺杂碳材料，常用于氮掺杂碳纳米管（N-CNT）和氮掺杂碳纳米纤维（N-CNFs）的制备，该合成方法最为普遍。而模板法是在固体模板上高温热解或是化学气相沉积含氮前驱体（如PDI、离子液体、含氮有机聚合物等）而得到的结构有序的氮掺杂碳材料。近年，有人采用模板法制备了阵列N-CNT/N-CNFs、氮掺杂碳球和氮掺杂有序中孔石墨阵列等，该方式无须催化剂，所用的模板有中孔硅石、沸石和阳极氧化铝（AAO）等。后掺杂是通过在含氮的气氛中对碳材料进行后处理得到氮掺杂碳材料。NH_3是最常用的含氮气体，还有用氮含量更高的双嘧啶、乙腈等气体。近年报道了一种新颖的后掺氮方法，在原始碳纳米管表面物理吸附聚苯丙咪唑，然后高温热解形成核壳型 N-碳纳米管。

在锂-空气电池的研究领域中，对碳纳米材料进行掺氮活化是一种常用的方法。例如文献[47]和[48]利用悬浮催化剂气相沉积法制备了N-CNT正极。其中文献[48]以三氯氰胺作为氮源，通过控制反应中加入的三氯氰胺的量调控CNT正极上氮的含量。当加入的三氯氰胺的量分别是500mg、1000mg和3000mg的时候，他们通过光电子能谱检测到制备的N-CNT正极的氮含量分别是1.07%、2.09%和3.92%。而且N-CNT正极的容量和循环稳定性随着氮含量的增加得到了显著的改善。文献[49]利用高温加热异原子聚合物（聚苯胺，一种氮/碳前驱体）的方法原位制备了氮掺杂石墨烯纳米复合物，并证明氮的种类对于锂-空气电池的ORR活性起到了重要的作用。

5.4.2
催化机理及电化学性能

通过向碳材料中掺入杂原子可以有效地提高碳基电催化纳米材料的电化学活性。洞悉杂原子掺杂碳基电催化纳米材料在锂-空气电池中的催化机理，有助于为下一代高效碳基电催化纳米材料的设计提供借鉴。然而目前关于杂原子掺杂碳基电催化纳米材料在锂-空气电池中催化机理的研究仍处于初级阶段且报道的数目不多。因此，下面将根据具体的工作简要地介绍杂原子掺杂碳基电催化纳米材料在锂-空气电池中的催化机理和电化学性能。

在元素周期表中，氮是VA族元素，与碳原子具有接近的原子半径，从而容易置换碳原子晶格中的碳原子，形成氮掺杂碳材料。由于氮原子的电负性比碳原子的大，氮原子可以从邻近的碳原子得到电子而使得碳原子带上净的正电荷，这些带正电荷的碳原子可以在阴极上得到电子从而促进O_2的吸附与还原。氮掺杂可以提高纳米碳材料的表面化学活性，从而使得氮掺杂碳材料具有优异的电化学和催化性能。Sun等人制备了氮掺杂的碳纳米管（N-CNTs），发现竹节结构的

N-CNTs（氮含量10.2%）作为锂-空气电池正极，在电流密度为75mA·g^{-1}时可呈现866mA·h·g^{-1}的放电比容量，且其放电和充电平台约为2.52V和4.22V，比纯CNTs相对应的电压平台有较大提升[47]。此外，该小组在掺氮的石墨烯碳材料上取得进一步进展，在电流密度为75mA·g^{-1}时得到了11660mA·h·g^{-1}的放电比容量。Shui等制备的珊瑚虫结构的竖直氮掺杂碳纤维（N-VACNF）具有大量放电产物沉积位点，Li_2O_2以容易分解的纳米球等小颗粒形式沉积，进而加大了Li_2O_2/C界面，促进了电子从Li_2O_2转移到碳正极，从而有利于降低充电过电位。基于N-VACNF正极的锂-空气电池在500mA·g^{-1}的电流密度下实现了40000mA·h·g^{-1}的放电容量[50]。同时基于N-VACNF正极的锂-空气电池以500mA·g^{-1}充放电，当限制容量为1000mA·h·g^{-1}时，可以稳定的循环150次。

根据掺杂后氮原子在碳材料中的位置不同，掺杂碳材料中的氮原子一般以吡啶型、吡咯型和石墨型三种化学态存在。吡啶型氮指的是氮原子在石墨烯骨架的边缘，每个氮原子与两个碳原子键合，贡献一个p电子到芳香π体系中。吡咯型氮原子被嵌入一个五元杂环中，每个氮原子与两个碳原子键合，贡献两个p电子到芳香π体系中。普遍认为氮的环境影响掺杂碳的电子结构，进而导致性能提高的机理不同。文献[51]利用密度泛函理论计算研究了氮掺杂石墨烯和纯石墨烯对初期ORR过程的影响。他们发现吡啶氮比石墨型氮能更有效地降低Li_2O_2决速步的过电位从而促进了Li_2O_2的形核。该工作为人们深入地理解ORR机理以及寻找有效的锂-空气电池用催化剂提供了更多的指导意义。

除了氮掺杂之外，文献[52]成功地制备了硫掺杂石墨烯并证明了硫元素的掺杂对生成Li_2O_2的形貌的影响。纯石墨烯正极生成了无规则形状的Li_2O_2颗粒，而在硫掺杂石墨烯上生成了直径大约为100nm的纳米棒。尽管人们还不清楚何种因素对Li_2O_2的生长产生了影响，但这次的研究结果表明通过选择和设计一种正极材料（包括催化剂）调控Li_2O_2的形貌，有助于提高锂-空气电池的性能。

现在关于碳基催化剂的表征，正处于初级阶段，以下将结合已发表的工作简要地讨论碳基催化剂表征（原位）分析工作的反应机理。Li_2O_2的分解过程可以理解为O_2^{2-}上的电荷转移到正极基体上，之后Li—O键发生断裂，释放Li^+和O_2。为了寻找一种能够提高氧析出动力学的催化剂，文献[53]利用第一性原理热力学计算研究了石墨烯和硼掺杂石墨烯的氧析出活性。通过计算两种材料的态密度，如图5.15所示，他们发现硼掺杂的石墨烯在费米能级附近存在一些空穴状态，这表明它具有p型半导体的性质。而且这些空穴状态的能量和Li_2O_2占据的π_p^*电子轨道的能量相近。当硼掺杂石墨烯的表面和Li_2O_2的表面接触的时候，大量的电

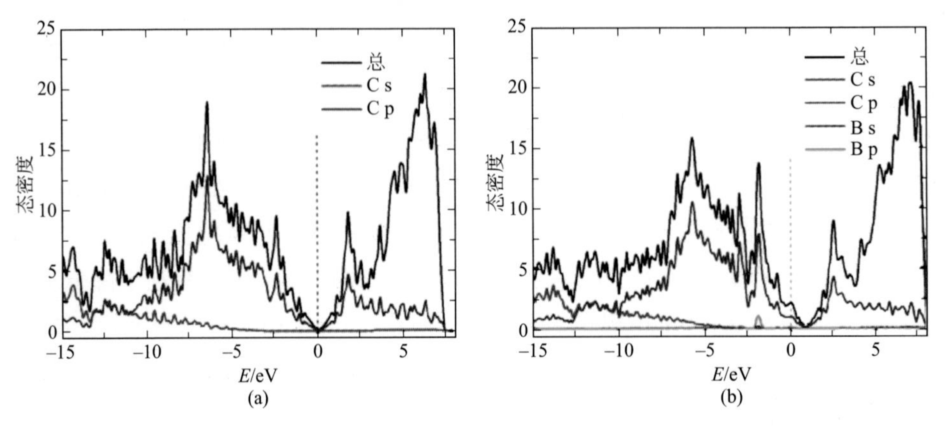

图5.15 （a）石墨烯和（b）硼掺杂石墨烯的态密度

荷将从Li_2O_2的π_p^*轨道转移到硼掺杂石墨烯的空穴轨道。在O_2^{2-}被氧化成O_2之前，$[O_2]^{n-}$（$0 < n < 2$）的电子结构和$[O_2]^{2-}$的电子结构相似，尽管它们的轨道会发生一些改变。在整个氧化的过程中，基体将持续地从$[O_2]^{n-}$中获得电子。同时，硼掺杂石墨烯较强的吸电子能力能更有效地促进Li—O键的断裂，从而促进Li_2O_2的分解。

文献[54]利用第一性原理热力学计算研究了X掺杂石墨烯（硼、氮、铝、硅和磷）材料作为氧析出催化剂的可能性。他们发现磷掺杂石墨烯的催化活性最高，能够降低0.25V的充电电压，而硼掺杂石墨烯在降低氧析出势垒时具有最高的活性，能降低0.12eV。他们选取了Li_5O_6作为研究的模型并计算了Li_5O_6在X掺杂石墨烯表面上的吸附能，结果如表5.1所示。

表5.1 Li_5O_6在基体表面的吸附能ΔE_f（eV）

	石墨烯	B掺杂	N掺杂	Si掺杂	Al掺杂	P掺杂
Li位点	−0.128	−0.483	−0.109	−0.173	−0.444	−0.206
O位点	−0.029	−0.442	−0.206	−2.347	−2.727	−1.773

根据计算的吸附能，存在两种吸附结构，Li位点吸附在纯石墨烯和硼掺杂石墨烯以及O位点吸附在氮、铝、硅和磷掺杂石墨烯。

文献[55]利用碳热还原法制备了碳纳米管负载的碳化钼Mo_2C/CNT正极催化剂。受益于Mo_2C/CNT正极的高效的催化活性，基于此正极的锂-空气电池的能量转化效率高达88%，而且在$100mA \cdot g^{-1}$的电流密度和$500mA \cdot h \cdot g^{-1}$的限制容量的条件下稳定循环了150多圈。密度泛函理论（DFT）和X射线光电子能谱（XPS）显示Mo_2C/CNT正极在锂-空气电池中效率可能与它的表面化学和电子性质有关。通过密度泛函理论，他们发现O_2分子倾向在Mo_2C (001)和(101)两个表面上被还原。在这两个表面上，化学吸附O_2分子的O—O键断裂的过程是放热的并且会氧化表面而形成新的Mo—O键。而且Mo_2C(101)-Mo的表面几乎完全被氧化形成和MoO_3类似的Mo—O键。并且Mo的3d电子状态进一步证明了氧化的Mo_2C的表面化学和电子特性。Mo_2C/CNT正极的XPS数据证实了密度泛函理论（DFT）的推测。XRD结果表明生成的MoO_3是以非晶的形式存在。最终他们认为在CNT负载的Mo_2C纳米颗粒表层上形成的MoO_3类似物是极低的充电过电势和高的循环稳定性的原因。

文献[56]在钝化的碳基体表面上沉积了三种不同尺寸的Ag簇（3个、9个和15个原子）。他们发现银簇的尺寸对放电产物的形貌有着很大的影响，他们认为这是因为银簇作为活性中心导致产物的生长机理不同所致，从而生成了具有不同形貌的Li_2O_2。基体传输电子的速率会影响生成LiO_2的速率进而影响放电过程中的反应路径。如图5.16所示，通过密度泛函理论，他们发现Ag_3和Ag_9两种银簇的费米能级处存在一个带隙，而Ag_{15}银簇的费米能级处没有带隙。这表明Ag_{15}银簇的电子传输速率比Ag_3和Ag_9两种银簇的电子传输速率都快。电子传输速率快导致LiO_2生成速率也快。在Ag_3和Ag_9两种银簇上，电子的传输速率较慢，从而导致LiO_2的生成速率较慢。因为LiO_2双聚体的半衰期很短，因此在Ag_3和Ag_9两种银簇上生成的LiO_2双聚体发生歧化反应，导致Li_2O_2在正极表面发生异相形核。因而LiO_2在Ag_{15}银簇上的生成速率较快。

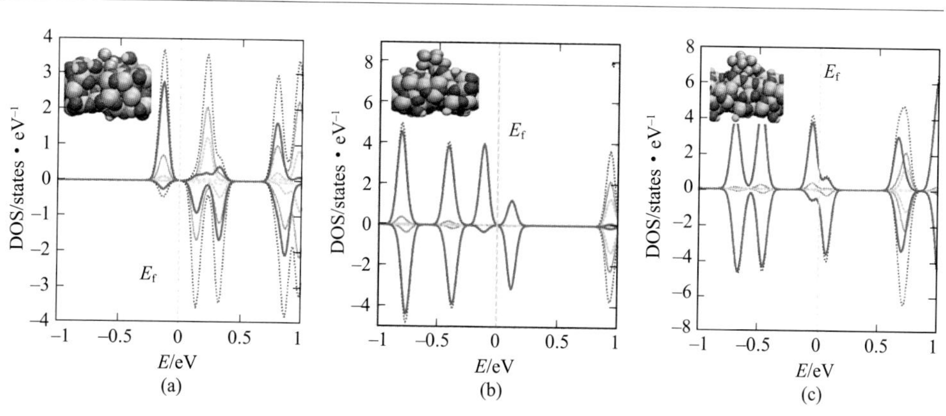

图5.16　在无定形羟化铝表面上的（a）Ag_3,（b）Ag_9和（c）Ag_{15}簇的态密度

5.5 总结与展望

锂-空气电池具有超高的理论比能量，引起了人们越来越多的关注。通过深入地研究锂-空气电池各个部分，人们对它的认识越来越清晰，从而有可能在循环性能、比能量等方面取得突破。作为可充锂-空气电池重要的组成部分之一，碳基材料应该具备如下物性特征：① 较高的比表面积，并且具有较大的氧还原活性的比表面积；② 较大的可以容纳放电产物的孔体积；③ 合适的孔径大小和粒子尺度；④ 较好的材料电导性是电极反应的必备条件。可以说，能够应用于锂-空气电池的性能优异的碳材料，均应具有合适的微观结构、形貌及其表面特性。比表面积、孔体积和孔隙率等碳材料的物理参数在某种程度上是其微观结构与形貌的反映，也就决定了它们对电池性能的影响方式和程度。因此，在锂-空气电池碳材料选择和优化研究上，应首先根据电池放电机理和产物性质，并兼顾碳材料的必备特征，设计出一种最优化的碳材料微观形貌。同时，人们还需要发展多种原位表征技术，探究在碳材料表面上发生的反应的机理，进而为后续设计性能优良的碳基催化剂提供指导。

参考文献

[1] Lu J, Li L, Park JB, et al. Aprotic and aqueous Li-O_2 batteries. Chem Rev, 2014, 114: 5611-5640.

[2] Shao Yy, Ding F, Xiao J, et al. Making Li-air batteries rechargeable: material challenges. Adv Funct Mater, 2012, 23: 987-1004.

[3] Littauer EL, Tsai K C. Anodic behavior of lithium in aqueous electrolytes. J Electrochem Soc, 1976, 123: 771-776.

[4] Abraham K M, Jiang Z. A polymer electrolyte-based rechargeable lithium/oxygen battery. J Electrochem Soc, 1996, 143: 1-5.

[5] Ogasawara T, Debart A, Holzapfel M, et al. Rechargeable Li_2O_2 electrode for lithium batteries. J Am Chem Soc, 2006, 128: 1390-1393.

[6] Black R, Adams B, Nazar L F. Non-aqueous and hybrid Li-O_2 batteries. Adv Energy Mater, 2012, 2: 801-815.

[7] Zhang T, Imanishi N, Hasegawa S, et al. Li/polymer electrolyte water stable lithium-conducting glass ceramics composite for lithium-

air secondary batteries with an aqueous electrolyte. Journal of The Electrochemical Society, 2008, 155: A965-A969.

[8] Kraytsberg A, Yair EE. Review on Li-air batteries——opportunities, limitations and perspective. Journal of Power Sources, 2011, 196: 886-893.

[9] Li Q, Cao R, Cho J, et al. Nanostructured carbon-based cathode catalystsfor nonaqueous lithium-oxygen batteries. Phys Chem Chem Phys, 2014, 16: 13568-13582.

[10] Jung HG, Hassoun J, Park JB, et al. An improved high-performance lithium-air battery. Nature Chemistry, 2012, 4: 579-585.

[11] Black R, Oh S, Lee JH, et al. Screening for superoxide reactivity in Li-O_2 batteries: effect on Li_2O_2/LiOH crystallization. J Am Chem Soc, 2012, 134: 2902-2905.

[12] Chen Y, Li F, Tang DM, et al. Multi-walled carbon nanotube papers as binder-free cathodes for large capacity and reversible non-aqueous Li-O_2 batteries. J Mater Chem A, 2013, 1: 13076-13081.

[13] Lim HD, Park KY, Song H, et al. Enhanced power and rechargeability of a Li-O_2 battery based on a hierarchical-fibril CNT electrode. Adv Mater, 2013, 25: 1348-1352.

[14] Mitchell R R, Gallant B M, Thompson C V, et al. All-carbon-nanofiber electrodes for high-energy rechargeable Li-O_2 batteries. Energy Environ Sci, 2011, 4: 2952-2958.

[15] Li Y, Wang J, Li X, et al. Superior energy capacity of graphene nanosheets for a nonaqueous lithium-oxygen battery. Chem Commun, 2011, 47: 9438-9440.

[16] Sun B, Wang B, Su D, et al. Graphene nanosheets as cathode catalysts for lithium-air batteries with an enhanced electrochemical performance. Carbon, 2012, 50: 727-733.

[17] Xiao J, Mei D, Li X, et al. Hierarchically porous graphene as a lithium-air battery electrode. Nano Lett, 2011, 11: 5071-5078.

[18] Wang ZL, X D, X JJ, et al. Graphene oxide gel-derived, free-standing, hierarchically porous carbon for high-capacity and high-rate rechargeable Li-O_2 batteries. Adv Funct Mater, 2012, 22: 3699-3705.

[19] Chen Z, Ren W, Gao L, et al. Three-dimensional flexible and conductive interconnected graphene networks grown by chemical vapor deposition. Nat Mater, 2011, 10: 424-428.

[20] Cao X, Shi Y, Shi W, et al. Preparation of novel 3D graphene networks for supercapacitor applications. Small, 2011, 7: 3163-3168.

[21] Dikin DA, Stankovich S, Zimney E J, et al. Preparation and characterization of graphene oxide paper. Nature, 2007, 448: 457-460.

[22] Zhang W, Zhu J, Ang H, et al. Binder-free graphene foams for O_2 electrodes of Li-O_2 Batteries. Nanoscale, 2013, 5: 9651-9658.

[23] Cheng H, Scott K. Carbon-supported manganese oxide nanocrystalysts for rechargeable lithium-air batteries. J Power Sources, 2010, 195: 1370-1374.

[24] Xiao J, Wang D H, Xu W, et al. Optimization of air electrode for Li/air batteries. J Electrochem Soc, 2010, 157: A487-A492.

[25] Zhang J G, Wang D Y, Xu W, et al. Ambient operation of Li/air batteries. J Power Sources, 2010, 195: 4332-4337.

[26] McCloskey B D, Speidel A, Scheffler R, et al. Twin problems of interfacial carbonate formation in nonaqueous Li-O_2 batteries. J Phys Chem Lett, 2012, 3: 997-1001

[27] Gallant B M., Mitchell R R., Kwabi D G., et al. Chemical and morphological changes of Li-O_2 battery electrodes upon cycling. J Phys Chem C, 2012, 116: 20800-20805.

[28] Garcia-Lastra J M, Myrdal J S G, Christensen R, et al. DFT+U study of polaronic conduction in Li_2O_2 and Li_2CO_3: implications for Li-air batteries. J Phys Chem C, 2013, 117: 5568-5577.

[29] Thotiyl M M O, Freunberger S A, Peng Z, et al. The carbon electrode in nonaqueous Li-O_2 cells. J Am Chem Soc, 2013, 135: 494-500.

[30] Itkis D M, Semenenko D A., Kataev E Y, et al. Reactivity of carbon in lithium-oxygen battery positive electrodes. Nano Lett, 2013, 13: 4697-4701.

[31] Lim HD, Song H, Gwon H, et al. A new catalyst-embedded hierarchical air electrode for high-performance Li-O_2 batteries. Energy Environ Sci, 2013, 6: 3570-3575.

[32] Jung HG, Jeong Y S, Park JB, Sun YK, et al. Ruthenium-based electrocatalysts supported on reduced graphene oxide for lithium-air batteries. ACS Nano, 2013, 7: 3532-3539.

[33] Sun B, Munroe P, Wang G. Ruthenium nanocrystals as cathode catalysts for lithium-oxygen batteries with a superior performance. Scientific Reports, 2013, 3: 2247-2254.

[34] Tong S, Zheng M, Lu Y, et al. A binder-free carbonized bacterial cellulose supported ruthenium nanoparticles for Li-O_2 battery. Chem Commun, 2015, 51: 7302-7304.

[35] Jian Z, Liu P, Li F, et al. Core-shell-structured CNT@RuO_2 composite as a high-performance cathode catalyst for rechargeable Li-O_2 batteries. Angew Chem Int Ed, 2014, 53: 442-446.

[36] Yilmaz E, Yogi C, Yamanaka K, et al. Promoting formation of noncrystalline Li_2O_2 in the Li-O_2 battery with RuO_2 nanoparticles. Nano Lett, 2013, 13: 4679-4684.

[37] Cao Y, Wei Z, He J, et al. α-MnO_2 nanorods grown in situ on graphene as catalysts for Li-O_2 batteries with excellent electrochemical performance. Energy Environ Sci, 2012, 5: 9765-9768.

[38] Black R, L JH, Adams B, et al. The role of catalysts and peroxide oxidation in lithium-oxygen batteries. Angew Chem Int Ed, 2013, 52: 392 -396.

[39] Liu Q, Jiang Y, X J, et al. Hierarchical Co_3O_4 porous nanowires as an efficient bifunctional cathode catalyst for long life Li-O_2 batteries. Nano Research, 2015, 8: 576-583.

[40] 刘清朝等. 多孔Fe_2O_3纳米纤维用于高容量长寿命锂空气电池催化剂. 中国科学, 2014, 44(7): 1159.

[41] Black R, Lee JH, Adams B, et al. The role of catalysts and peroxide oxidation in lithium-oxygen batteries. Angew Chem Int Ed, 2013, 52: 392-396.

[42] Xu JJ, Wang ZL, Xu D, et al. Tailoring deposition and morphology of discharge products towards high-rate and long-life lithium-oxygen batteries. Nat Commun, 2013, 4: 2438-2447.

[43] Hu Y, Han X, Cheng F, et al. Size effect of lithium peroxide on charging performance of Li-O_2 batteries. Nanoscale, 2014, 6: 177-180.

[44] Huang X, Yu H, Tan H, et al. Carbon nanotube-encapsulated noble metal nanoparticle hybrid as a cathode material for Li-oxygen batteries. Adv Funct Mater, 2014, 24: 6515-6523.

[45] Tian F, Radin MD, Siegel D J. Enhanced charge transport in amorphous Li_2O_2. Chem Mater, 2014, 26: 2952-2959.

[46] Radin M D, Rodriguez J F, Siegel D J, et al.Lithium peroxide surfaces are metallic, while lithium oxides are not. J Am Chem Soc, 2012, 134: 1093-1103.

[47] Li Y, Wang J, Li X, et al. Nitrogen-doped carbon nanotubes as cathode for lithium-air batteries. Electrochemistry Communications, 2011, 13: 668-672.

[48] Mi R, Li S, Liu X, et al. Electrochemical performance of binder-free carbon nanotubes with different nitrogen amounts grown on the nickel foam as cathodes in Li-O_2 batteries. J Mater Chem A, 2014, 2: 18746-19104.

[49] Wu G, Mack N H, Gao W, et al. Nitrogen-doped graphene-rich catalysts derived from heteroatom polymers for oxygen reduction in nonaqueous lithium-O_2 battery cathodes. ACS Nano, 2012, 6: 9764-9776.

[50] Shui J, Du F, Xue C, Li Q, et al. Vertically aligned N-doped coral-like carbon fiber arrays as efficient air electrodes for high-performance nonaqueous Li-O_2 batteries. ACS Nano, 2014, 8: 3015-3022.

[51] Jing Y, Zhou Z. Computational insights into

oxygen reduction reaction and initial Li_2O_2 nucleation on pristine and N-doped graphene in $Li-O_2$ batteries. ACS Catal, 2015, 5: 4309-4317.

[52] Li Y, Wang J, Li X, et al. Discharge product morphology and increased charge performance of lithium-oxygen batteries with graphene nanosheet electrodes: the effect ofsulphur doping. J Mater Chem, 2012, 22: 20170-20174.

[53] Ren X, Zhu J, Du F, et al. B-doped graphene as catalyst to improve charge rate of lithium-air battery. J Phys Chem C, 2014, 118, 22412-22418.

[54] Ren X, Wang B, Zhu J, et al. The doping effect on the catalytic activity of graphene for oxygen evolution reaction in alithium-air battery: a first-principles study. Phys Chem Chem Phys, 2015, 17: 14605-14612.

[55] Kwak WJ, Lau K C, Shin CD, et al. A Mo_2C/carbon nanotube composite cathode for lithium oxygen batterieswith high energy efficiency and long cycle life. ACS Nano, 2015, 9, 4129-4137.

[56] Lu J, Cheng L, Lau K C, et al. Effect of the size-selective silver clusters on lithium peroxide morphology in lithium-oxygen batteries. Nat Commun, 2014, 5: 4895-2447.

NANOMATERIALS

电催化纳米材料

Chapter 6

第6章 锂-空气电池正极催化剂纳米材料

何平，周豪慎
南京大学现代工程与应用科学学院

随着化石燃料的逐渐消耗和城市环境污染的日益严重，纯电动和混合动力汽车的开发使用越来越受到人们的重视。锂-空气电池由于其极高的理论比能量（3500W·h·kg^{-1}）与环境友好特性，已成为学术界的研究热点。但是锂-空气电池在充电过电位、库仑效率、循环寿命等方面不尽如人意，阻碍了其实际应用。近年来的研究成果表明，寻找高活性的催化材料并设计和构筑纳米结构与尺度，是解决以上困难和提高锂-空气电池综合性能的有效途径。本章从锂-空气电池电极反应机理入手，通过对碳材料、过渡金属氧化物催化材料、贵金属催化材料和可溶性催化剂等几类材料的介绍，向读者展现近年来基于有机电解液的锂-空气电池领域的纳米催化电极材料的重要研究进展。本章重点评述锂-空气电池在基础研究方面存在的理论难点，并指出了该体系今后的研究方向。

6.1 概述

6.1.1 研究背景和基本原理

目前，锂离子电池不仅广泛用于手机、笔记本电脑等便携式电子产品，而且作为电动车、混合动力汽车储能装置的应用也越来越多。由日本尼桑公司生产的最新聆风（Leaf）电动汽车用锂离子电池系统能量密度已达140W·h·kg^{-1}。但是，这仍远低于汽油在内燃机中燃烧的能量密度平均值（700W·h·kg^{-1}）[1]。就动力电池而言，锂离子电池体系的能量密度仍然较低，不能满足电动汽车长距离行驶的要求，限制了电动汽车的大规模应用。

锂-空气电池由于负极金属锂具有很高的理论比容量（3862mA·h·g^{-1}）和最低的电化学电位（–3.04V，vs.SHE）[2]，故具有极高的能量密度，其理论值可达3505W·h·kg^{-1}（按产物Li_2O_2的质量计算）[3]，远远高于锂离子电池的比能量[4～6]，也高于汽油内燃机的实际比能量。此外，作为锂-空气电池正极活性物质的氧气，可以从空气中直接获取，大幅降低了电池的成本。因此，锂-空气电

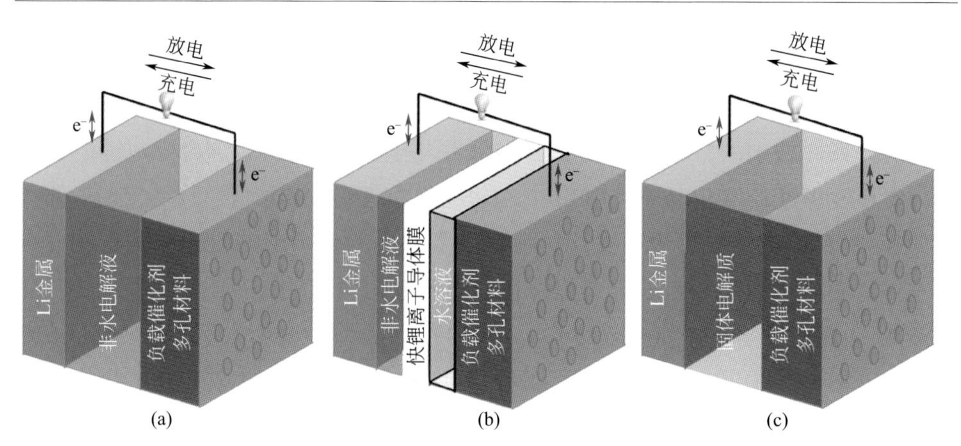

图6.1　三类锂-空气电池的示意图

（a）有机电解液型；（b）有机-水组合电解液型；（c）全固态电解质型

池被认为是目前极具发展前景的电动汽车用供能装置。与封闭的摇椅式锂离子电池相比，锂-空气电池是一个半开放体系，且充放电原理也存在很大的差异。新装的锂-空气电池放电时处于充电完成状态，可直接对外放电。放电时，负极金属锂发生氧化反应，生成锂离子进入电解液；来自空气中的氧气在正极（催化剂）表面发生还原反应并与电解液中的锂离子结合生成锂的化合物（放电产物和机理，与电解质体系及实验条件密切相关），伴随电子转移实现电能的输出；理想锂-空气电池的充电过程则为放电过程的逆反应。因需为氧气的传输提供通道并为氧还原反应（ORR）提供场所，故空气正极通常采用高化学稳定性的多孔材料。

根据工作环境及介质条件（电解液），目前研究最多的锂-空气电池主要包括有机电解液型、有机-水组合电解液型及全固态电解质型三种类型（见图6.1）[1]，也有文献单独介绍水溶液型锂-空气电池[7]，考虑到水溶液型与组合电解液型锂-空气电池有类似之处，本文中不单独展开介绍与讨论。从图6.1可以看出，各类锂-空气电池的电极界面，特别是空气正极界面反应机理也根据介质条件的不同而不尽相同。

6.1.2
有机体系

图6.1所示的三种类型锂-空气电池中，有机体系锂-空气电池结构相对简单，

符合经典的摇椅式电池结构，理论能量密度最高、体系最稳定，因而备受关注。在这类锂-空气电池中，采用溶有锂盐的有机溶剂［如烯酯类、醚类[8～14]、二甲亚砜（DMSO）[15～19]、乙二醇二甲醚（DME）[20～27]等］为电解液将锂负极与空气正极分开，放电时，电池正极发生ORR并与电解液中的Li^+结合生成锂的化合物，负极发生锂的氧化反应生成Li^+。有研究者将锂-空气电池中的空气正极催化剂与H_2/O_2燃料电池正极进行类比，在此需要说明的是两者的反应机理存在很大的差异。燃料电池中只有放电过程，且放电产物为可溶的H_2O或OH^-（取决于介质条件），燃料的多少决定电池容量；而有机体系锂-空气电池属二次电池，放电产物为非溶、绝缘的锂的化合物，如Li_2O_2［见式（6.1）］，生成的非溶产物会堵塞空气通道，同时由于绝缘而使电池极化增大最终导致放电终止，从而决定电池的容量。另外，锂-空气电池的充电过程为放电过程的逆反应，该反应原理也有别于产物为OH^-的锌-空气电池。此外，由于空气中的H_2O、N_2及CO_2等可进入电解液，导致负极金属锂腐蚀而影响电池的性能与寿命，故锂-空气电池对H_2O与N_2非常敏感。

有机体系锂-空气电池最早由Abraham等于1996年报道[28]，该体系以金属锂为负极，聚丙烯腈凝胶为电解质，多孔碳负载钛菁钴为正极，体系的放电电压2～2.8V，充电电压约4V，电池的能量密度达250～350W·h·kg^{-1}。作者通过化学分析与拉曼光谱分析认为Li_2O_2为放电主要产物，并提出电池放电反应可用式（6.1）表达：

$$2Li^++O_2+2e^- \longrightarrow Li_2O_2\ (2.96V,\ vs.Li/Li^+) \qquad (6.1)$$

不难发现，电池在充、放电时电压均远偏离2.96V，表现出较大的过电位损失，作者认为该过电位与电池的库仑效率可通过选择合适的催化剂进行改善。该工作是有机体系锂-空气电池的先驱，奠定了有机体系锂-空气电池的实验基础与基本认识。但由于电解质的原因，电池的循环性能、充放电效率、容量等效果不佳，所以当时没有引起足够的重视。随后，Read研究锂-空气电池得到的充放电曲线与Abraham等的报道相似[29]，但认为除式（6.1）反应外还存在式（6.2）反应过程，并提出电解液的组成影响氧气的溶解与扩散，选择合适的溶剂与锂盐影响锂离子的传输和反应产物。作者所提的各方面，基本涵盖了目前研究锂-空气电池所面临或需要解决的问题，对后续的研究工作具有重要的参考价值。

$$4Li^++O_2+4e^- \longrightarrow 2Li_2O\ (2.91V,\ vs.Li/Li^+) \qquad (6.2)$$

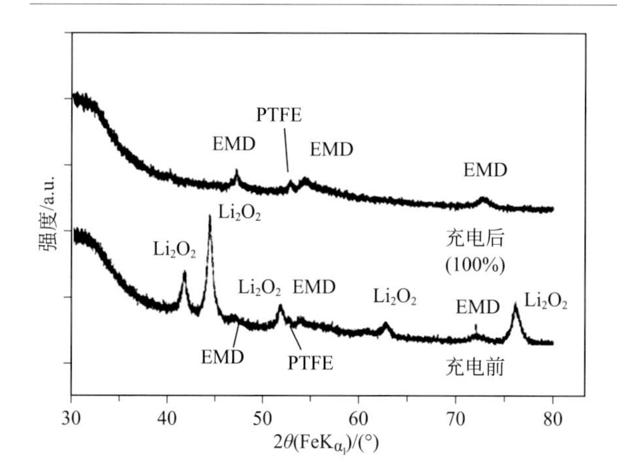

图6.2　Li_2O_2/Super S/EMD/PTFE电极在充电前、后的粉末XRD图谱

有机体系锂-空气电池得到广泛关注并迅猛发展得益于Bruce研究组于2006年的报道[30]。该研究组在此工作中证明了以碳酸酯类为电解液的锂-空气电池可实现良好的充、放电循环，同时通过对掺有Li_2O_2的电极进行XRD与原位差分电化学质谱（DEMS）分析，验证了充电过程中存在Li_2O_2的分解反应（图6.2），佐证了式（6.1）可用于表达锂-空气电池放电过程的主反应。作者还提出MnO_2等金属氧化物作为催化剂材料，可在一定程度上降低充电过电位，证实了Abraham等的观点。该工作从不同的实验角度证明了Li_2O_2为二次锂-空气电池反应的主要产物，同时展示了有机体系锂-空气电池应用的可能性，该研究所用实验方法及提出的锂-空气电池存在的问题，值得后续相关研究借鉴和参考。在此之后，有机体系锂-空气电池越来越受到重视，并得到迅速发展。

根据上述研究，有机体系锂-空气电池充放电过程存在较大的过电位，且电池的充放电效率小于70%，远低于锂离子电池的效率。随后研究人员逐渐认识到空气正极在锂-空气电池中的重要性，对空气正极的电化学反应机理也展开了深入的探索，燃料电池中所采用的技术、方法也在有机体系锂-空气电池中得到应用。如Peng等在0.1mol·L^{-1} LiTFSA/AcN（双三氟甲基磺酰亚胺锂/乙腈）体系中，通过表面增强拉曼光谱（SERS）检测到了LiO_2[31]；Laoire等在0.1mol·L^{-1} $LiPF_6$/DMSO体系中，发现ORR步骤与产物取决于电化学电位（图6.3），并认为锂-空气电池中的ORR可用式（6.3）～式（6.6）表达[15]。上述研究例子均说明锂-空气电池放电过程发生了反应（6.3）。

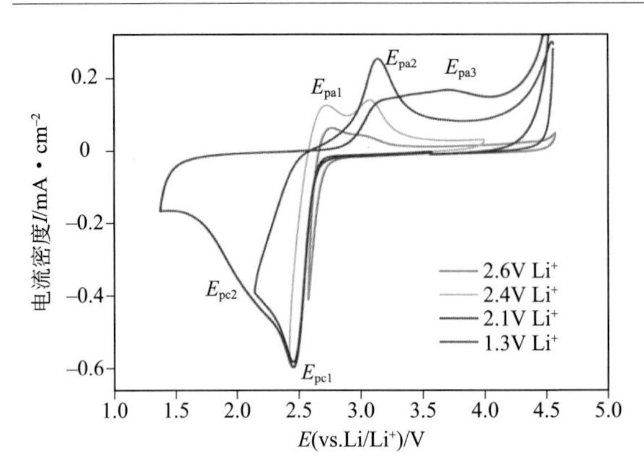

图6.3　在不同电位窗口下氧气还原的循环伏安图

$$Li^{+}+O_2+e^{-} \longrightarrow LiO_2\ (E_{pc1}) \tag{6.3}$$

$$2LiO_2 \longrightarrow Li_2O_2+O_2\ (\text{化学反应}) \tag{6.4}$$

$$LiO_2+Li^{+}+e^{-} \longrightarrow Li_2O_2\ (E_{pc2}) \tag{6.5}$$

$$Li_2O_2+2Li^{+}+2e^{-} \longrightarrow 2Li_2O \tag{6.6}$$

然而由于LiO_2的热力学不稳定性，易发生歧化反应，能否检测到该物质取决于实验手段与方法。McCloskey等在1.0mol・L^{-1} LiTFSA/DME体系中，利用DEMS发现锂-空气电池的放电过程只发生氧气的两电子还原，即只有Li_2O_2生成，与Leskes等在DME体系中，利用固体核磁共振（NMR）结合^{17}O同位素跟踪检测到Li_2O_2的结果相似[14]。Leskes等还发现生成的Li_2O_2在充电过程中会与碳电极发生反应生成碳酸盐，且随着充放电循环次数的增加而累积；放电过程中有少量LiOH生成，但具有较好的可逆性[32]。

与燃料电池中的界面反应相比，锂-空气电池中空气正极界面反应产物为不溶、绝缘的锂的化合物，O_2^{-}中间体的存在或可促进电解液氧化分解，水分子的存在会对电极反应的产物及电池性能造成较大的影响。如Wang和Xia等研究报道了水分子（即相对湿度）对非水锂-空气电池体系的影响。作者以炭黑（Ketjen black）作为空气极，金属锂作为负极，研究比较了0、15%及50%等不同湿度对电池充放电行为及充放电产物形貌、结构的影响。研究表明，水分子的存在使电池的放电容量有所增大，但电池的循环性能、倍率性能均出现不同程度的衰减，且水分子对充放电产物及其形貌、结构均有不同程度的影响。该研究证实了防水透气膜等空气正极保护材料研究的重要意义，为从目前的锂-空气电池实现锂-空气电池的研究提供了重要的实验数据与参考价值。故与燃料电池相比，锂-空气电池的界面反应更加复杂，理解锂-空气电池的界面反应机理对于选择、建立合适的电池体系，进一步提高有机体系锂-空气电池的性能具有重要的指导意义。然而该反应受介质条件等环境因素影响显著，阐明有机体系锂-空气电池的界面反应机理还需要进行大量、系统的工作。随着原位技术的发展，特别是同步辐射光源发展，原位X射线吸收精细结构（XAFS）光谱等也逐步被用于锂离子电池[33]与锂-空气电池中来[34]，相信该技术对于阐明界面反应机理将发挥重要作用。

6.1.3 组合电解液

如6.1.2节中所述，有机体系锂-空气电池的放电产物为非溶性、绝缘的锂氧化物，导致极化增大，加之产物对空气通道的堵塞，易造成电池放电提前终止，导致电池中金属锂的利用率偏低。为了有效解决该问题，Zhou研究组首先提出并发展了有机-水组合电解液型锂-空气电池［图6.1（b），亦可见图6.4（a）］[1,35]。在该设计中，与金属锂直接接触的是1mol·L^{-1} $LiClO_4$/EC+DMC有机电解液，而与空气正极直接接触的是LiOH水溶液，两相之间以LISICON隔开。该体系放电时，金属锂被氧化生成锂离子溶解在有机电解液中［式（6.7）］，氧气则在正极LiOH溶液中发生还原生成OH^-［式（6.8）］，工作原理与燃料电池相仿，故该体系亦被称为“锂-空气燃料电池”。

负极： $Li^++e^- \longrightarrow Li\ (-3.04V, vs.SHE)$ （6.7）

正极： $O_2+2H_2O+4e^- \longrightarrow 4OH^-\ (0.40V, vs.SHE)$ （6.8）

研究结果表明，该类型电池可以连续放电500h以上，比容量高达50000 mA·h·g^{-1}［基于电极总质量，放电曲线见图6.4（b）］[35]。然而由于LISICON在碱性条件下稳定性相对较差，从而影响电池的寿命，放电产物LiOH的溶解度也直接影响电池的能量密度。为了进一步提高电池的稳定性与能量密度，该研究组利用阳离子交换膜将水相电解液分隔成两室，靠近LISICON一室用$LiNO_3$溶液，靠近空气电极一室用LiOH溶液，利用该装置可以富集和回收放电产物LiOH（见图6.5）。该设计可以有效防止OH^-对LiSICON的腐蚀，同时提高锂-空气电池的能量密度。该研究组还进一步研究了温度、水相电解液酸碱度和催化剂等对有机-水组合电解液型锂-空气电池电化学性能的影响[36～40]。

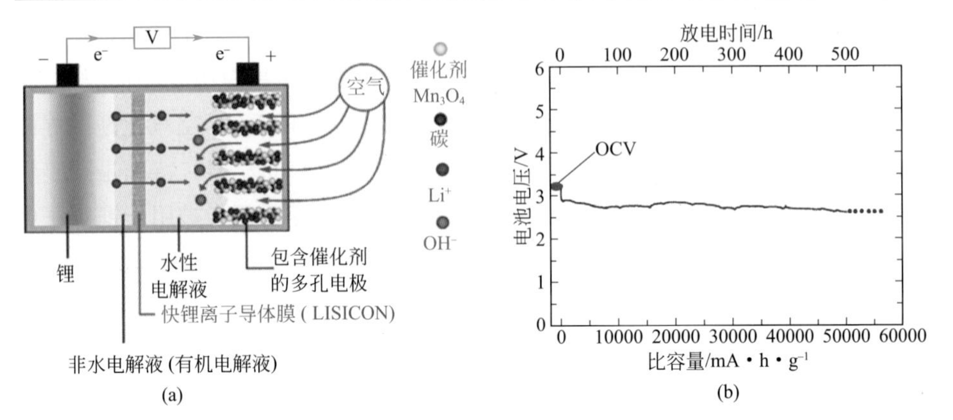

图6.4 (a)组合电解液锂-空气电池工作示意图;(b)组合电解液锂-空气电池长时间连续放电曲线

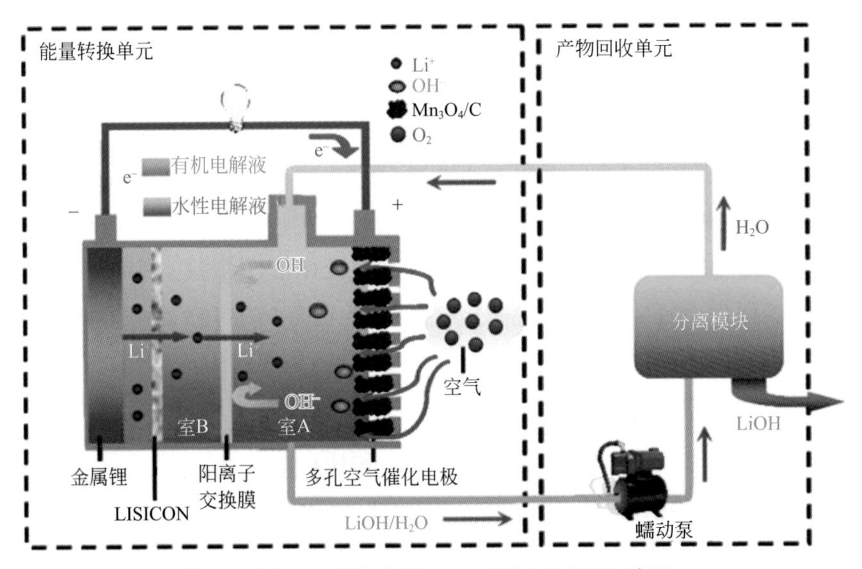

图6.5 带有能源转换及产物循环装置的锂-空气燃料电池体系示意图

在组合电解液锂-空气电池基础上，Zhou研究组与Goodengough研究组分别独立提出液流型锂-空气电池[41~44]，其结构和工作示意图见图6.6。在该类电池中正、负极发生的电化学反应可用式(6.9)和式(6.10)表示。

正极： $$M^{z+}(aq)+ne^- \xrightarrow{放电} M^{(z-n)+}(aq) \tag{6.9}$$

负极： $$n\mathrm{Li} \xrightarrow{放电} n\mathrm{Li}^+ + ne^- \tag{6.10}$$

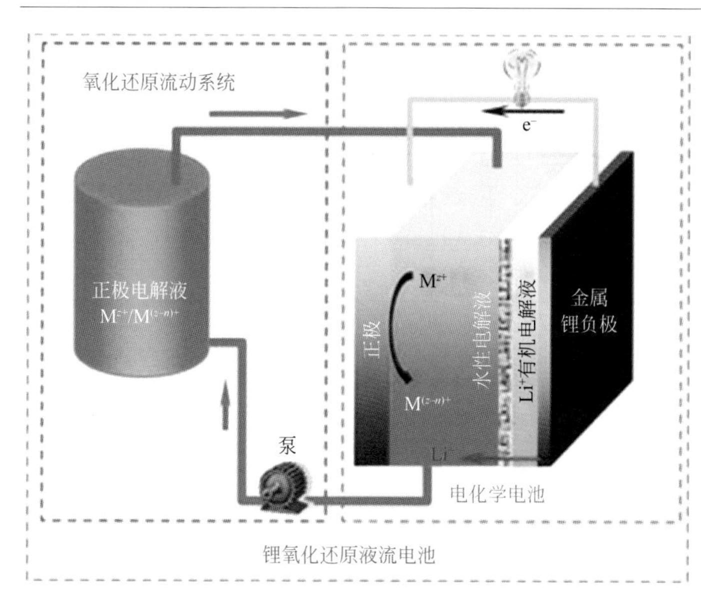

图6.6　Li/氧化还原液流型电池示意图

在该体系中，金属锂置于有机电解液中作为负极，正极则为含有氧化还原电对的流动液体水溶液，该氧化还原电对既作为正极，同时也作为催化剂；两相之间则用LISICON隔开。该类型锂-空气电池中，一方面与组合电解液锂空气电池相仿，其中的LISICON固体电解质，要求既能选择性透过Li^+，防止锂枝晶的生成，同时还能与金属锂具有良好的接触保持导电性；此外LISICON还应具有在有机电解液与水溶液中保持良好的稳定性的能力（如前所述的组合电解液型锂-空气电池）；另一方面，则是选择合适的水溶液正极。正极需要满足在水溶液中具有良好的安全、稳定性，有明确的氧化还原电位，可逆性良好且没有副反应，廉价等要求。考虑到水的分解电位窗口，则需要氧化还原电对的电位范围应在2.8 ～ 4.2V（vs.Li/Li^+）。Wang等采用$Fe^{2+/3+}$为氧化还原电对[41]，通过加入适量的HCl控制$Fe^{2+/3+}$的水解程度，在0.2mA · cm^{-2}的电流密度下，可实现循环20圈（见图6.7）。

组合电解液与液流型锂-空气电池，既克服了金属锂与水直接接触的危险，同时解决了正极不溶、绝缘的反应产物覆盖电极的难题。与有机体系相比，组合电解液型锂-空气电池使得反应机理变得简单，且可参考并利用具有更长研究、发展历史的燃料电池空气极研究成果；更重要的是，空气中除氧气以外的其他组

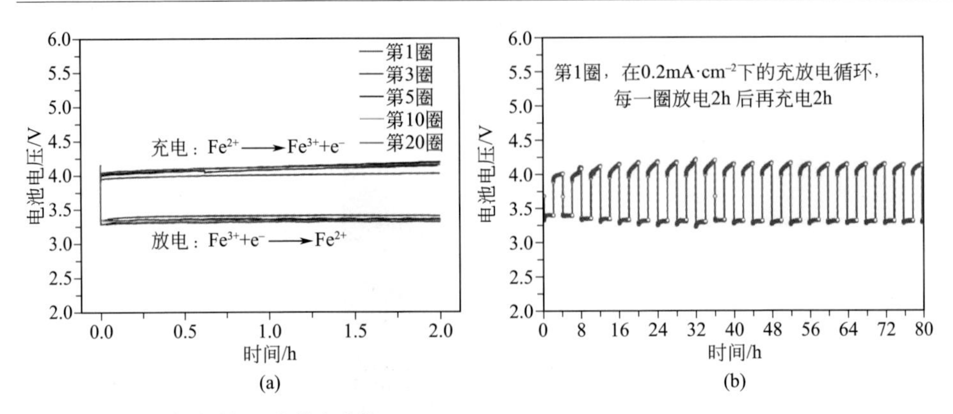

图6.7 液流型电池的循环充放电曲线

（a）充放电过程中部分循环曲线；（b）前20圈充放电循环曲线

分（如H_2O等）不会对该体系造成显著影响，且该体系的连续放电时间远远高于有机体系锂-空气电池。当然，该体系需要更加稳定、同时具有良好离子电导率的隔膜材料以提高电池的稳定性[45,46]，而液流型锂-空气电池则还需要寻找更加合适的氧化还原离子电对[41,47]。

6.1.4
全固态电解质

除上述有机电解液型与组合电解液型锂-空气电池外，全固态电解质型锂-空气电池因具有安全、稳定的三相反应界面，可在空气或氧气环境下运行等特点而备受关注［如图6.1（c）］[46]。Zhou研究组在全固态电解质型锂-空气电池方面也开展了相应的工作[48,49]，最近也对该类型电池做出了详细的评述。2012年，周豪慎课题组采用$Li_{1+x+y}Al_x(Ti,Ge)_{2-x}Si_yP_{3-y}O_{12}$（LATP）作为无机固态陶瓷电解质（CE），在金属锂负极和固体电解质之间引入聚合物电解质（PE）以避免CE和金属锂的直接接触，将CE和碳纳米管按一定比例混合制备空气电极，获得的固态锂-空气电池可逆容量可达$400mA \cdot h \cdot g^{-1}$，并能实现稳定的循环[48]。随后，该研究组采用$Li_{1+x}Al_yGe_{2-y}(PO_4)_3$（LAGP）代替LATP，该材料可以与金属锂直接接触，从而降低了电池的极化效应并得到倍率性能较好的全固态锂-空气电池（图6.8）[50]。

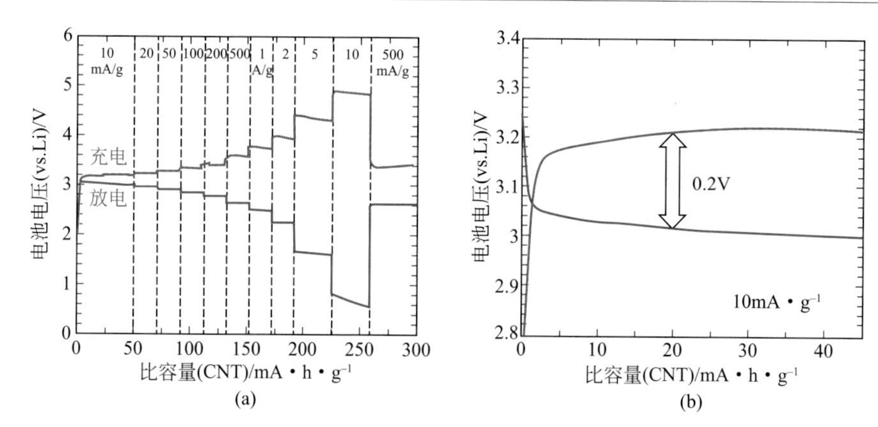

图6.8 （a）全固态Li/CE/LAGP@CNT空气电池倍率性能测试结果；（b）10mA·g^{-1}电流时的充放电曲线局部放大图

6.1.5 小结

在三种类型的锂-空气电池中，有机电解液型锂-空气电池结构相对简单，符合经典的摇椅式结构，理论能量密度最高，体系最为稳定，因而备受关注。在本小节中，我们将对基于有机电解液的锂-空气电池（后文简称锂-空气电池）领域的纳米催化电极材料进行介绍，综述近年来国内外关于有机电解液型锂-空气电池的研究进展以及在基础研究方面存在的科学问题，指出该体系面临的挑战和今后的重要研究方向。

（1）锂-空气电池面临的困难

锂-空气电池虽然具有很好的前景，但如前所述，锂-空气电池的发展尚处在起步阶段，当前的锂-空气电池体系存在的主要问题可以归纳为以下几类。

① 多孔正极材料堵塞。在锂-空气电池的放电过程中，其正极多孔材料的孔道容易被生成的放电产物Li_2O_2所堵塞，这一现象将阻止氧气在电极材料内的进一步扩散，并且会减少多孔结构储存Li_2O_2的空间，最终导致电池比容量的降低。

② OER过程中过电位过高。锂-空气电池面临的另一个问题是ORR和OER过程中过高的过电位，该问题不仅会导致电池能量效率的降低同时也会引发电解液

和正极材料的分解，降低电池的耐久度和可靠性。

③ 电解液的挥发和稳定性。传统锂离子电池所采用的碳酸酯类电解液易于被锂-空气电池放电过程产生的超氧根离子进攻而发生分解，并且由于锂-空气电池的开放式结构易导致电解液的挥发，所以寻找一种具有良好稳定性并且不易挥发的电解液也是锂-空气电池体系当前面临的挑战之一。

④ 正极碳材料的分解。在高电位下，常用于正极的碳材料会与放电产物Li_2O_2发生反应而生成副产物，造成过电位的进一步上升，电池效率下降。

⑤ 空气中其他组分对电池的污染。由于锂-空气电池的开放式结构，空气中的水分和CO_2会扩散到电极附近并与放电产物Li_2O_2和其他电极组分发生反应，从而导致Li_2CO_3、LiOH等副产物的生成，加大电池内阻，增大过电位，降低电池性能。

⑥ 锂枝晶以及氧气的“穿梭”效应对负极的影响。锂-空气电池同样受困于传统锂离子电池领域中的锂枝晶问题，锂枝晶的生成会导致电池的短路，引发安全问题。此外，正极的氧气也有可能扩散到负极材料附近而与其发生反应，引起负极电位的下降，造成电池性能的降低。

在以上所列出的问题中，改善多孔正极的堵塞问题，能够使电极材料容纳更多放电产物Li_2O_2，从而可以极大地提升锂-空气电池的比容量，提高其实用价值。而通过使用催化剂等手段降低OER过程的过电位，不但可以有效提高电池能量利用效率，同时可以避免电解液和电极材料在高电位下的分解，实现一举两得的效果。因此如何解决多孔正极的堵塞和OER过程过电位过高两个问题是锂-空气电池性能取得突破的关键。

（2）正极催化材料纳米结构化的优势及现状

锂-空气电池正极催化材料是解决多孔正极堵塞问题和OER过程过高过电位问题的关键环节。通过将正极催化材料纳米结构化，可以使正极材料获得具有巨大内部空间的孔洞结构，从而可以容纳更多放电产物Li_2O_2，获得更高的充放电比容量。此外，特定的纳米结构与具有良好催化活性的催化剂相结合还可以使催化材料具有更高的表面积，使催化剂的分布更加均匀，降低充放电过电位，从而提高电池的能量效率，避免电解液和电极材料的分解，增加电池的循环寿命。因此，应用于锂-空气电池体系中的纳米正极催化材料应具有以下特性：① 设计合理、能够容纳Li_2O_2并利于气体和电解液扩散的孔洞结构；② 良好的导电性；③ 优异的ORR和OER催化活性以及催化选择性（避免催化副反应）；④ 不与电池组分和放电产物及中间产物等发生反应；⑤ 足够的强度保证在多次充放电后结构完整孔洞不被破坏。而当前催化材料研究的难点则主要在于催化活性和稳定性提高。自锂-空气电池诞生以来，科研人员已经研究和制备出多种纳米正极催化材料，包含碳基催化材料、碳载贵金属催化材料、碳载过渡金属氧化物催化材料、非氧化物金属复合材料等。后面的部分我们将对性能较为突出的纳米正极催化材料进行介绍与分析。

6.2 碳基纳米催化材料

由于具有良好的电子导电性、较大的比表面积、高孔隙率和造价低廉等诸多优点，碳基材料作为催化剂材料的载体，已经被广泛应用于锂-空气电池的正极。此外，一些本身即具有优良催化活性的碳基材料，如炭黑（Super P、Ketjen black、Vulcan XC-72等）、碳纳米管和石墨烯等，也被直接作为锂-空气电池的正极纳米催化材料，不额外添加催化剂。这种材料的应用简化了正极材料的制备流程，降低了成本。此外，无论作为催化剂载体还是直接作为电极材料，碳基材料的结构特性是影响锂-空气电池比容量的关键因素之一。Hayashi研究组发现，碳材料的表面积越大，介孔的孔隙率越高，其放电比容量越大[51]。Meini等[52]的研究也印证了这一结论。因此，通过优化碳基材料的孔道结构，有利于电池正极中的氧气的扩散，提高电极材料利用率。此外，碳基材料的结构优化也可以为放电产物Li_2O_2提供更多的沉积空间，并能够防止先生成的Li_2O_2堵塞孔道抑制后续Li^+和O_2的扩散，从而可以使锂-空气电池获得更大的比能量。

6.2.1 多孔碳

多孔碳材料以其低成本、高导电性、高孔洞体积以及易于制备等优势被广泛应用于电极材料中。2009年，夏永姚课题组首次报道了介孔碳材料在锂-空气电池中的应用。该研究团队通过介孔硅模板制备了一种介孔泡沫碳（MFC）材料。氮气吸附测试显示，这种材料的孔径尺寸分布展现为双峰的特征（4.3nm和30.4nm，制成电极后为6.6nm和30nm），并且具有较窄的孔径分布。使用这种正极材料的锂-空气电池表现出了高达2500mA·h·g^{-1}的比容量，相比于商用的Super P材料，其比容量提升了40%。此外，在放电后对电极进行的氮气吸附测试中，放电前30nm位置的峰消失，说明在放电过程中Li_2O_2充分沉积在了孔洞结构内部（如图6.9所示）。这一结果说明介孔结构正极材料有助于Li_2O_2在电极上的沉积[53]。受类似的灵感启发，Zhang等采用纳米$CaCO_3$作为模板制备了一种蜂窝状多孔碳材料，相比于Ketjen black，它具有更高的空间利用率和氧气传输效率，比容量达到了5862mA·h·g^{-1}[54]。此后，张新波课题组采用溶胶凝胶法，以氧化石墨作为碳源并同时作为三维结构骨架，制备了原位生长在泡沫镍集流体上的多孔碳正极材料（FHPC）[55]。利用原位合成的优势，这种多孔碳材料可以直接附着在泡沫镍集流体上作为电极而无需添加黏结剂，从而增加了电极的有效载量。在充放电测试中，该材料在0.2mA·cm^{-2}的电流密度下的放电比容量高达11060mA·h·g^{-1}。即使在电流密度提高到2mA·cm^{-2}时，该材料仍能保持2020mA·h·g^{-1}的比容量。

多孔碳材料获得的巨大的性能提升可以归功于其具有较大的孔洞体积的介孔结构，这种结构在容纳大量放电产物Li_2O_2的同时避免了孔洞结构的堵塞，从而使锂-空气电池能够持续放电。但是相比于近年来逐渐引起人们关注的新型碳材料碳纳米管、石墨烯，多孔碳材料也表现出了一些性能上的短板。首先，尽管多孔碳的结构可以通过模板法便捷地控制和制备，但是由于多孔碳的密度要大于碳纳

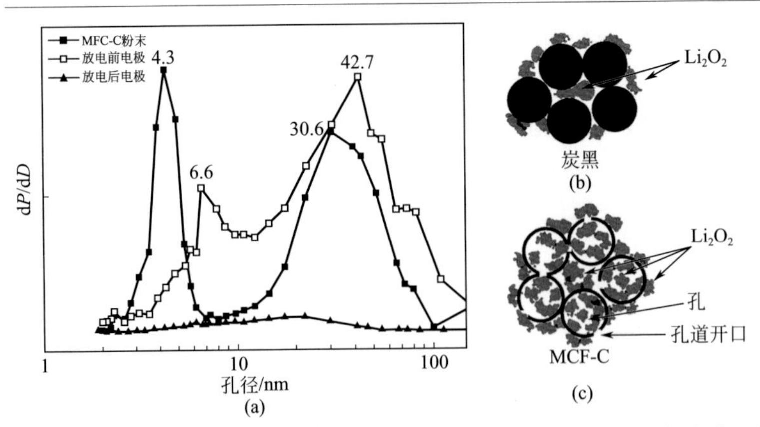

图6.9 （a）MFC-C粉末、放电前电极和放电后电极的孔径分布图；（b）炭黑材料放电后示意图；（c）MFC-C材料放电后示意图

米管和石墨烯，因此多孔碳材料的单位质量比容量要小于后两者。此外，相比于石墨烯和碳纳米管，多孔碳并不具有其特殊的一维、二维结构特性和其表面的活位点，因此其充放电的过电位要更高，能量效率较低。

6.2.2 碳纳米线/管

得益于其独特的结构，碳纳米管不但具有高化学稳定性和热稳定性，并且还有良好的弹性、抗张强度以及优异的导电性。这些特性使其在锂-空气电池领域具有很大的应用潜力。2011年，Y.Shao-Horn等利用化学气相沉积（CVD）方法在多孔氧化铝衬底上沉积了碳纳米纤维[56]，所获得的材料不添加黏结剂就可以使碳纳米线材料和铝集流体紧密结合，从而提高了电极中的活性物质占比。此外这种材料仅使用了较少量的碳载量就实现了电极上的交联孔道结构，可以极大地提高碳的利用率。采用这种材料作为空气电极的锂-空气电池能量密度可达2500W·h·kg^{-1}，功率达100W·kg（基于碳和Li_2O_2的总质量）。值得一提的是由于碳纳米线的特殊结构，放电过程中可以采用扫描电子显微镜清晰地看到Li_2O_2的形成过程。图6.10中的扫描电子显微镜的结果显示，Li_2O_2微粒生长在纳米线的

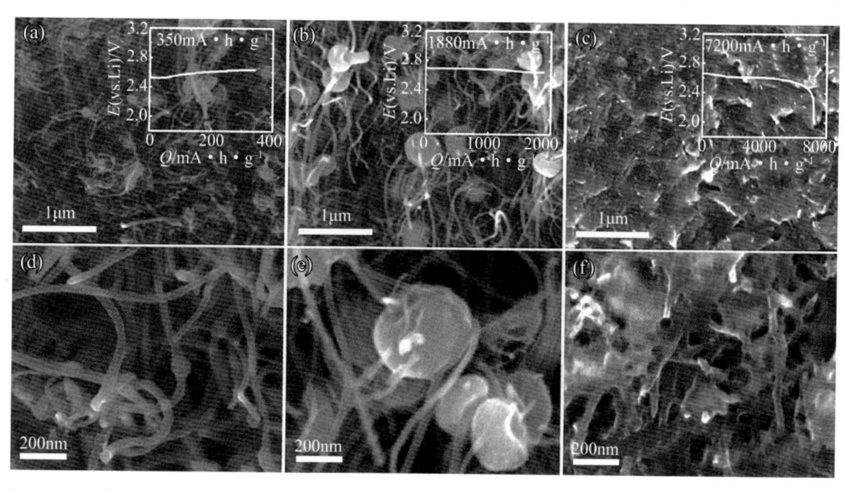

图6.10 (a)、(d) 电流密度为68mA·g^{-1}下放电至350mA·h·g^{-1}时电极SEM图；(b)、(e) 电流密度为64mA·g^{-1}下放电至1880mA·h·g^{-1}时电极SEM图；(c)、(f) 电流密度为63mA·g^{-1}下放电至7200mA·h·g^{-1}时电极SEM图

侧壁上并且呈圆环状。这一结果对研究人员理解这一放电过程中的关键进程的机理起到了巨大的帮助作用。

此后，Dai等采用硅模板上生长了珊瑚状碳纳米线簇（VA-NCCF）作为锂-空气电池的纳米正极材料[57]。这种材料不但具有有序垂直排列的线状结构，并且研究人员还通过氮掺杂的方式对材料表面进行修饰，增加了材料的催化活性。在图6.11中进行的锂-空气电池的全充放测试中，该材料的放电比容量达到了40000mA·h·g^{-1}。而在100mA·g^{-1}的电流密度下1000mA·h·g^{-1}固定容量的充放测试中，该材料的充电过电位仅为0.3V。研究人员认为这一出众的电化学性能表现是该材料的多种优势特性相结合的结果。一方面，在对图6.11（c）～（e）放电前后的材料形貌对比中可以看到，初始的材料具有许多珊瑚状的分支结构，而在放电后，其分支之间的孔隙则被放电产物密集地填满，说明该材料的珊瑚状结构十分有利于电子的传导和电解液的扩散，使得Li_2O_2得以在其表面大量沉积。

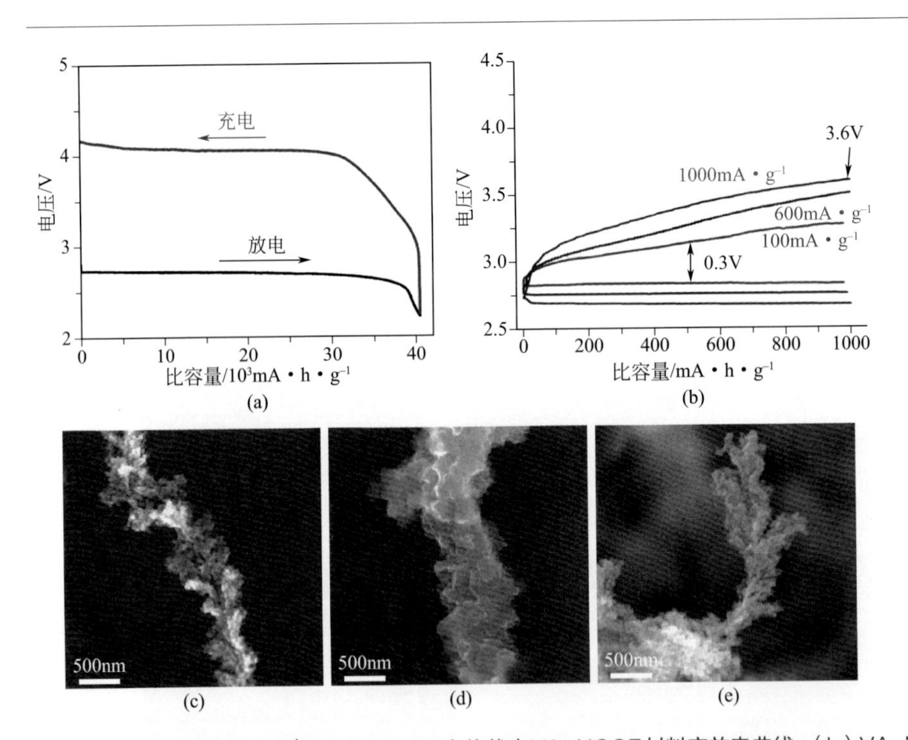

图6.11 （a）500mA·g^{-1}下2.2～4.4V电位截止VA-NCCF材料充放电曲线；（b）VA-NCCF在100mA·g^{-1}、600mA·g^{-1}、1000mA·g^{-1}的电流密度、1000mA·h·g^{-1}固定容量的充放电曲线；（c）VA-NCCF初始状态SEM图；（d）VA-NCCF放电后SEM图；（e）VA-NCCF充电后SEM图

另一方面，材料表面的氮掺杂则提升了材料的表面催化活性，降低了充电过电位。制备电极的过程中使用的多孔不锈钢布则进一步降低了接触阻抗。Y.Cui等人利用管状结构的亲水纳米聚吡咯制成的碳纳米管空气电极[11]，具有大量的氧气传输通道和反应位置，大幅提升了锂-空气电池的容量、循环效率、稳定性和倍率性能。以上的实验结果表明，碳纳米管材料内部的巨大空间可以储存大量的Li_2O_2从而有效提高锂-空气电池的比容量。此外，交联的碳纳米管网状结构也更加利于电子的转移，从而可以降低电池的过电位。

6.2.3 石墨烯

石墨烯是由碳原子组成的只有一层原子厚度的蜂窝状致密的二维晶体。自2005年被Novoselov发现以来，石墨烯作为一种新型碳材料已经吸引了广泛的关注。二维结构的石墨烯具有较高的电子电导率和极高的比表面积，而且较多的边缘和缺陷位置有助于电化学反应的发生。在锂-空气电池研究的早期，周豪慎研究组首次利用不含金属的石墨烯纳米片（GNS）作为组合电解液体系锂-空气电池的空气电极[58]，所得电池的放电电压接近于碳载20%Pt作为催化剂的效果，在$0.5mA \cdot cm^{-2}$的电流密度下充放电，表现出良好的循环稳定性（图6.12）。该实验

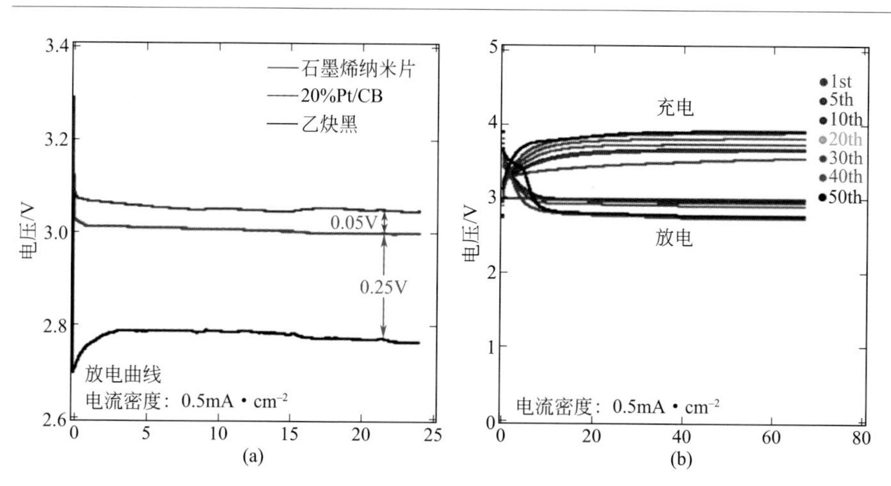

图6.12 （a）20%（质量分数）Pt/CB、GNS及AB的放电曲线，放电电流密度为$0.5mA \cdot cm^{-2}$，放电时间为24h；（b）GNS的锂-空气电池的循环次数与容量之间的关系

直接反映出放电曲线在GNS与碳负载Pt作为空气正极材料表面的区别，说明氧气与电极之间存在较强的相互作用，与Shao-Horn等的结论相符合；此外，也证实GNS作为催化剂材料的可能性。

此后，石墨烯作为正极材料也被许多研究组用于有机电解液体系的锂-空气电池中。Sun等使用石墨烯作为锂-空气电池的正极材料，在75mA·g^{-1}的电流密度下，电池的放电比容量达到了8705.9mA·h·g^{-1}（图6.13）[59]。Kim等采用微波辅助法还原氧化石墨烯的方法制备了石墨烯纳米片并对其电化学性能进行了探究[60]。电化学测试结果表明，相比于炭黑和碳纳米管，石墨烯纳米片在充放电中表现出了更低的过电位和更好的循环性能，在10圈后其库仑效率可达到87%。而在对放电产物进行的拉曼光谱表征中，采用炭黑和碳纳米管正极材料的电池中产生了$LiRCO_3$的副产物，而在使用石墨烯纳米片正极材料的情况下则未检测到该产物。这一结果也部分解释了石墨烯材料具有更低充电过电位的原因。Yan等通过电化学剥离石墨纸的方法制备了石墨烯泡沫（如图6.14所示）[61]。其研究结果显示，在对制备的石墨烯进行800℃的高温烧结后，它在拉曼光谱中表现的I_D/I_G从0.71降低到0.07，说明烧结后其缺陷减少。而在电化学测试中，烧结过后的石墨烯泡沫展现出更好的循环性能，在20圈后容量保持率达到80%，高于未烧结石墨烯的51%。这一结果表明，结构上的缺陷可能会导致石墨烯性能的下降。以上的研究结果表明，石墨烯内部的多孔通道有利于氧气的快速扩散。同时其具有巨大表面积的层片状结构可以为Li_2O_2沉积反应提供大量的活性位点与储存，并且其催化活性有利于氧气的还原。这些优势使石墨烯成为锂-空气电池领域中最具有发展前景的正极材料之一。

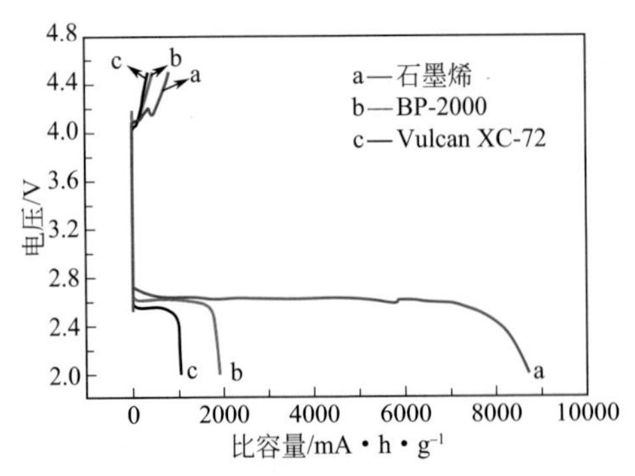

图6.13　75mA·g^{-1}电流密度下，石墨烯与BP-2000和Vulcan XC-72两种商用碳材料电极的锂-空气电池充放电曲线

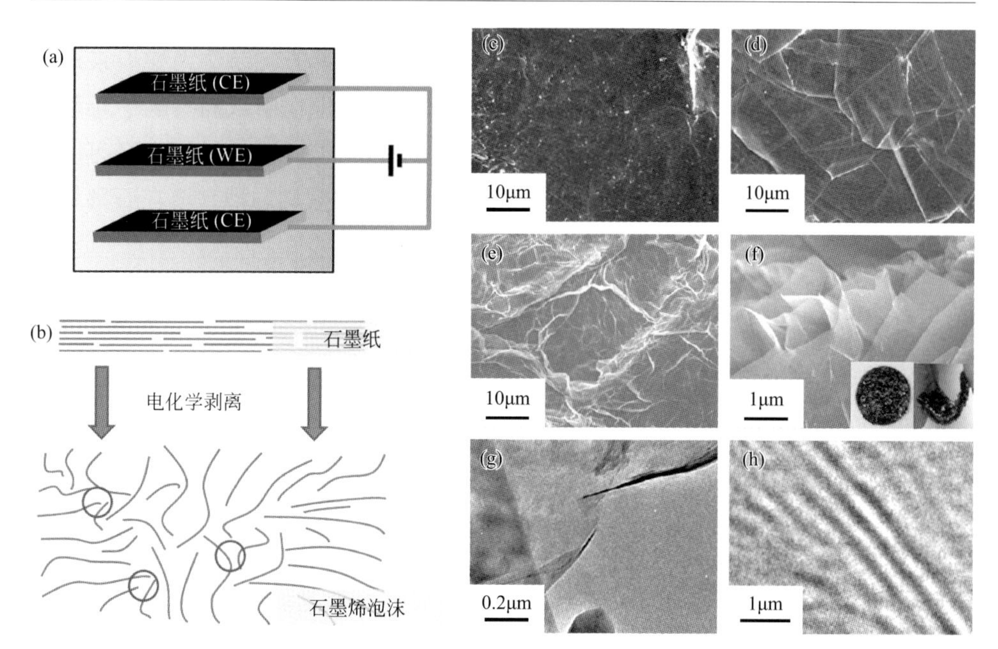

图6.14 （a）、（b）电化学剥离法制备石墨烯泡沫示意图；（c）~（f）电化学剥离0h、2h、4h、6h后产物的SEM图；（g）、（h）石墨烯泡沫TEM图

6.2.4 三维结构碳基材料

继碳纳米管、石墨烯在锂-空气电池中的应用引起广泛关注后，研究人员在这两种材料的基础上，对其结构进行改进制备了三维结构碳基复合材料。周豪慎课题组采用了多壁碳纳米管来制备正极材料[62]。通过一种浮动催化合成法，研究人员成功地将多壁碳纳米管交联在一起形成多壁碳纳米管纸［如图6.15所示］。这种材料并且可以在无集流体、不添加黏结剂的条件下直接作为电极使用。得益于对材料的高利用率，这种材料装配的锂-空气电池的放电比容量高达34600mA·h·g^{-1}，并且具有优异的循环表现。在1000mA·h·g^{-1}的固定容量充放循环中，该电池在50圈的充放循环后没有表现出明显的性能下降。研究人员认为这种优异的性能得益于碳纳米管纸的高导电性、高结晶度、机械柔性以及巨大的内部空间。

近年来，Qiu等通过一锅水热法结合高温烧结以聚苯乙烯为前驱体制备了超薄石墨烯纳米片自组装气凝胶（PGA）[63]。聚苯乙烯不但可以作为模板来形成交联三维多孔结构，并可以和氧化石墨烯之间产生静电作用从而有利于超薄石墨烯片的生成。通过扫描电子显微镜和透射电子显微镜对该材料的表征可以看出（如图6.16所示）：作为模板的聚苯乙烯（PS）小球被均匀地包裹在石墨烯片

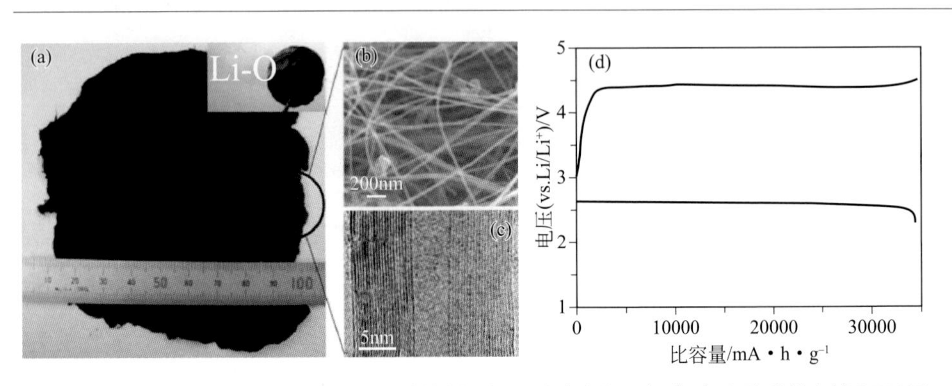

图6.15 （a）多壁碳纳米管纸照片和无黏结剂正极照片（嵌入图）；（b）多壁碳纳米管SEM图；（c）多壁碳纳米管TEM图；（d）截止电位为2.3 ~ 4.6V时，500mA · g^{-1}电流密度下多壁碳纳米管纸首圈充放电数据

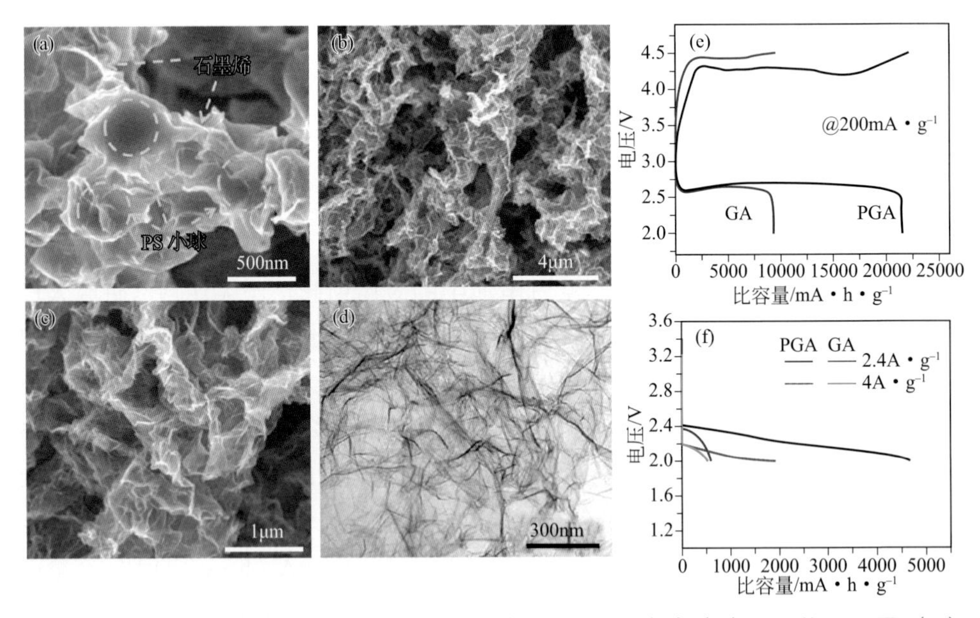

图6.16 （a）PGA前驱体（包含聚苯乙烯小球）的SEM图；（b）、（c）PGA的SEM图；（d）PGA的TEM图；（e）PGA和GA（石墨烯气凝胶）材料在200mA · g^{-1}电流密度下全充放比容量对比；（f）PGA和GA材料的倍率性能对比

层中。而在通过高温烧结去掉聚苯乙烯小球后，石墨烯薄片则形成了一种无序多褶皱状的三维结构。研究人员认为，形成这一结构的原因之一在于聚苯乙烯作为模板可以制造多孔结构并可在水热法合成和烧结过程中调整石墨烯片的组装。此外，采用聚苯乙烯小球作为支架也可以有效地防止氧化石墨在水热合成过程中的团聚，从而可以得到薄片状的石墨烯片。得益于石墨烯本身的高表面积和制备过程中所形成的多褶皱状三维结构，该材料在锂-空气电池体系中表现出了巨大的放电比容量（21507mA·h·g^{-1}）和倍率性能（2400mA·g^{-1}电流密度下达到4652mA·h·g^{-1}）。此外，该材料也表现出了一定的催化活性，降低了充电过程中的过电位。

6.2.5
碳基掺杂材料

除上述几种碳基材料外，一些碳基掺杂材料作为锂-空气电池空气电极催化剂的研究也取得了重大进展。对碳材料进行一些非金属元素的掺杂可以使材料表面形成缺陷和官能团，从而使碳材料获得更高的催化活性。Yan等通过密度泛函计算的方法探究了掺氮石墨烯材料对于氧气的吸附与解离的促进作用[64]。计算结果表明，掺氮石墨烯不仅能够促进氧气的吸附，同时也可以显著地降低氧气的解离能（从2.39eV降低至1.20eV）。此后，Li等首次将掺氮石墨烯在实际的锂-空气电池中进行了应用[65]。该研究小组通过在氨气-氩气混合气中加热石墨烯的方法得到了掺氮石墨烯。在75mA·g^{-1}、150mA·g^{-1}和300mA·g^{-1}的电流密度下，该材料的放电比容量分别达到了11660mA·h·g^{-1}、6640mA·h·g^{-1}和3960mA·h·g^{-1}，相比纯石墨烯有了显著的提升。这一性能上的提升主要是由于掺氮后石墨烯表面所添加的缺陷和官能团可以促进氧气的吸附并作为反应催化剂降低反应的活化能。Shui等合成了原子尺度分布均匀的Fe/N/C复合材料作为锂-空气电池的催化层[66]，和α-MnO_2/XC-72作为催化层相比，Fe/N/C复合材料显示了更好的催化性能。放电时，Fe/N/C复合材料作为催化层的电压稍高，但是充电电压远小于α-MnO_2/XC-72。而且，在充电过程中，采用α-MnO_2/XC-72催化层的电池除释放O_2外，同时有CO_2析出，这就意味着电池运行过程存在电解液的分解等副反应。而Fe/N/C复合材料作催化层时，在充电过程只有O_2析出，说明Fe/N/C这种材料可以有效地避免副反应的发生从而提升电池循环性能。近期，周豪慎课题组

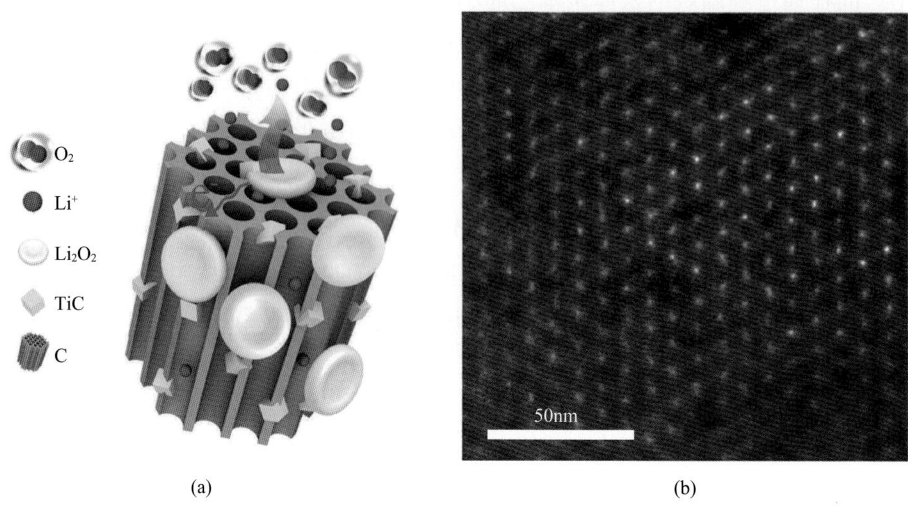

图6.17 （a）有序介孔TiC-C电极示意图；（b）有序介孔TiC-C材料SEM图

制备了有序介孔碳化钛-碳（ordered mesoporous TiC-C composite）复合材料作为锂-空气电池的正极催化材料[67]。如图6.17所示，这种材料具有独特的有序介孔结构，该结构可以促进电解液和氧气的扩散，而TiC材料本身的催化活性可以有效地降低OER过程的过电位。这两种特性使得该材料具有更大的比容量（TiC-C：3460mA·h·g^{-1}；Super P：1820mA·h·g^{-1}），并同时具有更低的充电过电位。

如前所述，碳材料具有孔隙率大、比表面积高、导电性好、能为放电产物提供足够的空间等诸多优点，新型碳材料更是以其良好的结构特性和催化活性在锂-空气电池的应用中展现出巨大潜力。

但是碳材料在锂-空气电池应用中的劣势也十分明显。由于碳材料本身具有一定的活性，在充放电过程中容易与Li_2O_2反应生成Li_2CO_3，甚至在一定条件下与氧气反应生成CO_2，同时碳材料会在一定程度上促进电解液的分解。这几种情况最终会导致副产物在电池上的沉积和电极材料的消耗，最终导致电池性能的下降。为了避免碳材料的这种腐蚀效应，对碳材料表面进行保护和修饰是一种有效的方法。如周豪慎研究组报道的CNT@RuO_2结构材料（见6.3节），一方面可以利用碳材料的高导电性、低成本的优点；另一方面，通过采用具有催化活性的材料对碳材料表面进行覆盖，不但可以防止碳材料发生副反应，也可以增加整个电极的催化活性，降低反应电位，有效地利用了两种材料的优势又同时规避了各自的短板。

6.3 贵金属

贵金属易吸附反应物，具有较高的催化活性和选择性，且抗氧化、耐腐蚀，很早就被用作各类反应的催化剂，其中铂及铂基材料已经被广泛用作燃料电池阴极氧还原催化剂。由于锂-空气电池有着与燃料电池阴极类似的氧还原反应，近年来，贵金属也被用作锂-空气电池的氧还原催化剂。

6.3.1 金、铂、钯

Bruce研究组采用经PC钝化处理的纳米多孔金电极作为空气电极[68]，在0.1mol・L^{-1} $LiClO_4$/DMSO体系中得到了循环性能优异的锂-空气电池，经过100圈循环后容量仍保持95%［见图6.18（a）］。充放电产物的FTIR与拉曼表征［图6.18（b）、（c）］结果说明Li_2O_2为放电主要产物并伴有微量的Li_2CO_3和HCO_2Li生成，但是产物在充电阶段皆能可逆分解，故能保持良好的循环性能。尽管这种金电极由于价格昂贵不适合于实际应用，并且由于其本身密度较大而导致其质量比

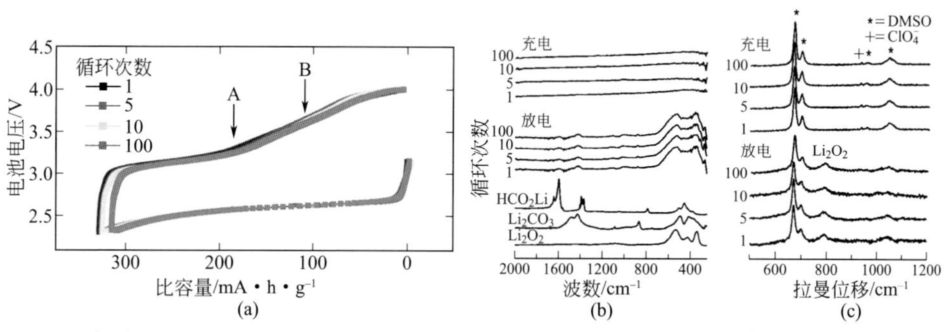

图6.18 （a）锂-空气电池的循环充放电曲线；纳米多孔金电极在0.1mol・L^{-1} $LiClO_4$/DMSO体系中充放电结束时的（b）FTIR与（c）拉曼谱图

容量较低，但是其出色的催化性能证明了贵金属在锂-空气电池领域广阔的应用前景。

Shao-Horn研究组报道了Au和Pt作为催化剂时电池的电化学性能[69]，认为Au和Pt分别有利于ORR和OER，Pt作为催化剂时，在250mA · g^{-1}的电流密度下，充电电压能降至3.8V。而多孔碳负载Pt-Au合金纳米粒子作催化层的锂-空气电池的充电电压约3.4 ～ 3.8V。该研究组进一步研究了0.1mol · L^{-1} $LiClO_4$/DME中不同贵金属对ORR的催化活性，各电极对产生2μA · cm^{-2} ORR电流密度时，对应的电极电位由正到负依次为Pd > Pt > Ru≈Au［见图6.19（a）］，此电位与氧在电极表面的吸附能呈现“火山形”关系［图6.19（b）］，该结论与燃料电池中选择优化ORR催化剂原则相仿，说明在有机电解液中ORR过程同样存在氧的吸附过程。虽然ORR的催化活性还与电解液、支持电解质等相关，且在锂-空气电池中OER的催化过程同样非常重要，但这些工作对于寻找合适的催化剂材料仍具有重要的参考价值。

Kim等制备了碳载Pt_3Co合金材料（Pt_3Co/KB），其中Pt_3Co合金纳米粒子的粒径达到了3nm，这种材料展现了及其出众的OER催化活性[70]。在100mA · g^{-1}的电流密度下，Pt_3Co/KB电极的过电位仅有135mV，远远低于Pt/KB、α-MnO_2/KB和KB电极的过电位（分别为635mV、1150mV和1085mV）。在1000mA · h · g^{-1}的定容量循环中，Pt_3Co/KB同样表现优于其他三种材料的循环性能，证明了

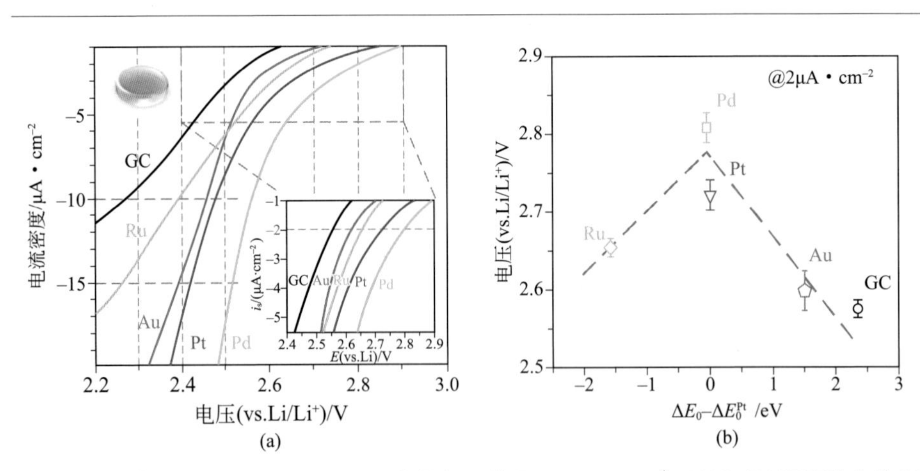

图6.19 （a）Pd、Pt、Ru、Au及GC电极在O_2饱和0.1 mol · L^{-1} $LiClO_4$/DME溶液中的ORR极化曲线，数据已扣除背景并进行IR降校准，电极转速100 r · min^{-1}，电位扫描速率20 mV · s^{-1}；（b）非水溶液中，不同电极表面ORR电流密度为2μA · cm^{-2}的电位与相对应电极表面氧气吸附能（ΔE_0：相对于Pt电极表面的吸附能）的关系图

使用Pt_3Co/KB的电池中，Li_2O_2在OER过程中分解的更为彻底。通过密度泛函理论计算，该组研究人员认为这种性能上的提升是由于该催化剂可以降低在最外层的LiO_2的吸附强度。此外，这种合金催化剂还能够促进无定形态的Li_2O_2在其周围生成，使其在充电过程可以更容易分解。

Lei等通过原子层沉积技术（atomic layer deposition，ALD）制备了碳载纳米钯催化剂作为锂-空气电池正极材料。研究发现钯的含量对于电池的性能具有巨大的影响。在100mA·g^{-1}的电流密度下，沉积了3层钯的材料表现出最高的放电比容量（6600mA·h·g^{-1}），而沉积了10层钯的电极则表现出了最低的充电电位（3.4V，vs. Li^+/Li）。

6.3.2
钌与氧化钌

Sun等通过表面活性剂辅助法制备了碳载纳米钌颗粒催化剂[71]。这种材料的放电比容量达到9800mA·h·g^{-1}，并且充放电电位差仅为0.37V。在200mA·g^{-1}的电流密度、1000mA·h·g^{-1}的容量限制下，该材料可以循环150圈而不发生明显的性能衰减，表现出了优异的稳定性。周豪慎研究组报道了Ru/ITO与Ru/STO（Sb掺杂SnO_2）等无碳电极用于锂-空气电池的空气正极[72]，由于避免了碳材料的使用，该类电极可有效减少副产物Li_2CO_3的生成并降低ORR与OER的过电位，充电电压均降至4V以下（见图6.20），且均表现出良好的循环性能。此后，该研究组又陆续报道了使用碳化细菌纤维素载钌（CBC/Ru）[73]的无黏结剂正极材料和生长在泡沫镍载纳米多孔钌的无黏结剂-无碳正极材料。前者应用了一种新型的多孔碳材料，这种网状结构的碳材料可以促进氧气和电子的扩散并且为Li_2O_2的沉积提供大量空间。而多孔碳上均匀分布的钌可以为ORR和OER过程提供足够的活性位点，从而有效降低反应过电位。而后者所报道的无碳无黏结剂纳米正极材料可以有效避免使用碳电极和黏结剂时发生的副反应。并且这种多孔钌材料具有58.3m^2·g^{-1}的比表面积和8～40nm的孔隙，为迄今为止所报道过的贵金属催化剂中的最高值。这种特性使得该材料不但由于钌的催化活性具有极低的过电位（0.1V放电，0.4V充电），还具有高达3720mA·h·g^{-1}的放电比容量（电流密度为200mA·g^{-1}的条件下）。此外，该研究组还制备了石墨烯气凝胶载钌的正极材料并将其作为锂-空气电池的正极催化剂材料[74]。得益于石墨烯气凝胶的三维孔道结构、巨大比表面积和纳米钌颗粒的优异的催化活性，该材料展现出极佳的电化学性能。其放电比容量可以达到12000mA · h · g^{-1}，并且相比于未载钌的石墨烯气凝胶（GA），其充电过电位降低了0.4V，显著地提高了能量效率［图6.21（a）］。在500mA · g^{-1}电流密度下的定容循环测试中，该材料可以循环50圈而没有明显性能衰减［图6.21（b）］。

除了金属钌之外，氧化钌也被应用为锂-空气电池正极催化剂。Lee等对比了Ru和RuO_2 · $0.64H_2O$两种催化材料在锂-空气电池中的催化活性[23]。该研究中采用还原氧化石墨烯（RGO）作为碳载体。结果表明，相比于RGO，Ru-RGO和RuO_2 · $0.64H_2O$-RGO两种材料过电位均有显著下降（RGO约为4.3V，Ru-RGO约为3.9V，RuO_2 · $0.64H_2O$-RGO约为3.7V），并且RuO_2 · 0.64-RGO的催化活性优于Ru-RGO。周豪慎等人制备了RuO_2纳米片的无碳正极材料[75]。这种RuO_2纳

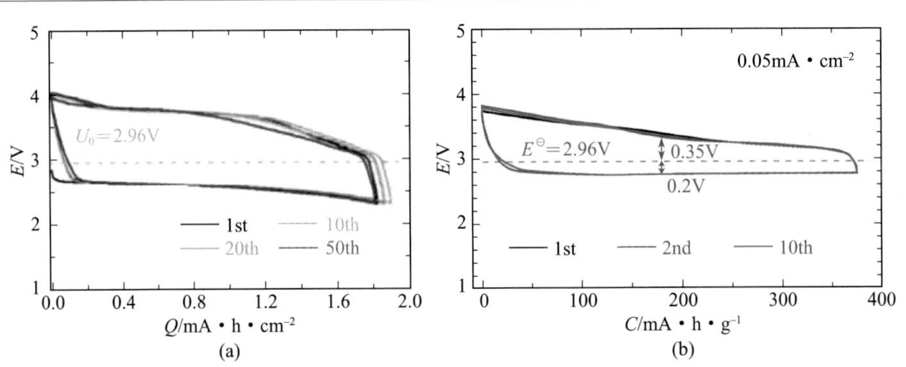

图6.20 （a）以Ru/ITO（电流密度：0.15 mA · cm^{-2}）与（b）Ru/STO（电流密度：0.05mA · cm^{-2}）为正极材料的Li-O_2电池充放电曲线

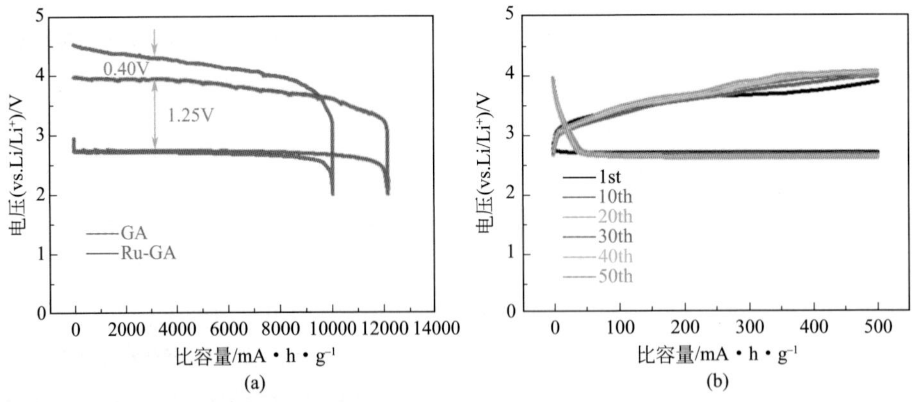

图6.21 （a）石墨烯气凝胶载钌材料对比石墨烯气凝胶材料的充放电曲线；（b）石墨烯气凝胶载钌材料500mA · g^{-1}电流密度下定容循环

米片在100mA · g^{-1}的电流密度下充电过程的过电位仅为0.54 V，并且可以获得1100mA · h · g^{-1}的比容量。这一结果说明，该材料可以有效地利用RuO_2高催化活性来降低充电过程的过电位，同时其二维结构可以促进氧气和电解液的扩散，增大材料的放电比容量。

6.3.3 贵金属基复合材料

此外，研究人员还开发了基于贵金属的复合材料。其中，周豪慎课题组制备了RuO_2包覆的碳纳米管（CNT@RuO_2）[62]，结构见图6.22（a）和（b）。从图可

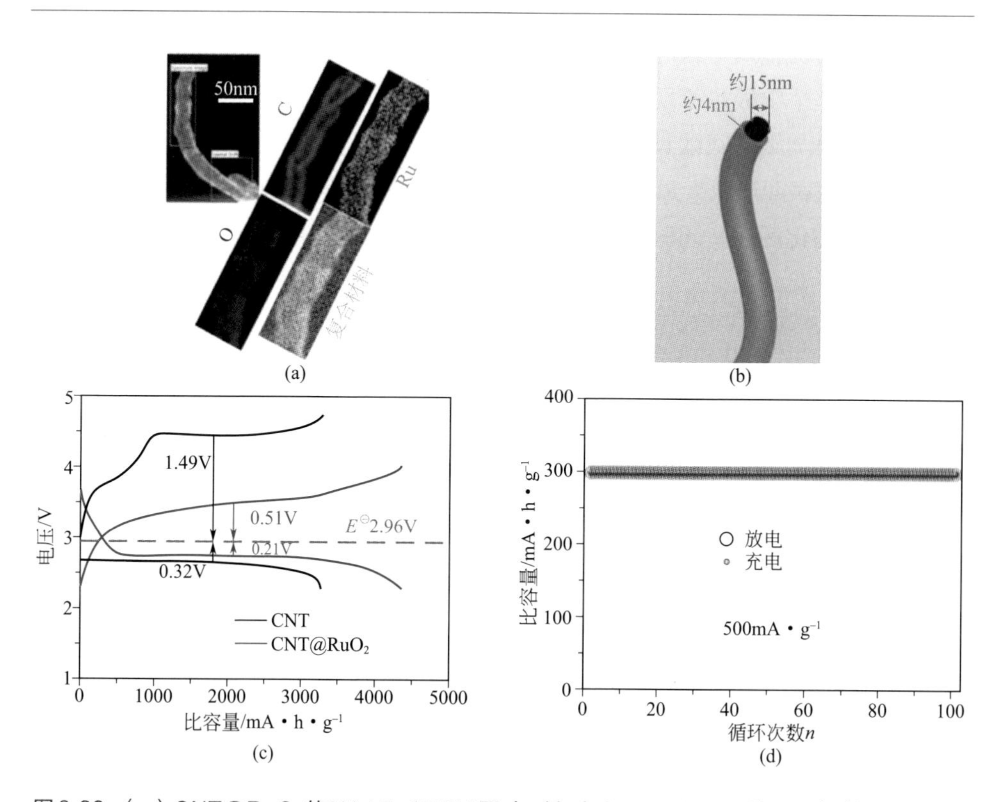

图6.22 （a）CNT@RuO_2的HAAF-STEM图与其中C、Ru及O三种元素的EDX图；（b）CNT@RuO_2结构示意图；（c）以CNTs（黑色曲线）与CNT@RuO_2（红色曲线）为空气正极材料的锂-空气电池充放电曲线，充放电电流为385mA · g^{-1}；（d）500mA · g^{-1}电流下的电池循环测试比容量与循环次数关系图

知RuO_2均匀分布在CNT外表面［如图6.22（b）所示］，包覆的RuO_2对CNT起到了很好的保护作用。与空白的CNT相比，包覆RuO_2的CNT电极材料显著降低了ORR与OER的过电位，表现为放电平台升高了0.11V，充电平台则降低了0.98V，同时电池表现出优良的循环性能［见图6.22（c）、（d）］。实验证明放电以Li_2O_2为主产物且体系具有良好的可逆性，以500mA·g^{-1}恒电流放电，控制容量300mA·h·g^{-1}的条件下能循环100圈以上而没有明显的衰减，表现出优异的循环性能。该研究工作充分利用了CNT的高比表面积、高导电性的优势，同时利用RuO_2包覆CNT，有效抑制了CNT与放电产物Li_2O_2的反应，从而提高了电池的循环性能，为改善、提高锂-空气电池提供了一个新的思路与方法。

上述研究例子表明，贵金属如Au、Ru等作为锂-空气电池正极材料可有效降低电池中ORR与OER的过电位，证明了贵金属材料对于锂-空气电池反应的良好的催化活性。但一方面由于贵金属资源有限，价格昂贵，会大幅提升电极制备成本，另一方面贵金属材料的密度较大，会降低电极材料的质量比容量，因此采用贵金属制备整个电极是不现实的。贵金属材料纳米催化剂未来的发展方向应该是将贵金属材料与碳基底或其他基底材料相结合，采用多种手段使贵金属材料均匀地分布在基底表面形成大量有利于Li_2O_2生长的活性位点，这样一方面利用了贵金属材料的高催化活性，同时也能够大幅度降低贵金属材料的使用量，降低电极制备成本。

6.4 纳米结构过渡金属氧化物

为保证电池的输出功率与电池寿命，对催化剂的用量需求比较大，考虑到贵金属作为锂-空气电池的催化剂，会提高锂-空气电池的成本，不利于产品的大范围推广；而廉价的碳材料目前存在诸如稳定性、催化活性较差的不足；过渡金属氧化物，如MnO_2等[30]，以其较低的成本和较高的催化活性，引起了研究人员的关注。在应用于锂-空气电池领域之前，过渡金属氧化物已经有过在金属-空气电池领域应用的先例（Zn-空气电池和燃料电池领域）。在锂-空气电池的应用中，过渡金属氧化物催化剂也对电池的OER进程表现出一定的催化活性，能有效降低锂-空气电池的充电过电位，有望成为锂-空气电池的主要催化剂材料。

6.4.1
锰氧化物

MnO_2是锂-空气电池发展早期应用广泛的催化剂材料，这种材料不但可以提高电池的循环效率，还能够增大电池的放电比容量。Ogasawara等在2006年引入了MnO_2作为锂-空气电池的正极催化剂材料。此后，该组研究了锰的各种氧化物作为正极催化剂材料的性能，包括商用电解二氧化锰、α-MnO_2和β-MnO_2的块体材料和纳米线材料、γ-MnO_2、λ-MnO_2、Mn_2O_3和Mn_3O_4[76]。结果表明在所测试的锰的氧化物中，α-MnO_2纳米线正极材料具有最大的放电比容量，达到了3000mA·h·g^{-1}，其充电电位为4.0V（如图6.23所示）。这一结果表明氧化锰的结构对于其在锂-空气电池中的催化性能有着巨大的影响。随后，Oloniyo等制备了α-MnO_2、β-MnO_2和γ-MnO_2的纳米线材料，α-MnO_2纳米棒，α-MnO_2纳米球和

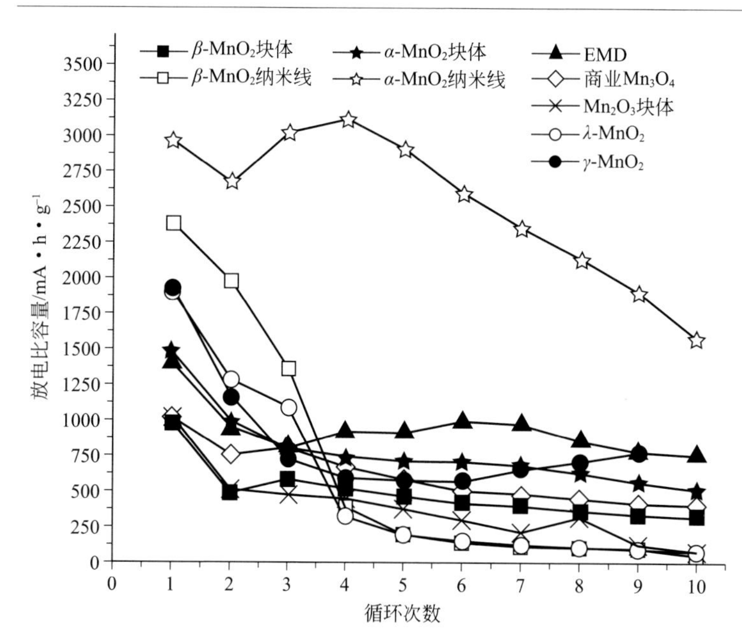

图6.23 不同结构氧化锰放电比容量随循环次数变化图

碳载α-MnO_2纳米线，并对其催化活性进行了对比[77]。在1mol·L^{-1} $LiPF_6$/PC电解液中，所有无碳支撑的纯MnO_2材料的放电比容量均在2000mA·h·g^{-1}左右。而碳载α-MnO_2纳米线则展现出极高的放电比容量，达到11000mA·h·g^{-1}。但是当电解液更换为LiTFSI/TEGDME后，β-MnO_2则具有最高的2600mA·h·g^{-1}比容量，而在PC电解液中表现出众的α-MnO_2在TEGDME电解液中则只有1300mA·h·g^{-1}的比容量。研究人员认为这种在不同电解液中不同的表现可能与材料表面的特性有关。

值得注意的是，正极材料中MnO_2的含量也是影响材料性能的关键因素。Chung等对MnO_2含量不同的正极材料进行测试后发现[78]，当MnO_2的质量分数为15%时，电池表现出最好的容量保持能力，而当MnO_2的质量分数为5%时电池具有最高的放电比容量。

除MnO_2之外，其他锰的氧化物也同样被作为锂-空气电池正极催化剂材料进行研究。Minowa等在实验中发现Mn_2O_3相比于MnO_2展现出了更大的放电比容量和更小的充放电电位差。为了进一步提高这种催化剂材料的性能，该研究组对材料中的Mn位置进行了替换掺杂，形成了$Mn_{1.8}M_{0.2}O_3$结构的掺杂材料，其中掺杂的M元素有Fe、Ni、Co。结果表明，$Mn_{1.8}Fe_{0.2}O_3$材料的催化性能相比于Mn_2O_3有了提升，表现为更大的放电比容量和更低的充放电电位差。

6.4.2
钴氧化物

2007年，Bruce研究组比较了不同过渡金属氧化物作为催化剂对锂-空气电池性能的影响，研究表明，Fe_3O_4、CuO和$CoFe_2O_4$作为催化剂时电池有较好的容量保持率，而催化剂Co_3O_4在提高比容量的同时，可改善电池的循环性能，证明了Co_3O_4在对锂-空气电池反应的催化活性；Park等采用商用Co_3O_4制备了正极材料[79]，取得了近2000mA·h·g^{-1}的比容量，但是充电过程所得到的容量只有放电过程的34%。L.Nazar等人利用还原的氧化石墨烯载负纳米颗粒Co_3O_4作为催化剂，和炭黑（Ketjen black）3：7混合作为催化层，140mA·g^{-1}电流密度下能有效降低充电电压至3.5～3.75V，比Ketjen black低400mV。Riaz等制备了只包含Co_3O_4的正极材料[80]，并对比了不同形貌（纳米片、纳米花、纳米针状）的Co_3O_4的性能表现。图6.24中结果显示，三种材料的放电比容量排序为：纳米片

（1127mA·h·g^{-1}）< 纳米花（1930mA·h·g^{-1}）< 纳米针（2280mA·h·g^{-1}）。这三种材料的充电过电位相近，但是Co_3O_4纳米针表现出最好的循环性能。在此基础上，Ming等制备了中空的多孔Co_3O_4电极材料[81]（如图6.25所示），该

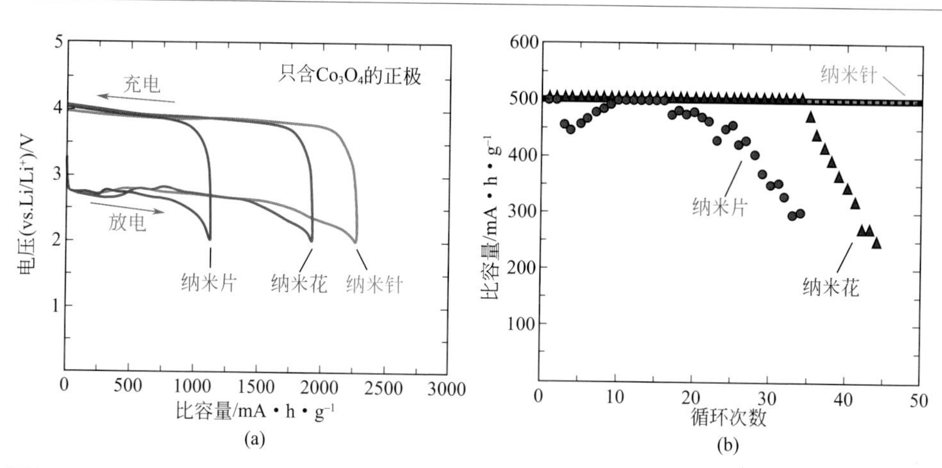

图6.24 不同形貌Co_3O_4（a）充放电曲线和（b）循环性能图

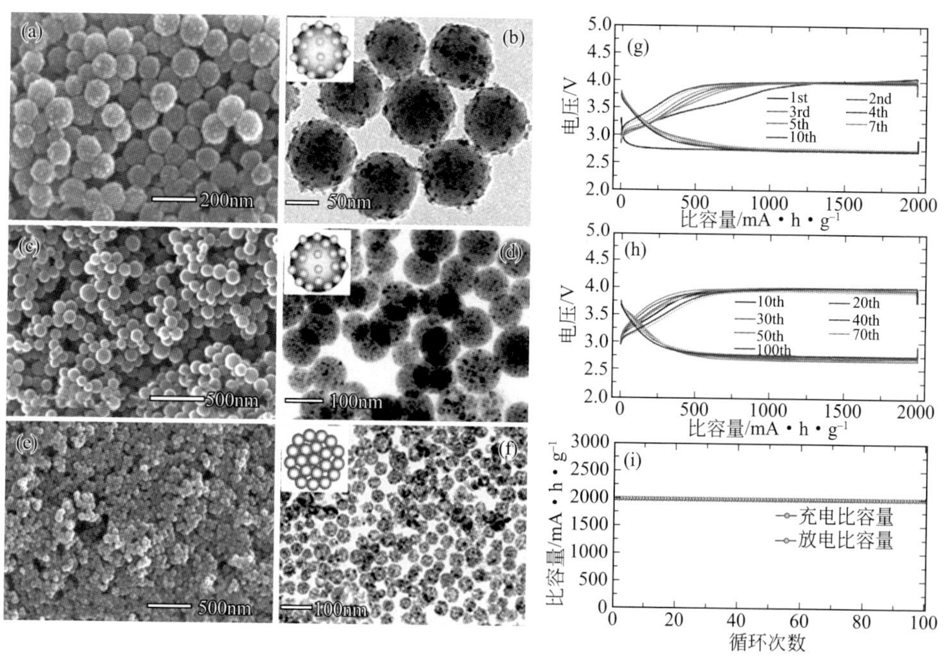

图6.25 （a）（c）（e）和（b）（d）（f）分别为碳载钴盐前驱体、碳载CoO_x和碳载多孔中空Co_3O_4纳米粒子的SEM图和TEM图；（g）多孔中空Co_3O_4材料的前10圈充放循环和（h）10～100圈循环图；（i）材料的容量保持性能图

材料相比于介孔Co_3O_4和Co_3O_4纳米颗粒，其过电位较低（4.0V），并且在2000mA·h·g^{-1}定容量循环中可以稳定循环100圈，表现出优异的循环性能。Cui等在泡沫镍集流体上直接生长了纳米Co_3O_4催化材料[82]。该电极材料中无须添加碳和黏结剂便可进行充放电，有效地规避了副反应的发生。在电化学性能测试中，该催化材料的放电电位高达2.95V，接近了锂-空气电池放电的理论电位，而充电电位为3.44V，具有很高的能量效率。此外这种材料的放电比容量达到了4000mA·h·g^{-1}，并且相比于碳支撑材料，其容量保持性更好，这得益于循环过程中副产物的减少。Anandan等对Co_3O_4的Co位进行替换制备了$Mn_{0.5}Co_{2.5}O_4$、$MnCo_2O_4$和$Mn_{1.5}Co_{1.5}O_4$三种材料[83]。这三种材料的放电电位与Co_3O_4相差不多，比容量略低于Co_3O_4材料。但这三种材料的充电电位相比于Co_3O_4则有了显著降低。

此外，另一种掺杂材料$NiCo_2O_4$，也被许多研究组应用于锂-空气电池正极催化剂材料[84]。介孔$NiCo_2O_4$纳米片材料相比于纯碳电极，其放电起始电位更高（2.9V）、放电比容量更大（1560mA·h·g^{-1}），并且具有更低的过电位。另一种纳米棒形貌的$NiCo_2O_4$电极材料则在200mA·g^{-1}、1000mA·g^{-1}的电流密度下达到了13250mA·h·g^{-1}和5700mA·h·g^{-1}的比容量，远远高于炭黑材料。此外该材料还表现出优越的充电过电位和循环性能。Li等使用KIT-6作为模板制备了有序介孔$NiCo_2O_4$材料[85]。该研究组发现，当电极中$NiCo_2O_4$含量分别为20%、45%和70%时，其放电比容量为4357mA·h·g^{-1}、4120mA·h·g^{-1}和1881mA·h·g^{-1}。而电池的充电电位则随着$NiCo_2O_4$含量的升高（20%～70%）从4.0V降低至3.75V。

6.4.3
镍氧化物

周豪慎课题组通过简便的醇热法制备了介孔氧化镍纳米片（mesoporous NiO nanosheet）作为锂-空气电池的正极材料[86]。该材料展现了较好的催化活性，可以有效地降低锂-空气电池的充电过电位。此外，通过原位电化学差分质谱法（图6.26所示），研究人员发现NiO纳米片还可以同步催化锂-空气电池副产物Li_2CO_3的分解，这一特性可以有效地提升电池的循环稳定性。

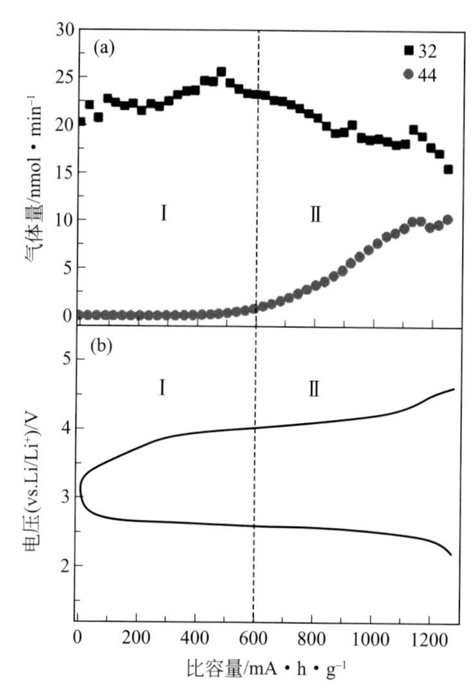

图6.26 （a）采用原位电化学质谱检测的充电过程O_2和CO_2释放曲线；（b）100mA·g^{-1}电流密度下NiO纳米片正极材料充放电曲线

6.4.4 复合氧化物

钙钛矿结构金属氧化物已经被广泛应用于燃料电池等领域并对金属-空气电池的ORR和OER进程表现出了良好的催化活性。近些年，该材料也被应用于锂-空气电池领域用来促进ORR和OER反应。Fu等人通过溶胶凝胶法和固相反应法分别制备了g-$La_{0.8}Sr_{0.2}MnO_3$和s-$La_{0.8}Sr_{0.2}MnO_3$作为锂-空气电池正极催化剂材料[87]。其中，在0.1mA·cm^{-2}的电流密度下，g-$La_{0.8}Sr_{0.2}MnO_3$的比容量（1900mA·h·g^{-1}）要大于s-$La_{0.8}Sr_{0.2}MnO_3$（1200mA·h·g^{-1}），并且g-$La_{0.8}Sr_{0.2}MnO_3$材料的放电电位也要比s-$La_{0.8}Sr_{0.2}MnO_3$高0.2V。该结果说明$La_{0.8}Sr_{0.2}MnO_3$等钙钛矿结构催化剂的催化性能可能与其形貌有关。此后，张新波课题组合成了多孔纳米管结构的$La_{0.75}Sr_{0.25}MnO_3$（PNT-LSM）作为锂-空气电池的催化剂[88]，结果表明PNT-LSM能够有效降低充电过电压，从而提高充放电效率，并且PNT-LSM的中空孔道结

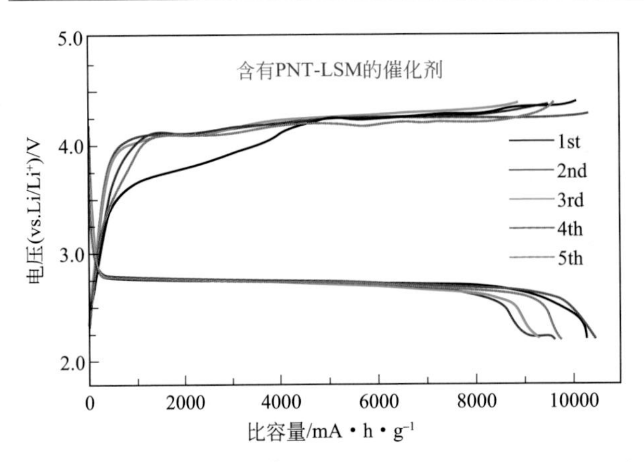

图6.27　0.025mA · cm^{-2}电流密度下PNT-LSM作催化剂的锂-空气电池充放电曲线

构有利于提高电池容量，改善电池倍率性能和循环性能，如图6.27所示。Zhao等[89]通过微乳液法和退火法相结合的方式制备了有序介孔$La_{0.5}Sr_{0.5}CoO_{2.91}$材料。在50mA · g^{-1}的电流密度下该材料的放电比容量高达11059mA · h · g^{-1}。

尽管目前所报道的大部分过渡金属氧化物催化剂均表现出了一定的OER催化活性，但是相比于贵金属催化剂，使用过渡金属氧化物催化剂所得到的充电过电位仍然偏高，在大部分情况下仍然会导致碳电极和电解液的部分分解，从而使电池性能下降。因此具有更高活性的过渡金属氧化物催化剂仍有待于进一步开发和研究。

6.5 可溶性催化剂

近年来，一种被称为氧化还原电对的新型可溶性催化剂在锂-空气电池领域引起了广泛的关注。该类型催化剂起先被Owen等人用于锂-空气电池的氧还原过程中（ORR）来降低放电反应的过电位[90]。此后，氧化还原电对也相继被一些研究组用于降低锂-空气电池的充电过电位。这种可溶性催化剂通常基于一些可溶性的具有氧化固态Li_2O_2能力的氧化还原活性分子，在充电过程中，氧化还原电对分子（redox mediator，RM）先于Li_2O_2被氧化，成为RM^+，RM^+随后氧化Li_2O_2并释放氧气，自身重新被还原为RM。与传统的无法扩散的固相催化剂相比，可溶性催化剂与放电产物Li_2O_2具有更大的接触面积，从而使其拥有更高的催化活性。

6.5.1
多环类氧化还原电对

Bruce研究组研究比较了四硫富瓦烯（TTF）、二茂铁（FC）及*N*,*N*,*N'*,*N'*-四甲基对苯二胺（TMPD）三种氧化还原电对[91]。通过差分电化学质谱法（DEMS），研究人员发现使用TTF作为催化剂时充电过程的e^-/O_2比例为2.01，十分接近锂-空气电池理论充电反应的$2.0e^-/O_2$。而另外两种材料（FC和TMPD）的e^-/O_2则分别为2.24和4.55，说明这两种氧化还原电对可能存在不稳定的问题，而TTF/TTF^+更适用于作为锂-空气电池的可溶性催化剂。在纳米多孔金作为正极材料，$LiClO_4$/DMSO作为电解液的锂-空气电池体系中，当含有TTF/TTF^+时，电池的充电电压约为3.5V，且电池可循环100次以上。此外，相比于不含TTF的情况，包含TTF的锂-空气电池的充电过电位得到了显著的降低，如图6.28所示。Benjamin等采用了2,2,6,6-四甲基哌啶酮（TEMPO）作为锂-空气电池的可溶性催化剂[92]。在研究人员所进行的全充放电对比试验中，没有加入TEMPO的锂-空气电池在充电过程中只能达到放电容量的1/3，而使用了TEMPO的电池则可以

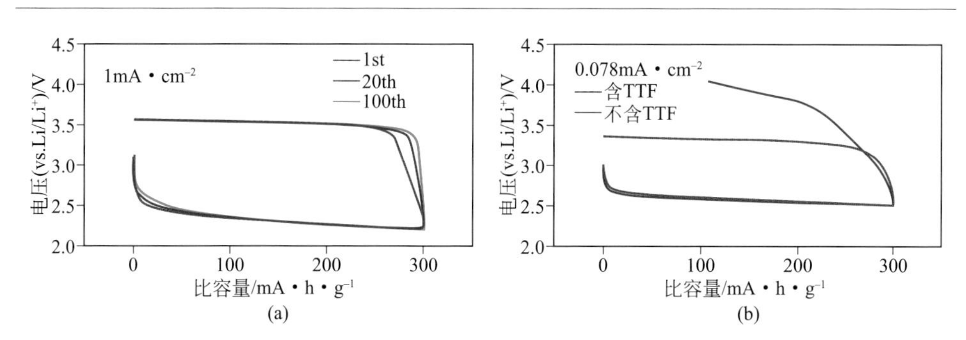

图6.28 （a）在不同电流密度下含TTF的锂-空气电池的循环稳定性；（b）锂-空气电池在含TTF和不含TTF时的充电过电位对比

完全充回放电的容量，展现了良好的可逆性。在定容量循环重放测试中，采用了TEMPO的锂-空气电池可以循环55圈，对比之下，未采用TEMPO的电池则只能循环27圈。研究人员表示这一表现可以归功于TEMPO对于充电过电位的显著降低，从而降低了副反应在循环过程中对电池的影响。此后，周豪慎课题组报道了*N*-甲基吩噻嗪作为可溶性催化剂在锂-空气电池当中的应用[93]。据报道，该催化剂可以显著降低锂-空气电池的充电过电位（降幅达到800mV），从而大幅提升电池的能量效率。

6.5.2
碘化物

Lim等使用了碘化锂（LiI）作为锂-空气电池的可溶性催化剂[94]。实验结果表明LiI具有优异的催化活性，可以大幅降低锂-空气电池的充电过电位。在1000mA・h・g^{-1}固定容量充放测试中，采用催化剂体系的锂-空气电池在充电过程中的过电位仅有0.25V，远远低于采用铂催化剂和未加入催化剂时的充电电位，并且也是迄今为止所报道过的最低过电位［如图6.29（a）］。并且在2000mA・g^{-1}的电流密度下进行固定容量充放循环测试（1000mA・h・g^{-1}），电池可以稳定的循环900圈［图6.29（b）］，表现出极为优异的性能。

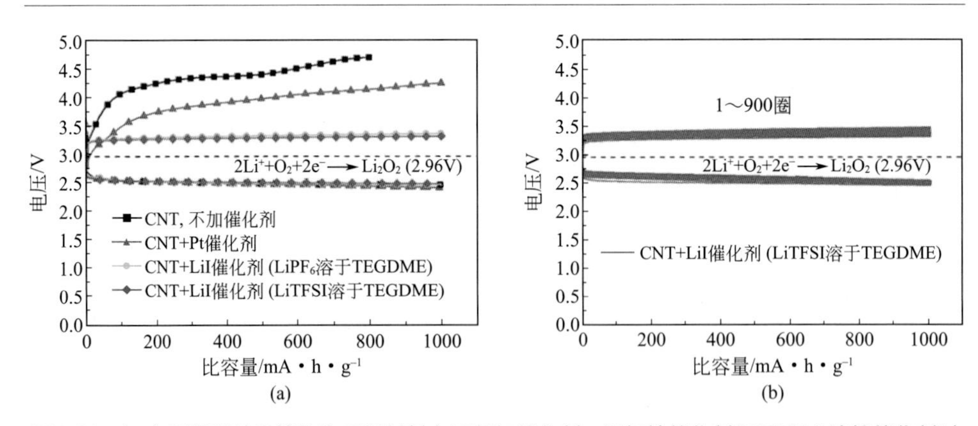

图6.29 （a）采用碳纳米管作为正极材料在不添加催化剂、添加铂催化剂和采用LiI液相催化剂时的充放电曲线，电流密度为2000mA・g^{-1}，容量限制为1000mA・h・g^{-1}；（b）采用LiI催化剂时电池的充放电循环曲线

6.5.3 水

除了上述几种可溶性催化剂之外，水作为一种可溶性催化剂近期也引起了研究人员的注意。周豪慎课题组发现在二甲基亚砜（DMSO）电解液当中加入少量水（120μL/L）后可以显著降低锂-空气电池的充电过电位［见图6.30（a）］[95]。而电解液中的水分对于充电进程的催化机理与其他几种可溶性催化剂有一定区别。如图6.30（b）所示，① 少量的水首先与放电产物Li_2O_2发生反应而生成可溶的LiOH和H_2O_2；② H_2O_2在MnO_2的催化下分解为水和氧气；③ LiOH在充电过程中发生电化学分解，释放氧气和水。总反应中水作为催化剂不被消耗，其作用是在反应过程中将难溶的Li_2O_2转化为可溶性的LiOH，从而使其与电极可以更充分的接触，降低了反应的过电位。而在最近的一篇研究报道中，Grey等采用了水和LiI两种可溶性催化剂相结合的方式[96]，继将放电产物Li_2O_2转化为LiOH后，又通过LiI来催化LiOH的电化学分解，进一步降低了反应的过电位，提高了电池的性能。

可以看出，可溶性催化剂在锂-空气电池领域具有广泛的应用前景，但目前其仍然存在一些问题，其中之一便是氧化还原电对的穿梭效应，这种现象会导致氧化还原电对扩散到金属锂负极而与其发生副反应。尽管作为电荷传递媒介，氧化还原电对分子从正极集流体扩散到放电产物Li_2O_2的距离要远小于从正极扩散到负极的距离，但是根据Benjamin等人研究中的实验结果和理论计算，氧化还原电

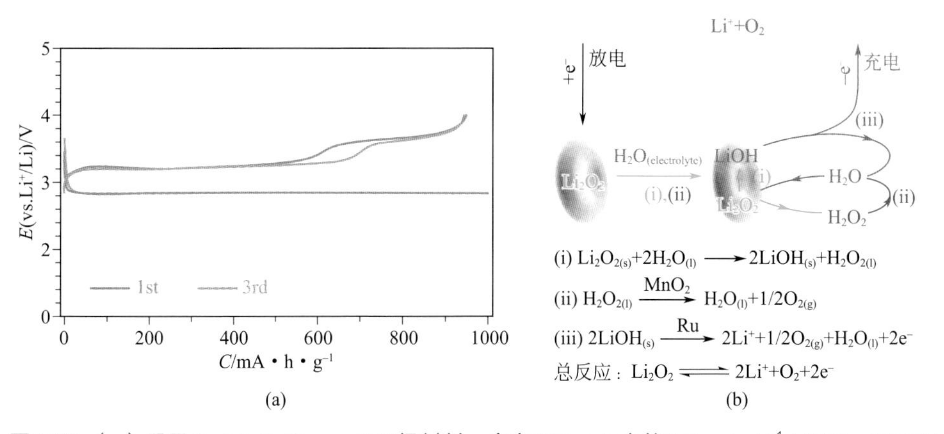

图6.30 （a）采用Ru/MnO_2/Super P正极材料，含有120μL/L水的0.5mol · L^{-1} $LiClO_4$-DMSO电解液的锂-空气电池的首圈和第三圈充放电曲线；（b）水催化可能的反应机理

对的穿梭仍然存在。这种现象在长时间的充放循环中会导致电池的过电位上升、循环性能下降。因此如何规避氧化还原电对在锂-空气电池中的穿梭问题是可溶性催化剂当前的一大挑战。在未来的研究中，对正极材料的纳米结构进行针对性的设计防止氧化还原电对分子向负极的扩散是一种可行的解决方案。此外，也可以采用类似水体系锂-空气电池中常用的锂离子隔膜来对负极金属锂进行保护。

6.6 总结与展望

空气正极被认为是限制锂-空气电池发展的关键因素，对于空气正极的研究，一方面，需要利用现代原位技术（如FTIR、拉曼、同步辐射光源、DEMS等）及同位素示踪法等阐明电极界面反应，特别是OER过程的反应机理，这对有效研究开发具有较高催化活性的电极材料具有重要的指导作用；另一方面，还需要研究开发具有高活性的催化材料并构筑和设计纳米结构与尺度的ORR与OER双功能催化剂材料。特别是无碳的过渡金属氧化物及TiC、TiN等复合材料，具有催化效果良好、稳定、廉价等优点，符合锂-空气电池电极材料的特点，是今后发展的趋势。此外，利用基于氧化还原电对的可溶性催化剂，以达到有效降低ORR与OER过电位的目的，也是今后发展锂-空气电池的一个重要方向。

参考文献

[1] Jiang J, Liu X F, Zhao S Y, et al. Research progress of organic electrolyte based lithium-air batteries. Acta Chim Sinica, 2014, 72 (4): 417-426.

[2] Xu K, von Cresce A. Interfacing electrolytes with electrodes in Li ion batteries. J Mater Chem, 2011, 21 (27): 9849-9864.

[3] Bruce P G, Freunberger S A, Hardwick L J, et al. Li-O_2 and Li-S batteries with high energy storage. Nature Materials, 2012, 11 (1): 19-29.

[4] Gu D M, Zhang C M, Gu S, et al. Research progress and the limiting factors that affect performance of the lithium air batteries. Acta Chim Sinica, 2012, 70 (20): 2115-2122.

[5] Gu D M, Wang Y, Gu S, et al. Research progress and optimization of non-aqueous electrolyte for lithium air batteries. Acta Chim Sinica, 2013, 71

(10): 1354-1364.

[6] Wang F, Liang C S, Xu D L, et al. Research progress of lithium-air battery. J Inorg Mater, 2012, 27 (12): 1233-1242.

[7] Lee J S, Kim S T, Cao R, et al. Metal-air batteries with high energy density: Li-air versus Zn-air. Advanced Energy Materials, 2011, 1 (1): 34-50.

[8] Freunberger S A, Chen Y, Drewett N E, et al. The lithium-oxygen battery with ether-based electrolytes. Angew Chem Int Ed Engl, 2011, 50 (37): 8609-8613.

[9] Lu Y C, Kwabi D G, Yao K P C, et al. The discharge rate capability of rechargeable Li-O_2 batteries. Energy & Environmental Science, 2011, 4 (8): 2999-3007.

[10] McCloskey B D, Scheffler R, Speidel A, et al. On the efficacy of electrocatalysis in nonaqueous Li-O_2 batteries. J Am Chem Soc, 2011, 133 (45): 18038-18041.

[11] Cui Y, Wen Z, Liang X, et al. A tubular polypyrrole based air electrode with improved O_2 diffusivity for Li-O_2 batteries. Energy & Environmental Science, 2012, 5 (7): 7893-7897.

[12] Gallant B M, Mitchell R R, Kwabi D G, et al. Chemical and morphological changes of Li-O_2 battery electrodes upon cycling. Journal of Physical Chemistry C, 2012, 116 (39): 20800-20805.

[13] Harding J R, Lu Y C, Tsukada Y, et al. Evidence of catalyzed oxidation of Li_2O_2 for rechargeable Li-air battery applications. Phys Chem Chem Phys, 2012, 14 (30): 10540-10546.

[14] McCloskey B D, Scheffler R, Speidel A, et al. On the mechanism of nonaqueous Li-O_2 electrochemistry on C and its kinetic overpotentials: some implications for Li-air batteries. Journal of Physical Chemistry C. 2012, 116 (45): 23897-23905.

[15] Laoire C O, Mukerjee S, Abraham K M, et al. Influence of nonaqueous solvents on the electrochemistry of oxygen in the rechargeable lithium-air battery. Journal of Physical Chemistry C, 2010, 114 (19): 9178-9186.

[16] Xu D, Wang Z L, Xu J J, et al. Novel DMSO-based electrolyte for high performance rechargeable Li-O_2 batteries. Chem Commun, 2012, 48 (55): 6948-6950.

[17] Peng Z, Freunberger S A, Chen Y, et al. A reversible and higher-rate Li-O_2 battery. Science, 2012, 337 (6094): 563-566.

[18] Chen Y H, Freunberger S A, Peng Z Q, et al. Charging a Li-O_2 battery using a redox mediator. Nature Chemistry, 2013, 5 (6): 489-494.

[19] Thotiyl M M O, Freunberger S A, Peng Z Q, et al. A stable cathode for the aprotic Li-O_2 battery. Nature Materials, 2013, 12 (11): 1049-1055.

[20] Jung H G, Hassoun J, Park J B, et al. An improved high-performance lithium-air battery. Nature Chemistry, 2012, 4 (7): 579-585.

[21] Jung H G, Kim H S, Park J B, et al. A transmission electron microscopy study of the electrochemical process of lithium-oxygen cells. Nano Letters, 2012, 12 (8): 4333-4335.

[22] Hassoun J, Jung H G, Lee D J, et al. A metal-free, Lithium-ion oxygen battery: a step forward to safety in lithium-air batteries. Nano Letters, 2012, 12 (11): 5775-5779.

[23] Jung H G, Jeong Y S, Park J B, et al. Ruthenium-based electrocatalysts supported on reduced graphene oxide for lithium-air batteries. ACS Nano, 2013, 7 (4): 3532-3539.

[24] Li F J, Zhang T, Yamada Y, et al. Enhanced cycling performance of Li-O_2 batteries by the optimized electrolyte concentration of LiTFSA in glymes. Advanced Energy Materials, 2013, 3 (4): 532-538.

[25] Lim H D, Park K Y, Gwon H, et al. The potential for long-term operation of a lithium-oxygen battery using a non-carbonate-based electrolyte. Chem Commun, 2012, 48 (67): 8374-8376.

[26] Zhai D, Wang H H, Yang J, et al. Disproportionation in Li-O_2 batteries based on a large surface area carbon cathode. J Am Chem Soc, 2013, 135 (41): 15364-15372.

[27] Black R, Oh S H, Lee J H, et al. Screening for superoxide reactivity in Li-O_2 batteries: effect

on Li_2O_2/LiOH crystallization. J Am Chem Soc, 2012, 134 (6): 2902-2905.
[28] Abraham K M and Jiang Z. A polymer electrolyte-based rechargeable lithium/oxygen battery. J Electrochem Soc, 1996, 143 (1): 1-5.
[29] Read J. Characterization of the lithium/oxygen organic electrolyte battery. J Electrochem Soc, 2002, 149 (9): A1190-A1195.
[30] Ogasawara T, Debart A, Holzapfel M, et al. Rechargeable Li_2O_2 electrode for lithium batteries. J Am Chem Soc, 2006, 128 (4): 1390-1393.
[31] Peng Z Q, Freunberger S A, Hardwick L J, et al. Oxygen reactions in a non-aqueous Li^+ electrolyte. Angew Chem Int Edit, 2011, 50 (28): 6351-6355.
[32] Leskes M, Moore A J, Goward G R, et al. Monitoring the electrochemical processes in the lithium-air battery by solid state NMR spectroscopy. Journal of Physical Chemistry C, 2013, 117 (51): 26929-26939.
[33] Zhang W, Duchesne P N, Gong Z L, et al. In situ electrochemical XAFS studies on an iron fluoride high-capacity cathode material for rechargeable lithium batteries. Journal of Physical Chemistry C, 2013, 117 (22): 11498-11505.
[34] Hutchings G S, Rosen J, Smiley D, et al. Environmental in situd X-ray absorption spectroscopy evaluation of electrode materials for rechargeable lithium-oxygen batteries. Journal of Physical Chemistry C, 2014, 118 (24): 12617-12624.
[35] Wang Y G and Zhou H S. A lithium-air battery with a potential to continuously reduce O_2 from air for delivering energy. J Power Sources, 2010, 195 (1): 358-361.
[36] He P, Wang Y G and Zhou H S. The effect of alkalinity and temperature on the performance of lithium-air fuel cell with hybrid electrolytes. J Power Sources, 2011, 196 (13): 5611-5616.
[37] Zhou H, Wang Y, Li H, et al. The development of a new type of rechargeable batteries based on hybrid electrolytes. Chemsuschem, 2010, 3 (9): 1009-1019.
[38] Wang Y G and Zhou H S. A lithium-air fuel cell using copper to catalyze oxygen-reduction based on copper-corrosion mechanism. Chem Commun, 2010, 46 (34): 6305-6307.
[39] He P, Wang Y G and Zhou H S. Titanium nitride catalyst cathode in a Li-air fuel cell with an acidic aqueous solution. Chem Commun, 2011, 47 (38): 10701-10703.
[40] Wang Y R, Ohnishi R, Yoo E, et al. Nano- and micro-sized TiN as the electrocatalysts for ORR in Li-air fuel cell with alkaline aqueous electrolyte. J Mater Chem, 2012, 22 (31): 15549-15555.
[41] Wang Y G, Wang Y R and Zhou H S. A Li-liquid cathode battery based on a hybrid electrolyte. Chemsuschem, 2011, 4 (8): 1087-1090.
[42] Lu Y, Goodenough J B. Rechargeable alkali-ion cathode-flow battery. J Mater Chem, 2011, 21 (27): 10113-10117.
[43] Goodenough J B and Kim Y. Challenges for rechargeable batteries. J Power Sources, 2011, 196 (16): 6688-6694.
[44] Lu Y, Goodenough J B and Kim Y. Aqueous cathode for next-generation alkali-ion batteries. J Am Chem Soc, 2011, 133 (15): 5756-5759.
[45] Girishkumar G, McCloskey B, Luntz A C, et al. Lithium-air battery: promise and challenges. Journal of Physical Chemistry Letters, 2010, 1 (14): 2193-2203.
[46] Li F J, Kitaura H, Zhou H S. The pursuit of rechargeable solid-state Li-air batteries. Energy & Environmental Science, 2013, 6 (8): 2302-2311.
[47] Wang Y R, He P and Zhou H. Li-redox flow batteries based on hybrid electrolytes: at the cross road between Li-ion and redox flow batteries. Advanced Energy Materials, 2012, 2 (7): 770-779.
[48] Kitaura H and Zhou H. Electrochemical performance of solid-state Lithium-air batteries using carbon nanotube catalyst in the air electrode. Advanced Energy Materials, 2012, 2

(7): 889-894.

[49] Liu Y J, Li B J, Kitaura H, et al. Fabrication and performance of all-solid-state Li-air battery with SWCNTs/LAGP cathode. ACS Appl Mater Interfaces, 2015, 7 (31): 17307-17310.

[50] Kitaura H and Zhou H S. Electrochemical performance and reaction mechanism of all-solid-state lithium-air batteries composed of lithium, $Li_{1+x}Al_yGe_{2-y}(PO_4)_3$ solid electrolyte and carbon nanotube air electrode. Energy & Environmental Science, 2012, 5 (10): 9077-9084.

[51] Minowa H, Hayashi M, Hayashi K, et al. Mn–Fe-based oxide electrocatalysts for air electrodes of lithium–air batteries. J Power Sources, 2013, 244: 17-22.

[52] Meini S, Tsiouvaras N, Schwenke K U, et al. Rechargeability of Li-air cathodes pre-filled with discharge products using an ether-based electrolyte solution: implications for cycle-life of Li-air cells. Phys Chem Chem Phys, 2013, 15 (27): 11478-11493.

[53] Yang X H, He P, Xia Y Y. Preparation of mesocellular carbon foam and its application for lithium/oxygen battery. Electrochem Commun, 2009, 11 (6): 1127-1130.

[54] Li J, Zhang H, Zhang Y, et al. A hierarchical porous electrode using a micron-sized honeycomb-like carbon material for high capacity lithium-oxygen batteries. Nanoscale, 2013, 5 (11): 4647-4651.

[55] Wang Z L, Xu D, Xu J J, et al. Graphene oxide gel-derived, free-standing, hierarchically porous carbon for high-capacity and high-rate rechargeable Li-O_2 batteries, Adv Funct Mater, 2012, 22 (17): 3699-3705.

[56] Mitchell R R, Gallant B M, Thompson C V, et al. All-carbon-nanofiber electrodes for high-energy rechargeable Li-O_2 batteries. Energy & Environmental Science, 2011, 4 (8): 2952.

[57] Shui J L, Du F, Xue C M, et al. Vertically aligned N-doped coral-like carbon fiber arrays as efficient air electrodes for high-performance nonaqueous Li-O_2 batteries. ACS Nano, 2014, 8 (3): 3015-3022.

[58] Yoo E and Zhou H S. Li-air rechargeable battery based on metal-free graphene nanosheet catalysts. ACS Nano, 2011, 5 (4): 3020-3026.

[59] Li Y, Wang J, Li X, et al. Superior energy capacity of graphene nanosheets for a nonaqueous lithium-oxygen battery. Chem Commun (Camb) , 2011, 47 (33): 9438-9440.

[60] Kim S Y, Lee H T, Kim K B. Electrochemical properties of graphene flakes as an air cathode material for Li-O_2 batteries in an ether-based electrolyte. Phys Chem Chem Phys, 2013, 15 (46): 20262-20271.

[61] Zhang W, Zhu J, Ang H, et al. Binder-free graphene foams for O_2 electrodes of Li-O_2 batteries. Nanoscale, 2013, 5 (20): 9651-9658.

[62] Chen Y, Li F J, Tang D M, et al. Multi-walled carbon nanotube papers as binder-free cathodes for large capacity and reversible non-aqueous Li-O_2 batteries. Journal of Materials Chemistry A, 2013, 1 (42): 13076.

[63] Yu C, Zhao C, Liu S, et al. Polystyrene sphere-mediated ultrathin graphene sheet-assembled frameworks for high-power density Li-O_2 batteries. Chem Commun (Camb) , 2015, 51 (67): 13233-13236.

[64] Yan H J, Xu B, Shi S Q, et al. First-principles study of the oxygen adsorption and dissociation on graphene and nitrogen doped graphene for Li-air batteries. J Appl Phys, 2012, 112 (10): 104316.

[65] Li Y, Wang J, Li X, et al. Nitrogen-doped graphene nanosheets as cathode materials with excellent electrocatalytic activity for high capacity lithium-oxygen batteries. Electrochem Commun, 2012, 18: 12-15.

[66] Shui J L, Karan N K, Balasubramanian M, et al. Fe/N/C composite in Li-O_2 battery: studies of catalytic structure and activity toward oxygen evolution reaction. J Am Chem Soc, 2012, 134 (40): 16654-16661.

[67] Qiu F L, He P, Jiang J, et al. Ordered mesoporous TiC-C composites as cathode materials for Li-O_2

batteries. Chem Commun (Camb) , 2016, 52 (13): 2713-2716

[68] Peng Z Q, Freunberger S A, Chen Y, et al. A reversible and higher-rate Li-O_2 battery. Science, 2012, 337 (6094): 563-566.

[69] Lu Y C, Gasteiger H A, Shao-Horn Y. Catalytic activity trends of oxygen reduction reaction for nonaqueous Li-air batteries. J Am Chem Soc, 2011, 133 (47): 19048-19051.

[70] Kim B G, Kim H J, Back S, et al. Improved reversibility in lithium-oxygen battery: understanding elementary reactions and surface charge engineering of metal alloy catalyst. Sci Rep, 2014, 4: 4225.

[71] Sun B, Munroe P and Wang G. Ruthenium nanocrystals as cathode catalysts for lithium-oxygen batteries with a superior performance. Sci Rep, 2013, 3: 2247.

[72] Li F J, Tang D M, Jian Z L, et al. Li-O_2 battery based on highly efficient Sb-doped tin oxide supported Ru nanoparticles. Adv Mater, 2014, 26 (27): 4659-4664.

[73] Tong S F, Zheng M B, Lu Y, et al. Binder-free carbonized bacterial cellulose-supported ruthenium nanoparticles for Li-O_2 batteries. Chem Commun (Camb) , 2015, 51 (34): 7302-7304.

[74] Jiang J, He P, Tong S F, et al. Ruthenium functionalized graphene aerogels with hierarchical and three-dimensional porosity as a free-standing cathode for rechargeable lithium-oxygen batteries. NPG Asia Materials, 2016, 8 (1): e239.

[75] Liao K M, Wang X, Sun Y, et al. An oxygen cathode with stable full discharge-charge capability based on 2D conducting oxide. Energy Environ. Sci., 2015, 8 (7): 1992-1997.

[76] Debart A, Paterson A J, Bao J, et al. Alpha-MnO_2 nanowires: a catalyst for the O_2 electrode in rechargeable lithium batteries. Angew Chem Int Ed Engl, 2008, 47 (24): 4521-4524.

[77] Oloniyo O, Kumar S, Scott K. Performance of MnO_2 crystallographic phases in rechargeable lithium-air oxygen cathode. J Electron Mater, 2012, 41 (5): 921-927.

[78] Chung K B, Shin J K, Jang T Y, et al. Preparation and analyses of MnO_2/carbon composites for rechargeable lithium-air battery. Reviews on Advanced Materials Science, 2011, 28 (1): 54-58.

[79] Park C S, Kim K S, Park Y J. Carbon-sphere/Co_3O_4 nanocomposite catalysts for effective air electrode in Li/air batteries. J Power Sources, 2013, 244: 72-79.

[80] Riaz A, Jung K N, Chang W, et al. Carbon-free cobalt oxide cathodes with tunable nanoarchitectures for rechargeable lithium-oxygen batteries. Chem Commun (Camb) , 2013, 49 (53): 5984-5986.

[81] Ming J, Wu Y, Park J B, et al. Assembling metal oxide nanocrystals into dense, hollow, porous nanoparticles for lithium-ion and lithium-oxygen battery application. Nanoscale, 2013, 5 (21): 10390-10396.

[82] Cui Y, Wen Z and Liu Y. A free-standing-type design for cathodes of rechargeable Li-O_2 batteries. Energy & Environmental Science, 2011, 4 (11): 4727.

[83] Anandan V, Kudla R, Drews A, et al. Mixed metal oxide catalysts for rechargeable lithium-air batteries. Rechargeable Lithium and Lithium Ion Batteries, 2012, 41 (41): 167-174.

[84] Sun B, Zhang J, Munroe P, et al. Hierarchical $NiCo_2O_4$ nanorods as an efficient cathode catalyst for rechargeable non-aqueous Li-O_2 batteries. Electrochem Commun, 2013, 31: 88-91.

[85] Li Y, Zou L, Li J, et al. Synthesis of ordered mesoporous $NiCo_2O_4$ via hard template and its application as bifunctional electrocatalyst for Li-O_2 batteries. Electrochim Acta, 2014, 129: 14-20.

[86] Tong S F, Zheng M B, Lu Y, et al. Mesoporous NiO with a single-crystalline structure utilized as a noble metal-free catalyst for non-aqueous Li-O_2 batteries. J Mater Chem A, 2015, 3 (31): 16177-16182.

[87] Fu Z, Lin X, Huang T, et al. Nano-sized $La_{0.8}Sr_{0.2}MnO_3$ as oxygen reduction catalyst in nonaqueous Li/O_2 batteries. J Solid State Electr, 2011, 16 (4): 1447-1452.

[88] Xu J J, Xu D, Wang Z L, et al. Synthesis of perovskite-based porous $La_{0.75}Sr_{0.25}MnO_3$ nanotubes as a highly efficient electrocatalyst for rechargeable lithium-oxygen batteries. Angew Chem Int Ed Engl, 2013, 52 (14): 3887-3890.

[89] Zhao Y, Xu L, Mai L, et al., Hierarchical mesoporous perovskite $La_{0.5}Sr_{0.5}CoO_{2.91}$ nanowires with ultrahigh capacity for Li-air batteries. Proc Natl Acad Sci, 2012, 109: 19569-19574.

[90] Lacey M J, Frith J T, Owen J R. A redox shuttle to facilitate oxygen reduction in the lithium air battery. Electrochem Commun, 2013, 26: 74-76.

[91] Chen Y H, Freunberger S A, Peng Z, et al. Charging a Li-O_2 battery using a redox mediator. Nat Chem, 2013, 5 (6): 489-494.

[92] Bergner B J, Schurmann A, Peppler K, et al. TEMPO: a mobile catalyst for rechargeable Li-O_2 batteries. J Am Chem Soc, 2014, 136 (42): 15054-15064.

[93] Feng N N, He P and Zhou H, Enabling catalytic oxidation of Li_2O_2 at the liquid-solid interface: the evolution of an aprotic Li-O_2 battery. ChemSusChem, 2015, 8 (4): 600-602.

[94] Lim H D, Song H, Kim J, et al., Superior rechargeability and efficiency of lithium-oxygen batteries: hierarchical air electrode architecture combined with a soluble catalyst. Angew Chem Int Ed Engl, 2014, 53 (15): 3926-3931.

[95] Li F J, Wu S C, Li D, et al., The water catalysis at oxygen cathodes of lithium-oxygen cells. Nature Communications, 2015, 6: 7843.

[96] Liu T, Leskes M, Yu W J, et al. Cycling Li-O_2 batteries via LiOH formation and decomposition. Science, 2015, 350 (6260): 530-533.

NANOMATERIALS

电催化纳米材料

Chapter 7

第7章 环境污染物电催化处理纳米材料

周明华
南开大学环境科学与工程学院

7.1 概述

7.1.1 环境电化学的发展

电化学作为物理化学的一个重要分支，是研究化学能与电能相互转化的一门古老学科。自1799年物理学家伏打发明第一个化学电源装置以来，大量科学实验推动了电化学理论和应用的发展，如1826年发现了欧姆定律、1833年发现了法拉第定律、1889年发展了能斯特方程、1905年提出了Tafel公式等。这些科学成就推动电化学逐渐成为一门独立的学科并发展完善。特别是20世纪50年代以后，传质过程动力学、复杂电极过程动力学等理论的发展，电化学阻抗谱、暂态测试方法、线性电位扫描方法等实验技术方法的突破，促进了电化学科学的日趋成熟。

20世纪60年代以来，电化学理论不断应用于生产实际，形成了电化学工程体系。研究应用领域也从最初的化学工程，逐步与其他工业部门结合，并随着计算机和微电子技术的发展，电化学应用研究领域不断拓宽、不同学科交叉渗透，形成了许多新的边缘学科，如电分析化学、纳米电化学、光谱电化学、量子电化学、腐蚀电化学、环境电化学等。这些新学科的发展，为电化学科学的发展提供了更好的机遇和挑战。

环境电化学是电化学和环境科学与工程技术相结合而形成的交叉前沿学科[1,2]。一方面，电化学技术可实现化学品的绿色合成和清洁能源的生产，避免常规化学过程可能产生的环境污染；另一方面，电化学技术以电子为清洁试剂实现环境污染物的削减和生态环境的修复，发展了电絮凝、电气浮、电吸附、电催化氧化、电芬顿、光电催化、微生物燃料电池等技术，更高效环保地促进了水体、土壤和大气中污染物的治理和修复[3]。此外，电化学分析仪器设备简单、易携带，自动化程度高，灵敏度和准确度高，在环境污染物的检测和在线监测方面有独特的优势。可以预见，随着电化学技术在环境领域研究和应用的不断发展，环境电化学必将在环境科学与工程领域发挥更大的作用。

7.1.2
环境电催化

电催化的本质就是通过改变电极表面修饰物或溶液相中的修饰物来改变反应的电势或反应速率，使电极除具有电子传递功能外，还能对电化学反应进行某种促进和选择。环境电催化是指环境污染物通过电催化电极的电化学反应得以转化或去除的过程。电催化是在特定电极上的非均相电催化反应过程，也服从一般的非均相反应的动力学规律。通常，反应物或污染物从液相或气相主体扩散到电催化剂反应层，在电极表面的活性中心完成吸附、反应、电子传递、脱附等过程，然后扩散离开反应层进入主体。因此，电极材料的表面性质对电催化性能影响很大。一方面，它可通过电极电位的控制比较方便地改变电催化反应的方向、速率和选择性；另一方面，不同电极电催化环境污染物的产物和机理可能有明显的差异。通常可通过电化学测量与分析方法，如循环伏安法、稳态极化曲线法等，测定反应的交换电流密度、电位等评价电催化过程，也可通过污染物去除的宏观参数（如去除率、处理电耗、电流效率等）进行比较评价。

根据污染物转化或去除过程，环境电催化大致可分为两类。一类是直接电催化，即污染物直接通过电催化反应进行转化或去除；另一类是间接电催化，即在外加媒质或通过电催化反应产生氧化还原剂作用下将污染物转化或去除。

直接电催化根据电催化反应位置的不同大致可分为阳极电催化和阴极电催化。阳极电催化，主要是通过阳极的电化学氧化转化过程或电化学燃烧过程，将酚类、染料等有机污染物氧化转化为其他低分子量物质乃至彻底矿化为二氧化碳和水。阴极电催化，发生的是电化学还原过程或析氢过程，可应用于金属离子的回收和氯代有机物还原转化为毒性较小的化合物。

间接电催化分为可逆与不可逆两种。通常可逆过程的氧化还原剂（如Fe^{2+}/Fe^{3+}、Mn^{2+}/Mn^{3+}、Ag^{+}/Ag^{2+}）可通过电化学再生而循环使用。而不可逆过程，通常会通过电化学反应产生氯、次氯酸根、过氧化氢、臭氧等物质，直接或进一步转化为羟基自由基等自由基氧化降解污染物；或者利用阳极氧化产生的Fe^{2+}/Fe^{3+}或Al^{3+}产生电絮凝作用而去除污染物。同时，反应过程的副产物氢气和氧气可以将油性污染物附着在气泡上，实现电气浮作用而去除，可广泛应用于化工、染料、皮革、造纸等工业废水的处理。

环境电催化由于以电子为主要反应物，无须外加化学药剂，是一种清洁的处理技术。其控制的主要参数为电流或电位，设备操作简单且易实现自动化，并且处理过程可兼具气浮、氧化、杀菌等多种功能，可单独处理，也可与其他方法相结合，因而在环境治理中获得了较广泛的应用。

7.1.3 环境电催化纳米材料

电极在环境电催化中起着核心的作用，因为即使同样的污染物在不同的电极上不仅反应速率差异较大，产生的中间产物也可能有选择性而导致降解机理差异。对电极，通常要求电导率高、反应活性强、性能稳定、耐腐蚀等，此外，从环境应用的角度，希望环境兼容性好，制备方便、应用成本低等。电催化工艺、污染物特征、电极经济性等往往影响电极材料的选取。如电絮凝，常采用Fe、Al等廉价金属电极作阳极，而在电催化氧化工艺中，由于析氧反应是主要的副反应，因此通常选择高析氧电位阳极，如贵金属电极（Pt等）、金属氧化物电极（如PbO_2）、掺硼金刚石（BDD）电极等。而对阴极过程，多选用高析氢过电位阴极，如碳材料、Pb、Ni等金属。

大量研究表明，电极材料的化学特性和电极/溶液界面特征会影响电催化性能。电极的电子因素和几何因素在电催化作用中起着重要的作用。电极材料的电子性质强烈地影响电极表面与反应物质的相互作用，如吸附热、吸附自由能等，这些性质均与电催化性能相关。几何因素指的是电催化剂的结构对电催化活性的影响，涉及单位面积活性中心的数量、位置和排列方式等，尤其是颗粒的尺寸效应和孔径分布。

纳米材料是尺寸介于1～100nm的材料，由于其结构的特殊性以及由此产生的小尺寸效应、体积效应、表面效应、量子尺寸效应等决定了纳米材料具有高的表面活性和高选择性。与非纳米材料相比，使用纳米电催化材料，可以大大降低过电位，使阳极氧化起始电位负移，阴极还原电位正移，同时峰电流显著增大，显著提高催化效率。一方面，一些纳米碳材料，如碳纳米管、石墨烯等具有的良好的吸附性能和化学、电化学性能，提升了电极材料的催化性能；另一方面，纳米金属氧化物的引入，对电极材料的制备及稳定性和活性的提升有很好的促进作用。

环境电催化纳米电极按其材料种类又可以分为纳米金属、纳米金属氧化物、纳米碳材料、纳米复合材料等，表7.1列举了部分电极材料，因其各自的电催化性能不同，适用不同的环境电化学技术及应用领域。限于篇幅，本章主要介绍阳极氧化、阴极还原的电催化材料及其环境应用，电分析、光电催化、微生物燃料电池等其他技术及其电极材料可参阅相关书籍和文献[4～6]。

表7.1 环境电催化电极材料及其应用

电极类别	主要材料	适用技术	应用案例
金属电极	Pt	阳极氧化	阳极氧化处理染料[7]
	Pd	阴极还原	氯酚阴极还原脱氯[8]
	Fe/Al	电絮凝	电絮凝处理含油污水[9]
	Cu	电还原	二氧化碳电化学还原制甲酸[10]
金属氧化物电极	DSA电极	电消毒	城市污水消毒[11]
	PbO_2电极	阳极氧化	含酚化工废液处理[12]
	SnO_2 电极	阳极氧化	杀虫剂阳极氧化去除[13]
	TiO_2电极	光电催化	染料光电催化降解[14]
碳材料电极	碳纳米管	电吸附、电芬顿	电吸附脱盐[15]
	石墨烯	微生物燃料电池	微生物燃料电池处理生活污水[16]
	掺硼金刚石	阳极氧化	反渗透浓水阳极氧化[17]
	空气扩散阴极	电芬顿	电芬顿处理染料[18]

7.2 阳极氧化

7.2.1 概述

环境电化学中的电化学氧化，又称为阳极氧化，是通过电化学阳极氧化过程实现环境介质中污染物的去除或转化。

阳极氧化过程按其作用原理大致可分为两类[19]：一类为阳极直接氧化，主要通过污染物在阳极表面发生电化学作用失去电子而被氧化；另一类是通过阳极过程产生具有强氧化性的中间物质来参与的媒介反应。

阳极直接氧化过程氧化机理较复杂，包含了高电势下产生的羟基自由基与污染物分子的作用，或有机物分子到达电极表面的电子直接传递。在阳极极化状态下，有些阳极氧化物分子空穴（以$MO_x[\quad]$表示）与吸附于电极表面的水分子发生如下反应，生成羟基自由基：

$$MO_x[\quad]+H_2O \longrightarrow MO_x[\cdot OH]+H^++e^- \tag{7.1}$$

羟基自由基是具有高度活性的强氧化剂，其对有机物的氧化作用可以三种反应方式进行：脱氢反应、亲电子反应和电子转移反应，并形成活化的有机自由基，使其更易氧化其他有机物或产生自由基反应，使有机物得以迅速降解。

阳极直接氧化性能与电极材料的特性密切相关。由于阳极氧化过程面临的主要副反应是析氧反应，因此好的阳极首先要求有较高的析氧过电位，此外还要求有良好的稳定性、低成本和环境兼容性等。表7.2列出了阳极氧化中广泛使用的一些电极及其析氧过电位。相对而言，BDD电极具有很高的析氧过电位，但目前电极成本高且规模化制备困难；PbO_2、SnO_2等电极虽然使用较多，但电极稳定性有待提高或有金属溶出风险等问题。

表7.2　阳极氧化中常见阳极的析氧过电位

阳极	电位（vs. SHE）/V	条件
Pt	1.6	$0.5mol \cdot L^{-1}$ H_2SO_4
IrO_2	1.52	$0.5mol \cdot L^{-1}$ H_2SO_4
RuO_2	1.47	$0.5mol \cdot L^{-1}$ H_2SO_4
BDD	2.3	$0.5mol \cdot L^{-1}$ H_2SO_4
PbO_2	1.9	$1.0mol \cdot L^{-1}$ H_2SO_4
SnO_2	1.9	$0.05mol \cdot L^{-1}$ H_2SO_4

Comninellis等将阳极分为两大类并提出了有机污染物电化学氧化的通用机理[20]（图7.1）。在这两类电极上均先发生水分子的电解形成吸附态的羟基自由基[式（7.1）]。两类电极的特性不同，电催化机理也不同。一类是石墨、IrO_2、Pt等电极，称之为活性阳极，在其电极表面上少有羟基自由基产生，主要发生电化学转化过程。以金属氧化物电极MO_x为例，这些吸附态的金属氧化物形成高价的金属氧化物氧化还原电对MO_{x+1}/MO_x，这些吸附态的活性氧就成为选择性氧化有机污染物的媒介，

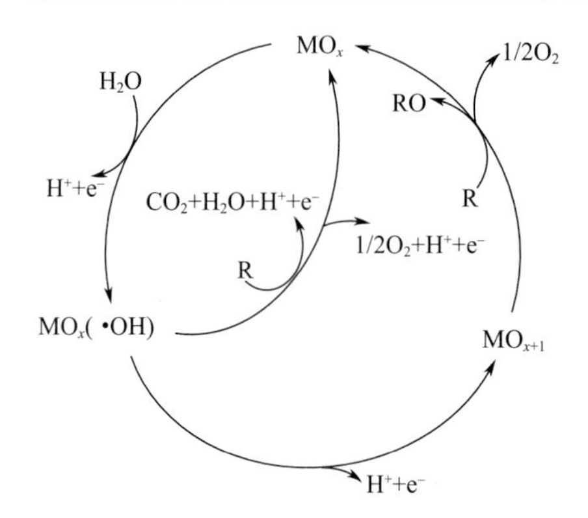

图7.1 有机污染物电化学氧化的通用机理

其处理有机污染物R的主要反应过程如下：

$$MO_x[\cdot OH] \longrightarrow MO_{x+1}+H^++e^- \tag{7.2}$$

$$MO_{x+1}+R \longrightarrow MO_x+RO \tag{7.3}$$

另一类电极，如PbO_2、BDD等高过氧电位电极，称之为非活性电极，通过电极上形成的羟基自由基从而达到无选择性降解有机污染物，该过程称之为“电化学燃烧”，其反应如下：

$$MO_x[\cdot OH]+R \longrightarrow MO_x+CO_2+H_2O+H^++e^- \tag{7.4}$$

间接氧化过程中，有机物并非直接通过电极表面电子传递而氧化，而是通过一些电化学产生的氧化媒介而降解。这些氧化媒介，大致可分为两类。一类是金属氧化还原电对（$M^{z+/z+1}$），如Ag^+/Ag^{2+}、Co^{2+}/Co^{3+}、Fe^{2+}/Fe^{3+}等，其氧化机理如下：

$$M^{z+} \longrightarrow M^{(z+1)+} + e^- \tag{7.5}$$

$$M^{(z+1)+}+R \longrightarrow M^{z+}+CO_2+H_2O \tag{7.6}$$

这种方法适合在常温常压下操作，尤其适合处理固态废物或高浓有机废水，避免了处理后液液分离的问题，并且由于反应可以在溶液中发生，并不局限于电极附近的传质限制。

对有机物浓度较低的废水，另一类适用的氧化媒介是通过间接氧化原位产生的化学试剂，如活性氯、臭氧、过硫酸盐等，从而达到有机污染物的降解。如对含NaCl的废水，通常能通过间接氧化产生活性氯，从而达到“以废治废”处理污染物的效果。其主要反应如下：

$$2Cl^- \longrightarrow Cl_2+2e^- \quad (7.7)$$

$$Cl_2+H_2O \longrightarrow HOCl+H^++Cl^- \quad (7.8)$$

$$HOCl \longrightarrow H^++OCl^- \quad (7.9)$$

Pt电极或金属氧化物电极（如RuO_2、IrO_2）等对活性氯的形成有较好的催化活性和稳定性，但其存在的缺陷是在处理过程中形成了含氯有机物，从而增加了废水的毒性和后续处理难度。相比而言，电化学产臭氧能避免上述问题，且能在较低的电压条件下产生较高浓度的臭氧，其主要反应如下：

$$3H_2O \longrightarrow O_3+6H^++6e^- \ (E^{\ominus}=1.51V, \text{ vs. SHE}) \quad (7.10)$$

通常PbO_2电极在温度和pH较低、阳极电流较高的条件下，产臭氧的效果较好。当然，也有Pt、SnO_2、DSA、BDD等电极产臭氧的报道。

7.2.2
过程影响因素和特征参数

影响有机物阳极氧化降解及其电流效率的因素较多，除了电极条件，其他的概括起来有：操作条件（温度、电流密度等）、溶液性质（电解质组成和含量、有机污染物含量、pH值）、传质因素（循环流速等）、反应器结构等[21]。

（1）操作条件

① 电流密度的影响。电流密度对活性自由基的形成和电子传递速率有很大的影响。通常，较高的电流密度有利于电化学阳极氧化的进行。但过高的电流密度，往往会导致氧化降解副产物的增多，意味着电流效率的降低和能耗的增加。电流密度的高低对降解的产物及其构成也有影响，有研究表明高电流密度能使有机物更易转变成二氧化碳且降解副产物更少，但也有可能在降解过程中形成较原始污染物毒性更大的产物。此外，过高的电流密度有可能不可逆的转变金属氧化物电极的晶型结构和化学状态，从而引起电极失活和电极寿命的降低。在实际处理中电流密度的确定，必须综合考虑电流效率、降解中间产物以及电极寿命等因素。

② 温度的影响。通常阳极氧化为放热过程，这对促进污染物降解是有利的。一般认为，温度升高，有利于促进有机物和电子的传递，提高反应速率从而提高了有机物降解速率。通常可测定不同温度下的反应速率k，并根据阿伦尼乌斯公式［式（7.11）］，求得阳极氧化的活化能E_a。

$$\ln k=-E_a/RT+\ln A \tag{7.11}$$

E_a的大小可衡量该电极处理有机污染物的电催化活性，其数值越低，表明电催化活性越高。但温度升高也会使产生的自由基加剧失活，从而导致反应速率的下降。此外，提高反应温度会增加处理成本，因此一般有较佳的温度范围。

（2）溶液性质

① 电解质的影响。电解质对有机物电催化氧化过程的影响体现在两个方面：一是电解质浓度增加，意味着导电能力增加，槽电压降低，处理效率提高，能耗降低；二是电解过程会产生复杂的电化学反应，不同的电解质会产生不同的作用。如$NaClO_4$通常很稳定，不会形成中间产物，常可用于研究直接氧化行为。而若存在氯离子，在阳极会产生氯气、次氯酸等，间接氧化促进有机物的降解。可通过电解质存在前后表观反应速率的变化，揭示间接氧化的促进作用［式（7.12）］[22]。

$$f=k_2/k_1-1 \tag{7.12}$$

式中，f表征间接氧化促进作用的速率提升倍数；k_2、k_1分别为有、无该电解质存在条件下的表观反应速率常数，s^{-1}。

② 有机物初始浓度的影响。在通过相同电量的条件下，随着有机物初始浓度的增加，其降解率往往会下降，而去除的绝对量会增加，因此，在较高的有机物初始浓度下，降解的电流效率一般较高。同时有机物初始浓度对降解产物及其组成也有影响。在较高的初始浓度条件下，降解副产物也会形成更多，也有可能会产生较多的聚合产物而影响处理过程。

③ pH值的影响。在阳极氧化过程中，通常随着电化学反应的进行，pH值会发生变化。因此，在pH值的影响考察中，通常是比较初始pH值对阳极氧化的影响。一般而言，酸性介质有利于阳极氧化过程，但也受溶液中污染物物性和电解质条件的影响，文献中也有不一致的情况。在惰性电解质中，阳极氧化过程羟基自由基的形成是非常重要的步骤，而其氧化还原能力随着pH值变化有如下规律［式（7.13）］：

$$E_0=2.59-0.059\ \mathrm{pH} \tag{7.13}$$

显然，低pH值条件下，羟基自由基有更高的氧化还原电势，因此，对有机污染物降解的效率更高。另一个可能的原因是，酸性条件抑制水的电解副反应［式（7.14）］。

$$2H_2O \longrightarrow O_2+4H^++4e^- \tag{7.14}$$

对于有媒介参与的间接氧化，如对于Cl^-介质，因pH值会影响媒介氧化能力从而影响污染物去除效果。以Cl^-为例，在酸性条件下，活性氯主要以次氯酸存在；在近中性条件下，以Cl_2存在；而在碱性条件下，以次氯酸盐存在。$E^{\ominus}(HClO/Cl_2)$=1.63V，高于$E^{\ominus}(ClO^-/Cl^-)$=0.89V，因而在酸性介质污染物去除效率较高。

同时，污染物的物性条件也会因pH不同而有差异。如，阳离子染料在酸性条件下电离度增强，酚类在碱性条件下易产生电聚合产物而影响处理性能，五氯酚则被报道碱性条件下更易在电极上吸附而增强电化学氧化性能。

（3）传质因素的影响

适当的搅拌、循环流速等可强化传质，从而促进污染物降解速率，但实验发现有些情况下，污染物的降解速率与废水循环速率无关。由此推测，该有机物电催化降解过程的控制步骤是电极反应过程，而不是传质因素。对掺硼金刚石电极，在低有机物浓度或高电流密度条件下的降解，通常为传质限制过程。

（4）反应器结构的影响

主要包括电极构型、极板距离、反应器类型等。和通常的平面型电极相比，三维电极具有更大的比表面积，能以较低的电流密度提供较大的电流强度。而滤过式电化学反应器较常规电化学反应器传质反应性能更佳，处理污染物效率更高，能耗更低[23,24]。因此，这些将是未来发展的重要方向。

为更好地揭示废水处理效率，比较不同电极的阳极氧化性能，有以下主要指标。

（1）电流效率

从环境应用的角度，采用化学需氧量（COD）或总有机碳（TOC）来衡量阳极氧化的效率，有瞬时电流效率（ICE）、综合电流效率（GCE）、电化学氧化指数（EOI）、矿化电流效率（MCE）等，分别定义如下：

$$\mathrm{ICE}=\frac{(\mathrm{COD}_t-\mathrm{COD}_{t+\Delta t})}{8I\Delta t}FV \tag{7.15}$$

式中，COD_t、$COD_{t+\Delta t}$分别为t和$t+\Delta t$时刻的化学需氧量，g·dm^{-3}；I为电流；F为法拉第常数，96485C·mol^{-1}；V是处理的电解质容积，dm^3。

$$\mathrm{GCE}=\mathrm{FV}\frac{(\mathrm{COD}_0-\mathrm{COD}_t)}{8I\Delta t} \tag{7.16}$$

式中，COD_0为废水的初始化学需氧量，g·dm^{-3}，其余同上。

$$\mathrm{EOI}=\frac{\int \mathrm{ICE}\mathrm{d}t}{\tau} \tag{7.17}$$

EOI为对应阳极氧化过程平均电流效率，τ为瞬时电流效率降低至0的时间。

$$\mathrm{MCE}=\frac{\Delta(\mathrm{TOC})_{\mathrm{exp}}}{\Delta(\mathrm{TOC})_{\mathrm{theor}}}\times 100\% \quad (7.18)$$

或者

$$\mathrm{MCE}=\frac{nF\Delta(\mathrm{TOC})V}{4.32\times 10^{7}\,mIt} \quad (7.19)$$

式中，n为每分子矿化的电子交换数；m是分子中包含的碳原子数；I为降解反应电流。以苯酚矿化为例，其矿化反应如下：

$$C_6H_5OH+11H_2O \longrightarrow 6CO_2+28H^++28e^- \quad (7.20)$$

可得n=28，m=6。

（2）时空产率

时空产率表示阳极氧化的能力，其公式

$$Y_{\mathrm{ST}}=\frac{3600\,Mai\mathrm{CE}}{nF} \quad (7.21)$$

式中，a为比电极面积，定义为电极面积和体积之比，$m^2 \cdot m^{-3}$；i是电流密度，$A \cdot m^{-2}$；CE是平均电流密度；n是反应涉及的电子数；F是法拉第常数，$96485C \cdot mol^{-1}$；M是摩尔质量，$g \cdot mol^{-1}$。

（3）能耗

$$E_{\mathrm{sp}}=\frac{1}{3600}\times\frac{F}{8}\times\frac{V_{\mathrm{c}}}{\Phi} \quad (7.22)$$

式中，E_{sp}为比能耗或单位能耗，$kW \cdot h \cdot kg^{-1}$；V_{c}为槽电压，V；Φ为平均电流效率。

能耗也可以COD或TOC衡量，如以TOC为例，单位为$kW \cdot h \cdot kg_{\mathrm{TOC}}^{-1}$。

$$E=\frac{E_{\mathrm{cell}}It}{\Delta(\mathrm{TOC})V} \quad (7.23)$$

7.2.3 金属阳极及其环境应用

在阳极氧化中，Pt因其较好的导电性能和化学稳定性成为使用最多的金属阳极。

它在0.5mol · L^{-1}硫酸介质的析氧过电位并不高（1.6V），因此通常认为有机污染物在其上的降解是电化学转化过程。Pt电极已经被广泛研究用于苯酚、氯酚、苯、染料、除草剂、甲酸等污染物的阳极氧化去除，也常被用于电极性能比较的参照电极。

纳米Pt由于比表面积大，具有小尺寸效应、量子尺寸效应等，与常规铂相比显示出更优异的催化性能，可用于单体聚合、有机物的氧化还原、加氢反应等，在燃料电池、石油化工、汽车尾气净化等领域得到了广泛应用。目前，已经通过多种方法制得了菱形、立方体、六面体和二十四面体的纳米Pt。在环境电化学领域，有文献采用电化学阴极还原-阳极氧化方法制备了纳米铂电极，该电极活性点位更多，电催化性能高。循环伏安法测试表明该电极对甲醇的电催化氧化性能均明显优于光滑铂片电极，其氧化电流密度比光滑铂片电极高100倍以上，对甲醇、苯酚和甲基橙3种有机物降解的平均电流效率均是光滑铂片电极的数倍。这表明纳米铂电极对有机污染物具有良好的阳极氧化降解能力。

7.2.4 金属氧化物阳极及其环境应用

7.2.4.1 主要类别

金属氧化物阳极通常是以金属氧化物为活性层负载在基体上的电极。基体可为Si、陶瓷、玻璃、不锈钢、Ti等，以Ti最为常见。依据有无中间层的情况，可大致分为两大类。一类是无中间层的，即金属氧化物直接负载在基体上。这类电极主要为Ir-Ru、Ir-Ta、Ti-Ru等双金属氧化物电极和Ir-Ru-Sn等三金属氧化物电极。另一类是有中间层的金属氧化物电极，中间层可为一层或多层，包含基体氧化层或分散层。常见的中间层有：RuO_2、IrO_2、PbO_2、TiO_2纳米管（TNT）。引入中间层的目的通常有[25]：① 改善电催化性能；② 提高电极寿命；③ 增加电极导电性；④ 增加电极面积，提高反应速率。

7.2.4.2 制备方法与表征

电极的性能与制备工艺密切相关，因为不同的制备工艺会影响电极的物理（表面形貌、组成和结构等）或化学性质（氧化价态、自由基结合度）。除了基体预处理，影响电极制备最重要的因素是电极制备方法。基体预处理目的是去除表面的油污或氧化物，并对表面进行刻蚀，通常包括打磨、碱/酸洗、清洗等步骤。表7.3列出了常见金属氧化物电极制备的几种主要方法、工艺特征、优缺点和主要电极举例。电极制备方法主要有浸渍法、溶胶凝胶法、电沉积法、化学气相沉积法等。在实际制备过程中，也可能是上述几种制备方法的结合，如Ti/SnO_2-Sb_2O_3/MnO_2，是采用溶胶凝胶法制备SnO_2-Sb_2O_3后，再通过电沉积法沉积MnO_2。

表7.3　常见金属氧化物电极制备方法及特征

序号	制备方法	工艺特征	优缺点	主要电极举例
1	浸渍法	将电极放入用金属无机盐配制的浸渍液中，取出后烘干或晾干，再经过热处理形成金属氧化物	制备设备要求低，浸渍次数多，较烦琐	Ti/SnO_2-Sb SS/CeO_2-SnO_2
2	溶胶凝胶法	将金属化合物溶于溶液中，在低温下液相合成为溶胶，然后将电极基体浸入并进行提拉，经胶化成为凝胶，再经过热处理成为氧化物	制备薄膜均匀，成分和微观结构易控制，但存在薄膜厚度太薄、易开裂等问题	Ti/SnO_2-RuO_2-IrO_2 Ti/Ta_2O_5-IrO_2
3	电沉积法	采用直流或脉冲电沉积，并加入添加剂增强电极极化，提高沉积质量，获得纳米晶	适用于纳米晶制备，沉积质量较高	Ti/TiO_2/PbO_2 TiO_2-NT/SnO_2-Sb
4	化学气相沉积法	原料气体或前驱体在一定的温度和外加等离子体等条件下，与基体表面发生作用，并在其表面形成金属或化合物薄膜	通过气固反应形成薄膜，沉积速率可控	Ti/IrO_2/SnO_2

电极制备后，其材料特性、电化学性能和稳定性常需要结合多种表征技术手段进行测试。表7.4列出了常见的电极表征测试方法，涉及表面形貌、组成结构、电化学性能和电极寿命等方面。

表7.4　常见金属氧化物电极表征测试方法

序号	表征类别	技术手段	主要用途
1	表面形貌	扫描电镜（SEM） 透射电镜（TEM） 原子力显微镜（AFM）	表面形貌 断面形貌 高分辨表面形貌
2	组成结构	X射线衍射（XRD） 能量色散X射线光谱（EDS） 光电子能谱（XPS） 热重分析（TGA）	晶体结构 元素组成 元素表面化学分析 热分解物理、化学特性变化

续表

序号	表征类别	技术手段	主要用途
3	电化学性能	循环伏安（CV） 电化学阻抗谱（EIS） 扫描电化学显微镜（SECM）	氧化还原电位 电化学系统电阻 电极电化学性能
4	电极寿命	加速寿命测试	电极稳定性

7.2.4.3 性能改善途径

为改善电极的电催化性能和稳定性，研究者做了不少尝试，归纳起来有以下几个重要途径。

（1）元素掺杂

通过电沉积等方法将一些金属或非金属元素引入电极活性层，可有效改变电极的表面性质，如催化活性、导电性和抗腐蚀等性能。在非金属元素方面，F是最常见的，常用于改善SnO_2的导电性和PbO_2的附着和稳定性能。在金属元素方面，Sb可用于增强导电性能，而Bi可用于增强光电催化性能，Fe和Co也较多用于提高析氧过电位或提升阳极产生羟基自由基能力[26]。此外，也有研究尝试将稀土元素，如Ce、Eu、Gd、Dy等用于SnO_2、PbO_2电极的修饰。通常，适量稀土元素的引入，可改善电极涂层的形貌，调节SnO_2等活性层晶粒尺寸，从而提升电催化活性。通常元素掺杂有合适的量，过多不仅可能影响电极形貌，也可能使得电极性能下降。

（2）纳米结构构筑

通过电极活性层或基体纳米结构的构筑可提升电催化性能或电极稳定性。在基体方面，如采用具有良好导电性能和高比表面的纳米碳材料（如碳纳米管、碳气凝胶）能提升电催化性能。另外，在常规Ti基体上，通过阳极氧化法构筑二氧化钛纳米管，可大大增加活性组分的负载量，从而提升电催化性能[27,28]。有文献表明，这样的结构可将Sn的质量含量提高1.4倍，从而将对污染物的降解速率提高1～3.5倍。在活性层方面，构筑二维或三维结构，能提升污染物降解性能。

（3）增加中间层

在电催化处理过程中，电极涂层剥落和基体氧化往往是影响电极寿命和稳定性的重要因素。因此，在电极基体和活性层之间，增加中间层有助于活性物质的附着和电极稳定性的提高。对于中间层，通常要求有较好的导电性和抗钝化性能。如对于SnO_2电极，增加含Mn或含Ru中间层，能大幅度提高电极稳定性，而对于PbO_2电极，SnO_2-Sb_2O_5、RuO_2-TiO_2、IrO_2-Ta_2O_5均是不错的中间层。有文献表明，对于

Ti/PbO_2电极，IrO_2-Ta_2O_5中间层的存在能使其在1mol·L^{-1} H_2SO_4介质中的电极寿命从11h增加到672h。

（4）其他

如对于PbO_2电极，引入聚四氟乙烯层能有效提升电极抗腐蚀性能和电催化活性，并且由于表面疏水性能的提升，能更好地加快电极表面吸附态羟基自由基的释放从而促进有机物的降解。

7.2.4.4
环境应用

（1）DSA阳极

钛基涂层电极是金属氧化物电极的主要代表，尤其是以Ru和Ir氧化物为涂层的电极，通常称之为形稳阳极（也称为尺寸稳定阳极，DSA），已广泛应用于氯碱等电化学工业，用作析氯或析氧阳极。近年来，DSA类阳极在有机污染物的阳极氧化方面获得了较广泛的应用[29]。但与PbO_2、SnO_2等电极相比，该类电极处理的电流效率较低，达不到有机污染物的彻底矿化。但由于RuO_2或IrO_2对析氯反应的高活性，该类电极常用于原位产活性氯的间接电化学氧化。这类电极被广泛用于含油废水、纺织、制革废水的处理，近年来也被用于反渗透浓水等高含盐废水的处理，在氯盐的参与下，取得了很好的效果，处理成本甚至更优于BDD[17,30]。

（2）SnO_2阳极

纯的SnO_2在常温下是一种p型半导体，导电能力差，不适合用作电极。而在掺杂不同元素如B、Bi、Ce、F、Fe、Ir、Pt、Ru、Sb、La、Ni等后，其电催化性能大为改善，尤其是Ti/SnO_2-Sb 电极以其较强的有机物氧化能力、较高的析氧电位和较为低廉的制备成本而成为电催化电极的最佳选择之一。合适的Sn/Sb至关重要，适量的Sb能够减小 SnO_2晶粒尺寸，提高电极涂层的比表面积并增加电极表面的活性位点从而提高电极的电催化活性，提高析氧过电位。此外，也可使电极涂层更加均匀致密，减少 Ti 基体暴露的可能而增强电极的稳定性。

掺杂会影响SnO_2电极涂层中的氧空位浓度，决定电极表面MO_{x+1}和MO_x［·OH］的比例。通常认为当氧空位浓度较高时有利于电极表面吸附的·OH进入到电极涂层中生成高价的金属氧化物，由于消耗了部分·OH，因此会降低电极电催化氧化有机物的能力；反之，则会增强电极的氧化活性。Cu、Ni 等空穴浓度较高的p型半导体金属进入SnO_2晶格内，不但提供了部分自由电子，提高了电极的导电性，而且因掺杂而增加的空穴使电极表面的活性位点增多，增强了电催化活性。而Ce、Er、Nd、

Eu、Dy、Gd等稀土元素由于存在特殊的4f电子层结构而具有独特的物理和化学性质，他们被引入到 Ti/SnO_2-Sb电极涂层后能增强电极处理有机污染物的电化学活性、稳定性和电流效率等性能。

最近的研究表明，碳纳米管、石墨烯等纳米材料由于其较大的比表面积、良好的性能以及较高的化学稳定性也被用于修饰 SnO_2 电极[31]。研究表明，其引入有利于形成更致密的活性层，增加析氧过电位和电极活性，可使染料等污染物的去除速率提升6～7倍。SnO_2 类电极被广泛应用于有机污染物的降解，如硝基酚、2,4-二氯酚等酚类，甲基红、罗丹明等染料，也应用于全氟辛酸等新兴有机污染物。

（3）PbO_2 电极

PbO_2 电极因价格低廉、导电性好、制备方便、电催化性能好、化学性能稳定等原因被广泛应用于有机污染物的矿化或部分氧化[32]。其降解有机污染物的性能优于Pt、DSA等电极，但低于BDD。PbO_2 是典型的高析氧过电位阳极，它会与水分子在电极表面形成水合层二氧化铅，在阳极极化条件下，形成带正电的活性中心，并进一步在水分子作用下，被中和形成水合二氧化铅和羟基自由基链接的活性中心。在有机分子共存的条件下，进一步断裂，羟基自由基将攻击污染物并使得其降解。主要反应如下：

$$\underset{\text{晶体层}}{PbO_2+H_2O} \rightleftharpoons \underset{\text{水合（凝胶）层}}{Pb^*O(OH)_2 \rightleftharpoons H_2PbO_3} \tag{7.24}$$

$$Pb^*O(OH)_2 \longrightarrow Pb^*O(OH)^+(OH)^{\bullet}+e^- \tag{7.25}$$

$$Pb^*O(OH)^+(OH)^{\bullet}+H_2O \longrightarrow Pb^*O(OH)_2(OH)^{\bullet}+H^+ \tag{7.26}$$

此外，也有文献表明，PbO_2 电极在高电势下会产生 O_3，从而达到促进污染物降解的目的。

$$Pb(\cdot OH)_{ads} \longrightarrow PbO_2(O\cdot)_{ads}+H^++e^- \tag{7.27}$$

$$PbO_2(O\cdot)_{ads}+O_2 \longrightarrow PbO_2+O_3 \tag{7.28}$$

电极掺杂也是提升 PbO_2 电催化性能的重要途径，如F、Fe、Co、Bi、Ni、Ce及其二元掺杂均有报道。Bi的引入可使得 PbO_2 晶体更小而涂层更致密，Ni掺杂可使得导电性和表面亲水性增强，这两种掺杂极大提升了电催化性能，甚至与BDD相近。也有文献尝试通过水热法制备 PbO_2 纳米球来增加反应的面积从而提高污染物电催化去除性能[33]。此外，还可通过电极基体的改善，如采用Ti/TNT来增加活性层的负载量。另外，通过表面改善，如引入氟树脂等可使 PbO_2 具有疏水性[12]。

目前，PbO_2电极已研究应用于酚类污染物、苯胺、苯醌、染料、除草剂、表面活性剂、草酸等有机酸，以及垃圾渗滤液、制革废水等处理[34]。但是，该类电极应用的一大限制是在电化学氧化过程中可能有Pb析出。

7.2.5
碳材料阳极及其环境应用

7.2.5.1
主要类别

碳材料阳极主要有碳毡、碳纤维、活性炭、石墨棒、石墨颗粒、金刚石等，除金刚石外，其他材料由于高电位下易发生表面腐蚀从而导致电极寿命短，因而常作为三维电极而非主阳极。金刚石薄膜通常采用等离子体或热丝化学气相沉积方法使金刚石在Si、Ta、Ti等材料上生长。为提高其导电性能，B常被作为掺杂元素，从而形成所谓的掺硼金刚石（BDD）电极。该电极具有以下的优异性能[35]：① 电势窗可达3V，而析氧电位可达2.3V；② 抗腐蚀稳定性很好；③ 惰性表面，低吸附性能；④ 低背景电流和很低的双电层电容容量。

为进一步改善和促进这些特性，在金刚石薄膜上有不少改进，以提升其应用。表7.5列举了常见的改性方法及改善特性。这些特性，使得BDD在有机电合成、氧化剂的生产、消毒、电分析和有机污染物处理等方面显示了很好的应用前景。

表7.5　常见金刚石电极改性方法和改善特性

改性方法	改善特性
电化学	阳极氧化或阴极还原使得电极表面亲疏水性改变、析氢析氧电势窗变化
等离子体	改变膜表面O、F、N等含量；F化的金刚石膜可使得电势窗高达5V
化学反应	使用醌等化学物质使表面更易结合功能分子，利于提升电极分析选择性和灵敏度
沉积纳米金属或金属氧化物	沉积纳米Pt、Co、Au、IrO_2、RuO_2等以利于纳米颗粒提升催化活性
离子注入	通过注入铜离子、镍离子等离子提高导电性能，利于电分析

7.2.5.2
BDD

限于篇幅，本节将重点介绍BDD在有机污染物处理方面的进展和应用。

（1）BDD处理污染物特性

文献表明，BDD对有机污染物的降解性能优于常规的Pt、PbO_2、SnO_2等电极[35,36]，其降解原理如下：

$$BDD+H_2O \longrightarrow BDD(\cdot OH)+H^++e^- \quad (7.29)$$

Comninellis等人发现，在BDD电极上，有机污染物在酸性pH条件下的降解均能取得很好的效果。在高有机污染物浓度和低电流密度条件下，COD随时间线性降低，而瞬时电流效率ICE基本保持在100%，为动力学控制过程；而在低有机物浓度或高电流密度下，COD随时间指数型降低，ICE也降低，为传质限制过程。为此，他们提出了基于极限电流密度的动力学降解模型[26,37]：

$$I_{lim}=4Fk_m COD \quad (7.30)$$

式中，I_{lim}是极限电流密度，$A \cdot m^{-2}$；F是法拉第常数，$C \cdot mol^{-1}$；k_m是平均传质系数，$m \cdot s^{-1}$；COD是化学需氧量，$mol \cdot m^{-3}$。

COD取决于所加的电流i_{appl}，当$i_{appl} < I_{lim}$时，

$$ICE=1 \quad (7.31)$$

$$COD = COD_0\left(1-\frac{\alpha A k_m}{V_r}t\right) \quad (7.32)$$

式中，COD_0为初始COD浓度，$mol \cdot m^{-3}$；V_r为反应器体积，m^3；A为电极面积，m^2；$\alpha=i_{appl}/I_{lim}$，为临界时间，s。

反之，当$i_{appl} > I_{lim}$时，

$$ICE = \exp\left(-\frac{Ak_m}{V_r}+\frac{1-\alpha}{\alpha}\right) \quad (7.33)$$

$$COD = \alpha COD_0 \exp\left(-\frac{Ak_m}{V_r}+\frac{1-\alpha}{\alpha}\right) \quad (7.34)$$

这一模型被用于乙酸、苯酚、萘酚、氯酚、苯甲酸等污染物的去除，经证实，实验和模型吻合得很好。

（2）BDD在不同工艺中的应用

正因为BDD的独特优势，因此它在有机污染物的阳极氧化方面获得了广泛的研究和应用。从酚类、染料、有机酸、表面活性剂、除草剂、药品等模拟污染物到实际废水，都有大量研究。如对有机酸其平均电流效率70%～90%，高于Ti/Sb_2O_5-SnO_2电极1.6～4.3倍。尤其是对内分泌干扰物、药品、农药等新兴有机污染物，有

大量的报道。如阿替洛尔、双氯酚酸、奥美拉唑、对乙酰氨基酚、布洛芬等几十种药品，其去除可达100%，总有机碳去除率可达80%以上，但矿化效率较低，一般不足20%。

除此之外，BDD电极还被应用于水中无机离子的去除，如硝酸根、亚硝酸根、CN^-等。以硝酸根为例，其电化学去除的主要反应如下：

$$NO_3^- + H_2O + 2e^- = NO_2^- + 2OH^- \tag{7.35}$$

$$NO_3^- + 3H_2O + 5e^- = 1/2\ N_2 + 6OH^- \tag{7.36}$$

虽然DSA常被用于电化学氧化消毒，但当Cl^-含量较低时，BDD因其能同时氧化产生臭氧，或将硫酸根氧化成过硫酸根，从而提高消毒能力。

$$2H_2SO_4 \longrightarrow H_2S_2O_8 + 2H^+ + 2e^- \tag{7.37}$$

因其良好的性能，BDD不仅应用于阳极氧化工艺，也被应用于其他电化学处理方法以获得更佳的性能。如在电芬顿中，在合适的阴极附近及溶液主体，阴极产生的过氧化氢被外加的亚铁催化形成羟基自由基，主要反应如下：

$$O_2 + 2H^+ + 2e^- \longrightarrow H_2O_2 \tag{7.38}$$

$$Fe^{2+} + H_2O_2 \longrightarrow Fe^{3+} + \cdot OH + OH^- \tag{7.39}$$

若阳极采用BDD电极，则也能通过反应式（7.29）产生羟基自由基，从而达到双重降解目的。因此，BDD阳极氧化结合电芬顿将显著提高污染物处理效率，具有更好的应用前景，这已被大量文献证实。如氯苯氧乙酸、2-甲基-4-氯苯氧乙酸、2,4-二氯苯氧乙酸和2,4,5-三氯苯氧乙酸在相似条件下通过BDD阳极氧化分别需540min、480min、420min和360min，但在结合电芬顿后，完全去除所需的时间急剧下降到15min、30min、12min和10min。

由于污染物降解至小分子有机酸后很难进一步被阳极氧化或电芬顿降解，研究者进一步发展了光电芬顿工艺。光电芬顿工艺一方面能通过紫外光再生亚铁离子[反应式（7.40）]，另一方面进一步通过紫外激发矿化有机酸小分子[反应式（7.41）]，因此，矿化效率更高。为进一步提高使用的经济性，采用太阳光替代紫外光，形成太阳能光电芬顿（SPEF）工艺，也取得了较好的效果。如以降解恩诺沙星为例，处理300min后，采用SPEF的处理效果达到86%，远高于BDD阳极氧化的28%和电芬顿作用的45%。

$$Fe(OH)^{2+} + h\nu \longrightarrow Fe^{2+} + \cdot OH \tag{7.40}$$

$$2Fe(C_2O_4)_n^{3-2n} + h\nu \longrightarrow 2Fe^{2+} + (2n-1)C_2O_4^{2-} + 2CO_2 \tag{7.41}$$

（3）发展趋势和展望

BDD在污染物的去除方面展现了良好的应用前景，其性能因金刚石表面官能团、晶向、掺杂类型和程度、非金刚石纯度不同而异[38]。单就电极而言其面临两大实际应用难题：① 电极成本高；② 电极难规模化制备，并且常以Si为基体，易脆，不利于实际应用。目前，在电极方面的尝试和努力主要体现在以下方面[39]。

① 在基体方面的改进。一种方法是对平整的Si基体进行改性，如采用蚀刻字的方法发展有纺织纹路的Si基，其比表面积可增加1.2倍以上，而电流效率增加一倍[40]。另一种方法是构建更实用的Ti/BDD，可使Ti/Si/BDD电极寿命提高20%，且该电极对酚类、染料的去除效果极佳。最近，也有文献进一步在多孔Ti、三维Ti等表面沉积BDD，得到的电极具有更高的表面积，更有利于羟基自由基的形成，从而提升了处理效果。

② BDD表面改性。一方面是细化BDD晶粒，另一方面在BDD上沉积纳米Pt、纳米SbO_2等[41]。如，在BDD表面沉积了8nm左右的Sb掺杂SnO_2，既保持了BDD电极的高析氧电位，又提升了电极的导电性和电化学活性，与BDD电极相比，改性后电极处理污染物2,4-D（2,4-二氯苯氧乙酸）的矿化效率提升了1.6倍。

7.3 阴极电化学还原

7.3.1 概述

在阴极，通过电化学还原反应，能间接或直接实现污染物的转化或去除反应。表7.6列出了常见的阴极电化学还原工艺及其环境应用实例，主要包括电芬顿、电沉积、电化学脱卤等，在有机污染物、重金属、卤代烃等去除和二氧化碳转化方面有很广泛的应用前景。

二氧化碳作为引发全球温室效应的主要气体，研究其资源化利用，对解决能源危机和环境问题具有十分重要的意义。相比热化学法，电化学还原二氧化碳具有操

表7.6　常见阴极电化学还原工艺及其环境应用实例

介质	反应物	主要工艺	环境应用实例
气相	O_2	阴极产过氧化氢	电芬顿工艺处理有机物[42]
	CO_2	二氧化碳电催化还原	二氧化碳电化学还原制甲酸[10]
液相	重金属	电沉积	电镀废水中Cu的去除[43]
	阴离子	电化学还原	硝酸盐的电化学还原[44]
	卤代烃	电化学脱卤	氯代芳烃脱氯[45]

作条件相对简便，反应过程易于控制，转化率较高等优点，具备潜在的工业应用价值。但由于二氧化碳化学性质比较稳定、反应活性低，因此电化学还原过程往往比较复杂，反应速率较慢。电化学还原生成的产物包含一氧化碳分子到长链的烃类、醇、酯等，尤以一氧化碳、甲酸、草酸、甲醇等产物最为常见。电化学还原二氧化碳的电极材料有金属、金属化合物、生物催化材料等。研究证实，水相中Pb、Hg、Sn等电极主还原产物为甲酸，Au、Ag、Pd等金属电极主还原产物为一氧化碳，而Cu及其合金电极会产生包含烃类在内的多种还原产物。目前，在Cu基电极方面，通过Cu纳米颗粒调控和Sn等其他金属修饰和改性以提高电流效率成为重要的发展方向。总而言之，如何提高电催化还原的催化活性、选择性和稳定性是电化学还原二氧化碳发展和应用的关键所在。

来源于采矿、冶金、化工、电镀、燃料、金属加工等行业的重金属离子，如Cu^{2+}、Zn^{2+}、Cr^{6+}、Cd^{2+}、Pb^{2+}、Hg^{2+}、Ni^{2+}等，由于其高毒性、持久性和累积性，不仅污染水环境、威胁水体安全，也严重威胁着人类和水生生物的生存。电沉积法是利用电解过程中金属离子在阴极的还原析出以回收废水中重金属的方法，在处理废水的同时可实现重金属资源的再利用，具有处理效率高、无二次污染、设备及操作简单等优点。电沉积方法相对成熟，在电镀、采矿等行业废水处理方面已经获得一定的应用，但由于废水水质的复杂性，如金属离子的浓度、多种金属的竞争反应和其他有机物的共存等，影响重金属回收的效率和推广应用。

水中的阴离子如氰化物、硝酸盐等可采用前述的电化学氧化方法处理，如采用BDD电催化氧化法，也可通过电化学还原去除。以硝酸根为例，在贵金属Pt、Pd，非贵金属Fe、Cu、Ti等阴极上均可实现硝酸根的还原去除，但还原产物较多，如亚硝酸根、NO、NH_3等，最终产物N_2的选择性不高。研究表明，Sn改性的Pt还原硝酸根时氮气的产生量较高，且Sn负载量对还原产物的选择性起到了重要的作用，负载量较低或中等时，产物主要为N_2O。考虑到硝酸根直接还原成氮气不易，另外一种思路是：利用Pt电极在碱性介质将硝酸根电化学还原为氨，然后使阴极产生的氨扩散到阳极，通过阳极氧化为氮气，实现硝酸根的最终转化。主要反应如下：

阴极：
$$NO_3^-+8e^-+6H_2O \longrightarrow NH_3+9OH^- \quad (7.42)$$

阳极：
$$2NH_3+6OH^- \longrightarrow N_2+6e^-+6H_2O \quad (7.43)$$

卤代烃，如五氯酚、多氯联苯、六氯苯等具有高毒性、持久性和生物蓄积性等特点，这些物质作为工业原料或产品进入环境中，会对生态环境和人体健康造成极大的危害，因此探索其高效去除的技术成为研究的焦点。电化学还原卤代烃通过阴极实现加氢脱卤生成毒性较低的芳烃或烷烃，从而易于后续生物法处理。其主要反应原理如下：

$$R—X_n+nH^++ne^- \longrightarrow R—H_n+nX^- \quad (7.44)$$

式中，R代表烷基。由于卤代烃化学性质稳定，通常要在很负的阴极电位下才能还原。为此，常采用惰性有机溶剂进行电化学还原脱卤，如二甲基甲酰胺、二甲基亚砜、乙腈等，因为在常规水介质往往会发生析氢、析氧反应，从而导致卤代烃去除的效率大大降低。因此，研制合适的阴极材料非常重要，通常需要阴极具有较高的析氢过电位、较高的催化活性和抗腐蚀性。目前报道的常见阴极材料有Ag、Pb、Ni、Ti、石墨、石墨毡、石墨纤维等。为提高脱卤效率，将具有催化活性的金属，如Pd，负载到阴极基材表面成为修饰电极，是该领域的一大研究热点。Pd的负载量、分散程度和纳米尺寸以及Pd/Ni、Pd/Fe等双金属体系的构建对脱卤效率有较大的影响。

根据式（7.38）和式（7.39），氧气在合适的阴极上能通过电化学还原生成过氧化氢，并在亚铁催化下形成芬顿反应，即电芬顿工艺。限于篇幅，以下将重点介绍电芬顿工艺，其他电化学还原工艺请参阅相关文献。

7.3.2
电芬顿

7.3.2.1
电芬顿原理

电芬顿即利用电化学方法产生Fe^{2+}或H_2O_2，并进一步发生芬顿反应从而生成很高的羟基自由基达到污染物降解的过程[42,46]。其实质是通过电解过程产生强氧化性能的芬顿试剂来氧化降解污染物［式（7.39）］。

与传统芬顿法相比，电芬顿具有如下的优点：① 处理效率更高。因为除了羟基自由基的氧化作用以外，还有电吸附、阳极氧化等共同作用。② 环境友好。处理过程会原位产生Fe^{2+}或H_2O_2，有效降解甚至矿化污染物，无须外加其他药剂。③ 可通过电流和电压调控处理参数，易于自动控制实现处理。

根据过程中Fe^{2+}和H_2O_2产生或投加方式的不同，电芬顿可分为以下几类[42]。

（1）阴极电芬顿法

在反应电解池曝入氧气，通过阴极电化学还原产生H_2O_2［式（7.38）］，与外加Fe^{2+}形成芬顿反应［式（7.39）］。

（2）牺牲阳极法

以铁网或铁片作为阳极，通电时铁失去电子氧化成为Fe^{2+}［式（7.45）］，与外加的H_2O_2形成芬顿反应［式（7.39）］。此外，在碱性条件下，溶液中还会发生絮凝反应。其主要反应如下：

阳极：
$$Fe \cdot -2e^- \longrightarrow Fe^{2+} \quad (7.45)$$

溶液中的反应：
$$Fe^{3+} + 3OH^- \longrightarrow Fe(OH)_3 \quad (7.46)$$

（3）Fe^{3+}循环法

反应中外加过氧化氢和Fe^{3+}，而后者在阴极表面还原产生Fe^{2+}［式（7.47）］，从而实现芬顿反应。在芬顿反应［式（7.39）］后Fe^{2+}转化为Fe^{3+}，可重新通过电还原转化为Fe^{2+}，从而实现循环利用。其主要反应为：

阴极：
$$Fe^{3+} + e^- \longrightarrow Fe^{2+} \quad (7.47)$$

（4）铁氧化-H_2O_2法

该工艺中，曝入的空气或氧气经阴极还原生成H_2O_2［式（7.38）］，而铁网或铁片作为阳极，电解产生Fe^{2+}［式（7.45）］，从而构成芬顿反应。这个方法称为铁氧化-H_2O_2法，它集成了电絮凝和芬顿氧化两种工艺，也称之为过氧絮凝。

（5）铁还原-H_2O_2法

与方法（4）类似，H_2O_2在阴极由O_2还原产生［式（7.38）］，同时Fe^{2+}由Fe^{3+}阴极还原形成［式（7.47）］，从而构成芬顿反应。

7.3.2.2 电芬顿阴极材料

除了阴极电位、电流密度、pH等工艺参数，合适的电极材料对阴极产过氧化氢也极其重要。阴极产过氧化氢过程，除了氧气还原成过氧化氢的主要过程，还包括氧气还原成水、氢离子还原产氢等副反应过程。通常结合旋转圆盘（环）测试来揭示阴极氧还原反应的电子数n和产过氧化氢的效率χ，计算方法分别如下：

$$n=\frac{4I_{D}}{I_{D}+(I_{R}/N)} \tag{7.48}$$

式中，I_D、I_R分别代表圆盘和圆环电流；N是电流收集效率。

$$\chi=\frac{200\times(I_{R}/N)}{I_{D}+(I_{R}/N)}\times100\% \tag{7.49}$$

为更好地衡量阴极产过氧化氢的性能，通常比较相同电流密度下的产过氧化氢速率，以单位时间单位面积产过氧化氢的质量衡量，单位通常为$mg \cdot cm^{-2} \cdot h^{-1}$。不同电极材料产过氧化氢性能相差较大，有的低于$1mg \cdot cm^{-2} \cdot h^{-1}$，也有的高于$10mg \cdot cm^{-2} \cdot h^{-1}$。

产H_2O_2过程的电流效率（CE）可用法拉第电流效率公式进行计算：

$$\mathrm{CE}=\frac{nFcV}{\int_0^t I\mathrm{d}t}\times100\% \tag{7.50}$$

式中，n为O_2还原成H_2O_2所转移的电子数；F是法拉第常数，$96485C \cdot mol^{-1}$；c是H_2O_2的摩尔浓度，$mol \cdot L^{-1}$；V是溶液体积，L；I是电流，A；t是反应时间，s。

产H_2O_2电耗（EEC）由以下公式进行计算：

$$\mathrm{EEC}=\frac{1000UIt}{cV} \tag{7.51}$$

式中，U为电压，V；其余同上。

此外，氧气利用率（OE）也是很重要的参数，它表示真正用于过氧化氢产生的氧气占曝入的氧气的百分率。假设符合理想气体，其氧气利用率公式为[18]：

$$\mathrm{OE}=\frac{n_{H_2O_2}RT}{pV}\times100\% \tag{7.52}$$

式中，$n_{H_2O_2}$为产生的H_2O_2的摩尔量，mol；p表示空气流中氧气的分压，Pa；V表示曝气量，m^3；R为摩尔气体常量，$8.31J \cdot mol^{-1} \cdot K^{-1}$；$T$为气体的热力学温度，K。实际产过氧化氢过程的氧气利用率通常$<10\%$，更低的可能小于0.1%。因此，从工程应用的角度，提升氧气利用率对降低处理成本意义重大。

上述产过氧化氢性能指标，包括产过氧化氢速率、电流效率、氧气利用率等，当然越高越好，而电耗则越低越好。当然，有些时候各指标不一致，需综合比较。比如，即使是同样的电极，其合适电流密度的选择需综合考量，相对而言，较低电流密度下，产过氧化氢速率可能较低，电耗也较低，而电流效率较高；在较高电流密度下，产过氧化氢速率增加，但电流效率可能降低，而电耗将增加。

目前，常见的产过氧化氢材料主要包括金属和碳材料，下面分类简述。

（1）金属阴极

常见的产过氧化氢金属阴极包括Ti、Fe、Pt等，它们具有良好的化学稳定性、高导电性能和较好的机械强度。但这些阴极通常产H_2O_2产量较低，故常被用于处理水中痕量污染物或与其他材料阴极性能作比较。如Pt电极，常因其良好的化学稳定性和较高的析氧电位而被用作阳极，但也有用作阴极的。有文献利用Pt片作为阴阳极降解包含二硝基甲苯和2,4,6-三硝基甲苯的溶液。在U=6V，pH=0.1，T=30℃的条件下，7h可以实现对污染物TOC的全部去除。在pH=2.3不加催化剂Fe^{2+}的条件下，90min时H_2O_2浓度可达21～24mg/L。并且，利用超声的方法增强氧气分子在水中的转移速率可提高过氧化氢产率，在pH=0.1的条件下，7h时H_2O_2产量可以达到250mg·L^{-1}。

（2）碳材料阴极

近年来，碳材料因其以下特点被越来越多的作为氧还原阴极材料：无毒性，较高的析氢电位，对H_2O_2的分解催化活性较低，良好的化学稳定性、导电性和抗腐蚀性。目前报道的碳材料阴极，主要包括石墨、BDD电极等材料，活性炭纤维、碳毡及网状玻璃碳等三维电极材料，气体扩散阴极以及碳海绵、碳纳米管、碳凝胶、石墨烯等新型碳材料。

石墨作为阴极产过氧化氢材料已有较长的历史。文献表明，使用石墨作为阴极，在阴极电位E=–0.85～0.9 V的条件下，90min时H_2O_2产量达到92～100mg·L^{-1}，电流效率维持在85%以上。

BDD电极因其较高的析氧过电位而多用于阳极氧化体系，用于阴极产过氧化氢的报道并不多且性能并不佳，即使电流强度达到31mA·cm^{-2}，H_2O_2的最大产量也仅仅61mg·L^{-1}。有研究者使用BDD作为阴阳极，在优化条件下反应60min后过氧化氢产量可以提高到88mg·L^{-1}，但电流效率只有10%左右，主要原因是产生的H_2O_2在阳极快速分解生成了氧气。

由于O_2在水溶液中的溶解度较低（在25℃，1atm大气压条件下，纯氧环境和空气环境中溶液中溶解氧达到平衡时的浓度分别为40mg·L^{-1}和8mg·L^{-1}），气体扩散电极成为氧还原阴极的最佳选择。该类电极主要包括空气扩散层、电子集流层以及催化层，具有多孔结构，且电极厚度较小，有利于气体通过微孔结构由溶液向电极表面的传输过程。这类电极一般具有较多的表面活性位点，因此能够促进O_2的快速还原以及H_2O_2积累过程。这类电极在制备过程中，常采用PTFE作为黏合剂，一方面与碳颗粒压合成紧密的混合层，另一方面为材料提供反应气体传输的孔道。Brillas等制备了面积为$3.1cm^2$的炭黑（Vulcan XC-72）-PTFE-氧气扩散阴极，以$10cm^2$ Pt为对电极，采用450mA恒电流输出模式，在pH=3、O_2曝气流量为$20mL \cdot min^{-1}$的条件下，3h后体系中H_2O_2的浓度能够达到稳定的$73mmol \cdot L^{-1}$，但是电流效率随时间呈明显下降趋势，在2h约为50%[47]。此外，也有石墨、乙炔黑与PTFE混合制备的空气扩散阴极[48]。

三维多孔电极具有较高的比表面积，与气体扩散电极相比，其制作成本也较低，由于这类电极已形成规模商品化，因此应用较为广泛。三维结构还可以有效消除二维电极的低时空产率和低空间速率的限制，其内部特殊的结构能够实现较大的反应接触面积以及较快的氧传质，有利于活性位点的附着和加快氧分子的传递速率，从而使过氧化氢产量明显增加。

主要电极材料有：

① 活性炭纤维（AFC）。该材料除了具有较大的比表面积（$>1000m^2 \cdot g^{-1}$）外，还具有良好的吸附性能和导电能力。曲久辉等以$20cm^2$的ACF为阴极，相同面积的Ti/RuO_2为阳极，在500mL酸性电解液中通入360mA电流反应180min，产生$0.6mmol \cdot L^{-1}$的H_2O_2，较同条件下石墨阴极的产量增加了约10倍[49]。类似地，有研究者对比了ACF和石墨为阴极的H_2O_2产量，在总体积为1L的循环流体系中，pH=3，$I=8.89mA \cdot cm^{-2}$的条件下，4h时H_2O_2产量分别达到了$556.11\mu mol \cdot L^{-1}$和$76.61\mu mol \cdot L^{-1}$，可以看出ACF作为阴极的产$H_2O_2$效果明显好于石墨。

② 碳毡。法国Oturan教授是国际上碳毡版电芬顿技术的发明人，他们采用碳毡作为阴极，铂丝为对电极，在氧气曝气流量为$0.1L \cdot min^{-1}$，电流100 mA条件下电解2h后体系内的H_2O_2浓度达到稳定值，约$92mg \cdot L^{-1}$。虽然碳毡材料在产H_2O_2方面不如气体扩散电极，但是在还原Fe^{3+}产生Fe^{2+}方面效果显著，这为发展为铁还原-H_2O_2法提供了技术保障。

为提升碳毡的产H_2O_2性能，通过化学、电化学等方法进行改性是重要的研究方向[50～52]。研究表明，改性后，其电极比表面积、亲疏水性等表面性能发生改变，从而更有利于阴极氧气的还原。文献表明，在pH=3，$E=-0.72V$，曝氧速率$600mL \cdot min^{-1}$的条件下，2h后H_2O_2产量达到$121.8mg \cdot L^{-1}$，电流效率仅为21.35%。

采用水合肼和阳极氧化法对碳毡电极进行改性，相同条件下，2h后双氧水产量可分别达到247.2mg · L^{-1}和230 ～ 240mg · L^{-1}，电流效率也分别提高至60.3%和79.1%。此外，炭黑和聚四氟乙烯也被借鉴用于碳毡改性，当两者比例为1 ∶ 5时，产H_2O_2性能较未改性时提升近10倍[53]。

③ 发泡玻璃碳。具有较低的密度、热膨胀性，较高的孔隙率（90% ～ 97%）和较好的导电能力，是一种具有开放式蜂巢状微孔结构的玻璃碳材料。Alvarez-Gallegos和Pletcher采用尺寸为5cm × 5cm × 1.2cm的RVC作为阴极，铂丝网作为阳极，电解池由Nafion450®阳离子渗透膜分隔为阴极室和阳极室两部分，阳极电解液为1mol · L^{-1} H_2SO_4，2 L的阴极电解液由10mmol · L^{-1} HCl和50mmol · L^{-1} NaCl组成，保持循环溶液中的溶解氧处于饱和状态，当施加阴极电位–0.5 ～ –0.7V（vs.SCE）后发现H_2O_2的浓度与体系反应时间呈线性关系，可达到20mmol · L^{-1}，电流效率为60% ± 3%[54]。

随着化学合成技术的不断进步，新型碳材料不断涌现，相比三维电极材料它们具有更大的比表面积和催化活性，产过氧化氢性能较好的材料包括碳海绵、碳纳米管、碳凝胶、石墨烯等。

Oturan课题组首次报道了将碳海绵应用于电芬顿系统[55]，碳海绵阴极的尺寸为4cm × 1cm × 1cm，采用铂丝网作为阳极，0.05mol · L^{-1} Na_2SO_4电解液0.125 L，pH=3，氧气曝气流量为0.1L · min^{-1}，在电流100mA下反应120min后，体系内的H_2O_2浓度到达平衡，为8.05mmol · L^{-1}，与相同条件下的碳毡体系（2.7mmol · L^{-1}）相比，碳海绵显示出更加优越的H_2O_2生产能力。该碳海绵阴极与掺硼金刚石阳极组合应用于苯胺灵的降解，在Fe^{3+}浓度为0.2mmol · L^{-1}，pH=3，电流100mA的条件下，30min时污染物的矿化效率高达81%。

碳纳米管，具有典型的层状中空结构特征，可以分为单壁碳纳米管（SWCNTs）和多壁碳纳米管（MWNTs）。与MWNTs相比，SWCNTs直径的分布范围小，缺陷少，具有更高的均匀一致性。由于碳纳米管主要以粉末态存在，因此常与PTFE混合压制为阴极进行研究和应用。目前，有关CNT产H_2O_2的研究表明，在相同阴极偏压条件下，CNT阴极具有更高的电流响应，说明CNT具有更好的氧还原活性。为充分发挥CNT的特性优点，使用电化学方法对CNT进行氮功能化改性，在pH=3，E=–0.85V，曝氧速率400mL · min^{-1}的条件下，CNT阴极与石墨毡阴极在反应90min后，H_2O_2产量分别为145.6mg · L^{-1}和92.6mg · L^{-1}，而电流效率维持在60% ～ 70%。Zarei等人用CNT代替碳颗粒制备了CNT-PTFE空气扩散电极，300min时，其H_2O_2

产量达到14.3mmol·L^{-1}，是碳-PTFE空气扩散电极的两倍，是相同操作条件下石墨毡阴极产量的3倍多，这充分说明了相同条件下CNT具有更高的催化活性[56]。

碳气凝胶作为多孔的阴极材料，由于具有相互连通的孔道结构，高的比表面积和良好的导电性，可以增强电芬顿反应中阴极的电吸附能力，因此最近被研究用于电芬顿阴极基底材料。尽管目前报道单纯碳气凝胶的产过氧化氢性能不高，多为20～30mg·L^{-1}，但碳气凝胶可作为很好的阴极基底，通过石墨烯、碳纳米管、Fe_3O_4、Fe_2O_3等引入和功能化构筑后，能形成很好的非均相电芬顿，或能显著提升电芬顿性能，或能扩大pH应用范围（3～9）。

石墨烯因具有优良的导电性和特殊的单原子层平面二维结构及高比表面积，是理想的吸附、催化材料，成为环境污染控制领域的一大研究热点。在阴极还原产过氧化氢及其电芬顿应用方面也有少量报道[57,58]，通常以聚四氟乙烯、Nafion、聚吡咯等作黏结剂，将石墨烯类负载在不锈钢网、碳布、玻璃碳等材料上构成电极。有文献制备了石墨烯/石墨-PTFE电极，当石墨烯与石墨质量比为1∶8，在电流密度为2mA·cm^{-2}，电解180min产生的过氧化氢浓度为187.1mg·L^{-1}。也有文献比较了单层、多层和海绵状石墨烯的阴极产过氧化氢性能，以海绵状石墨烯阴极性能最佳，在pH=3，阴极电位–0.61V条件下，反应60min的过氧化氢浓度为0.25mmol·L^{-1}，这归因于这种材料的高纯度、低界面电荷传递电阻、高电化学活性面积和三维多孔结构。这些工作说明石墨烯用于阴极还原产过氧化氢的可行性，但总体上目前产过氧化氢性能与较成熟的空气扩散阴极等相比仍有一定的差距，需在材料制备、负载、改性等方面进行深入研究和发展。

7.3.2.3 电芬顿工艺发展

目前限制电芬顿技术发展和广泛应用的主要瓶颈是使用的阴极材料的催化还原活性欠高，H_2O_2产量偏低，电流效率及氧气利用率低等问题，因此，探索高催化活性的电极材料，优化电芬顿反应器构型仍是当前研究的主攻方向。除此之外，通过与光催化、超声等其他处理工艺的耦合实现更高的处理效率，通过催化剂的研制和非均相电芬顿技术的拓展以克服常规电芬顿存在的缺陷，也成为电芬顿工艺发展的主要趋势[59]。

将光源作为激发能源（UV或可见光）引入电芬顿系统的工艺被称为光电芬顿，它实现了光辐射和电芬顿技术的耦合。其突出的优势在于：① 电芬顿系统中的$[Fe(OH)]^{2+}$可以通过吸收光子中的能量产生强氧化剂·OH，如式（7.40）所示，在波长为313～360nm的辐照下该反应的量子效率约为0.14～0.19；② UV辐照能够促进氧化副产物或其与Fe(Ⅲ)的复合物，有利于Fe^{2+}的再生，如式（7.41）所示。③ 在一定的UV辐照下，能够发生光解产生强氧化试剂，如式（7.53）和式（7.54）所示，有利于系统的催化氧化过程。这种技术在染料、药品、新兴污染物等处理方面显示了比电芬顿更佳的效果[60]。

$$H_2O_2+h\nu \longrightarrow 2\ \cdot OH \tag{7.53}$$

$$H_2O_2+h\nu \longrightarrow H\cdot +HO_2\cdot \tag{7.54}$$

由于电芬顿处理废水的电耗偏高，与相对价廉的电絮凝耦合形成过氧絮凝成为电芬顿发展的新方向。电絮凝是在电场的作用下，可溶性的金属阳极（如Fe、Al）产生大量的阳离子，利用生成的氢氧化物对废水进行凝聚沉淀，同时由于电极反应，产生直径很小的气泡，吸附系统中直径很小的颗粒物质上浮从而使与水之分离。与电芬顿相比，过氧絮凝无须外加亚铁催化剂，同时还具有絮凝、气浮等多种作用，去除效率更高，尤其对染料等效果佳。

类电芬顿也成为电芬顿发展的新方向，目前已报道的替代Fe^{3+}/Fe^{2+}的催化剂体系有Cu^{2+}/Cu^{+}、Co^{3+}/Co^{2+}和Mn^{3+}/Mn^{2+}等。研究发现，Co对于TOC的去除率与Fe相近［式（7.55）］，但是对于Cu^{2+}催化，投加的Cu^{2+}浓度要高得多（10mmol·L^{-1}），这主要是由于Cu^{2+}首先需要经历下列还原过程生成Cu^{+}，随后才能与H_2O_2反应产生·OH，如式（7.56）～式（7.59）所示。文献表明，Cu^{2+}/Cu^{+}与Fe^{3+}/Fe^{2+}在芬顿反应过程中存在积极的共催化效用，如式（7.60）所示。这一效应已被多个课题组在处理硝基苯、对乙酰氨基酚、染料等污染物中证实[61]。Cu^{2+}对电芬顿过程的主要促进作为包括：① 通过反应（7.59）直接产生·OH，以及通过反应（7.60）促进羟基自由基的产生；② 降解过程的中间产物与Cu^{2+}形成的复合物比与铁离子形成的复合物更容易被降解。

$$H_2O_2+Co^{2+} \longrightarrow Co^{3+}+\ \cdot OH+OH^- \tag{7.55}$$

$$Cu^{2+}+e^- \longrightarrow Cu^+ \tag{7.56}$$

$$Cu^{2+}+HO_2\cdot \longrightarrow Cu^++H^++O_2,\ k_2=5\times 10^7 mol\cdot L^{-1}\cdot s^{-1} \tag{7.57}$$

$$Cu^{2+}+R\cdot \longrightarrow Cu^++R^+ \tag{7.58}$$

$$H_2O_2+Cu^+ \longrightarrow Cu^{2+}+\ \cdot OH+OH^-,\ k_2=1\times 10^4 mol\cdot L^{-1}\cdot s^{-1} \tag{7.59}$$

$$Cu^++Fe^{3+} \longrightarrow Cu^{2+}+Fe^{2+} \tag{7.60}$$

均相电芬顿氧化技术虽然具有催化效率高、氧化能力强、污染物去除效果好和反应条件易控制等特点，但是还存在以下几个缺点：① pH适用范围比较窄，通常在pH值3附近最佳；② 在均相电芬顿反应中金属离子的使用一般会带来铁泥等二次污染。相比传统的均相电芬顿技术，非均电相芬顿技术可以解决电芬顿在中性和碱性条件下的限制，而且没有铁离子所带来的二次污染，所以非均相电芬顿越来越受关注[62]。非均相电芬顿氧化技术主要是指将金属离子通过离子交换、吸附或化学配位、浸渍法或者是其他方式固定到载体上制备得到非均电相芬顿催化剂或电极，转化过氧化氢反应产生具有强氧化性的羟基自由基，从而将有机污染物催化氧化降解。电极载体，如碳毡、碳气凝胶的选取和催化剂的制备，如过渡金属Cu、Co和稀土金属Ce、铁碳及其金属氧化物是该领域的研究热点[63]。如将 $Fe_3O_4@Fe_2O_3$ 负载到活性炭气凝胶上制备得到一种新型的类芬顿催化电极，其用于吡虫啉的电催化氧化的结果表明，该反应体系不但适用的 pH值较广（3 ～ 9），而且在酸性和碱性条件表现了不同的催化反应机理，为开发更高效的非均相芬顿体系提供了一种思路[64]。

这类非均相电芬顿催化剂/电极种类较多，仅以铁系为例，包括了零价铁、负载型铁或铁化合物、铁矿物、含铁污泥等。在载体方面，碳、沸石、海泡石、藻酸盐[65]等均有报道。在铁矿物中，除了铁氧体、磁铁矿、赤铁矿外，还有黄铁矿。值得一提的是[66]，黄铁矿可通过式（7.61）和式（7.62）实现类芬顿反应，同时通过式（7.63）可实现亚铁离子的再生，从而实现芬顿反应的循环进行。同时，从式（7.61）～式（7.63）看，该反应能产生氢离子，促进溶液的酸化从而有利于芬顿反应。在非均相电芬顿体系，电化学反应可实现过氧化氢和亚铁的形成（再生），从而较常规非均相芬顿氧化效果更佳。

$$2FeS_2+7O_2+2H_2O \longrightarrow 2Fe^{2+}+4SO_4^{2-}+4H^+ \qquad (7.61)$$

$$2FeS_2+15H_2O_2 \longrightarrow 2Fe^{3+}+14H_2O+4SO_4^{2-}+2H^+ \qquad (7.62)$$

$$FeS_2+14Fe^{3+}+8H_2O \longrightarrow 15Fe^{2+}+2SO_4^{2-}+16H^+ \qquad (7.63)$$

7.3.2.4
电芬顿工艺应用

电芬顿在有机污染物的处理方面获得了广泛的研究和应用，尤其在染料、化工、农药、皮革、垃圾渗滤液等难降解有机污染物处理方面。近年来，在药品、含氟化合物等新兴有机污染物处理方面也获得了较好的结果。表7.7列出了部分有代表性的工作，涉及染料、农药、化工、垃圾渗滤液、药品和个人护理品等[67～70]。概括而言，除了阴极材料，阳极BDD材料的应用能更好地发挥阳极氧化和阴极电芬顿的共

表7.7　电芬顿在有机污染物处理方面的应用

类别	污染物	电极	主要条件	处理效果
染料	罗丹明B[68]	Cu_2O/CNTs/PTFE为阴极	1.2V电解电压，处理120min	在中性和酸性的pH条件下降解率分别达到82.2%和89.3%
	甲基红[48]	石墨/PTFE为阴极	阴极电位为−0.55V（vs.SCE），pH=3，Fe^{2+} 0.2mmol·L^{-1}	20min时甲基红的降解率即可达到80%
	日落黄[71]	以RVC为阴极，Pt网为阳极	0.05mol·L^{-1} Na_2SO_4，pH=3，Fe^{2+} 0.1mmol·L^{-1}，阴极电位为−1.0V（vs.SCE）	120min后染料完全脱色，并且实现约97%的矿化程度
农药	4-氯苯氧乙酸[72]	气体扩散电极	初始浓度＜400mg·L^{-1}，pH=2～6，温度为35℃	光电芬顿体系可以实现污染物的完全矿化，电芬顿系统矿化率达到80%
	敌草隆[73]	碳毡阴极	pH=2.8～3，Fe^{3+} 0.5 mmol·L^{-1}，电流100mA	在10min内COD的去除率可达93%
化工	氯酚[69]	碳毡阴极	pH=3，Fe^{3+} 0.2mmol·L^{-1}，电流100mA	表观速率常数的顺序依次为：对氯酚＞邻氯酚＞2,4-二氯酚＞2,6-二氯酚＞2,3,5-三氯酚＞2,4,5-三氯酚＞2,3,5,6-四氯酚＞五氯酚
		Pt片为阳极，石墨柱为阴极	pH=2.5，Fe^{2+}浓度3.8mg·L^{-1}，系统外加电压5V	2,4-二氯酚＞2,4,6-三氯酚＞五氯酚＞4-氯苯酚
	邻氯苯酚[74]	不锈钢为阴极，Pt网为阳极	pH=3.5，O_2 3.75L·min^{-1}，Fe^{2+} 0.5mg·L^{-1}，电流600mA	反应60min后，80mg·L^{-1}的邻氯苯酚的降解率为59.12%，COD去除率为47.45%
药物和个人护理品	氯贝酸[75]	Pt为阳极，气体扩散电极为阴极	pH=3，O_2 12mL·min^{-1}的条件下反应18h	氯贝酸（初始浓度179mg·L^{-1}，TOC=100mg·L^{-1}）的矿化率为80%，耦合UV后的降解效果可提高至96%
	布洛芬[76]	阳极为Pt或BDD，阴极为气体扩散电极	初始浓度41mg·L^{-1}，0.05mol·L^{-1} Na_2SO_4，0.5mmol·L^{-1} Fe^{2+}，pH 3.0，100mA	处理360min后，Pt阳极体系TOC去除率58%；BDD阳极体系TOC去除率81%
垃圾渗滤液[70]		阴阳极均为Ti/RuO_2/IrO_2	H_2O_2 0.34mol·L^{-1}，Fe^{2+} 0.028mol·L^{-1}，pH=3，电流为2A	COD去除率为81%，高于芬顿处理COD去除率（为34%）
		阴阳极为铸铁	H_2O_2 750mg·L^{-1}，pH=4	30min处理色度完全去除，COD从1941mg·L^{-1}降至295mg·L^{-1}。后接序批式反应器后，出水COD可进一步降至90mg·L^{-1}以下

同作用，从而促进污染物处理效果。但受制于BDD电极的规模，目前实际工程应用仍不多见。另外，从实际废水处理角度，电芬顿预处理和其他工艺联用，如生物处理，仍是处理难降解废水最实用的途径之一。

7.4 总结与展望

纳米电极材料在环境污染物处理中具有独特的优势，由于能显著提升处理效能，逐渐应用于电催化氧化、电絮凝、电芬顿、电沉积、电还原、电去离子等工艺中，显示了很好的应用前景。纳米电极材料在有机污染物和重金属的去除、脱盐、二氧化碳电催化转化等领域获得了广泛的研究和应用，尤其在染料、农药、化工、酚类污染物、垃圾渗滤液等废水处理，抗生素、内分泌干扰物、药品等新兴有机污染物的去除方面有较系统的研究和报道。

在阳极材料方面，以DSA、PbO_2、SnO_2为代表的金属氧化物电极研究较多、制备技术相对成熟，并有不少实际应用报道，而BDD等阳极虽然显示了很好的环境应用前景，但受制于电极制备及成本等因素，目前规模化应用并不多见，仅在小型游泳池消毒等场合有实际应用的报道[59]。

在阴极材料方面相对阳极研究和应用较少，但碳材料在电芬顿、电去离子等领域的应用和研究日益普遍。碳毡和空气扩散阴极已成为两类最高效的电芬顿工艺阴极，而在其上进一步通过碳纳米管、石墨烯等纳米结构或材料的应用和改性成为提升电芬顿处理污染物性能的一大研究热点[77]。

尽管如此，纳米材料环境电催化仍需要在研究和应用层面深入拓展。

在研究层面，虽然纳米电极的使用或纳米结构的改进对污染物处理性能的提升有大量的研究报道，但很多的研究停留在材料制备或污染物降解性能测试等层面，对污染物处理性能提升机理的分析，也多停留在液相产物的分析鉴定，缺乏电极界面过程调控、表面活性物质和产物等机理的深入探索。事实上，环境电催化是涉及电化学、表面科学、异相催化、材料科学、环境等学科交叉的前沿领域，表面吸附、氧化、传质、反应等过程对污染物的转化和去除十分重要。引入各种谱学方法研究电催化过程不仅可以在微观层次揭示电极表面过程，而且可在分子水平深入认识电化学反应机理[78]。因此，迫切需要借助和发展一些表面和原位分析技术手段，如电化学原位红外光谱技术、电化学原位拉曼光谱、电化学原位扫描隧道显微镜等分析表征手段，结合羟基自由基、超氧自由基等自由基的定性、定量检测，揭示纳米材料使用或改性对上述界面过程的影响，从而揭示污染物降解的界面本质机理，促进环境电化学技术和纳米技术的结合和发展。

在应用层面，更需要突破电极的放大制备和规模化应用，需关注以下几个方面：

① 成本。纳米电极或纳米结构改性通常会增加电极制备成本而影响其实际应用，尤其是在与其相似工艺的对比中，如何兼具性能优越、经济合理是应用必须平衡的问题。

② 规模和放大。当前多数纳米电极在环境治理中的应用多停留在实验室阶段，能否制成适合应用的大面积且处理性能不衰减的电极成为待攻克的难题，尤其是对BDD等高性能电极。从应用的角度，受制于有限的电极面积，或许发展适合于纳米电极的三维电极体系和有利于传质改善的穿透式电化学反应器将是研究发展的重要趋势[23, 24]。

③ 环境效应和二次污染。由于自然界和废水中通常含有氯离子，在电化学反应过程中，如何避免有毒含氯污染物的形成至关重要。另外，纳米电极在使用过程中，可能存在重金属溶出等问题，应尽可能调控制备和处理工艺条件降低对环境的二次污染。

④ 应用和耦合。单纯的电化学氧化或电芬顿过程，处理成本往往较高，因此通过和其他处理工艺耦合将是促进其高效低耗应用的重要途径。一是发展其他复合电化学高级氧化技术，如光电催化、超声电芬顿等，提升处理性能[59]；二是发展和过滤、膜技术、生化处理等常规水处理技术的联合，发挥各自优势，实现环境电化学技术在废水预处理、深度处理等领域的应用。

参考文献

[1] 冯玉杰，李晓岩，尤宏，等. 电化学技术在环境工程中的应用. 北京：化学工业出版社，2002.

[2] 曲久辉，刘会娟. 水处理电化学原理与技术. 北京：科学出版社，2007.

[3] 陶映初，陶举洲. 环境电化学. 北京：化学工业出版社，2003.

[4] Logan BE. Microbial Fuel Cells. New York: John Wiley & Sons, 2008.

[5] Zhou M H, Chi M L, Luo J M, He H H, Jin T. An overview of electrode materials in microbial fuel cells. J Power Sources, 2011, 196: 4427-4435.

[6] Zhou M H, Jin T, Wu Z C, Chi M L, Gu T Y. Microbial fuel cells for bioenergy and bioproducts. //Gopalakrishnan K, van Leeuwen J, Brown R, Sustainable Bioenergy and Bioproducts: Value Added Engineering Applications (Green Energy and Technology). Berlin-New York: Springer-Verlag, 2011: 131-172.

[7] El-Ghenymy A, Centellas F, Rodriguez RM, et al. Comparative use of anodic oxidation, electro-Fenton and photoelectro-Fenton with Pt or boron-doped diamond anode to decolorize and mineralize Malachite Green oxalate dye. Electrochim Acta, 2015, 182: 247-256.

[8] Arellano-Gonzalez MA, Texier AC, Lartundo-Rojas L, et al. Electrochemical dechlorination of 2-chlorophenol on Pd/Ti, Ni/Ti and Pd-Ni Alloy/Ti Electrodes. J Electrochem Soc, 2015, 162: E223-E230.

[9] Lakshmi, PM,Sivashanmugam P. Treatment of oil tanning effluent by electrocoagulation: Influence of ultrasound and hybrid electrode on COD removal. Sep Purif Technol, 2013, 116: 378-384.

[10] Huan TN, Simon P, Rousse G, et al. Porous dendritic copper: an electrocatalyst for highly selective CO_2 reduction to formate in water/ionic liquid electrolyte. Chem Sci, 2017, 8: 742-747.

[11] Cotillas S, Llanos J, Castro-Rios K, et al. Synergistic integration of sonochemical and electrochemical disinfection with DSA anodes. Chemosphere, 2016, 163: 562-568.

[12] Zhou, MH, Dai QZ, Lei LC, et al. Long life modified lead dioxide anode for organic wastewater treatment: electrochemical characteristics and degradation mechanism. Environ Sci Technol, 2005, 39: 363-370.

[13] Martinez-Huitle CA, De Battisti A, Ferro S, et al. Removal of the pesticide methamidophos from aqueous solutions by electrooxidation using Pb/PbO_2, Ti/SnO_2, and Si/BDD electrodes. Environ Sci Technol, 2008, 42: 6929-6935.

[14] Liu CF, Huang CP, Hu CC, et al. Photoelectrochemical degradation of dye wastewater on TiO_2-coated titanium electrode prepared by electrophoretic deposition. Sep. Purif Technol, 2016, 165: 145-153.

[15] Huang ZH, Yang ZY, Kang FY, et al. Carbon electrodes for capacitive deionization. J Mater Chem A, 2017, 5: 470-496.

[16] Kannan M V, Kumar G G, et al. Current status, key challenges and its solutions in the design and development of graphene based ORR catalysts for the microbial fuel cell applications. Biosensor Bioelectron., 2016, 77: 1208-1220.

[17] Zhou MH, Liu L, Jiao YL, et al. Treatment of high-salinity reverse osmosis concentrate by electrochemical oxidation on BDD and DSA electrodes. Desalination, 2011, 277: 201-206.

[18] Yu XM, Zhou MH, Ren GB, et al. A novel dual gas diffusion electrodes system for efficient hydrogen peroxide generation used in electro-Fenton. Chem Eng J, 2015, 263: 92-100.

[19] Panizza M, Cerisola G. Direct and mediated anodic oxidation of organic pollutants. Chem Rev., 2009, 109: 6541-6569.

[20] Comninellis C. Electrocatalysis in the electrochemical conversion/combustion of organic pollutants for waste water treatment. Electrochim Acta, 1994, 39: 1857-1862

[21] 周明华，吴祖成，汪大翚. 电化学高级氧化工艺降解有毒难生化有机废水. 化学反应工程与工艺，2001，17（3）: 263-271.

[22] Zhou M H, Särkkä H, Sillanpää M. A comparative experimental study on methyl orange degradation by electrochemical oxidation on BDD and MMO electrodes. Sep Purif Technol, 2011, 78: 290-297.

[23] Zhang C, Jiang YH, Li YL, et al. Three-dimensional electrochemical process for wastewater treatment: A general review. Chem Eng J, 2013, 228: 455-467.

[24] Ma L, Zhou MH, Ren GB, Yang WL, Liang L. A highly energy-efficient flow-through electro-Fenton process for organic pollutants

degradation. Electrochim Acta, 2016, 200: 222-230.

[25] Wu WY, Huang ZH, Lim TT. Recent development of mixed metal oxide anodes for electrochemical oxidation of organic pollutants in water. Appl Catal A-Gen, 2014, 480: 58-78.

[26] Jiang Y, Hu ZX, Zhou MH, et al. Efficient degradation of *p*-nitrophenol by electro-oxidation on Fe doped Ti/TiO_2 nanotube/PbO_2 anode. Sep Purif Technol, 2014, 128: 67-71.

[27] Wang Q, Jin T, Hu ZX, Zhou L, Zhou MH. TiO_2-NTs/SnO_2-Sb anode for efficient electrocatalytic degradation of organic pollutants: effect of TiO_2-NTs architecture. Sep Purif Technol, 2013, 102: 180-186.

[28] Hu Z, Zhou M, Zhou L, et al. Effect of matrix on the electrochemical characteristics of TiO_2 nanotube arrays based PbO_2 electrode for pollutant degradation. Environ Sci Pollut Res, 2014, 21: 8476-8484.

[29] Rao ANS, Venkatarangaiah VT. Metal oxide-coated anodes in wastewater treatment. Environ Sci Pollut Res, 2014, 21(5): 3197-3217.

[30] Zhou MH, Tan QQ, Wang Q, et al. Degradation of organics in reverse osmosis concentrate by electro-Fenton process. J Hazard Mater, 2012, 215-216: 287-293.

[31] Duan TG, Wen Q, Chen Y, et al. Enhancing electrocatalytic performance of Sb-doped SnO_2 electrode by compositing nitrogen-doped graphene nanosheets. J Hazard Mater, 2014, 280: 304-314.

[32] Wu ZC, Zhou MH. Partial degradation of phenol by advanced electrochemical oxidation process. Environ Sci Technol, 2001, 35 (13): 2698-2703.

[33] Li XL, Li XM, Yang WJ, et al. Preparation of 3D PbO_2 nanospheres@SnO_2 nanowires/Ti electrode and its application in methyl orange degradation. Electrochim Acta, 2014, 146: 15-22.

[34] Zhou MH, He JJ. Degradation of cationic red X-GRL by electrochemical oxidation on modified PbO_2 electrode. J Hazard Mater, 2008, 153: 357-363.

[35] Brillas E, Martinez-Huitle CA. Synthetic diamond films: preparation, electrochemistry, characterization, and application. John Wiley & Sons, 2011.

[36] Kraft A. Doped diamond: a compact review on a new, versatile electrode material. Int J Electrochem Sci, 2007, 2: 355-385.

[37] Panizza M, Cerisola G. Application of diamond electrodes to electrochemical processes. Electrochim Acta, 2005, 51(2): 191-199.

[38] Souza FL, Saéz C, Lanza MRV, et al. The effect of the sp^3/sp^2 carbon ratio on the electrochemical oxidation of 2,4-D with p-Si BDD anodes. Electrochim Acta, 2016, 187: 119-124.

[39] Yu XM, Zhou MH, Hu YS, et al. Recent updates on electrochemical degradation of bio-refractory organic pollutants using BDD anode: a mini review.Environ. Sci Pollut Res, 2014, 21: 8417-8431.

[40] Bak JY, Lee CH, Kim JD, et al. Modification of the surface morphology of the silicon substrate for boron-doped diamond electrodes in electrochemical wastewater treatment applications. J Korean Phys Soc, 2016, 68: 109-114.

[41] Zhao GH, Li PQ, Nong FQ, et al. Construction and high performance of a novel modified boron-doped diamond film electrode endowed with superior electrocatalysis. J Phys Chem C, 2010, 114: 5906-5913.

[42] Brillas E, Sirés I, Oturan M A. Electro-Fenton process and related electrochemical technologies based on Fenton's reaction chemistry. Chem Rev, 2009, 109: 6570-6631.

[43] 陈熙，徐新阳，赵冰，李海波．喷射床电沉积法处理铜镍混合废水．化工学报，2016, 66: 5060-5066.

[44] Wang, QF, Zhao, XB, Zhang, JF, et al. Investigation of nitrate reduction on polycrystalline Pt nanoparticles with controlled crystal plane. J Electroanal Chem, 2015, 755: 210-214.

[45] Rajic, L, Fallahpour, N, Yuan, SH, et al. Electrochemical transformation of

trichloroethylene in aqueous solution by electrode polarity reversal. Water Res, 2014, 67: 267-275.

[46] Nidheesh PV, Gandhimathi R.Trends in electro-Fenton process for water and wastewater treatment: An overview. Desalination, 2012, 299: 1-15.

[47] Brillas E, Calpe J C, Casado J. Mineralization of 2,4-D by advanced electrochemical oxidation processes. Water Res, 2000, 34: 2253-2262.

[48] Zhou MH, Yu QH, Lei LC, et al. Electro-Fenton method for the removal of methyl red in an efficient electrochemical system. Sep Purif Technol, 2007, 57: 380-387.

[49] Wang A, Qu J, Ru J, et al. Mineralization of an azo dye Acid Red 14 by electro-Fenton's reagent using an activated carbon fiber cathode. Dyes Pigment, 2005, 65: 227-233.

[50] Zhou L, Hu ZX, Zhang C, et al. Electro-generation of hydrogen peroxide for electro-Fenton system by oxygen reduction using chemically modified graphite felt cathode. Sep Purif Technol, 2013, 111: 131-136.

[51] Zhou L, Zhou M, Hu Z, et al. Chemically modified graphite felt as an efficient cathode in electro-Fenton for *p*-nitrophenol degradation. Electrochim Acta, 2014, 140: 376-383.

[52] Zhou L, Zhou M, Zhang C, et al. Electro-Fenton degradation of *p*-nitrophenol using the anodized graphite felts. Chem Eng J, 2013, 233: 185-192.

[53] Yu FK, Zhou MH, Yu XM. Cost-effective electro-Fenton using modified graphite felt that dramatically enhanced on H_2O_2 electro-generation without external aeration. Electrochim Acta, 2015, 163: 182-189.

[54] Alvarez-Gallegos A, Pletcher D. The removal of low level organics via hydrogen peroxide formed in a reticulated vitreous carbon cathode cell, Part 1. The electrosynthesis of hydrogen peroxide in aqueous acidic solutions. Electrochim Acta, 1998, 44: 853-861.

[55] Özcan A, Sahin Y, Savas K A, et al. Carbon sponge as a new cathode material for the electro-Fenton process: Comparison with carbon felt cathode and application to degradation of synthetic dye basic blue 3 in aqueous medium. J. Electroanal Chem, 2008, 616: 71-78.

[56] Zarei M, Salari D, Niaei A, et al. Peroxi-coagulation degradation of C.I. Basic Yellow 2 based on carbon-PTFE and carbon nanotube-PTFE electrodes as cathode. Electrochim Acta, 2009, 54: 6651-6660.

[57] Xu X, Chen J, Zhang G, Song Y, Yang F. Homogeneous electro-Fenton oxidative degradation of reactive brilliant blue using a graphene doped gas-diffusion cathode. Int J Electrochem Sci, 2014, 9: 569-579.

[58] Mousset E, Wang ZX, Hammaker J, Lefebvre O. Physico-chemical properties of pristine graphene and its performance as electrode material for electro-Fenton treatment of wastewater. Electrochim Acta, 2016, 214: 217-230.

[59] Sirés I, Brillas E, Oturan MA, et al. Electro-chemical advanced oxidation processes: today and tomorrow. A review. Environ Sci Pollut Res, 2014, 21: 8336-8367.

[60] Sirés I, Garrido JA, Rodríguez RM, et al. Electrochemical degradation of paracetamol from water by catalytic action of Fe^{2+}, Cu^{2+}, and UVA light on electrogenerated hydrogen peroxide. J Electrochem Soc, 2006, 153: D1-D9.

[61] Isarain-Chávez E, Garrido JA, Rodríguez RM, et al. Mineralization of metoprolol by electro-Fenton and photoelectro-Fenton processes. J Phys Chem A, 2011, 115: 1234-1242.

[62] Zhang C, Zhou MH, Ren GB, et al. Heterogeneous electro-Fenton using modified iron-carbon as catalyst for 2,4-dichlorophenol degradation: Influence factors, mechanism and degradation pathway. Water Res, 2015, 70: 414-424.

[63] Liang L, An YR, Yu FK, Liu MM, Ren GB, Zhou MH. Novel rolling-made gas-diffusion electrode loading trace transition metal for efficient heterogeneous electro-Fenton-like. J. Environ. Chem. Eng., 2016, 4: 4400-4408.

[64] Zhao HY, Wang YJ, Wang YB, Cao TC, Zhao GH. Electro-Fenton oxidation of pesticides with a novel Fe_3O_4@Fe_2O_3/activated carbon aerogel cathode: High activity, wide pH range and catalytic mechanism. Appl Catal B-Environ, 2012, 125: 120-127.

[65] Iglesias O, Rosales E, Pazos M, Sanromán MA. Electro-Fenton decolourisation of dyes in an airlift continuous reactor using iron alginate beads. Environ Sci Pollut Res, 2013, 20: 2252-2261.

[66] Labiadh L, Oturan MA, Panizza M, et al. Complete removal of AHPS synthetic dye from water using new electro-Fenton oxidation catalyzed by natural pyrite as heterogeneous catalyst. J Hazard Mater, 2015, 297: 34-41.

[67] Abdessalem A K, Oturan N, Bellakhal N, et al. Experimental design methodology applied to electro-Fenton treatment for degradation of herbicide chlortoluron. Appl Catal B-Environ, 2008, 78: 334-341.

[68] Ai ZH, Xiao HY, Mei T, et al. Electro-Fenton degradation of Rhodamine B based on a composite cathode of Cu_2O nanocubes and carbon nanotubes. J Phys Chem C, 2008, 112: 11929-11935.

[69] Oturan N, Panizza M, Oturan M A. Cold incineration of chlorophenols in aqueous solution by advanced electrochemical process electro-Fenton. Effect of number and position of chlorine atoms on the degradation kinetics. J Phys Chem A, 2009, 113: 10988-10993.

[70] Zhang H, Zhang D, Zhou J. Removal of COD from landfill leachate by electro-Fenton method. J Hazard Mater, 2006, 135: 106-111.

[71] Ghoneim M M, El-Desoky H S, Zidan N M. Electro-Fenton oxidation of Sunset Yellow FCF azo-dye in aqueous solutions. Desalination, 2011, 274: 22~30.

[72] Boye B, Dieng M M, Brillas E. Degradation of herbicide 4-chlorophenoxyacetic acid by advanced electrochemical oxidation methods. Environ Sci Technol, 2002, 36: 3030~3035.

[73] Edelahi M C, Oturan N, Oturan M A, et al. Degradation of diuron by the electro-Fenton process. Environ Chem Lett, 2003, 1: 233~236.

[74] Narayanan T S N S, Magesh G, Rajendran N. Degradation of O-chlorophe nol from aqueous solution by electro-Fenton process. Fresenius Environ Bull, 2003, 12: 776~780.

[75] Sirés I, Arias C, Cabot P L, et al. Degradation of clofibric acid in acidic aqueous medium by electro-Fenton and photoelectro-Fenton. Chemosphere, 2007, 66: 1660-1669.

[76] Skoumal M, Rodríguez RM, Cabot PL, et al. Electro-Fenton, UVA photoelectro-Fenton and solar photoelectro-Fenton degradation of the drug ibuprofen in acid aqueous medium using platinum and boron-doped diamond anodes. Electrochim Acta, 2009, 54: 2077-2085.

[77] Yang W, Zhou MH, Cai JJ, et al. Ultrahigh yield of hydrogen peroxide on graphite felt cathode modified with electrochemically exfoliated graphene. J Mater Chem A, 2017, 5: 8070-8080.

[78] Sun SG, Crhistensen PA, Wieckowski A. In-situ spectroscopic studies of adsorption at the electrode and electrocatalysis. Elsevier, 2007.

NANOMATERIALS

电催化纳米材料

Chapter 8

第8章

光电解水电催化纳米材料

申燕，王鸣魁
武汉光电国家研究中心
华中科技大学光学与电子信息学院

不可再生能源随着人类活动日益枯竭。因此在开发利用不可再生能源的同时，我们也在努力寻找新的替代能源。太阳光因具有储量丰富的优点成为研究热点，特别是利用太阳能产生电能或者化学能等领域。利用太阳能获得化学能的方式有很多，其中太阳能光电化学分解水制氢的研究较为深入和成熟。氢的反应产物只有水，具有清洁、高效、可储存、可运输、资源丰富等诸多优点，被人们普遍认为是新世纪可广泛使用的最理想、无污染的绿色能源，因此受到高度重视。氢能是全球化学工业中的高价值原料。每年从化石能源获得的氢能产量接近五千万吨。通过太阳光分解水途径获取的清洁、可再生氢能，可以被存储、运输，并作为清洁燃料被消耗，或作为化工生产原料，如精制石油和Haber过程制氨等[1]。因此，进行低成本、稳定、高效光电化学分解水的系统研究，利用太阳光将水分子直接分解成氢和氧，将能量密度低、不易储存和运输的太阳能转变成能量密度高、易储存和运输并能加以利用的化学能，是提供新型能源的最佳途径之一。

光电催化水分解过程中吸收太阳光并进行电子-空穴对分离的关键是电极材料。因此，电极材料的选择对体系的整体性能至关重要。本章将对太阳能光电化学分解水的工作原理、光阳极和光阴极反应机理以及各种电极材料的最新进展进行深入介绍，特别就实现光电解水关键过程——半导体/电解液接触界面电荷转移过程进行深度讨论，并提出实现高效率太阳能光电化学分解水的可能途径。

8.1 概述

利用太阳能光电化学分解水获得化学能是人们在开发以利用太阳能获得清洁可再生新能源的研究过程中迅速发展、成长起来的研究领域。

1839年，法国物理科学家Edmond Becquerel发现了光伏效应。这一重大发现直接推动了光电转化技术的发展，因而光伏效应也称为Becquerel效应[2]。1955年，Garratt和Brattain[3]根据实验结果对Becquerel效应进行了理论解释，指出在光伏效应中电子传输是由半导体能带引起的。该理论后来被Morrison等[4]进一步发展，更深入地阐明了半导体光电极的性质与其光电催化效应之间的关系。1968年，Boddy[5]首次发现了TiO_2的析氧性能。1972年，日本科学家Fujishima和Honda[6]利用n型半导体TiO_2作为光阳极，在光照和外加偏压作用下成功实现了水的分解，其实验原理如图8.1所示。利用TiO_2进行光子的吸收，产生电子-空穴对。其中空穴氧化分解水产生氧气，而电子通过外电流到达Pt电极，还原水生成氢气。这一重大发现证明利用光电催化技术有望实现将太阳能直接转化为氢能。在该工作推动下，众多研究者开始寻找新氧化物材料来代替TiO_2实现无偏压下的光化学分解水，如$SrTiO_3$[7,8]等材料。虽然这些材料可以在不施加电压条件下实现分解水，但转换效率都非常低。此后Gerischer和Memming系统研究了半导体电极的电化学、光电催化性质[9]，为光电半导体光电化学研究奠定了理论基础。从此，全世界掀起了半导体光电化学研究的热潮。

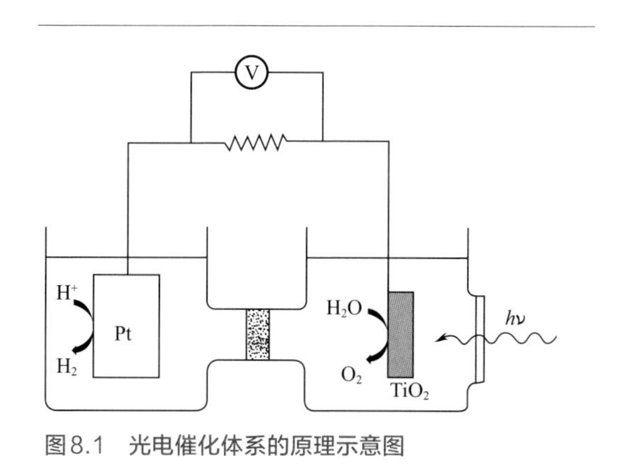

图8.1 光电催化体系的原理示意图

1976年，Morisaki等[10]构造了一种复合电极，使用Si基太阳能电池和TiO_2作为光阳极。尽管这种结构没有提高整个体系的转换效率，但是作为光电催化技术应用的一个重要突破，为光电化学中偏压的产生方式提供了新的思路。随后美国夏威夷大学的Rocheleu和Miller[11]将无定形Si多结光电极用于光电催化分解水制氢。在太阳光照射下，光阳极和光阴极分别发生氧化和还原反应，产生氧气和氢气。整个光电极都与电解液接触，有利于界面反应的发生。这样不但增加了氢气产生的效率，而且减少了外部线路损耗[12]。近年来，研究者们还采用了其他高效光伏电池与光阳极结合为叠层电池来提升光电催化分解水性能。2012年，Brillet等[13]采用染料敏化太阳能电池（DSCs）和WO_3、Fe_2O_3结合光电催化分解水。该结构充分利用了太阳能电池的光吸收与其匹配的光阳极，使太阳能光氢转换效率（solar-to-hydrogen efficiency，STH）达到3.1%。最近，Chen等[14]采用高效钙钛矿太阳能电池（PSCs）与$BiVO_4$光阳极集成形成叠层电池来优化光电催化分解水性能，取得了2.5%的光氢转换效率。虽然这些研究工作取得了长足进展，但目前获得的效率距离实际应用还有很大差距（通常认为转换效率$>10\%$才有商业应用前景）。同时，生产成本和使用寿命也是研究中需要考虑的重要因素。

随着人们环保意识逐渐提高和我们能使用的能源日益枯竭，以及“氢经济”等新兴产业的快速发展和移动电源技术的迫切需求，光电催化备受关注。新能源研究内容中，高性能光电催化体系及其关键电极材料必将成为热点。

8.1.1
光电解水的原理

与悬浮光催化剂体系不同，光电化学催化技术是将光催化剂固定于导电基底并作为工作电极，但该体系中需要提供额外的偏压。对其施加一定额外偏压的目的是促进光生载流子的分离，提高对光子的利用效率。这样就在光电化学催化过程中引入了复杂因素，因此相关作用机理需要深入研究。

半导体光电催化分解水的基本作用过程原理如图8.2所示。光电催化反应过程主要为光子吸收、光生电荷转移、分离以及表面化学反应四个步骤。在光照条件下，光阳极吸收光子激发价带电子跃迁至导带，同时价带中产生空穴（图中步骤①）。在外加偏压作用下，光生电子传输到导电基底，并经过外电路流向对电极（步骤③），最终与水发生还原反应产生H_2（步骤④）。位于价带上的空穴则扩散（步骤②）到光阳极/电解液界面上与水发生氧化反应产生O_2。对光阴极而言，电极反应则正好相反[15]。

从热力学角度分析，水是一种十分稳定的化合物。根据能斯特方程，在标准状态下，如反应式（8.3）所示，水的分解是一个吸热的非自发过程，其反应标准吉布斯自由能（ΔG）为+237kJ/mol，相对应的$\Delta E^{\ominus}$为1.23V（vs.RHE）。因此分解水需要消耗极大的能量[16]。在电解池中，水的分解反应可以分为析氧［反应式（8.1）］和析氢［反应式（8.2）］两个半反应。为了利用半导体和太阳能驱动水的分解，半导体必须吸收能量大于1.23eV的辐射光子（对应1000nm或更短波长的光），并且将能量传递到H_2和O_2中。在反应过程中，每产生单分子H_2需要两个电子-空穴对，每产生单分子O_2则需要四个电子-空穴对。因此，光电催化分解水理想的

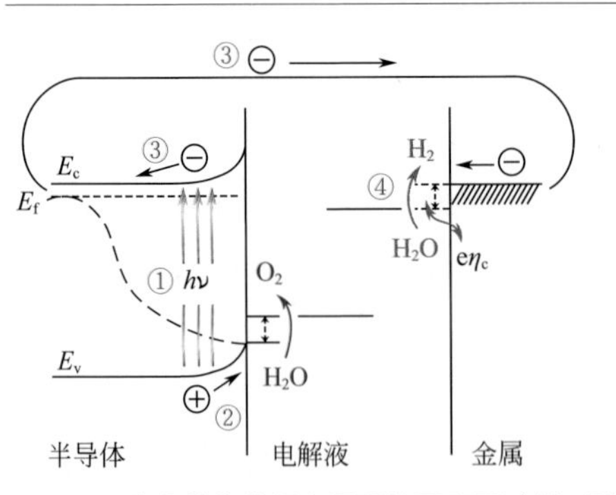

图8.2　光电催化分解水原理的示意图（以n型半导体为例）

半导体材料带隙（E_g）要足够大，且导带底（E_{cb}）和价带顶（E_{vb}）要跨越析氢电势和析氧电势，才能充分利用光照产生的电子-空穴对实现水分解。考虑到反应过程中热力学损失和过电势的存在，实际分解电压通常大于2V（vs.RHE）。

光阳极反应： $H_2O \longrightarrow 1/2O_2(g) + 2H^+(aq)+2e^-$，$E^\ominus_{ox}$=1.23V，vs.RHE （8.1）

光阴极反应： $2H^+(aq) + 2e^- \longrightarrow H_2(g)$，$E^\ominus_{red}$=0V，vs.RHE （8.2）

总反应： $H_2O \longrightarrow 1/2O_2(g) + H_2(g)$，$\Delta G$=+237kJ/mol （8.3）

从动力学角度分析，水氧化过程中每生成一分子氧气需要转移四个电子，使其反应势垒增加，是一个阻力较大的反应[17]。所以，探索光电催化分解水过程中产氧机理、提高水分解反应速率和光电催化活性是研究者面临的主要挑战[18]。

在光电分解水过程中，光电催化剂是吸收光子和分离电子-空穴对的关键材料。因此，其选择对体系整体性能至关重要。主要要求如下：① 光电催化剂需要有合适的带隙宽度，能最大程度地利用太阳光中可见光波段；② 合适的导带和价带位置，析氧光阳极材料应为n型半导体，其价带顶的位置应正于O_2/H_2O的电位；析氢光阴极材料应为p型半导体，其导带底位置应负于H^+/H_2的电位；③ 有效的电荷分离和传输；④ 高的化学和光化学稳定性；⑤ 低的成本；⑥ 环境友好。此外，对于合适的助电催化剂，应该具有析氢或者析氧功能，能够降低析氢或者析氧过电位。

8.1.2
光电化学池

光电化学池的基本装置是由浸泡在电解液中的两个电极组成，其中一个或两个电极是光敏化电极。装置电解液的容器是透明的或配备有一个光学窗口，使得光可以达到光敏化电极的表面。光敏化电极又称为光电极。在实验室测试太阳能光子与电流的转换效率装置中，通常还配有参比电极组成三电极系统。实际测量太阳能-氢能转换效率通常采用两电极系统。

半导体是用于光电极的主要光敏化材料，一般分为金属氧化物和传统光伏材料。根据半导体类型，可将光电极分为n型光阳极、p型光阴极以及n型与p型耦合形成的叠层型电池系统[19]。其中n型或p型光电极还可以是两种不同半导体组成的复合结构。当超过一个光化学系统时，通过不同半导体之间的带隙匹配，以及材料膜厚和活性面积的调整，最终达到最大效率变得尤为重要。一般阳极和阴极是物理分离的，也可以在同一个金属导电基底的两面分别沉积阳极和阴极材料将两者结合，或将两个单独的阳极和阴极通过电线连接形成集成结构。

理想的太阳能分解水系统不需要借助外部能量。但是，到目前为止还没有发现单结半导体电极可以满足该要求。因此在实际中往往需要添加一定的额外能量实现水的分解。在光电化学池中，外加能量的来源主要是偏压。偏压可以通过外偏压（光伏电池）提供或内偏压提供。偏压的来源可以是化石燃料、热能、风能等产生的电，不同pH电解液导致的化学偏压，以及光伏电池和电极本身的内偏压。

8.1.3 光电解水效率

太阳能分解水的理论效率（η）是指入射光能量转化为化学能的比例，公式如下：

$$\eta = \frac{J_g \mu_{ex} \Phi_{conv}}{S} \quad (8.4)$$

式中，J_g表示吸收的光辐射通量，光子·s^{-1}·m^{-1}；μ_{ex}表示光吸收所产生的过化学电势，J；Φ_{conv}表示吸收光子的量子产额；S表示整个入射的太阳辐射能量，mW·cm^{-2}。

早在1984年Parkinson就定义了水分解总反应的光电转换效率（Ψ）。对光电化学池而言，须在两电极系统中测试。通过如下公式计算得到[21]：

$$\Psi = \frac{J \times (V_0 - V_{w\text{-}c})}{I_0} \quad (8.5)$$

式中，J表示一定偏压下电极的光电流密度，mA·cm^{-2}；V_0表示在标准状态下水的理论分解电压，V；I_0表示入射光的光强，mW·cm^{-2}；$V_{w\text{-}c}$表示两电极体系中工作电极与对电极之间的电压，V。

Bolton根据半导体材料和每产生一分子H_2吸收光子的最少数量对太阳能分解水系统进行了分类。比如，一个E_g为1.6eV的半导体（对应波长阈值为775nm），其理想最高转换效率是30%。该系统属于S2系统，即半导体需要吸收两个光子才能产出一分子H_2[20]。

8.1.4
太阳能－化学能转换效率

光氢转换效率（solar-to-hydrogen efficiency，STH）适用于所有光电催化体系，定义是在零偏压系统（零偏压指的是在工作电极和对电极之间没有电势差）产生氢气对应的化学能与太阳能的输入功率的比值，是评价半导体光电催化分解水性能的统一标准[22]。其数学表达式如公式（8.6）和公式（8.7）所示：

$$\mathrm{STH}=\left[\frac{\mathrm{H_2}\times 237000}{P_{\mathrm{total}}\times A}\times 100\%\right]_{\mathrm{AM\ 1.5G}} \tag{8.6}$$

$$\mathrm{STH}=\left[\frac{J_{\mathrm{sc}}\times 1.23\times \eta_{\mathrm{F}}}{P_{\mathrm{total}}}\times 100\%\right]_{\mathrm{AM\ 1.5G}} \tag{8.7}$$

式中，H_2表示GC测得光电极的产氢量，mmol；A表示光电极面积，cm^2；J_{sc}表示短路电流，$mA\cdot cm^{-2}$；P_{total}表示太阳光的总功率密度，$mW\cdot cm^{-2}$；光源照射的光必须经过大气滤光片（AM 1.5G）进行校正；η_F表示法拉第效率，是根据气相色谱测试的光电催化分解水过程中的实际产氢量与根据电流积分得到的理论产氢量的比值。

目前研究的半导体光电催化分解水体系中，通常需要施加一定偏压才能顺利进行。为了更加直观地评价偏压体系光电催化分解水的性能，研究者对上述公式进行修正得到了施加偏压下的光电转换效率（applied bias photo-to-current efficiency，ABPE）。数学表达式如公式（8.8）所示：

$$\mathrm{ABPE}=\left[\frac{J_{\mathrm{ph}}\times (1.23-|V_{\mathrm{b}}|)\times \eta_{\mathrm{F}}}{P_{\mathrm{total}}}\times 100\%\right]_{\mathrm{AM\ 1.5G}} \tag{8.8}$$

式中，J_{ph}表示在一定偏压和光照下半导体光电极的光电流密度，$mA\cdot cm^{-2}$；V_b表示额外施加的偏压，V；P_{total}表示入射光的总功率密度，$mW\cdot cm^{-2}$；η_F表示法拉第效率。

8.2 半导体光电化学

半导体光电化学是以半导体为研究对象，研究半导体/溶液界面热力学性能及其在这个界面的反应动力学过程。

8.2.1 半导体/液体接触物理

在暗态时，由于溶液中离子的氧化还原电位（E_{redox}）与半导体费米能级（E_f）不同，导致接触后半导体发生能带弯曲并形成空间电荷层（图8.3）[23,24]。积累层的能带向下弯曲，大量电子在表面层积累。越靠近表面，电子浓度越高。耗尽层则与此相反。随着耗尽层势垒的提高，少子的浓度可能超过多子浓度，即形成反型层。

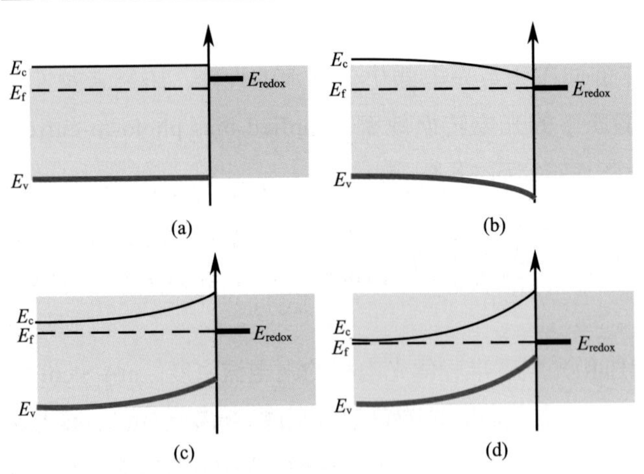

图8.3 半导体材料和氧化还原对电解质接触后，形成的（a）平带位置，（b）积累层，（c）耗尽层和（d）反型层（以n型半导体为例）

光照条件下，处于开路状态下的电子-空穴对的形成和分离过程减弱了空间电荷层的电场，使得半导体的能带弯曲量变小（与暗态比，图8.4）。连续光照下，能带弯曲会达到新的稳态（E'_{redox}），该变化可以从开路电压随时间的变化曲线观察到。

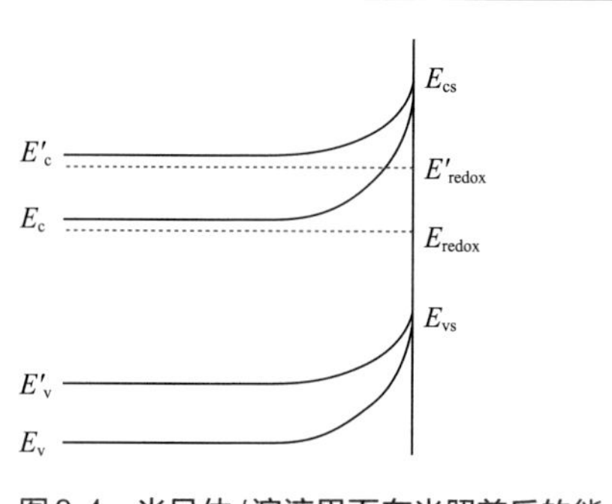

图8.4　半导体/溶液界面在光照前后的能带变化示意图（以n型半导体为例）

8.2.2
光电解水体系界面能级优化

光电极的理论效率极限是由光生电子-空穴对所能提供的能量决定的。原则上，为了达到最优效率，E_c与$-qE$的势垒高度差要尽量大。在可再生光电化学池中，能量转换效率可以通过改变溶液的氧化还原电极电势来达到最优化。研究表明，对于界限明确的半导体界面，如Si和InP的非水溶剂，系统为调节氧化还原化学势提供了一种化学调控方式，从而优化了交互界面的势垒高度[25,26]。

在光电水解电池中，发生的氧化还原对需要通过理想的化学方程式修正，即水的氧化和还原。因此，界面的能级优化无法通过简单挑选氧化还原对来调节。光电水解电池中对于能量的提取限制和在光伏电池中一样。原则上，在光电分解水装置中，可以考虑几种路径调节相应的半导体-溶液电势，如水还原的氧化还原化学势是随pH值而变化的。

$$2H_2O+4h^+ \longrightarrow O_2+4H^+,\ E^{\ominus}(O_2/H_2O)=1.23-0.059\times pH\ (vs.\ RHE) \qquad (8.9)$$

这种变化表明相应的半导体-溶液界面电势可以通过简单地调整溶液的pH值实现。但是这种策略在实际工作中往往失败。半导体电极的界面和与之相联系的水通常都被羟基基团覆盖。随着pH值改变，这些表面基团的质子化和去质子化，导致出现依赖pH值变化的表面偶极子。这些表面偶极子产生的电势降使得能带的改变与水的还原和氧化化学势的改变一致（也就是–60mV/pH）。由于氧化能带边缘和氧化还原对同时对pH值敏感，因而相应的界面电势仍然保持对pH值的不依赖性。避开该问题的一个策略是利用pH值零敏感的有机基团功能化半导体表面，形成不再受pH值影响的表面偶极子。这种策略是否适合于含催化剂电极的光电合成电池还需要进一步考证。

另一种方法是在pH值一定的环境内进行操作，直接在半导体表面加入修正的偶极子调节能带边缘位置。为了避免被电解质溶液屏蔽，这些偶极子/电荷必须与半导体表面保持在十分接近的距离。如一些修饰剂和配合物的研究表明，通过化学功能化的光电极GaAs与卟啉分子作用，具有改变正电荷的作用，能够系统地改变半导体材料能带边缘的位置。还有些研究表明，表面吸附离子也可以修饰半导体光电极的能带边缘位置。如最近McFarland和其同事做的实验表明，把F掺杂到Fe_2O_3中可以提高其水氧化的光电压。这些结果的原因与表面偶极子和相应能带边缘的转换有关。

8.2.3 光照条件下半导体/液体界面体动力学

在光电化学池体系中，半导体光电极吸收光子后产生光生电子-空穴对，经过扩散、捕获、复合和界面电荷转移等复杂过程，最终达到其表面发生化学反应。在这些过程中，光生电荷的复合与界面电荷转移是相互竞争的过程。研究表明，载流子的体相捕获、复合为快速过程（ps级），而扩散和界面电荷转移相对较慢（ns ～ ms级，甚至更慢）[27]。瞬态吸收光谱研究表明，TiO_2光电催化分解水的效率取决于光生电荷的复合步骤[28]。对于光电极材料，提高光生电荷的寿命对于实现太阳能-化学能的转化是一个较为关键的步骤。因此对光生电荷动力学过程的研究成为光电催化领域中的一个重要方面。研究光生电荷在界面的转移过程及其动力学的方法主要有电学、光谱学和表面光伏/光电流等。

电学方法可以分为时间域和频率域：时间域主要指瞬态光电压（TPV）[29]和瞬态光电流（TPC）技术；频率域主要有电化学阻抗谱（EIS）[30]、光强度调制光电压谱（IPVS）[31,32]等技术。

光谱学技术主要包括瞬态吸收光谱（TAS）、瞬态荧光光谱（TFS）等。瞬态吸收光谱可以得到半导体体内光生载流子的产生、捕获、复合及分离过程中的微观信息，是研究光生载流子动力学过程和反应历程的强有力手段之一。而瞬态荧光光谱通常用于研究光生电子和空穴的复合过程。

表面光伏技术是基于光照射在半导体表面引起的表面电势变化检测半导体光生电荷转移过程的方法。这种非接触、无损伤的检测技术可用于表征半导体光生载流子的扩散长度和复合速率等。目前这种方法已经广泛用于太阳能电池[104]领域，在这些体系中，表面光伏是由不同的分离机制产生的，而这些机理则是解释光电过程的基础。因此也可以用于光电催化体系中载流子动力学过程的研究。

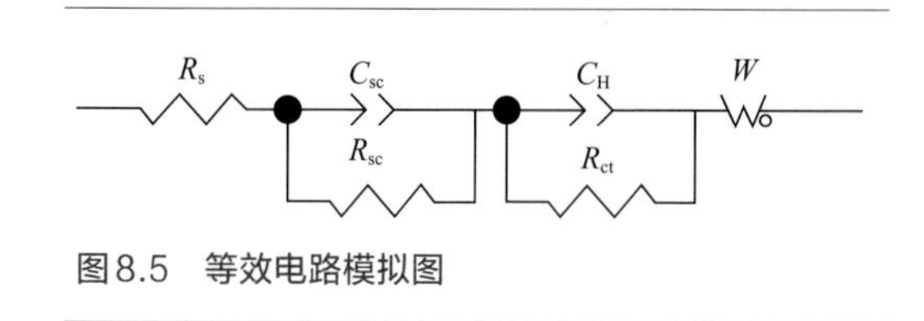

图8.5 等效电路模拟图

此外，扫描电化学显微镜（SECM）也逐渐用于光电催化领域的载流子反应动力学过程的研究。电化学阻抗谱也受到了广泛关注。与光谱法比较，电化学阻抗谱的最大优点是可以对工作条件下的光电极进行表征，可以运用Mott-Schottky方程推算平带电位和施主浓度。电化学阻抗谱是在扰动信号作用下得到半导体的动力学过程参数的方法。一般采用小振幅的正弦波电位或电流对测试体系进行扰动。采用EIS研究电极系统时，频率范围的设置较宽，进而可以获取更多反应过程中的动力学信息和界面结构信息。比如，可通过测试得到的EIS图谱判断电极反应过程中是否存在传质过程。EIS图谱分析和处理时，一般采用的方法是直接分析和等效电路模拟，前者只能得到电极反应过程的初步信息，后者通过软件的拟合可以得到更深入、更全面的结果，有利于认识电极过程的反应机理。在光电催化体系中，通常EIS图可以利用两个串联的R-C电路和Warburg阻抗等电路元件组成的等效电路描述，如图8.5所示。其中，R_s表示溶液电阻，单位是Ω；C_{sc}是工作电极体相空间电荷层的电容，单位是F/cm^2；R_{sc}表示工作电极体相电阻，单位是Ω；C_H表示工作电极的Helmholtz层的电容，单位为F/cm^2；R_{ct}表示工作电极的界面交换电阻，单位是Ω；W是Warburg阻抗，指与扩散相关的电阻。

在测试EIS时，通常采用面积较大的对电极、面积较小的工作电极和参比电极组成三电极测试系统。这样可忽略对电极的界面阻抗产生的影响，同时可减小溶液电阻。

8.3 光阴极析氢过程

由图8.6可知，太阳光谱的能量分布随波长变化而有所不同，紫外区在其总能量中的分布很低（约4%）。因此，为了提高太阳能的利用和转换效率，我们必须

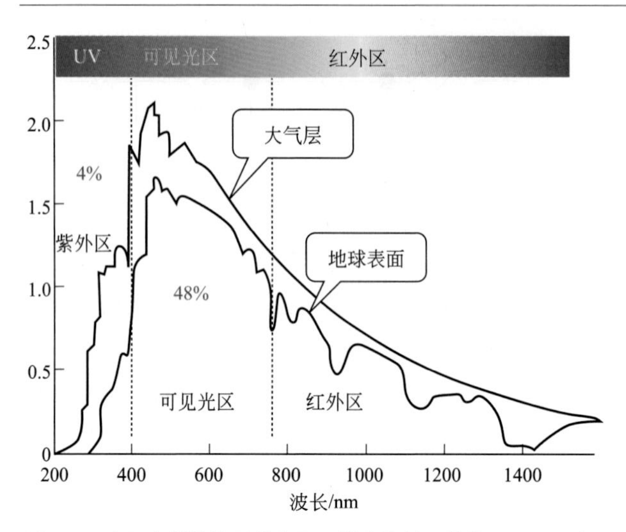

图8.6　太阳光谱的能量分布图，其中比较了紫外区、可见光区和红外区的光谱分布范围

寻找一种能够充分利用可见光的电极材料。在光电催化分解水的体系中，半导体光电极是决定太阳能吸收和利用能力的关键因素。选择合适的电极材料对提高其整体性能具有十分重要的影响。

在光电化学反应池中，我们将电极表面发生还原反应同时产生氢气的光电极称为析氢光阴极，而在电极表面发生氧化反应并产生氧气的光电极称为析氧光阳极。经过研究者的共同努力和研究，到目前为止已有200多种半导体被广泛用于光电分解水领域，其中金属元素主要分布在d^0和d^{10}组态（如：Ti、W、V、Cu和Zn等），而非金属材料主要包括N、O和S等[33]。

8.3.1
光电解水析氢反应机理

如图8.7所示，当半导体与液体电解质接触后，半导体的费米能级最终与溶液的氧化还原电位达到动态平衡。对于p型半导体，能带弯曲使得光生电子被驱使到界面上发生还原反应产生氢气，与此同时，空穴被拉回到固体体块内并迁移到对电极发生氧化反应[34]。在光电化学池中，光阴极分解水产生氢气的反应机理因pH值范围不同而改变。当pH值较低时，氢气的产生主要来源于质子的还原［反应式（8.10）］，而在pH值较大时，主要是水分子发生还原反应析出氢气同时产生OH^-［反应式（8.11）］[35]。

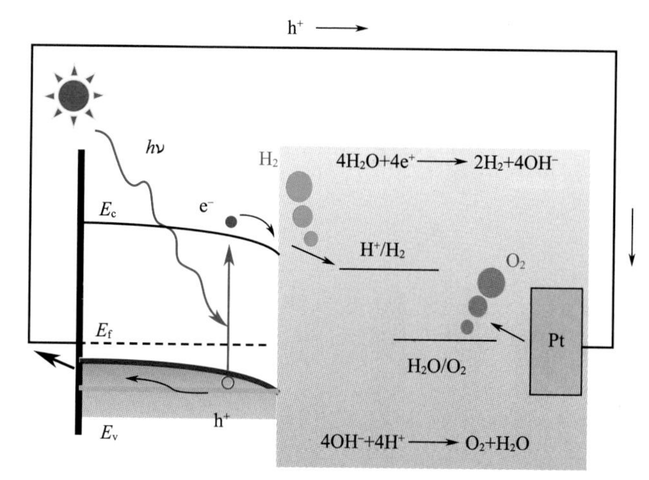

图8.7　光阴极析氢的作用机理示意图

$$2H^+ + 2e^- \longrightarrow H_2 \text{ (pH 值较低)} \quad (8.10)$$

$$2H_2O + 2e^- \longrightarrow H_2 + 2OH^- \text{ (pH 值较高)} \quad (8.11)$$

8.3.2 光阴极材料

用于制备光阴极的半导体材料存在几个主要挑战。首先，考虑到过电位的存在，半导体的导带边缘应该比析氢的电位（相对于标准氢电极）更负。与半导体带隙密切相关的光电压应该尽可能大以减少额外偏压的需求。其次，半导体材料应该具有可见光响应，达到最大程度的利用太阳能，从而增加材料的能量转换效率。以CdS（2.42eV）、Cu_2O（2eV）和$CuGaSe_2$（1.7eV）为例，它们的理论转换效率分别为9%[36]、18%[37]和27.8%[38]。再次，光照条件下，半导体材料必须在电解液中稳定存在以确保其具有较长的寿命。最后，同样重要的一点是半导体材料必须来源丰富，保证具有较高的性价比，且能广泛应用。虽然在燃料电池和废气处理系统中，使用少量稀有元素作为催化剂（如Pt）可能是价格实惠的，但在太阳能分解水体系中，我们应避免选择稀有元素作为光吸收剂。尽管人们已经进行了大量研究，但是到目前为止，还没有发现一种材料可以满足以上所有挑战。

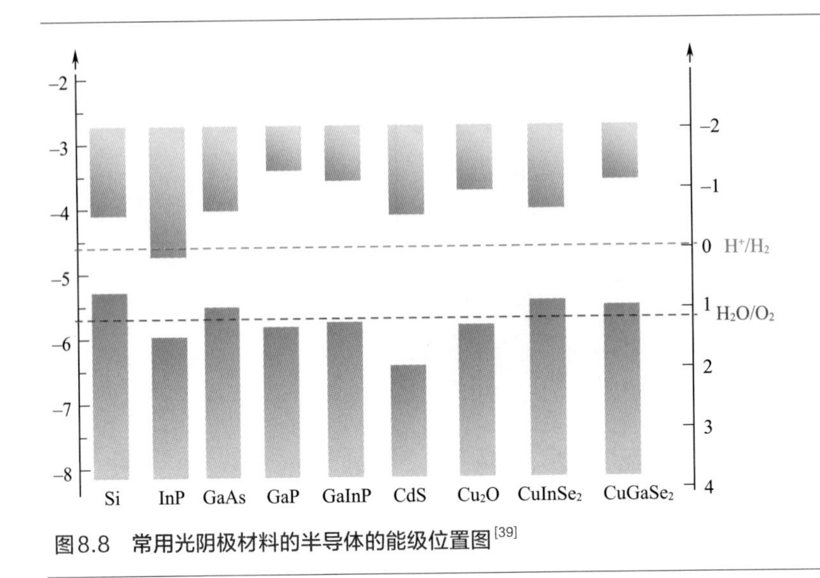

图8.8　常用光阴极材料的半导体的能级位置图[39]

图8.8给出了几种常见光阴极材料的半导体能级位置。常见的光阴极材料可以分为以下几种：金属氧化物、Ⅲ-Ⅴ主族材料、Si、铜基硫化物、Ⅱ-Ⅵ主族材料等。

与非金属氧化物相比，金属氧化物具有制备工艺简单的优势。由于材料本身存在的氧空位缺陷态（V_O）可以作为电子给体，所以金属氧化物半导体多为n型半导体材料而被用作光阳极，比如Fe_2O_3（2.2eV）、WO_3（2.6eV）和$BiVO_4$（2.4eV）。一些特殊金属氧化物由金属空位缺陷态控制表现为p型半导体特性，因此常被用作光阴极研究，比如Cu_2O（2.0eV）[40]、$CaFe_2O_4$（1.9eV）[41]、$CuNb_3O_8$（1.5eV）[42]、$CuFeO_2$（1.5eV）[43]和$LaFeO_3$（1.9eV）[44]。事实上，虽然金属氧化物一般可以满足化学稳定性和低成本的要求，但是它们的光吸收系数有限，光生载流子迁移率较低，载流子的寿命较短。因此，光电流和能量转换效率仍然较低。

Cu_2O因具有18%的理论能量转换效率成为光阴极材料研究的热点之一。研究表明，Cu_2O的导带位置为0.7eV，比析出H_2的标准氢电极电势更负，价带位置比析出O_2的标准氢电极电势略正[45,46]。因此，该材料具有较大的驱动力发生氢气析出反应。此外，Cu_2O具有1.9～2.2eV的直接带隙宽度，可以较好地吸收太阳光中的可见光。这些特征使其作为光阴极在理论上可以实现无偏压全解水。但实际上Cu_2O自还原为Cu的电极电势［反应（8.12）］和Cu_2O自氧化为CuO的电极电势［反应（8.13）］刚好在其带隙宽度范围内，所以导致其在电解液中和光照条件下不稳定，大大降低了其能量转换效率[47]。在过去的几年里，研究者们通过优化晶体取向、表面修饰和设计纳米结构等方法，不同程度上改善了其稳定性和光电催化活性。

$$Cu_2O+H_2O+2e^- \longrightarrow 2Cu+2OH^- \quad (8.12)$$

$$Cu_2O+2OH^-+2h^+ \longrightarrow 2CuO+2H_2O \quad (8.13)$$

研究者采用了不用的方法制备Cu_2O薄膜。其中电化学沉积薄膜制备技术由于成本较低，操作简单，材料的形貌、结构和取向可控等优势而备受研究者关注[48]。通过控制沉积条件，研究发现在多晶Cu_2O中Cu^+占优势的（111）晶面在光照条件下是不稳定的[49]。Toth等发现在单晶Cu_2O中O^{2-}终止的（211）或（311）晶面是不稳定的[50]。因此，通过调节材料的晶体结构可以改变材料的稳定性。

除了优化Cu_2O结构外，研究者们还设计了表面异质结保护层来提高材料的稳定性和光电活性[51]。在光电催化体系中，异质结结构具有很多优势。比如：多重带隙匹配有利于更大程度的利用太阳能；可改善光电极表面的催化活性，钝化表面而减少载流子的复合，增加材料的稳定性等[52,53]。Paracchino等采用原子层沉积（ALD）技术在Cu_2O光阴极表面沉积了Al:ZnO/TiO_2双层复合膜，在0V（vs.RHE）电压下，复合光阴极的光电流增加到$-7.6mA \cdot cm^{-2}$[37]。Han等采用在H_2-O_2火焰下退火的方法制备了Cu_2O/CuO异质结复合薄膜，异质结主要形成在CuO（110）晶面和Cu_2O（111）晶面之间，有效提高了Cu_2O光阴极的光电催化性能[54]。Minguez-Bacho等利用离子交换反应制备了Cu_2S/Cu_2O复合光阴极，在一定程度上提高了Cu_2O的光电催化活性[55]。

对Cu_2O而言，其少子（电子）的扩散长度（<100nm）与其光渗透厚度（2.2μm）不匹配。随着纳米材料的研究和发展，具有特殊形貌的纳米Cu_2O材料也得到广泛探讨，如纳米线和纳米棒。这些纳米材料有利于缩短光生载流子从产生位点到电解液界面的扩散长度，因此可以进一步提高其光电催化活性。Graetzel课题组采用恒电位沉积方法制备了Cu_2O纳米线。研究结构表明高规整有序排列生长的Cu_2O纳米线比平面Cu_2O膜的光电催化活性更高[56]。随后，Huang等人结合电沉积和滴涂的方法制备了Cu_2O/CuO/TiO_2壳核纳米线阵列光阴极[57]，结果发现Cu_2O纳米线的光电流是Cu_2O薄膜的两倍，在CuO和TiO_2的协同作用下，Cu_2O/CuO/TiO_2光阴极的稳定性增加了4.5倍。

结合助催化剂（不同于光催化剂，用于协助光捕获剂完成水的氧化还原反应，如Pt）或等离子体效应（如Au）来提高Cu_2O光阴极的光电活性也成为常用的方法。Lin等采用NiO_x助催化剂修饰，有效提高了Cu_2O光阴极的光电活性和稳定性[58]。Morales-Guio等首次在碱性电解液中采用无定形MoS_{2+x}助催化剂修饰Cu_2O/Al : ZnO/TiO_2光电极，最后在0V（vs.RHE）电压下，复合光阴极的光电流高达$-6.3mA \cdot cm^{-2}$[59]。随后Morales-Guio等又研究了MoS_{2+x}助催化剂修饰的Cu_2O/Al : ZnO/TiO_2光电极在不同pH值电解液中的光电催化性能[60]。结果表明在pH值为1.0的电解液和0V（vs.RHE）电压下，复合光阴极的光电流高达$-5.7mA \cdot cm^{-2}$，重要的是该复合光阴极在酸性电解液中表现出很好的稳定性。

Si具有1.1eV的带隙宽度，p-Si具有合适的析氢导带位置，且导带位置比氧气析出的标准电极电势更低，储量丰富，在工业中广泛应用，也是目前光电转换材料研究最多的材料之一。但是Si在电解液中容易发生氧化或刻蚀而不稳定，目前尚未找到有效的表面助催化剂是Si光阴极遇到的主要瓶颈问题[61]。为此，研究者采用金属催化剂Pt[62]、Ni和Ni-Mo[63]修饰平面Si光电极，有效降低了Si电极析氢的过电位，提高了产氢的效率。最近，研究者发现一些价格低廉的非金属助催化剂如MoS_2[64]、CoP[65]、NiO_x[66]和Al_2O_3[67]等可以用作光阴极的表面保护层，有效提高了Si电极的稳定性和光电催化活性。比如，Benck等[68]在平面n^+p-Si光阴极表面沉积了一层MoS_2后，在100h持续光照下MoS_2/n^+p-Si光电极的光电性能基本保持不变。另外，Ding等通过实验研究证明了MoS_2可以作为助催化剂修饰p-Si光阴极，并提高了其光电化学析氢的性能[69]。

铜基硫化物主要有$CuIn_xGa_{1-x}Se_2$（CIGS，1.0～1.68eV）[70]和Cu_2ZnSnS_4（CZTS，1.0～1.5eV）[71]。它们是直接半导体，具有较高的光吸收系数（-10^5cm^{-1}），且半导体的带隙宽度可调控[72]。Ⅰ-Ⅲ-$Ⅵ_2$型黄铜矿半导体（Ⅰ=Cu、Ag；Ⅱ=Al、In、Ga；Ⅵ=S、Se、Te）具有很宽的可控带隙值（1.0～2.4eV），由于Cu空位等本征缺陷导致其具有p型半导体特性，因此通常作为光阴极材料。除了CIGS，$CuGa_3Se_5$（1.8eV）[73,74]和$CuInS_2$（1.5eV）[75]也逐渐应用到光电化学领域。

Ⅲ-Ⅴ主族材料可以分为二元化合物[如InP（1.34eV）[76]、GaP（2.2eV）、GaAs（1.42eV）]和三元化合物[$GaInP_2$（1.83eV）[77]、GaInN和AlGaAs]等。典型的Ⅱ-Ⅵ主族材料主要是CdS（2.4eV）、CdSe和CdTe（1.44eV）。其中Ⅱ-Ⅵ主族材料更偏重用于其他半导体材料的修饰[78,79]。

综上所述，虽然研究人员针对光阴极进行了大量的研究，但是目前还没有发现一种可以用于规模化生产的半导体材料。几乎没有材料可以完全满足理想光阴极所需要的四个条件：可见光响应、合适的导带/价带位置、良好的稳定性和低成本。未来设计合成一种成功的光阴极实现全解水仍然是我们的研究目标。

8.4 光阳极材料

在光电化学反应池中，我们将电极表面发生氧化反应同时产生氧气的光电极称为光阳极。常用的光阳极材料主要是n型半导体材料。当n型半导体与电解液接触后，能带弯曲产生的内建电场可以驱使空穴移向表面进而发生氧化反应。过渡金属氧化物、金属硫化物、金属氮化物、碳化氮等均可作为光电催化分解水的光阳极材料[80,81]，其中过渡金属氧化物的研究最为广泛[82]。

8.4.1 过渡金属氧化物光阳极材料

为了满足氧化条件下对稳定性的要求，目前研究的光阳极材料多为金属氧化物或金属氧化物离子及其混合物等。这些氧化物或氧化物离子材料的电子结构一般趋势是：价带通常由O 2p轨道组成，而导带由一个或多个金属的价带电子轨道构成。

TiO_2是第一种应用于光电催化分解水的材料，也是目前研究最多的材料。其他材料包括Fe_2O_3[83,84]、ZnO[85,86]、WO_3[87,88]等过渡金属氧化物。TiO_2是一种性能优良的典型n型半导体材料，在发生反应时表现出良好的光稳定性和反应活性，无毒，成本廉价，无二次污染。TiO_2几乎可以同时满足光电催化中理想光电极中的所有条件。但是这种材料只能吸收紫外光，理论光氢转换效率只有1.3%[89]，因此，如何提高通过扩展其光谱能力提升该材料的性能是最具挑战性的研究课题之一。

据文献报道，迄今为止TiO_2至少存在11种体相或纳米晶相[90]，其中包括金红石相、锐钛矿相、板钛矿相[91]及其他亚稳定晶相[92]。亚稳定相主要包括：铌铁矿相（TiO_2-Ⅱ，α-PbO_2结构）[93]、斜锆石相（MI）[94]、黑色二氧化钛［TiO_2（B）］[95]、锰钡矿相［TiO_2（H）］[96]、斜方锰矿相［TiO_2（R），MnO_2或VO_2结构］[97]、立方相（$C-TiO_2$，萤石或黄铁矿结构）[98]、TiO_2-O（Ⅰ）[99]和氯铅矿相［TiO_2-O（Ⅱ）］[100]。此外，还有3种非晶相TiO_2，包括一种低密度的无定形TiO_2[101]和两种高密度的无定形TiO_2[102]。这些晶体的结构参数可详见表8.1。

表8.1 11种TiO_2晶相的结构参数[10]

晶体类型	晶系	空间群	晶胞参数			多面体类型	多面体数
			a/nm	b/nm	c/nm		
锐钛矿	四方	$I4_1/amd$	0.384	3.784	0.951	八面体	2
金红石	四方	$P4_2/mnm$	0.459	0.459	0.296	八面体	4
板钛矿	斜方	Pbca	0.918	0.545	0.515	八面体	8
TiO_2（B）	单斜	C2/m	1.217	0.374	0.652	八面体	8
TiO_2（H）	四方	I4/m	1.016	1.016	0.297	八面体	8
TiO_2（R）	斜方	Pbmn	0.490	0.946	0.296	八面体	4
TiO_2（Ⅱ）	斜方	Pbcn	0.452	0.549	0.494	八面体	4
MI	单斜	$P2_1/c$	0.459	0.485	0.474	侧锥三角柱	4
TiO_2-O（Ⅰ）	斜方	Pbca	0.905	0.484	0.462	扭曲侧锥三角柱	8
TiO_2-O（Ⅱ）	斜方	Pnma	0.516	0.299	0.597	三侧锥三角柱	4
$C-TiO_2$	立方	$Fm\bar{3}m$	0.452	0.452	0.452	立方体	4

目前TiO_2晶体中研究最多的晶型是锐钛矿和金红石相。其基本单元都是$Ti-O_6$配位八面体或钛氧八面体，但这些晶体内部结构中的原子排列方式、钛氧八面体的畸变程度及其连接方式（共用顶点或共用边）是不同的，从而导致不同的质量密度和电子能带结构。如不同TiO_2晶相的带宽是不同的。Chen等[103]在200℃、2MPa的氢气氛围中对二氧化钛纳米晶处理5d后，发现氢的引入使得白色的TiO_2变成了蓝黑色。蓝黑色样品的XRD测试结果表明，H_2处理后的TiO_2化学成分并没有变化，但在拉曼图中出现了几个新峰，表明有新的化学键振动产生。HRTEM表明H_2处理后（即在引入H后）TiO_2的晶格表面出现了外层混乱的状况。正是结构的变化引起了TiO_2带宽的变化。结果发现价带顶向上延伸了一个2.18eV的“尾巴”，价带的延伸带来的变化就是禁带宽度的缩减，使得TiO_2在可见光范围内的吸收成为可能[104]。

目前TiO_2在光电催化分解水领域应用主要存在两大难题：① TiO_2带隙较宽，可见光的利用率极低；② 电子和空穴的分离较慢，载流子的利用率降低。TiO_2带隙约

3.0 ～ 3.2eV，对太阳能的利用能力有限，研究者经过不断努力，发展了很多方法拓宽其光吸收范围。比如采用单掺杂[105,106]、共掺杂[107]和贵金属沉积[108 ～ 110]，可以有效拓展材料的光谱吸收范围。

通过离子掺杂可以将异质离子引入TiO_2，从而影响光生电子/空穴的运动甚至改变其带隙结构，最终改变其光吸收性能。近年来，研究人员发现双元素共掺杂TiO_2比单掺杂提高光电催化性能的效果更好。比如，Hoang等合成了Ti^{3+}/N共掺杂TiO_2纳米线[111]，并研究了其光电催化分解水的性能，结果表明Ti^{3+}和N共掺杂的光电化学性能比单掺杂和TiO_2纳米线更好。实验证明在Ti^{3+}和N协同作用下拓宽了光谱的吸收范围。随后，Li等合成了N/B共掺杂TiO_2[112]，共掺杂后纳米粒子的粒径变小，表面羟基含量增加，在可见光照射下产氢能力远远超过了单掺杂和未修饰样品。Hu等合成了Fe/Cr共掺杂TiO_2纳米颗粒，其最大吸收波长可以拓宽到563nm[113]。申燕课题组合成了Ti^{3+}和电化学还原石墨烯共修饰TiO_2纳米管[114]，并研究了其光电催化分解水的性能，结果表明Ti^{3+}和电化学还原石墨烯共修饰的TiO_2复合光阳极的光电催化性能比Ti^{3+}掺杂和TiO_2纳米线更好，并在一定程度上提高了材料的稳定性。随后该课题组又合成了N/Si共掺杂TiO_2纳米棒[115]，并首次将其与钙钛矿太阳能电池结合实现了无偏压全解水反应，最终光氢转换效率达1.12%。

贵金属沉积修饰TiO_2主要利用金属的局域等离子体共振效应可以提高光吸收的性能，该效应形成的形状和位置与纳米粒子的组成、形状和大小等因素有关[116]。如康振辉课题组合成了Au-TiO_2光子晶体的复合薄膜[117]，并研究了其光电催化分解水的性能，在表面等离子体共振效应和光子晶体的协同作用下，Au-TiO_2的IPCE值在450 ～ 680nm有了明显增加，在可见光（$\lambda > 420$nm）下光电流达到$0.47mA \cdot cm^{-2}$。

在构筑纳米材料方面，研究者已经从零维纳米颗粒和一维纳米管、纳米棒等[118]发展到二维纳米片及三维分支结构[119]。研究表明，调控纳米材料的维度可以缩短光生载流子在体相中的传输距离，从而减少载流子的复合。比如Cho等制备了树杈状的TiO_2纳米棒[120]，结果不仅增加了与电解液接触的面积，促进了空穴在半导体/电解液界面的转移，而且提高了电荷的分离和传输。Wang等制备了TiO_2层级结构[121]，在1.23V（vs.RHE）光电流为$1.59mA \cdot cm^{-2}$。随后，Yang等合成了具有核壳结构的三维TiO_2[122]，在1.23V（vs.RHE）下光电流可以高达$2.08mA \cdot cm^{-2}$，是目前文献报道中较高的光电流。该结构集合了三维纳米材料和核壳的优势，不仅缩短了电荷的传输路径，增强了漫反射，而且有利于光生电子从壳层TiO_2的导带转移到核TiO_2的导带，有效促进了电荷分离。

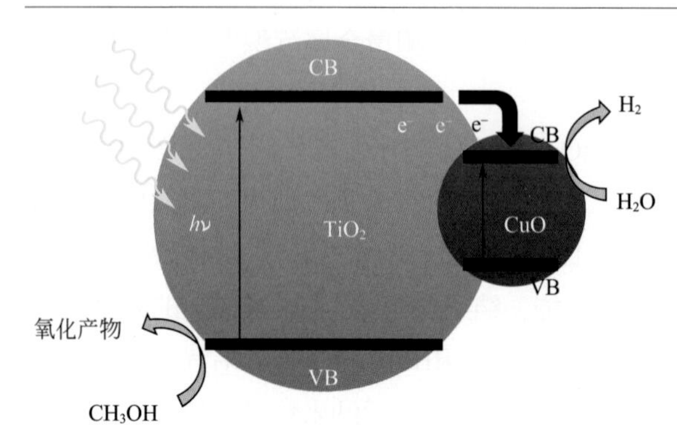

图8.9 TiO_2/CuO纳米纤维复合材料的作用机理图

半导体复合是将窄带隙半导体与TiO_2结合，在两者的带隙位置匹配的情况下，不仅可以提高电荷的分离，而且可以拓宽其光谱吸收范围。常用的窄带隙半导体主要包括一些金属氧化物（如WO_3[123]、Cu_2O[124]）及硫化物（如CdS[125]、MoS_2[126]）等。比如，Zhu等利用静电纺丝技术合成了TiO_2/CuO复合材料[127]，与不修饰TiO_2相比，复合材料的产氢量提高了16.8倍。由图8.9可知，光照下TiO_2吸收光子产生电子-空穴对，电子从TiO_2的导带转移到CuO的导带，与质子发生还原反应，而空穴与甲醇发生氧化反应，有效促进了载流子的分离，有利于提高其光催化氧化反应的活性。

根据前面叙述，水分解反应分为还原和氧化两个半反应，在n型TiO_2表面主要发生氧化反应。而水的氧化反应（理论分解电压1.23V）不管是从热力学上还是动力学角度分析都具有很大的挑战性，因此为了提高光电催化分解水的性能，必须加快界面上水的氧化反应。在半导体表面修饰助催化剂可以提供更多的反应活性位点，降低反应所需的活化能，同时助催化剂也可以捕获光生空穴然后发生氧化反应，因此具有抑制载流子复合的作用[128]。

Ai等采用光助电沉积法合成了Co-Pi修饰TiO_2纳米线[129]，结果发现在pH=1～14的范围内Co-Pi都可以提高其光电催化性能。由图8.10可知，在Co-Pi作用下，半导体与电解液接触时的能带弯曲量变大，即光电催化反应的动力增加，同时Co-Pi助催化剂本身也可以捕获光生空穴发生氧化反应生成Co^{4+}，Co^{4+}又可以与水发生氧化反应生成氧气而本身又被还原为Co^{2+}或Co^{3+}，最终使其光电转换效率提高了2.3倍。

除此之外，具有可见光响应的窄带隙半导体光阳极，如α-Fe_2O_3、WO_3和$BiVO_4$等也得到了人们越来越多的关注。

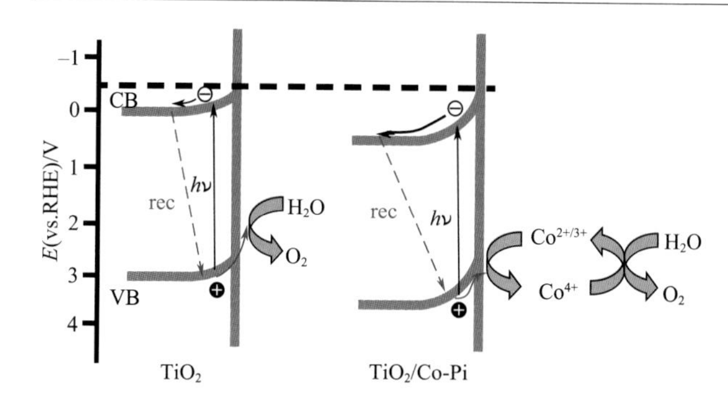

图8.10　Co-Pi修饰TiO_2纳米线作用机理示意图

光生空穴通过钴离子的氧化/还原过程加速水的分解产生氧气

Fe_2O_3的带隙宽度约2.1eV。在标准太阳光作用下，Fe_2O_3理论的光氢转换效率值可以高达12.9%[130]。此外，Fe_2O_3具有无毒、含量丰富和稳定性高等优点，是另一种广泛研究的光电极材料[131]。自1976年Hardee和Bard首次将其应用于光电催化分解水后，被众多研究者推广于光电催化领域[132]。然而Fe_2O_3存在一些内在缺陷，比如：① Fe_2O_3是间接带隙半导体，具有较长的光穿透深度（约100nm），与其较低的吸收效率之间的差异使可见光区的光子吸收受到限制[133]；② 空穴扩散长度很短，只有2～4nm，导致空穴在达到电极表面参与反应之前极易复合，降低了光生载流子的利用率[134]；③ 存在大量的表面复合；④ 导电性差（约$10^{-14}\Omega^{-1}\cdot cm^{-1}$）[135]，在1000K，$Fe_2O_3$的电子浓度只有$10^{18}cm^{-3}$，电子迁移率也只有$10^{-2}cm^2\cdot V^{-1}\cdot s^{-1}$[136]；⑤ Fe_2O_3导带的电位比水分解析氢的电位更正，在热力学上不利于水的分解，因此需要施加较大的偏压[137]。这些因素导致其电荷的分离和扩散十分困难，限制了其性能的提高和发展。Duret课题组通过超声喷雾热解方法制备了厚度为5～10nm的片状α-Fe_2O_3，比传统的喷雾热解方法制备的平面结构α-Fe_2O_3光阳极表现出更好的光电分解水性能[138]。

为了满足理想光电极的要求，研究者们还设计了不同类型的复合氧化物，并将其用于光电催化分解水的研究。主要包括：白钨矿结构（如$BiVO_4$[139]、$CuWO_4$[140]）、钙钛矿型氧化物（如$SrTiO_3$[141,142]）及具有类似结构的化合物。以$BiVO_4$为例，$BiVO_4$为多晶型化合物，主要四方晶系硅酸锆型（*tz*）、四方晶系白钨矿型（*ts*）和单斜晶系变形白钨矿（*ms*）三种晶型。其中，*ms*-$BiVO_4$的光催化活性最高。而*tz*-$BiVO_4$的禁带宽度较大（2.9eV），其催化性能相对较差。*ts*-$BiVO_4$和*ms*-$BiVO_4$的禁带宽度较为接近（分别为2.3eV和2.4eV），但*ms*-$BiVO_4$的性能明显优于*ts*-$BiVO_4$，这可能和单斜的晶格扭曲有关。$BiVO_4$作为半导体光阳极也存在一些缺点，比如电子传输差、析氧较慢以及导带位置相对较低，导致其光电催化效率较低。

白钨矿结构化合物的通式是AMO_4，其中A多为电正性较大的碱金属、碱土或镧系离子；M通常为高氧化态的阳离子，如W^{6+}、Mo^{6+}、Ru^{7+}等。由于该材料的电荷传导性能较弱和表面反应势垒较高，成为其性能提高的最大瓶颈。

钙钛矿型氧化物的结构通式为ABO_3，其中A一般是半径较大的稀土或碱土元素离子，主要作用是稳定结构；B通常是半径较小（$r_B > 0.051nm$）的过渡金属离子，是决定氧化物性质的主要组成部分；O代表非金属元素离子（如O、F、B等）。这类化合物的电导率和稳定性好，在光电催化分解水的领域上拥有很大的发展潜力。

此外，ZnO[143]和WO_3[144]等材料也存在带隙位置不匹配、易发生光腐蚀、稳定性差及电荷分离效率低等问题。WO_3是具有ABO_3钙钛矿结构的n型半导体，WO_6正八面体通过顶点相互连接形成三维网络结构。在实际中，其结构会随着温度发生一定程度的扭曲，从而导致结构相变。WO_3的禁带宽度约为2.6eV，其价带电位也比较高（3.1 ～ 3.2eV，vs. NHE），可以作为光阳极用于分解水析氧，但是其较差的析氧动力学导致光生电子空穴对易复合，从而限制了其性能。

由于半导体材料自身的特性，目前还没有一种理想的光阳极材料能满足光电解水所有的要求。因此开发既满足禁带宽度的限制，又能最大限度利用太阳光并且具有良好的光化学稳定性的光阳极材料将是研究的重点。通过掺杂、染料敏化、半导体复合、形貌控制、电催化剂负载等手段可以改善半导体光阳极的吸光能力、提高电子空穴分离度和析氧动力学等，提高电极的光电催化分解水性能。其中染料敏化和电催化剂负载将在下面的内容中介绍。

8.4.2
染料敏化半导体光阳极材料

考虑到水分解的氧化还原电位及过电位的影响，金属氧化物半导体的禁带宽度最低为1.8eV。然而为了充分利用太阳光，半导体的禁带宽度应小于3eV（$\lambda > 400nm$）。目前研究的过渡金属氧化物很难同时满足能带位置和禁带宽度的要求，因此在实际光解水的过程中半导体往往伴随着需要施加额外偏压或材料本身吸光能力较弱等问题。对于无机氧化物半导体来说，调控其能级是较为困难的。与

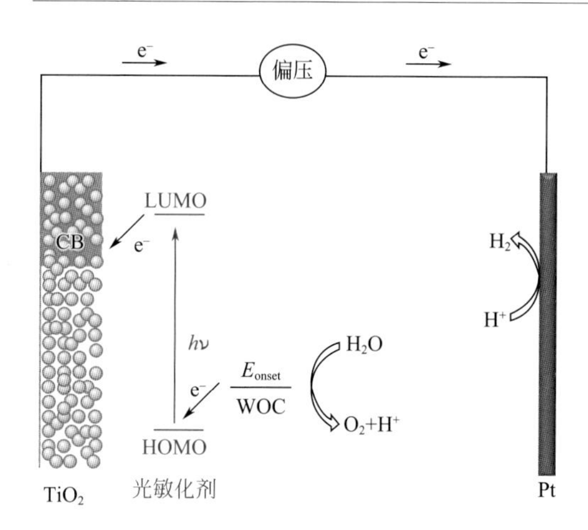

图8.11　染料敏化TiO_2光阳极光电催化分解水示意图[145]

E_{onset}为水氧化分解产氧的起始电压

此相反，金属有机配合物和有机染料可以从结构设计方面来调控其最高占据轨道（HOMO）和最低空轨道（LUMO），进而拓宽其光谱响应范围。将染料分子用于修饰宽禁带半导体（如TiO_2）是提高其可见光区响应的一种有效手段，其作用原理与染料敏化太阳能电池（DSSCs）类似。如图8.11所示，以染料敏化TiO_2光阳极为例，染料分子通过化学键固定在金属氧化物半导体的表面，在光照射下染料被激发并将电子注入到半导体的导带，然后电子通过外电路转移到对电极（以Pt电极为例）发生析氢反应，同时激发态染料在催化剂作用下将水分解产生氧气，染料自身也得以再生。在反应过程中，染料敏化半导体光阳极的好坏直接影响着光电催化分解水的效率。目前该体系通常只采用一种光敏染料，由此产生的光电压不足以用来全分解水，因此必须施加一个额外偏压。

在染料敏化光阳极材料中，光敏化剂起着收集能量的作用。这种作用类似于胡萝卜素和叶绿素在自然界光合作用中的作用。为了获得高性能的染料敏化光电化学池，光敏化剂和析氧催化剂（WOC）的选择至关重要，必须满足以下几个条件：

① 光敏化剂必须具有良好的吸光性能，尽可能进行可见光甚至红外光的吸收利用；

② 光敏化剂应具有合适的固定或吸附基团，以实现在溶液条件下仍可以与半导体紧密连接在一起；

③ 光敏化剂的LUMO能级应比n型半导体的导带边缘更负，从而有利于光激发电子有效的注入半导体，光敏化剂的HOMO能级则应比析氧催化剂（WOC）的氧

气析出电位更正（如图8.11）；

④ 光敏化剂和析氧催化剂应具有良好的光稳定性和电化学稳定性。

要想获得高的光电转换效率，染料在光照射下产生的激发态电子应该在回到基态之前尽快注入半导体的导带，然后通过外电路转移到对电极还原质子产生氢气。与此同时，如果氧化态的染料不能被析氧催化剂快速还原，注入半导体中的电子将会回传并导致激发态的染料回到基态。快速电子回传是造成染料敏化半导体光阳极量子效率低的主要原因。染料的稳定性也是一个值得关注的问题，比如，钌基染料的三价氧化态在水溶液中和缓冲阴离子存在下不稳定，因此析氧催化剂和氧化态染料之间的快速电子转移对提高光电转换效率和稳定性也是非常必要的。大多数染料很难同时满足以上要求。研究者们也一直在开发新的染料。目前用于染料敏化修饰半导体光阳极的染料分子主要包括$[Ru(bpy)_3]^{2+}$的衍生物和卟啉染料。

典型的钌基染料$[Ru(bpy)_3]^{2+}$具有许多优异性能，比如，对500nm以下的光有较强的吸收（ε_{450nm}=14400L · mol^{-1} · cm^{-1}），其激发态寿命可以达到600ns，激发态在水溶液中的稳定性较好。此外激发态的氧化电位（1.26V，vs. NHE）足以驱动水的氧化。2009年，Mallouk等首次成功实现了可见光驱动染料敏化光阳极分解水[146]。如图8.12所示，三联吡啶钌染料不仅是光吸收剂，同时也是析氧催化剂$IrO_2 \cdot nH_2O$的稳定剂。TiO_2表面的羟基通过膦酸基团与染料结合，而$IrO_2 \cdot nH_2O$纳米粒子通过丙二酸根选择性地与染料分子结合。在$\lambda > 410$nm的光照和外加偏压的作用下，修饰后的工作电极可以产生10～30μA光电流。在450nm波长光（功率为7.8mW · cm^{-2}）的照射下，该光电化学池的光电流密度为12.7μA · cm^{-2}，对应的量子效率只有0.9%，效率低的原因主要是由于电子背反应转移过快。因而Mallouk课题组进一步改进了光阳极的结构，在TiO_2表面又添加了一薄层（1～2nm）阻挡层ZrO_2或Nb_2O_5，该阻挡层的引入可以有效抑制电子背反应转移。但是由于电荷注入效率的降低，导致系统的量子效率仍然很低[147]。Spiccia等在此基础上设计了一种新的染料分子$[Ru(II)(bpy)_2\text{-}(bpy(COOH)_2)]^{2+}$，并将其用于敏化$TiO_2$光阳极[148]。在可见光照射和pH=6.5的条件下，该光阳极的光电流可以达到30μA · cm^{-2}，且在不加偏压的作用下，氧气的法拉第效率高达90%。随后，孙立成课题组合成了类似的染料[149]，通过合并析氧催化剂[二(4-甲基吡啶)-6,6′-二羧基-2,2′-联吡啶合钌(Ⅱ)]$^+$（WOC-1$^+$）和pH修饰的Nafion膜，然后将其涂在$Ru(II)(bpy)_2^+[4,4'\text{-}(PO_3H_2)_2bpy]$（S3）修饰的$TiO_2$上，在光敏化剂S3和析氧催化剂WOC-1$^+$的协同作用下，光照60min后可以产生的氧气量为140nmol · mL^{-1}。但这种方式面临敏化剂-催化剂染料合成工艺复杂和缺乏

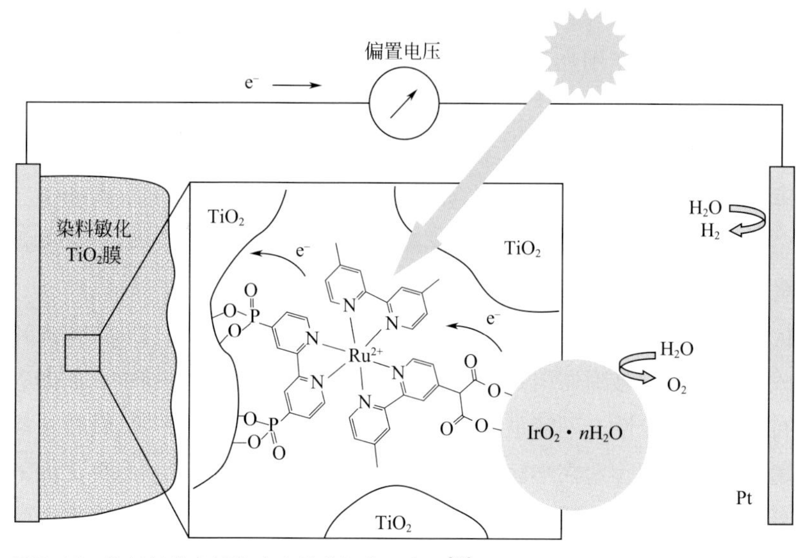

图8.12　染料敏化半导体光电池分解水示意图[69]

通用性的缺陷。为了解决这个问题，Meyer等研发了一种简单易行的“叠层”自组装方法，将敏化剂和催化剂独立合成，再通过磷酸盐/Zr^{4+}配位连接，以分段的方式绑定到多孔半导体的表面[150,151]。孙立成课题组也采用这种方法合成了一种多功能的光阳极，通过Zr^{4+}将吡啶钌基染料（S5）和钌基析氧催化剂（WOC-2）连接在纳米晶TiO_2半导体的表面[152]。在300mW·cm^{-2}光照，pH=6.4的缓冲溶液和0.2V（vs. RHE）的条件下，该光阳极的光电流高达48030μA·cm^{-2}，且在450nm处的IPCE值为4.1%。最近，该课题组还研究了染料分子用于吸附的烷基链长度和催化剂中心的金属类型对光电催化性能的影响[153]。结果表明，较长的烷基链可以有效减少电子从TiO_2的导带转移到催化剂引起的背反应，因而有利于提高可见光分解水的性能。根据共吸附原理，Zhang等合成了一种双核的钌基析氧催化剂WOC-5[154]，并将其与光阳极结合组成了染料敏化光电化学池，获得了比单核析氧催化剂更优异的性能。

卟啉是由4个吡咯环通过亚甲基依次相连形成的具有18个π电子的共轭大环化合物，其紫外-可见吸收光谱的基本特征是在420nm左右有一个强吸收峰（S带，ε约为10^5L·mol^{-1}·cm^{-1}），在500～700nm有四个比较弱的吸收峰（Q带，ε约为10^4L·mol^{-1}·cm^{-1}）。卟啉周边易于修饰，容易引入羧基、膦酸基等基团，使卟啉可以很好地吸附于半导体氧化物上。卟啉化合物具有高度芳香性，能提供π-π*电子跃迁和电荷转移，这使其固定在半导体氧化物后，能够有比较好的氧化还原能力。1980年，Fajer首先研究了不同种类金属卟啉的光电催化性质，研究表明Al卟啉界面是具有感光性的，且作用光谱与材料的吸收光谱几乎相近。Zhang等合成了具有不同羧基含量的卟啉衍生物，并研究了其修饰TiO_2光电极的光电催化性能[155]。Brouwer等合成了Pt(Ⅱ)-卟啉敏化剂[156]，并将其与不同析氧催化剂结合用于可见光分解水的性能研究。最近，Mallouk课题组合成了一种非金属有机敏化剂，并研究了其在染料敏化光电化学池中的性能[157]，研究结果表明通过改变取代基的数量和种类可以调控非金属卟啉有机敏化剂的光谱和电化学性质。

染料通过化学吸附固定在半导体氧化物电极至关重要。吸附基团应该在染料和半导体之间形成较强的化学吸附作用并促进电子快速注入半导体的导带中，同时吸附基团还应具有良好的稳定性，不管是在水溶液中还是氧化态的环境中。此外析氧催化剂也可以通过吸附基团固定在半导体表面。本节主要介绍染料和半导体之间的吸附。染料的吸附基团如图8.13所示，主要有羧基、膦酸基、异羟肟基、乙酰丙酮基和邻苯二酚等。其中羧基和膦酸基由于合成相对简单而得到了广泛研究。在光电催化分解水过程中，电解质溶液会导致金属-羧基键发生水解。而膦酸基能与半导体更牢固地结合，从而降低了染料的脱附。但是膦酸基团的中心原子磷是以sp^3方式杂化的，因此为非平面结构，导致其不能和染料主体结构很好地共轭，电子激发态寿命明显下降，同时膦酸基团过多会造成染料的电子注入效率降低，因此吸附基团和电子注入效率之间需要有效地平衡[158～160]。

半导体氧化物薄膜作为基底，对染料敏化半导体光阳极的效率有重要的影响，必须具备以下特征：比表面积足够大，使其尽可能多地吸附染料分子；具有多孔结构，能保证水分子的充分扩散和染料分子的良好再生能力，薄膜表面应无宏观裂纹和其他明显的缺陷，以保证光生电子可以在薄膜内部快速有效地传递；染料吸收光之后，电子收集至关重要，高效的半导体氧化物薄膜应快速接收激发态染料产生的电子，避免发生分子内弛豫。

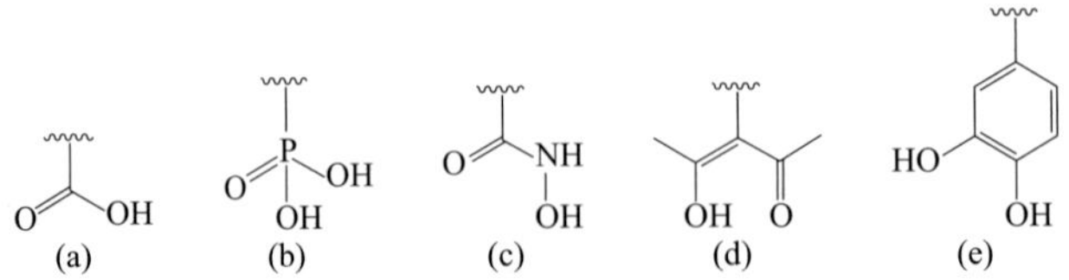

O OH (a) O P OH OH (b) O NH OH (c) OH O (d) HO OH (e)

图8.13　与金属氧化物结合的吸附基团

（a）羧基；（b）膦酸基；（c）异羟肟基；（d）乙酰丙酮基；（e）邻苯二酚

8.4.3
影响光阳极性能的因素

光阳极在光电催化分解水时主要发生以下几个过程：半导体吸收光产生电子-空穴对，电子-空穴对发生分离并迁移到半导体/溶液界面，进而发生氧化还原反应。因此任何影响以上过程的因素都会制约光阳极的性能。增强半导体的光吸收，减少光生载流子之间的复合，增加比表面积，以及提高载流子的迁移率等都可以提高光阳极的光转换效率。直接带隙半导体光阳极形貌的控制会影响载流子的传输距离。多孔结构和纳米结构（纳米棒、纳米管、纳米线）的光阳极中，少子的传输距离相对较短，表面反应位点增加，从而有效降低了载流子复合的概率。

研究表明，采用半导体进行光电催化分解水的研究时，半导体的带隙宽度、表面电位、平带电位（E_{fb}）与电解液中氧化还原电位的匹配、外加偏压及其薄膜性能等都会影响光电催化的性能和光电转换效率。

半导体平带电位的高低对是否需要施加额外偏压起着决定性作用。当半导体与对电极短路连接时，半导体费米能级最大值可能处于半导体的平带电位。当平带电位低于H^+/H_2电对的电子能级［$E(H^+/H_2)$］，并且金属中电子费米能级（E_f, m）也低于H^+/H_2电对的电子能级时，即使采用光照射半导体使能级变直，对电极上也不能够产生氢气。为了提高E_f，一般需施加外部偏置电压E_{bias}。施加偏置电压有如下方法。① 通过外加电源来施加偏置电压，以提高金属对电极（通常选用析氢过电位低的金属如Pt）的E_f，同时也提供了析氢所需的过电位。半导体光电解水所需施加的外部电压（即偏置电压）小于电解水所需的电压，即将光能和电能共同转换为化学能储存起来。② 可将光阳极、光阴极分别浸入碱性和酸性溶液中，两者用膜分开。偏置电压不仅能提供维持电流所必需的阴极析氢过电位，而且能使半导体能带重新变弯曲，从而保证了一定的电荷分离速率。显然E_f低于$E(H^+/H_2)$越多，所需E_{bias}将越大。半导体（如$SrTiO_3$、$KTaO_3$）的E_{fb}高于$E(H^+/H_2)$，用这些材料作光阳极时无须E_{bias}即可进行光电解水。但这些材料的E_g通常较大，对太阳光的吸收效率低，不适合作光阳极。

在众多影响半导体光电催化制氢效率的因素中，研究发现TiO_2薄膜制备过程对性能的影响较大。TiO_2薄膜制备方法主要有气相沉积法[161]、阳极氧化法[162]、模板法[163]和水热法[164]等，制备方法不同所得薄膜的性能亦不同。热氧化法的特点在于能通过改变热氧化温度和时间来获得表面形态和厚度不同的TiO_2薄膜。为了提高薄膜的导电性能[165]，可将膜在300℃下于H_2气氛中进行热处理。Mishra等研究了纳米结构TiO_2光电极面积对光电催化制氢效率的影响[166]，结果表明：为获得较高的光电流密度和析氢速率，光电极面积必须处于一个合理的范围。用染料敏化TiO_2时，尽管薄膜表面积大对收集由染料注入的激发态电子和作为活性反应中心是有利的，但颗粒尺寸小使分离载流子所必需的表面能带势垒变小，降低了载流子分离效率。因此为获得高量子效率，必须在电极表面积和颗粒尺寸之间寻求最佳的平衡点[167]。

瞬态吸收光谱研究表明，载流子复合通常在纳秒级别，然而其与溶液中离子化学结合需要较长时间，通常是$10^{-8}\sim10^{-3}$s，研究发现载流子在产生后的10ns内甚至可达到90%的复合[168,169]。由此可见，载流子复合制约着光阳极的光电催化性能。

光电化学测试体系对光阳极材料的性能有很大影响。测试体系的pH值会影响光阳极的稳定性，进而影响其光电响应。比如，TiO_2光阳极一般在中性或者碱性溶液中测试，ZnO只能在中性环境稳定存在，而WO_3一般在酸性或者中性条件下测试。此外电解液的pH值还会影响水的氧化还原电位和半导体光阳极的能带位置。如果光阳极析氧动力学较差的话，也会影响光阳极的性能，这时就需要电催化剂的辅助。这部分将在下节进行详细介绍。

8.5 电催化剂对光电极的影响

在光电催化分解水体系中，由于半导体光电极材料的析氢（光阴极）或者析氧（光阳极）动力学较差，因此可以通过引入电催化剂来促进电极材料表面析氢（析氢催化剂）和析氧反应（析氧催化剂）。催化剂的应用还有利于光生少子向光电极/电解液界面移动，有效减少光生电子和空穴的复合，从而提高光电催化分解水效率。催化剂的微纳结构也会对水分解效率有一定的影响。Jaramillo课题组综述了目前太阳能分解水器件中常用的析氢和析氧电催化剂的种类及标准，并对比了各类电催化剂在不同pH值电解液中的催化性能[170]。研究表明，目前已经有数百种电催化系统用于析氢和析氧反应中，并且这个数量还在不断增加。李灿课题组则综述了助催化剂在光催化及光电催化中的作用。以下从析氢催化剂材料、析氧催化剂材料和催化剂微纳结构对光电极效率的影响三方面展开描述[171]。

8.5.1 析氢催化剂材料

析氢催化剂作为反应的活性位点，可以提高反应动力学，进而降低外加偏压的使用。析氢催化剂的反应过电位应尽可能小，此外还应具有较好的化学稳定性和光稳定性。析氢催化剂材料主要有两大类：纯金属和金属合金以及包含非金属元素的化合物。在众多析氢催化剂中，Pt、Ru和Pd等贵金属具有较低的析氢过电位和良好的电催化活性，是很好的析氢催化剂材料。然而这些贵金属在自然界中的储量有限，成本较高而不适合大规模应用。金属合金电极按照元素数目的不同可以分为二元合金和三元合金，如镍基合金Ni-Mo、Ni-Co和Ni-Mo-Fe等[172,173]，尽管它们的催化活性较高，但是镀层容易脱落，而且电化学稳定性不够。而其他非贵金属化合物如MoS_2[174]、Mo_3S_4[175]、CoP[176]等也是很有潜力的析氢催化剂。孙旭平课题组通过低温磷化技术在碳布（CC）基底上得到了自支撑多孔CoP纳米线阵列[177]，这种三维CoP/CC结构可直接用作电化学析氢阴极，在pH值0 ～ 14范围内显示出优异的催化析氢性能及良好的稳定性。

8.5.2 析氧催化剂材料

好的析氧催化剂材料需要有高催化活性、低析氧过电位、低成本以及较好的稳定性。析氧催化剂材料包括分子催化剂和IrO_2、Co_3O_4、CoPi等无机析氧催化剂。1982年，Meyer课题组报道了世界上第一例析氧的分子催化剂*cis,cis*-$\{[Ru(bpy)_2(H_2O)]_2\text{-}O\}^{4+}$（其中bpy=联吡啶），称为“蓝色二聚物”[图8.14（a）]。该配合物通过氧桥将两个钌原子连接起来，但氧桥在水溶液中不稳定[178]。2005年，Thummel等报道了第一例具有催化活性的单核钌催化剂$[Ru(bpn)(MePy)_2(H_2O)]^{2+}$，它的晶体结构如图8.14（b）所示，其稳定性与双核钌催化剂相比有一定提高[179]。

贵金属Pt、Ru、Ir、Pd及RuO_2、IrO_2等贵金属氧化物具有高的电导率、化学和热力学稳定性，且在整个pH范围内均能催化分解水，因而得到了广泛而深入的研究。但因其储量有限、价格昂贵等，限制了其大规模应用。具有尖晶矿（AB_2O_4）或者钙钛矿（ABO_3）结构的金属氧化物是碱性介质中研究较多的非贵金属析氧催化剂材料。这两类氧化物中的A元素和B元素一般也是不同价态的过渡金属元素。尖

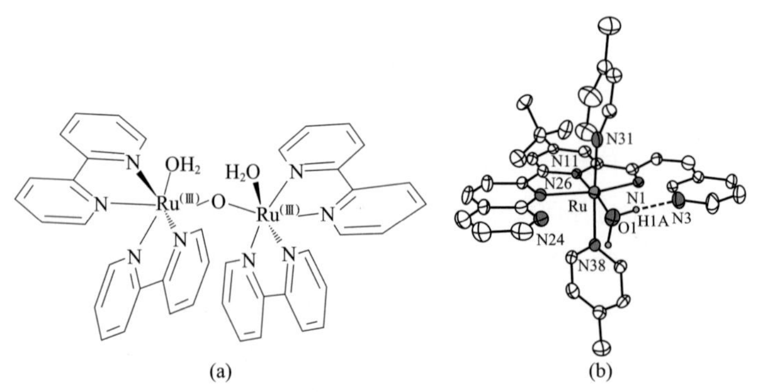

图8.14 (a)蓝色二聚物*cis*,*cis*-{$[Ru(bpy)_2(H_2O)]_2$-O}$^{4+}$;(b)单核钌催化剂$[Ru(bpn)(MePy)_2(H_2O)]^{2+}$

晶矿氧化物主要有Co_3O_4[180]、$NiCo_2O_4$[181]和$NiFe_2O_4$[182]等，钙钛矿型氧化物主要有$MCoO_3$、$MNiO_3$、$MSnO_3$及$MMnO_3$等。目前这两类化合物的研究主要集中在A、B位元素的选择和取代，以及制备方法的取代等方面。2008年，Nocera和Kanan报道了一种在近中性环境下原位生成的一种无定形CoPi高效析氧催化剂，它可以在温和的中性条件下工作，析氧过电位为410mV。它还能通过钴的变价来实现自我修复，从而使催化剂得以循环利用[183,184]。该催化剂制备简单、成本低，在光电催化分解水领域有着广阔的应用前景。随后Ag-B、Ni-B等此类催化剂也得到了广泛的研究。

8.5.3
催化剂微纳结构对光电极效率的影响

催化剂的微纳结构对光电极效率影响显著。催化剂尺寸的变化对催化性能具有一定的影响。电极的真实电化学有效面积差别会随着制备工艺的不同而变化。粗糙度是指电极的实际比表面积与其几何面积的比值，粗糙度越大，电极的实际电化学面积也越大，可以暴露更多的催化活性位点，同时降低氧化物的传荷电阻，从而也越有利于提高催化活性。此外增大电极的比表面积，可以降低电解过程中电极的真实电流密度，进而降低水分解反应的过电位。无定形的电催化剂表面缺陷有利于吸附反应物和中间产物，从而提高催化效率。催化剂的表面结构也会影响催化活性。孙晓明课题组发现在析氢反应过程中，“超疏气性”纳米结构MoS_2薄膜由于气泡附着导致活性下降的程度明显低于致密的MoS_2薄膜，因此具有粗糙表面微纳结构的电催化剂可以有效提高电极的催化活性。

连续的电催化剂膜会影响半导体对光的吸收，从而降低光电催化电流。因此沉积电催化剂最好是不连续的颗粒，颗粒尺寸应该比入射光子的波长小，尽量减少对入射光的吸收和反射，这样可以避免影响半导体光电极的光吸收性能。当颗粒尺寸下降到小于某一数值以后，催化剂费米能级附近的准连续能级变为离散能级，带隙变宽的同时表面能也随之升高，使得表面原子具有较高的活性。同时颗粒尺寸变小还会引起表面电子能谱和自旋构象的变化，从而使电催化剂具有良好的催化性能。尽管由高丰度元素组成的电催化剂的催化效率还不能与Pt等贵金属相比，但通过对电催化剂微纳结构的控制有望为未来电催化剂的发展带来重大突破。

8.6 总结与展望

半导体光电催化分解水制氢技术是解决能源危机和环境污染问题最理想的方法之一。近几十年来，虽然在光电催化分解水制氢方面取得了一些成果，但大都停留在实验室阶段，距离工业化还有很长的一段距离。光电催化分解水涉及光化学、电化学、半导体物理等诸多学科的诸多方面问题，需要不同学科的研究人员共同努力。半导体光电催化分解水制氢的来源是水，来源丰富，且氢能易于储存，清洁无污染，因此具有重要的现实意义。本章对太阳能光电催化分解水工作原理、光阳极和光阴极反应机理以及各个电极材料最新进展进行深入介绍，特别对实现光电解水的关键过程——半导体/电解液接触界面电荷转移过程进行了深入讨论。虽然经过研究者的共同努力，通过对半导体材料进行修饰和改性，取得了较大的发展，但是仍然有很多问题有待解决，比如：半导体材料的光吸收范围和可见光利用效率仍然较低，光生载流子的复合非常严重，染料敏化剂的选择难题等。光电极稳定性是发展高效光阴极和光阳极的最大挑战。在以后的研究过程中，开发高效、稳定、具有可见光响应、环境友好、地壳储量丰富的材料用于太阳能分解水将是重要研究目标。

参考文献

[1] Armaroli N, Balzani V. The hydrogen issue. ChemSusChem, 2011, 4 (1): 21-36.

[2] Balasubramanian B, Ariffin A M. Current state-of-the-art solar photovoltaic (PV) technologies. Australian Journal of Basic and Applied Sciences, 2014, 8 (6): 455-468.

[3] Garrett C, Brattain W. Physical theory of semiconductor surfaces. Physical Review, 1955, 99 (2): 376-387.

[4] Morrison S R. Electrochemistry at semiconductor and oxidized metal electrodes. New York: Plenum Press, 1980: 1-401.

[5] Boddy P J. Oxygen evolution on semiconducting TiO_2. Journal of The Electrochemical Society, 1968, 115 (2) , 199-203.

[6] Fujishima A, Honda K. Electrochemical photolysis of water at a semiconductor electrode. Nature, 1972, 238 (5358): 37-38.

[7] Wrighton M S, Ellis A B, Wolczanski P T, et al. Strontium titanate photoelectrodes: efficient photoassisted electrolysis of water at zero applied potential. Journal of the American Chemical Society, 1976, 98 (10): 2774-2779.

[8] Mavroides J G, Kafalas J A, Kolesar D F. Photoelectrolysis of water in cells with $SrTiO_3$ anodes. Applied Physics Letters, 1976, 28 (5): 241-243.

[9] Memming R. Semiconductor Electrochemistry. Weinheim: Wiley-VCH Verlag GmbH, 2001.

[10] Morisaki H, Watanabe T, Iwase M, et al. Photoelectrolysis of water with TiO_2 covered solar cell electrodes. Applied Physical Letters, 1976, 29 (6): 338-340.

[11] Rocheleau R E, Miller E L, Misra A. High-efficiency photoelectrochemical hydrogen production using multijunction amorphous silicon photoelectrodes. Energy & Fuels, 1998, 12 (1): 3-10.

[12] Rocheleau R E, Miller E L. Photoelectrochemical production of hydrogen: engineering loss analysis. International Journal of Hydrogen Energy, 1997, 22 (8): 771-782.

[13] Brillet J, Yum J, Cornuz M, et al. Highly efficient water splitting by a dual-absorber tandem cell. Nature Photonics, 2012, 6 (12): 824-828.

[14] Chen Y S, Manser J S, Kamat P V. All solution-processed lead halide perovskite-$BiVO_4$ tandem assembly for photolytic solar fuels production. Journal of the American Chemical Society, 2015, 137 (2): 974-981.

[15] Chen Z B, Dinh H, Miller E. Photoelectrochemical water splitting: standards, experiment method, and protocols. New York: Springer Verlag, 2013.

[16] Kazuhiko M. Photocatalytic water splitting using semiconductor particles: history and recent developments. Journal of Photochemistry and Photobiology C: Photochemistry Reviews, 2011, 12 (4): 237-268.

[17] Yang T W, Scott J A, Amal R. Progress in heterogeneous photocatalysis: from classical radical chemistry to engineering nanomaterials and solar reactors. The Journal of Physical Chemistry Letters, 2012, 3 (5): 629-639.

[18] Yang T, Wang H, Ou X M, et al. Iodine-doped-poly (3,4-ethylenedioxythioph- ene) -modified Si nanowire 1D core-shell arrays as an efficient photocatalyst for solar hydrogen generation. Advanced Materials, 2012, 24 (46): 6199-6203.

[19] Minggu L J, Daud W R W, Kassim M B. An overview of photocells and photoreactors for photoelectrochemical water splitting. International Journal of Hydrogen Energy, 2010, 35 (11): 5233-5244.

[20] Bolton J R, Strickler S J, Connolly J S. Limiting and realizable efficiencies of solar photolysis of water. Nature, 1985, 316: 495.

[21] Parkinson B. On the efficiency and stability of photoelectrochemical devices. Accounts of Chemical Research, 1984, 17 (12): 431-437.

[22] Sabba D, Kumar H, Wong L, et al. Perovskite-hematite tandem cells for efficient overall solar driven water splitting. Nano Letters, 2015, 15

(6): 3833-3839.
[23] Grätzel M. Photoelectrochemical cells. Nature, 2001, 414 (6861): 338-344.
[24] Zhang Z, Yates J T. Band bending in semiconductors: chemical and physical consequences at surfaces and interfaces. Chemical Reviews, 2012, 112 (10): 5520-5551.
[25] Nozik A J, Memming R. Physical chemistry of semiconductor-liquid interfaces. The Journal of Physical Chemistry, 100 (31): 13061-13078.
[26] Lewis N S. Chemical control of charge transfer and recombination at semiconductor photoelectrode surfaces. Inorganic Chemistry, 2005, 44 (20): 6900-6911.
[27] Koval C A, Howard J N. Electron transfer at semiconductor electrode-liquid electrolyte interfaces. Chemical Reviews, 1992, 92 (3): 411-433.
[28] Cowan A J, Tang J W, Leng W H, et al. Water splitting by nanocrystalline TiO_2 in a complete photoelectrochemical cell exhibits efficiencies limited by charge recombination. Journal of Physical Chemistry C, 2010, 114 (9): 4208-4214.
[29] Ding B F, Choy W, Kwok W M, et al. Charge dynamics in solar cells with a blend of π-conjugated polymer-fullerene studied by transient photo-generated voltage. Physical Chemistry Chemical Physics, 2012, 14 (23): 8397-8402.
[30] Baram N, Ein-Eli Y. Electrochemical impedance spectroscopy of porous TiO_2 for photocatalytic applications. The Journal of Physical Chemistry C, 2010, 114 (21): 9781-9790.
[31] Fermin D J, Duong H D, Ding Z F, et al. Photoinduced electron transfer at liquid/liquid interfaces Part Ⅱ. A study of the electron transfer and recombination dynamics by intensity modulated photocurrent spectroscopy (IMPS). Physical Chemistry Chemical Physics, 1999, 1 (7): 1461-1467.
[32] Ponomarev E A, Peter L M. A comparison of intensity modulated photocurrent spectroscopy and photoelectrochemical impedance spectroscopy in a study of photoelectrochemical hydrogen evolution at p-InP. Journal of Electroanalytical Chemistry, 1995, 397 (1): 45-52.
[33] Navarro R M, Galván M, Mano J, et al. A framework for visible-light water splitting. Energy & Environmental Science, 2010, 3 (12): 1865-1882.
[34] Walter M G, Warren E L, McKone J R, et al. Solar water splitting cells. Chemical Reviews, 2010, 110 (11): 6446-6473.
[35] Conway B E, Salomon M. Electrochemical reaction orders: applications to the hydrogen-and oxygen-evolution reactions. Electrochimica Acta, 1964, 9 (12): 1599-1615.
[36] Shangguan W, Yoshida A. Photocatalytic hydrogen evolution from water on nanocomposites incorporating cadmium sulfide into the interlayer. The Journal of Physical Chemistry B, 2002, 106 (47): 12227-12230.
[37] Paracchino A, Laporte V, Sivula K, et al. Highly active oxide photocathode for photoelectrochemical water reduction. Nature Materials, 2011, 10 (6): 456-461.
[38] Klaer J, Bruns J, Henninger R, et al. Efficient thin-film solar cells prepared by a sequential process. Semiconductor Science and Technology, 1998, 13 (12): 1456.
[39] Kudo A, Miseki Y. Heterogeneous photocatalyst materials for water splitting. Chemical Society Reviews, 2009, 38 (1): 253-278.
[40] Nian J N, Hu C C, Teng H. Electrodeposited p-type Cu_2O for H_2 evolution from photoelectrolysis of water under visible light illumination. International Journal of Hydrogen Energy, 2008, 33 (12): 2897-2903.
[41] Kim E S, Nishimura N, Magesh G, et al. Fabrication of $CaFe_2O_4$/TaON heterojunction photoanode for photoelectrochemical water oxidation. Journal of the American Chemical Society, 2013, 135 (14): 5375-5383.
[42] Joshi U A, Maggard P A. $CuNb_3O_8$: a p-type semiconducting metal oxide photoelectrode. The Journal of Physical Chemistry Letters, 2012, 3 (11):

1577-1581.

[43] Prévot M S, Guijarro N, Sivula K. Back cover: enhancing the performance of a robust sol-gel-processed p-Type delafossite $CuFeO_2$ photocathode for solar water reduction. ChemSusChem, 2015, 8 (8): 1494-1494.

[44] Yu Q, Meng X, Wang T, et al. A highly durable p-$LaFeO_3$/n-Fe_2O_3 photocell for effective water splitting under visible light. Chemical Communications, 2015, 51 (17): 3630-3633.

[45] De Jongh P E, Vanmaekelbergh D, Kelly J J. Photoelectrochemistry of electrodeposited Cu_2O. Journal of The Electrochemical Society, 2000, 147 (2): 486-489.

[46] Nian J N, Hu C C, Teng H. Electrodeposited p-type Cu_2O for H_2 evolution from photoelectrolysis of water under visible light illumination. International Journal of Hydrogen Energy, 2008, 33 (12): 2897-2903.

[47] Yang Y, Han J, Ning X, et al. Photoelectrochemical stability improvement of cuprous oxide (Cu_2O) thin films in aqueous solution. International Journal of Energy Research, 2015.

[48] Zhang Z, Wang P. Highly stable copper oxide composite as an effective photocathode for water splitting via a facile electrochemical synthesis strategy. Journal of Materials Chemistry, 2012, 22 (6): 2456-2464.

[49] Golden T D, Shumsky M G, Zhou Y, et al. Electrochemical deposition of copper (Ⅰ) oxide films. Chemistry of Materials, 1996, 8 (10): 2499-2504.

[50] Toth R S, Kilkson R, Trivich D. Preparation of large area single-crystal cuprous oxide. Journal of Applied Physics, 1960, 31 (6): 1117-1121.

[51] Walter M G, Warren E L, McKone J R, et al. Solar water splitting cells. Chemical Reviews, 2010, 110 (11): 6446-6473.

[52] Joya K S, Joya Y F, Ocakoglu K, et al. Water-splitting catalysis and solar fuel devices: artificial leaves on the move. Angewandte Chemie International Edition, 2013, 52 (40): 10426-10437.

[53] Choudhary S, Upadhyay S, Kumar P, et al. Nanostructured bilayered thin films in photoelectrochemical water splitting-A review. International Journal of Hydrogen Energy, 2012, 37 (24): 18713-18730.

[54] Han J, Zong X, Zhou X, et al. Cu_2O/CuO photocathode with improved stability for photoelectrochemical water reduction. RSC Advances, 2015, 5 (14): 10790-10794.

[55] Minguez-Bacho M, Courté H, Fan D. Fichou. Conformal Cu_2S-coated Cu_2O nanostructures grown by ion exchange reaction and their photoelectrochemical properties. Nanotechnology, 2015, 26: 185401.

[56] Luo J, Steier L, Son M K, et al. Cu_2O nanowire photocathodes for efficient and durable solar water splitting. Nano Letters, 2016, 16(3): 1848.

[57] Huang Q, Kang F, Liu H, et al. Highly aligned Cu_2O/CuO/TiO_2 core/shell nanowire arrays as photocathodes for water photoelectrolysis. Journal of Materials Chemistry A, 2013, 1 (7): 2418-2425.

[58] Lin C Y, Lai Y H, Mersch D, et al. Cu_2O-NiO_x nanocomposite as an inexpensive photocathode in photoelectrochemical water splitting. Chemical Science, 2012, 3 (12): 3482-3487.

[59] Morales-Guio C G, Tilley S D, Vrubel H, et al. Hydrogen evolution from a copper (Ⅰ) oxide photocathode coated with an amorphous molybdenum sulphide catalyst. Nature Communications, 2014, 5: 3059.

[60] Morales-Guio C G, Liardet L, Mayer M T, et al. Photoelectrochemical hydrogen production in alkaline solutions using Cu_2O coated with earth-abundant hydrogen evolution catalysts. Angewandte Chemie International Edition, 2015, 54 (2): 664-667.

[61] Zhao Y, Anderson N C, Zhu K, et al. Oxidatively stable nanoporous silicon photocathodes with enhanced onset voltage for photoelectrochemical proton reduction. Nano Letters, 2015, 15 (4): 2517-2525.

[62] Maier C U, Specht M, Bilger G. Hydrogen

evolution on platinum-coated p-silicon photocathodes. International Journal of Hydrogen Energy, 1996, 21 (10): 859-864.

[63] Boettcher S W, Warren E L, Putnam M C, et al. Photoelectrochemical hydrogen evolution using Si microwire arrays. Journal of the American Chemical Society, 2011, 133 (5): 1216-1219.

[64] Wang L, Jie J, Shao Z, et al. MoS_2/Si Heterojunction with vertically standing layered structure for ultrafast, high-detectivity, self-driven visible-near infrared photodetectors. Advanced Functional Materials, 2015, 25 (19): 2910-2919.

[65] Roske C W, Popczun E J, Seger B, et al. Comparison of the performance of cop-coated and pt-coated radial junction n^+p-silicon microwire-array photocathodes for the sunlight-driven reduction of water to H_2 (g) . The Journal of Physical Chemistry Letters, 2015, 6: 1679-1683.

[66] Kargar A, Cheung J S, Liu C H, et al. NiO_x-Fe_2O_3-coated p-Si photocathodes for enhanced solar water splitting in neutral pH water. Nanoscale, 2015, 7 (11): 4900-4905.

[67] Fan R, Dong W, Fang L, et al. Stable and efficient multi-crystalline n^+p silicon photocathode for H_2 production with pyramid-like surface nanostructure and thin Al_2O_3 protective layer. Applied Physics Letters, 2015, 106 (1): 013902.

[68] Benck J D, Lee S C, Fong K D, et al. Designing active and stable silicon photocathodes for solar hydrogen production using molybdenum sulfide nanomaterials. Advanced Energy Materials, 2014, 4 (18): 1400739.

[69] Ding Q, Meng F, English C R, et al. Efficient photoelectrochemical hydrogen generation using heterostructures of Si and chemically exfoliated metallic MoS_2. Journal of the American Chemical Society, 2014, 136 (24): 8504-8507.

[70] Esposito D V, Levin I, Moffat T P, et al. H_2 evolution at Si-based metal-insulator-semiconductor photoelectrodes enhanced by inversion channel charge collection and H spillover. Nature Materials, 2013, 12 (6): 562-568.

[71] Todorov T K, Reuter K B, Mitzi D B. High-efficiency solar cell with earth-abundant liquid-processed absorber. Advanced Materials, 2010, 22 (20): E156-E159.

[72] Jacobsson T J, Fjällström V, Edoff M, et al. CIGS based devices for solar hydrogen production spanning from PEC-cells to PV-electrolyzers: a comparison of efficiency, stability and device topology. Solar Energy Materials and Solar Cells, 2015, 134: 185-193.

[73] Kim J, Minegishi T, Kobota J, et al. Enhanced photoelectrochemical properties of $CuGa_3Se_5$ thin films for water splitting by the hydrogen mediated co-evaporation method. Energy & Environmental Science, 2012, 5 (4): 6368-6374.

[74] Zhang L, Minegishi T, Nakabayashi M, et al. Durable hydrogen evolution from water driven by sunlight using (Ag, Cu) $GaSe_2$ photocathodes modified with CdS and $CuGa_3Se_5$. Chemical Science, 2015, 6 (2): 894-901.

[75] Luo J, Tilley S D, Steier L, et al. Solution transformation of Cu_2O into $CuInS_2$ for solar water splitting. Nano Letters, 2015, 15 (2) , 1395-1402.

[76] Sun K, Kuang Y, Verlage E, et al. Sputtered NiO_x films for stabilization of p^+n-InP photoanodes for solar-driven water oxidation. Advanced Energy Materials, 2015, 5, 1402276.

[77] MacLeod B A, Steirer K X, Young J L, et al. Phosphonic acid modification of $GaInP_2$ photocathodes towards unbiased photoelectro-chemical water splitting. ACS Applied Materials & Interfaces, 2015. 7, 11346-11350.

[78] Ruberu T, Dong Y, Das A, et al. Photoelectro-chemical generation of hydrogen from water using a CdSe quantum dot-sensitized photoca-thode. ACS Catalysis, 2015, 5 (4): 2255-2259.

[79] Liu B, Li X, Gao Y, et al. A solution-processed, mercaptoacetic acid-engineered CdSe quantum dot photocathode for efficient hydrogen

production under visible light irradiation. Energy & Environmental Science, 2015, 8 (5): 1443-1449.
[80] Li Z, Luo W, Zhang M, et al. Photoelectrochemical cells for solar hydrogen production: current state of promising photoelectrodes, methods to improve their properties, and outlook. Energy & Environmental Science, 2013, 6 (2): 347-370.
[81] Hisatomi T, Kubota J, Domen K. Recent advances in semiconductors for photocatalytic and photoelectrochemical water splitting. Chemical Society Reviews, 2014, 43 (22): 7520-7535.
[82] Matsumoto Y. Energy positions of oxide semiconductors and photocatalysis with iron complex oxides. Journal of Solid State Chemistry, 1996, 126 (2): 227-234.
[83] Chee P M, Boix P P, Ge H, et al. Core-shell hematite nanorods: a simple method to improve the charge transfer in the photoanode for photoelectrochemical water splitting. ACS Applied Materials & Interfaces, 2015, 7 (12): 6852-6859.
[84] Xu Y F, Rao H S, Chen B X, et al. Achieving highly efficient photoelectrochemical water oxidation with a $TiCl_4$ treated 3D antimony-doped SnO_2 macropore/Branched α-Fe_2O_3 nanorod heterojunction photoanode. Advanced Science, 2015, 2(7): 243-248.
[85] Kim J K, Bae S, Kim W, et al. Nano carbon conformal coating strategy for enhanced photoelectrochemical responses and long-term stability of ZnO quantum dots. Nano Energy, 2015, 13: 258-266.
[86] Yang X, Wolcott A, Wang G, et al. Nitrogen-doped ZnO nanowire arrays for photoelectrochemical water splitting. Nano Letters, 2009, 9 (6): 2331-2
[87] Su J, Feng X, Sloppy J D, et al. Vertically aligned WO_3 nanowire arrays grown directly on transparent conducting oxide coated glass: synthesis and photoelectrochemical properties. Nano Letters, 2010, 11 (1): 203-208.
[88] Qamar M, Drmosh Q, Ahmed M I, et al. Enhanced photoelectrochemical and photocatalytic activity of WO_3-surface modified TiO_2 thin film. Nanoscale Research Letters, 2015, 10 (1): 1-6.
[89] Li J T, Wu N Q. Semiconductor-based photocatalysts and photoelectrochemical cells for solar fuel generation: a review. Catalysis Science & Technology, 2015, 5: 1360-1384.
[90] Zhang H Z, Banfield J F. Structural characteristics and mechanical and thermodynamic properties of nanocrystalline TiO_2. Chemical Reviews, 2014, 114, 9613-9644.
[91] Koparde V M, Cummings P T. Phase transformations during sintering of titania nanoparticles. ACS Nano, 2008, 2 (8): 1620-1624.
[92] Swamy V, Holbig E, Dubrovinsky L S, et al. Mechanical properties of bulk and nanoscale TiO_2 phases. Journal of Physics and Chemistry of Solids, 2008, 69 (9): 2332-2335.
[93] Hwang S L, Shen P Y, Chu H T, et al. Nanometer-size α-PbO_2-type TiO_2 in garnet: a thermobarometer for ultrahigh-pressure metamorphism. Science, 2000, 288 (5464): 321-324.
[94] Goresy A E, Chen M, Dubrovinsky L, et al. An ultra-dense polymorph of rutile with seven-coordinated titanium from the ries crater. Science, 2001, 293 (5534): 1467-1470.
[95] Chen X B, Liu L, Huang F Q. Black titanium dioxide (TiO_2) nanomaterials. Chemical Society Reviews, 2015, 44: 1861-1885.
[96] Latroche M, Brohan L, Tournoux M. New hollandite oxides: TiO_2(H) and $K_{0.06}TiO_2$. Journal of Solid State Chemistry, 1989, 81 (1): 78-82.
[97] Akimoto J, Gotoh Y, Oosawa Y, et al. Topotactic oxidation of ramsdellite-type $Li_{0.5}TiO_2$, a new polymorph of titanium dioxide: TiO_2(R) . Journal of Solid State Chemistry, 1994, 113 (1): 27-36.
[98] Mattesini M, Almeida J S, Dubrovinsky L, et al. High-pressure and high-temperature synthesis of

the cubic TiO_2 polymorph. Physical Review B, 2004, 70 (21): 212101.

[99] Dubrovinskaia N A, Dubrovinsky L S, Ahuja R, et al. Experimental and theoretical identification of a new high-pressure TiO_2 polymorph. Physical Review Letters, 2001, 87 (27): 275501.

[100] Dubrovinsky L S, Dubrovinskaia N A, Swamy V, et al. Materials science: the hardest known oxide. Nature, 2001, 410 (6829): 653-654.

[101] Swamy V, Kuznetsov A, Dubrovinsky L S, et al. Size-dependent pressure-induced amorphization in nanoscale TiO_2. Physical Review Letters, 2006, 96 (13): 135702.

[102] Machon D, Danie, M, Pischedda V, et al. Pressure-induced polyamorphism in TiO_2 nanoparticles. Physical Reviews B, 2010, 82 (14): 140102.

[103] Chen X B, Liu L, Peter Y Y, et al. Increasing solar absorption for photocatalysis with black hydrogenated titanium dioxide nanocrystals. Science, 2011, 331, 746-750.

[104] Fujishima A, Kohayakawa K. Hydrogen production under sunlight with an electrochemical photocell. Electrochemistry Society, 1975, 11, 1487-1489.

[105] Zuo F, Wang L, Wu T, et al. Self-doped Ti^{3+} enhanced photocatalyst for hydrogen production under visible light. Journal of the American Chemical Society, 2010, 132 (34): 11856-11857.

[106] Qiu B C, Zhou Y, Ma Y F, et al. Facile synthesis of the Ti^{3+} self-doped TiO_2-graphene nanosheet composites with enhanced photocatalysis. Scientific Reports, 2015, 5: 8591.

[107] Gai Y Q, Li J B, Li S S, et al. Design of narrow-gap TiO_2: a passivated codoping approach for enhanced photoelectrochemical activity. Physical Review Letters, 2009, 102 (3): 036402.

[108] Hou W B, Cronin S B. A review of surface plasmon resonance-enhanced photocatalysis. Advanced Functional Materials, 2013, 23 (13): 1612-1619.

[109] Li A, Zhang P, Chang X X, et al. Gold nanorod @ TiO_2 yolk-shell nanostructures for visible-light-driven photocatalytic oxidation of benzyl alcohol. Small, 2015, 11 (26): 1892-1899.

[110] Lee J, Mubeen S, Ji X L, et al. Plasmonic photoanodes for solar water splitting with visible light. Nano Letters, 2012, 12 (9): 5014-5019.

[111] Hoang S, Berglund S P, Hahn N T, et al. Enhancing visible light photo-oxidation of water with TiO_2 nanowire arrays via cotreatment with H_2 and NH_3: synergistic effects between Ti^{3+} and N. Journal of the American Chemical Society, 2012, 134 (8): 3659-3662.

[112] Li Y X, Ma G F, Peng S Q, et al. Boron and nitrogen co-doped titania with enhanced visible-light photocatalytic activity for hydrogen evolution. Applied Surface Science, 2008, 254 (21): 6831-6836.

[113] Jeong E D, Pramod H Borse, Jang J S, et al. Hydrothermal synthesis of Cr and Fe co-doped TiO_2 nanoparticle photocatalyst. Journal of Ceramic Processing Research, 2008, 9 (3): 250-253.

[114] Zhang X, Zhang B, Huang D, Wang M, Shen Y. TiO_2 nanotubes modified with electrochemically reduced graphene oxide for photoelectrochemical water splitting. Carbon, 2014, 80: 591-598.

[115] Zhang X, Zhang B, Zuo Z, Wang M, Shen Y. N/Si co-doped oriented single crystalline rutile TiO_2 nanorods for photoelectrochemical water splitting. Journal of Materials Chemistry A, 2015, 3 (18): 10020-10025.

[116] Warren S C, Thimsen E. Plasmonic solar water splitting. Energy & Environmental Science, 2012, 5 (1): 5133-5146.

[117] Zhang X, Liu Y, Lee S T, et al. Coupling surface plasmon resonance of gold nanoparticles with slow-photon-effect of TiO_2 photonic crystals for synergistically enhanced photoelectrochemical water splitting. Energy & Environmental Science, 2014, 7 (4): 1409-1419.

[118] Wang X D, Li Z D, Shi J, et al. One-dimensional titanium dioxide nanomaterials: nanowires, nanorods, and nanobelts. Chemical Reviews, 2014, 114 (19): 9346-9384.

[119] Dina F R, Zaleska A, Bein T. Three-dimensional titanium dioxide nanomaterials. Chemical Reviews, 2014, 114 (19): 9487-9558.

[120] Cho I S, Chen Z B, Forman A J, et al. Branched TiO_2 nanorods for photoelectrochemical hydrogen production. Nano Letters, 2011, 11 (11): 4978-4984.

[121] Zhang Z H, Wang P. Optimization of photoelectrochemical water splitting performance on hierarchical TiO_2 nanotube arrays. Energy & Environmental Science, 2012, 5 (4): 6506-6512.

[122] Yang J S, Liao W P, Wu J J. Morphology and interfacial energetics controls for hierarchical anatase/rutile TiO_2 nanostructured array for efficient photoelectrochemical water splitting. ACS Applied Materials & Interfaces, 2013, 5 (15): 7425-7431.

[123] Tatsuma T, Saitoh S, Ohko Y, et al. TiO_2-WO_3 photoelectrochemical anticorrosion system with an energy storage ability. Chemistry of Materials, 2001, 13 (9): 2838-2842.

[124] Liu L, Yang W, Sun W, et al. Creation of Cu_2O@ TiO_2 Composite Photocatalysts with p-n heterojunctions formed on exposed Cu_2O facets, their energy band alignment study, and their enhanced photocatalytic activity under illumination with visible light. ACS Applied Materials & Interfaces, 2015, 7 (3): 1465-1476.

[125] Pathak P, Gupta S, Grosulak K, et al. Nature-inspired tree-like TiO_2 architecture: a 3D platform for the assembly of CdS and reduced graphene oxide for photoelectrochemical processes. The Journal of Physical Chemistry C, 2015, 119 (14): 7543-7553.

[126] Liu C, Wang L, Tang Y, et al. Vertical single or few-layer MoS_2 nanosheets rooting into TiO_2 nanofibers for highly efficient photocatalytic hydrogen evolution. Applied Catalysis B: Environmental, 2015, 164: 1-9.

[127] Zhu L L, Hong M H, Ho G W. Fabrication of wheat grain textured TiO_2/CuO composite nanofibers for enhanced solar H_2 generation and degradation performance. Nano Energy, 2015, 11: 28-37.

[128] Yang J H, Wang D G, Han H X, et al. Roles of cocatalysts in photocatalysis and photoelectrocatalysis. Accounts of Chemical Research, 2013, 46 (8): 1900-1909.

[129] Ai G J, Mo R, Li H X, et al. Cobalt phosphate modified TiO_2 nanowire arrays as co-catalyst for solar water splitting. Nanoscale, 2015, 7 (15): 6722-6728.

[130] Murphy A B, Barnes P R F, Randeniya L K, et al. Efficiency of solar water splitting using semiconductor electrodes. International Journal of Hydrogen Energy, 2006, 31 (14): 1999-2017.

[131] Li L, Yu Y, Meng F, et al. Facile solution synthesis of α-$FeF_3 \cdot 3H_2O$ nanowires and their conversion to α-Fe_2O_3 nanowires for photoelectrochemical application. Nano Letters, 2012, 12 (2): 724-731.

[132] Hardee K L, Bard A. J. Semiconductor electrodes V: the application of chemically vapor deposited iron oxide films to photosensitized electrolysis. Journal of Electrochemical Society, 1976, 123 (7): 1024-1026.

[133] Sivula K, Formal F L, Grätzel M. Solar water splitting: progress using hematite (α-Fe_2O_3) photoelectrodes. ChemSusChem, 2011, 4 (4): 432-449.

[134] Kim J Y, Magesh G, Youn D H, et al. Single-crystalline, wormlike hematite photoanodes for efficient solar water splitting. Scientific Reports, 2013, 3: 2681.

[135] Kennedy J H, Frese K W. Photooxidation of water at α-Fe_2O_3 electrodes. Jouanal of Electrochemical Society, 1978, 125 (5): 709-714.

[136] Tilley S D, Cornuz M, Sivula K, et al. Light-induced water splitting with hematite: Improved

nanostructure and iridium oxide catalysis. Angewandte Chemie, 2010, 122 (36): 6405-6408.

[137] Li F, Yu H M, Zhang C K, et al. Cobalt phosphate group modified hematite nanorod Array as photoanode for efficient solar water splitting. Electrochimica Acta, 2014, 136: 363-369.

[138] Duret A, Gratzel M. Visible light-induced water oxidation on mesoscopic α-Fe_2O_3 films made by ultrasonic spray pyrolysis. J Phys Chem B, 2005. 109: 17184-17191.

[139] Park Y, McDonald K J, Choi K S. Progress in bismuth vanadate photoanodes for use in solar water oxidation. Chemical Society Reviews, 2013, 42 (6): 2321-2337.

[140] Hill J C, Choi K S. Synthesis and characterization of high surface area $CuWO_4$ and Bi_2WO_6 electrodes for use as photoanodes for solar water oxidation. Journal of Materials Chemistry A, 2013, 1 (16): 5006-5014.

[141] Matsumura M, Hiramoto M, Tsubomura H. Photoelectrolysis of water under visible light with doped $SrTiO_3$ electrodes. Journal of The Electrochemical Society, 1983, 130 (2): 326-330.

[142] Gosipthala S, Sivanantham A, Venkateshwaran S, et al. Enhanced photoelectrochemical performance of CdSe quantum dots sensitized $SrTiO_3$. Journal of Materials Chemistry A, 2015, 3: 13476-13482.

[143] Klingshirn C. ZnO: material, physics and applications. Chem Phys Chem, 2007, 8 (6): 782-803.

[144] Su J, Feng X, Sloppy J D, et al. Vertically aligned WO_3 nanowire arrays grown directly on transparent conducting oxide coated glass: synthesis and photoelectrochemical properties. Nano Letters, 2010, 11 (1): 203-208.

[145] Yu Z, Li F, Sun L. Recent advances in dye-sensitized photoelectrochemical cells for solar hydrogen production based on molecular components. Energy & Environmental Science, 2015, 8 (3): 760-775.

[146] Youngblood W J, et al. Photoassisted overall water splitting in a visible light-absorbing dye-sensitized photoelectrochemical cell. Journal of the American Chemical Society, 2009. 131: 926-927.

[147] Lee S H A, Zhao Y, Hernandez-Pagan E A, et al. Electron transfer kinetics in water splitting dye-sensitized solar cells based on core–shell oxide electrodes. Faraday Discussions, 2012, 155: 165-176.

[148] Brimblecombe R, Koo A, Dismukes G C, et al. Solar driven water oxidation by a bioinspired manganese molecular catalyst. Journal of the American Chemical Society, 2010, 132 (9): 2892-2894.

[149] Li L, Duan L, Xu Y, et al. A photoelectrochemical device for visible light driven water splitting by a molecular ruthenium catalyst assembled on dye-sensitized nanostructured TiO_2. Chemical Communications, 2010, 46 (39): 7307-7309.

[150] Bettis S E, Hanson K, Wang L, et al. Photophysical characterization of a chromophore/water oxidation catalyst containing a layer-by-layer assembly on nanocrystalline TiO_2 using ultrafast spectroscopy. The Journal of Physical Chemistry A, 2014, 118 (45): 10301-10308.

[151] Hanson K, Torelli D A, Vannucci A K, et al. Self-assembled bilayer films of ruthenium (Ⅱ) /polypyridyl complexes through layer-by-layer deposition on nanostructured metal oxides. Angewandte Chemie International Edition, 2012, 51 (51): 12782-12785.

[152] Ding X, Gao Y, Zhang L, et al. Visible light-driven water splitting in photoelectrochemical cells with supramolecular catalysts on photoanodes. ACS Catalysis, 2014, 4 (7): 2347-2350.

[153] Gao Y, Zhang L, Ding X, et al. Artificial photosynthesis–functional devices for light driven water splitting with photoactive

anodes based on molecular catalysts. Physical Chemistry Chemical Physics, 2014, 16 (24): 12008-12013.

[154] Zhang L, Gao Y, Ding X, et al. High-performance photoelectrochemical cells based on a binuclear ruthenium catalyst for visible-light-driven water oxidation. ChemSusChem, 2014, 7 (10): 2801-2804.

[155] Ma T, Inoue K, Yao K, et al. Photoelectrochemical properties of TiO_2 electrodes sensitized by porphyrin derivatives with different numbers of carboxyl groups. Journal of Electroanalytical Chemistry, 2002, 537 (1): 31-38.

[156] Chen H C, Hetterscheid D G H, Williams R M, et al. Platinum (Ⅱ) -porphyrin as a sensitizer for visible-light driven water oxidation in neutral phosphate buffer. Energy & Environmental Science, 2015, 8 (3): 975-982.

[157] Swierk J R, Méndez-Hernández D D, McCool N S, et al. Metal-free organic sensitizers for use in water-splitting dye-sensitized photoelectrochemical cells. Proceedings of the National Academy of Sciences, 2015, 112 (6): 1681-1686.

[158] Bae E, Choi W, Park J, et al. Effects of surface anchoring groups (carboxylate vs phosphonate) in ruthenium-complex-sensitized TiO_2 on visible light reactivity in aqueous suspensions. The Journal of Physical Chemistry B, 2004, 108 (37): 14093-14101.

[159] Park H, Bae E, Lee J J, et al. Effect of the anchoring group in Ru-bipyridyl sensitizers on the photoelectrochemical behavior of dye-sensitized TiO_2 electrodes: carboxylate versus phosphonate linkages. The Journal of Physical Chemistry B, 2006, 110 (17): 8740-8749.

[160] Hanson K, Brennaman M K, Ito A, et al. Structure-property relationships in phosphonate-derivatized, Ru(Ⅱ) polypyridyl dyes on metal oxide surfaces in an aqueous environment. The Journal of Physical Chemistry C, 2012, 116 (28): 14837-14847.

[161] Serp P, Kalck P, Feurer R. Chemical vapor deposition methods for the controlled preparation of supported catalytic materials. Chemical Reviews 2002, 102, (9): 3085-3128.

[162] Zwilling V, Aucouturier M, Darque-Ceretti E. Anodic oxidation of titanium and TA6V alloy in chromic media: an electrochemical approach. Electrochimica Acta, 1999, 45 (6): 921-929.

[163] Jung J, Kobayashi H, van Bommel K, et al. Creation of novel helical ribbon and double-layered nanotube TiO_2 structures using an organogel template. Chemistry of materials, 2002, 14 (4): 1445-1447.

[164] Ou H, Lo S. Review of titania nanotubes synthesized via the hydrothermal treatment: fabrication, modification, and application. Separation and Purification Technology, 2007, 58 (1): 179-191.

[165] Park N G, Van de Lagemaat J, Frank A J. Comparison of dye-sensitized rutile-and anatase-based TiO_2 solar cells. The Journal of Physical Chemistry B, 2000, 104 (38): 8989-8994.

[166] Mishra P R, Shukla P K, Singh A K, et al. Investigation and optimization of nanostructured TiO_2 photoelectrode in regard to hydrogen production through photoelectrochemical process. International Journal of Hydrogen Energy, 2003, 28 (10): 1089-1094.

[167] Kozuka H, Takahashi Y, Zhao G, et al. Preparation and photoelectrochemical properties of porous thin films composed of submicron TiO_2 particles. Thin Solid Films, 2000, 358 (1): 172-179.

[168] Fan W, Zhang Q, Wang Y. Semiconductor-based nanocomposites for photocatalytic H_2 production and CO_2 conversion. Physical Chemistry Chemical Physics, 2013, 15 (8): 2632-2649.

[169] Habisreutinger S N, Schmidt-Mende L, Stolarczyk J K. Photocatalytic reduction of CO_2 on TiO_2 and other semiconductors. Angewandte

Chemie International Edition, 2013, 52 (29): 7372-7408.

[170] McCrory C C L, Jung S, Ferrer I M, et al. Benchmarking hydrogen evolving reaction and oxygen evolving reaction electrocatalysts for solar water splitting devices. Journal of the American Chemical Society, 2015, 137 (13): 4347-4357.

[171] Yang J, Wang D, Han H, et al. Roles of cocatalysts in photocatalysis and photoelectrocatalysis. Accounts of Chemical Research, 2013, 46 (8): 1900-1909.

[172] Fosdick S E, Berglund S P, Mullins C B, et al. Evaluating electrocatalysts for the hydrogen evolution reaction using bipolar electrode arrays: Bi-and trimetallic combinations of Co, Fe, Ni, Mo, and W. ACS Catalysis, 2014, 4 (5): 1332-1339.

[173] McKone J R, Sadtler B F, Werlang C A, et al. Ni-Mo nanopowders for efficient electrochemical hydrogen evolution. ACS Catalysis, 2013, 3 (2): 166-169.

[174] Voiry D, Salehi M, Silva R, et al. Conducting MoS_2 nanosheets as catalysts for hydrogen evolution reaction. Nano Letters, 2013, 13 (12): 6222-6227.

[175] Seger B, Herbst K, Pedersen T, et al. Mo_3S_4 clusters as an effective H_2 evolution catalyst on protected Si photocathodes. Journal of The Electrochemical Society, 2014, 161 (12): H722-H724.

[176] Ma L, Shen X, Zhou H, et al. CoP nanoparticles deposited on reduced graphene oxide sheets as an active electrocatalyst for the hydrogen evolution reaction. Journal of Materials Chemistry A, 2015, 3 (10): 5337-5343.

[177] Tian J, Liu Q, Asiri A M, et al. Self-supported nanoporous cobalt phosphide nanowire arrays: an efficient 3D hydrogen-evolving cathode over the wide range of pH 0-14. Journal of the American Chemical Society, 2014, 136 (21): 7587-7590.

[178] Gersten S W, Samuels G J, Meyer T J. Catalytic oxidation of water by an oxo-bridged ruthenium dimer. Journal of the American Chemical Society, 1982, 104 (14): 4029-4030.

[179] Zong R, Thummel R P. A new family of Ru complexes for water oxidation. Journal of the American Chemical Society, 2005, 127 (37): 12802-12803.

[180] Hou Y, Zuo F, Dagg A P, et al. Branched WO_3 nanosheet array with layered C_3N_4 heterojunctions and CoO_x nanoparticles as a flexible photoanode for efficient photoelectrochemical water oxidation. Advanced Materials, 2014, 26 (29): 5043-5049.

[181] Chen S, Qiao S Z. Hierarchically porous nitrogen-doped graphene-$NiCo_2O_4$ hybrid paper as an advanced electrocatalytic water-splitting material. ACS Nano, 2013, 7 (11): 10190-10196.

[182] Landon J, Demeter E, Inoglu N, et al. Spectroscopic characterization of mixed Fe-Ni oxide electrocatalysts for the oxygen evolution reaction in alkaline electrolytes. ACS Catalysis, 2012, 2 (8): 1793-1801.

[183] Lutterman D A, Surendranath Y, Nocera D G. A self-healing oxygen-evolving catalyst. Journal of the American Chemical Society, 2009, 131 (11): 3838-3839.

[184] Kanan M W, Nocera D G. In situ formation of an oxygen-evolving catalyst in neutral water containing phosphate and Co^{2+}. Science, 2008, 321 (5892): 1072-1075.

NANOMATERIALS

电催化纳米材料

Chapter 9

第9章 生物燃料电池电催化纳米材料

朱俊杰
南京大学化学化工学院

9.1 概述

生物燃料电池（biofuel cell，BFC）是一种可产生电能的新型装置，它以自然界中存在的微生物或酶为催化剂，直接将燃料中的化学能转化为电能。1911年，英国植物学家Potter首次利用酵母和大肠杆菌产生电流，开创了BFC研究的新领域[1]。20世纪50年代起，随着能源紧缺和环境污染日趋加剧，BFC作为一种绿色环保型能源，开始受到科学家们关注。然而，由于当时电子传递机理不完善、电池输出功率低以及电池稳定性差等不足，BFC发展一直较为缓慢。进入90年代后，纳米材料和生物技术的迅速发展，为BFC的研究提供了巨大的物质、知识和技术储备，从而使BFC的研究取得了重大突破[2]。

在化石燃料日趋枯竭的今天，BFC的良好特性为我们呈现了美好的发展前景，它在能源、航天航空、医疗、污水处理等领域均有巨大的应用潜能。BFC是在燃料电池基础上发展起来的一种新型电池装置，与传统燃料电池相比，它主要具有以下几个方面的优势：

① 燃料来源广泛。自然界大量存在的葡萄糖、醇类、淀粉等可再生有机物均可作为燃料，甚至可以利用光合作用或直接利用污水产电，燃料资源多种多样。

② 催化剂资源丰富。酶或微生物作为天然物质不仅在自然界中广泛存在，而且还能循环再生，避免了催化剂出现枯竭现象。

③ 反应条件温和。酶或者微生物对燃料的催化反应通常在常温、常压以及近中性pH范围下进行，易于操作、控制和维护，简化了燃料电池的结构。

④ 生物相容性好。可以利用人体血液中的葡萄糖和氧气作为原料，葡萄糖生物燃料电池有望直接植入人体，作为心脏起搏器等人造器官、微型传感器和未来分子机器人等的电源。

⑤ 环境友好。整个BFC体系并未引入贵金属催化剂等，反应产物主要是二氧化碳和水，不含有毒物质，是一种真正意义上的绿色能源。

根据电子传递方式的不同，BFC可分为直接电子转移的生物燃料电池和间接电子转移的生物燃料电池。所谓直接电子转移的生物燃料电池是指生物催化剂与电极表面紧密接触，燃料在电极表面发生氧化，将产生的电子直接转移到电极表面；间接电子转移的生物燃料电池是指生物催化剂催化燃料氧化反应时，需要电子媒介体作为介导将电子转移到电极表面。根据生物催化剂种类的不同，BFC可分为酶生物燃料电池和微生物燃料电池。

9.1.1 酶生物燃料电池

酶生物燃料电池（enzyme biofuel cell，EBFC）是以生物酶为催化剂，以自然界中广泛存在的糖类、醇类等物质为生物燃料，在特定酶的催化作用下发生氧化反应，产生的电子通过外电路到达阴极，阴极氧化剂（如O_2、H_2O_2）在对应酶的催化作用下接受电子发生还原反应，从而产生电流。以葡萄糖/O_2 EBFC为例，其反应的方程如下。

生物阳极：

$$C_6H_{12}O_6 \xrightarrow{\text{葡萄糖氧化酶或脱氢酶}} C_6H_{10}O_6+2H^++2e^- \tag{9.1}$$

生物阴极：

$$O_2+4H^++4e^- \xrightarrow{\text{胆红素氧化酶或漆酶}} H_2O \tag{9.2}$$

其工作原理如图9.1所示。

EBFC的研究始于20世纪50年代，最初人们设想利用人的体液或代谢物实现电能转换，将其作为人体内人造器官的微型电源或在航天飞行中处理宇航员的生活垃圾等。然而直到1964年，Kimble团队才研制出第一个EBFC [3]。他们构建了三种不同的电池，分别以葡萄糖氧化酶、氨基酸氧化酶、乙醇脱氢酶作为阳极催化剂，

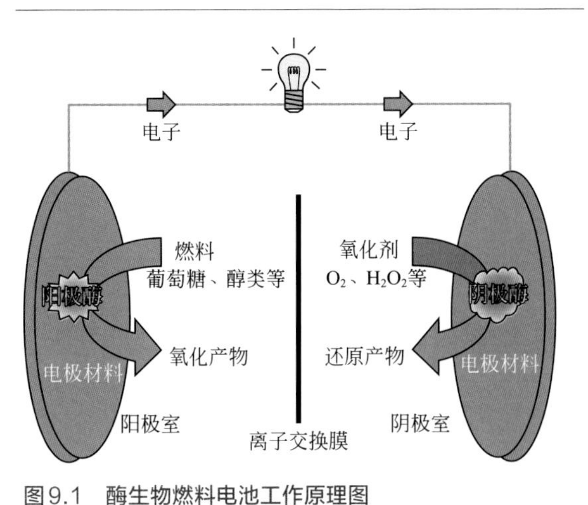

图9.1　酶生物燃料电池工作原理图

并将其进行性能比较。研究发现：以氧化酶为催化剂的电池能够产生高达350mV的开路电压，而以脱氢酶为催化剂的电池不能获得正的开路电压。然而，由于当时电子传递机理不完善以及电池稳定性差，从20世纪60年代末到70年代，该领域研究一直停滞不前。直至20世纪末，Palmore和Whitesides等实现了突破性进展，他们将三种脱氢酶（甲醇脱氢酶、甲醛脱氢酶与甲酸脱氢酶）联用，使甲醇彻底氧化成二氧化碳[4]。接着，Adam Heller课题组报道了以葡萄糖氧化酶作为生物酶催化阳极燃料的EBFC[5]。他们采用氧化还原聚合物，将葡萄糖氧化酶固定在生物燃料电池的阳极，相比于Palmore报道的甲醇生物燃料电池（酶分散在溶液中，寿命仅为8h），这种将酶固定于电极表面的EBFC，电池寿命可持续7 ～ 10d。随后他们课题组又首次将酶同时应用于阴阳两极，构建出无隔膜的EBFC[6]。自此，人们对EBFC的研究主要集中在电池性能即功率输出与稳定性方面[7 ~ 9]。

目前，功率输出低和稳定性差是制约EBFC发展的重要因素。由工作原理得出决定EBFC性能优劣的本质因素是酶与电极表面之间的电子转移效率以及酶在电极表面的稳定性。因此，基底电极材料的选择尤为关键。近些年来，由于电催化纳米材料独特的电化学性能，可用于改善酶与电极表面之间的电子转移效率以及提高酶在电极表面的稳定性，从而提高了EBFC输出性能。为了获得高性能的EBFC，用于构建EBFC的电催化纳米材料应该具有的性质如下：首先，电催化纳米材料的导电性至关重要，良好的导电性可确保酶催化产生的电子能够在整个体系快速传递，从而利于酶的催化行为；其次，电催化纳米材料的生物相容性是决定酶稳定性的重要因素，优异的生物相容性可为固定在电极表面的酶的活性保持提供良好的微环境，进而高效地催化阴阳两极反应；最后，电催化纳米材料的比表面积直接影响酶负载量，因此大比表面积的电催化纳米材料将会为酶的负载提供更多可供酶附着的活性位点，有助于增加电极表面酶的附着量，最终提高EBFC的性能。

9.1.2
微生物燃料电池

微生物燃料电池（microbial fuel cell，MFC）是一种在EBFC基础上发展起来的利用微生物作用进行能量转换的装置。根据产电原理不同，通常可分为三种类型：① 氢MFC[10]，将制氢与发电结合在一起，利用微生物从有机物中产氢，同时通过涂有化学催化剂的电极氧化氢气实现产电；② 光能自养MFC [11]，利用藻青菌或其他感光微生物的光合作用直接将光能转化为电能；③ 化能异养MFC [12,13]，利用厌氧或兼氧型微生物从有机染料中提取电子并将其转移到电极上，实现产电。

在MFC研究领域中，对化能异养型的研究最为广泛[14]，其工作原理如图9.2所示。在阳极室中，微生物通过呼吸作用降解或者氧化有机物，产生的电子在细胞内通过呼吸酶传递，并以ATP形式为微生物提供自身生长所需能量，电子进而直接或通过电子媒介体间接传递到阳极上。随后，通过含有负载（即耗电设备）的外电路，电子最终到达阴极与电解质反应形成闭合回路，产生电流。同时，阳极产生的质子通过离子交换膜扩散到阴极，与氧气以及到达阴极的电子反应生成水。由于氧气进入阳极室会阻碍电能产生（降低库仑效率，提高阳极电位），因此在两电极间需放置离子交换膜将其隔离成阳极室和阴极室，实现阳极室的无氧环境和质子的正常传递。在实验室里常用的负载为电阻，并且利用万用表或连有计算机的恒电位仪测量电阻两端的电势差，从而获得MFC输出电流的大小。以希瓦氏菌MR-1（*Shewanella oneidensis* MR-1）MFC为例，其反应过程如下。

其阳极反应为：

$$C_3H_5O_3^- + 2H_2O \xrightarrow{S.\ oneidensis\ \text{MR-1}} CH_3COO^- + HCO_3^- + 5H^+ + 4e^- \quad (9.3)$$

其阴极反应为：

$$O_2 + 4H^+ + 4e^- \longrightarrow H_2O \quad (9.4)$$

MFC是生物产能的一项重大突破，由于微生物在产电的同时可以获得能量进行自我繁殖，因此该体系不存在催化剂失效的问题。理论上讲，只要持续注入燃料，该体系便能长期稳定地工作产生电能。在EBFC体系中，酶在生物体外催化活性的保持是限制其寿命的重要因素，而在MFC中微生物则展示出更好的耐受性，可以在多种复杂条件下发生反应。除了生物产能外，MFC还可以进行污水处理。与常规污水处理技术不同，MFC不仅不需消耗能量，同时还可从在处理废水过程中产生电

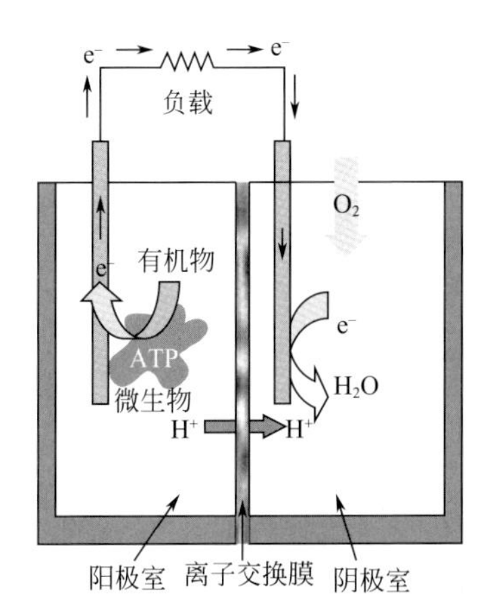

图9.2　微生物燃料电池工作原理示意图

能或氢气，供给其他耗能设备。20世纪90年代末，Kim等[15]发现细菌*Shewanella Putrefaciens*可用于乳酸废水MFC中，随后他们将淀粉工业废水也用于MFC产电[16]，开创了MFC在污水处理领域中的应用。然而，上述研究中MFC的产能较低。近些年，特别是Logan等[17]发展了MFC在生活污水、工业和其他废水处理中的可放大技术，给MFC的研究注入了新的活力，引起了全世界的高度关注。

MFC虽然具有很好的应用前景，但是其性能仍然无法满足实际应用的需求。阳极和阴极作为系统中参与电子转移的主要部件，所采用的基底电极材料直接影响MFC的性能。随着纳米技术的发展，越来越多电催化纳米材料用于构建高性能的MFC。与EBFC类似，用于MFC阳极的电催化纳米材料通常都需具有良好的导电性、良好的生物兼容性（利于细菌附着）以及大比表面积。由于在细菌产电过程中会对电极造成腐蚀作用，因此这类电催化纳米材料还应具有良好的稳定性。此外，与EBFC不同，在构建MFC阴极时，是依靠阴极材料自身的催化性质发生反应。因此，用于MFC阴极的电催化纳米材料一般需对氧气或是其他电子受体具有较低的过电位，能够降低反应的活化能。其次，阴极材料也需具有良好的导电性和大的比表面积，以便提高电子的转移速率以及电极与电子受体之间的接触面积。

9.2 酶生物燃料电池电催化纳米材料

酶生物燃料电池的特点是酶直接参与能量转化，决定其性能的主要因素为酶与电极之间的电子传输速率以及酶在电极表面的催化活性。近年来，研究者们基于电催化纳米材料构建的EBFC在功率输出与稳定性方面取得了一定的进展。用于构建EBFC的纳米材料主要有碳材料、金属纳米粒子、纳米结构导电聚合物以及上述材料的复合材料。

9.2.1 碳材料

碳材料由于具有良好的导电性、大的比表面积、高的化学与热稳定性、良好的生物兼容性而成为一类极具吸引力的电极基底材料[18～21]。目前报道的用于构建酶生物燃料电池的碳材料有碳纳米管、石墨烯、碳纳米片、碳纳米点、介孔碳、碳纤维等。

9.2.1.1 碳纳米管

1991年，日本物理学家饭岛澄男从电弧放电法生产的碳纤维中首次发现了碳纳米管（CNTs）[22]。自此CNTs激起了科学家们的极大兴趣，很快成为最热门的纳米材料。CNTs的主要优势表现在五个方面。① 比表面积大。CNTs的比表面积达$1000m^2 \cdot g^{-1}$，可提高酶负载量，从而增强酶催化反应性能[23,24]。② 表面易功能化。CNTs高度离域化的大π键是其与一些具有共轭性能的大分子以非共价键复合的化学基础。还可利用强氧化剂对CNTs表面进行氧化，如利用强酸进行酸化可在CNTs表面形成羧基官能团使其易于固定蛋白、生物酶或是辅酶，如图9.3所示[24～27]。③ 导电性好。CNTs作为连接酶与电极之间的电子通路，良好的电子转移速率能确保酶氧化还原中心与电极之间的有效接触，如图9.4[28]。④ 特殊的纳米尺度。单壁碳纳米管直径约在0.6～2nm，多壁碳纳米管最内层可达0.4nm，最粗可达数百纳米，一般管径为2～100nm。因此可选用合适尺度的CNTs用于接近酶的活性位点，从而实现酶与电极之间的直接电子转移[29]。⑤ 独具的纳米结构。CNTs独特的纳米结构，使其易与其他纳米材料复合形成多孔结构，利于反应物与产物在电极表面和溶液之间的快速扩散[19,30,31]。

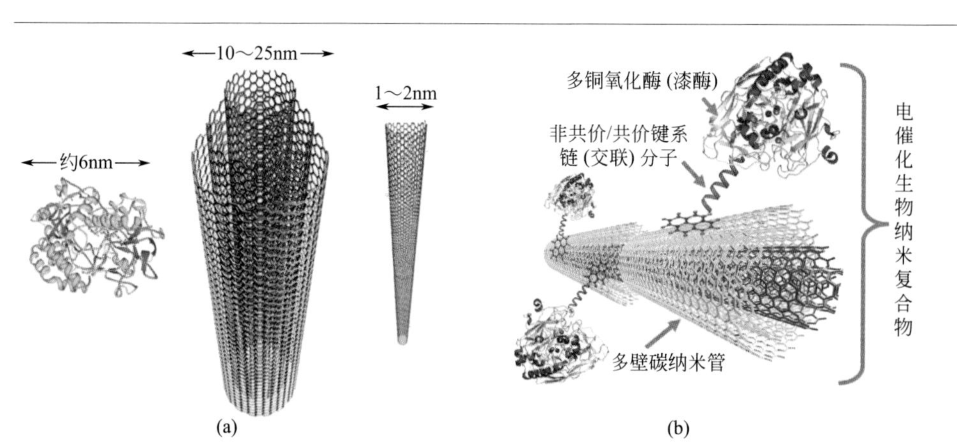

图9.3 （a）葡萄糖氧化酶分子及典型多壁、单壁碳纳米管的相对尺寸；（b）基于多铜氧化酶（漆酶）和多壁CNTs材料的生物纳米复合物的设计示意图[27]

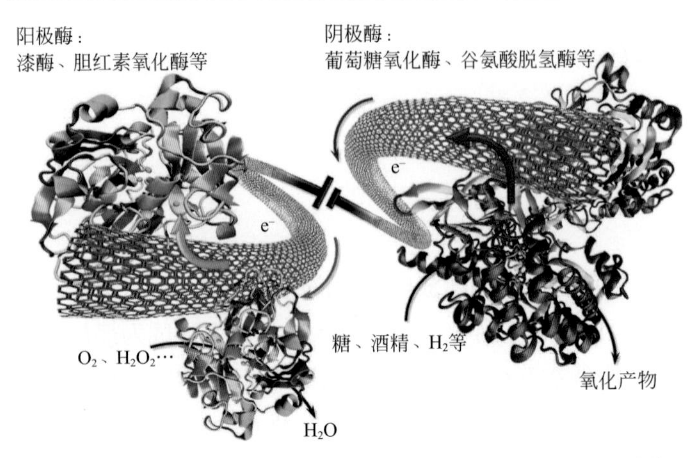

图9.4 基于CNTs的EBFC的电子传输及电催化还原反应示意图[28]

Cosnier课题组基于CNTs的良好性能，构建了一种新型的纳米材料生物电极。他们将CNTs与酶压片制成“真空”生物电极，增加了酶和电极之间的有效接触，从而更有利于电子传输。基于此构建的葡萄糖氧化酶（缩写为GOD或是GOx）生物阳极与漆酶生物阴极均可在电极表面实现直接电子传递[32]。这种无电子媒介体的EBFC开路电压达到0.95V，最大功率输出达到1.25mW · cm^{-2}。

Reuillard课题组研究发现，经Cosnier课题组改进而设计的压片式生物电极仍存在一定的缺陷，如尽管葡萄糖的浓度明显高于O_2浓度，葡萄糖/O_2 EBFC的性能依然受生物阳极的限制。对生物阳极进行极化扫描时发现，在0.4V左右处有一个强度很弱的葡萄糖的氧化峰，这表明通过上述压片方法制得的生物阳极只能使极少的CNTs足够近地接触GOD，被固定的酶与电极之间的有效连接概率低。因此，Reuillard课题组设计了一种结合直接电子传输和媒介体电子传输的新型结构的压片式生物阳极[33]。他们在电极制作压片电极前，将萘醌这种氧化还原电子媒介体加入到GOD/CNTs的混合物中，压片后萘醌便被固定在电极中。由于萘醌为有机小分子，作为氧化还原电子媒介体可以从GOD表面捕获电子，并将电子传输到CNTs矩阵。将改进后的生物阳极与相同方法制备的生物阴极组装成EBFC，其功率输出密度增加到1.54mW · cm^{-2}。这是由于氧化还原电子媒介体的加入起到了固定酶与电极表面之间电子连接线的作用。

为了证明CNTs在构建EBFC时表现出了更加优异的性能，Gao等人基于CNTs纤维和碳纤维（CF）分别构建了直接电子传递的葡萄糖/O_2 EBFC。如图9.5，在EBFC阳极，葡萄糖在GOD的催化作用下失去电子，电子转移到氧化还原聚合物（Ⅰ）中，接着从氧化还原聚合物（Ⅰ）转移到CNTs纤维。在EBFC阴极，电子从CNTs纤维转移到氧化还原聚合物（Ⅱ）中，随后电子从聚合物（Ⅱ）转移至胆红素氧化酶（BOD）催化氧气还原，氧化还原聚合物（Ⅰ）与（Ⅱ）的作用是介导酶对燃料的催化。CNTs纤维通过软模板法获得，由图9.5（b）与（c）可看出成功制备得到了CNTs纤维［其中图9.5（b）与（c）分别为去聚乙烯醇前、后的CNTs纤维的扫描电镜图］。基于CNTs纤维与基于CF的EBFC相比，电池性能得到明显改善，这主要是因为CNTs纤维电极除了具有CF导电性良好等优点外，其管径尺寸结构可更有效地实现酶与电极之间的电化学连接[34]。

氮掺杂的碳材料由于提高了本体材料的自由电荷载体密度、p键电子绑定能力以及电子给体和受体能力，因此表现出比原有材料更加优异的性能。2012年，Wei研究组[35]首次将化学气相沉积法（CVD）制备的氮掺杂CNTs（NCNTs）用于构建葡萄糖/O_2 EBFC。在相同条件下，基于NCNTs构建的生物电极与未掺杂

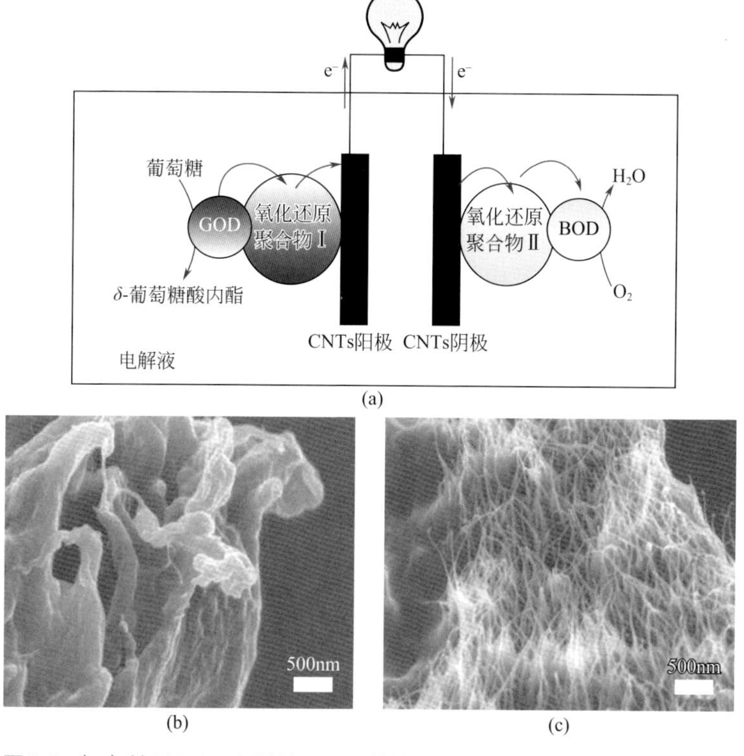

图9.5 （a）基于CNTs纤维的EBFC结构原理示意图；（b）去聚乙烯醇前和（c）去聚乙烯醇后CNTs纤维的扫描电子显微镜图（SEM）[34]

CNTs相比，具有更加优异的催化性能。作者将其归因于NCNTs在生物兼容性、导电性方面均比CNTs有所提高，而且为生物酶的固定提供了更充足的活性位点，因此基于NCNTs组装的EBFC的电池性能也有很大提高。

9.2.1.2 石墨烯

石墨烯（graphene，简称为G）是由碳原子组成的单层或是多层原子厚度的二维晶体。2004年，英国曼彻斯特大学物理学家安德烈·盖姆和康斯坦丁·诺沃肖洛夫，成功地从石墨中分离出石墨烯，并证实它可以单独存在，两人也因此共同获得2010年诺贝尔物理学奖。石墨烯具有单原子层结构[36]、大比表面积（$2630m^2 \cdot g^{-1}$）[37]、导电性好[38]、机械强度高（约1100GPa）[39,40]、热导率高（$5000W \cdot m^{-1} \cdot K^{-1}$）[41]、易功能化等特点[42]，成为生物纳米材料中一种新维度材料，也是基于纳米材料构建生物燃料电池的“新星”。与CNTs类似，石墨烯表面可以被共价和非共价键官能团功能化，值得一提的是合理的功能化并不会影响石墨烯材料优异的导电通道[43]。

基于石墨烯良好的性能，将石墨烯与生物催化反应相结合近期受到研究者们的广泛青睐。Cai课题组将GOD直接固定在石墨烯表面，探究了酶在石墨烯表面的导电性及生物活性的变化，研究证明GOD仍然保持原有的分子结构，且生物活性不会受到影响，检测葡萄糖浓度的线性范围为0.1 ～ $10mmol \cdot L^{-1}$[44]。这种新颖的构建酶修饰纳米材料的方法，以及电极对燃料良好的响应，为EBFC中生物阳极的构建奠定了基础。

同时，石墨烯还能形成薄膜电极，有助于壳聚糖等生物聚合物的分散。Lin研究组制备了石墨烯/壳聚糖复合纳米聚合物作为电极材料用于固定GOD，从而构建了GOD/石墨烯/壳聚糖模型电极，并研究了该电极的电化学性能，将其用于组装EBFC。研究表明GOD吸附在石墨烯/壳聚糖薄膜表面，可实现直接电子转移。他们将构建的EBFC中开路电流的变化用于高灵敏地检测葡萄糖浓度，其灵敏度为$37.93\mu A \cdot L \cdot mmol^{-1} \cdot cm^{-2}$，远高于基于多壁CNTs/壳聚糖构建的EBFC对于葡萄糖的响应（$7.36\mu A \cdot L \cdot mmol^{-1} \cdot cm^{-2}$），其灵敏度提高了4倍[45]。

Li课题组构建了一种基于石墨烯电极的无隔膜EBFC，进一步证明了石墨烯基生物电极优异的电化学性能。他们将石墨烯与氧化还原性酶共固定在溶胶凝胶矩阵中，如图9.6。对比以相同的氧化还原催化剂，基于多壁CNTs构建的EBFC，其电流密度提高了2倍，功率输出密度提高了3倍[46]，从而证明了石墨烯可作为

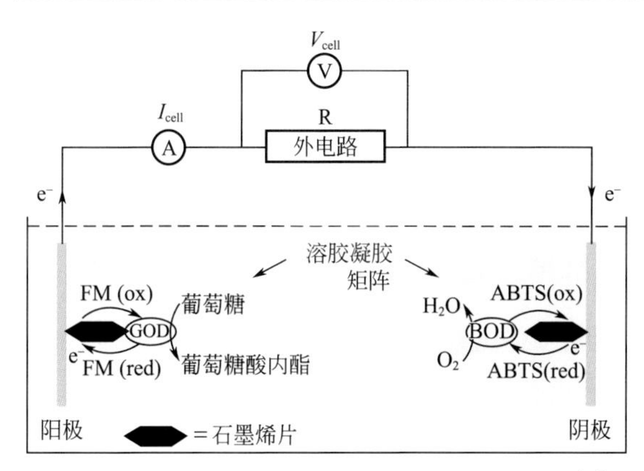

图9.6 基于石墨烯构建的无隔膜EBFC的结构简图[46]

构建EBFC的良好的电催化纳米材料。

随着人们对石墨烯研究的日渐成熟，三维的石墨烯材料由于其特殊的构型，被广泛应用于能量储存、催化、环境保护及可伸缩的导体等方面[47~49]。它具有更大的比表面积、互相贯通的导电网络结构和特殊的微观环境，表现出比二维石墨烯更优异的性能[50~54]。基于上述优点，Zhang等[55]利用三维石墨烯作为基底材料来固定漆酶构建了葡萄糖/O_2 EBFC，由于三维石墨烯材料相互贯通的结构利于酶与电子之间的接触，从而可改善电子传输速率，基于此构建的EBFC性能良好，其功率输出密度达112μW·cm^{-2}，短路电流为0.96mA·cm^{-2}。

9.2.1.3 其他碳材料

炭黑纳米材料（CBN）的均一多孔性、大的比表面积与优异的导电性等特点使其也成为组建高性能酶生物电极的新型纳米材料[56,57]。将CBN与以吡咯喹啉醌（PQQ）为辅酶的乙醇脱氢酶组建的EBFC，电池稳定性好且功率输出密度达53.0μA·cm^{-2} [58]。Umasankar等[59]以碳纳米片（CNS）为电极材料，构建了稳定性好输出高的EBFC，如图9.7，在巴基纸（BP）表面通过π-π作用将*N*-羟基琥珀酰亚胺酯1-芘丁酸（PBSE）吸附在电极表面，PBSE可以与酶发生酰胺反应将酶键合在电极表面。与多壁CNTs相比，漆酶修饰的CNS生物阴极对氧气具有良好的电催化活性，这主要是垂直分布的CNS能通过多重结构缩小酶与电极之间的电子传递距离，增强电子传输，实现酶的有效催化。

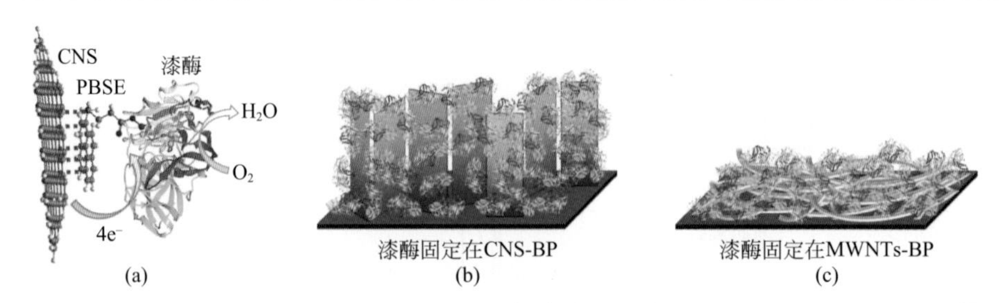

图9.7 （a）在漆酶修饰CNS-BP电极表面的氧气还原过程简图；（b）漆酶在CNS-BP电极上的固定方式示意图（垂直生长的CNS固定在BP基质上）；（c）漆酶修饰在CNTs电极表面的示意图[59]

Gao课题组利用一种新型碳点作为固定基底来提高酶在电极表面的直接电子传递能力。包埋在碳点内的GOD具有高的电子速率常数［$(6.28\pm0.05)s^{-1}$］，对葡萄糖催化的米氏常数为$(0.85\pm0.03)mmol\cdot L^{-1}$。并且固定在碳点中的BOD可以有效地催化氧气还原，催化的初始还原电位为+0.51V（vs. Ag/AgCl）。基于酶在电极表面良好的直接电子催化性能，他们构建了一种无隔膜直接电子转移的葡萄糖/O_2 EBFC，其开路电压达到0.93V，最大功率输出为$40.8\mu W\cdot cm^{-2}$。Willner课题组[60,61]基于多孔碳材料特殊的孔径结构以及优异的导电性，将电子媒介体甲基二茂铁吸附于多孔碳的孔径内，用GOD封口，构建了一种集合体的电化学生物传感器与EBFC，如图9.8。这种构建方法的优点是将电子媒介体封于多孔碳内，增强了酶与电极材料的连接，同时也避免了电子媒介体的遗漏对两极反应的干扰。GOD在此集合传感器中的电子转化速率为$995s^{-1}$，远高于GOD与氧气反应的电子转化速率$700s^{-1}$，近似认为氧气对此反应的影响可忽略不计，从而可构建无隔膜EBFC。

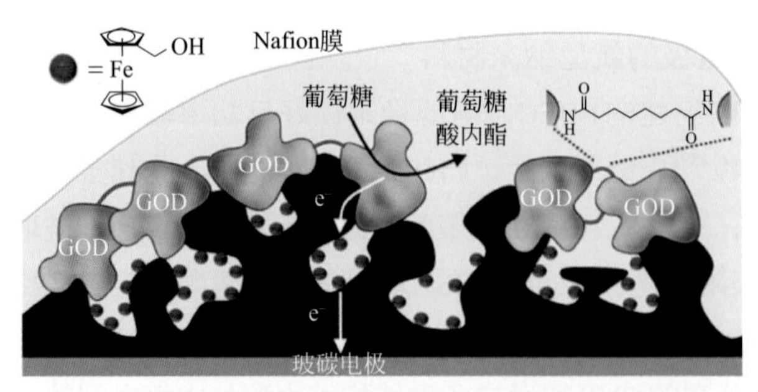

图9.8 GOD封口、甲基二茂铁负载的多孔碳电极对于葡萄糖的响应示意图[61]

9.2.2
金属纳米粒子

金属纳米粒子，尤其是金、银、铜纳米粒子，因其特异的电学、光学和催化性能在过去的20年中被广泛研究。实验和理论证明，金属纳米粒子的性能不同于块状金属，也不同于分子化合物，其性能在很大程度上取决于粒子的尺寸、形状、颗粒间的距离以及稳定剂的性质。纳米粒子的化学稳定性至关重要，许多纳米粒子因缺乏足够的稳定性，限制了它们的实际应用。众所周知，金纳米粒子（Au NPs）在纳米科学技术中起着非常重要的作用，主要是因为：Au NPs是在纳米尺度中最稳定的金属纳米粒子，其性能远优于纳米器件中常用的硅半导体，因此很多纳米器件的设计都会用到Au NPs；而且Au NPs具有独特的表面化学性质，通常将其与硫元素绑定作为嫁接分子自组装层的平台[62]。

Willner等[63]将Au NPs与酶成功组装实现了GOD在电极表面的直接电子传递，Au NPs可适当定位酶并且接近酶的活性中心，作为电子的纳米收集器，传递酶与电极表面之间的电子，如图9.9。GOD负载在Au NPs上后，其电子转移速率大约为5000s^{-1}，远远大于GOD与氧气之间的电子转移速率700s^{-1}。这一发现解决了GOD在电池构建中由于受氧气影响而必须使用隔膜的限制，为构建设备简单的EBFC奠定了基础。

基于上述研究，该课题组又将巯基苯胺修饰的葡萄糖脱氢酶（GDH）和Au NPs电聚合到单层巯基苯胺修饰的金电极上，构建了Au NPs/GDH复合生物阳极，这一电极对葡萄糖氧化展现出良好的电催化活性，如图9.10[64]。同时，他们还优化了GDH和Au NPs的比例以及电聚合的时间，得到了催化效果最佳的生物阳

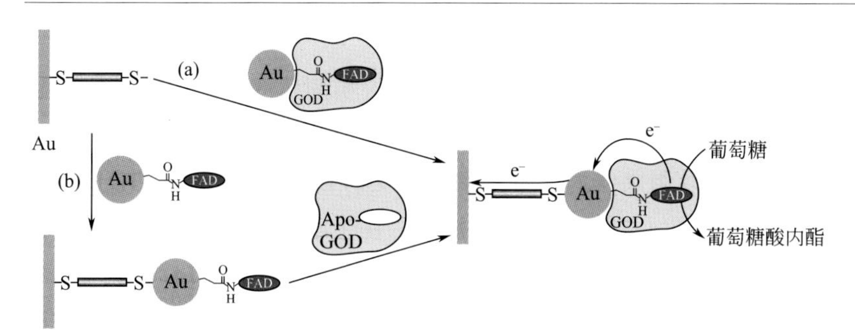

图9.9 （a）Au NPs固定的GOD吸附在单层二巯基的金电极上；（b）FAD功能化的Au NPs吸附在二巯基修饰的金电极上，随后将GOD外壳与功能化的Au NPs重组[63]

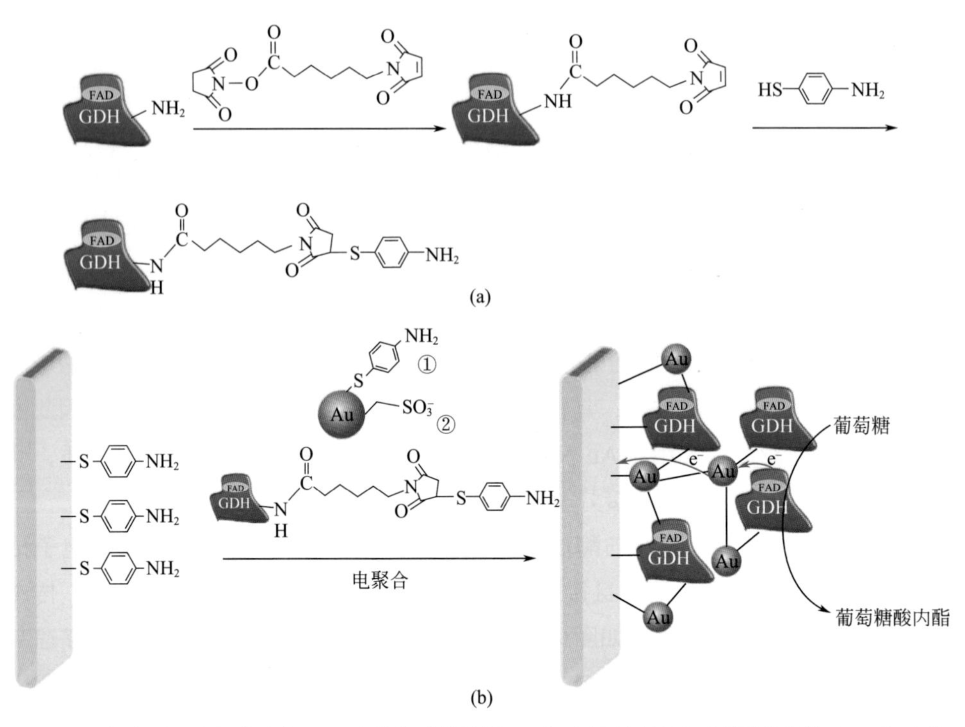

图9.10 （a）利用电聚合法在GDH上修饰硫苯胺基团；（b）通过电聚合硫苯胺修饰的GDH和硫苯胺功能化的Au NPs在硫苯胺单层功能化的金电极上得到双苯胺交联的GDH/Au NPs生物阳极[64]

极，该生物阳极可保持GDH 95%的活性，通过计算他们得到电子在GDH和金电极间的转移速率常数为$1100s^{-1}$，并且发现氧气的存在对电极催化葡萄糖几乎没有影响。据此，他们以Au NPs/GDH复合电极为生物阳极，BOD/CNTs为生物阴极构建了一个无隔膜的葡萄糖/O_2 EBFC，得到的开路电压为0.5V，最大输出功率为$32\mu W \cdot cm^{-2}$。

Shleev等[65]基于Au NPs构建了一个新型的无隔膜葡萄糖/O_2 EBFC。阳极酶为纤维二糖脱氢酶（CDH），它能氧化纤维糊精、乳糖、葡萄糖等，并且发生催化时不受氧气影响，可以用来作为葡萄糖氧化的阳极酶，阴极酶为BOD还原氧气。阳极的具体构建步骤为：首先使用溶液浇注法在金电极上修饰上Au NPs，用硫酸活化后再将Au NPs/Au电极浸泡在1 ∶ 1的4-邻氨基苯硫醇和4-邻巯基苯甲酸混合的乙醇溶液中，可以得到巯基修饰的Au NPs/Au电极；随后加入戊二醛和CDH得到CDH/Au NPs/Au生物阳极。阴极构造步骤较为简单，直接将BOD滴涂在活化后的电极上便可得到BOD/Au NPs/Au生物阴极。阳极酶的表面覆盖度为

130pmol · cm^{-2}和0.65pmol · cm^{-2}，表明亚单层的CDH固定在了Au NPs上。在葡萄糖浓度为100mmol · L^{-1}时，催化电流密度为28μA · cm^{-2}。构建的葡萄糖/O_2 EBFC的开路电压为0.68V，最大功率输出在0.52V时达到3.3μW · cm^{-2}，并且电池连续工作12h后输出仅有20%的降低。

9.2.3 纳米结构导电聚合物

聚苯胺具有电学与光学性质特殊、储存电荷能力高、对氧和水稳定性好、电化学性能优异等特点，在复合物电极中既可作为导电基质又可作为活性物质。聚苯胺可作为"分子导线"，使电子在生物活性物质与电极间直接传递，显著提高生物传感器的响应特性，可用于改善EBFC性能。Kim等[66]基于聚苯胺纤维（PANFs）固定GOD和漆酶构建了EBFC。PANFs具有比表面积大、导电性能好等特点，此外，相比于电纺纳米纤维、纳米粒子、碳纳米管等材料，PANFs更容易合成制备。他们采用了三种固定酶方法将酶修饰于PANFs表面，包括酶吸附（EA）、酶吸附交联（EAC）、酶吸附沉淀交联（EPAC），如图9.11。他们首次报道了固定酶的方法——EPAC法固定酶，并将其用于构建EBFC。EPAC法具体步骤

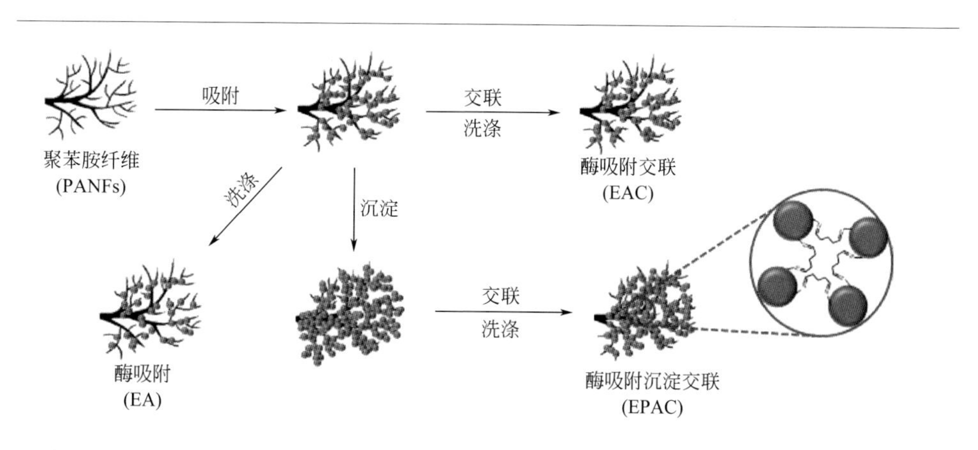

图9.11 PANFs固定酶的三种不同方法：酶吸附（EA）、酶吸附交联（EAC）和酶吸附沉淀交联（EPAC）[66]

为：在含有酶和PANFs的100mmol/L PBS缓冲溶液中加入硫酸铵溶液，游离的酶被沉淀出来形成酶聚合物。震荡30min后，加入戊二醛在PANFs表面交联酶聚合物。他们分别评估了电池在功率密度和稳定性上的性能。结果发现，EAPC法对酶的固定效果最好，酶的活性和稳定性也最高，在加入电子媒介体后最大输出功率为37.4μW・cm^{-2}，28d后输出功率仍然保持在初始输出功率的74%。

聚吡咯（PPy）因其易于制备、良好的环境稳定性和优异的导电性被认为是最有商业价值的导电材料之一。在PPy修饰电极中加入氧化还原电子媒介体可以极大地促进电极表面的电子转移反应，增加电极传递电子能力，降低反应过电位，从而提高反应速率，因此PPy是一种理想的电极材料[67]。Yoo等[68]利用模板法合成了PPy纳米线用于提高酶的负载量。他们首先合成了均匀多孔结构的阳极氧化铝（AAO）模板，随后通过电化学聚合的方法将吡咯单体、GOD以及氧化还原电子媒介体8-羟基喹啉-5-磺酸（HQS）共沉积在AAO模板的孔中，通过改变电聚合的时间改变合成纳米线的长度，构建了PPy-HQS-GOD纳米线阳极，这种结构可将更多的GOD负载在纳米线中。将构建的纳米线阳极与PPy-ABTS-漆酶膜阴极搭建EBFC，当纳米线直径为80nm，纳米线长度为0.35μm时，构建的葡萄糖/O_2 EBFC电池开路电压最大，可达0.82V，最大功率输出可达110μW・cm^{-2}。

9.2.4 复合材料

复合材料一般是指两种或是多种具有明显不同物理化学性质的材料相互结合，利用其在结构或性能上的不同，制备出符合实际需要的纳米材料。与单种材料相比，复合材料在结构和性能上均会有明显改善，且具有多重性质，例如导电性、多孔性、亲水性、生物相容性、磁性、电催化性能等[69]。故研究者们致力于合成性能优良的复合材料，用于构建EBFC。

9.2.4.1 不同碳材料的复合

碳纳米管的高导电性、电化学稳定性以及分子维度的特性，可将其作为“纳米导线”使电子由酶的催化中心直接传输到电极表面[18,19,70,71]。而石墨烯，尤其三维石墨烯，作为电极材料构建EBFC也取得了优异的性能。但是在CNTs电极中，

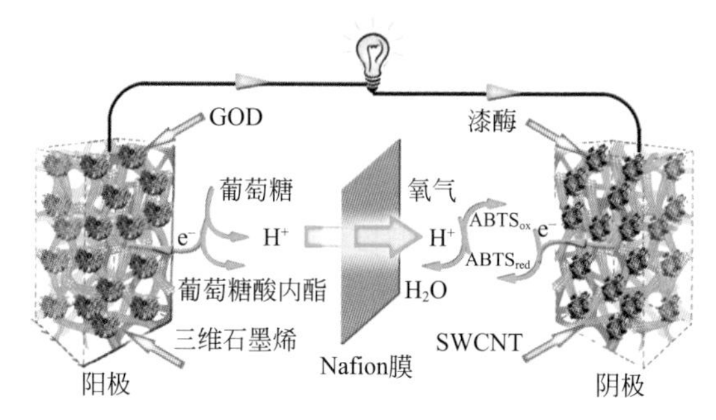

图9.12 三维石墨烯-SWCNT复合电极组装的EBFC的示意图[74]

CNTs之间连接不够紧密，而在石墨烯电极中，片层易发生团聚，因此基于单种碳材料组建的EBFC的输出都不太理想。其原因也主要是由于生物大分子酶与电极间较低的电子传输效率，以及电极表面较少的活性位点所限制。

将石墨烯与CNTs进行复合，一方面利用氧化石墨烯（GO）良好的分散性和CNTs优异的导电性；另一方面，CNTs与石墨烯有可能形成一定的特殊结构，从而进一步提高其在电化学应用方面的性能[72,73]。最近，利用三维石墨烯（G）与CNTs的协同组合作用，合成了G/CNTs的复合材料，与单一材料相比，复合材料在结构和性能上均有明显地改善，该材料具有优异的导电性、均一的多孔结构、良好的生物相容性、优良的电催化性能[69]。Chen课题组[74]利用CVD法合成了G/CNTs复合海绵体材料，如图9.12，并将该材料用于组建三维的电化学生物电极，连接酶与电极之间的电子传输，从而构建出高性能的葡萄糖/O_2 EBFC，其开路电压接近1.2 V，功率输出密度可达到（2.27±0.11）mW·cm^{-2}。

碳纳米粒子/CNTs复合材料也被用于构建EBFC[75]，即：首先将球形碳纳米粒子科琴黑（KB）溶于壳聚糖（CHI）中，这主要是由于CHI良好的生物相容性以及对碳纳米粒子良好的溶解度，然后将CNTs溶解于上述溶液中，合成出dKB/CNTs/CHI复合材料。CHI可以通过静电作用将BOD预富集在矩阵中，并使得BOD活性位点以最佳的固定方位与复合物实现直接电子传递，复合物能降低电荷迁移电阻，提高质子导电能力，降低氧气还原的过电位。复合物中CNTs充当“电子导线”的作用可连接更多的KB粒子。得到的复合材料具有多孔结构，使得酶能够固定在矩阵中，他们在两极分别固定果糖脱氢酶（FDH）以及胆红素氧化酶（BOD），通过优化KB和CNTs的浓度使电池的电流密度达到最大。最终构建的果糖/O_2 EBFC开路电压为650mV，功率输出密度在300mV下达到最大值50μW·cm^{-2}。

9.2.4.2 碳材料与金属纳米粒子的复合

CNTs/Au NPs复合材料由于CNTs优异的导电性以及Au NPs良好的生物相容性被用于构建生物阳极基底[76]。此研究工作中选用的阳极酶为以PQQ为辅酶的乙醇和乙醛脱氢酶，用于催化乙醇氧化构建生物阳极，并利用生物聚合物四丁基溴化铵修饰的Nafion矩阵固定，实现酶与电极的直接电子传递。在没有乙醇存在时，阳极的循环伏安图可观察到明显的氧化还原峰，对应于酶中的亚铁血红素c基团，当乙醇的量增加至5mmol · L^{-1}时，电极催化电流密度显著增加，催化电流密度达（16.8±2.1）μA · cm^{-2}，表明脱氢酶可以在电极表面实现直接电子传递。Nafion合适的孔隙结构，能提高固定酶的稳定性并同时保持导电性，此复合材料良好的扩散性能和电子传递性能使其构建出性能良好的EBFC。

Zhu课题组报道了一种一步合成石墨烯/纳米金复合材料（G/Au NPs）的方法，并将其用于组建EBFC。他们将氯金酸加入到G溶液中搅拌，随后加入柠檬酸钠进行还原，得到亲水性的、羧基化的G/Au NPs复合物。生物催化酶中的氨基则可通过酰胺键反应键合到G/Au NPs修饰的电极表面。G/Au NPs作为酶与电极之间电子传输的桥梁，提高了EBFC的电子传输速率。基于此组建的EBFC的开路电压达到（1.16±0.02）V，最大功率输出密度达到（1.96±0.13）mW · cm^{-2}。串联两个该EBFC可点亮红色和黄色的LED小灯泡。而且电池静置70d后，其开路电压和功率输出依然可分别达到初始值的80%和60%。由此可见，基于G/Au NPs复合材料组装的EBFC具有较高的功率输出以及较强的稳定性，这主要归因于复合材料良好的导电性与优异的生物相容性[77]。

基于石墨烯与金属纳米粒子的复合材料的良好性能，其他金属纳米粒子与石墨烯的复合，像氧化石墨烯(GO)/$Co(OH)_2$的复合材料也被用于构建EBFC[78]。具体合成步骤具体为：将$CoCl_2$溶液在剧烈搅拌下加入到GO悬浮液中，随后再逐滴加入NH_3 · H_2O直至pH=9，离心干燥后便可得到产物，他们将GO/$Co(OH)_2$溶于壳聚糖溶液中，形成均一的复合溶液，随后将复合物用电沉积法沉积到金电极表面，通过SEM观察发现修饰了复合物后金电极表面变得粗糙多孔，表明复合物形成了大比表面积三维结构。电极经EDC/NHS活化后通过酰胺键反应分别键合GOD和漆酶，从而构建了葡萄糖/O_2 EBFC，如图9.13，其开路电压为0.60V，在0.46V处达到最大输出功率，为（517±3.3）μW · cm^{-2}。

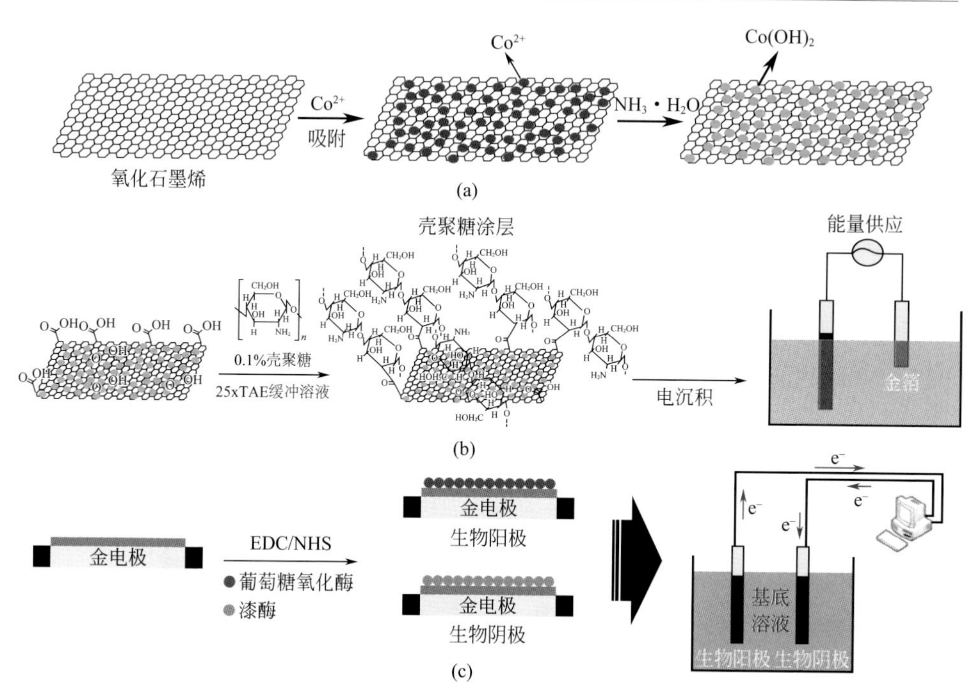

图9.13 （a）形成氧化石墨烯(GO)/$Co(OH)_2$复合物的示意图；（b）氧化石墨烯(GO)/$Co(OH)_2$/壳聚糖复合物通过电沉积法修饰电极的示意图；（c）包含氧化石墨烯(GO)/$Co(OH)_2$/壳聚糖复合物电极的葡萄糖/O_2酶生物燃料电池[78]

对石墨烯层进行化学杂化同样是可控调节石墨烯性质的一种重要手段，与CNTs进行氮掺杂改性类似，氮掺杂石墨烯（NG）同样也可有效地提高石墨烯的电化学活性及生物兼容性等，同时也可拓宽石墨烯的应用范围[43,79～83]。氮掺杂石墨烯（NG）表现出与原始石墨烯（G）不同的特性，主要为碳原子的自旋密度和电荷分布受到相邻杂氮原子的影响[84,85]，在石墨烯表面形成“活化区域”。此外，氮掺杂石墨烯后，石墨烯的费米能级移动到狄拉克位点以上[86]，费米能级附近的能态密度被压缩[87,88]，因此导带和价带之间的能带间隙被打开。根据氮原子与周围碳原子键合类型的不同，氮掺杂类型又可分为吡咯氮、吡啶氮与石墨氮[89～92]。NG独特的能带间隙使其在传感器、超级电容器等方面成为理想的应用材料[93～97]，在很大程度上拓宽了石墨烯的应用领域。

Zhu课题组发现NG具有类烟酰胺腺嘌呤二核苷酸（NADH）脱氢酶（CoI）活性，它既可以起到黄素单核苷酸（FMN）催化NADH氧化的作用，同时NG二维单层碳原子结构又起到FeS团簇的作用。因此，NG可以有效催化NADH氧化，同时又可充当NADH与电极表面之间的“电子传递桥”。在NG修饰电极上，NADH氧化的过电位降低了近800mV，如图9.14[98]。基于NG类CoI行为能有效循环辅酶NAD^+/NADH氧化，而且Au NPs良好的生物相容性，他们课题组合成出NG/Au NPs复合材料用于构建甲酸传感器以及高功率输出无隔膜的甲酸EBFC。构建的甲酸传感器与目前报道的检测甲酸的方法相比有较宽的线性范围和较低的检测限。而构建的甲酸酶生物燃料电池，开路电压接近于1.0V，功率输出密度接近于2000μW·cm^{-2}，均高于当前报道的以NAD^+为辅酶的脱氢酶构建的EBFC。取得这一良好性能的主要原因是NG可以有效地循环辅酶NAD^+/NADH氧化，同时Au NPs良好的生物相容性为生物酶活性的保持提供了良好的微环境[99]。

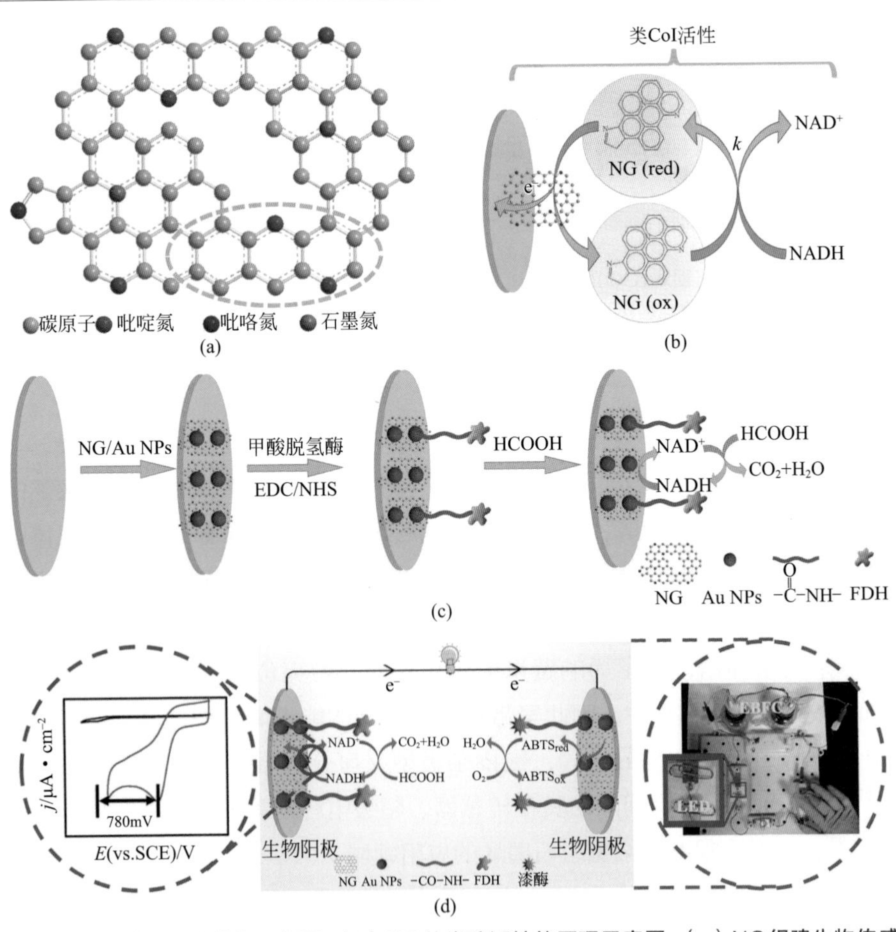

图9.14 （a）NG的结构示意图；（b）NG的类酶活性的原理示意图；（c）NG组建生物传感器的结构示意图；（d）甲酸酶生物燃料电池构建原理图[98,99]

9.2.4.3 碳材料与导电聚合物的复合

导电聚合物形貌易控，通常将其与其他材料复合用于构建EBFC，多壁碳纳米管（MWCNTs）与聚苯胺（PANI）的复合材料（PANI/MWCNTs）可实现PQQ-GDH在金电极上的直接电子传递[100]。MWCNTs连接酶与电极之间的电子传递效率有限，而在其表面修饰PANI，界面粗糙程度明显增加，为CNTs与酶之间的连接提供了更好的接触界面，有利于酶与电极之间的电子传递，如图9.15。由于聚苯胺仅在酸性条件下具有良好的导电性，故对其进行磺酸基团改性，使其在中性条件下同样具有优异的导电性。采用恒电势脉冲法将PANI修饰在MWCNTs上，基于GDH/PANI/MWCNTs/Au生物阳极与BOD/MWCNTs/Au生物阴极，构建了葡萄糖/O_2 EBFC，最终得到电池的开路电压为（680±20）mV，在350mV时得到最大输出功率为65μW·cm^{-2}。

9.2.4.4 金属纳米粒子与导电聚合物的复合

聚吡咯纳米管（PNT）为一维纳米材料，其导电能力强于球状纳米材料，且它还具有较大的比表面积。Kasák等[101]合成了一种新型的Au NPs修饰的PNT材料。在PNT表面修饰上Au NPs后，能进一步提高材料的电化学活性和酶的负载量。首先他们合成了PNT，随后通过改变加入氯金酸的量、还原剂种类以及反应时间等，合成了不同金含量和导电性的Au NPs@PNT复合材料。最终，他们将果

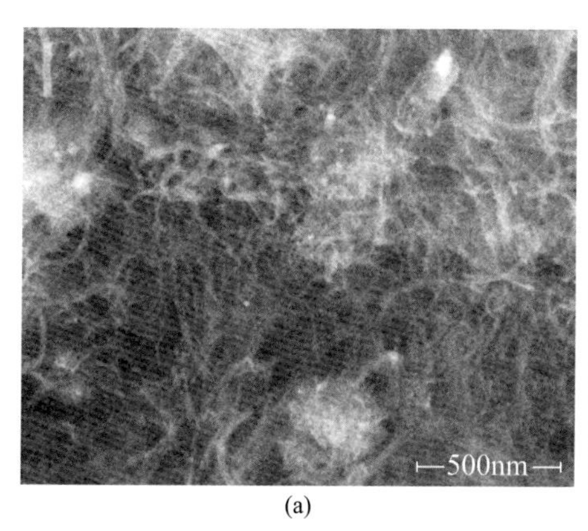

(a)

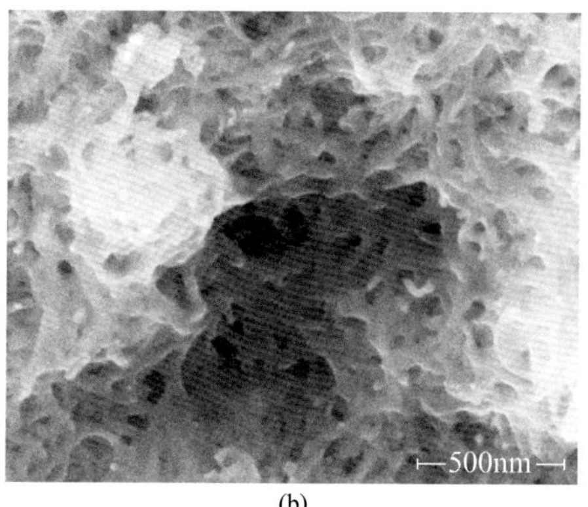

(b)

图9.15 （a）多壁碳纳米管修饰的金电极；（b）聚苯胺/多壁碳纳米管修饰的金电极[100]

糖脱氢酶（FDH）、BOD、漆酶等固定在Au NPs@PNT-CHI表面，构建了一系列生物阳极和生物阴极，得到的最大催化电流分别为（2.45±0.39）μA · cm^{-2}、（232 ± 64）μA · cm^{-2}、（94±24）μA · cm^{-2}。

9.2.4.5 三元复合材料的构建

目前基于三元复合材料构建EBFC的报道较少，Zhu课题组基于碳纳米管/石墨氮化碳纳米片/金纳米粒子（CNTs/g-C_3N_4 NSs/Au NPs）三元复合材料构建了一种无隔膜、无电子媒介体的葡萄糖/O_2 EBFC，如图9.16。在这个研究工作中，作者基于氮掺杂碳材料良好的性能，采用更高含氮量的氮掺杂碳材料石墨氮化碳纳米片（g-C_3N_4 NSs）来构建EBFC，但g-C_3N_4 NSs存在导电性差的缺点，限制了其在电化学传感方面的应用，然而将其与导电性纳米材料复合可以解决这一问题。因此，他们课题组制备了CNTs/g-C_3N_4 NSs/Au NPs三元复合材料，并将其作为一种有效的基底电极用于构建葡萄糖/O_2 EBFC。三元复合材料制备的具体步骤为：首先将CNTs溶解在质子化g-C_3N_4 NSs中，质子化g-C_3N_4 NSs类似于氧化石墨烯，具有表面活性剂的性质，既具有亲水性的质子化基团，同时g-C_3N_4 NSs由于存在大π键结构，可以与CNTs通过π-π堆垛形成复合物。接着利用聚二烯丙基二甲基

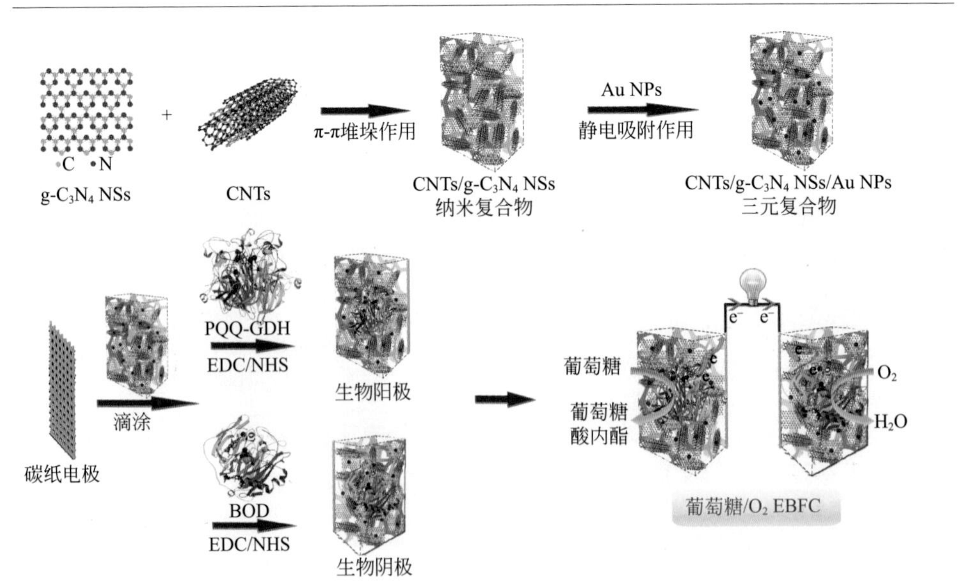

图9.16 三元复合纳米材料合成过程示意图与葡萄糖/O_2 EBFC构建原理示意图[102]

氯化铵（PDDA）改性使其表面电荷为正，然后通过静电吸附作用将羧基功能化的纳米金吸附到材料表面，制备得到三元复合物。研究表明，基于三元复合材料构建的EBFC表现出比CNTs/Au NPs二元复合材料更优异的性能，功率输出明显提高，稳定性明显增强，证明将g-C_3N_4 NSs引入到复合材料中可有效改善EBFC性能，也表明结合不同纳米材料的性质可制得特定性能的复合材料用于构建性能良好的EBFC[102]。

9.3 微生物燃料电池电催化纳米材料

近十几年来，基于电催化纳米材料良好的电催化活性和独特的物理化学性质，以其构建的MFC在输出功率与库仑效率方面均有大幅提高。由于电催化纳米材料在电池两极所起作用不同，在此我们从阳极电催化纳米材料和阴极电催化纳米材料两方面介绍。

9.3.1 MFC阳极电催化纳米材料

在MFC体系中，微生物催化剂通过自发的方式附着到生物阳极并催化燃料产生电子，因此生物阳极的性能直接制约着微生物催化剂的附着率和催化效率。一直以来，生物阳极都是MFC领域的研究热点。最早使用的MFC阳极材料为简单易得的导电材料，比如：不锈钢丝网、石墨棒、碳布等。随后，具有大比表面积或与细菌具有特殊作用力的电催化纳米材料修饰在阳极表面用于提高细菌在电极表面附着量和胞外电子转移效率取得良好进展。近些年，为了进一步提高MFC的性能同时缩小电池体积，MFC阳极进入了三维（3D）电催化纳米材料时代。总的来说，目前已开发利用的阳极电催化纳米材料主要有碳纳米材料及其复合材料、纳米金属及其氧化物、导电聚合物。

9.3.1.1
碳纳米材料及其复合材料

碳材料在MFC阳极的应用十分广泛。应用初期，碳材料的形式主要有碳纸、碳布、石墨棒和石墨毡等。这类材料具有良好的化学稳定性（抗细菌腐蚀）和导电性，同时价格相对低廉可直接通过商业途径购买到，因而十分适合用于构建MFC阳极。Logan课题组[103]自制了石墨刷阳极，并用于MFC产电。该研究中，石墨刷是以石墨纤维为原料，利用制刷机制造，并且刷子的中心采用抗腐蚀钛丝。由于石墨纤维的直径非常小，因此制得的石墨刷（直径为2.5cm，长为2.5cm）比表面积高达18200$m^2 \cdot m^{-3}$，孔隙率为98%，获得的功率密度高达2400$mW \cdot m^{-2}$，库仑效率为60%。虽然这种类型的碳材料用作MFC阳极取得了不错的效果，但是在反应器放大后，人们发现这些材料的电阻和附着微生物的能力仍然会影响MFC的产电效果。因此，需要开发导电性能和生物兼容性更优异的碳材料。

近些年来，CNTs由于具有较大的比表面积（通常几百到1300$m^2 \cdot g^{-1}$），良好的机械强度以及优越的稳定性和导电性，已广泛用于MFC阳极。Liu等[104]制备了CNTs水凝胶阳极，获得的功率密度为132$mW \cdot m^{-2}$，相比同一条件的碳纸阳极提高了80%。该MFC功率的增加主要是因为CNTs能够接近产电菌的活性中心细胞色素*c*，因而降低了产电菌与阳极之间电子传递的热力学障碍。其次，CNTs水凝胶电极的电阻相比碳纸电极降低了约3倍。为了进一步提高MFC的产能，He课题组[105]利用自制的竹状氮掺杂碳纳米管（NCNTs）作为阳极材料。由于该阳极具有更低的过电位以及更好的生物催化活性，其构建的MFC的最大功率密度达到1040$mW \cdot m^{-2}$，是CNTs阳极（710$mW \cdot m^{-2}$）的1.5倍。

作为一种新型的碳材料，石墨烯也具有良好的力学性能和电学性质。Zhang等[106]首次将石墨烯应用于MFC阳极修饰，以大肠杆菌（*E. coil*）为催化剂，构建的双室MFC的最大功率密度高达2668$mW \cdot m^{-2}$。Zhou课题组[107]分别测试了电解法剥离和化学还原法制备的石墨烯/石墨板电极的产电效果。研究结果表明，电解法剥离制备的石墨烯/石墨板电极所产生的电流比后者大40%左右。由于石墨烯片层之间易堆垛，会降低产电菌附着的表面积。因此，为了降低这种损耗，很多研究工作者利用金属或金属氧化物、导电聚合物以及碳纳米管等与石墨烯复合。Kumar和Stadler制备了氧化石墨烯/单壁碳管（GO/CNTs）复合水凝胶作为MFC阳极，以*E. coil*细菌为催化剂，构建的MFC最大输出功率密度为434$mW \cdot m^{-2}$，是GO水凝胶电极的2.2倍。该MFC性能提高是因为CNTs嵌插到

GO的片层之间，降低了其堆垛程度，从而增加了材料的表面积，同时CNTs的复合也改善了复合材料的导电性[108]。

比表面积大能增加电极表面的产电菌附着量和生物电子转移面积，因而会有效提升MFC的性能。对于传统的二维电极体系，只能通过扩大电极尺寸来增加表面积。然而，电极尺寸的扩大会伴随着反应器体积和成本的增加。因此，设计和利用3D电极成为MFC领域的新热点。在相同大小反应器中，使用大孔结构的3D纳米材料作为电极，产电菌不仅可以在材料表面生长，而且还能通过孔道附着到材料的内表面，因此MFC的产电性能将得到显著提升。Chen课题组[109]首次将3D纳米碳材料用于MFC阳极。他们利用化学气相沉积法（CVD），以泡沫镍为模板，制备了3D大孔结构［孔径100～300μm，图9.17（a）］石墨烯/聚苯胺（G/PANI）复合材料。该材料具有很高的比表面积（$850m^2 \cdot g^{-1}$），孔隙率为99%，且孔径远大于产电菌的尺寸（1～2μm），可供产电菌进入材料内部。其次，PANI的存在能够促进产电菌的黏附，因此，阳极的产电菌附着量得到显著增加，进而提高了MFC性能。然而，该工作的不足之处为CVD烦琐费时而且成本高。Xie等[110]开创了一种简便的方法用于制备3D石墨烯。该课题组将3D大孔结构的海绵浸泡到石墨烯溶液中，制备出海绵/石墨烯复合物［孔径300～500μm，图9.17（b）］，并将其粘于不锈钢丝网两侧，用作MFC阳极，构建的MFC获得的最大电流密度为$10.7A \cdot m^{-2}$，最大功率密度为$1.57W \cdot m^{-2}$。Tan课题组[111]也利用简单方便、绿色环保的分凝成冰自组装技术（ice segregation induced self-assembly，ISISA），制备了3D层状多孔结构的［层间距30～50μm，图9.17（c）］壳聚糖/石墨烯（CHI/VSG）复合阳极材料，以*Pseudomonas aeruginosa*为催化剂，获得的最大功率密度为$1530mW \cdot m^{-2}$，相比碳布阳极，功率输出提高了78倍。另外，3D CNTs也被证明可大幅度提高MFC的性能。Leech课题组[112]利用冷冻干燥技术制备了三维微通道结构的MWCNTs/CHI，用于构建MFC阳极。该MFC的电流密度为$24.5A \cdot m^{-2}$，最大功率密度达$2.87W \cdot cm^{-2}$。Victoria等[113]利用CVD在网状玻璃碳的表面生长MWCNTs，该材料用作MFC阳极时的最大电流密度达到了$6.8mA \cdot cm^{-2}$，约是网状玻璃碳阳极的3倍。

除了CNTs和G两种形式外，其他碳纳米材料也用于提高MFC性能。氮掺杂的碳纳米颗粒修饰的碳布电极，在*Shewanella oneidensis* MR-1的微生物燃料电池中所得的功率密度（$298mW \cdot m^{-2}$）是碳布阳极（$66.2mW \cdot m^{-2}$）的4.5倍。此外，静电纺丝和溶液挥发法制备的3D结构碳纤维无纺布阳极能大幅度提高电流，

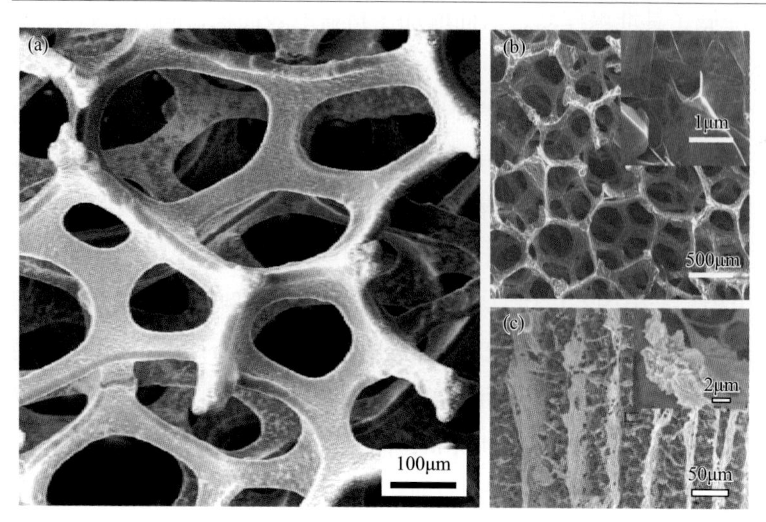

图9.17　三维多孔结构MFC阳极的扫描电子显微镜图

（a）石墨烯/聚苯胺阳极[109]；（b）石墨烯/海绵阳极[110]；（c）壳聚糖/石墨烯（真空剥离）阳极[111]

最大达到30A·m^{-2}。总之，碳纳米材料在MFC阳极领域的应用广泛，效果显著，将是今后MFC阳极材料发展的重心。

9.3.1.2
纳米金属及其氧化物

金属作为一种高导电性材料用作阳极材料时会被腐蚀，因此有关它们在MFC中的应用研究还不多。到目前为止，只有不锈钢丝网和钛片较为广泛地应用于MFC阳极。单独使用金属构建MFC获得的性能普遍不高，可能是因为金属的表面比较光滑，不利于微生物的生长。具有良好生物相容性的贵金属作为阳极能够改善这一不足。有研究工作[114]利用金电极构建MFC，发现*Geobacter sulfurreducens*能够很好地附着生长在金电极表面，并且产生的电流大小与同一条件下的石墨电极相当。在此基础上，Sun课题组[115]在碳纸表面镀上一层金膜用于MFC阳极并将其与碳纸比较。结果表明，碳纸金膜电极的输出功率更高，通过扫描电子显微镜（图9.18）发现，该电极表面附着有更多的生物膜。分析发现碳纸表面官能团有利于微生物初步黏附，金膜良好的导电性能够将微生物产生的电子转移到电极，因此微生物更偏向于附着到金膜电极表面，进而加速了生物膜生长。此研究成功地证实了金属材料与其他材料复合不仅能充分利用金属良好的导电性，同时也可以改进金属光滑表面不利于微生物生长的不足。随后，Zhu课题组[116]

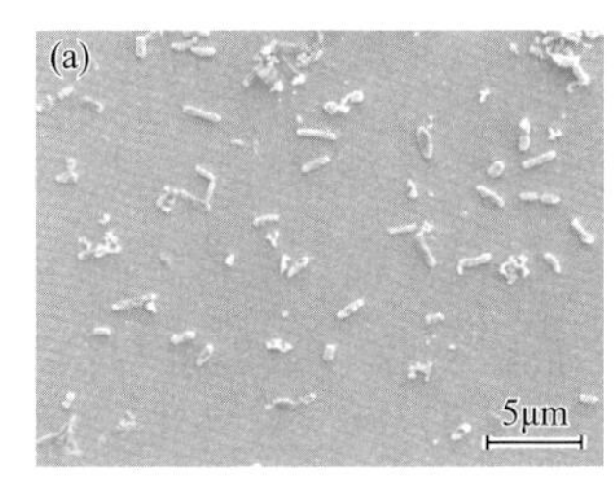

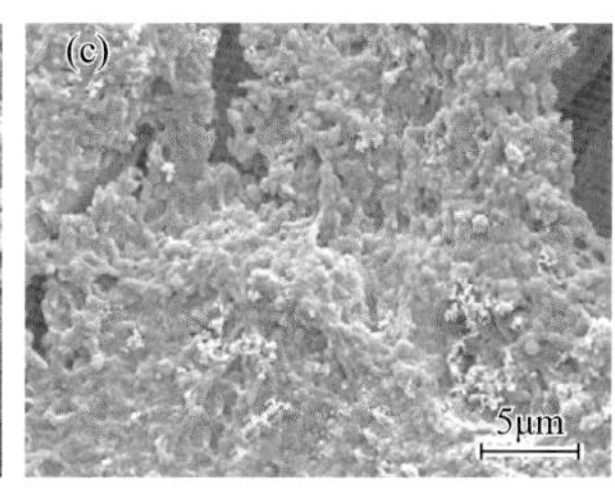

图9.18 微生物在不同MFC阳极上的扫描电子显微镜图[115]

(a)金膜电极;(b)碳纸电极;(c)镀金膜的碳纸电极

将纳米金粒子(Au NPs)与石墨烯(G)复合,用作MFC阳极材料。由于G/Au NPs比表面积大,表面粗糙,利于微生物的附着,构建的MFC的输出功率达到了508mW·m^{-2}。

相比于金属单质材料,纳米级金属氧化物在MFC阳极领域的应用更为广泛。其中,最常见的是Fe_3O_4。Kim等[117]利用化学气相沉积法将Fe_3O_4沉积到碳纸阳极表面,功率密度从8mW·m^{-2}提高到了30mW·m^{-2}。随后,Park和Zeikus[118]也证实Fe_3O_4涂抹的石墨电极在MFC中所产生功率密度比普通石墨电极大3～4倍,并且还发现含有Fe_3O_4的阳极可以减少反应器的驯化时间。由于MFC反应体系中常用产电菌大部分属于金属还原菌,因而可以通过Fe_3O_4与产电菌间的相互作用,增加电极表面产电菌的数量,同时也可作为从混合菌体系中驯化产电菌的一种新途径。

金属氧化物应用于MFC阳极的一大缺陷是它导电性较差,增加了MFC内阻,从而降低电池性能。因此,为了解决这一问题,研究者们逐渐利用纳米金属氧化物的复合材料构建MFC阳极。Dong课题组[119]在Fe_3O_4纳米球的表面修饰上纳米金,构建出Fe_3O_4/Au NPs纳米复合材料,以*Shewanella oneidensis* MR-1为产电菌时,最大输出电流为19.78μA,相比于裸玻碳电极提高了22倍。此研究表明,该复合材料能够提高产电菌细胞表面细胞色素*c*蛋白的电子转移效率。一方面Fe_3O_4的存在作为外源蛋白参与了电子转移,拉近了产电菌与阳极的距离;另一方面,阳极表面的电子可以通过外围高导电性的Au NPs进行传递。然而,该工作并未对电极进行放电测试,因此无法评估该工作的功率性能。很多研究也将导电性良好的石墨烯、CNTs等用于改善金属氧化物的导电性。Jabbari课题组[120]利用微波水热法合成的G/ZnO_2复合材料作为阳极材料,其构建的MFC的最大输出功率达到1624mW·m^{-2},而同一条件下的碳纸电极只有338mW·m^{-2}。随后,他们课题组[121]又报道了CNTs/ZnO_2纳米复合材料在MFC阳极的应用，电流为2.9A·m^{-2}时，功率密度为1421mW·m^{-2}。虽然这些复合材料的应用提高了MFC的性能，但是，这两个研究工作中氧化锌的作用并不同，分别为提高生物兼容性（增加微生物附着量）和促进微生物表面细胞色素*c*的电子传递（氧化锌通过静电作用与细胞色素*c*结合），并且没有研究氧化锌阳极，空白对照实验空缺，因此功率提高的原因是否为存在金属氧化物并未确定。

Park和Nahm也用上述方法来改善Fe_3O_4的导电性[122]。他们测试了CNTs/Fe_3O_4纳米复合材料在*E. coli* MFC中的产电性能，发现MFC性能随Fe_3O_4含量的不同而变化，其中Fe_3O_4含量为30%时获得最大输出功率，为830mW·m^{-2}。他们在微生物培养的过程中加入复合材料，随后利用Fe_3O_4的磁性将负载有微生物的材料吸附到碳纸上。此制备过程可确保微生物在材料表面的良好负载，增加了微生物附着量同时也减少了MFC启动时间。Zhu课题组[123]基于微波水热法合成的石墨烯/无定形二氧化钛纳米（G/TiO_2）复合材料，用于构建MFC，得到的输出功率为1060mW·m^{-2}，相比于商业化碳纸阳极构建的MFC，功率输出提高了7.8倍，主要是因为G/TiO_2复合材料具有大的比表面积，提高了微生物的负载量，好的导电性加速了电子转移，进而提高了MFC的性能。

9.3.1.3
导电聚合物

目前，MFC阳极所使用的导电聚合物主要包含有聚苯胺（PANI）、聚吡咯（PPy）、聚丙烯氰（PAN）以及聚(3,4-乙烯二氧噻吩)（PEDOT）。其中，PANI的使用最为广泛。早在1991年，Syed和Dinesan就开始利用PANI提高MFC性能[124]。Uwe等[125]将PANI电化学沉积到铂的表面用作MFC阳极，获得的最大电流密度为1.45mA·m^{-2}，约是纯铂电极的2倍。该研究发现，PANI不仅保护铂的催化活性不受微生物代谢产物的干扰，也充当氧化还原媒介体加速微生物与电极之间的电子转移速率。然而，PANI并不能完全防止铂中毒现象的发生，因此最终构建的MFC的性能仍然偏低。Zhu课题组[126]基于电化学沉积法制备了石墨烯纳米带/聚苯胺（GNRs/PANI）复合材料，并研究了其构建的MFC性能。由于PANI的骨架结构带正电，通过静电吸引作用可以增加电极表面产电菌（带负电）的附着量，因此其最大输出功率为856mW·m^{-2}，约是裸碳纸电极（152mW·m^{-2}）的6倍。Li课题组[127]制备了聚苯胺/介孔三氧化钨（PANI/m-WO_3）阳极，获得的最大功率密度为980mW·m^{-2}，相比于m-WO_3电极（760mW·m^{-2}）提高了30%。

但是，m-WO_3阳极比PANI阳极（480mW・m^{-2}）的最大功率密度提高了约60%，说明PANI/m-WO_3阳极获得的高性能主要是因为m-WO_3提高了阳极表面积，而PANI提高了材料的导电性。Guo课题组[128]也研究了聚苯胺/介孔二氧化钛（PANI/m-TiO_2）应用于MFC阳极的产电性能，获得的最大功率密度为1495mW・m^{-2}。

在MFC体系中，菌液的pH值通常为7左右。然而，PANI在中性条件下导电性较差，因此，其他导电性能更稳定的导电聚合物也逐渐用于构建MFC阳极。Wang等[129]构建了石墨烯/聚(3,4-乙烯二氧噻吩)（G/PEDOT）复合材料并用作MFC阳极。相比于PANI，PEDOT在pH为中性的条件下具有更好的导电性且其骨架同样带正电（可以吸引带负电的产电菌）。因此，该阳极构建的MFC获得的功率密度达到873mW・m^{-2}，相比裸碳纸电极提高了15倍。然而，Hou等人利用石墨烯/聚苯胺（G/PANI）作为阳极获得的功率密度只比裸碳纸电极提高了3倍，说明PEDOT在MFC阳极领域具有更好的应用前景。另外，也有研究报道了PPy和PAN用于MFC阳极材料，比如Song课题组[130]利用PPy来增加人工生物膜阳极的导电性，Chen等[131]利用结合静电纺丝技术合成了层状的PAN纤维。这些电极所产生的电流均比对照电极大10倍左右，主要是因为材料的多孔性增加了比表面积，同时聚合物骨架中的芳香环与核黄素（产电菌自身分泌的电子媒介体）的共轭作用提高了电子转移速率。总的来说，导电聚合物作为阳极材料能够提高MFC的产电性能，但提高幅度有待改善。

9.3.2
MFC阴极电催化纳米材料

MFC阴极材料的选择与其所采用的电子受体紧密相关。目前，MFC中所使用的电子受体包括两大类：含水阴极电解液和氧气。含水阴极电解液中最常见的是铁氰化钾和六价高铁酸盐。利用铁氰化钾作为电子受体时，由于过电位较低，电极工作电势接近于开路电势，因此是目前实验室中应用最广泛的阴极电解液，而且直接使用碳纸、碳布、石墨这类传统的电极作为阴极就能获得较好的产电效果。然而，使用含水阴极电解液的缺点是电解液需定期更换，且电解液易扩散至阳极室，影响MFC的长期稳定性。因此，在实际应用中不可持续，仅限于基础实验研究。

氧气氧化电位高、实用性强、廉价、不存在化学污染排出物（唯一的最终产物是水），因此，氧气是最合适的MFC电子受体。通常，氧气作为电子受体被还原的路径有两种：① 四电子还原路径，其还原反应为$O_2 + 4H^+ + 4e^- \longrightarrow H_2O$；② 两电子还原路径，其还原反应为$O_2 + 4H^+ + 2e^- \longrightarrow H_2O_2$。由于两电子还原路径中过氧化氢的产生会增加过电位，因此氧气通过四电子路径还原更容易。与铁氰化钾电解液不同的是，直接使用传统碳材料作为阴极基底获得的MFC性能不佳。Oh等[132]平行测定了这两种电子受体构建的双室MFC性能，研究结果表明氧气的功率密度仅为铁氰化钾的55% ～ 66%。为了提高氧还原的速率，需要在阴极基底电极上加入催化剂，或者使用具有电催化性能的阴极，同时催化剂的种类将决定氧还原的电子转移过程。因此，越来越多的电催化纳米材料被用作阴极以提高MFC的性能。

9.3.2.1
铂及其复合材料

铂（Pt）是MFC阴极中使用最为广泛的纳米电催化材料。它能降低氧气还原反应（ORR）的活化能，提高反应速率，同时也可减少氧气向阳极的扩散。利用含Pt的石墨毡作为MFC阴极获得的功率密度达150mW · m^{-2}，相比于石墨毡电极提高了3倍。另外，Logan等[132]使用镀Pt的碳电极（Pt/C，长2.5cm，宽4.5cm，电极面积22.5cm^2）作为双室MFC阴极，运行120h后获得的最大功率为0.097mW。当将电极表面的Pt除去后，输出功率减小了78%。不同Pt负载材料，其催化效率和MFC性能有很大的变化。当CNTs/Pt复合材料用于MFC阴极时，获得的最大功率输出密度为911.3mW · m^{-2}。作为对照，Pt/C构建的MFC的最大功率输出密度只有447.3mW · m^{-2}。Cheng等[133]的研究表明，当Pt的负载量从2mg · cm^{-2}降低到0.1mg · cm^{-2}时，MFC的开路电势并没有明显的变化。因此，可以通过减少阴极表面Pt的使用量来降低MFC的成本。然而，Pt价格高昂，限制了其实际应用，最理想的方法是利用其他催化剂来代替贵金属Pt。

9.3.2.2
过渡金属氧化物及其复合材料

在MFC中，还可利用廉价过渡金属氧化物进行催化氧气还原反应（ORR）。其中最常见的过渡金属氧化物是MnO_2。它催化氧还原的反应为$Mn^{IV}O_2+H_2O+e^- \longrightarrow Mn^{III}OOH+OH^-$；$2Mn^{III}OOH+O_2 \longrightarrow Mn^{IV}OOH \cdot O^-$；$Mn^{IV}OOH \cdot O^-+e^- \longrightarrow Mn^{IV}O_2+OH^-$。其中，$Mn^{III}$为还原氧的催化中间体，其浓度决定$MnO_2$的电催化活性及ORR的速率。近十年来，利用$MnO_2$及其复合物用作MFC阴极材料

的报道较多。有研究结果表明[134]，MnO_2的晶型会影响其催化ORR的能力。由于具有较大的比表面积，β-MnO_2相比于α-MnO_2、γ-MnO_2具有更高的催化活性。作为阴极材料，构建的MFC获得的最大功率密度为466mW·m^{-3}，远远高于裸电极（102mW·m^{-3}），且达到Pt电极（726mW·m^{-3}）的65%左右。在此研究的基础上，Lu等[135]制备了碳纳米管/β-二氧化锰（CNTs/β-MnO_2）纳米复合材料用于构建MFC阴极。由于CNTs和β-MnO_2晶型结构中离域电子的相互作用，复合材料展现出更高的催化活性。该项工作还研究了不同复合方式对材料催化性能的影响。相比于物理混合法，化学包裹法制备的复合材料具有更高的催化活性。另外，在碳纸表面电沉积上纳米结构的MnO_2也被证明具有很好的ORR活性，因此可获得高输出功率密度的MFC。除了与CNTs复合外，二氧化锰/石墨烯（MnO_2/G）复合材料也被用于MFC阴极。Wen等[136]发现MnO_2/G电极催化ORR时的还原峰电位为–0.43V，远高于MnO_2的还原峰电位（–0.71V），与Pt/C电极的还原峰电位（–0.44V）处于同一水平。这说明MnO_2/G对ORR具有很高的催化活性。以其为阴极材料构建的MFC的功率密度达到了2083mW·m^{-2}，是同一条件下MnO_2阴极（1470mW·m^{-2}）的1.4倍。同时Mn_2O_3也被用于阴极，相比于Fe_2O_3，其ORR能力更强。在相同的MFC反应体系中，所得的功率密度是Fe_2O_3的两倍，库仑效率达到42.6%。此外，PbO_2用作MFC阴极材料的研究也有报道，基于此构建MFC的功率密度达到了Pt/C阴极的1.7倍。

9.3.2.3
金属有机大环配合物功能化材料

MFC阴极研究中另一类常用的催化剂是金属有机大环配合物，主要是金属酞菁配合物和金属四甲氧基苯卟啉配合物。早在1964年，金属酞菁配合物就被用于催化ORR[137]。到今天为止，已经有很多不同配体的金属有机大环配合物被用于在酸性、碱性或是中性条件下提高ORR的速率。然而，在pH＜3的酸性条件下，金属有机大环配合物的稳定性很差，会发生脱金属现象。比如，酞菁铁（FePc）结构中心的铁离子在酸性条件下会被两个氢原子取代产生H_2Pc，而该化合物并不能催化氧还原。

金属有机大环配合物催化ORR的能力取决于中心金属原子和配体。当中心离子为铁或者钴，并且以酞菁或者四甲氧基苯卟啉为配体时可获得较高的ORR催化活性。Logan课题组[138]利用四甲氧基苯卟啉合钴（CoTMPP）作为阴极材料构建的MFC获得的功率密度为369mW·m^{-2}，相比于Pt（浓度0.5mg·m^{-2}）阴极只降低了12%；而将Pt的浓度降到0.1mg·m^{-2}时，功率密度降低幅度更大，达到19%。随后，酞菁铁（FePc）和酞菁钴（CoPc）也被用作阴极材料提高MFC的性能。此外，研究者通过热解法或复合方式提高金属有机大环配合物催化ORR的活性，进一步提高了MFC的性能。研究结果表明，热解处理的乙二胺四乙酸铁具有更优越的ORR催化活性，它的氧还原峰电位更正，几乎和催化剂Pt相同。另外，四磺酸酞菁铁功能化的石墨烯也被用作MFC阴极材料[139]。其构建的MFC获得的功率密度为817mW·m^{-2}，是四磺酸酞菁铁阴极（523mW·m^{-2}）的1.6倍，达到了Pt/C（856mW·m^{-2}）阴极的催化水平，表明了金属有机大环配合物功能化纳米材料在构建MFC中的重要作用。

9.3.2.4
碳纳米材料

碳纳米材料具有独特的电化学性能和力学性能，因此在催化、超级电容器、传感器和储氢等领域都有巨大的应用潜力。Ghasemi等[140]以聚丙烯氰（PAN）为前驱体，利用热解法和静电纺丝制备了碳纳米纤维。在KOH（8mol·L^{-1}）溶液中化学活化后用作MFC阴极，获得的功率密度是传统Pt阴极的2.65倍，为目前MFC领域中ORR催化活性最高的材料。另外，CNTs/G复合材料也对氧气催化具有更高的起始还原电位（0.89V），Tafel斜率表明其催化ORR的方式与铂一样，同是四电子还原路径。

目前，有关于氮掺杂碳纳米管（NCNT）用作MFC阴极的报道较多。在碱性条件下，NCNT具有很强的ORR催化活性。研究结果表明[141]，相比于Ag/C（与Pt/C具有相似极化曲线）电极，NCNT电极的起始还原电位更正。同时，它的电子转移数目是3.27，说明NCNT催化ORR的路径是四电子还原。NCNT中氮元素的含量对材料的催化活性有很大影响。Zhu等[142]利用化学气相沉积法制备了三种不同N含量的NCNT，其中N含量分别为3.28%、2.84%和2.51%，用作MFC阴极材料时，ORR的电子转移数分别为3.63、3.20和2.76。圆盘电极循环伏安曲线表明随着N含量的增加，NCNT的起始还原电势和半波电势均有所增加。随后，在氮掺杂碳纳米纤维用于MFC阴极材料的研究中，发现材料中吡啶氮的含量也会影响MFC性能[143]。此外，氮掺杂的石墨烯（NG）也被用于MFC阴极研究。Zhang课题组[144]制备了铁功能化的氮掺杂石墨烯（Fe-NG）并用于MFC阴极，获得的功率密度为1149.8mW·m^{-2}，比相同条件下构建的石墨烯阴极的功率输出（109mW·m^{-2}）高出近10倍，同时也是Pt/C阴极（561.1mW·m^{-2}）的2.1倍。

9.3.2.5
导电聚合物复合材料

目前，用作MFC阴极材料的导电聚合物主要有PANI、PPy和聚噻吩（PTh）。导电聚合物催化ORR的机理是削弱吸附在其表面氧分子的O—O分子键，使其更易断裂参与反应。有研究分别测试了PANI、PPy、PTh、聚(3-甲基噻吩)（PMeT）和PEDOT电极的ORR催化活性，结果表明PANI和PPy比其他三种导电聚合物具有更高的催化活性[145]。然而，在催化氧还原的过程中，PANI从苯胺绿（氧化态）被还原成还原态PANI将会使得其导电性变差，进而影响构建的MFC的性能。

目前，只使用导电聚合物作为MFC阴极材料的报道较少，通常是将PANI与其他具有电催化活性的材料复合使用。有研究报道聚吡咯/炭黑（PPy/CB）复合材料电极的氧还原峰电位为–0.34V，远正于CB电极的氧还原峰电位（–0.60V）。但当PPy负载浓度超过0.2mg·cm^{-2}时，其构建的MFC功率开始下降，这是因为过于紧密包覆的复合材料会降低O_2在电极上的扩散[146]。另外，也有研究报道指出，相比于聚苯胺/石墨（PANI/SPG）MFC阴极，在酸性介质中普鲁士蓝/聚苯胺/石墨（PB/PANI/SPG）复合材料阴极具有更高的催化活性[147]。

有机大环化合物（如酞菁、蒽醌）功能化的导电聚合物也被用于提高MFC的阴极性能。相比于聚苯胺/炭黑阴极（PANI/CB），聚苯胺/炭黑/酞菁铁阴极（PANI/CB/FePc）具有更高的氧还原电催化活性，基本达到Pt/C的催化水平。Kim课题组[148]基于此材料作为MFC阴极得到的最大功率密度为630.5mW·m^{-2}，分别高于基于C/FePc阴极（336.6mW·m^{-2}）和Pt/C阴极（575.6mW·m^{-2}）构建的MFC。线性扫描伏安图证实PANI/CB/FePc电极的峰电位更正、峰电流更大。此外，聚吡咯/蒽醌-2-磺酸（PPy/AQS）也被用作MFC阴极材料，获得功率密度为575mW·m^{-2}。

9.4
总结与展望

电催化纳米材料应用于BFC领域取得的最大成就是提高了其产能效果，一定程度上延长了电池寿命，同时也适当地降低了电极成本。在过去十几年中，基于电催化纳米材料构建的BFC功率输出数值以对数形式增长。一系列性能优异的电催化纳米材料，比如纳米线、纳米管等，缩短了电极表面与生物催化剂活性中心之间的距离，提高了生物催化剂与电极之间的电子传输效率；同时电催化纳米材料良好的生物相容性也使BFC的寿命从几小时增至数月。再者，具有大比表面积的三维大孔结构纳米材料和有序阵列材料的开发利用，为BFC中生物催化剂提高了更多的结合位点，大大提高了电极的空间利用率。最后，BFC的阴极不再使用价格昂贵的铂作为催化剂，取代它的电催化纳米材料甚至可以构建出产电性能更优异的BFC。

BFC发展的首要目标是构建可持续再生的绿色环保能源，因此，构建更高性能、具有长期工作稳定性的BFC备受关注，这就对电催化纳米材料的导电性、比表面积以及生物相容性提出了新的挑战。虽然，所选用的大多数电催化纳米材料具有良好的导电性，但是这些材料对生物催化剂的长期毒性并没有得到充分的研究。因此今后研究方向应更侧重从生物催化剂的生物学特性出发，筛选并使用与其具有生物亲和力的电催化纳米材料，如有报道指出纳米材料中含有Fe源，可以增强金属还原产电菌的活性并使其持续繁殖[149]。

其次，为了与其他可再生产能技术相竞争，BFC构建成本应低于目前常用的传统能源。因此，在保证BFC高性能输出的前提下，尽可能地降低其成本也成为其今后发展的重要方向。电极材料成本在BFC构建成本中占较大比重。虽然，目前已有一些报道利用电催化纳米材料取代了贵金属催化剂铂，但仍有使用其他贵金属材料的报道。因此，在今后设计用于构建BFC的电催化纳米材料时，除了尽量避免使用价格高昂的组分外，还应利用简单方便、廉价、环境友好且能耗小的制备方法。另外，开发电催化纳米材料的可重复利用性以提高材料的使用效率也尤为重要。

当今，BFC的发展潜能已不再仅限于构建高性能的产电设备，开发它的新型应用也成为该领域今后发展的重要方向。目前已有基于生物燃料电池的新型应用的报道，如自供能传感器的构建[150～157]。Zhu课题组[158]首次报道了基于EBFC的自供能细胞传感器用于肿瘤细胞的检测。EBFC细胞传感器的核心组成为适配体（Sgc8c）功能化的阴极和氮掺杂石墨烯/金纳米粒子/葡萄糖氧化酶（NG/Au NPs/GOD）修饰的阳极，此EBFC产生的最大功率输出（P_{max}）为115μW·cm^{-2}。当带负电的急性白血病细胞（CCRF-CEM）被适配体识别并捕获在阴极时，细胞的位阻效应和与氧化还原探针$[Fe(CN)_6]^{3-}$的静电排斥作用会显著阻碍探针和阴极表面的电子传递，从而导致EBFC功率输出显著降低，据此可以用来灵敏地检测细胞。该自供能EBFC细胞传感器在5～50000细胞范围内P_{max}与细胞数对数呈线性关系（r=0.9979），检测限为4个细胞（S/N=3）。该传感器有望成为早期临床检测循环肿瘤细胞的有力工具。首先，新型传感器的灵敏度是评价其性能优劣的重要因素之一，因此其本质仍集中于构建出性能良好的生物燃料电池。其次，重现性对于构建新型传感器同样重要，这就要求用于构建BFC的电催化纳米材料具有足够的稳定性。再次，传感器应具有较强的抗干扰能力，这便要求信号分子标记的电催化纳米材料对目标分子具有特异性识别作用，故对不同的响应体系应选择恰当的电催化纳米材料。

尽管目前BFC发展仍存在很多挑战，但电催化纳米材料在BFC领域中具有广阔的应用情景，它的开发利用将为生物燃料电池的未来发展提供技术保障。

参考文献

[1] Potter MC. Electrical effects accompanying the decomposition of organic compounds. Proc R Soc London, Ser B, 1911, 84(571)260-276.

[2] Logan BE. Peer reviewed: extracting hydrogen and electricity from renewable resources. Environ Sci Technol, 2004, 38: 160A-167A.

[3] Yahiro A, Lee S, Kimble D. Bioelectrochemistry: I Enzyme utilizing biofuel cell studies. Biochim Biophys Acta, Spec Sect Biophys Subj, 1964, 88: 375-383.

[4] Palmore GTR, Bertschy H, Bergens SH, et al. A methanol/dioxygen biofuel cell that uses NAD^+-dependent dehydrogenases as catalysts: application of an electro-enzymatic method to regenerate nicotinamide adenine dinucleotide at low overpotentials. J Electroanal Chem, 1998, 443: 155-161.

[5] Chen T, Barton SC, Binyamin G, et al. A miniature biofuel cell. J Am Chem Soc, 2001, 123: 8630-8631.

[6] Mano N, Heller A. A miniature membraneless biofuel cell operating at 0. 36 V under physiological conditions. J Electrochem Soc, 2003, 150: A1136-A1138.

[7] Armstrong FA, Hill HAO, Walton NJ. Direct electrochemistry of redox proteins. Acc Chem Res, 1988, 21: 407-413.

[8] Ghindilis AL, Atanasov P, Wilkins E. Enzyme-catalyzed direct electron transfer: fundamentals and analytical applications. Electroanalysis, 1997, 9: 661-674.

[9] Armstrong FA. Insights from protein film voltammetry into mechanisms of complex biological electron-transfer reactions. J Chem Soc, Dalton Trans, 2002, 661-671.

[10] Oh S, Logan BE. Hydrogen and electricity production from a food processing wastewater using fermentation and microbial fuel cell technologies. Water Res, 2005, 39: 4673-4682.

[11] Cao X, Huang X, Liang P, et al. A completely anoxic microbial fuel cell using a photo-biocathode for cathodic carbon dioxide reduction. Energy Environ Sci, 2009, 2: 498-501.

[12] Ren Z, Ward TE, Regan JM. Electricity

production from cellulose in a microbial fuel cell using a defined binary culture. Environ Sci Technol, 2007, 41: 4781-4786.

[13] Rhoads A, Beyenal H, Lewandowski Z. Microbial fuel cell using anaerobic respiration as an anodic reaction and biomineralized manganese as a cathodic reactant. Environ Sci Technol, 2005, 39: 4666-4671.

[14] Lovley DR. Bug juice: harvesting electricity with microorganisms. Nat Rev Micro, 2006, 4: 497-508.

[15] Kim BH, Park DH, Shin PK, et al. Mediator-less biofuel cell. US 5976719. 1999.

[16] Kim HJ, Hyun MS, Chang IS, et al. A microbial fuel cell type lactate biosensor using a metal-reducing bacterium, Shewanella putrefaciens. J Microbiol Biotechnol, 1999, 9: 365-367.

[17] Logan BE, Regan JM. Microbial fuel cells: challenges and applications. Environ Sci Technol, 2006, 40: 5172-5180.

[18] Banks CE, Crossley A, Salter C, et al. Carbon nanotubes contain metal impurities which are responsible for the “electrocatalysis” seen at some nanotube-modified electrodes. Angew Chem Int Ed, 2006, 45: 2533-2537.

[19] Yu X, Munge B, Patel V, et al. Carbon nanotube amplification strategies for highly sensitive immunodetection of cancer biomarkers. J Am Chem Soc., 2006, 128: 11199-11205.

[20] Tu X, Luo X, Luo S, et al. Novel carboxylation treatment and characterization of multiwalled carbon nanotubes for simultaneous sensitive determination of adenine and guanine in DNA. Microchim Acta, 2010, 169: 33-40.

[21] Noll T, Noll G. Strategies for "wiring" redox-active proteins to electrodes and applications in biosensors, biofuel cells, and nanotechnology. Chem Soc Rev, 2011, 40: 3564-3576.

[22] Iijima S. Helical microtubules of graphitic carbon. Nature, 1991, 354: 56-58.

[23] Yang X, Feng B, He X, et al. Carbon nanomaterial based electrochemical sensors for biogenic amines. Microchim Acta, 2013, 180: 935-956.

[24] Dai H. Carbon nanotubes: synthesis, integration, and properties. Acc Chem Res, 2002, 35: 1035-1044.

[25] Holzinger M, Le Goff A, Cosnier S. Carbon nanotube/enzyme biofuel cells. Electrochim Acta, 2012, 82: 179-190.

[26] Smart SK, Cassady AI, Lu GQ, et al. The biocompatibility of carbon nanotubes. Carbon, 2006, 44: 1034-1047.

[27] Minteer SD, Atanassov P, Luckarift HR, et al. New materials for biological fuel cells. Mater Today, 2012, 15: 166-173.

[28] Cosnier S, Holzinger M, Le Goff A. Recent advances in carbon nanotube-based enzymatic fuel cells. Front Bioeng Biotechnol, 2014, 2: 1-6.

[29] Willner B, Katz E, Willner I. Electrical contacting of redox proteins by nanotechnological means. Curr Opin Biotechnol, 2006, 17: 589-596.

[30] Yan Y, Zheng W, Su L, et al. Carbon-nanotube-based glucose/O_2 biofuel cells. Adv Mater, 2006, 18: 2639-2643.

[31] Qiu JD, Zhou WM, Guo J, et al. Amperometric sensor based on ferrocene-modified multiwalled carbon nanotube nanocomposites as electron mediator for the determination of glucose. Anal Biochem, 2009, 385: 264-269.

[32] Zebda A, Gondran C, Le Goff A, et al. Mediatorless high-power glucose biofuel cells based on compressed carbon nanotube-enzyme electrodes. Nat Commun, 2011, 2: 370.

[33] Reuillard B, Le Goff A, Agnès C, et al. High power enzymatic biofuel cell based on naphthoquinone-mediated oxidation of glucose by glucose oxidase in a carbon nanotube 3D matrix. Phys Chem Chem Phys, 2013, 15: 4892-4896.

[34] Gao F, Viry L, Maugey M, et al. Engineering hybrid nanotube wires for high-power biofuel

cells. Nat Commun, 2010, 1: 2.
[35] Wei W, Li P, Li Y, et al. Nitrogen-doped carbon nanotubes enhanced laccase enzymatic reactivity towards oxygen reduction and its application in biofuel cell. Electrochem Commun, 2012, 22: 181-184.
[36] Rao CN, Sood AK, Subrahmanyam KS, et al. Graphene: the new two-dimensional nanomaterial. Angew Chem Int Ed Engl, 2009, 48: 7752-7777.
[37] Sun Y, Wu Q, Shi G, Graphene based new energy materials. Energy Environ Sci, 2011, 4: 1113-1132.
[38] Zhou H, Yu WJ, Liu L, et al. Chemical vapour deposition growth of large single crystals of monolayer and bilayer graphene. Nat Commun, 2013, 4: 2096.
[39] Karaśkiewicz M, Nazaruk E, Żelechowska K, et al. Fully enzymatic mediatorless fuel cell with efficient naphthylated carbon nanotube-laccase composite cathodes. Electrochem Commun, 2012, 20: 124-127.
[40] Lee C, Wei X, Kysar JW, et al. Measurement of the elastic properties and intrinsic strength of monolayer graphene. Science, 2008, 321: 385-388.
[41] Balandin AA, Ghosh S, Bao W, et al. Superior thermal conductivity of single-layer graphene. Nano Lett, 2008, 8: 902-907.
[42] Stankovich S, Dikin DA, Dommett GHB, et al. Graphene-based composite materials. Nature, 2006, 442: 282-286.
[43] Malig J, Englert JM, Hirsch A, et al. Wet chemistry of graphene. Interface-Electrochem Soc, 2011, 20: 53.
[44] Wu P, Shao Q, Hu Y, et al. Direct electrochemistry of glucose oxidase assembled on graphene and application to glucose detection. Electrochim Acta, 2010, 55: 8606-8614.
[45] Kang X, Wang J, Wu H, et al. Glucose oxidase–graphene–chitosan modified electrode for direct electrochemistry and glucose sensing. Biosens Bioelectron, 2009, 25: 901-905.
[46] Liu C, Alwarappan S, Chen Z, et al. Membraneless enzymatic biofuel cells based on graphene nanosheets. Biosens Bioelectron, 2010, 25: 1829-1833.
[47] Niu Z, Liu L, Zhang L, et al. A Universal strategy to prepare functional porous graphene hybrid architectures. Adv Mater, 2014, 26: 3681-3687.
[48] Huang Y, Wu D, Wang J, et al. Amphiphilic polymer promoted assembly of macroporous graphene/SnO_2 frameworks with tunable porosity for high-performance lithium storage. Small, 2014, 10: 2226-2232.
[49] Sun H, Xu Z, Gao C. Multifunctional, ultra-flyweight, synergistically assembled carbon aerogels. Adv Mater, 2013, 25: 2554-2560.
[50] Chen Z, Ren W, Gao L, et al. Three-dimensional flexible and conductive interconnected graphene networks grown by chemical vapour deposition. Nat Mater, 2011, 10: 424-428.
[51] Huang C, Bai H, Li C, et al. A graphene oxide/hemoglobin composite hydrogel for enzymatic catalysis in organic solvents. Chem Commun, 2011, 47: 4962-4964.
[52] Niu Z, Chen J, Hng HH, et al., A leavening strategy to prepare reduced graphene oxide foams. Adv Mater, 2012, 24: 4144-4150.
[53] Meng Y, Zhao Y, Hu C, et al. All-graphene core-sheath microfibers for all-solid-state, stretchable fibriform supercapacitors and wearable electronic textiles. Adv Mater, 2013, 25: 2326-2331.
[54] Zhao Q, Wang X, Liu J, et al. Design and synthesis of three-dimensional hierarchical ordered porous carbons for supercapacitors. Electrochim Acta, 2015, 154: 110-118.
[55] Zhang Y, Chu M, Yang L, et al. Three-dimensional graphene networks as a new substrate for immobilization of laccase and dopamine and its application in glucose/O_2

biofuel cell. ACS Appl Mat Interfaces, 2014, 6: 12808-12814.

[56] Tominaga M, Otani M, Kishikawa M, et al. UV-ozone treatments improved carbon black surface for direct electron-transfer reactions with bilirubin oxidase under aerobic conditions. Chem Lett, 2006, 35: 1174-1175.

[57] Ma GX, Lu TH, Xia YY. Direct electrochemistry and bioelectrocatalysis of hemoglobin immobilized on carbon black. Bioelectrochemistry, 2007, 71: 180-185.

[58] Moehlenbrock MJ, Arechederra RL, Sjoholm KH, et al. Analytical techniques for characterizing enzymatic biofuel cells. Anal Chem, 2009, 81: 9538-9545.

[59] Umasankar Y, Brooks DB, Brown B, et al. Three dimensional carbon nanosheets as a novel catalyst support for enzymatic bioelectrodes. Adv Energy Mater, 2014, 4: 1-9.

[60] Trifonov A, Tel-Vered R, Fadeev M, et al. Electrically contacted bienzyme-functionalized mesoporous carbon nanoparticle electrodes: applications for the development of dual amperometric biosensors and multifuel driven biofuel cells. Adv Energy Mater, 2015, 1401853.

[61] Trifonov A, Herkendell K, Tel-Vered R, et al. Enzyme-capped relay-functionalized mesoporous carbon nanoparticles: effective bioelectrocatalytic matrices for sensing and biofuel cell applications. ACS Nano, 2013, 7: 11358-11368.

[62] 朱俊杰. 纳米分析化学. 北京: 科学出版社, 2014.

[63] Xiao Y, Patolsky F, Katz E, et al. “Plugging into enzymes” : nanowiring of redox enzymes by a gold nanoparticle. Science, 2003, 299: 1877-1881.

[64] Yehezkeli O, Tel-Vered R, Raichlin S, et al. Nano-engineered flavin-dependent glucose dehydrogenase/gold nanoparticle-modified electrodes for glucose sensing and biofuel cell applications. ACS Nano, 2011, 5: 2385-2391.

[65] Wang X, Falk M, Ortiz R, et al. Mediatorless sugar/oxygen enzymatic fuel cells based on gold nanoparticle-modified electrodes. Biosens Bioelectron, 2012, 31: 219-225.

[66] Kim RE, Hong S-G, Ha S, et al. Enzyme adsorption, precipitation and crosslinking of glucose oxidase and laccase on polyaniline nanofibers for highly stable enzymatic biofuel cells. Enzyme Microb Technol, 2014, 66: 35-41.

[67] 蔡本慧，曹雷，王肇君. 导电聚合物聚吡咯的制备，性质及其应用. 化工科技市场，2010，11-16.

[68] Kim J, Kim SI, Yoo KH. Polypyrrole nanowire-based enzymatic biofuel cells. Biosens Bioelectron, 2009, 25: 350-355.

[69] Li D, Luo L, Pang Z, et al. Novel phenolic biosensor based on a magnetic polydopamine-laccase-nickel nanoparticle loaded carbon nanofiber composite. ACS Appl Mat Interfaces, 2014, 6: 5144-5151.

[70] Song Y, Xu C, Wei W, et al. Light regulation of peroxidase activity by spiropyran functionalized carbon nanotubes used for label-free colorimetric detection of lysozyme. Chem Commun, 2011, 47: 9083-9085.

[71] Song Y, Wang X, Zhao C, et al. Label-free colorimetric detection of single nucleotide polymorphism by using single-walled carbon nanotube intrinsic peroxidase-like activity. Chem-Eur J, 2010, 16: 3617-3621.

[72] Woo S, Kim Y R, Chung TD, et al. Synthesis of a graphene-carbon nanotube composite and its electrochemical sensing of hydrogen peroxide. Electrochim Acta, 2012, 59: 509-514.

[73] Yang SY, Chang KH, Tien HW, et al. Design and tailoring of a hierarchical graphene-carbon nanotube architecture for supercapacitors. J Mater Chem, 2011, 21: 2374-2380.

[74] Prasad KP, Chen Y, Chen P. Three-dimensional graphene-carbon nanotube hybrid for high-

performance enzymatic biofuel cells. ACS Appl Mat Interfaces, 2014, 6: 3387-3393.
[75] La Rotta CE, Gonzalez ER. Synthesis and characterization of chemical modified carbon-chitosan composites applied to glucose oxidase fuel cells. J Electrochem Soc, 2012, 160: G37-G45.
[76] Neto SA, Hickey DP, Milton RD, et al. High current density PQQ-dependent alcohol and aldehyde dehydrogenase bioanodes. Biosens Bioelectron, 2015, 72: 247-254.
[77] Chen Y, Gai P, Zhang J, et al. Design of an enzymatic biofuel cell with large power output. J Mater Chem A, 2015, 3: 11511-11516.
[78] Uk Lee H, Young Yoo H, Lkhagvasuren T, et al. Enzymatic fuel cells based on electrodeposited graphite oxide/cobalt hydroxide/chitosan composite-enzyme electrode. Biosens Bioelectron, 2013, 42: 342-348.
[79] Zhou C, Kong J, Yenilmez E, et al. Modulated chemical doping of individual carbon nanotubes. Science, 2000, 290: 1552-1555.
[80] Derycke V, Martel R, Appenzeller J, et al. Controlling doping and carrier injection in carbon nanotube transistors. Appl Phys Lett, 2002, 80: 2773.
[81] Wang S, Wang X, Jiang SP. PtRu nanoparticles supported on 1-aminopyrene-functionalized multiwalled carbon nanotubes and their electrocatalytic activity for methanol oxidation. Langmuir, 2008, 24: 10505-10512.
[82] Gong K, Du F, Xia Z, et al. Nitrogen-doped carbon nanotube arrays with high electrocatalytic activity for oxygen reduction. Science, 2009, 323: 760-764.
[83] Wang S, Yang F, Jiang SP, et al. Tuning the electrocatalytic activity of Pt nanoparticles on carbon nanotubes via surface functionalization. Electrochem Commun, 2010, 12: 1646-1649.
[84] Lin Z, Waller G, Liu Y, et al. Facile Synthesis of nitrogen-doped graphene via pyrolysis of graphene oxide and urea, and its electrocatalytic activity toward the oxygen-reduction reaction. Adv Energy Mater, 2012, 2: 884-888.
[85] Groves MN, Chan ASW, Malardier-Jugroot C, et al. Improving platinum catalyst binding energy to graphene through nitrogen doping. Chem Phys Lett, 2009, 481: 214-219.
[86] Lherbier A, Blase X, Niquet YM, et al. Charge transport in chemically doped 2D graphene. Phys Rev Lett, 2008, 101: 036808.
[87] Wei D, Liu Y, Wang Y, et al. Synthesis of N-doped graphene by chemical vapor deposition and its electrical properties. Nano Lett, 2009, 9: 1752-1758.
[88] Deifallah M, McMillan PF, Corà F. Electronic and structural properties of two-dimensional carbon nitride graphenes. J Phys Chem C, 2008, 112: 5447-5453.
[89] Shao Y, Zhang S, Engelhard MH, et al. Nitrogen-doped graphene and its electrochemical applications. J Mater Chem, 2010, 20: 7491.
[90] Kundu S, Nagaiah TC, Xia W, et al. Electrocatalytic activity and stability of nitrogen-containing carbon nanotubes in the oxygen reduction reaction. J Phys Chem C, 2009, 113: 14302-14310.
[91] Matter P, Zhang L, Ozkan U. The role of nanostructure in nitrogen-containing carbon catalysts for the oxygen reduction reaction. J Catal, 2006, 239: 83-96.
[92] Casanovas J, Ricart JM, Rubio J, et al. Origin of the large N 1s binding energy in X-ray photoelectron spectra of calcined carbonaceous materials. J Am Chem Soc, 1996, 118: 8071-8076.
[93] Lin Z, Waller GH, Liu Y, et al. Simple preparation of nanoporous few-layer nitrogen-doped graphene for use as an efficient electrocatalyst for oxygen reduction and oxygen evolution reactions. Carbon, 2013, 53: 130-136.
[94] Cao H, Zhou X, Qin Z, et al. Low-temperature

preparation of nitrogen-doped graphene for supercapacitors. Carbon, 2013, 56: 218-223.
[95] Yoo E, Nakamura J, Zhou H. N-Doped graphene nanosheets for Li-air fuel cells under acidic conditions. Energy Environ Sci, 2012, 5: 6928-6932.
[96] Wu ZS, Winter A, Chen L, et al. Three-dimensional nitrogen and boron co-doped graphene for high-performance all-solid-state supercapacitors. Adv Mater, 2012, 24: 5130-5135.
[97] Unni SM, Devulapally S, Karjule N, et al. Graphene enriched with pyrrolic coordination of the doped nitrogen as an efficient metal-free electrocatalyst for oxygen reduction. J Mater Chem, 2012, 22: 23506-23513.
[98] Gai PP, Zhao CE, Wang Y, et al. NADH dehydrogenase-like behavior of nitrogen-doped graphene and its application in NAD^+-dependent dehydrogenase biosensing. Biosens Bioelectron, 2014, 62: 170-176.
[99] Gai P, Ji Y, Chen Y, et al. A nitrogen-doped graphene/gold nanoparticle/formate dehydrogenase bioanode for high power output membrane-less formic acid/O_2 biofuel cells. Analyst, 2015, 140: 1822-1826.
[100] Schubart IW, Göbel G, Lisdat F. A pyrroloquinolinequinone-dependent glucose dehydrogenase (PQQ-GDH) -electrode with direct electron transfer based on polyaniline modified carbon nanotubes for biofuel cell application. Electrochim Acta, 2012, 82: 224-232.
[101] Ilčíková M, Filip J, Mrlík M, et al. Polypyrrole nanotubes decorated with gold particles applied for construction of enzymatic bioanodes and biocathodes. Int J Electrochem Sci, 2015, 10: 6558-6571.
[102] Gai P, Song R, Zhu C, et al. A ternary hybrid of carbon nanotubes/graphitic carbon nitride nanosheets/gold nanoparticles used as robust substrate electrodes in enzyme biofuel cells. Chem Commun, 2015, 51: 14735-14738.
[103] Logan B, Cheng S, Watson V, et al. Graphite fiber brush anodes for increased power production in air-cathode microbial fuel cells. Environ Sci Technol, 2007, 41: 3341-3346.
[104] Liu XW, Huang YX, Sun XF, et al. Conductive carbon nanotube hydrogel as a bioanode for enhanced microbial electrocatalysis. ACS Appl Mat Interfaces, 2014, 6: 8158-8164.
[105] Ci S, Wen Z, Chen J, et al. Decorating anode with bamboo-like nitrogen-doped carbon nanotubes for microbial fuel cells. Electrochem Commun, 2012, 14: 71-74.
[106] Zhang Y, Mo G, Li X, et al. A graphene modified anode to improve the performance of microbial fuel cells. J Power Sources, 2011, 196: 5402-5407.
[107] Tang J, Chen S, Yuan Y, et al. In situ formation of graphene layers on graphite surfaces for efficient anodes of microbial fuel cells. Biosens Bioelectron, 2015, 71: 387-395.
[108] Kumar GG, Hashmi S, Karthikeyan C, et al. Graphene oxide/carbon nanotube composite hydrogels-versatile materials for microbial fuel cell applications. Macromol Rapid Commun, 2014, 35: 1861-1865.
[109] Yong YC, Dong XC, Chan-Park MB, et al. Macroporous and monolithic anode based on polyaniline hybridized three-dimensional graphene for high-performance microbial fuel cells. ACS Nano, 2012, 6: 2394-2400.
[110] Xie X, Yu G, Liu N, et al. Graphene-sponges as high-performance low-cost anodes for microbial fuel cells. Energy Environ Sci, 2012, 5: 6862-6866.
[111] He Z, Liu J, Qiao Y, et al. Architecture engineering of hierarchically porous chitosan/vacuum-stripped graphene scaffold as bioanode for high performance microbial fuel cell. Nano Lett, 2012, 12: 4738-4741.

[112] Katuri K, Ferrer ML, Gutierrez MC, et al. Three-dimensional microchanelled electrodes in flow-through configuration for bioanode formation and current generation. Energy Environ Sci, 2011, 4: 4201-4210.

[113] Flexer V, Chen J, Donose BC, et al. The nanostructure of three-dimensional scaffolds enhances the current density of microbial bioelectrochemical systems. Energy Environ Sci, 2013, 6: 1291-1298.

[114] Richter H, McCarthy K, Nevin KP, et al. Electricity generation by geobacter sulfurreducens attached to gold electrodes. Langmuir, 2008, 24: 4376-4379.

[115] Sun M, Zhang F, Tong Z-H, et al. A gold-sputtered carbon paper as an anode for improved electricity generation from a microbial fuel cell inoculated with Shewanella oneidensis MR-1. Biosens Bioelectron, 2010, 26: 338-343.

[116] Zhao CE, Gai P, Song R, et al. Graphene/Au composites as an anode modifier for improving electricity generation in Shewanella-inoculated microbial fuel cells. Anal Methods, 2015, 7: 4640-4644.

[117] Kim J, Min B, Logan B. Evaluation of procedures to acclimate a microbial fuel cell for electricity production. Appl Microbiol Biotechnol, 2005, 68: 23-30.

[118] Park D, Zeikus J. Impact of electrode composition on electricity generation in a single-compartment fuel cell using Shewanella putrefaciens. Appl Microbiol Biotechnol, 2002, 59: 58-61.

[119] Deng L, Guo S, Liu Z, et al. To boost c-type cytochrome wire efficiency of electrogenic bacteria with Fe_3O_4/Au nanocomposites. Chem Commun, 2010, 46: 7172-7174.

[120] Mehdinia A, Ziaei E, Jabbari A. Facile microwave-assisted synthesized reduced graphene oxide/tin oxide nanocomposite and using as anode material of microbial fuel cell to improve power generation. Int J Hydrogen Energy, 2014, 39: 10724-10730.

[121] Mehdinia A, Ziaei E, Jabbari A. Multi-walled carbon nanotube/SnO_2 nanocomposite: a novel anode material for microbial fuel cells. Electrochim Acta, 2014, 130: 512-518.

[122] Park IH, Christy M, Kim P, et al. Enhanced electrical contact of microbes using Fe_3O_4/CNT nanocomposite anode in mediator-less microbial fuel cell. Biosens Bioelectron, 2014, 58: 75-80.

[123] Zhao CE, Wang WJ, Sun D, et al. Nanostructured graphene/TiO_2 hybrids as high-performance anodes for microbial fuel cells. Chem Eur J, 2014, 20: 7091-7097.

[124] Syed AA, Dinesan MK, Review: Polyaniline——a novel polymeric material. Talanta, 1991, 38: 815-837.

[125] Schröder U, Nießen J, Scholz F. A Generation of microbial fuel cells with current outputs boosted by more than one order of magnitude. Angew Chem Int Ed, 2003, 42: 2880-2883.

[126] Zhao C, Gai P, Liu C, et al. Polyaniline networks grown on graphene nanoribbons-coated carbon paper with a synergistic effect for high-performance microbial fuel cells. J Mater Chem A, 2013, 1: 12587-12594.

[127] Wang Y, Li B, Zeng L, et al. Polyaniline/mesoporous tungsten trioxide composite as anode electrocatalyst for high-performance microbial fuel cells. Biosens Bioelectron, 2013, 41: 582-588.

[128] Qiao Y, Bao SJ, Li CM, et al. Nanostructured polyaniline/titanium dioxide composite anode for microbial fuel cells. ACS Nano, 2008, 2: 113-119.

[129] Wang Y, Zhao CE, Sun D, et al. A Graphene/poly (3, 4-ethylenedioxythiophene) hybrid as an anode for high-performance microbial fuel cells. ChemPlusChem, 2013, 78: 823-829.

[130] Zhao C, Wang Y, Shi F, et al. High biocurrent generation in *Shewanella*-inoculated microbial fuel cells using ionic liquid functionalized graphene nanosheets as an anode. Chem Commun, 2013, 49: 6668-6670.

[131] Chen S, Hou H, Harnisch F, et al. Electrospun and solution blown three-dimensional carbon fiber nonwovens for application as electrodes in microbial fuel cells. Energy Environ Sci, 2011, 4: 1417-1421.

[132] Oh S, Min B, Logan BE. Cathode performance as a factor in electricity generation in microbial fuel cells. Environ Sci Technol, 2004, 38: 4900-4904.

[133] Cheng S, Liu H, Logan BE. Increased power generation in a continuous flow MFC with advective flow through the Porous Anode and Reduced Electrode Spacing. Environ Sci Technol, 2006, 40: 2426-2432.

[134] Zhang L, Liu C, Zhuang L, et al. Manganese dioxide as an alternative cathodic catalyst to platinum in microbial fuel cells. Biosens Bioelectron, 2009, 24: 2825-2829.

[135] Lu M, Kharkwal S, Ng HY, et al. Carbon nanotube supported MnO_2 catalysts for oxygen reduction reaction and their applications in microbial fuel cells. Biosens Bioelectron, 2011, 26: 4728-4732.

[136] Wen Q, Wang S, Yan J, et al. MnO_2-graphene hybrid as an alternative cathodic catalyst to platinum in microbial fuel cells. J Power Sources, 2012, 216: 187-191.

[137] Jasinski R. A New Fuel Cell Cathode Catalyst. Nature, 1964, 201: 1212-1213.

[138] Cheng S, Liu H, Logan BE. Power densities using different cathode catalysts (Pt and CoTMPP) and polymer binders (Nafion and PTFE) in single chamber microbial fuel cells. Environ Sci Technol, 2006, 40: 364-369.

[139] Zhang Y, Mo G, Li X, et al. Iron tetrasulfophthalocyanine functionalized graphene as a platinum-free cathodic catalyst for efficient oxygen reduction in microbial fuel cells. J Power Sources, 2012, 197: 93-96.

[140] Ghasemi M, Shahgaldi S, Ismail M, et al. Activated carbon nanofibers as an alternative cathode catalyst to platinum in a two-chamber microbial fuel cell. Int J Hydrogen Energy, 2011, 36: 13746-13752.

[141] Li H, Liu H, Jong Z, et al. Nitrogen-doped carbon nanotubes with high activity for oxygen reduction in alkaline media. Int J Hydrogen Energy, 2011, 36: 2258-2265.

[142] Chen Z, Higgins D, Chen Z. Nitrogen doped carbon nanotubes and their impact on the oxygen reduction reaction in fuel cells. Carbon, 2010, 48: 3057-3065.

[143] Chen S, Chen Y, He G, et al. Stainless steel mesh supported nitrogen-doped carbon nanofibers for binder-free cathode in microbial fuel cells. Biosens Bioelectron, 2012, 34: 282-285.

[144] Li S, Hu Y, Xu Q, et al. Iron- and nitrogen-functionalized graphene as a non-precious metal catalyst for enhanced oxygen reduction in an air-cathode microbial fuel cell. J Power Sources, 2012, 213: 265-269.

[145] Khomenko VG, Barsukov VZ, Katashinskii AS. The catalytic activity of conducting polymers toward oxygen reduction. Electrochim Acta, 2005, 50: 1675-1683.

[146] Yuan Y, Zhou S, Zhuang L. Polypyrrole/carbon black composite as a novel oxygen reduction catalyst for microbial fuel cells. J Power Sources, 2010, 195: 3490-3493.

[147] Fu L, You SJ, Zhang GQ, et al. PB/PANI-modified electrode used as a novel oxygen reduction cathode in microbial fuel cell. Biosens Bioelectron, 2011, 26: 1975-1979.

[148] Yuan Y, Ahmed J, Kim S. Polyaniline/carbon black composite-supported iron phthalocyanine as an oxygen reduction catalyst for microbial

fuel cells. J Power Sources, 2011, 196: 1103-1106.

[149] Zachara JM, Kukkadapu RK, Fredrickson JK, et al. Biomineralization of poorly crystalline Fe (III) oxides by dissimilatory metal reducing bacteria (DMRB) . Geomicrobiol J, 2002, 19: 179-207.

[150] Cheng J, Han Y, Deng L, et al. Carbon nanotube–bilirubin oxidase bioconjugate as a new biofuel cell label for self-powered immunosensor. Anal Chem, 2014, 86: 11782-11788.

[151] Deng L, Chen C, Zhou M, et al. Integrated self-powered microchip biosensor for endogenous biological cyanide. Anal Chem, 2010, 82: 4283-4287.

[152] Liu Z, Cho B, Ouyang T, et al. Miniature amperometric self-powered continuous glucose sensor with linear response. Anal Chem, 2012, 84: 3403-3409.

[153] Wen D, Deng L, Guo S, et al. Self-powered sensor for trace Hg^{2+} detection. Anal Chem, 2011, 83: 3968-3972.

[154] Zloczewska A, Celebanska A, Szot K, et al. Self-powered biosensor for ascorbic acid with a Prussian blue electrochromic display. Biosens Bioelectron, 2014, 54: 455-461.

[155] Li S, Wang Y, Ge S, et al. Self-powered competitive immunosensor driven by biofuel cell based on hollow-channel paper analytical devices. Biosens Bioelectron, 2015, 71: 18-24.

[156] Conzuelo F, Vivekananthan J, Pöller S, et al. Immunologically controlled biofuel cell as a self-powered biosensor for antibiotic residue determination. ChemElectroChem, 2014, 1: 1854-1858.

[157] Wang Y, Ge L, Wang P, et al. A three-dimensional origami-based immuno-biofuel cell for self-powered, low-cost, and sensitive point-of-care testing. Chem Commun, 2014, 50: 1947-1949.

[158] Gai PP, Ji YS, Wang WJ, et al. Ultrasensitive self-powered cytosensor. Nano Energy, 2016, 19: 541-549.

NANOMATERIALS

电催化纳米材料

Chapter 10

第10章

微生物制备纳米材料的电子传递机制及其应用

赵峰，吴雪娥，姜艳霞
中国科学院城市环境研究所
厦门大学化学化工学院

10.1
概述

纳米材料是指在三维空间中至少有一维处于纳米尺度范围（1 ～ 100nm）的材料，具有独特的化学、光学、电学和磁学等特性，广泛应用于能源、医药、电子以及航天等众多领域。地球上的微生物历史悠久、数量庞大、种类繁多、分布广泛，有些微生物本身能够合成纳米材料。从时间角度来看，微生物制备纳米材料的历史比人类有目的合成纳米材料的时间要久远得多。随之带来的几个问题是：微生物为什么会制备这些纳米材料？这些纳米材料对微生物代谢和生存有什么影响以及具体途径是什么？当前如何应用这些纳米材料的催化功能为社会经济发展和环境保护服务？本章将主要围绕上述问题进行展开。

微生物本身可以通过还原金属离子，在细胞膜表面或细胞内部生成纳米球、纳米线、纳米管等材料。目前，已发现微生物至少能利用18种金属元素制备纳米材料，而且，这些纳米材料具有反应条件温和、生物相容性高、在环境中不易发生团聚等优点。不同种类的微生物，比如趋磁细菌、硅藻类、S-层细菌、放线菌和酵母菌等均能够生成纳米矿物晶体或纳米金属粒子，它们具有非常高的催化性能，而且与微生物的生命活动以及代谢过程的电子传递密切相关。

电化学活性微生物能够将代谢产生的电子传递到胞外或从胞外捕集电子用于生物代谢，在元素的生物地球化学循环、环境保护、生物能源、资源回收等领域起着关键作用，近年来在国际上受到越来越多的关注，其中微生物的胞外电子传递机制及其应用是研究热点。纳米材料被广泛应用于环境污染物控制的研究中。在微观尺度，生物相容性好的纳米材料和微生物之间可以形成耦合效应，在一定程度上提升微生物的代谢能力，进而强化该体系的环境学功能。比如纳米TiO_2的添加能够调节微生物群落代谢，从而提升序批式活性污泥工艺中活性污泥的稳定性；纳米铁能与微生物产生协同作用，促进污水处理系统中脱氮、除磷的效果；纳米金属氧化物表面包裹无定形碳后，不仅可以提高其导电性和结构稳定性，还可以改变材料表面的氧化还原能力。然而，在污染控制研究体系中，不同纳米材料的氧化还原性质以及界面电子转移机制存在差异，与微生物相互作用机制尚不清晰。

纳米催化剂具有很高的催化能力，微生物在一定程度上也可以看成催化剂。耦合微生物和纳米材料的电催化功能和性质可以通过电子传递进行研究。本章将重点介绍与电化学活性微生物相关的纳米材料的电子传递机制以及其应用，系统地介绍该领域的国际热点、研究方法以及发展趋势。

10.2 胞外电子传递

电子产生和转移源于生物的新陈代谢过程。微生物的胞外电子传递（extracellular electron transfer，EET）来源于胞内电子传递到胞外终端电子受体上并使之还原，或是胞外的电子供体将电子传递至细胞内而被利用的过程。胞外电子受体的形式多样，如不可溶矿物质Mn(Ⅳ)、Fe(Ⅲ)氧化物；某些溶解态腐殖质由于体积大而难以进入细胞，能够在细胞外部被还原；一些溶解态金属离子，如U(Ⅵ)和碳酸盐复合体以及Fe(Ⅲ)螯合的柠檬酸盐等也常在胞外被还原。此外，在有机物的共生降解过程中，一些微生物产生的电子可以在细胞之间进行传递。在适当的电势下，电极能够与微生物发生电子交换，这样就为利用电化学技术研究或调控胞外电子传递机制提供了可能，从而实现电催化的目的。

胞外电子传递是微生物与金属或矿物相互作用的关键，也是微生物制备纳米材料的一个重要途径。根据电子在微生物与外界终端电子受体的传递方式，胞外电子传递可以分为直接电子传递（direct electron transfer，DET）和间接电子传递（mediated electron transfer，MET）两种形式。下面分别对两种传递方式进行介绍。

10.2.1 直接胞外电子传递

微生物的直接电子传递是指胞内电子直接传递到胞外终端电子受体，或是胞外的电子供体将电子直接传递至细胞内。目前报道的直接电子传递途径是通过细胞膜蛋白——细胞色素*c*和微生物生成的纳米导线实现[1]。其中，关于纳米导线的内容，将在本章后半部分进行详细介绍。细胞色素*c*普遍存在于生物体中，含有多个排列紧密的含铁血红素，是一类电子传递蛋白，在与呼吸代谢相关的电子传递过程中具有至关重要的作用。尽管它们的氨基酸序列差别很大，但至少含有一个血红素，并通过与蛋白的氨基酸侧链共价结合而将其定位。细胞色素*c*的常见基团为CX_2CH，其他基团有$CX_{3\sim4}CH$、CX_2CK和A/FX_2CH。血红素部分通常通过两个硫酯键与邻近的蛋白半胱氨酸相协调；具有各种不同的功能，包括结合氧气和催化电子传递等。

高通量测序表明一些兼性和严格厌氧菌，如异化金属还原菌*Shewanella oneidensis* MR-1和*Geobacter sulfurreducens*等，都含有大量的细胞色素*c*。图10.1显示了通过细胞色素*c*进行直接胞外电子传递的途径，矿石作为胞外电子受体。在细胞色素*c*蛋白的作用下，电子能够从内膜传递到周质，再到外膜，最后到达胞外金属氧化物，如Fe(Ⅲ)或Mn(Ⅳ)氧化物。CymA蛋白是一种内膜细胞色素*c*，它是电子从内膜醌池传递到周质的起始点。将编码CymA的基因敲除后，*S. oneidensis* MR-1利用底物包括Fe(Ⅲ)/Mn(Ⅳ)氧化物、延胡索酸盐、硝酸盐、亚硝酸盐和二甲基亚砜等作为最终电子受体的能力下降约80%～100%。周质中的MtrA蛋白是一种溶解性的细胞色素*c*，它含有10个血红素，能够协助电子穿过周质[3]。与野生型相比，MtrA蛋白缺陷型细菌对柠檬酸铁和MnO_2的还原能力明显减弱，但对延胡索酸盐、硝酸盐、二甲基亚砜、氧化三甲胺、硫代硫酸盐和硫化物的还原能力变化不大[4]，表明MtrA蛋白在还原金属中的关键作用；而且由于MtrA位于周质，它在将电子由CymA蛋白跨周质传递到外膜蛋白如MtrB的过程中也具有重要的作用。MtrB是一种跨膜蛋白，在金属还原中也是必需的[5]，而且与MtrC和OmcA蛋白嵌入外膜的位置有关。MtrC和OmcA是细胞膜表面两种细胞色素*c*，位于外膜的细胞外位点，且均含有10个血红素[6,7]，这两种蛋白与其

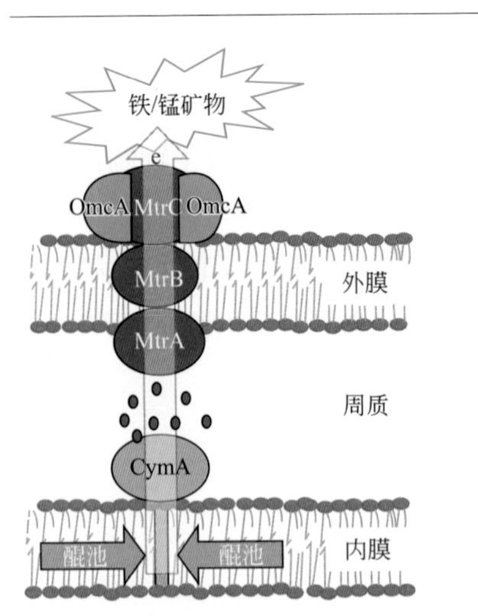

图10.1 *S. oneidensis* MR-1通过细胞色素*c*进行直接电子传递的可能途径[2]

他蛋白协同作用，可以作为固态金属氧化物的终端还原酶[8]。敲除MtrC和OmcA蛋白编码的基因对*S. oneidensis* MR-1还原如硝酸盐、亚硝酸盐等溶解性电子受体的能力没有影响；但缺少这两种蛋白中任何一种的缺陷型菌株，对不溶性铁、锰氧化物的还原能力明显减弱。

10.2.2 间接胞外电子传递

间接电子传递是指微生物通过自身分泌物或外源物质，将胞内的电子传递至胞外电子受体的过程。间接电子传递过程中，能够作为电子载体的这些氧化还原活性物质被称为电子中介体，它们能够在微生物和胞外电子受体间分别进行氧化/还原反应，达到传输电子的目的。间接胞外电子传递的机制如图10.2所示，还原态电子中介体被最终电子受体氧化，而其氧化态又被细胞还原，这个过程在微生物与电子受体之间循环。电子中介体介导的微生物电子传递过程，能够使外界物质在不进入微生物的情况下与其进行电子交换，发生氧化还原反应，从而使环境中重金属、有机物等污染物质被快速降解和转化。

电子中介体既包括微生物分泌的黄素、吩嗪、醌类等内源性物质，也包括铁氰化物、中性红等外源性氧化还原活性物质。由于篇幅关系，本章仅讨论非人工添加的内源性电子中介体。自然界中非常多的微生物均能够分泌黄素，如核黄素（riboflavin）、黄素腺嘌呤二核苷酸（flavin adenine dinucleotide）和黄素单核苷酸（flavinmononucleotide）。它们参与微生物的氧化代谢过程，也是微生物生长所必需的营养物质。研究发现*S. oneidensis*能够通过分泌到胞外的黄素，介导细菌和外界电子受体之间的电子传递，提高微生物燃料电池能量的输出效率[9,10]。吩嗪也是常见的胞外电子中介体，假单胞菌属代谢产生的一类次级代谢产物包括1-甲酰胺-吩嗪、1-羟基-吩嗪、1-羧酸-吩嗪和绿脓菌素等。绿脓杆菌 *Pseudomonas aeruginosa* KRP1分泌的吩嗪能够作为电子中介体，促进微生物的胞外电子传递速率[11]。Wang等发现厌氧环境下，*P. aeruginosa* PA14分泌的吩嗪可将细胞内的电子传递至电极表面，

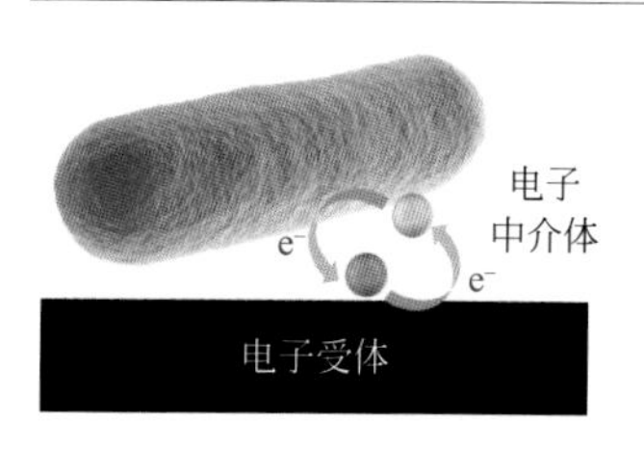

图10.2　间接胞外电子传递机制

从而使细菌在厌氧条件下存活[12]。腐殖质是土壤有机质的主要组成成分，主要包括既溶于酸又溶于碱的富里酸、不溶于酸但溶于碱的腐殖酸、既不溶于酸也不溶于碱的腐黑物。腐殖质在厌氧条件下捕获微生物产生的电子，在好氧条件下将氧气还原[13]。希瓦氏菌、地杆菌、硫酸盐还原菌和产甲烷菌等都能够利用腐殖质类物质作电子中介体介导胞外电子传递。例如，*G. metallireducens* 利用腐殖酸作为代谢电子受体时，不仅能加速微生物的代谢，还能促进胞外铁氧化物的还原[14]；异化金属还原菌 *S. putrefaciens* CN32 和 *G. sulfurreducens* PCA 能够将胞内的电子传递给胞外非溶解态腐殖质，随后电子又被腐殖质传递给固态氧化铁[15]。

10.3 微生物制备的纳米材料

微生物能够制备的纳米材料种类很多，应用广泛。在本章中我们按照纳米材料的功能和性质，也就是电、光、磁，分别进行介绍。

10.3.1 纳米材料与电子

2005 年，Reguera 等发现 *G. sulfurreducens* DL1 的一些菌毛具有电子传导能力，由于其直径在纳米尺度，且是天然生成的，故将其命名为“微生物纳米导线”[16]。该工作发表后立刻引起了国际学者的广泛关注：微生物为什么会耗费能量生成具有电子传导能力的菌毛？它们的功能是什么？ Gorby 等证实了 *S. oneidensis* MR-1、*Synechocystis* PCC6803 和 *Pelotomaculum thermopropionicum* 等微生物也可产生电子传递的纳米导线，它们的长度通常在十几微米，部分可以达到厘米级[17]。纳米导线的存在，使得微生物本体不需要通过直接接触电子受体就能进行电子传递，从而使微生物远距离获取能量成为可能。*Geobacter* 和 *Shewanella* 等金属还原菌可以通过纳米导线将胞内的电子传递到胞外的氧化态物质，如 Cr(Ⅵ)、Mn(Ⅳ)、U(Ⅵ)、多卤代污染物和硝基芳香化合物等，使其还原，从而能够降低它们的毒性或可移动性。因此，微生物的纳米导线在污水处理、水体自净、受污染土壤原位修复等环境领域具有非常积极的作用。

目前研究者对于典型的电化学活性细菌*S. oneidensis*和*G. sulfurreducens*的纳米导线的电子传递机制，仍存在着巨大的争议。*S.oneidensis*缺少外膜细胞色素基因MtrC和OmcA的菌株，没有发现具有导电能力，可见这些膜上的细胞色素*c*在电子传递中的关键作用；进一步荧光染色研究揭示这些菌毛蛋白与细胞膜的类似；胞内的电子可能在菌毛上的细胞色素*c*上，通过电子跃迁（electron hopping）进行传递。*G. sulfurreducens*等能通过纳米导线将胞内的电子直接传递到外界电子受体，如电极或金属氧化物等，使其发生还原反应。该过程中，纳米导线起着传递电子的桥梁作用。Reguera等推测*G. sulfurreducens*的电子可能是通过多个细胞色素的亚铁血红蛋白（如OmcE和OmcS等）依次从细胞内膜、周质和外膜传递到Ⅳ型菌毛，最后由菌毛将外膜的电子传递到胞外电子受体，是一种类似于导电聚合物的电子传递模式[16]。Richter等提出细胞色素OmcZ是菌毛进行远距离电子传递的关键[18,19]。Malvankar等[20]发现细胞色素OmcS变性后并不影响菌毛传递电子，然而OmcS在铁氧化物的还原过程中却是不可或缺的，因此推测，OmcS在菌毛和铁氧化物反应之间可能起着桥梁作用，帮助电子从菌毛末端传递至胞外[21]。*G. sulfurreducens*的菌毛由PliA蛋白组成，与细胞膜上的蛋白明显不同，PliA蛋白结构可能会存在π-π轨道重叠，Lovley提出了菌毛通过天然的芳香族π-π轨道重叠结构进行电子传递的机制[20,22]。

微生物能够将可溶性金属离子转化成纳米单质。在胞内合成过程中，金属离子被微生物还原成金属单质并积聚，晶核逐渐增大。轮枝菌*Verticillium sp.*能够合成纳米Ag，电镜图显示小粒子存在于菌丝壁上，大一些的粒子分布在细胞内[23]；其原因可能是附着于细菌表面的银离子通过静电作用，在某种酶的作用下变成银晶核，晶核聚积后最终在菌丝上形成纳米Ag。尖孢镰刀菌*Fusarium oxysporum*可释放酶还原金属离子[24]；*F. oxysporum*在水中悬浮数小时后，将滤掉菌体的溶液与$AgNO_3$混合后，有纳米Ag的生成，表明由*F. oxysporum*分泌到溶液的物质可以还原银离子。但是，串珠镰刀菌*F. moniliforme*的现象相反，无法利用代谢物在溶液中合成纳米Ag，只能利用菌体制备。通过这两种微生物的蛋白质鉴定可知，除NADH依赖型还原酶只能由*F. oxysporum*产生外，由两种菌产生的其他还原酶是相同的[24]，表明NADH依赖型还原酶可能与纳米Ag的形成有关。除酶外，微生物的生长时期对纳米粒子的生物合成也很重要。Gericke等发现，不同生长时期获得的轮枝菌*V. luteoalbum*产生出的纳米Au数量不同，即指数期前期的细菌比指数期后期的细菌能合成更多的纳米粒子[25]。在金属离子的还原中，细菌表面或内部的酶能辅助还原反应的发生，起到关键作用；然而，目前只有少数参与纳米合成的酶被发现。

由于金属离子转化为不同价态过程中会产生电子，因此微生物还原金属的过程，与微生物的胞外电子传递具有密不可分的关系。图10.3是合成纳米Pd前后微生物胞外电子传递可能途径。在不含纳米Pd的细胞中，菌体通过细胞膜上的细胞色素*c*等将电子由胞内传递到胞外［图10.3（a）］；当少量纳米Pd粒子生成并存在于周质时，相比于氢化酶和细胞色素*c*蛋白，金属粒子具有良好的导电性和更低的反应活化能，可以促进电子在细胞和电极之间的传递［图10.3（b）］，实验结果表明纳米材料对生物的毒性效应与其含量和类型有关，当含量很低的时候可能会起到有益的作用。当纳米Pd粒子的粒径逐渐增大，在周质占据了大部分空间时，由于金属的高导电能力和催化活性，反而会干扰细胞通过功能蛋白的电子传递过程，导致细菌的活性大大降低甚至死亡。如果不考虑微生物的生存，利用微生物制备高含量的纳米Pd，由于不宜团聚，在化学燃料电池中具有很好的电催化性能。

在利用*S. oneidensis* MR-1野生型及其缺陷型△*omcA/mtrC*还原Au(Ⅲ)生成纳米Au的研究中发现，刚加入氯金酸溶液的菌液呈浅黄色，厌氧条件下30min后溶液颜色变成浅紫红色，并随时间的推移逐渐加深。数小时之后，溶液颜色变成深紫红色。而在对照实验中，厌氧条件下仅将氯金酸与无菌的乳酸钠溶液混合时，溶液颜色无变化。菌液颜色的变化初步表明$AuCl_4^-$逐步转变成纳米Au。同时，野生型与缺少OmcA和MtrC的缺陷型菌株在变色时间上并无明显差别。通过扫描电

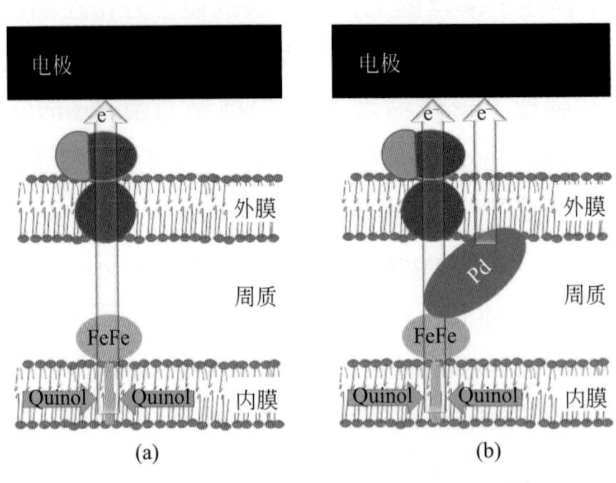

图10.3　纳米Pd影响胞外电子传递的可能途径[26]

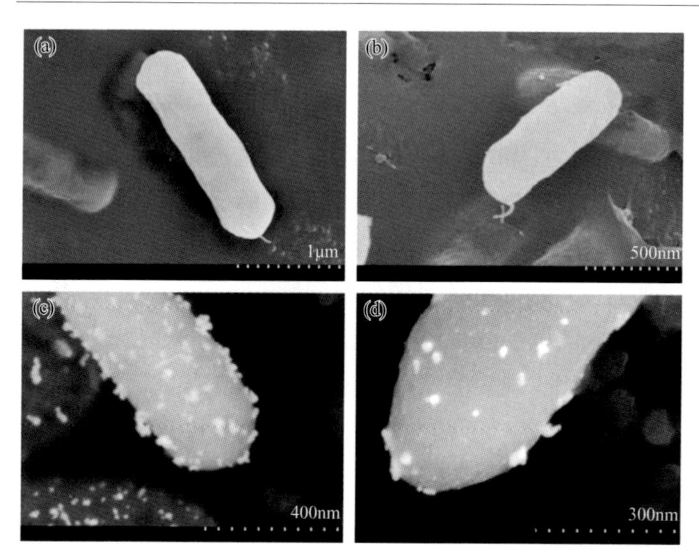

图10.4 野生型和缺陷型*S. oneidensis* MR-1暴露于$AuCl_4^-$溶液前后透射电镜照片[40]

镜照片可以看出，自然状态下的*S. oneidensis* MR-1野生型和缺陷型△*omcA/mtrC*细胞均呈杆状，细胞表面较光滑［图10.4（a）和图10.4（b）］；在暴露于$AuCl_4^-$溶液1h之后，野生型和缺陷型细胞表面均出现了不规则形状的纳米级小颗粒［图10.4（c）和图10.4（d）］。

将暴露于$HAuCl_4$之后的*S. oneidensis* MR-1野生型和缺陷型细胞切片，对其横截面进行透射电镜观察。结果显示无论野生型还是缺陷型均能够产生大量的纳米Au粒子，并且均分布在细胞膜上（图10.5）。结果证明，缺少OmcA和MtrC两种蛋白，对*S. oneidensis* MR-1合成纳米Au无显著影响，也就是说OmcA和MtrC

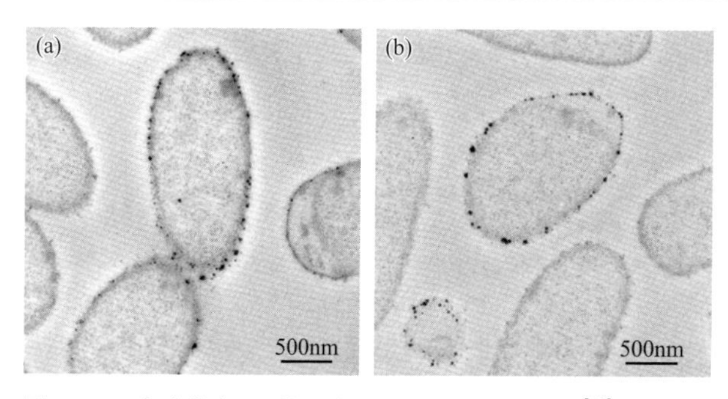

图10.5 合成纳米Au粒子之后的细胞的电镜照片[40]

（a）野生型；（b）缺陷型

这两种细胞色素蛋白在*S. oneidensis* MR-1合成纳米Au的过程中不是必需的。将*S. oneidensis* MR-1固定在玻碳电极表面，循环伏安曲线显示了野生型菌体和电极之间的直接电子传递过程；氧化峰电位出现在–0.28V和+0.06 V，还原电位为–0.25V（vs. Ag/AgCl）。与野生型相比，缺陷型菌株的峰电流和峰面积要小得多。由于形成纳米Au之后，希瓦氏菌的氧化还原峰发生了明显变化，说明纳米Au可能对希瓦氏菌的生理生化产生了影响，在缺陷型*S. oneidensis*细胞膜上制备的纳米Au可能起到修复呼吸链上电子传递途径的作用。

光谱学检测方法是一种可探测样品分子结构及组成信息的有效途径。通过表面增强拉曼光谱可以分析细胞表面官能团的作用。对于常规拉曼技术，野生型和缺陷型均无法获得明显的谱峰信号。对于在*S. oneidensis* MR-1中加入化学合成纳米Au、希瓦氏菌合成纳米Au的体系，表面增强拉曼光谱的信号强度大大提高。736cm^{-1}的峰在细菌中是普遍存在，被归属为腺苷酸[27]。1235～1245cm^{-1}（酰胺Ⅲ带）和1455cm^{-1}（脂类C—H_2）处的峰强度有较大差别，表明细菌中蛋白和脂质的含量发生了变化。对于微生物制备纳米Au的表面增强拉曼光谱，在以上两位置处的峰强度降低，说明希瓦氏菌在合成纳米Au之后，细菌内蛋白的含量降低或者是蛋白的结构发生了变化。分析希瓦氏菌合成纳米Au前后总蛋白的一维凝胶电泳，通过谱图条带位置、亮度的不同判断差异，发现在生成纳米Au之后，野生型和缺陷型的总蛋白含量均明显减少，且野生型减少的程度更加明显。在生物合成纳米Au之后，野生型和缺陷型的一些蛋白条带颜色明显变浅，有8处条带的蛋白含量明显减少，分别为80kDa、66kDa、30kDa、26kDa、21kDa和19kDa；说明上述蛋白的表达被抑制或蛋白本身遭受了损伤。这个结果与表面增强拉曼光谱实验的结论相符合。在低于25kDa的区域中，对比基因缺陷型，野生型的蛋白含量减少得更加显著；这可能是导致合成纳米Au之后野生型总蛋白量低于缺陷型的原因之一；而且，小分子蛋白的减少影响了微生物的电化学活性。

10.3.2 纳米材料与荧光

量子点（quantum dots，QDs）是一种特殊的金属化合物纳米颗粒，又称为半导体纳米晶体，一般由Ⅱ-Ⅵ族或Ⅲ-Ⅴ族元素组成，其中研究较多的是CdX（X=S、Se、Te）。量子点由于其量子限制效应，具有较高的比表面积和独特的光学特性，在生物医学和光电学等领域的应用受到了广泛关注。最近，Sakimoto等发表在《科学》上的工作指出，通过在非光合细菌细胞膜表面构建纳米CdS，使其具有光电转化能力，可以实现非光合菌利用二氧化碳的生物合成[28]。

自卫是生命个体为防止受到外界伤害而产生的基本反应。微生物可以通过释放特定的蛋白来对抗有毒金属离子以保护自身。当有毒金属遇到这些蛋白时，会将形成的纳米颗粒沉淀于细胞表面或溶液中，从而降低了对细菌本体的毒害。酿酒酵母*Saccharomyces cerevisiae*能够在胞外合成CdTe量子点[29]，当Te^{2-}和Cd^{2+}与*S. cerevisiae*培养液混合时，酵母会产生某些蛋白分别与Te^{2-}和Cd^{2+}结合，形成被蛋白覆盖的CdTe簇，以减少金属离子毒性。覆盖蛋白后的量子点同时具有生物相容性和荧光特性；这些量子点可以通过静电作用结合在细菌表面，接着通过细胞膜凹陷和内吞作用进入细菌内部。也有些微生物能够直接在胞内合成量子点，例如大肠杆菌*Escherichia coli*合成CdS纳米晶体[30]。在几种不同的缓冲液中，克雷伯氏菌*Klebsiella aerogenes*的表面均可合成纳米CdS[31]。研究发现使用麦黄酮和磷酸盐缓冲介质可以提高*K. aerogenes*对镉离子浓度的耐受性；当其生长介质为磷酸盐缓冲液时，会生成纳米磷酸镉。该结果表明不同的培养液影响CdS的生物制备，而纳米粒子的类型也与培养液成分相关。此外，利用*E. coli*合成纳米CdS的研究表明，纳米材料的生成与细菌的生长时期有关[32]。

酵母是一种真核生物，其呼吸链的复杂性有利于自身的能量平衡；其丰富的膜蛋白能够将电子由体内传递到外界电子受体。采用高分辨透射电镜技术观察酿酒酵母细胞合成量子点1d后，表面[图10.6（a）]和内部[图10.6（b）]的形态，在酿酒酵母的表面和细胞质中均可以看到大量的量子点；粒径大多分布在1.5～2.0nm之间。图10.6（b）的插图显示了典型的CdS的格栅结构，其空间距离为0.27nm[28]。电化学结果显示，酿酒酵母有明显的氧化还原峰，其氧化峰电位

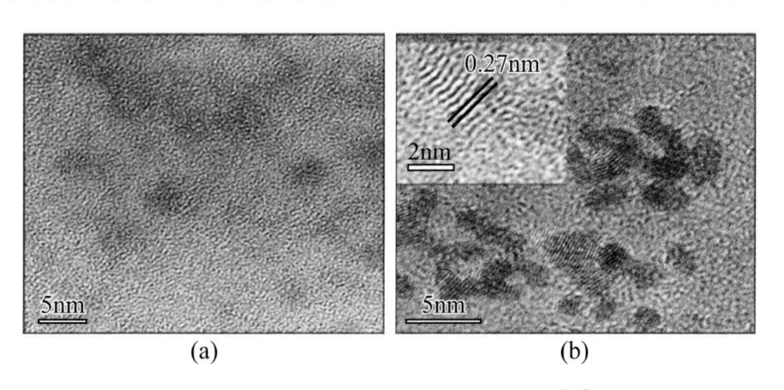

图10.6　CdS量子点的高分辨透射电镜图像[33]

（a）细胞表面；（b）细胞内部

在–0.1V，还原峰电位在–0.23V（vs. Ag/AgCl）。生成量子点CdS后，酿酒酵母的循环伏安曲线发生了明显变化，其氧化还原峰电流明显降低；其原因可能是CdS在一定程度上抑制了酿酒酵母的电化学活性，尤其是还原能力。当用氙灯模拟太阳光照射覆盖有酿酒酵母的ITO电极时，对于合成CdS量子点的酿酒酵母，其氧化和还原峰电流均明显增加。

蛋白组学可用来分析生长在不同条件下的酿酒酵母蛋白表达的变化。通过细菌全蛋白的二维电泳，获得了酿酒酵母制备量子点前后组分的变化；其中43个有显著差异的点［图10.7（a）］，这43种蛋白中，25种蛋白的表达在合成量子点之后是增强的，18种是减弱的。根据生化功能对这些蛋白进行分类［图10.7（b）］发现，与代谢有关的蛋白比例最大（48.8%），其次是与生物合成有关的蛋白（16.3%），后面的分类依次是压力响应（13.9%）、细胞循环成分（4.6%）、运输（4.6%）、未知功能（4.6%）以及能量（2.3%）等。酿酒酵母电化学活性的变化表明与电子传递有关的蛋白有所改变。细胞色素*c*是酵母细胞中一种主要的电化学活性蛋白，与胞外电子传递密切相关。细胞色素*c*、过氧化物酶的减少，可能导致酵母的还原能力减弱；这或许也是循环伏安曲线中，合成量子点后酿酒酵母还原峰减弱的重要原因。His4（点4）是一种组氨醇脱氢酶，能够作用于CH—OH基团并以 NAD^+或$NADP^+$作为受体。酿酒酵母的线粒体醛脱氢酶（Ald6p，点13）能够迅速氧化乙醛[34]；由于NADPH参与酿酒酵母的电子传递过程，因此His4的减少和Ald6p的增加都能够影响其电化学性质。此外，3,4-二羟基-2-丁酮-4-磷酸合酶（点39）含量增加，它能够促进形成核黄素的前驱体。核黄素在间接电子传递过程中起着关键作用，这说明合成量子点后酿酒酵母的间接电子传递可能有所增强。

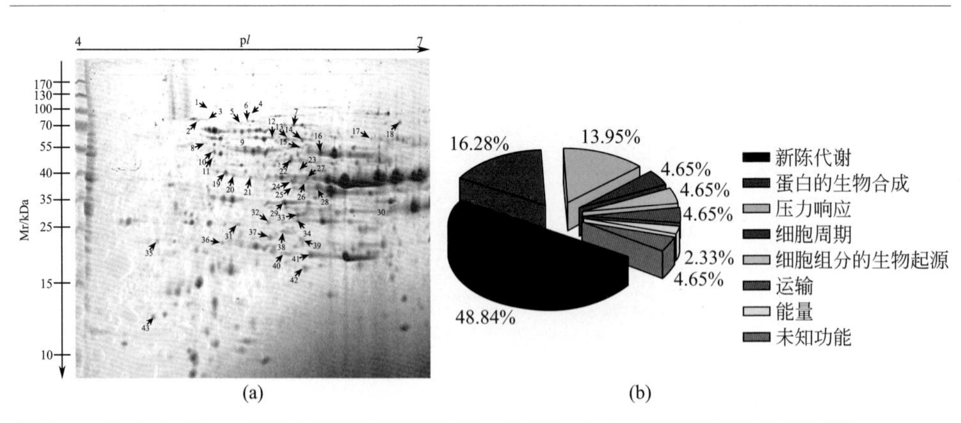

图10.7 （a）合成CdS量子点后酿酒酵母蛋白的二维电泳；（b）表达差异蛋白的分类[33]

10.3.3
纳米材料与磁性

磁小体（magnetosome）是一类特殊的磁性纳米材料，大多数由磁铁矿（Fe_3O_4）组成，少数由硫铁矿（Fe_3S_4）组成，可以排列成一条或多条链。能够在胞内合成磁小体的微生物主要包括趋磁细菌和硫酸盐还原菌。其中，趋磁细菌是一类在外磁场的作用下作定向运动的水生原核生物，由Blakemore等于1975年首次报道[35]，它能够吸收并积累大量的离子态铁，在体内形成磁小体。趋磁细菌形成磁小体的过程是生物矿化的一种形式，即在生物体内将离子态铁转化为固相铁矿，对自然环境中铁元素的生物地球化学循环具有十分重要的作用。

磁小体的形成受铁源、溶解氧和磁场等因素的影响。在可见光照射下，磁小体的过氧化氢酶活性提高[36]。趋磁细菌在氧气不足的条件下，可以通过代谢作用将铁纳入体内并形成磁小体。采用透射电镜观察不同培养条件下趋磁细菌的细胞内部形态，在无任何铁源条件下培养出的趋磁细菌，胞内物质较均匀，且能够看出明显的拟核［图10.8（a）］；当加入Fe源培养时，趋磁细菌的胞内物质减少，

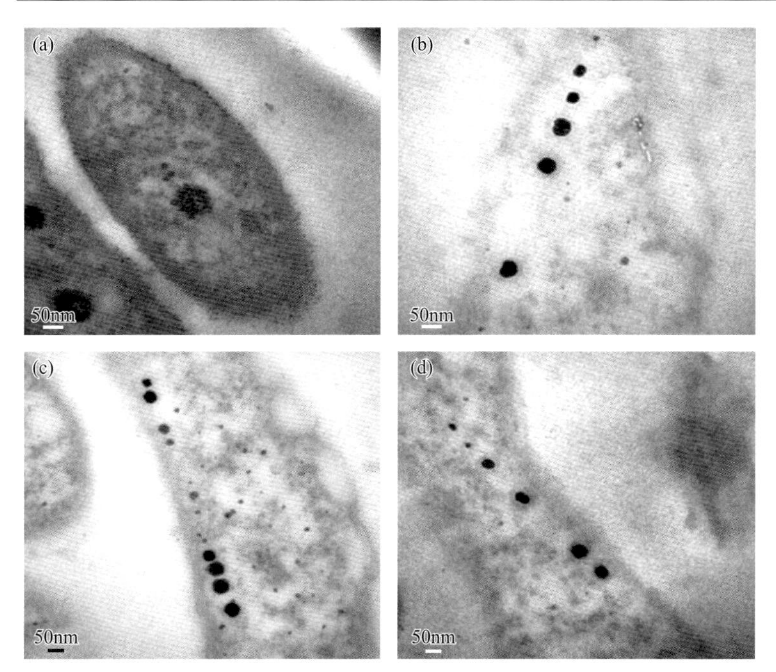

图10.8 （a）无铁源、（b）仅含Fe(Ⅲ)、（c）仅含Fe(Ⅱ)和（d）同时含Fe(Ⅲ)和Fe(Ⅱ)培养条件下的趋磁细菌TEM图像[39]

并形成明显的黑色粒子，且呈线型分布 [图10.8（b）、（c）和（d）]，该黑色粒子即为磁小体[37]。目前，对于磁小体的形成机制尚没有统一的结论；趋磁细菌还原Fe(Ⅲ)有两种可能途径：一是趋磁细菌通过胞外电子传递在胞外将Fe(Ⅲ)还原成Fe(Ⅱ)；二是通过铁转运蛋白经主动运输后将Fe(Ⅲ)纳入细胞，然后在细胞质中被还原。对于*Magnetospirillum magneticum* AMB-1，磁小体的形成明显抑制其电化学活性，循环伏安测试结果发现体内不含磁小体的趋磁细菌具有明显的氧化还原峰；而体内含有磁小体的菌，其氧化还原峰电流明显降低。

10.4 微生物电化学的分析方法

微生物电化学涉及多个领域，深入研究需要利用多学科交叉的技术，在上述介绍中已经涉及电镜、表面增强拉曼、微生物学、蛋白组学等。鉴于本章的主题内容，下面主要介绍研究微生物制备纳米材料所涉及的电化学方法。如图10.9所示，可以通过调控电极的电压/电流，实现催化功能。

微生物电化学体系与传统的电分析化学体系有所不同，为了维持微生物的活性，支持电解质的浓度通常采用50mmol·L^{-1}的缓冲溶液，这会造成实际测试中会产生IR降，理论计算的时候需要校正。采用的碳材料通常会含有具有电化学活性的醌类、胺类、羧酸及含氮官能团等杂环类物质，部分使用的黏结剂也可能具有电化学活性。此外，培养基中也会含有一些电化学活性物质，如Masuda等[38]发现作为培养基成分的酵母提取物中含有的核黄素能够促进*Lactococcus lactis*代谢葡萄糖产生的电子传递到微生物燃料电池阳极。因此为了能够区分循环伏安图中的氧化还原峰是由微生物自身引起还是由外源性电化学活性物质引起，详尽的背景/空白实验设计在排除干

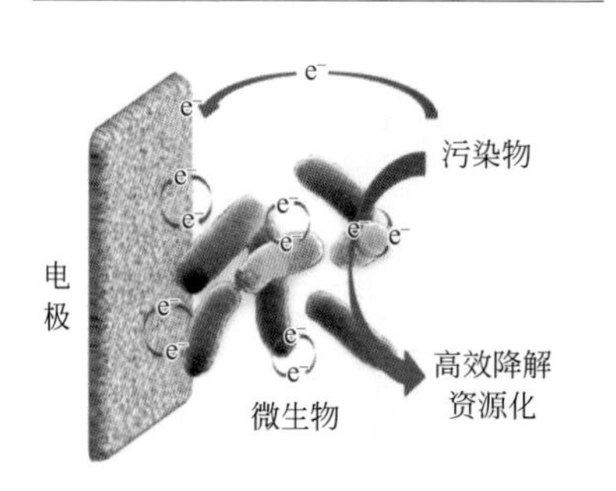

图10.9　基于电化学研究微生物胞外电子传递机制以及催化作用

扰上将非常必要。同时新手需要注意的是，循环伏安图的峰电流读取需要做切线获得，而不是直接读取Y轴的坐标数据。

10.4.1 循环伏安和微分脉冲

循环伏安法是电分析化学中的一种常用技术，不仅能够提供氧化还原反应的热力学信息，而且还能够反映电极反应的动力学以及伴随的中间态化学反应，被广泛用于研究各种电极界面过程。在微生物电化学体系中，循环伏安法在一定程度上能够快速、准确地反应微生物-电极界面电子传递方式；能够提供电化学活性微生物的分离鉴定，电子中介体的表观电位、氧化还原反应可逆性、胞外电子传递的直接或间接机制等。在循环伏安分析中，当电势线性增加时，电极-溶液界面形成的电双层电容会引起充电电流。充电电流与峰电流关系如下：

$$\frac{i_c}{i_p}=\frac{C_{dl}v}{269n^{3/2}D^{1/2}C_bv^{1/2}} \tag{10.1}$$

式中，i_c为充电电流；i_p为峰电流；C_{dl}为电双层电容；v为扫描速率；n为反应级数；D为扩散系数；C_b为电活性物质浓度。由式（10.1）可知，当v恒定时，C_b越低，i_c的影响越显著。因此，当微生物电化学活性很低或微生物分泌的电子中介体浓度很低时，常规的循环伏安法很难检测法拉第电流峰值。同时，循环伏安扫描能够分辨出涉及多个连续电极反应的复杂行为，但是当不同氧化还原电对的表观电位差小于100mV时，会导致循环伏安曲线中电流峰值重叠，从而很难区分不同的电极反应。如Wu等[39]研究发现在电极上硫化物能够同时被氧化为单质硫和多硫化合物，通过循环伏安不能区分这些不同硫化物发生连续氧化反应各自对应的氧化电流峰值。

微分脉冲伏安克服了O_2等引起的电解电流和电双层电容引起的充电电流影响，并且能够在大量易还原成分存在时测定少量成分。Marsili等[40]使用微分脉冲伏安检测出了*S. oneidensis*MR-1分泌的核黄素，并证明该电子中介体很容易吸附于电极上。在对纯培养的微生物进行电化学活性分析时，培养周期一般较短，菌体分泌的代谢产物较少，循环伏安很难检测到上清液中低浓度的电化学活性物质，因此微分脉冲伏安结合循环伏安能够很好地分析微生物的电化学活性及其电子传递机制。此外，Marsili等[40]用微分脉冲伏安法分析*G. sulfurreducens*电极生物膜，发现在不同电极电势下有不同的伏安曲线，表明不同电极电势下生物膜中可能存在不同的电化学活性物质。微分脉冲伏安法直接测量浓度的方法非常灵敏，在界面电子传递速率和蛋白间电子传递的研究中具有重要作用。

10.4.2 计时电流

电极电位可以用来模拟自然环境中微生物的电子受体或电子供体的氧化还原电位（例如：Fe^{3+}/Fe^{2+}，–0.1 ～ +0.1V；O_2/H_2O，+0.818V；vs.SHE），具有强化微生物代谢过程中产生的电子迅速释放到电极或从电极捕获电子的作用。在微生物电化学体系中，通常根据微生物的循环伏安中呈现的氧化还原峰电位，给工作电极施加一个电位，在微生物与工作电极界面之间形成电势差，为微生物与电极界面的电子传递提供动力。计时电流可以研究微生物生长代谢过程中，与工作电极界面相互作用时的电流响应情况，阐明微生物电化学活性及其得失电子能力。在研究电化学活性微生物的直接电子传递过程中，电极可以作为电子受体检测来自菌体产生的电流变化，当向溶液中加入电子供体时，菌体的呼吸和代谢增强，胞外电子传递的能力相应增强，因此，电极上的电流会有明显增加，根据这个现象，可以判断微生物是否具有电子传递能力。例如，典型的电化学活性菌，*S.oneidensis* MR-1，可利用乳酸钠作电子供体，通过代谢作用在体内将乳酸钠氧化，同时产生电子，随后电子可由胞外电子传递作用从胞内传递到胞外，并最终转移到电极表面[41]。因此，当乳酸钠增加时，菌体产生的电子相应增多，由菌体传递到电极表面的电子也随之增加，因而恒电位实验中的氧化电流相应增大。

Zhu等[42]研究了不同电极电势对*G. sulfurreducens*生物膜胞外电子传递的影响，发现随着电极电位的升高，循环伏安图的一阶导数数据显示生物膜的氧化还原活性电位范围也逐渐增大。Carmona-Martínez等[43]发现随着电极电势的增加，*S. putrefaciens*产生的电流密度逐渐增大，同时电极上的生物量也增加。对于电化学活性细菌，当电极电势高于循环伏安图中氧化峰电位范围时，微生物自身可能通过调整细胞膜上最终电子供体的电势，使其略低于电极电势，从而有利于微生物捕获更多能量用于生长。计时电流也被广泛用于研究微生物-电极界面相互作用机制。Wang等[44]发现将阳极电位控制在+0.4V（vs.SHE），生物膜启动时间快，电流密度高，生物量大。Huang等[45]发现将生物阴极电位控制在–0.3V（vs.SHE）时，生物阴极的启动时间缩短，Cr(Ⅵ)还原速率提高。此外，计时电流法的使用可以不外加电子受体或电子供体，使研究体系组成简化，从而减少后期分析和表征的影响和干扰。对合成纳米Au粒子之前的菌株进行乳酸钠-电流响应实验，发现生物合成的纳米Au粒子有可能能够加速希瓦氏菌的胞外电子传递过程，促使电子快速传递给乳酸钠。

10.4.3 微生物电化学原位红外光谱

对于复杂的细胞体系，仅通过循环伏安法或微分脉冲伏安法很难清楚地说明胞外电子转移过程在哪些蛋白质或基团上进行，电流大小指示的是总体电化学行为的信号。通过红外光谱方法则可以获得更多分子水平上的关于振动基团的信息。电化学原位红外光谱可以提供电化学反应过程中固液界面上特定物种的光学吸收信息，同时可以监测物种在分子水平上的变化。使用这种原位技术就可以在细菌呼吸代谢过程中得到分子水平上的信息，例如细菌活性和它的电子转移能力等。Busalmen和Feliu等[46,47]利用衰减全反射增强红外吸收光谱研究了地杆菌细胞表面的氧化还原过程，发现细胞外细胞色素与电子受体的电势是相对应的。图10.10显示了改进的用于研究微生物的红外光谱电解池示意图。金或玻碳电极作为工作电极，处理后的微生物滴加到电极上，放入红外电解池中压薄层。使用电位调制方法得到原位FTIR光谱，如式（10.2）所示：

$$\frac{\Delta R}{R}=\frac{R(E_S)-R(E_R)}{R(E_R)} \tag{10.2}$$

式中，$R(E_S)$和$R(E_R)$分别为在研究电位E_S和参考电位E_R下采集的累加平均的单光束干涉光谱，然后经过差减归一化得到最后的谱图。$R(E_S)$和$R(E_R)$实际上还包含红外光在窗片上直接反射的贡献R_w，因此更精确应表示为：

$$\frac{\Delta R}{R}=\frac{[R(E_S)-R_w]-[R(E_R)-R_w]}{R(E_R)-R_w}=\frac{R(E_S)-R(E_R)}{R(E_R)-R_w} \tag{10.3}$$

对于CaF_2窗片，R_w通常可以忽略，图谱以式（10.3）表示，而对于反射率比较高的红外窗片如ZnSe、Si等，R_w通常不可忽略。

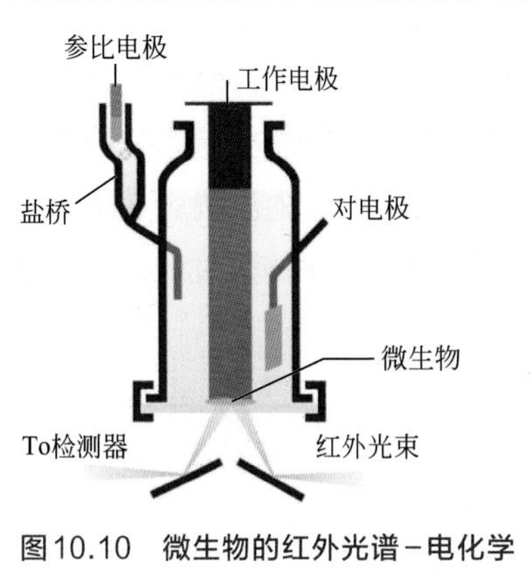

图10.10　微生物的红外光谱-电化学联用原位电解池

根据FTIR光谱的基本原理，谱图的信噪比与累加的干涉图数量的平方根成正比，与分辨率成反比，因此为了得到较高的信噪比，通常需要采集足够多的谱图。多步电位阶跃MS-FTIRS光谱图采集，是先固定参考电位E_R和采集它的反射光谱$R(E_R)$，再逐步改变研究电位E_s并采集相应的反射光谱图$R(E_s)$，经差减归一化得到一系列研究电位下的谱图。

You等[48]利用循环伏安和电化学原位红外光谱对*S. oneidensis*MR-1野生型和△*omcA/mtrC*缺陷型的直接胞外电子传递进行了研究。原位红外光谱研究中，检测到一些新的属于OmcA-MtrC蛋白质和CO_2的峰，胞外电子传递过程可以通过监测这些峰的强度来评估。在水溶液中进行电子传递时，缺陷型在1742cm^{-1}有一个v(C═O)特征峰，野生型在1712cm^{-1}有一个v(C═O)特征峰；但在重水溶液中时，缺陷型1742cm^{-1}的峰消失，在1712cm^{-1}处出现新的峰。当在溶液中加入乳酸钠后，1742cm^{-1}的峰则会重新出现。对于缺陷型，无论是水溶液还是重水溶液，1712cm^{-1}的峰始终存在。这些数据表明1742cm^{-1}的峰归属为OmcA-MtrC蛋白质，1712cm^{-1}的峰归属为未知蛋白质。2342cm^{-1}处的谱峰是源自细菌代谢产生的CO_2，可以通过二氧化碳的含量作为评价细菌代谢过程电子传递能力的关键指标。电化学原位红外光谱通过定量分析有力地解释了*S. oneidensis*MR-1野生型比△*omcA/mtrC*缺陷型具有更强的电子传递能力的原因；OmcA-MtrC蛋白质在电子传递过程的功能可以在细胞呼吸过程发现。

10.4.4
扫描探针显微技术

扫描探针显微镜（scanning probe microscope，SPM）是扫描隧道显微镜及在其基础上发展起来的新型探针显微镜，如扫描隧道显微镜（scanning tunneling microscope，STM）、原子力显微镜（atomic force microscope，AFM）和磁力显微镜（magnetic force microscope，MFM）等的统称。它是纳米技术研究的重要工具。近年来，微生物纳米导线虽然被发现，但这些纳米结构的导电机制仍未被阐明。扫描探针显微技术为微生物在纳米尺度的观察及一些动态过程的获得创造了条件，为纳米导线的研究提供了一个有效的途径。

微生物纳米导线数量多，延展性良好[49]。将AFM探针静置在一个纳米导线上，并施加几个nN的力，热解石墨作为基底，探针作为顶端电极，当电压扫过纳米导线时测定电流响应。希瓦氏菌菌毛的导电性被认为与细胞色素MtrC有关。对MtrC分子的隧道光谱研究发现，血红素参与的电子能级显示出标准化微分电导特征[50]，表明这些成分沿微生物纳米导线分布[51]。另一项研究展示了希瓦氏菌单根纳米导线的形貌[52]。通过沉积Pt，可以观察到施加电压对欧姆电流响应，在100mV下，产生的响应电子传输速率约为10^9电子/s，电阻率约为1Ω·cm，数值与掺杂的硅纳米线差不多[53]。

导电探针原子力显微镜（conducting probe atomic force microscopy，CP-AFM）可以测定单个纳米线的电阻，被用来检测*G. sulfurreducens*和*S. oneidensis* MR-1纳米线横断面的导电性。为证实电子在菌毛纵向传递，将*S. oneidensis* MR-1菌毛固定在SiO_2/Si基底上，并用平版印刷Au微网作电极；采用镀Pt的AFM探针作为第二电极来检测纳米线和Au微网之间的电子传递，获得*I-V*曲线揭示施加电压与电流响应几乎成线性。对照组中，将AFM探针直接放置到SiO_2表面的其他位置时，只得到约10pA的背景电流。此外，测得的电阻和长度之间也具有线性关系。研究者还对*S. oneidensis* MR-1缺陷型△*mtrC*/*omcA*进行了研究。缺陷型产生的纳米菌毛在形态上与野生型一致；但对来自两个反应器的7个菌毛进行导电性测试，发现这些菌毛对施加电压无电流响应，也就是说缺陷型产生的纳米菌毛不导电，从而证实细胞色素对于微生物电子传递是至关重要的。

10.5
总结与展望

微生物的胞外电子传递过程不仅与C、N、P、S等元素的生物地球化学循环有关，而且在重金属污染修复、金属矿物生成和矿物中金属的浸出以及生物电化学系统中电能的产生等过程中也具有重要作用。近年来，对纳米材料和微生物耦合作用的研究渐趋活跃，其中纳米材料对微生物胞外电子传递的促进作用尤其受到了国内外研究者的广泛关注。如何利用纳米结构的特点，提高“微生物-纳米材料”界面电子转移也是实现污染物高效降解/定向转化的一个研究热点。

研究纳米材料的生物制备和电子传递机制，有利于阐明微生物在金属元素地球化学循环中的作用，在污染物催化转化、生物冶金、废水处理以及废弃物资源化方面均有着显著意义。在大肠杆菌*E. coli*制备Au-Pd纳米颗粒的过程中，使用氢气作电子受体还原Pd(Ⅱ)后的细胞能够显著加速Au(Ⅲ)的还原，该生物合成的双金属纳米材料显示出了很强的催化苯甲醇氧化能力[54]。磁性纳米材料可以用来提高微生物的反应速率，覆盖有Fe_3O_4磁性纳米粒子的德氏假单胞菌*Pseudomonas delafieldii*能催化二苯并噻吩脱硫[55]。在硝酸盐的微生物还原中，零价态纳米铁能作为催化剂加速氧化反应[56,57]。微生物制备的Au或Pd纳米颗粒能够在中性条件下的水溶液中加速双氯芬酸脱氯[58]。硫酸盐还原菌*Desulfovibrio desulfuricans*将水中钯离子在细胞膜上还原成纳米Pd，这些金属粒子能够参与细胞膜代谢反应的电子传递过程，并对氢气和甲酸等物质呈现出很强的催化活性，表明微生物在适应环境中可能会有目的地利用周围环境中一些物质来进行生理活动[26]。Windt等报道了生物制备Pd纳米粒子具有催化降解多氯联苯的能力[48]。Corte等进一步发现，通过调控微生物还原过程，制备的Pd-Au双金属纳米材料能强化降解卤代化合物，实现双氯芬酸和三氯芬酸的降解[52]。目前，环境中污染物的种类越来越多，水质安全指标也越来越严格，传统的废水处理技术对污染控制已面临瓶颈。因此，深入研究耦合微生物与纳米材料降解污染物过程中的界面电子转移行为，有助于理解生物催化机制，为解决当前环境污染问题提供一种机理和技术支撑。

参考文献

[1] Lovley D R. Electromicrobiology [J]. Annual Review of Microbiology. 2012, 66: 391-409.

[2] Shi L, Squier T C, Zachara J M, et al. Respiration of metal (hydr) oxides by *Shewanella* and *Geobacter*: a key role for multihaem c-type cytochromes [J]. Molecular Microbiology, 2007, 65 (1): 12-20.

[3] Pitts K E, Dobbin P S, Reyes-Ramirez F, et al. Characterization of the *Shewanella oneidensis* MR-1 decaheme cytochrome mtra expression in escherichia coli confers the ability to reduce soluble Fe (Ⅲ) chelates [J]. Journal of Biological

Chemistry, 2003, 278 (30): 27758-27765.
[4] Beliaev A S, Saffarini D A, Mclaughlin J L, et al. MtrC, an outer membrane decahaem c cytochrome required for metal reduction in *Shewanella putrefaciens* MR-1 [J]. Molecular Microbiology, 2001, 39 (3): 722-730.
[5] Beliaev A S, Saffarini D A. *Shewanella putrefaciens* mtrB encodes an outer membrane protein required for Fe (Ⅲ) and Mn (Ⅳ) reduction [J]. Journal of Bacteriology, 1998, 180 (23): 6292-6297.
[6] Myers C, Myers J. Cell surface exposure of the outer membrane cytochromes of *Shewanella oneidensis* MR-1 [J]. Letters in Applied Microbiology, 2003, 37 (3): 254-258.
[7] Myers C, Myers J. The outer membrane cytochromes of *Shewanella oneidensis* MR-1 are lipoproteins [J]. Letters in Applied Microbiology, 2004, 39 (5): 466-470.
[8] Myers J M, Myers C R. Role for outer membrane cytochromes OmcA and OmcB of *Shewanella putrefaciens* MR-1 in reduction of manganese dioxide [J]. Applied and Environmental Microbiology, 2001, 67 (1): 260-269.
[9] Von Canstein H, Ogawa J, Shimizu S, et al. Secretion of flavins by *Shewanella* species and their role in extracellular electron transfer [J]. Applied and Environmental Microbiology, 2008, 74 (3): 615-623.
[10] Covington E D, Gelbmann C B, Kotloski N J, et al. An essential role for UshA in processing of extracellular flavin electron shuttles by *Shewanella oneidensis* [J]. Molecular Microbiology, 2010, 78 (2): 519-532.
[11] Rabaey K, Boon N, Höfte M, et al. Microbial phenazine production enhances elctron transfer in biofuel cells [J]. Environmental Science & Technology, 2005, 39 (9): 3401-3408.
[12] Wang Y, Kern S E, Newman D K. Endogenous phenazine antibiotics promote anaerobic survival of *Pseudomonas aeruginosa* via extracellular electron transfer [J]. Journal of Bacteriology, 2010, 192 (1): 365-369.
[13] Klüpfel L, Piepenbrock A, Kappler A, et al. Humic substances as fully regenerable electron acceptors in recurrently anoxic environments [J]. Nature Geoscience, 2014, 7 (3): 195-200.
[14] Lovley D R, Coates J D, Blunt-Harris E L, et al. Humic substances as electron acceptors for microbial respiration [J]. Nature, 1996, 382 (6590): 445-448.
[15] Roden E E, Kappler A, Bauer I, et al. Extracellular electron transfer through microbial reduction of solid-phase humic substances [J]. Nature Geoscience, 2010, 3 (6): 417-421.
[16] Reguera G, Mccarthy K D, Mehta T, et al. Extracellular electron transfer via microbial nanowires [J]. Nature, 2005, 435 (7045): 1098-1101.
[17] Gorby Y A, Yanina S, Mclean J S, et al. Electrically conductive bacterial nanowires produced by *Shewanella oneidensis* strain MR-1 and other microorganisms [J]. Proceedings of the National Academy of Sciences, 2006, 103 (30): 11358-11363.
[18] Richter H, Nevin K P, Jia H, et al. Cyclic voltammetry of biofilms of wild type and mutant *Geobacter sulfurreducens* on fuel cell anodes indicates possible roles of OmcB, OmcZ, type IV pili, and protons in extracellular electron transfer [J]. Energy Environment Science, 2009, 2 (5): 506-516.
[19] Tremblay P L, Aklujkar M, Leang C, et al. A genetic system for *Geobacter metallireducens*: role of the flagellin and pilin in the reduction of Fe (Ⅲ) oxide [J]. Environmental Microbiology Reports, 2012, 4 (1): 82-88.
[20] Malvankar N S, Lovley D R. Microbial nanowires: a new paradigm for biological electron transfer and bioelectronics [J]. ChemSusChem, 2012, 5 (6): 1039-1046.
[21] Malvankar N S, Lovley D R. Microbial nanowires for bioenergy applications [J]. Current Opinion in Biotechnology, 2014, 27: 88-95.
[22] Malvankar N S, Vargas M, Nevin K P, et al. Tunable metallic-like conductivity in microbial

nanowire networks [J]. Nature Nanotechnology, 2011, 6 (9): 573-579.

[23] Mukherjee P, Ahmad A, Mandal D, et al. Fungus-mediated synthesis of silver nanoparticles and their immobilization in the mycelial matrix: a novel biological approach to nanoparticle synthesis [J]. Nano Letters, 2001, 1 (10): 515-519.

[24] Ahmad A, Mukherjee P, Senapati S, et al. Extracellular biosynthesis of silver nanoparticles using the fungus *Fusarium oxysporum* [J]. Colloids and Surfaces B: Biointerfaces, 2003, 28 (4): 313-318.

[25] Gericke M, Pinches A. Biological synthesis of metal nanoparticles [J]. Hydrometallurgy, 2006, 83 (1): 132-140.

[26] Wu X, Zhao F, Rahunen N, et al. A role for microbial palladium nanoparticles in extracellular electron transfer [J]. Angewandte Chemie International Edition, 2011, 50: 447-450.

[27] Chan J W, Winhold H, Corzett M H, et al. Monitoring dynamic protein expression in living *E.coli.* Bacterial Cells by laser tweezers raman spectroscopy [J]. Cytometry Part A, 2007, 71A (7): 468-474.

[28] Sakimoto K K, Wong A B, Yang P D. Self-photosensitization of nonphotosynthetic bacteria for solar-to-chemical production [J]. Science, 2016, 351(6268): 74-77.

[29] Bao H F, Hao N, Yang Y X, et al. Biosynthesis of biocompatible cadmium telluride quantum dots using yeast cells [J]. Nano Research, 2010, 3 (7): 481-489.

[30] Kang S H, Bozhilov K N, Myung N V, et al. Microbial synthesis of CdS nanocrystals in genetically engineered *E. coli* [J]. Angewandte Chemie International Edition, 2008, 47 (28): 5186-5189.

[31] Holmes J D, Smith P R, Evans-Gowing R, et al. Energy-dispersive X-ray analysis of the extracellular cadmium sulfide crystallites of *Klebsiella aerogenes* [J]. Archives of Microbiology, 1995, 163 (2): 143-147.

[32] Sweeney R Y, Mao C, Gao X, et al. Bacterial biosynthesis of cadmium sulfide nanocrystals [J]. Chemistry & Biology, 2004, 11 (11): 1553-1559.

[33] Beyenbach K W, Wieczorek H. The V-type H^+ ATPase: molecular structure and function, physiological roles and regulation [J]. Journal of Experimental Biology, 2006, 209 (4): 577-589.

[34] Vasiliou V, Pappa A, Petersen D R. Role of aldehyde dehydrogenases in endogenous and xenobiotic metabolism [J]. Chemico-Biological Interactions, 2000, 129 (1): 1-19.

[35] Blakemore R. Magnetotactic bacteria [J]. Science, 1975, 190 (4212): 377-379.

[36] Li K, Chen C, Chen C, et al. Magnetosomes extracted from *Magnetospirillum magneticum* strain AMB-1 showed enhanced peroxidase-like activity under visible-light irradiation [J]. Enzyme and Microbial Technology, 2015, 72: 72-78.

[37] Frankel R B, Blakemore R P, Wolfe R S. Magnetite in freshwater magnetotactic bacteria [J]. Science, 1979, 203 (4387): 1355.

[38] Masuda M, Freguia S, Wang Y F, et al. Flavins contained in yeast extract are exploited for anodic electron transfer by *Lactococcus lactis* [J]. Bioelectrochemistry, 2010, 78 (2): 173-175.

[39] Wu X, Zhao F, Rahunen N, et al. A role for microbial palladium nanoparticles in extracellular electron transfer [J]. Angewandte Chemie International Edition, 2011, 123 (2): 447-450.

[40] Marsili E, Baron D B, Shikhare I D, et al. *Shewanella* secretes flavins that mediate extracellular electron transfer [J]. Proceedings of National Academy of Sciences, 2008, 105 (10): 3968-3973.

[41] Okamoto A, Nakamura R, Hashimoto K. In-vivo identification of direct electron transfer from *Shewanella oneidensis* MR-1 to electrodes via outer-membrane OmcA-MtrCAB protein complexes [J]. Electrochimica Acta, 2011, 56: 5526-5531.

[42] Zhu X P, Yates M D, Logan B E. Set potential regulation reveals additional oxidation peaks of

Geobacter sulfurreducens anodic biofilms [J]. Electrochemistry Communications, 2012, 22: 116-119.
[43] Carmona-Martínez A A, Harnisch F, Kuhlicke U, et al. Electron transfer and biofilm formation of *Shewanella putrefaciens* as function of anode potential [J]. Bioelectrochemistry, 2013, 93: 23-29.
[44] Wang X, Feng Y J, Ren N Q, et al. Accelerated start-up of two-chambered microbial fuel cells: Effect of anodic positive poised potential [J]. Electrochimica Acta, 2009, 54 (3): 1109-114.
[45] Huang L P, Chai X L, Chen G H, et al. Effect of set potential on hexavalent chromium reduction and electricity generation from biocathode microbial fuel cells [J]. Environmental Science & Technology, 2011, 45 (11): 5025-5031.
[46] Busalmen J P, Esteve-Nuñez A, Berná A, et al. ATR-SEIRAs characterization of surface redox processes in *G. sulfurreducens* [J]. Bioelectrochemistry, 2010, 78 (1): 25-29.
[47] Busalmen J P, Esteve-Nuñez A, Berná A, et al. C-type cytochromes wire electricity-producing bacteria to electrodes [J]. Angewandte Chemie International Edition, 2008, 47 (26): 4874-4877.
[48] Windt W D, Aelterman P, Verstraete W. Bioreductive deposition of palladium (0) nanoparticles on *Shewanella oneidensis* with catalytic activity towards reductive dechlorination of polychlorinated biphenyls. Environmental Microbiology [J]. 2005, 7, 314-325.
[49] El-Naggar M Y, Gorby Y A, Xia W, et al. The molecular density of states in bacterial nanowires [J]. Biophysical Journal, 2008, 95 (1): L10-L2.
[50] Wigginton N S, Rosso K M, Lower B H, et al. Electron tunneling properties of outer-membrane decaheme cytochromes from *Shewanella oneidensis* [J]. Geochimica et Cosmochimica Acta, 2007, 71 (3): 543-555.
[51] Porath D, Bezryadin A, De Vries S, et al. Direct measurement of electrical transport through DNA molecules [J]. Nature, 2000, 403 (6770): 635-638.
[52] Corte S D, Sabbe T, Hennebel T, Vanhaecke L, Gusseme B D, Verstraete W, Boon N. Doping of biogenic Pd catalysts with Au enables dechlorination of diclofenac at environmental conditions[J]. Water Research, 2012, 46(8): 2718-2726.
[53] Yu JY, Chung SW, Heath J R. Silicon nanowires: preparation, device fabrication, and transport properties [J]. Journal of Physical Chemistry B, 2000, 104 (50): 11864-11870.
[54] Deplanche K, Merroun M L, Casadesus M, et al. Microbial synthesis of core/shell gold/palladium nanoparticles for applications in green chemistry [J]. Journal of Royal Society Interface, 2012, 9 (72): 1705-1712.
[55] Shan G, Xing J, Zhang H, et al. Biodesulfurization of dibenzothiophene by microbial cells coated [J]. Applied and Environmental Microbiology, 2005, 71 (8): 4497-4502.
[56] Choe S, Chang Y Y, Hwang K Y, et al. Kinetics of reductive denitrification by nanoscale zero-valent iron [J]. Chemosphere, 2000, 41 (8): 1307-1311.
[57] Shin K H, Cha D K. Microbial reduction of nitrate in the presence of nanoscale zero-valent iron [J]. Chemosphere, 2008, 72 (2): 257-262.
[58] De Corte S, Sabbe T, Hennebel T, et al. Doping of biogenic Pd catalysts with Au enables dechlorination of diclofenac at environmental conditions [J]. Water Research, 2012, 46 (8): 2718-2726.

NANOMATERIALS

电催化纳米材料

Chapter 11

第11章 有机分子合成电催化纳米材料

王欢，陆嘉星
华东师范大学化学与分子工程学院
上海市绿色化学与化工过程绿色化重点实验室

化学工业的发展促进了工农业、医药卫生和国防科学技术的进步，改善了人们的生活条件。但由于发展阶段的局限，化学工业生产过程中向环境排放了大量有毒、有害物质，致使环境污染日益加剧，如酸雨出现、温室效应、臭氧层被破坏、海洋和淡水资源污染等。发展“绿色化学”，合成绿色产品及开发绿色化学工艺已成为全球的研究热点和今后化学化工发展的机遇和挑战。

近年来，被称为“绿色合成”技术的有机电合成工艺作为一种新型而有效的化学合成方法，日益受到人们的重视。与传统的有机合成方法相比，有机电合成借助电子这一最清洁的试剂，避免了其他还原剂或氧化剂的使用，而且可在常温常压下进行，环境友好；并且可以通过调节电压和电流密度来控制反应的进行，便于整个过程的自动化控制。

电极是实施电化学反应的关键场所，其催化性能涉及有机电合成过程中的能耗、反应的转化率和选择性。相比于宏观的块状物质，具有纳米结构的材料有其特殊的性能，对应的电催化性能也可能发生很大的变化。因此，电催化纳米材料的选择、设计对于提高目标有机分子合成反应的转化率和选择性，降低反应的能耗，探索反应的催化机制等都具有重要的意义。

本章针对有机分子的电催化合成，主要介绍四种类型的纳米材料：① 金属纳米材料（包括单金属纳米材料和双金属纳米材料）；② 碳基纳米材料；③ 聚合物纳米材料；④ 其他新型复合纳米材料。在介绍纳米材料组成的同时，阐述纳米材料形貌、表面结构与催化性能之间的构效关系。最后对该领域的发展进行总结与展望。

11.1 概述

用电化学方法合成有机分子物质被称为有机电合成。事实上，有机电合成的研究已经历了近两个世纪的漫长历史。1834年，英国化学家Faraday用电解醋酸钠溶液制得了乙烷，第一次实现了有机分子的电化学合成。在此基础上，Kolbe研究了各种羧酸溶液的电解氧化反应（通过电解脱羧制取长链的烃类物质），即著名的有机电解反应——“柯尔贝（Kolbe）反应”，也由此创立了有机电解反应的理论基础。由于反应机理的复杂性和技术的不成熟，以及对相关动力学过程知之甚少，有机电合成长期处于实验室研究阶段，并未在工业化上迈出步伐。直至20世纪60年代中期，美国Monsanto公司的Baizer教授成功开发了丙烯腈电还原二聚合成己二腈的工业化工艺；随后美国Nalco公司又实现了四乙基铅电合成方法的工业化。这两个项目的相继投产把有机电合成带入了一个新的快速增长期。除了实验室中的基础研究和小规模试验外，有机电合成的工业化进程也迅速发展。在美国、德国、日本、英国、苏联和印度等国相继开发了许多电合成有机分子的项目。到20世纪末，全球已有逾百种有机产品的电合成实现了工业化。我国在70年代实现了胱氨酸电解还原制备L-半胱氨酸的工业化，此后如乙醛酸、丁二酸、全氟丁酸、二茂铁、对氟甲苯和对甲基苯甲醛等产品也相继实现了工业化。

通常有机分子电合成反应至少需经历一步电子转移步骤。根据反应分子得到或失去电子的不同，有机分子电合成反应可分为有机电还原反应和有机电氧化反应。具有电还原活性的有机基团包括：C—X、C═O、C═C、C≡C、C═N、C≡N、—COOH(R)、—CONH$_2$、—NO$_2$等。其中C═C、C═O、—COO$^-$等基团在适当的条件下也可进行电氧化，除此之外，醇和脂肪族醚等含氧分子、胺和肟等含氮分子、含硫分子亦可发生阳极氧化反应。在电子转移步骤后往往又紧随着均相化学反应。通过官能团的加成、取代、裂解、消除、偶合等，最终合成目标有机分子。

相较于普通有机合成方法，有机电合成最大的特点是以“电子”作为清洁的反应试剂，替代传统的氧化剂和还原剂，减少了物质的消耗和环境污染，因此是“绿色化学”的重要组成部分。也正因为电子的使用，有机电合成反应可以在常温常压下进行，反应条件温和；可以通过调节电极电位、电流密度等控制氧化还原反应的程度，进而根据需求合成不同的目标有机分子，提高产物的选择性、收率等。在有机电合成反应中，通常电子转移反应和化学反应可同时进行，因而可减少反应步骤、简化工艺流程等。当然，有机电合成也是有局限性的，例如，反应机理复杂、消耗电能较大、生产强度较低、反应器复杂、隔膜寿命短、电极易受污染等。因此，寻求合适、高效的电催化途径是有机电合成工作者研究的一个永恒课题。

电催化通常可以分为两大类：多相电催化和均相电催化。其中，多相电催化主要是利用电极材料的选择和修饰，降低目标反应活化能、提高反应速率的过程。由于电催化剂（无论是氧化还原催化，还是非氧化还原催化）本身固定在电极表面，仅用少量催化剂即可在反应层内提供高浓度的催化剂，因而对反应速率的提高也要远超过均相催化过程，而且反应结束后催化剂与产物可以方便地分离。借助于电催化剂，目标有机分子合成反应可以通过经历更低的活化能途径来得以实现。因而，选择适当的电催化剂是顺利实现这些反应的关键。为此，电催化剂必须具备以下几方面的性能。

① 导电性。电极作为电子转移反应发生的场所必须具有一定的电子导电性。负载或构成电极的电催化剂也应导电，或至少与导电材料混合均匀，以便电子转移反应的顺利进行，而无严重的电压降。

② 催化活性。针对目标反应具有高的催化活性，能够有效地实现催化反应，抑制副反应。

③ 稳定性。在实现电催化反应的电位范围内，催化剂表面不会因为电化学反应的发生而“过早地”失活。

在实际的电催化过程中，这类催化剂通常都以纳米粒子的形式负载在导电的载体上。因此影响电催化活性的因素，除了催化剂本身的结构、组成外，更关键的是催化剂的粒子尺度、分布情况以及表面结构等。

11.2
金属纳米材料

11.2.1
单金属纳米材料在电催化合成中的应用

11.2.1.1
Ag纳米材料

（1）纳米Ag在C—X电催化还原中的应用

有机卤代物的电化学还原是一类重要的有机电合成反应。在还原过程中，通过有机卤代物在电极表面得到电子，可以较容易地使C—X键发生断裂，从而以离子的形式脱去其中的卤原子［式（11.1）～式（11.3）］。与此同时，生成的C自由基中间体则可以经历一系列的后续化学反应生成相应的烃、金属有机化合物或生成C═C双键[1]；也可以再得到电子变成C负离子中间体［式（11.4）］，进而与体系中的亲电试剂反应，例如与CO_2反应生成羧酸化合物［式（11.5）］[2～4]或捕获溶液中的H生成相应的氢化产物［式（11.6）］[5,6]。在众多金属电极材料中，

Ag、Cu、Pd、Au和Hg等对C—X的电还原有一定的催化性能[7,8]。其中Ag由于催化性能强、适用卤代物范围广而最受关注，被大量应用于有机分子的合成和污染物的处理等[9～16]。鉴于纳米材料的特殊性能，纳米Ag的使用则有望能进一步提高其催化性能，从而减少Ag的使用量。

$$R—X+e^- \rightleftharpoons R—X^{\cdot -} \tag{11.1}$$

$$R—X^{\cdot -} \longrightarrow R^{\cdot}+X^- \tag{11.2}$$

$$R—X+e^- \longrightarrow R^{\cdot}+X^- \tag{11.3}$$

$$R^{\cdot}+e^- \rightleftharpoons R^- \tag{11.4}$$

$$R^-+CO_2 \longrightarrow R—COO^- \tag{11.5}$$

$$R^-+HA \longrightarrow R—H+A^- \tag{11.6}$$

电催化剂的催化性能很大部分取决于其几何结构（表面形貌和形态等）。下面就以电催化氯苄还原反应为例，介绍纳米Ag材料的形貌对目标催化反应的影响。

① Ag纳米颗粒。Gennaro等[17]在玻碳（GC）电极上，利用电位阶跃方法沉积Ag，获得了均匀分布的纳米颗粒（nanoparticles，NPs）（100～400nm）。随着沉积时间的增长，纳米颗粒的粒径逐渐增大，而其在GC电极表面的分布密度几乎不变［见图11.1（a）～（f）］。接着考察这类Ag NPs/GC电极对氯苄的电催化

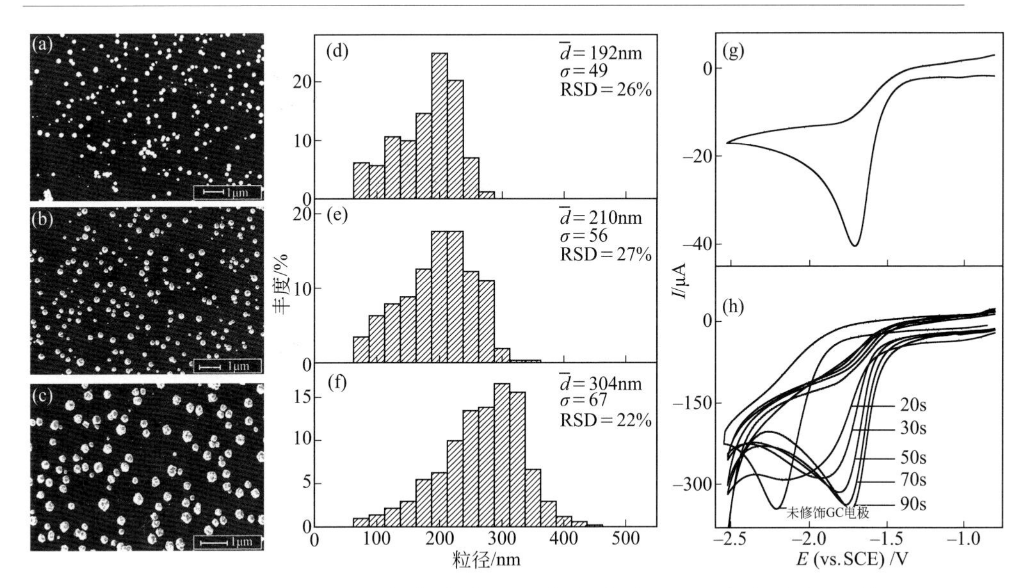

图11.1 GC上电沉积Ag纳米颗粒（a）、（d）30s、（b）、（e）50s及（c）、（f）90s的SEM图和粒径分布图；（g）、（h）1.0mmol·L^{-1}氯苄在MeCN + 0.1mol·L^{-1} TEAP溶液中不同阴极上的循环伏安曲线（0.2V·s^{-1}），其中（g）为Ag电极，（h）为GC电极[17]

还原性能。与GC和本体Ag电极类似，氯苄在Ag NPs/GC电极上呈现一个不可逆的还原峰［见图11.1（g）和（h）］；随着沉积时间的增长，Ag NPs/GC电极上的还原峰电位逐渐正移［见图11.1（h）］；且当沉积时间为90s时，Ag NPs/GC与本体Ag电极上的峰电位几乎一致（见表11.1），表现出了相同的电催化性能。另外，长时间的测试发现，这类电极具有较好的稳定性。该修饰电极还可应用于电解合成反应，例如在饱和CO_2的乙腈溶液中电解氯苄可以得到62%的苯乙酸和23%的甲苯。尽管其催化性能仅与本体Ag电极相当，但值得肯定的是Ag的使用量大大减少，因而更为经济。

② Ag纳米棒。Maiyalagan[18]利用化学还原法制备了Ag纳米棒（nanorods，NRs）［见图11.2（a）］。在其修饰的GC电极（Ag NRs/GC）上，氯苄的不可逆还原峰电位明显正移，电流密度增大近一倍［见图11.2（b）］，表现出了比本体Ag更好的催化性能（见表11.1）。这可能主要归功于Ag NRs与Cl^-间强的亲和性以及其表面的扩散反应过程。

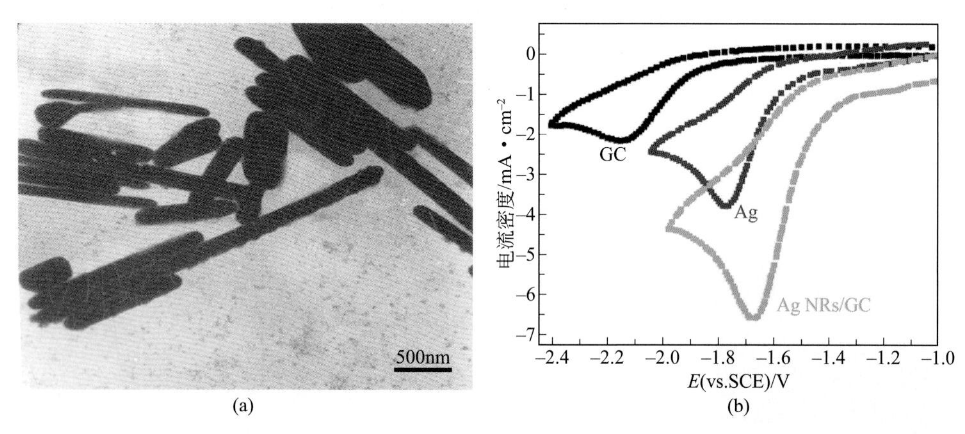

图11.2 （a）Ag NRs的TEM图；（b）3mmol·L^{-1}氯苄在MeCN + 0.1mol·L^{-1} TEAP溶液中不同阴极上的循环伏安曲线（0.2V·s^{-1}）[18]

表11.1 纳米单金属电极上氯苄电还原的循环伏安数据

阴极	溶液	扫速 /V·s^{-1}	c /mmol·L^{-1}	E_p①/V	$E_p-E_p^{GC}$②/V	$E_p-E_p^{M}$③/V	参考文献
Ag NPs/GC	MeCN + 0.1mol·L^{-1} TEAP	0.2	1	−1.73	0.48	−0.1	[17]

续表

阴极	溶液	扫速 /V·s^{-1}	c /mmol·L^{-1}	E_p①/V	$E_p-E_p^{GC}$②/V	$E_p-E_p^{M}$③/V	参考文献
Ag NRs/GC	MeCN + 0.1mol·L^{-1} TEAP	0.2	3	−1.66	0.48	0.11	[18]
Pd@GC	MeCN + 0.1mol·L^{-1} $TBABF_4$	0.1	2	−1.93	0.28	−0.05	[19]
Pd@Ar-GC				−1.93	0.28	−0.05	
Pd@N-GC				−1.78	0.43	0.10	
Cu NPs-GC	DMF + 0.1mol·L^{-1} $TBABF_4$	0.2	2	−2.07	0.08	0.02	[20]

① 氯苄在纳米材料上峰电位（vs. SCE）；

② 氯苄在纳米材料上的峰电位与GC电极上的峰电位差值（vs. SCE）；

③ 氯苄在纳米金属材料上的峰电位与本体金属M电极上的峰电位差值（vs. SCE）。

（2）ED Ag/CP吸附生物碱在不对称电催化还原中应用

不对称电合成是在一定的手性诱导作用下，将潜手性的有机分子通过电化学氧化或还原的方式转变为相应的具有光学活性的有机物的一种合成方法。与传统的有机不对称合成方法相比，电化学方法具有反应条件温和、易于控制、手性诱导剂用量少、易于分离等优势。主要的诱导方式有：分子内诱导（反应物本身具有空间位阻较大或手性的基团）、手性支持电解质-溶剂诱导、手性电极诱导和磁场诱导。其中手性电极最受关注，根据构成电极的方式不同，又可分为吸附型手性电极、共价键型手性电极和聚合物薄膜型手性电极等。

当电极表面吸附手性诱导剂后便具有对映异构的选择性。常用的手性吸附诱导剂是一些生物碱，例如士的宁、奎尼定、吐根碱等。例如，Jubault等[21,22]在生物碱士的宁的存在下，以Hg为阴极还原甲基苯基乙醛酸肟，得到了具有光学活性的产物。这主要得益于生物碱在Hg电极上的强吸附创造了有效的手性环境。但Hg的毒性及污染问题，限制了其进一步的利用。因此，需要开发更为环境友好，吸附性能强的电极材料。

Lu等[23]在碳纸（carbon paper，CP）上，利用恒电位沉积法制备了树枝状（electrodeposited dendrite，ED）的Ag，其大小约为100nm［见图11.3（a）］。在通电的条件下，该电极可以吸附溶液中的辛可宁（cinchonine，CN）等生物碱，而CP则无法吸附［见图11.3（b）］。而且由于其比表面积大（7.6m^2·g^{-1}），吸附量远远高于本体Ag电极。因此应用于苯甲酰甲酸甲酯的不对称电还原［式（11.7）］时，表现出了优异的电催化诱导性能。优化条件下，该反应的转化率为57%，选择性为95%，

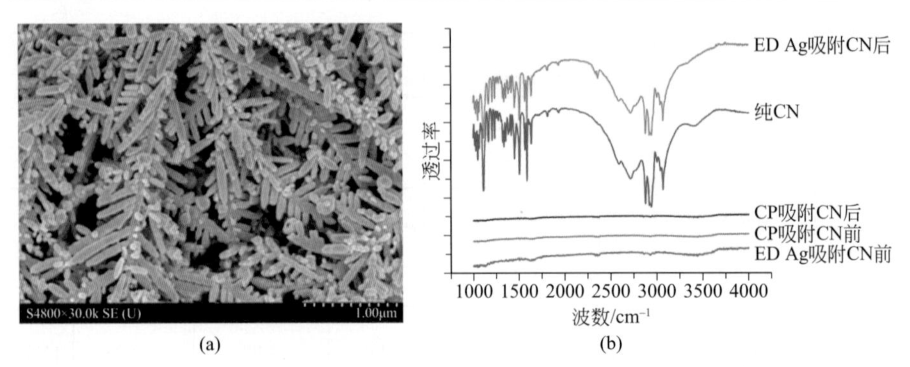

图11.3 （a）ED Ag的SEM图；（b）ED Ag及CP材料电吸附CN前后和纯CN的红外光谱图[23]

产物的ee值为34%，是本体Ag电极上的近3倍。另外，溶剂和生物碱的浓度等条件都会影响电极上生物碱的吸附量，进而影响反应的ee值。与不对称氢化反应类似，产物的ee值随着吸附生物碱量的增大而逐渐增大。

+ H^+ —— ED Ag（−） Mg（+）；CN, $MeCN/H_2O$+0.1mol·L^{-1} TEAI ——→ $R(-)$ + $S(+)$ （11.7）

11.2.1.2
Pd纳米材料

（1）纳米Pd在C—X电催化还原中的应用

Gennaro等[19]利用双电位阶跃法在GC电极上沉积了Pd纳米颗粒。与之前的Ag纳米颗粒类似，随着沉积时间从25s增长至50s和150s时，Pd颗粒的平均粒径从23nm增大至40nm和45nm，某些团聚的粒子粒径甚至大于200nm。针对氯苄的电化学还原，还原峰电位随着沉积时间的增长而正移，峰电流逐渐增大［见图11.4（a）］。其中，沉积150s所制备电极的催化活性与本体Pd电极相当。这说明，在未修饰的GC电极上沉积Pd的电催化活性更多地取决于沉积Pd的量和纳米颗粒的粒径，而非其形貌。

当GC电极表面经预处理掺杂入Ar时，同样沉积50s所得到的Pd平均粒径仅为25nm。尽管相对于未修饰的GC，Ar的掺杂增加了电极表面缺陷位点数量，两个电极上Pd颗粒大小也明显不同，但其对应的电催化性能与Pd@GC电极几乎相当［见

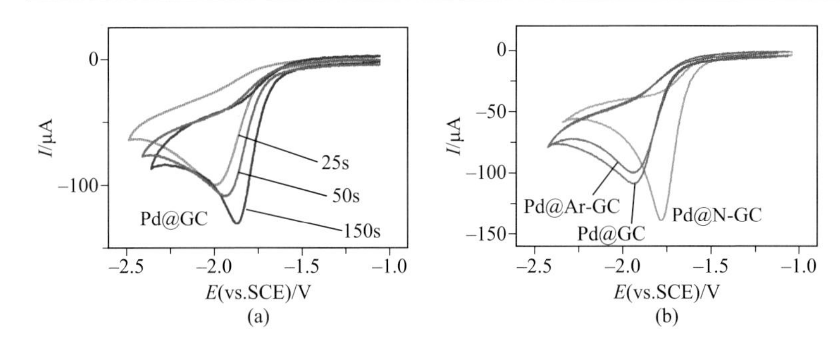

图11.4　2mmol · L^{-1}氯苄在MeCN+0.1mol · L^{-1} $TBABF_4$溶液中不同阴极上的循环伏安曲线（0.1V · s^{-1}）[19]

图11.4（b）]。这说明该电催化性能并不受基底电极形貌的影响。而当GC表面掺杂入N时，相同条件下得到的Pd颗粒更小（21nm）、更均匀。尽管其沉积Pd的量与Pd @Ar-GC电极相当，但表现出来的电催化性能不仅优于Pd @GC和Pd @Ar-GC电极，也优于本体Pd电极（见图11.4和表11.1）。这主要是由于N官能团的存在增强了Pd纳米颗粒对于C—Cl键的作用，从而提高了对应的电催化活性。

（2）Pd-I修饰电极在C—Br电催化还原中的应用

Simonet等[24]研究发现：烷基溴代物（RBr）在GC电极上呈现出一个两电子转移的不可逆还原峰；而在未严格干燥的DMF溶液中，其在光滑的Pd电极上几乎检测不到还原峰；少量碘盐的加入，可以使溴代物在Pd修饰的电极上检测到一个类似于吸附的不可逆尖峰 [见图11.5（a）曲线A ～ C]。在伏安研究条件下，RBr与I^-间均相溶液中的双分子亲核取代反应速率是相当慢的。因而这个峰不可能是烷基碘代物在Pd上的直接电还原 [见图11.5（a）曲线D、E]，而是得益于Pd表面的相关反应。

同时，RBr还原峰的大小与修饰的Pd的量呈线性关系 [见图11.5（b）]，说明反应不仅仅局限于电极的表面，而且存在于Pd的内部。当RBr含有庞大的烷基基团（例如，1-溴十烷、1-溴十四烷）时，对应的还原峰则相当小，表明大体积的基团会限制电极表面溴代物分子的反应。SEM图显示电解反应前后电极表面的形貌发生了很大的变化，再次说明Pd参与了整个还原反应。因此，当有少量I^-离子存在时，Pd电极对烷基溴化物的电还原表现出的出色催化性能，得益于反应过程中Pd金属内部卤素之间的交换，生成了更容易还原的过渡态。具体的反应历程如式（11.8）～式（11.12）所示。

$$RBr \xrightarrow{Pd} [RBr]_0 \xrightarrow{Pd} [R\text{-}Pd\text{-}Br]_0^* \qquad (11.8)$$

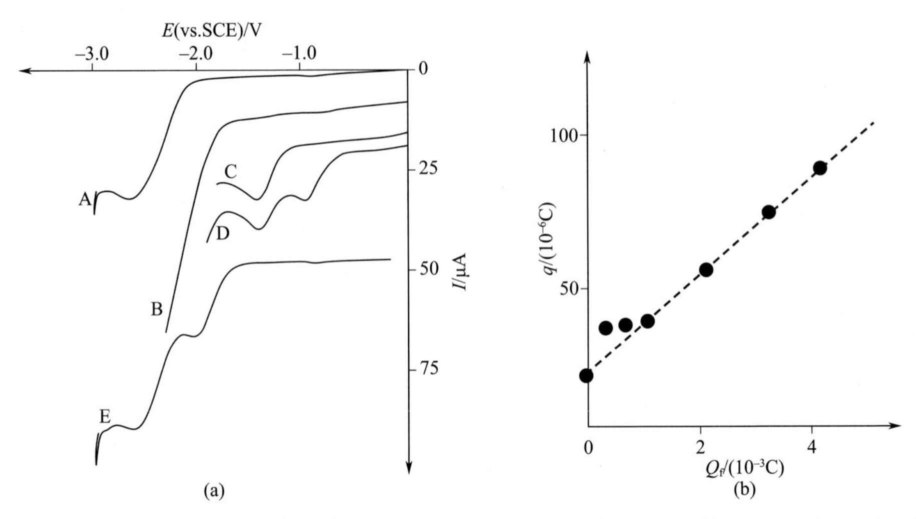

图11.5 （a）13mmol · L^{-1} 1-溴丁烷在DMF+0.1mol · L^{-1} $TBABF_4$溶液中GC（A）、Pd（B）和Pt-Pd（C，+0.03mol · L^{-1} TBAI）电极上的伏安曲线，13mmol · L^{-1} 1-溴丁烷+5mmol · L^{-1} 1-碘丁烷在DMF+0.1mol · L^{-1} $TBABF_4$ +0.03mol · L^{-1} TBAI溶液中GC（E）和Pt-Pd（D）电极上的伏安曲线（0.05V · s^{-1}）；（b）15mmol · L^{-1} 1-溴戊烷在DMF+0.1mol · L^{-1} $TBAPF_6$+0.02mol · L^{-1} TEAI溶液中Pt-Pd电极上的还原峰电量与Pt-Pd电极上沉积Pd电量的关系图[24]

$$\xrightleftharpoons{I^-(Pd)} [R\text{-}Pd\text{-}I]_0^* + Br^- \tag{11.9}$$

$$[R\text{-}Pd\text{-}I]_0^* + e^- \longrightarrow [R\cdot]_0 + Pd(0) + I^- \tag{11.10}$$

$$[R\cdot]_0 \longrightarrow \text{自由-金属基加和物} + \text{还原产物} \tag{11.11}$$

$$Pd(0) \longrightarrow \text{Pd纳米颗粒} + \text{结构形貌改变} \tag{11.12}$$

在此基础上，Simonet[25]又设计制备了Pd-I电极，主要是在少量四烷基碘化铵（TAAI）电解质存在的条件下，用Pd电极还原烷基溴代物，从而使部分I^-掺杂在Pd内部，并形成微通道（见图11.6）。对于在Pt上沉积相同量Pd的修饰电极，1-溴戊烷在通过电化学掺杂获得的Pt-Pd-I电极上呈现了一个大电流的不可逆还原峰，其峰电位比GC电极上正移了约1.0V；而在通过简单浸渍于TBAI溶液中获得的Pt-Pd-I^-电极，其峰电流明显较小（见图11.7）。更值得注意的是，这种电化学掺杂的方法不仅可以用于电极表面修饰的Pd层，而且还可以直接对本体Pd电极进行掺杂修饰，从而大大提高了电极的催化性能。

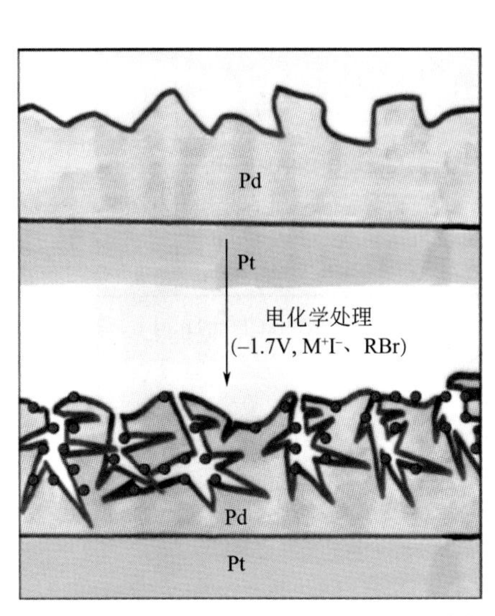

图11.6　电极表面Pd结构变化的示意图[25]

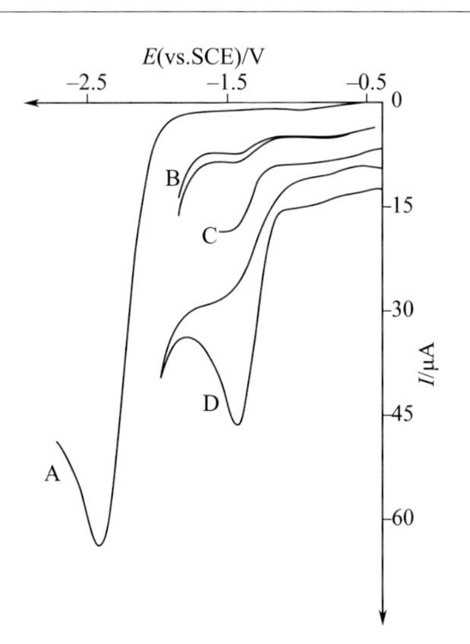

图11.7　16mmol · L^{-1} 1-溴戊烷在DMF + 0.1mol · L^{-1} $TBAPF_6$溶液中GC（A）、Pt-Pd（B）、Pt-Pd-I^-（C）和Pt-Pd-I（D）电极上的伏安曲线（0.05 V · s^{-1}）[25]

11.2.1.3
Ni纳米材料

Lessard等[26]在利用Ni对共轭烯酮的选择性电化学氢化研究中发现：在Ni_2B（平均粒径0.5μm）电极上，通过减小电流密度，C═C键氢化的选择性可提高至100%；同时，电流密度的减小和底物浓度的增大，可以将电流效率提高至100%。如表 11.2 所示，在更活泼的雷尼镍（Raney nickel，RaNi，平均粒径 < 40μm）电极上，由于生成的吸附氢活性更强，目标C═C键电氢化反应的选择性则相当低。而在给定反应条件下，具有分形结构的镍（fractal nickel，平均粒径2.2 ～ 2.8μm）则可以表现出比Ni_2B更高的选择性，说明其对于共轭烯酮类物质的选择性电氢化C═C键更为有利。在进一步的研究中[27]，Lessard等发现，电沉积镍、铜和钴制备的电极具有更好的选择性（见表11.2）。

Grimshaw等[28]也发现，电极表面的本质特性对选择性电还原反应的过程有决定性的影响。高电流密度、低镍离子浓度水溶液中电沉积得到的镍黑（nickel-black）电极具有适中的电催化活性。在这类电极上，电还原共轭烯酮可以得到电流效率约为63% ～ 68%的烷酮和一些对应的二级醇。而低电催化活性的灰镍（grey-nickel）电极表面则会存在氢化和底物直接电还原的竞争，从而生成大量的氢化二聚物质。

表11.2 电极材料和电解电量对电催化氢化2-环己烯-1-酮的影响①

电极	转化率/%		选择性/%		参考文献
	$2\ F\cdot mol^{-1}$	$4\ F\cdot mol^{-1}$	$2\ F\cdot mol^{-1}$	$4\ F\cdot mol^{-1}$	
Ni_2B	68	91	74	46	[26]
RaNi	79	95	20	9	
分形镍	62	90	86	78	
Ni/不锈钢②	74 ~ 80	94	100	100	[27]
Cu/不锈钢②	69	94③	100	100	
Co/不锈钢②	69	92	100	100	

① 电解条件：MeOH/H_2O（50/50，体积分数）+0.1mol·L^{-1} NaCl+0.1mol·L^{-1} H_3BO_3+16mmol·L^{-1} 2-环己烯-1-酮（pH = 5.3 ~ 9.3），室温，250mA·cm^{-2}；

② 500mA·cm^{-2}；

③ 6F·mol^{-1}。

11.2.1.4 Cu纳米材料

（1）Cu NPs在C—X电催化还原中的应用

Simonet[29]在研究1,3-二溴丙烷（1,3-dibromopropane，DB3）的电还原过程中发现：Pd对该过程没有显著的催化作用；而Cu电极上，其还原峰电位却比惰性的GC电极上正移近1V。这主要归功于Cu与二溴代物的化学反应：每个C—Br键先分别与Cu反应［式（11.13）］；接着通过歧化反应生成具有电活性的Cu(Ⅱ)环状过渡态［式（11.14）］；该过渡态经历两电子转移的还原反应生成环状产物，同时在电极表面沉积活性Cu颗粒［见图11.8（b）］以便用于后续的催化还原反应［式（11.15）］。通过Cu的化学腐蚀［见图11.8（c）］以及电化学沉积，电极表面的形貌发生了巨大的变化。因此，也可以借助这个还原过程，在各种基底电极表面负载活性Cu纳米颗粒层［见图11.8（d），大约50nm］。

$$DB_n \xrightarrow[\text{Cu (0)}]{\text{还原}} Cu(\mathrm{I})\text{-}C_nH_{2n}\text{-}Br \xrightarrow[\text{Cu (0)}]{\text{还原}} Cu(\mathrm{I})\text{-}C_nH_{2n}\text{-}Cu(\mathrm{I}) \qquad (11.13)$$

$$\xrightarrow[\text{+环化反应}]{\text{歧化反应}} Cu^{*} + H_2C\begin{matrix} \diagup Cu(\mathrm{II}) \diagdown \\ \diagdown (CH_2)_{n-2} \diagup \end{matrix}CH_2 \qquad (11.14)$$

$$\xrightarrow[n=3]{2e^-} Cu^{*} + \text{环状产物} + \text{线型产物} \qquad (11.15)$$

图11.8 DB3存在下Cu的SEM图[29]

（a）电还原DB3前、（b）后的Cu/GC电极（电沉积醋酸铜制得）；（c）与DB3反应后的光滑Cu；（d）Cu/GC电极（电解DB3/Cu悬浊液）

Gennaro等[20]利用双电位阶跃在GC电极上沉积了Cu纳米颗粒。沉积20s时，这些均匀分布的Cu NPs的粒径呈现双峰分布的特征：多面体的小晶粒平均粒径为23nm，而大的球形颗粒粒径约为46nm。氯苄在该电极上的不可逆还原峰的峰电位为–2.07V，比本体Cu电极上的还原峰正20mV（见表11.1）。而当沉积时间延长至30s时，多面体和球形晶粒的粒径分别增大为30nm和65nm，而氯苄的还原峰进一步正移，比GC电极上的正约0.13V。

（2）Cu NPs在电催化环加成反应中应用

Cu纳米颗粒（Cu NPs）电极对环加成反应也有一定的电催化作用。Lu等[30]利用化学还原的方法制备了粒径大小不同的Cu纳米颗粒（见图11.9），并将其对应的电极应用于环氧化物的环加成反应［式（11.16）］中。研究结果显示：在相同的反应条件下，本体Cu电极上环状碳酸丙烯酯的产率为21%；而在Cu NPs电极上其产率远远高于本体Cu，且随着粒径的逐渐减小（300nm→100nm→50nm→10nm），产率逐渐增大（72%→86%→89%→93%）。这可能主要归功于其对应大的活性面积。而且这类电极重复使用10次产率几乎不变，相应的XRD和SEM图与使用前也几乎一样，表明其具有很好的稳定性。

图11.9 （a）~（c）不同粒径Cu NPs的SEM图和（d）TEM图

$$\text{R-epoxide} + CO_2 \xrightarrow[\text{Cu NPs}(-)\ |\ \text{Mg}(+)]{} \text{R-cyclic carbonate} \tag{11.16}$$

（3）Cu NPs吸附生物碱在不对称电催化还原中应用

Wan等[31]利用电化学STM在水溶液体系中直接识别了Cu（111）晶面吸附组装的手性辛可尼定分子，并判定了表面手性结构（见图11.10）。这样的吸附有利于在电极表面构成手性环境，从而促进不对称电合成反应的进行。

Lu等进一步的研究[32]发现，与之前的电沉积Ag电极类似，有机溶液体系中Cu纳米颗粒电极在电化学的环境下也可以吸附溶液中的生物碱，从而用于苯甲酰甲酸甲酯等芳香酮的不对称电催化还原反应。值得注意的是，Cu NPs在非电化学环境下无法吸附生物碱。因此，在多相不对称催化还原的体系中，Pt、Pd等金属更多地被作为手性诱导剂的载体[33～36]，而几乎没有关于金属Cu的报道。而且，如果将生物碱先于反应底物加入溶液中进行预吸附，最终产物的ee值明显高于同时加入生物碱和反应底物的体系（见表11.3）。这也进一步说明生物碱会电吸附到Cu NPs表面，从而形成手性环境，作用于C═O键的不对称电还原反应。

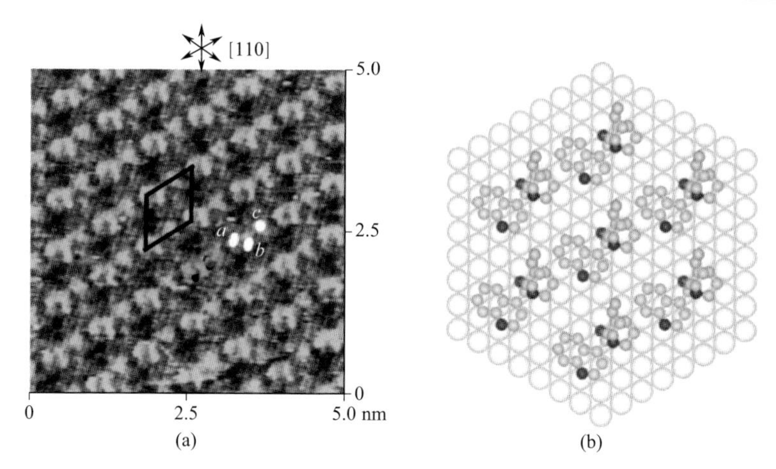

图11.10 辛可尼定在Cu（111）吸附的（a）HR-STM和（b）结构模型图[31]

表11.3 Cu NPs电极上苯甲酰甲酸甲酯的不对称电化学还原反应①

条目	生物碱		产率/%	ee/%
1	CD	溶液中	93	38（*R*）
2	CN		94	38（*S*）
3	QD		90	33（*R*）
4	QN		87	31（*S*）
5	CD	预吸附	93	61（*R*）
6	CN		92	63（*S*）
7	QD		86	52（*R*）
8	QN		85	50（*S*）

① 电解条件：MeOH/H_2O（90/10，体积分数）+ 0.1mol · L^{-1} TEAI + 50mmol · L^{-1}苯甲酰甲酸甲酯 + 1.5mmol · L^{-1}生物碱，室温，10mA · cm^{-2}；3F · mol^{-1}。其中，CD为辛可尼定（cinchonidine），CN为辛可宁（cinchonine），QD为奎尼丁（quindine），QN为奎宁（quinine）。

11.2.2 双金属纳米材料在电催化合成中的应用

由于双金属独特的催化活性，双金属电极材料的制备及在电催化反应中的应用也越来越受重视。为了便于比较，本节后续的催化应用主要选取氯苄的电催化还原，具体的循环伏安数据如表11.4所示。

表 11.4　纳米双金属电极上氯苄电催化还原的循环伏安数据

阴极	溶液	扫速/$V \cdot s^{-1}$	c/mmol · L^{-1}	E_p(vs. SCE)/V	J/mA · cm^{-2}	参考文献
Au/GC Ag/GC Ag-Au/GC	MeCN + 0.1mol · L^{-1} $TBABF_4$	0.1	10	— −1.84 −1.62	 4.84 5.39	[37]
GC Ag Cu Cu NPs-GC Ag150@Cu NPs-GC Ag300@Cu NPs-GC	DMF + 0.1mol · L^{-1} $TBABF_4$	0.2	2	−2.15 −1.66 −2.09 −2.07 −1.67 −1.63		[20]
Ag/GC Ag_1Pd_1/GC Ag_5Pd_1/GC $Ag_{10}Pd_1$/GC	MeCN + 0.05mol · L^{-1} $TBABF_4$	0.05	10	−1.70 −1.53 −1.28 −1.42	4.08 4.15 4.26 4.17	[38]
GC Ag/GC $Ag_{10}Ru_1$/GC	MeCN + 0.05mol · L^{-1} $TBABF_4$	0.05	10	−2.25 −1.74 −1.38		[39]
GC Pd Cu NPs-GC Pd150@Cu NPs/GC Pd600@Cu NPs/GC	DMF + 0.1mol · L^{-1} $TBABF_4$	0.2	2	−2.15 −1.71 −2.07 −1.72 −1.70		[40]

11.2.2.1
纳米Ag-Au在C—X电催化还原中的应用

Kuang等[37]利用欠电位沉积-置换技术制备了Ag-Au/GC电极。SEM显示，GC电极上Au和Ag-Au的颗粒粒径大约为40nm。且由于采用的是欠电位技术，Au纳米颗粒上的Ag几乎是单分子层的，量相当少（0.03%，原子分数），对Ag-Au纳米颗粒的粒径也几乎没有影响。氯苄在这些电极上均呈现一个不可逆的还原峰。其中，Ag-Au/GC电极上的峰电位比Ag/GC上的正移了0.22V，峰电流密度也更大（见表11.4），说明其具有更好的电催化性能。同时，计时电流图（见图11.11）也表明，使用1h后，Ag-Au/GC电极上的电流下降为原先的47%，而Ag/GC电极则跌至35%，说明Ag-Au/GC电极具有更好的稳定性。

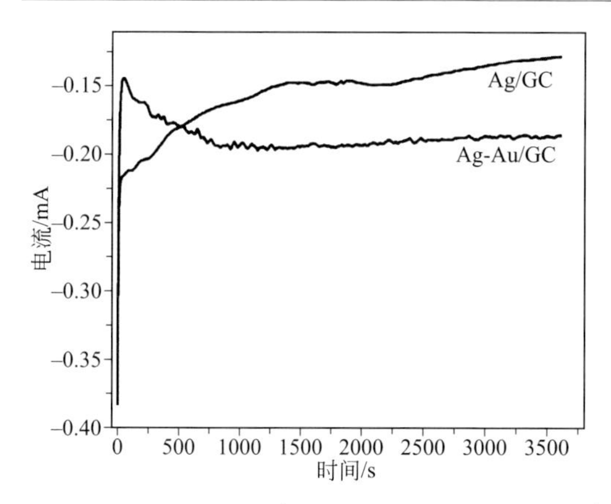

图11.11 10mmol · L^{-1}氯苄在MeCN + 0.1mol · L^{-1} $TEABF_4$溶液中不同电极上的计时电流曲线[37]

11.2.2.2
纳米Ag-Cu在C—X电催化还原中的应用

Gennaro等[20]在Cu NPs-GC的基础上，利用金属置换反应在其表面进一步修饰Ag纳米颗粒获得Ag@Cu NPs-GC（见图11.12）。其中，经过150s置换得到的纳米颗粒平均粒径为30nm，而600s时则增大为40nm。XPS检测表明，尽管Ag是电极表面的重要成分，但Cu仍旧是纳米颗粒最主要的元素。与之前的其他电极类似，氯苄在

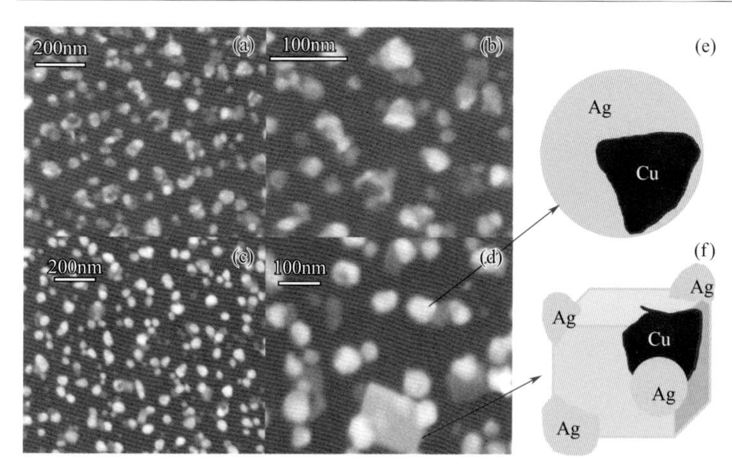

图11.12 （a)、(b）Ag150@Cu NPs-GC和（c)、(d）Ag600@Cu NPs-GC的SEM图；(e)、(f）Ag/Cu NPs模型[20]

这些电极上也呈现一个不可逆的还原峰，但峰电位明显更正：Ag150@Cu NPs-GC和Ag600@Cu NPs-GC两个电极上的峰电位分别比惰性的GC基底电极正0.48V和0.52V（见表11.4）。对于其他有机氯代物，这些电极均表现出了比本体Ag和Cu金属电极更高的催化活性。相对而言，他们对单氯代物的电催化活性更高，而当C—Cl键数量增多时，对应的催化活性逐渐减小。

11.2.2.3
纳米Ag-Ru在C—X电催化还原中的应用

Kuang等[39]通过水热反应制备了$Ag_{10}Ru_1$（m_{Ag} ： m_{Ru} = 10 ： 1）纳米材料。SEM图显示，该材料由纳米棒和纳米颗粒组成，其中纳米棒长1μm、粗40nm。XPS检测表明该Ag-Ru的双金属材料含有痕量的氧化物RuO_x。相比基底GC电极（–2.25V）和Ag纳米颗粒修饰的GC电极（–1.74V），该材料修饰的GC电极（$Ag_{10}Ru_1$/GC）上氯苄的不可逆还原峰电位（–1.38V）大大正移（见表11.4）。计时电流曲线也显示，$Ag_{10}Ru_1$/GC电极上的电流明显高于Ag/GC电极，表现出了很好的催化性能。

11.2.2.4
纳米Ag-Pd在C—X电催化还原中的应用

Kuang等[38]利用化学还原的方法制备了不同摩尔比的Ag-Pd纳米颗粒（粒径：4～5nm），并将其修饰于惰性的GC电极上。氯苄在这些电极上的循环伏安行为显示，与Ag纳米颗粒电极相比，Ag-Pd纳米颗粒电极所对应的峰电位更正，电流密度更大（见表11.4）。Ag-Pd NPs电极优良的电催化性能可能主要得益于还原过程中Ag与Pd之间的协同作用。同时，Ag和Pd的比例也会影响相应的电催化性能，其中Ag_5Pd_1的催化性能最好。

在氯苄的电还原过程中，无论采用何种材料作为阴极，无非经历两种电子转移断键机理：① 分步机理［式（11.1）～式（11.2）］，底物得到一个电子先形成阴离子自由基中间体，然后再断键分解成R自由基和X阴离子；② 协同机理［式（11.3）］，得电子与断键同时发生，即一步完成。而最终生成的R自由基由于其更容易还原，一旦生成立即得到第二个电子被还原成为R阴离子［式（11.4）］，其又迅速从反应体系中获取H源，生成烷烃［式（11.6）］。而对于烷基溴代物和烷基碘代物，它们比对应的氯代物更容易得电子。因此，可以通过对阴极材料的筛选，进一步将第一步还原反应的电位正移，甚至正于第二步电子转移反应，选择性地让电还原反应停留在R自由基阶段。在有机合成反应中，R自由基是相当活泼、存在时间很短的中间体，根据反应体系的不同，可以再进行后续的偶联、交叉偶合、聚合等反应获取更多种类的有机分子。

Simonet等[41～45]针对这一目的，利用不同方法制备了多种Ag-Pd双金属电极，Pd的加入进一步提升了Ag对于卤代物单电子还原的催化性能，从而实现了烷基溴代物和烷基碘代物的选择性单电子还原反应。例如，1-溴丁烷在惰性GC电极上呈现一个两电子转移的不可逆还原峰（见图11.13曲线A）；由于Ag的催化作用，此还原峰略微正移（见图11.13曲线B）；当采用纳米Ag电极和Ag-Pd修饰的电极时，该还原峰电位进一步正移（见图11.13曲线C和D）。

Ag-Pd双金属电极显著的电催化性能可能主要得益于金属Ag与Pd之间的协同作用，并且涉及活性金属与卤代物之间的化学反应。实际的电解合成后，Ag-Pd电极表面检测到类似腐蚀的针孔和隧道等现象（见图11.14），也证实了反应过程中金属的参与。整个过程可能从表面的Pd出发，先与卤代物反应（Ⅰ）；接着过渡态中的Pd可能与材料中的Ag发生置换，从而在Ag-Pd层中出现坑洞（Ⅱ）；随着反应的进行，消耗的Ag-Pd越来越多，从而形成孔道（Ⅲ）；在电子的作用下，在隧道边缘又会沉积Ag和Pd的纳米颗粒（Ⅳ）。

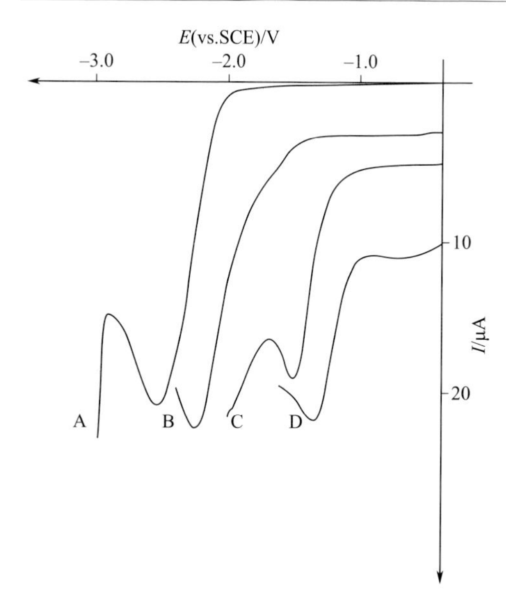

图11.13 DMF−0.1mol · L^{-1} $TBABF_4$溶液中1−溴丁烷的伏安图（v=50mV · s^{-1},S=0.8mm^2）[41]

A—GC；B—光滑Ag；C—Ag NPs/Ag；D—Ag-Pd/Ag

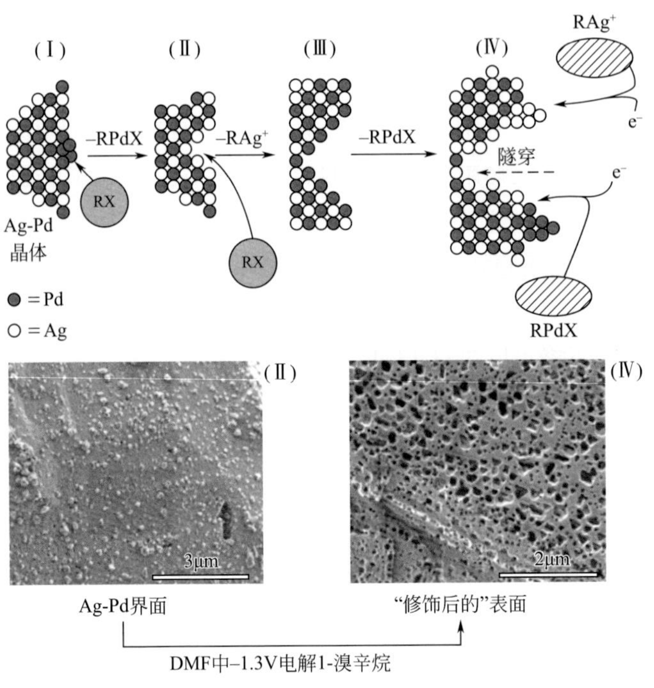

图11.14 Ag-Pd双金属电极的协同作用过程及表面微观形貌[41]

11.2.2.5 纳米Au-Pd在C—X电催化还原中的应用

Simonet[46]利用恒电流技术在Au表面沉积了一层很薄的Pd修饰层（$\ll 0.5\mu m$），其对于烷基碘代物的电还原反应表现出了优异的催化性能。例如，2-碘丙烷在Pd层厚度约为0.05μm的Au-Pd电极上还原峰的半峰电位是–0.60V，而在GC和光滑Ag电极上分别为–1.62V和–1.07V。而对于长链的碘代物（C_nI，$n>8$），可能由于庞大的烷基自由基在电极表面的吸附或嫁接，还原峰电位的正移量则略有减少，催化性能略有减弱。总体而言，这种Au-Pd双金属材料的催化性能可能得益于Au（作为基底）和Pd（引发催化过程）的协同作用。类似于单金属的纳米Pd电极[24]，Au-Pd电极表面的微量Pd也会插入C—X键［式（11.17）］；形成的过渡态又可能与Au进行交换，产生新的Au配合物过渡态［式（11.18）］；这种Au的配合物可能较易还原［式（11.19）］，所以检测到的还原峰比纯Pd和Ag电极上的还要正。

$$RX+Au\text{-}Pd \longrightarrow [R\text{-}Pd^{II},X^-]^*+Au^0 \tag{11.17}$$

$$[R\text{-}Pd^{II}, X^-]^*+Au\text{-}Pd \xrightarrow{\text{慢}} [R\text{-}Au\text{配合物}]^*+Pd^0 \tag{11.18}$$

$$[R\text{-}Au\text{配合物}]^*+e^- \longrightarrow R\cdot +Au^0 \tag{11.19}$$

11.2.2.6
纳米Pd-Cu合金在C—X电催化还原中的应用

Simonet等[47]研究发现：通过简单的金属置换反应可以得到纳米级的Pd-Cu双金属材料，该材料对于C—X键的电还原具有很强的催化活性，某些条件下电位可以正移近1V，并且在电解过程中没有明显钝化的现象。这种沉积物表现得很像多孔材料，而且随着反应的进行结构发生变化。这也就表明Pd会与烷基卤代物发生反应，即插入C—X键形成一种强吸附的中间物质C-Pd-X。这种插入可以印证催化的假设，持续得到Pd-Cu双金属材料。

Gennaro等在Cu纳米颗粒上修饰Au，制备Au@Cu NPs-GC[20]的基础上，利用类似的技术获得了Pd@Cu NPs修饰的GC电极[40]。经过150s的置换，GC电极表面的颗粒粒径发生变化，但仍然呈双峰分布：大多数为10nm的晶体和少部分45nm大小的颗粒。当置换时间延长至600s时，两种规格的纳米颗粒粒径都有所增大，分别为15nm和50nm。XPS表征显示这两种电极表面Pd/Cu的比例分别为1 ∶ 2和1 ∶ 1；EDX则检测到对于纳米颗粒整体的组分而言，Pd/Cu的比例分别为1 ∶ 7和1 ∶ 1。这就说明：Pd150@Cu NPs-GC电极上，Cu是金属部分的主体核，Pd则绝大多数只存在于粒子的表面；而Pd600@Cu NPs-GC电极上，Cu和Pd的密度相当。这类电极对C—Cl的电还原断键反应表现出了显著的催化作用。例如，氯苄在这两个电极上的不可逆还原峰电位分别比惰性GC电极上的正移了0.43V和0.45V（见表11.4）。用于电催化卤代物还原反应后，Pd600@Cu NPs-GC电极表面的形貌发生了变化，所有小粒径的纳米颗粒消失，原先较大的颗粒减小至35nm；而且Pd/Cu的比例从原先的1 ∶ 1变为1 ∶ 2。这说明电还原卤代物的过程中，该双金属纳米粒子参与了反应。另外，在DMF反应体系中，水的加入通常可以提高材料（本体材料和纳米材料）的电催化性能。由于本体Pd的析氢过电位比较低，限制了其在DMF/H_2O反应体系中的应用；而这种纳米Pd化的电极则有相对较宽的电化学窗口，有利于卤代物的电还原。

11.2.2.7
纳米Ni-Pd在C—X电催化还原中的应用

Simonet[48]研究发现，通过金属置换反应，在Ni表面沉积的Pd薄层（< 0.1μm）相当稳定、有效，可以作为催化材料修饰在很多基底电极上，例如C、Au、Pt、Pd、Ni和Cu等。这些修饰电极对C—X的电还原展现出很好的催化作用，可以使RI和RBr发生单电子还原反应生成相应的R自由基。类似于之前的其他Pd双金属电极，这主要得益于Ni和Pd之间特殊的协同作用。对于C—X键的电还原Pd比Ni的催化效果更好，而Ni又是Pd^{2+}很好的还原剂，因此会经历如下反应历程［式（11.20）～式（11.24）］。反应（11.20）可能是这个过程的速控步骤；反应过程中涉及的Ni和Pd则可能通过反应（11.23）在电极表面重新组合，这也就可以解释为何这种催化材料的稳定性很好。这种廉价的材料具有很高的催化活性，针对C—Br键的单电子还原反应，在给定电位下的电流密度仅比Ag-Pd电极略低一点。

$$\text{RX+ Ni-Pd} \longrightarrow \text{R-Pd}^{\text{II}}\text{-X+Ni}^0 \quad (11.20)$$

$$\text{R-Pd}^{\text{II}}\text{-X+Ni}^0 \longrightarrow \text{R-Ni}^{\text{II}}\text{-X+Pd}^0 \quad (11.21)$$

$$\text{R-Ni}^{\text{II}}\text{-X+e}^- \longrightarrow \text{R}\cdot\text{ +Ni}^0\text{+X}^- \quad (11.22)$$

$$\text{Ni}^0\text{+Pd}^0 \longrightarrow \text{Ni-Pd} \quad (11.23)$$

$$\text{R}\cdot\text{ +R}\cdot \xrightarrow{\text{快}} \text{R-R} \quad (11.24)$$

11.3
碳基纳米材料

11.3.1
硼掺杂金刚石电极在有机电合成中的应用

硼掺杂金刚石（boron-doped diamond，BDD）电极表面的晶粒通常棱角清晰，以（111）晶面为主（见图11.15）。其中的碳以sp^3杂化的结构存在，与普通的sp^2

结构的石墨有很大的区别，因而显示出了优异的电化学性能，如高的化学稳定性、宽的电化学窗口、低的背景电流、（水溶液中）高电位下易生成高活性的羟基自由基等。因而在电分析和电化学污水处理方面得到了广泛的应用。虽然其在有机分子电合成中的应用并不多[49]，但也表现出了特殊的性能。

图11.15　BDD电极的SEM图[50]

11.3.1.1
BDD电极在有机电氟化反应中的应用

有机氟化物具有反应活性低、表面性能独特、热稳定及力学性能好等优点，在高强度塑料、制冷剂、生物医药、电器元件等领域被广泛使用。鉴于电化学氟化法反应条件温和、反应过程和加氟量易控制等特点，目前已逐渐取代化学氟化法，成为实验室和工业上合成有机氟化物的主要方法之一。电化学氟化是一个阳极的氧化过程，因而阳极材料对反应的影响很大。很多金属在该反应体系中容易发生溶解、腐蚀，使得氟化产率很低而无法使用。

Touhara等[51]利用微波等离子体辅助化学气相沉积技术在Si基底上制备了BDD薄膜作为电极材料。针对1,4-二氟苲的电氟化［式（11.25）］研究发现，相比于Pt和高定向热解石墨（HOPG）电极，具有p型半导体特性的BDD电极有更宽的电化学窗口、更好的化学/电化学稳定性和更高的电流效率。

$$\text{1,4-}C_6H_4F_2 \xrightarrow[2F^-]{-2e^-} \text{3,3,6,6-tetrafluorocyclohexa-1,4-diene} \quad (11.25)$$

11.3.1.2
BDD电极在电化学甲氧基化反应中的应用

Griesbach等[52]在MeOH-H_2SO_4水溶液中，比较了BDD与石墨作为阳极，对于对叔丁基甲苯（*p*-tert-butyltoluene，TBT）电化学甲氧基化反应的影响（如图11.16所示）。当石墨作为阳极时，TBT先发生甲氧基化反应，生成单甲氧基化产

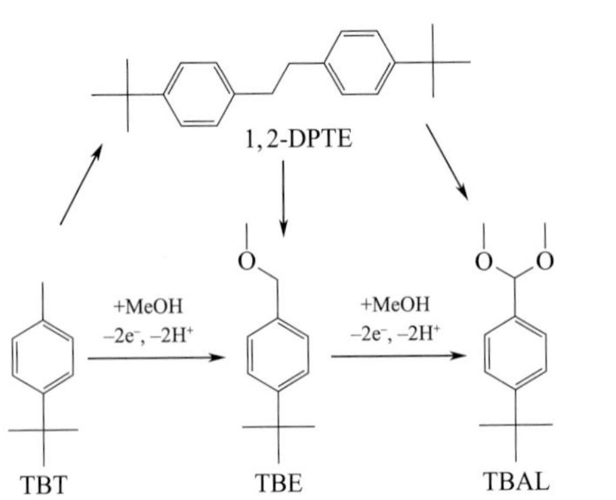

物叔丁基苄甲醚（*p*-tert-butylbenzyl methyl ether，TBE）；TBE分子中与甲氧基相连的亚甲基会进一步甲氧基化，生成对叔丁基苯甲醛二甲缩醛（*p*-tert-butylbenzaldehyde dimethyl acetal，TBAL）。而当BDD作为阳极时，TBE的生成速率明显小于石墨作为电极时的生成速率；且反应过程中会生成大量的二聚物质［1,2-di-(*p*-tert-butylphenyl)-ethane，1,2-DPTE］；随着反应的进行，发生C—C键断裂氧化成TBE和TBAL[53]。这种反应历程的不同可能与电极的催化性能有关：石墨电极上有机底物直接氧化；而BDD电极更倾向于甲醇的氧化，生成的甲氧基自由基夺取TBT中的H，从而形成相应的C自由基，并迅速二聚。

1,2-DPTE

TBT　+MeOH, $-2e^-$, $-2H^+$ → TBE　+MeOH, $-2e^-$, $-2H^+$ → TBAL

图11.16　TBT电化学甲氧基化反应历程

Einaga等[54]利用ESR证明了BDD电极上氧化甲醇可以有效地生成甲氧基自由基。因而，在使用BDD作为阳极电氧化异丁香酚合成(±)利卡灵A［见式（11.26）］时产率为40%，高于Pt（25%）和GC（17%）电极。

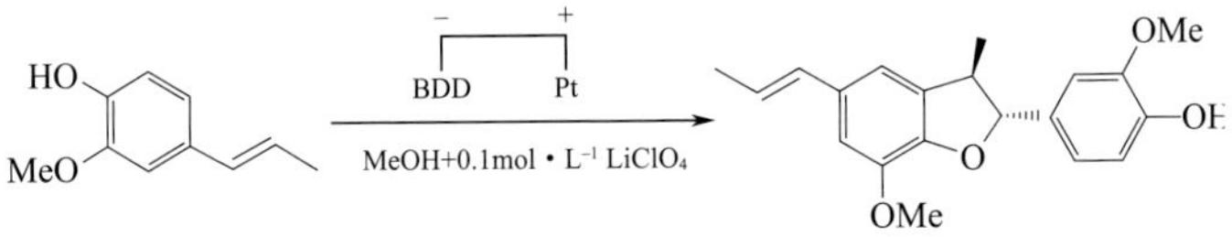

HO, MeO →［－ BDD, ＋ Pt; MeOH+0.1mol・L^{-1} $LiClO_4$］→ OMe, OH, OMe　（11.26）

借助电氧化生成的甲氧基自由基，还可以方便地对其他不易直接氧化的有机分子进行甲氧基化，从而合成有用的有机分子，例如，原甲酸三甲酯（trimethylorthoformate，TMOF）。TMOF是一种重要的有机合成中间体，又可作为脱水剂。TMOF工业上主要有两种制造途径：① 甲醇钠与氯仿反应，但同时产生三倍浓度的氯化钠废弃物；② 氢氰酸的醇解，同样也会得到化学计量的氯化铵废弃物。因此，甲醛缩二醇（formaldehyde dimethylacetal，FADMA）的阳极甲氧基化是一个值得关注的途径。该反应可以在一室型电解池中，采用BDD阳极来完成［见式（11.27）］[55]，但在石墨电极上却无法实现。

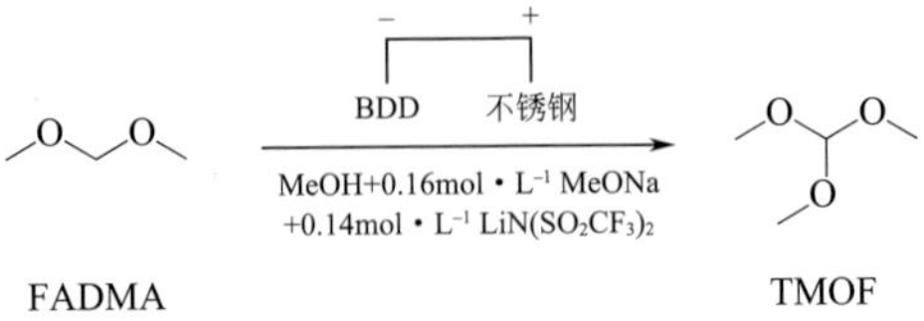

FADMA →［－ BDD, ＋ 不锈钢; MeOH+0.16mol・L^{-1} MeONa +0.14mol・L^{-1} $LiN(SO_2CF_3)_2$］→ TMOF　（11.27）

11.3.1.3
BDD电极在阴极还原二聚反应中的应用

Einaga等[56]在BDD电极上考察了肉桂酸甲酯的电还原反应［见式（11.28）］。在MeCN溶剂中，氢化二聚产物可达到85%；而在其他电极，例如Hg、Cu、Pb、Zn、Sn、Ag等，主产物则是经历Diekmann缩合的环化产物。

$$\text{Ph-CH=CH-COOMe} \xrightarrow[\text{MeCN+0.1mol} \cdot \text{L}^{-1}\ \text{TBABF}_4,\ \text{两室型电解池}]{\text{BDD}(-)\ \ \text{Pt}(+)} \text{Ph-CH=CH-COOH} + \text{(Ph)CH(CH}_2\text{COOMe)-CH(Ph)(CH}_2\text{COOMe)} + \text{2,3-diphenyl-5-(COOMe)cyclopentanone} \quad (11.28)$$

11.3.2
功能化碳电极在有机电合成中的应用

前文介绍了在纳米金属表面吸附手性诱导剂构成吸附型手性电极用于不对称电合成反应。而早在1975年，Miller等[57]以吸附(*S*)-C_{el}PheM的石墨为阴极还原4-乙酰基吡啶和苯甲酰甲酸乙酯分别得到了相应的具有光学活性的醇［见式（11.29）和式（11.30）］。

$$\text{4-acetylpyridine} \xrightarrow[(S)\text{-C}_{el}\text{PheM}]{+2e^-,\ +2H^+} \text{4-pyridyl-C*H(OH)CH}_3 \quad (11.29)$$

$$\text{PhCOCOOEt} \xrightarrow[(S)\text{-C}_{el}\text{PheM}]{+2e^-,\ +2H^+} \text{PhC*H(OH)COOEt} \quad (11.30)$$

但是这种方式吸附的分子数量有限，且存在与其他有机分子吸附的竞争，因而功能化不是很牢固，电极寿命也非常有限。而通过阳极氧化或阴极还原的方式，可在碳电极表面嫁接上特定的有机基团，制备更加牢固的功能化电极，并可提高电合成反应的选择性。

Kashimura等[58]通过电生NO_3·自由基（阳极氧化硝酸根制得）间接氧化的方式在碳纤维（carbon fiber，CF）电极上引入了羟基（—OH），并将该修饰电极应用于苯乙酮的电还原反应［式（11.31）］中。如表11.5所示，水溶液中，未经处理的CF电极上，苯乙醇的产率明显高于频哪醇（条目1）；而在CF-OH电极上，频哪醇则有相当高的选择性（条目2）。MeCN/H_2O的混合溶液可以提高频哪醇的选择性（条目3），而CF-OH电极的使用可进一步提升其选择性至近100%（条目4）。而且，对于二聚产物频哪醇几种不同的立体构型，CF-OH对外消旋的结构选择性最高（条目6,9）。在此基础上，又对CF-OH进行进一步的功能化，在阴极还原下与亲电试剂反应引入新的基团[59]。同样对于苯乙酮的电还原反应，—C_9H_{17}和Bu基的引入反而让外消旋结构的选择性大大下降（条目7，10）。这可能是由于苯乙酮电还原生成的阴离子自由基会与CF-OH电极上的羟基基团发生反应相邻分子间苯环在空间上的受限排斥，使得更倾向于得到外消旋的结构。烷基的引入降低了反应的选择性，使之与未修饰的CF电极得到一样的效果（条目5，7，8，10），这也验证了羟基在该反应过程中的作用。β-环糊精的引入也可以得到很高的外消旋选择性，同时还能获得一定量的苯乙醇（条目11）。苯乙醇的生成可能是由于环糊精的中空圆筒立体环状结构把反应中间体局限在内，抑制了其二聚反应造成的。

+e⁻ / +H⁺

dl-isomer　　*meso*-isomer

（11.31）

表11.5　苯乙酮的电化学还原

条目	阴极	溶液	产率/%	苯乙醇/频哪醇	*dl*/*meso*	参考文献
1	未处理的CF	H_2O + 0.5mol·L^{-1} Na_2SO_4	37.8	1.3		[58]
2	CF-OH		35.8	0.03		
3	未处理的CF	MeCN/H_2O（3/1）+ 0.5mol·L^{-1} TBAHSO$_4$	54.1	0.42		
4	CF-OH		49.4	Trace/1		
5	未处理的CF	MeCN/H_2O（3/1）+ 3mmol TEAOTs	48（频哪醇）		3.0	
6	CF-OH		33（频哪醇）		6.0	
7	CF-O-C_9H_{17}		51（频哪醇）		3.6	
8	未处理的CF	MeCN/H_2O（3/1）+ 0.083mol·L^{-1} TEAOTs	47	0	3.0	[59]
9	CF-OH		45	0	5.3	
10	CF-O-Bu		49	0	3.7	
11	CF-O-β-CD		52	0.13	5.2	

类似地，通过电还原可以将三芳胺基嫁接到CF电极上［式（11.32）］。而这种修饰电极可以催化有机分子的电氧化反应[60]。

（11.32）

11.4 聚合物纳米材料

11.4.1 聚合物膜在电催化合成中的应用

11.4.1.1 聚合物膜修饰电极在有机分子电合成中的应用

聚合物膜是由许多相同结构单元分子通过共价键重复连接而成的高分子量的化合物所构成的。1977年，Heeger、MacDiarmid和Shirakawa三位教授首次发现了能导电的聚合物[61]。这一发现打破了聚合物是绝缘体的传统观念，开创了导电聚合物的研究领域，也为电化学研究提供了一种新兴的电极材料。导电聚合物具有特殊的结构和优异的物理化学性能，它的突出优点是既具有金属和无机半导体的电学和光学特性，又具有有机聚合物的柔韧性和可加工性，还具有电化学氧化还原活性。这些特点促使导电聚合物材料在有机光电子器件、电化学器件、纳米科技和纳米材料等的开发和应用中发挥重要作用。

在有机分子的电合成过程中，导电聚合物膜也可以作为异相电催化材料来使用。Osa等[62,63]研究了醇在2,2,6,6-四甲基哌啶氮氧自由基（2,2,6,6-tetramethylpiperidin-1-yloxyl，TEMPO）修饰的石墨毛毡（graphit felt，GF）电极上的电催化氧化。例如，萘酚的电化学氧化容易发生聚合，其易在电极表面沉积成膜而终止反应；而在TEMPO/GF电极上，则可以控制合成其对应的二聚产物；如果体系中加入手性生物碱，还可以实现对映选择性电氧化二聚[62]。再如，对于简单的芳香醇，电催化氧化通常生成对应的酮或醛；而在手性生物碱诱导剂(−)-鹰爪豆碱的协助下，TEMPO/GF电极可以选择性氧化*S*构型的醇，而保留外消旋醇中*R*构型的部分不反应，从而有效地实现手性分离[63]。

11.4.1.2
手性聚合物膜修饰电极在不对称电合成中的应用

如果修饰的聚合物单体本身具有手性，则可以在电极表面形成一个手性的环境，从而用于不对称电合成反应。

1983年，Nonaka等[64]首次在聚-L-缬氨酸修饰的石墨电极上研究了潜手性烯烃的不对称电还原反应［见式（11.33）］。柠康酸和4-甲基香豆素的电还原产物分别得到了25%和43%的光学收率。张五昌等[65]也利用聚-L-缬氨酸修饰的石墨电极实现了苯甲酰甲酸的不对称电还原，最高光学收率可达63.8%。

另外，聚-L-缬氨酸也可以修饰到Pt电极上，用于硫醚化合物的不对称电氧化反应［见式（11.34）］[66,67]。

Me(H)C=C(COOH)COOH + $2e^- + 2H^+$ —[聚-L-缬氨酸 / 石墨]→ H–C(Me)(COOH)–C(H)(H)COOH （11.33）

光学收率：25%
电流效率：80%

PhS–C$_6$H$_{11}$ + OH^- ⟶ PhS*(=O)–C$_6$H$_{11}$ + $2e^-$ + H^+ （11.34）

光学收率：54%
化学收率：31%

Kashiwagi等[68]通过石墨电极上修饰的聚丙烯酸薄膜上的羰基又负载了具有光学活性的4-amino-SPIROXYL（4-amino-2,2,7-trimethyl-10-isopropyl-1-azaspiro[5.5] undcane Noxyl），并研究了二醇在这种Chiral SPIROXYL/GF电极上的不对称电催化氧化［见式（11.35）］，得到了对应的具有光学活性的内酯（电流效率：95%～97%；ee值：82%～99%）。

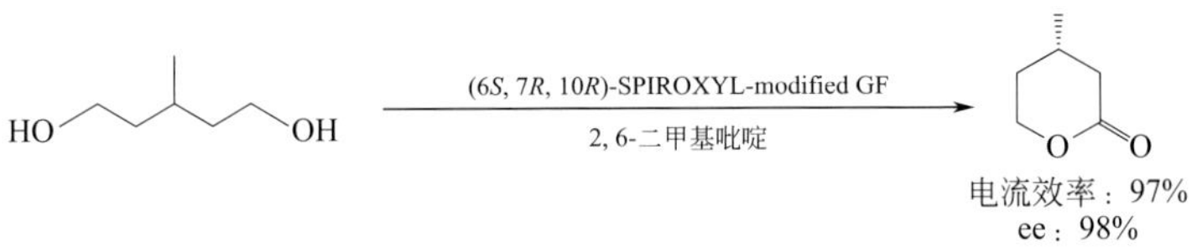

HO～OH $\xrightarrow[\text{2, 6-二甲基吡啶}]{(6S,\ 7R,\ 10R)\text{-SPIROXYL-modified GF}}$ 电流效率：97% ee：98%　（11.35）

11.4.1.3 聚四氟乙烯纤维修饰电极

在电化学研究中，电极材料的最基本要求就是导电性良好。因此，如上面所介绍的例子，通常用于修饰电极的聚合物也都是导电的。而事实上，由于修饰的聚合物本身不导电、有一定的疏水性，其在电极表面的修饰会限制有机分子在电极表面得失电子的进行，从而促进一些常规条件下较难进行的反应。

例如，Chiba等[69]发现聚四氟乙烯纤维（PTFE-fiber）的加入可以促进2,5-二甲基对苯醌与月桂烯之间的Diels-Alder反应。于是，他们将PTFE纤维修饰到GC电极上，并应用于电氧化对苯二酚生成的醌与易氧化的共轭二烯的环加成反应（见图11.17）。当没有PTFE纤维存在时，共轭二烯也非常容易在阳极表面失去电子被氧化。因此，在GC电极上直接氧化该体系，目标环加成反应的产率低于20%。而当GC电极表面被疏水的PTFE纤维修饰后，共轭二烯和加成产物被隔离在外；对苯二酚则可以直达GC表面被氧化，生成的醌会迅速被PTFE纤维上的共轭二烯捕获，进行发生后续的环加成反应。此时，目标产物的产率可达90% ～ 98%。

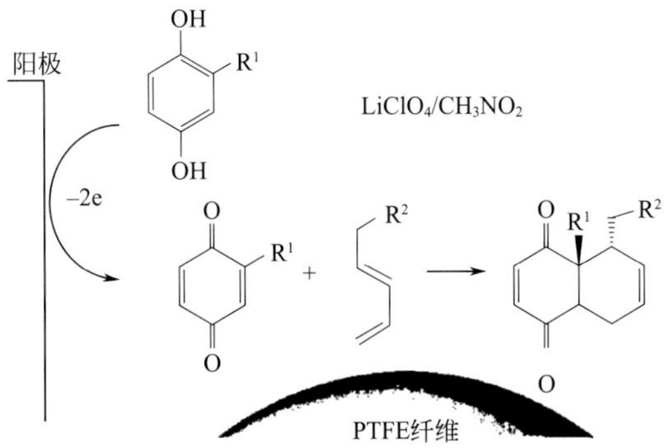

阳极　OH　R^1　OH　$LiClO_4/CH_3NO_2$　−2e　O　R^1　+　R^2　O　R^1　R^2　O　O　PTFE纤维

图11.17　PTFE纤维表面电生成的醌与共轭二烯发生Diels-Alder反应的可能机理[69]

11.4.2
负载金属（金属氧化物）/聚合物膜在电催化合成中的应用

以导电聚合物为载体，通过各种方法负载金属或金属氧化物颗粒，可以大大增加金属（金属氧化物）的表面积，使得负载在这些导电聚合物上的贵金属比本体贵金属具有更好的电催化活性。尽管负载的金属量很少，但仍然可以得到高电流和高电合成产率。又由于金属（金属氧化物）颗粒往往可以嵌入聚合物膜内，或与有机组分之间相互作用稳定纳米颗粒、防止团聚，使催化剂物理或化学损失引起的催化活性减少被抑制，因而电极具有很好的稳定性。

Moutet等制备了贵金属（Pt、Pd、Rh、Ru）颗粒修饰的聚吡咯-紫罗碱膜[70～72]或聚吡咯-烷基胺[73～75]电极，并将这类电极应用于电催化氢化共轭烯酮、苯乙烯等反应中。随着负载金属含量的增大，电催化的活性面积逐渐增大，因而电氢化产物的产率逐渐升高；但当负载金属量过多时，由于聚合物膜内电子传递和有机底物分子渗透的限制，产率无法得到进一步提升。另外，负载金属种类的不同对反应的选择性也有很大影响。如式（11.36）所示，当负载的金属为Rh、Ru、Pt时，葛缕酮更倾向于还原支链上的C═C键；而在Pd上，环上的C═C键更容易被还原。不同催化性能的金属的共同负载可以显著提高电极的催化性能。例如在聚吡咯-烷基胺膜上同时负载Pd和Rh或Pd和Pt可以实现葛缕酮两个C═C键的同时电化学氢化。

聚合物在纳米复合材料中不仅仅充当载体，其结构、电荷传输性质等都可能会影响到最终的电催化性能。例如，针对同样的电氢化反应［见式（11.36）］，同样负载Pd颗粒，聚吡咯-紫罗碱的效果就明显不如以聚吡咯-烷基胺膜为基底的电极。

$$\xrightarrow{+e^-,\ +H^+} \qquad (11.36)$$

电极	产物1	产物2	产物3
C/聚吡咯-紫罗碱-Pd	37%	8%	20%
C/聚吡咯-紫罗碱-Rh	2%	46%	22%
C/聚吡咯-紫罗碱-Ru	1%	22%	9%
C/聚吡咯-烷基胺-Pd	60%	5%	16%
C/聚吡咯-烷基胺-Pt	—	82%	18%
C/聚吡咯-烷基胺-Ru	6%	42%	16%
C/聚吡咯-烷基胺-Pt-Pd			92%
C/聚吡咯-烷基胺-Pd-Rh			95%

不仅仅是Pt族金属，Ni[76]、Cu[77]等金属也可以通过电沉积的方式修饰到聚合物膜上。Moutet等[76]将制备的C/聚吡咯-烷基胺-Ni电极应用于水溶液中环己酮、环己烯酮等有机分子的电氢化反应，实验结果表明其具有很好的电催化活性。

11.4.3
金属有机配合物膜在电催化合成中的应用

在有机分子的电合成过程中，金属有机配合物也是一类重要的催化剂。通常，它们溶解于反应体系中，首先在电极表面进行异相电子转移反应（被氧化或被还原），然后再与反应底物进行均相电子转移反应（将底物氧化或还原），进而获得对应的产物。与异相催化相比，这类均相的电催化反应需要更多的催化剂，也由于其易溶于反应体系而使得最终较难分离。因此，如若能将这类催化剂固定于电极表面则可以提高催化剂的使用效率。

借助在配体上连接易氧化的吡咯基团（见图11.18），Moutet等[78～82]成功地将Pd和Rh的有机配合物电聚合于惰性电极表面。并发现，这些在均相体系中具有电催化氢化能力的金属有机配合物，固定于电极表面后也可以将溶剂水作为氢源，实现有机物的电催化氢化反应。这些金属有机配合物修饰的电极具有一定的稳定性，可以重复使用几次仍得到较高的转化数。当然配体本身的结构对电催化性能和稳定性有很大的影响。例如，在反应体系中配体**L2**的酯基会慢慢发生水解，从而逐步损失催化剂分子，进而降低其催化活性，并无法继续使用。

如果该配合物的有机配体具有一定的手性（如图11.18中的**L3**），则制备的修饰电极也具有手性，可以进行潜手性有机分子的不对称电催化氢化反应，从而得到具有光学活性的有机产物[83,84]。虽然使用的手性金属有机配合物的总量远小于均相电催化反应体系，但由于聚合物膜内手性诱导源被高度聚集，单位体积内的浓度远远高于均相体系溶液中的本体浓度，因而诱导效果也优于均相体系，同时产率和转化数等也明显要高。

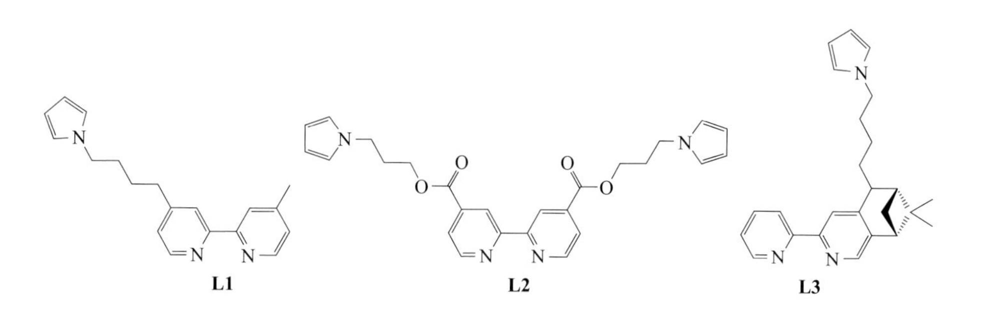

图11.18　有机配体结构

Mn席夫碱配合物可以电催化环氧化烯类物质，得到对应的环氧化合物[85～88]。但是电解反应过程中，易与分子氧反应形成非活性的二聚物[89]，因此在均相反应体系中这类Mn席夫碱配合物非常容易失活。Wong等[90]则通过电聚合配体上的乙烯基团，将Mn席夫碱配合物固定于GC电极上。研究发现，电聚合制备的电极具有与均相配合物类似的电化学行为，在苯乙烯的环氧化反应中表现出了很好的电催化活性。且由于Mn活性中心被固定于GC电极上，不易发生二聚，对应电催化反应的转化数远远高于均相体系。但也可能是由于其被固定于GC电极上时，手性配体的结构收到了一定的限制，其产物的ee值略小。

除了上面所述直接电聚合金属配合物配体中的活性基团的方式制备金属有机配合物膜电极外，还可以通过后续化学反应嫁接的方式将金属配合物固定于事先准备好的聚合物膜电极上。例如，Kashiwagi等[91]将Ni配合物上羟基与聚丙烯酸膜上的羧基进行酯化，制备了Ni配合物修饰的电极［见式（11.37）］。该电极可以运用于醛和酮的电催化还原反应中，获得可观的电流效率（46.9%～80.1%）和转化数（1053～2267）。而且，电解后的电极仍然能检测到与新制备的修饰电极一样的循环伏安行为，且峰电流几乎不变，表明其仍具有很好的电催化活性，可以重复使用。

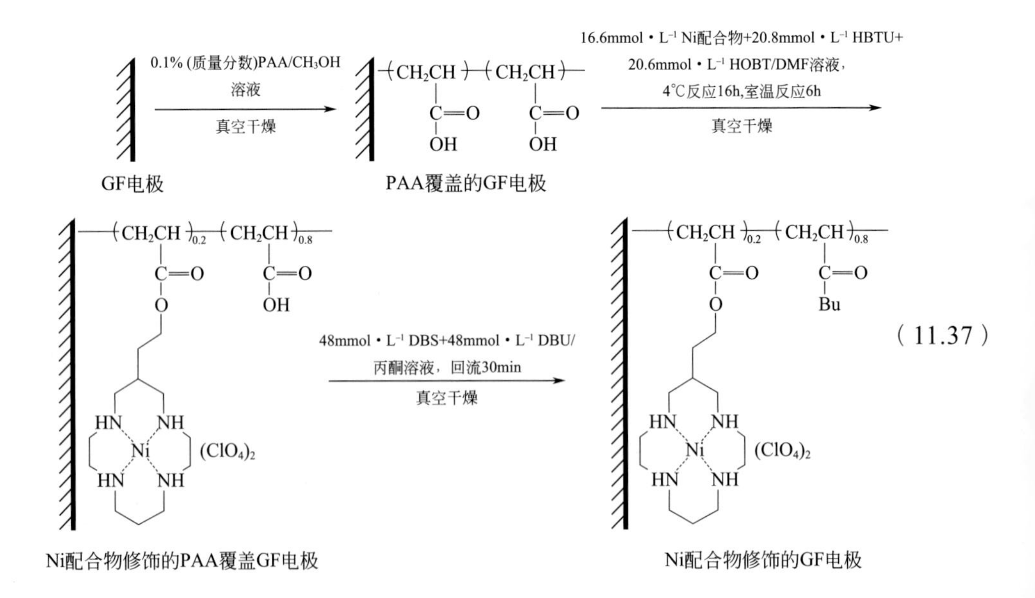

（11.37）

11.5 其他新型复合纳米材料

11.5.1 生物碱@Ag纳米材料在不对称电催化还原中的应用

生物碱在电极表面的吸附能营造一个手性的环境，从而使得潜手性的有机物质可以在电极表面发生不对称电化学反应，进而得到相应的具有光学活性的有机分子。如11.2.1小节中介绍的碳支撑的纳米Ag电极上电吸附生物碱CN等可用于不对称电还原苯甲酰甲酸甲酯等物质[23]。而此类电极的一大缺点就是吸附量小且稳定性差。Lu等在研究过程中发现[23]，电合成过程中，生成的产物会在电极表面竞争吸附，从而影响诱导剂的吸附，进而影响反应的ee值。又如11.4.3节中提到的，手性金属有机配合物等借助聚合物膜在电极表面的固定可提高目标反应的产率和光学活性。然而这种负载的方式不适用于生物碱之类的手性分子诱导剂。因此寻求更有效的负载方式是不对称电合成反应的发展方向之一。

Lu等[92]通过诱捕的方式制备了生物碱@Ag纳米颗粒。生物碱的加入并没有影响Ag纳米颗粒的形貌，仅仅使其粒径有所增大（从约80nm增至约100nm）（见图11.19）。而通过XRD，在CN@Ag材料上可以明显检测到生物碱CN的信号峰（见图11.20曲线c）。同时BET数据显示：Ag NPs的比表面积为$3.5m^2\cdot g^{-1}$，孔径为6.5nm；而CN@Ag颗粒的比表面积为$1.2m^2\cdot g^{-1}$，孔径为3.3nm。这些表征结果都说明，生物碱CN被成功地诱捕到了Ag纳米颗粒中。

将制备的生物碱@Ag纳米颗粒压成片状，可作为阴极应用于苯甲酰甲酸甲酯等有机分子的不对称电还原中，得到具有光学活性的氢化产物［反应式同式（11.7）］。该修饰电极的催化效果远优于通过电吸附CN构成的修饰电极（见表11.6，条目3 vs.条目2和7），这主要归功于被诱捕在Ag颗粒内部的生物碱。一方面通过这样的固定，电极表面生物碱浓度远远大于吸附的量；另一方面被固定的生物碱不易因脱附的因素而损失减少（见图11.20曲线e）。因而，这个电极可以重复使用，几乎不影响反应的产率和ee值（见图11.21）。

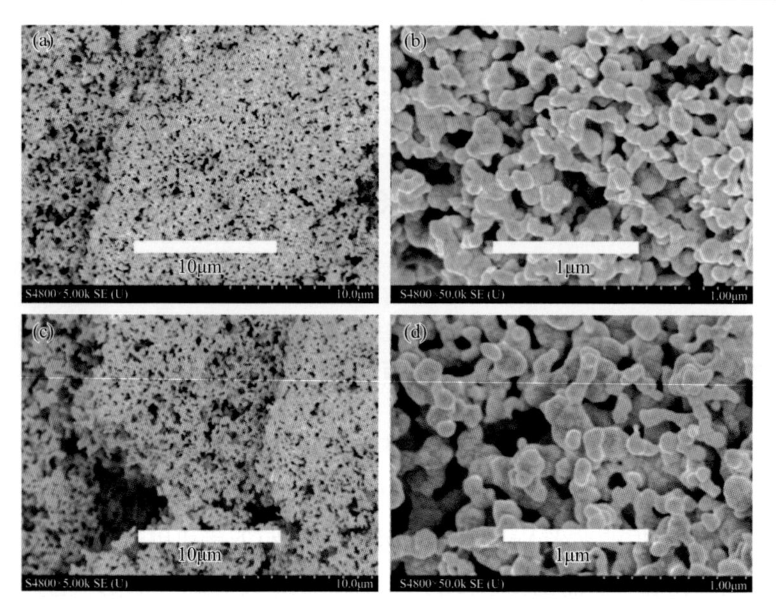

图11.19 （a）、（b）Ag NPs和（c）、（d）CN@Ag的SEM图

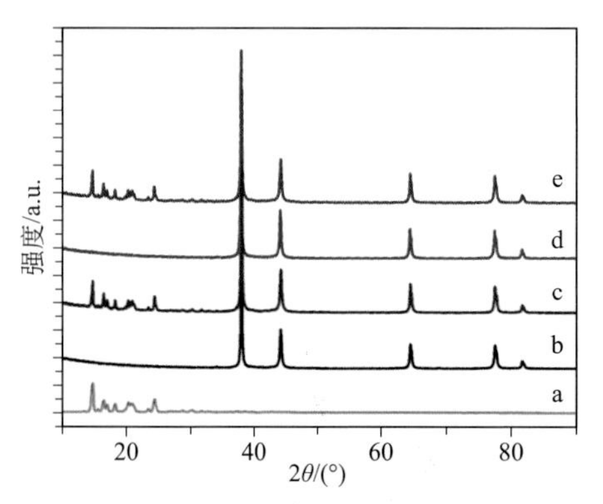

图11.20 不同电极材料的XRD图

a—纯CN；b—AgNPs；c—CN@Ag；d—CN@Ag经DMSO萃取后；e—CN@Ag使用10次后

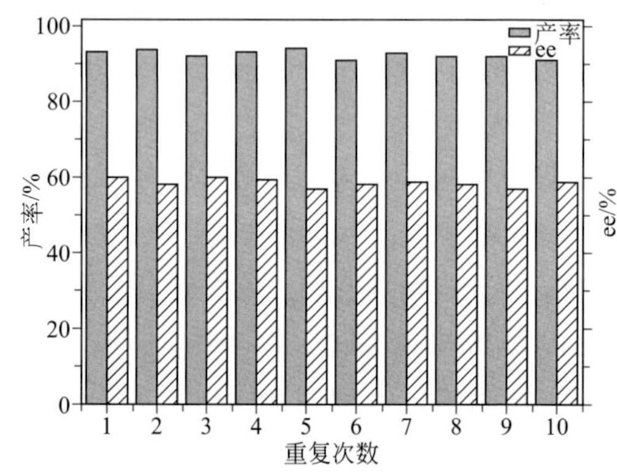

图11.21 CN@Ag在不对称电还原苯甲酰甲酸甲酯反应中重复使用的效果

当然这种固定也不是完全封闭的，可以用DMSO之类的溶剂把生物碱从生物碱@Ag材料中洗脱出来（见图11.20曲线d），从而在Ag颗粒内部留下空穴。而这些具有空穴的Ag电极对具有不同光学活性的有机分子有不同的响应。如图11.22所示：在无手性空穴的Ag NPs电极上，左旋和右旋的酒石酸显示一样大小的电流密度；在诱捕过CN的Ag电极上，左旋酒石酸的电流值明显高于右旋酒石酸；而在萃取出

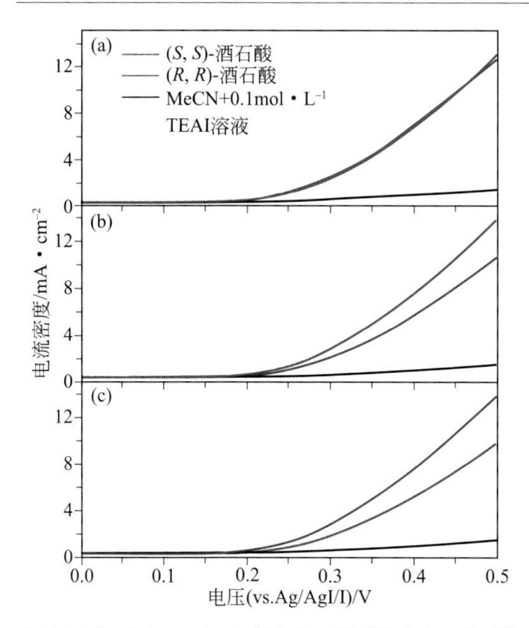

图 11.22　20mmol · L^{-1}(*S*,*S*)-酒石酸或(*R*,*R*)-酒石酸在MeCN+0.1mol · L^{-1} TEAI溶液中（a）Ag NPs、（b）萃取后的CN@Ag和（c）萃取后的 CD@Ag阴极上的伏安曲线（0.01V · s^{-1}）

CD后的Ag电极上，右旋酒石酸的电流更大。这也就说明，经萃取洗脱生物碱后留下的空穴是具有一定手性的，可以进一步应用于手性物质的识别。

表 11.6　苯甲酰甲酸甲酯的不对称电还原反应

条目	阴极	溶液中的生物碱	产率/%	ee/%	参考文献
1	Ag	CN（1mmol · L^{-1}）	62	13（*S*）	[23]
2	ED Ag/CP	CN（1mmol · L^{-1}）	54	34（*S*）	
3	CN@Ag	—	93	60（*S*）	[92]
4	CD@Ag	—	91	58（*R*）	
5	QN@Ag	—	88	23（*S*）	
6	QD@Ag	—	86	27（*R*）	
7	Ag NPs	CN(1mmol · L^{-1})	89	25（*S*）	
8	萃取后的CN@Ag	—	92	—	

注：电解条件：MeOH/H_2O（90/10，体积分数）+ 0.1mol · L^{-1} TEAI + 50mmol · L^{-1}苯甲酰甲酸甲酯；3mA · cm^{-2}；300C。

11.5.2
[Co]@Ag纳米材料在不对称电催化羧化C—X中的应用

如11.4.3节所述，金属有机配合物可以通过自身有机配体基团的聚合或与聚合物膜活性基团反应等方式固定于电极表面来实现异相的电催化合成反应。但并不是所有的配合物都可以这样负载的，这就需要借助其他的方法将其固定。

最近，Lu等[93]在11.5.1节中介绍的生物碱@Ag金属材料研究的基础上，又成功地将手性的Co Salen配合物通过诱捕的方式固定于Ag纳米颗粒中。SEM和XRD检测显示，配合物的诱捕对Ag纳米颗粒的晶形、形貌没有影响，仅仅是颗粒的粒径略有所改变。EDX(见图11.23）证实了Co的存在，且在所制备的材料中是均匀分布的。XPS（见图11.24）显示无论与否诱捕Ag和Co的峰位置几乎不变，表明其金属价态保持不变。

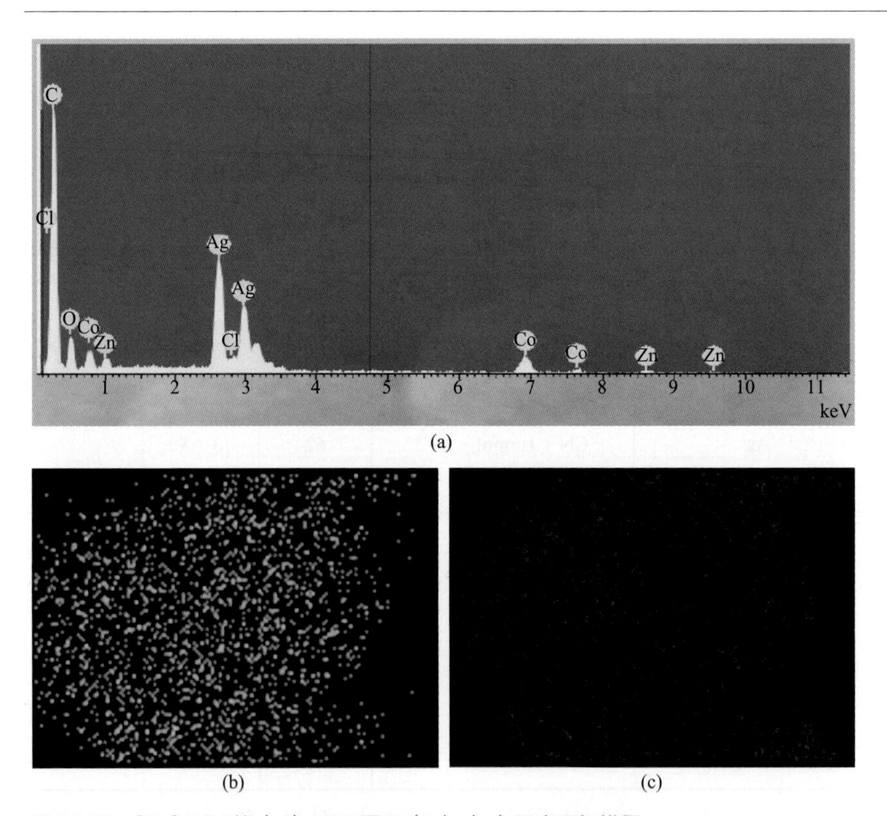

图11.23 [Co]@Ag的（a）EDX图和（b）、（c）元素面扫描图

其中，绿色为Ag；红色为Co

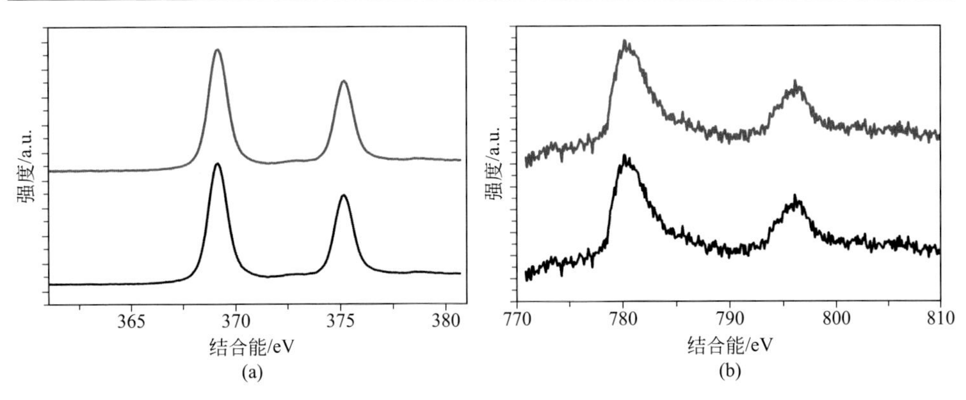

图11.24 [Co]@Ag（红色）和Ag NPs（黑色）的XPS图

上述材料在有机卤代物的不对称电羧化反应中表现出了明显的电催化性能。如表11.7所示，以纯Ag NPs压制的材料为阴极时（条目1），由于Ag以及纳米材料的特性，反应的产率和选择性都高。当上述反应体系中加入Co^{Ⅱ}-(*R*,*R*)(Salen)后（条目2），得到了一定的具有光学活性的羧酸产物，但ee值很低，只有8%。如果采用*R*-[Co]@Ag或*S*-[Co]@Ag材料作为阴极（条目3，4），ee值大幅提升至60%～70%。这主要是由于手性催化剂是被诱捕在Ag NPs中，反应区域内催化剂的浓度相当高。同时，也正因为此诱捕过程的存在，反应过程中催化剂几乎没有损失，因此该电极可以重复使用而不影响其催化性能。

表11.7 1-溴1-乙基苯在不同电极上的不对称电羧化反应①

条目	阴极	产率/%	选择性/%	ee/%
1	Ag NPs	83	99	—
2②	Ag NPs	71	98	8（*R*）
3	*R*-[Co]@Ag	58	99	73（*R*）
4	*S*-[Co]@Ag	56	> 99	67（*S*）

① 电解条件：MeCN + 0.1mol · L^{-1} TEAI + 50mmol · L^{-1} 1-溴1-乙基苯 + 0.28mol · L^{-1} CO_2；5mA · cm^{-2}；2F · mol^{-1}；室温；

② 溶液中加5mmol · L^{-1} Co^{Ⅱ}-(*R*,*R*)(Salen)。

Br + CO_2 —[Co]@Ag（−）｜Mg（+）→ *R* + *S*　（11.38）

11.5.3
负载Ag分子筛纳米材料在电催化还原中的应用

分子筛是一类具有立方晶格的硅铝酸盐化合物，主要由硅铝通过氧桥连接组成空旷的骨架结构，在结构中有很多孔径均匀的孔道和排列整齐、内表面积很大的空穴。它具有丰富均一的孔道结构、高水热稳定性、较大的比表面积、良好的离子交换性能以及丰富可调的表面性质。主要应用于三大领域：① 吸附材料，用于工业与环境上的分离与净化、干燥领域；② 催化材料，用于石油加工、石油化工、煤化工与精细化工等领域中大量的工业催化过程；③ 离子交换材料，大量应用于洗涤工业、矿厂与放射性废料及废液的处理等。近年来，分子筛修饰电极发展迅速，引起了电化学工作者的广泛关注。这主要是由于：① 把分子筛的离子交换性能和独特的孔径大小结合，可以使一些很小的物质在分子筛框架内自由地扩散，从而能够简单地判断在分子筛框架内外的物质，对于了解质子传输反应有很大帮助；② 将分子筛的尺寸选择性、离子交换性能、热稳定性和化学稳定性等性能与现代电化学技术结合，可根据不同的反应来选择特定的分子筛，制成具有一定大小、尺寸的立体晶格反应笼，作为催化剂的反应位点，促进其在电分析和电催化合成中的应用。

Lu等[94]以为载体，通过离子交换、煅烧的方式负载Ag，制备了AgY分子筛修饰电极。XRD和SEM（见图11.25）均说明负载前后分子筛的结构和表面相貌均没有发生明显改变。N_2吸附脱附数据却显示负载Ag后，材料的比表面和总孔容均减小了约19%，表明Ag可能负载至分子筛上了。进一步的TEM图［见图11.25（b）］上

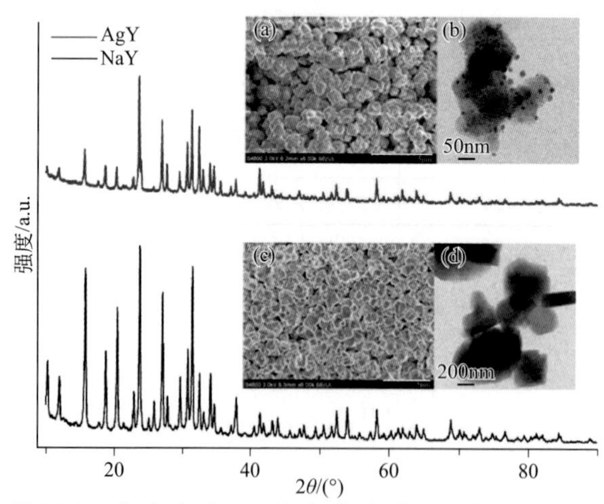

图11.25 （a）、（b）AgY和（c）、（d）NaY的XRD、SEM和TEM图

也确实出现了10～20 nm的颗粒。XPS和TPR、TPO（见图11.26）检测表明负载上的Ag是以氧化物的形式存在的。

循环伏安行为（图11.27）考察发现：相对于惰性的GC电极（曲线b），在仅修饰了聚乙烯乙基醚（曲线c）和空白NaY分子筛的电极（曲线d）上，$PhCH_2Br$几乎没有还原峰；而在AgY/GC（曲线e）上，由于Ag_2O纳米颗粒的加入使$PhCH_2Br$的还原电位明显正移，且其峰电位比Ag电极（曲线a）的电位更正，表明该AgY修饰电极对于溴苄的电还原具有良好的催化活性。进一步研究表明，Ag的修饰量将影响催化性能，无论是峰电流还是峰电位。当$AgNO_3$溶液的起始浓度为0.04mol·L^{-1}时制备出的修饰电极AgY-4/GC表现出了较好的催化活性，峰电流最高，峰电位最正。将该修饰电极运用于溴苄的电化学还原偶联反应和羧化反应，产率均远远高于GC和本体Ag电极，充分证明了此类负载Ag分子筛修饰电极催化性能优于GC电极和本体Ag电极。

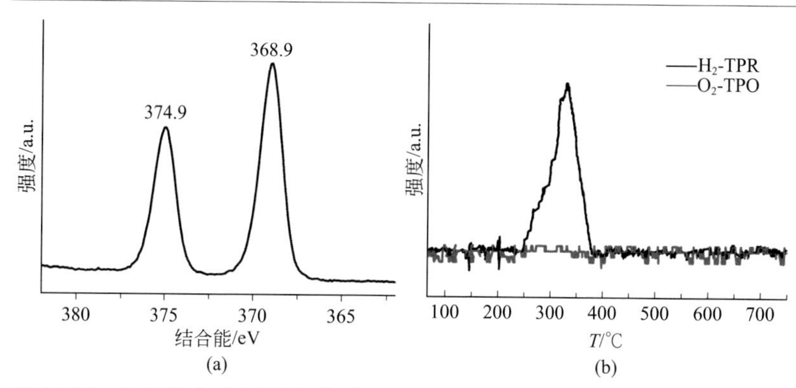

图11.26　AgY的（a）XPS及（b）TPR和TPO图

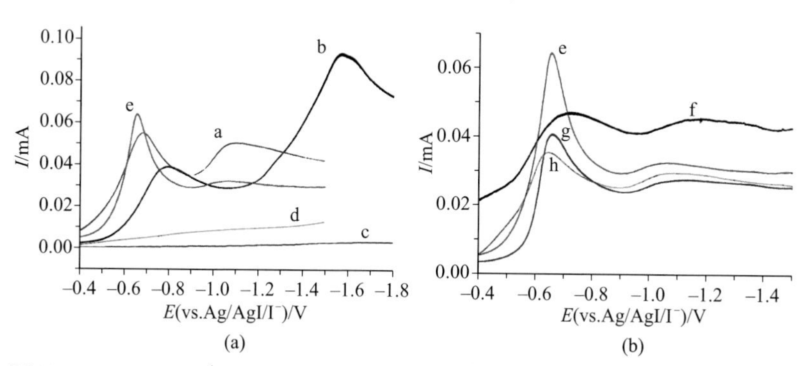

图11.27　5mmol·L^{-1}溴苄在MeCN + 0.1mol·L^{-1} $TEABF_4$溶液中不同阴极上的伏安曲线（0.1V·s^{-1}）

a—Ag；b—GC；c—POV/GC；d—NaY/POV/GC；e—AgY-4/GC；f—AgY-2/GC；g—AgY-6/GC；h—AgY-8/GC

11.6 总结与展望

有机电合成有着漫长的历史。与其他所有学科一样，有机电合成随着科学技术的进步逐渐发展、完善，并从理论走向应用。除了有机分子的电化学合成外，有机电合成还可应用于电合成高分子材料、能量转换、制作显示元件和敏感元件、天然物质的电化学变换等领域。

纳米材料的应用依赖于其独特的物理化学性质，这些特性归属于量子尺寸效应或限域效应以及纳米材料的结构。将纳米材料引入有机电合成领域，促进了有机电合成的发展。采用合适的纳米材料作为电催化剂，可以高效（高活性、高选择性）地实现有机分子电合成反应；甚至可以实现普通电极无法完成的反应，合成新的产物分子。将纳米材料进行功能化，对有机电合成的选择性、电流效率的提高，能起到积极的作用。在已经报道的研究中，一些纳米金属或合金，如Ag、Cu、Pd、Ni，Ag-Cu、Ag-Au、Ag-Ru、Ag-Pd等对C—X、C═O、C═C、C≡C、C═N键等的还原都具有很好的催化效果。研究还表明，电极的基底材料对反应也具有重要的意义。碳基纳米材料、聚合物纳米材料作为电极材料，非常有利于电极的比表面的增加和电极的功能化，将其用于电合成中，已经展现出独特的效果。

电极是电化学合成的场所，因此对电极材料的研究具有非常重要的意义。特别是纳米材料的研究已经得到突飞猛进的发展，大量的导电纳米材料可以作为电极材料进行研究和开发，这为有机电合成的深入研究创造了非常有利的条件。在有机电合成研究中，反应选择性和电流效率的提高、新的氧化还原反应体系的实现还有待于进行深入的研究。近些年发展很快的碳纳米材料，如碳纳米管材料，具有很好的电学性能。碳纳米管上存有五元环的缺陷，这种缺陷增强了反应活性，在高温等条件下，碳纳米管易在端面处打开，形成类似管开口状态，可以被金属浸润，形成金属基复合材料，这样的材料具有很大的比表面积，可以有效地增加纳米金属的负载量，非常有利于电化学合成反应。又如石墨烯材料，其导电电子能在晶格中无障碍地快速移动，显示出极好的导电性能；而且，其结构稳定，并具有超大的比表面积。将纳米金属负载在石墨烯上，可以有足够的纳米金属的负载量，从而有利于电催化反应的电流效率的提高。又如，介孔碳材料。介孔碳材料具有优异的力学和热稳定性和良好的导电性，比表面积大，尺寸均一，结构有序，还有有利于大分子自由出入的介孔孔道，有望在电有机合成中成为一类新型电极的基底材料；同时，作为碳基材料，通过氧化或还原的方式，十分有利于在碳电极表面嫁接特定的有机基团，方便和牢固的进行电极的功能化。这样的电极材料无疑是理想的电极材料，具有美好的应用前景。

电催化不对称合成中，影响ee值的重要因素是合成过程中手性诱导作用，这些手性诱导作用来源于手性支持电解质、手性溶剂、手性电极（包括吸附型手性电极、共价键型修饰电极和聚合物薄膜修饰电极）和外加物理作用。利用碳基材料——碳纳米管、石墨烯和介孔碳材料，可以更好地进行不对称源（包括生物碱、具有不对称诱导作用的催化剂等）的引入，使电极有效地进行手性功能化，其巨大的比表面积有利于增加不对称源，可谓是一种理想的基底材料。一些纳米复合材料的研究和探索，如在纳米金属材料中掺入生物碱等，也将为电化学不对称合成开辟新的思路和途径。

探究纳米材料结构与电催化性能之间的关系，对于更好地进行电化学合成的研究和应用是十分重要的研究内容。运用原位谱学、显微、衍射等技术可监测纳米材料表面有机分子的吸附、脱附和演变规律，及反应前后材料微观结构的变化；借助理论计算、中间体捕捉监测等可研究反应历程，揭示催化反应机制；设计和可控合成新的催化材料，提高催化性能。

有机电化学合成已经经历了近二百年的历史，已有一些产品已实现了工业化生产。随着人们对环境保护要求的不断提高，也随着电有机合成研究的不断深入，电极材料的进一步开发，新的电合成反应体系的实现，特别是制备具有高附加值的有机分子反应体系的实现，是未来的发展方向，未来的有机电化学合成工业化一定具有更好的前景。

参考文献

[1] 马淳安. 有机电化学合成导论. 北京：科学出版社，2002.

[2] Niu DF, Xiao LP, Zhang AJ, et al. Electrocatalytic carboxylation of aliphatic halides at silver cathode in acetonitrile. Tetrahedron, 2008, 64 (46): 10517-10520.

[3] Wang H, Xu XM, Lan YC, et al. Electrocarboxylation of haloacetophenones at silver electrode.

Tetrahedron, 2014, 70 (6): 1140-1143.

[4] Lan YC, Wang H, Wu LX, et al. Electroreduction of dibromobenzenes on silver electrode in the presence of CO_2. J Electroanal Chem, 2012, 664: 33-38.

[5] Isse AA, Sandona G, Durante C, et al. Voltammetric investigation of the dissociative electron transfer to polychloromethanes at catalytic and non-catalytic electrodes. Electrochim Acta, 2009, 54 (12): 3235-3243.

[6] Durante C, Isse AA, Sandona G, et al. Electrochemical hydrodehalogenation of polychloromethanes at silver and carbon electrodes. Appl Catal B-Environ, 2009, 88 (3-4): 479-489.

[7] Isse AA, Gottardello S, Durante C, et al. Dissociative electron transfer to organic chlorides: Electrocatalysis at metal cathodes. Phys Chem Chem Phys, 2008, 10 (17): 2409-2416.

[8] Huang B, Isse AA, Durante C, et al. Electrocatalytic properties of transition metals toward reductive dechlorination of polychloroethanes. Electrochim Acta, 2012, 70: 50-61.

[9] Wagoner ER, Baumberger CP, Peverly AA, et al. Electrochemical reduction of 1,2,5,6,9,10-hexabr omocyclododecane at carbon and silver cathodes in dimethylformamide. J Electroanal Chem, 2014, 713 (0): 136-142.

[10] Henderson RJ, Buehler NR, Pasciak EM, et al. Electrochemical reduction of a bromo propargyloxy ester at silver cathodes in dimethylformamide. J Electrochem Soc, 2014, 161 (14): G128-G132.

[11] Wagoner ER, Peters DG. Electrocatalytic reduction of 1,1,2-trichloro-1,2,2-trifluoroethane (CFC-113) at silver cathodes in organic and organic-aqueous solvents. J Electrochem Soc, 2013, 160 (10): G135-G141.

[12] Strawsine LM, Mubarak MS, Peters DG. Use of silver cathodes to promote the direct reduction and intramolecular cyclization of omega-Halo-1-phenyl-1-alkynes in dimethylformamide. J Electrochem Soc, 2013, 160 (7): G3030-G3037.

[13] Peverly AA, Pasciak EM, Strawsine LM, et al. Electrochemical reduction of decabromodiphenyl ether at carbon and silver cathodes in dimethylformamide and dimethyl sulfoxide. J Electroanal Chem, 2013, 704: 227-232.

[14] Peverly AA, Karty JA, Peters DG. Electrochemical reduction of (1R, 2r, 3S, 4R, 5r, 6S) -hexachlorocyclohexane (Lindane) at silver cathodes in organic and aqueous-organic media. J Electroanal Chem, 2013, 692: 66-71.

[15] Durante C, Isse AA, Todesco F, et al. Electrocatalytic activation of aromatic carbon-bromine bonds toward carboxylation at silver and copper cathodes. J Electrochem Soc, 2013, 160 (7): G3073-G3079.

[16] Durante C, Isse A, Gennaro A. Electrocatalytic dechlorination of polychloroethylenes at silver cathode. J Appl Electrochem, 2013, 43 (2): 227-235.

[17] Isse AA, Gottardello S, Maccato C, et al. Silver nanoparticles deposited on glassy carbon. Electrocatalytic activity for reduction of benzyl chloride. Electrochem Commun, 2006, 8 (11): 1707-1712.

[18] Maiyalagan T. Synthesis, characterization and electrocatalytic activity of silver nanorods towards the reduction of benzyl chloride. Appl Catal A, 2008, 340 (2): 191-195.

[19] Perini L, Durante C, Favaro M, et al. Electrocatalysis at palladium nanoparticles: effect of the support nitrogen doping on the catalytic activation of carbonhalogen bond. Applied Catalysis B: Environmental, 2014, 144 (0): 300-307.

[20] Durante C, Perazzolo V, Perini L, et al. Electrochemical activation of carbon-halogen bonds: Electrocatalysis at silver/copper nanoparticles. Applied Catalysis B: Environmental, 2014, 158-159 (0): 286-295.

[21] Jubault M, Raoult E, Peltier D. Preprotonation

of the substrate by protonated alkaloid in asymmetric electrosynthesis. J Chem Soc, Chem Commun, 1979, (5): 232-233.
[22] Jubault M. Effect of alkaloid concentration in asymmetric electrosynthesis. J Chem Soc, Chem Commun, 1980, (20): 953-954.
[23] Yang HP, Lv T, Sun WW, et al. Enantioselective hydrogenation of methyl benzoylformate on Ag electrode electrosorbed with cinchonine. RSC Adv, 2014, 4 (58): 30584-30586.
[24] Simonet J. Chemical displacements at solid interfaces. Easy cathodic reduction of alkyl bromides in the presence of iodide ions at palladized surfaces. Electrochem Commun, 2007, 9 (7): 1840-1845.
[25] Simonet J. A three dimensional palladium-nucleophile electrode. Catalytic reduction of alkyl bromides at a voluminous palladium-iodide cathode. J. Electroanal Chem, 2008, 615 (2): 205-212.
[26] Mahdavi B, Chambrion P, Binette J, et al. Electrocatalytic hydrogenation of conjugated enones on nickel boride, nickel, and Raney nickel electrodes. Can J Chem, 1995, 73 (6): 846-852.
[27] Dabo P, Mahdavi B, Ménard H, et al. Selective electrocatalytic hydrogenation of 2-cyclohexen-1-one to cyclohexanone. Electrochim Acta, 1997, 42 (9): 1457-1459.
[28] Bryan A, Grimshaw J. Electrochemical conversion of 4-phenylbuten-2-ones into 4-phenylbutan-2-ones. Electrocatalytic hydrogenation at a nickel surface. Electrochim Acta, 1997, 42 (13-14): 2101-2107.
[29] Simonet J. 1, 3-Dibromopropane at a copper cathode: A facile procedure to create activated copper particles of very small size. Electrochemistry Communications, 2008, 10 (4): 647-650.
[30] Wu LX, Yang HP, Wang H, et al. Electrosynthesis of cyclic carbonates from CO_2 and epoxides on a reusable copper nanoparticle cathode. RSC Adv, 2015, 5 (30): 23189-23192.
[31] Xu QM, Wang D, Wan LJ, et al. Adsorption mode of cinchonidine on Cu (111) surface. J Am Chem Soc, 2002, 124 (48): 14300-14301.
[32] Yang HP, Wang H, Lu JX. Alkaloid-induced asymmetric hydrogenation on a Cu nanoparticle cathode by electrochemical conditions. Electrochem Commun, 2015, 55 (0): 18-21.
[33] Garland M, Blaser HU. A heterogeneous ligand-accelerated reaction: enantioselective hydrogenation of ethyl pyruvate catalyzed by cinchona-modified platinum/aluminum oxide catalysts. J Am Chem Soc, 1990, 112 (19): 7048-7050.
[34] Mallat T, Orglmeister E, Baiker A. Asymmetric catalysis at chiral metal surfaces. Chem Rev, 2007, 107 (11): 4863-4890.
[35] Schmidt E, Mallat T, Baiker A. Substrate-controlled adsorption of cinchonidine during enantioselective hydrogenation on platinum. J Catal, 2010, 272 (1): 140-150.
[36] Meemken F, Hungerbühler K, Baiker A. Monitoring surface processes during heterogeneous asymmetric hydrogenation of ketones on a chirally modified platinum catalyst by operando spectroscopy. Angew Chem Int Ed, 2014, 53 (33): 8640-8644.
[37] Zhang GP, Kuang YF, Liu JP, et al. Fabrication of Ag/Au bimetallic nanoparticles by UPD-redox replacement: application in the electrochemical reduction of benzyl chloride. Electrochem. Commun, 2010, 12 (9): 1233-1236.
[38] An C, Kuang Y, Fu C, et al. Study on Ag-Pd bimetallic nanoparticles for electrocatalytic reduction of benzyl chloride. Electrochem. Commun, 2011, 13 (12): 1413-1416.
[39] Shan D, Zhou H, Zhang C, et al. Synthesis of Ag-Ru nanostructures for electroreduction of benzyl chloride. ECS Electrochemistry Letters 2014, 3 (8): H20-H23.
[40] Durante C, Perazzolo V, Isse AA, et al. Electrochemical activation of carbon-Halogen

bonds: electrocatalysis at palladium-copper nanoparticles. Chem Electro Chem, 2014, 1 (8): 1370-1381.
[41] Poizot P, Simonet J. Silver-palladium cathode selective one-electron scission of alkyl halides: homo-coupling and cross-coupling subsequent reactions. Electrochimica Acta, 2010, 56 (1): 15-36.
[42] Jouikov V, Simonet J. Reduction of aryl halides at transition metal cathodes. Conditions for aryl-aryl bond formation the Ullmann's reaction revisited. Electrochemistry Communications, 2010, 12 (6): 781-783.
[43] Poizot P, Jouikov V, Simonet J. Glassy carbon modified by a silver-palladium alloy: cheap and convenient cathodes for the selective reductive homocoupling of alkyl iodides. Tetrahedron Lett, 2009, 50 (7): 822-824.
[44] Poizot P, Laffont-Dantras L, Simonet J. Palladized silver as new cathode material: evidence of a one-electron scission for primary alkyl iodides. Journal of Electroanalytical Chemistry, 2008, 622 (2): 204-210.
[45] Poizot P, Laffont-Dantras L, Simonet J. The one-electron cleavage and reducitve homo-coupling of alkyl bromides at silver-palldadium cathodes. Journal of Electroanalytical Chemistry 2008, 624: 52-58.
[46] Simonet J. Gold doped by palladium building of Au-Pd electrodes showing exceptional capability for achieving electrocatalytic reductions. Electrochemistry Communications, 2010, 12 (11): 1475-1478.
[47] Poizot P, Laffont-Dantras L, Simonet J. A disordered cipper-palladium alloy used as a cathode material. Platinum Metals Review, 2008, 52 (2): 84-95.
[48] Simonet J. Solid electrodes modified by Ni-Pd thin layers: highly efficient and low cost cathodic materials for achieving bond scissions in non-aqueous media. Electrochemistry Communications, 2010, 12 (4): 520-523.
[49] Waldvogel S, Mentizi S, Kirste A. Boron-doped diamond electrodes for electroorganic chemistry. //Heinrich M;Gansäuer A. Radicals in Synthesis III. Heidelberg: Springer, 2012, 320: 1-31.
[50] Griesbach U, Zollinger D, Pütter H, et al. Evaluation of boron doped diamond electrodes for organic electrosynthesis on a preparative scale. J Appl Electrochem, 2005, 35 (12): 1265-1270.
[51] Okino F, Shibata H, Kawasaki S, et al. Electrochemical fluorination of 1,4-difluorobenzene using boron-doped diamond thin-film electrodes. Electrochem Solid-State Lett, 1999, 2 (8): 382-384.
[52] Zollinger D, Griesbach U, Pütter H, et al. Methoxylation of *p*-tert-butyltoluene on boron-doped diamond electrodes. Electrochem Commun, 2004, 6 (6): 600-604.
[53] Zollinger D, Griesbach U, Pütter H, et al. Electrochemical cleavage of 1, 2-diphenylethanes at boron-doped diamond electrodes. Electrochem Commun, 2004, 6 (6): 605-608.
[54] Sumi T, Saitoh T, Natsui K, et al. Anodic oxidation on a boron-doped diamond electrode mediated by methoxy radicals. Angew Chem Int Ed, 2012, 51 (22): 5443-5446.
[55] Fardel R, Griesbach U, Pütter H, et al. Electrosynthesis of trimethylorthoformate on BDD electrodes. J Appl Electrochem, 2006, 36 (2): 249-253.
[56] Kojima T, Obata R, Saito T, et al. Cathodic reductive coupling of methyl cinnamate on boron-doped diamond electrodes and synthesis of new neolignan-type products. Beilstein J Org Chem, 2015, 11: 200-203.
[57] Watkins BF, Behling JR, Kariv E, et al. Chiral electrode. Journal of the American Chemical Society, 1975, 97 (12): 3549-3550.
[58] Kashimura S, Murai Y, Tamai Y, et al. Preparation of novel modified electrode by anodic oxidation of carbon fiber with radical NO_3 and its application to the selective reduction

of acetophenone. Electrochim Acta, 2001, 46 (20–21): 3265-3268.

[59] Ishifune M, Suzuki R, Mima Y, et al. Novel electrochemical surface modification method of carbon fiber and its utilization to the preparation of functional electrode. Electrochim Acta, 2005, 51 (1): 14-22.

[60] Mayers BT, Fry AJ. Construction of electrocatalytic electrodes bearing the triphenylamine nucleus covalently bound to carbon: a Halogen dance in protonated aminotriphenylamines. Org Lett, 2006, 8 (3): 411-414.

[61] Shirakawa H, Louis EJ, MacDiarmid AG, et al. Synthesis of electrically conducting organic polymers: halogen derivatives of polyacetylene, (CH) . J Chem Soc, Chem Commun, 1977, (16): 578-580.

[62] Osa T, Kashiwagi Y, Yanagisawa Y, et al. Enantioselective, electrocatalytic oxidative coupling of naphthol, naphthyl ether and phenanthrol on a TEMPO-modified graphite felt electrode in the presence of (–)-sparteine (TEMPO = 2,2,6,6-tetramethylpiperidin-1-yloxyl) . J Chem Soc, Chem Commun, 1994, (21): 2535-2537.

[63] Kashiwagi Y, Yanagisawa Y, Kurashima F, et al. Enantioselective electrocatalytic oxidation of racemic alcohols on a TEMPO-modified graphite felt electrode by use of chiral base (TEMPO = 2,2,6,6-tetramethylpiperidin-1-yloxyl) . Chem Commun, 1996, (24): 2745-2746.

[64] Abe S, Nonaka T, Fuchigami T. Stereochemical studies of the electrolytic reactions of organic compounds. 19. Electroorganic reactions on organic electrodes. 1. Asymmetric reduction of prochiral activated olefins on a poly-L-valine-coated graphite. J Am Chem Soc, 1983, 105 (11): 3630-3632.

[65] 陈刚，陆嘉星，徐承天，等. 聚L-缬氨酸修饰石墨电极不对称还原苯甲酰甲酸. 应用化学，1996, 13 (6): 78-80.

[66] Komori T, Nonaka T. Stereochemical studies of the electrolytic reactions of organic compounds. Part 22. Electroorganic reactions on organic electrodes. 3. Electrochemical asymmetric oxidation of phenyl cyclohexyl sulfide on poly (L-valine) -coated platinum electrodes. J Am Chem Soc, 1983, 105 (17): 5690-5691.

[67] Komori T, Nonaka T. Stereochemical studies of the electrolytic reactions of organic compounds. 25. Electroorganic reactions on organic electrodes. 6. Electrochemical asymmetric oxidation of unsymmetric sulfides to the corresponding chiral sulfoxides on poly (amino acid) -coated electrodes. J Am Chem Soc, 1984, 106 (9): 2656-2659.

[68] Kashiwagi Y, Kurashima F, Chiba S, et al. Asymmetric electrochemical lactonization of diols on a chiral 1-azaspiro[5.5]undecane *N*-oxyl radical mediator-modified graphite felt electrode. Chem Commun, 2003, (1): 114-115.

[69] Chiba K, Jinno M, Kuramoto R, et al. Stereoselective Diels-Alder reaction of electrogenerated quinones on a PTFE-fiber coated electrode in lithium perchlorate/nitromethane. Tetrahedron Lett, 1998, 39 (31): 5527-5530.

[70] Coche L, Moutet JC. Electrocatalytic hydrogenation of organic compounds on carbon electrodes modified by precious metal microparticles in redox active polymer films. J Am Chem Soc, 1987, 109 (22): 6887-6889.

[71] Deronzier A, Moutet JC. Functionalized polypyrroles. New molecular materials for electrocatalysis and related applications. Acc Chem Res, 1989, 22 (7): 249-255.

[72] Coche L, Ehui B, Limosin D, et al. Electrocatalytic hydrogenation using precious metal microparticles in redox-active polymer films. The Journal of Organic Chemistry, 1990, 55 (23): 5905-5910.

[73] De Oliveira IMF, Moutet JC, Hamar-Thibault S. Electrocatalytic hydrogenation activity of

palladium and rhodium microparticles dispersed in alkylammonium- and pyridinium- substituted polypyrrole films. J Mater Chem, 1992, 2 (2): 167-173.
[74] Moutet JC, Ourari A, Zouaoui A. Electrocatalytic hydrogenation of azides using precious metal microparticles dispersed in polymer films. Electrochim Acta, 1992, 37 (7): 1261-1263.
[75] Moutet JC, Ouennoughi Y, Ourari A, et al. Electrocatalytic hydrogenation on noble metal particles dispersed in polymer films. Enhanced catalytic activity induced by the incorporation of bimetallic catalysts. Electrochim Acta, 1995, 40 (12): 1827-1833.
[76] Zouaouï A, Stéphan O, Ourari A, et al. Electrocatalytic hydrogenation of ketones and enones at nickel microparticles dispersed into poly (pyrrole-alkylammonium) films. Electrochim Acta, 2000, 46 (1): 49-58.
[77] Zouaoui A, Stéphan O, Çarrier M, et al. Electrodeposition of copper into functionalized polypyrrole films. J Electroanal Chem, 1999, 474 (2): 113-122.
[78] De Oliveira IMF, Moutet JC, Vlachopoulos N. Poly (pyrrole-2, 2'-bipyridyl rhodium (Ⅲ) complexes) modified electrodes: molecular materials for hydrogen evolution and electrocatalytic hydrogenation. Journal of Electroanalytical Chemistry and Interfacial Electrochemistry, 1990, 291 (1-2): 243-249.
[79] Deronzier A, Moutet JC, Saint-Aman E. Electrocatalytic hydrogenation of organic compounds on carbon electrodes modified by poly (pyrrole-bis[2, 2'-bipyridyl] palladium (Ⅱ) complex) films. J Electroanal Chem, 1992, 327: 147-158.
[80] De Oliveira IMF, Moutet JC. Electrocatalytic hydrogenation on a rhodium complex—polypyrrole film electrode: effect of the polymeric environment on the selectivity of the catalyst. J Mol Catal, 1993, 81 (3): L19-L24.
[81] Chardon-Noblat S, de Oliveira IMF, Moutet JC, et al. Electrocatalytic hydrogenation on poly[Rh Ⅲ (L) 2 (Cl) 2]+ (L=pyrrole-substituted 2, 2′-bipyridine or 1,10-phenanthroline) films electrodes. J Mol Catal A: Chem, 1995, 99 (1): 13-21.
[82] Caix C, Chardon-Noblat S, Deronzier A, et al. (Pentamethylcyclopentadienyl) (polypyridyl) rhodium and iridium complexes as electrocatalysts for the reduction of protons to dihydrogen and the hydrogenation of organics. J Organomet Chem, 1997, 540 (1-2): 105-111.
[83] Moutet JC, Duboc-Toia C, Menage S, et al. A chiral poly (2, 2′-bipyridyl rhodium (Ⅲ) complex) film electrode for asymmetric induction in electrosynthesis. Adv Mater (Weinheim, Ger), 1998, 10 (9): 665-667.
[84] Moutet JC, Cho LY, Duboc-Toia C, et al. Heterogeneous and homogeneous asymmetric electrocatalytic hydrogenation with rhodium (Ⅲ) complexes containing chiral polypyridyl ligands. New J Chem, 1999, 23 (9): 939-944.
[85] Creager SE, Raybuck SA, Murray RW. An efficient electrocatalytic model cytochrome P-450 epoxidation cycle. J Am Chem Soc, 1986, 108 (14): 4225-4227.
[86] Horwitz CP, Creager SE, Murray RW. Electrocatalytic olefin epoxidation using manganese Schiff-base complexes and dioxygen. Inorg Chem, 1990, 29 (5): 1006-1011.
[87] Nishihara H, Pressprich K, Murray RW, et al. Electrochemical olefin epoxidation with manganese meso-tetraphenylporphyrin catalyst and hydrogen peroxide generation at polymer-coated electrodes. Inorg Chem, 1990, 29 (5): 1000-1006.
[88] Moutet JC, Ourari A. Electrocatalytic epoxidation and oxidation with dioxygen using manganese (Ⅲ) Schiff-base complexes. Electrochim Acta, 1997, 42 (16): 2525-2531.
[89] Horwitz CP, Ciringh Y, Liu C, et al. Reactivity of dioxygen with manganese Schiff-base complexes: a chemical and electrochemical

investigation. Inorg Chem, 1993, 32 (26): 5951-5956.

[90] Guo P, Wong KY. Enantioselective electrocatalytic epoxidation of olefins by chiral manganese Schiff-base complexes. Electrochem Commun, 1999, 1 (11): 559-563.

[91] Kashiwagi Y, Kikuchi C, Kurashima F, et al. Electrocatalytic reduction of aldehydes and ketones on nickel (Ⅱ) tetraazamacrocyclic complex-modified graphite felt electrode. J Organomet Chem, 2002, 662 (1-2): 9-13.

[92] Yang HP, Chi DH, Sun QL, et al. Entrapment of alkaloid within silver: from enantioselective hydrogenation to chiral recognition. Chem Commun, 2014, 50 (64): 8868-8870.

[93] Yang HP, Yue YN, Sun QL, et al. Entrapment of a chiral cobalt complex within silver: a novel heterogeneous catalyst for asymmetric carboxylation of benzyl bromides with CO_2. Chem Commun, 2015, 51 (61): 12216-12219.

[94] Wang H, He L, Sui GJ, et al. Electrocatalytic reduction of $PhCH_2Br$ on a Ag-Y zeolite modified electrode. RSC Adv, 2015, 5 (53): 42663-42665.

NANOMATERIALS

电催化纳米材料

Chapter 12

第12章 CO_2还原电催化纳米材料

贾法龙
华中师范大学化学学院

伴随着日益增长的化石能源消耗，CO_2的排放量显著增加，打破了自然界的碳循环平衡，导致大气温室气体的浓度持续增加。这不仅给环境带来了负面影响，而且也不利于人类社会的可持续发展。如果能将CO_2回收并转化为可利用资源，就可以有效解决上述问题并实现碳的循环利用。在众多CO_2转化途径中，电催化还原方法由于具有常温常压下即可进行的显著优点而引起了研究者的关注。另外，如果将太阳能发电用于电化学还原CO_2，就可以实现可持续的CO_2转化而不会给环境增加新的能源消耗。

在CO_2电化学转化过程中，催化电极材料的选择至关重要，这直接影响到CO_2还原产物的选择性及法拉第效率。目前人们已尝试了大多数块体材料作为催化电极，但这些电极的催化性能普遍较差，并不能满足实际应用的要求。为了提高CO_2的电化学转化效率，有研究表明采用纳米尺度的电极材料可以显著提高材料的催化性能，这为解决上述问题提供了思路。基于此，本章结合近年来国内外最新的研究成果，介绍了纳米材料在催化CO_2电化学还原领域中的应用。内容主要包括电化学还原CO_2所涉及的基本原理、研究方法以及具有代表性的纳米材料。其中重点介绍了纳米金属材料及其促进CO_2还原的机理，以及纳米金属催化剂的合成与催化性能之间的关系。最后，讨论了目前CO_2还原仍然面临的挑战以及未来的发展趋势。

12.1 概述

自从工业革命之后，人类社会经济的快速发展消耗了大量的化石能源。在这些能源的使用过程中，大部分以燃烧的方式被利用，导致大量二氧化碳被排放到大气中。由于二氧化碳排放速度已经超出了自然界能够捕获转化二氧化碳的能力，因而大气中二氧化碳的含量逐步上升。目前大气中二氧化碳的含量已经由工业化之前的$280\mu L \cdot L^{-1}$增加至$379\mu L \cdot L^{-1}$，并且还在增加。如果按照现在的增加速度估算，空气中二氧化碳的含量在2050年将达到近$500\mu L \cdot L^{-1}$[1]。由于二氧化碳浓度增加而带来的温室效应会导致未来全球温度上升，进一步造成冰山融化及海平面上升，海平面低的城市将会被淹于海水中。二氧化碳引起的全球变暖已成为全世界最关心的环保问题之一，如何减少大气中二氧化碳含量已成为人类社会实现可持续发展面临的重要问题。

针对这一问题，人们已经发展了多种技术途径，其中回收二氧化碳再生为可用的工业碳材料不仅可以实现上述目标，同时也为实现碳的循环利用提供了解决方案。但由于二氧化碳是碳的最高氧化产物，其化学性质稳定，这也给二氧化碳的转化带来很大困难。面对这一挑战，研究人员目前已经探索出了一些有效转化技术，主要包括：① 催化加氢（合成甲烷、甲醇及其他烃类）；② 催化重整（与甲烷反应制备合成气）；③ 电化学还原（还原成甲烷、一氧化碳和醇类）。以上方案中催化加氢和催化重整的反应条件比较苛刻，需要在高温和高压下才能进行，同时由于反应的转化效率不高，限制了其推广应用。相比较而言，电化学还原二氧化碳的过程较温和，而且通过电极材料的选择可以有效实现二氧化碳向目标产物的转化。电化学还原方法以电子及质子为绿色反应试剂，整个过程不仅环境友好，而且常温常压下就可实现。电化学还原不仅可以将CO_2转化为液态燃料（例如有机酸、醇）用于工业原料或燃料电池能源，还可以将电能以化学能形式储存[2～9]。

尽管CO_2电化学还原在近年来受到了较多的关注，但是针对这一领域仍有很多学者提出了质疑，认为CO_2电化学还原的研究意义不大。对此，Tryk等在“Electrochemists enlisted in war on global warming : the carbon dioxide reduction battle”一文中做了精辟的陈述[10]：如果CO_2电化学还原中的电能来自于化石燃料的燃烧发电，那么即使电能全部被用于CO_2的还原，整个过程还是造成了能量浪费和过多CO_2排放。因此，只有电能来自于非化石能源（例如太阳能发电或风能）时，电化学还原CO_2才能实现有效的CO_2捕获及碳资源再生。特别是与太阳能发电系统耦合后还可实现人工模拟光合作用及能源的绿色循环，CO_2还原的低级产物（CO或甲酸等）可以作为C1化工的反应原料，高级产物（醇类）可直接作为燃料使用。从这个角度来说，针对CO_2电催化还原开展研究具有非常重要的意义。

本文接下来将介绍CO_2电催化还原的原理、研究方法及近来纳米材料作为催化剂的研究进展，希望能为有兴趣从事CO_2电催化还原的研究者提供参考，从催化材料方面入手解决技术上的瓶颈问题，早日实现CO_2电催化还原的工业化。

12.2 电催化还原CO_2的原理

12.2.1 水溶液体系中CO_2电催化还原

表12.1给出了水溶液中CO_2还原至代表性产物的标准电极电位。可以看出CO_2可以发生不同程度的电化学还原，可以被2电子还原成甲酸、一氧化碳或草酸，也可以被4电子还原成甲醛，还可获得更多的电子得到甲醇、甲烷、乙烯和乙醇等产物。需要注意的是表12.1仅仅列出了水溶液体系中的理论还原电位，若CO_2在有机溶液体系电还原，热力学计算的结果会有区别。尽管CO_2分子化学反应活性很低，热力学计算结果显示CO_2发生电还原的理论电位并不是很负，与析氢电位相比差别仅有几百毫伏，但实际上CO_2的电化学还原并不容易发生，施加的电位要比理论还原电位负很多。这主要是因为CO_2还原过程中首先要经历第一步单电子还原（$CO_2+e^- \Longrightarrow CO_2^{\cdot -}$），该步骤需要在–1.90V（vs.SHE）的电位下发生[11]，需要克服较大的电势壁垒。

表12.1　CO_2还原至部分典型产物的标准电极电位（101.325kPa，25℃，水溶液体系）[6]

电化学半反应方程式	标准电极电位(vs.SHE)/V
$CO_2(g)+2H^++2e^- \Longrightarrow HCOOH(l)$	–0.25
$CO_2(g)+2H^++2e^- \Longrightarrow CO(g)+H_2O(l)$	–0.106
$2CO_2(g)+2H^++2e^- \Longrightarrow H_2C_2O_4(aq)$	–0.5
$CO_2(g)+4H^++4e^- \Longrightarrow CH_2O(l)+H_2O(l)$	–0.07
$CO_2(g)+6H^++6e^- \Longrightarrow CH_3OH(g)+H_2O(l)$	0.016
$CO_2(g)+8H^++8e^- \Longrightarrow CH_4(g)+2H_2O(l)$	0.169
$2CO_2(g)+12H^++12e^- \Longrightarrow CH_2CH_2(g)+4H_2O(l)$	0.064
$2CO_2(g)+12H^++12e^- \Longrightarrow CH_3CH_2OH(g)+3H_2O(l)$	0.084

正因为如此，$CO_2^{\cdot -}$的生成反应也被认为是电催化还原CO_2过程的决速步骤。为了解析CO_2的还原机理，有必要明确$CO_2^{\cdot -}$的形成过程。Pacansky等研究者通过理论计算推测出$CO_2^{\cdot -}$呈现弯曲的分子构型，O-C-O之间的夹角为135.3°，最高占据轨道的未成对电子密度主要集中在碳原子端[12]，说明$CO_2^{\cdot -}$倾向于通过碳原子端发生亲核反应。由于$CO_2^{\cdot -}$自由基非常活泼，在水溶液中极易与质子发生反应生成后续产物，因此仅利用常规电化学方法证实$CO_2^{\cdot -}$自由基的存在几乎不可能。Aylmer-Kelly等研究者利用调制镜面反射光谱技术证实了$CO_2^{\cdot -}$的存在[13]，他们以铅金属为工作电极电催化还原CO_2，通过原位监测紫外光谱的变化捕获到了$CO_2^{\cdot -}$自由基的信号。他们认为由于电极表面处于较负的极化电位，对$CO_2^{\cdot -}$自由基有很强的排斥作用，因此表面吸附的$CO_2^{\cdot -}$自由基量非常少，主要是存在于溶液相中。至目前为止，水相体系中$CO_2^{\cdot -}$自由基的检测依然是一个具有挑战性的工作。相比于$CO_2^{\cdot -}$的生成过程而言，$CO_2^{\cdot -}$的后续转化更为复杂多样，特别是高级产物的生成伴随着多步质子和电子的转移，接下来我们将以产物分类来具体介绍这方面的研究工作。

（1）甲酸或甲酸根

从反应方程式来看，$CO_2^{\cdot -}$再获得两个质子和一个电子就可以生成甲酸。考虑到实际电解液（例如广泛使用的碳酸氢盐溶液）的pH接近中性，而甲酸的pK_a（酸解离常数的负对数）为3.7，所以在广泛使用的碳酸氢盐电解液中实际得到的产物是甲酸根，而不是甲酸。Paik等研究了碳酸氢盐溶液中汞电极上CO_2的还原及中间活性物种[14]，以汞为研究电极是因为它对CO_2还原为甲酸根产物具有极高的选择性。通过稳态极化曲线等测试结果，Paik等推测出甲酸根的形成主要经历了以下两个步骤：

$$CO_2^{\cdot -}+H_2O = HCOO^{\cdot}+OH^- \qquad (12.1)$$

$$HCOO^{\cdot}+e^- = HCOO^- \qquad (12.2)$$

首先，$CO_2^{\cdot -}$从水分子获得一个质子与碳原子结合生成$HCOO^{\cdot}$中间物种[式(12.1)]，随后，$HCOO^{\cdot}$中间物种被继续还原为$HCOO^-$[式(12.2)]。除了上述机理外，$CO_2^{\cdot -}$也可以与电极表面还原产生的吸附态氢（H_{ads}）反应，直接生成$HCOO^-$[式(12.3)]。

$$CO_2^{\cdot -}+H_{ads} = HCOO^- \qquad (12.3)$$

以上还原过程在容易产生吸附氢的电极表面有可能发生，例如，近年来一篇文章中分析了吡啶催化CO_2在铂电极表面的电还原过程[15]，经过理论计算推测出铂电极表面的吸附氢参与了甲酸的生成，而不是水分子。

（2）一氧化碳

与甲酸生成过程不同的是，质子首先进攻$CO_2^{\cdot-}$自由基的氧原子端生成$^{\cdot}COOH$中间物种［式（12.4）］，随后得电子而生成CO［式（12.5）］。$CO_2^{\cdot-}$自由基也可以直接与吸附态氢反应而转化为CO［式（12.6）］。

$$CO_2^{\cdot-}+H_2O = {}^{\cdot}COOH+OH^- \quad (12.4)$$

$$^{\cdot}COOH+e^- = CO+OH^- \quad (12.5)$$

$$CO_2^{\cdot-}+H_{ads} = CO+OH^- \quad (12.6)$$

CO与甲酸都是CO_2的2电子还原产物，也是CO_2还原中最为常见的产物，绝大多数CO_2电催化还原的研究工作都与这两种产物有关。CO_2向甲酸或CO转化过程的根本区别就在于质子进攻$CO_2^{\cdot-}$自由基的位置不同，之所以不同金属电极上CO和甲酸产物的选择性不同，与$CO_2^{\cdot-}$自由基在电极上的吸附模式有直接关系。Hori等研究人员比较了不同金属电极上CO_2还原产物的选择性[16]，电极与$CO_2^{\cdot-}$自由基之间的作用力决定了后续CO或甲酸的选择性。例如，$CO_2^{\cdot-}$自由基在铅、汞、铟、锡和镉这类电极上的吸附能力较弱，因此质子容易进攻游离$CO_2^{\cdot-}$自由基的碳端，有利于CO_2向甲酸的转化。而在铜、金、银、锌、镍和钯等金属表面上，$CO_2^{\cdot-}$自由基的吸附作用较强，由于$CO_2^{\cdot-}$自由基通过碳端吸附在金属电极上，而悬空的氧端易于与质子结合，随后脱去一个氧而生成CO。

（3）甲醛

与其他CO_2还原产物相比，甲醛不容易得到而且法拉第效率很低，关于甲醛生成机理的研究工作更是少见。Inoue等研究人员以半导体材料TiO_2为工作电极，探讨了CO_2光电还原为甲醛的过程，他们认为甲醛的生成来自于甲酸产物的进一步还原[17]。不过由于甲醛易被继续还原为甲醇[18]，所以产物中甲醛的比例很少。近来Nankata等采用新颖的掺硼金刚石电极催化CO_2电还原[19]，甲醛的法拉第效率高达62%，他们的实验结果也证实了甲醛的生成源于甲酸的还原。

$$HCOOH+2H^++2e^- = HCHO+H_2O \quad (12.7)$$

（4）甲醇及甲烷等高级产物

热力学计算结果显示，CO_2多电子还原成高级产物的电位较正，似乎醇或烷烃等高级产物要比甲酸或一氧化碳更容易得到。但由于反应过程中涉及多步电子及质子转移，CO_2分子经过原子和化学键的重新组合转变为更复杂的高能量分子，从动力学的角度来说难度很大。正因为如此，CO_2还原的研究中绝大多数产物是甲酸或一氧化碳。在目前已知的催化金属电极中，仅有铜可以催化CO_2到醇或烷烃等高级产物，而且转化过程中机理仍存在一定的争议。以甲烷或甲醇的生成为例，Peterson等通过密度泛函理论计算推测出的甲烷生成路径如下[20]：CO_2首先还原为吸附态的CO_{ads}（通过碳端吸附在电极表面），CO_{ads}接受多步的质子-电子对而陆续生成吸附态CHO_{ads}（质子加在碳端）、吸附态甲醛H_2CO_{ads}以及吸附态CH_3O_{ads}，接下来质子如果加在碳端就会得到甲烷，加在氧端就会得到甲醇。不过对于这个机理也有不同的观点，Nie等通过理论计算认为CO_2还原到甲烷还存在另外一个途径[21]：$CO \rightarrow COH \rightarrow C \rightarrow CH \rightarrow CH_2 \rightarrow CH_3 \rightarrow CH_4$，原因是CO还原成COH的活化能要比CHO的低。对于乙烯及乙醇来说，CO仍然是其前驱体，不过生成机理更为复杂，某些关键步骤至今仍不明确。

12.2.2 非水溶液体系中CO_2电催化还原

相比于水溶液体系的CO_2还原，非水溶液（有机溶剂）可有效抑制析氢副反应，从而获得较高的法拉第效率。同时CO_2在有机溶剂中的溶解度要比水中的大很多，比如常温下CO_2在乙腈中的溶解度是水中的8倍，CO_2溶解度的增加可有效提高反应效率。在质子活性溶剂（例如甲醇）中CO_2的还原途径及产物与水溶液的类似[22]，只不过甲醇充当了质子供体。而在其他质子惰性溶剂中，由于没有质子参与反应，还原的主要产物是草酸和一氧化碳。CO_2还原的第一步依然是单电子还原至$CO_2^{\cdot -}$，主要的反应途径如式（12.8）～式（12.10）所示[23]。

$$CO_2^{\cdot -}+CO_2 \longrightarrow (CO_2)_2^{\cdot -} \qquad (12.8)$$

$$CO_2^{\cdot -}+e^- \longrightarrow {}^-OOC\text{-}COO^- \qquad (12.9)$$

$$CO_2^{\cdot -}+CO_2^{\cdot -} \longrightarrow CO_3^{2-}+CO \qquad (12.10)$$

尽管非水体系中CO_2还原的法拉第效率较高，但是也存在一些潜在问题。例如，阳极反应是整个电解过程的重要部分，阳极反应如果不能顺利进行将会制约总体电解的反应速率。而在非水体系中阳极反应如何发生，究竟哪个物质充当被氧化的反应物，这都是需要考虑的问题。而在水相体系中，析氧反应较容易发生，不需要额外提供反应物确保氧化过程的进行。所以，本章中的主要内容都围绕着水相体系中的CO_2还原过程展开。

12.2.3
CO_2电催化还原的主要影响因素

影响CO_2电催化还原效率及产物分布的因素较多，主要包括以下两个方面：电极材料和电解液。电极材料直接影响着CO_2还原产物的分布，以金属电极催化水相中CO_2的还原为例，主要产物如表12.2所示。

表12.2　碳酸氢盐溶液中金属电极催化CO_2还原的产物分布[16,24]

金属电极材料	产物分布
铅、汞、铟、锡、镉、铋	甲酸盐
金、银、锌、镓、钯	CO
铁、钴、镍、铂、铑	高压下可得到甲酸盐或CO
铜	甲酸盐、CO、烃类、少量醇

大部分金属电极催化CO_2还原的产物为2电子还原产物：甲酸盐或CO。铅、汞、铟、锡、镉和铋这一类金属电极具有较高的析氢过电位及微弱的CO吸附强度，主要产物为甲酸盐。而金、银、锌、镓和钯这类金属具有适当的析氢过电位及CO吸附强度，可以催化CO_2中CO键的断裂而生成吸附态的CO，同时CO产物的脱附也比较顺利，所以产物以CO为主。铁、钴、镍、铂和铑这类金属由于析氢过电位较低以及CO的吸附强度较大，导致常压下电极表面发生的都是析氢反应，而CO_2难以被催化还原。但在高压下，这些电极材料却表现出一定的催化活性，产物为甲酸盐或CO。在众多的金属电极中，铜的催化性质非常特殊，除甲酸盐和CO之外，CO_2还可以被还原成烃类（例如甲烷和乙烯）以及少量醇类产物。正因为如此，基于铜材料的CO_2催化还原过程也一直是此研究领域的热点和难点。

电解质的阴离子或阳离子也会影响CO_2在金属电极上的还原。例如：在$KHCO_3$、KCl、$KClO_4$、K_2SO_4及K_2HPO_4溶液中，铜电极催化CO_2还原至甲烷的法拉第效率有着明显的差别。在这些溶液中，$KHCO_3$溶液中的法拉第效率最高[25]，研究者认为其原因与阴离子对的溶液缓冲能力有关。阳离子同样也会影响产物的分布，在含有Na^+、K^+、Rb^+和Cs^+等碱金属阳离子的电解质溶液中，离子半径较大的Rb^+和Cs^+有利于CO_2在银电极上还原为CO[26]，其原因是Rb^+和Cs^+更易于在电极表面吸附而抑制析氢反应，同时吸附的阳离子还有利于稳定CO_2^-自由基，促进CO产物的生成。另外需要注意的是电解质中极其微量的杂质离子也会影响电极的催化效果，已有部分研究表明铜电极在电解过程中会出现法拉第效率衰减的现象，失活原因主要是电解质原料的杂质（铁和锌离子）在铜电极上还原沉积所致[27]。所以在CO_2还原前需要预处理电解液，通常可以采用小电流电解去除溶液中的杂质金属离子。

12.3
电催化还原CO_2研究方法

12.3.1 仪器装置和产物分析

电化学还原CO_2采用的电解池为传统的H形电解池（如图12.1所示），阴极池由工作电极和参比电极构成，而辅助电极（例如铂电极）则放在阳极池，两部分中间以离子交换膜隔开，避免CO_2还原的液体产物扩散至辅助电极上氧化。在电解之前，电解液先通氩气去除溶液中溶解氧，再通入超纯CO_2（99.999%）达到饱和。在整个电解过程中，CO_2气体以稳定流速通入阴极池中，随后气体产物和未反应完的CO_2直接进入气相色谱分析，同时溶液中液体产物（主要是甲酸根）可以通过离子色谱进行检测。由于CO_2在水溶液中的溶解度较低，为了增大反应的电流密度，也有研究采用类似于燃料电池结构的装置[28]。采用气体扩散电极增大CO_2气体在电极上的接触面积，从而加快CO_2的还原速率。

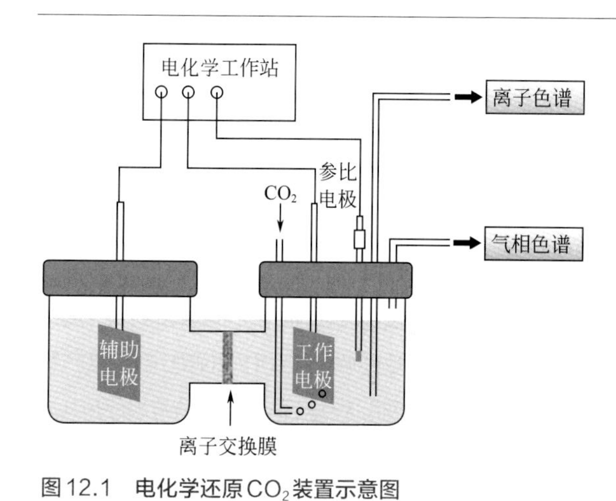

图12.1 电化学还原CO_2装置示意图

气相色谱的检测模式可以分为两种：热导分析器（TCD）和氢火焰离子化检测器（FID）。TCD检测不仅可以检测各种CO_2还原的气体产物（例如CO、甲烷和乙烯等），还可以同时检测电解过程中的析氢副产物，但是灵敏度不高，特别是微量的CO或甲烷难以被检测出来。FID尽管可以灵敏地检测烃类产物，但对CO和氢气没有响应，气相色谱中需要加装甲烷转化炉将CO转变为甲烷后检测。液体产物中醇类产物的测试相对来说比较困难，目前可以利用气相色谱检测，但是水对色谱柱有损伤，导致使用寿命缩短。而且由于溶液中的电解质浓度较高，不能把反应后的溶液直接注射进色谱，否则析出的盐会堵塞毛细管。可以先用离子交换树脂去除绝大部分电解质，然后进行色谱分析。也有研究者采用核磁的方法分析液体产物，理论上所有的液体产物都可以被检测到，不过由于水的干扰，仪器的测试要求更为苛刻。

12.3.2
反应机理研究

对绝大多金属电极来说，CO_2还原过程仅涉及2电子还原步骤，可能存在的机理如式（12.1）～式（12.6）所示。这些机理虽然得到了普遍认同，但其中仍然存在很多疑问。例如CO_2第一步还原成$CO_2^{\cdot-}$自由基，由于自由基在水溶液中的寿命极短，自由基的检测非常困难。而这些信息对于分析催化剂的作用机理非常重要，有助于研究者判断催化剂是否影响了$CO_2^{\cdot-}$自由基的生成。常规的电化学检测难以捕捉到自由基的信号，因此有研究者采用激光光电子发射的方法探讨$CO_2^{\cdot-}$自由基的生成及其转化过程。Schiffrin等[29]利用此方法研究了汞电极表面CO_2的还原过程，CO_2分子捕获激发电子后被还原为吸附态的$CO_2^{\cdot-}$自由基，随后继续反应生成产物甲酸盐。实验结果表明即使是在–1.8V（vs.SCE）如此负的电位下，电极表面吸附的$CO_2^{\cdot-}$自由基的比例也非常低（覆盖率$<10^{-5}$）。由于溶液pH值并没有影响到还原电位，因此作者推测CO_2还原为甲酸根的过程中水充当了质子供体。

在线电化学质谱（OLEMS）是将电化学和质谱技术结合而发展起来的一种电化学现场测试技术，能定量地在线分析溶液中的可挥发性物种，可同时确定每种产物的法拉第电流随电极电位或时间的变化，是分析电极反应途径、产物分布以及电流效率的重要手段。近年来电化学质谱也被用于探讨CO_2的还原过程，例如Schouten等[30]研究了铜电极催化CO_2还原至烃类产物经历的反应途径。作者通过检测还原过程中的产物分布以及分析可能产生的中间物种，提出了CO_2还原至C1产物（甲烷）和C2产物（乙烯）所经历的反应机理。对于两种产物来说，CO_2均首先被还原成吸附态的CO，而在后续CO向甲烷或乙烯的转化过程中反应机理却有着本质的区别。对于甲烷来说，CO继续转化为吸附的CHO_{ads}中间物种，随着C—O键的断裂而生成甲烷。而在CO继续还原至乙烯的过程中，电极上相邻的两个吸附态CO形成二聚体，进而转化为烯二醇（或类似中间物种）并被还原为乙烯。

电化学原位光谱法作为一种分析界面反应机理的有效手段，也被用于CO_2的研究[22,31～33]。国内孙世刚课题组[34]利用电化学原位红外反射光谱法研究了CO_2在Rh电极表面的还原过程，检测到了2020cm^{-1}和1905cm^{-1}附近出现的两对双极峰，分别为CO的线性和桥式吸附态的红外吸收。作者认为CO_2的还原与电极表面吸附氢的反应密切相关，需要一定数量相邻表面位的参与。

密度泛函理论计算也是CO_2还原机理研究中较多采用的方法，为解析催化剂的活化机制以及新型催化剂的设计提供了依据。例如，Nie等[21]计算了铜（111）单晶电极上CO_2还原过程中各基元步骤的活化能，结果表明CO_2还原为甲烷可能经历的反应途径为：$CO \rightarrow COH \rightarrow C \rightarrow CH \rightarrow CH_2 \rightarrow CH_3 \rightarrow CH_4$，见图12.2。在此过程中，中间产物CO还原为COH是生成甲烷或乙烯的关键步骤。与Schouten等[30]提出的观点不同，作者认为CO更倾向于还原为COH而不是CHO中间物种，而且烃类产物的形成过程中也有石墨态的碳生成。

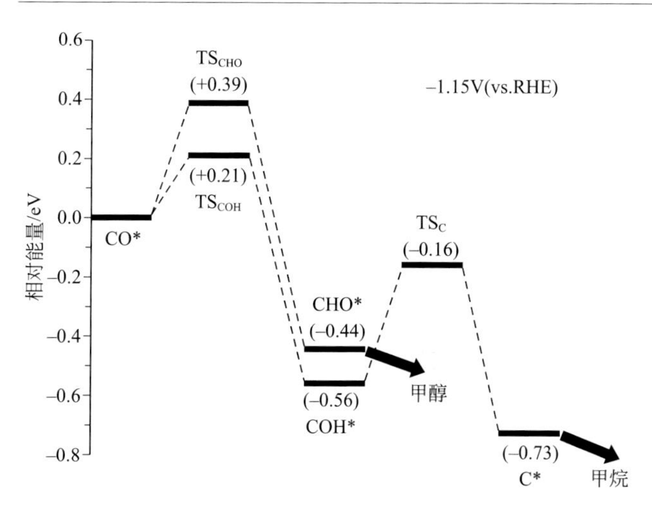

图12.2　CO还原至甲烷经历不同中间物种对应的相对能量图[21]

12.4
催化CO_2电化学还原的纳米材料

在电化学还原CO_2的初期研究中，限于当时的实验条件及表征手段，大多数的研究人员采用的是块体电极材料。尽管块体材料易于加工，但是其催化性能却难以让人满意，例如CO_2还原的过电位较高、法拉第效率较低且催化活性易于衰减。而且块体材料的活性面积较低，这也导致了反应速率较慢，并不适合大规模的电解。随着近年来纳米材料研究的兴起，CO_2电化学还原领域也有不少有关纳米催化剂的工作相继被报道。这些纳米材料大多表现出与块体材料不同的性能，接下来我们以几种具有代表性的材料为例介绍纳米结构对CO_2还原过程的影响。

12.4.1
铜族纳米材料

铜族包括铜、银和金这三种金属材料，价电子构型为$(n-1)d^{10}ns^1$，最外层均只有一个电子，较多的d轨道电子和不饱和的s轨道有助于催化反应中中间产物的吸附，便于反应物向产物的转化。因而，铜族金属材料在CO_2电催化还原的研究中受到了广泛关注。

12.4.1.1
纳米铜材料催化CO_2向CO及甲酸的转化

在所有金属催化剂中，铜是一种非常特殊的材料，CO_2在其表面不仅可以被催化还原为CO和甲酸，还可以被还原成烃类高级产物[20,21,25,30,35,36]，而其他的金属电极仅能将CO_2催化还原为CO或甲酸。因此，铜材料引起了研究人员极大的兴趣。为了提高块体铜的催化活性及长时间电解的稳定性，近来有很多工作集中于铜微观材料的合成及其在CO_2电催化还原方面的应用[37]。Li等利用商品铜片为前驱体，使用高温热处理的方法在铜表面生长纳米氧化铜，随后利用电化学还原的方法将氧化铜

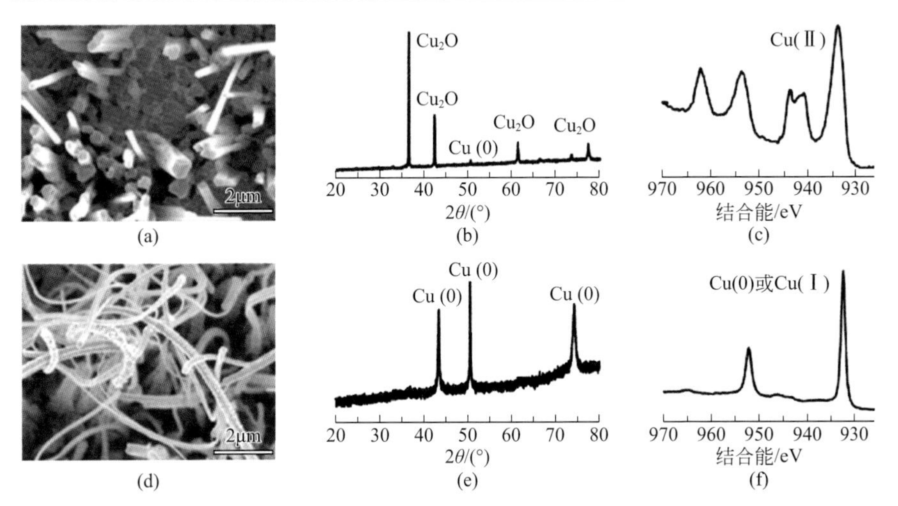

(a) (b) (c) (d) (e) (f)

图12.3 （a）、（b）、（c）铜片在经过500℃ 12h处理及（d）、（e）、（f）电化学还原后的分析结果[38]

（a）、（d）扫描电子显微镜照片；（b）、（e）X射线衍射图谱；（c）、（f）XPS分析结果

还原为单质铜[38]。如图12.3所示，铜片经过500℃空气条件下加热处理后，表面形成了纳米棒状（直径为100 ～ 1000nm）的氧化铜层，X射线衍射图的结果表明电化学还原可以将氧化铜全部转化为单质铜，还原过程中铜的微观结构发生了一些变化，不过依然保持了纳米丛林结构。有意思的是这些纳米线状的铜表面并不光滑，表面有更小的铜纳米颗粒堆积。XPS分析也表明还原后的纳米铜基本上以零价态存在，这说明在电催化的过程中是单质铜在起作用。此合成方法的优点是整个过程没有其他有机物的加入来控制纳米结构，确保了电催化剂表面的洁净。

接下来作者探讨了这种铜电极材料催化CO_2电化学还原的效果（见图12.4）。块体铜材料催化CO_2还原的产物中，在较正的电位下CO和甲酸为主要产物，–0.8V时法拉第效率达到最大，而当电位负移到–1.0V时，甲烷和乙烯的法拉第效率反而明显增加［图12.4（a）和图12.4（b）］。相比之下，以热处理铜片为电极时CO和甲酸是主要产物，CO的法拉第效率在–0.3V达到最大，还原过电位与块体铜相比降低了–0.5V。作者认为经过热处理得到的纳米铜电极具有极高的电化学活性面积（大约是块体铜的480倍），尤其是纳米铜颗粒的存在有助于稳定CO_2还原过程中产生的中间活性物种，从而促进了CO_2的还原。但是比较意外的是，CO_2向甲烷和乙烯的转化反而被抑制了，作者猜测这种纳米铜的晶体结构与通常的多晶铜材料并不一样，具体原因并没有进一步讨论。随后作者研究了催化剂的稳定性，可以看到随着电解时间的延长，块体铜电极上CO的法拉第效率从初始的10%逐渐衰减至1%，同时甲

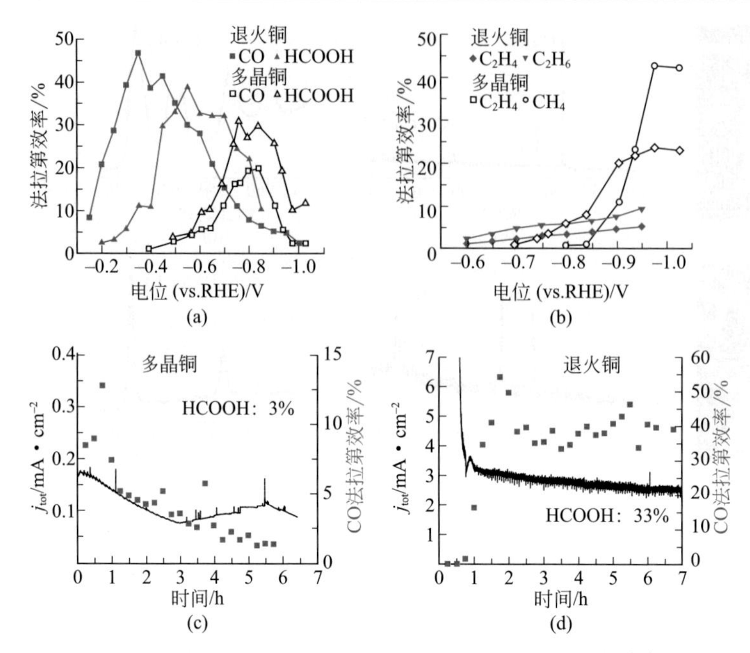

图 12.4　多晶铜片及其经过热处理后催化 CO_2 电还原效果的比较[38]

(a)、(b)不同产物的法拉第效率与电解电位的关系图；(c)、(d)-0.5V 恒电位下电流和CO法拉第效率随电解时间的变化

酸法拉第效率仅有3%左右。而热处理铜电极上CO的法拉第效率一直稳定在40%左右，而且甲酸的效率也远高于块体铜电极上得到的结果。在此之前，铜电极的失活问题一直是CO_2电催化还原领域中的一个难题，而这个工作提出利用铜表面纳米结构的构建来增强催化剂的稳定性，这为今后的研究提供了一个方向。

12.4.1.2
纳米铜材料催化 CO_2 向烷烃类产物的转化

前面提到铜催化剂的特殊之处是可以将CO_2还原为其他高级烃类产物，如果仅仅是促进了CO和甲酸的生成，那催化效果还不及后面讨论的其他金属材料。因此，大多数研究人员的工作集中在如何更有效地促进甲烷或醇类产物的生成，而不是CO和甲酸。最近，Manthiram等利用溶胶法合成了尺寸均匀的铜纳米颗粒［如图12.5（a）和图12.5（b）所示］[39]，这些颗粒的尺寸在7nm左右，结晶状态较好。作者通过旋涂的方法把纳米颗粒负载在玻碳电极上，以此为电极测试了CO_2的电催化还原效果。可以看到在-0.95～-1.45V的电位范围内，纳米铜催化CO_2还原至甲烷的效果表现

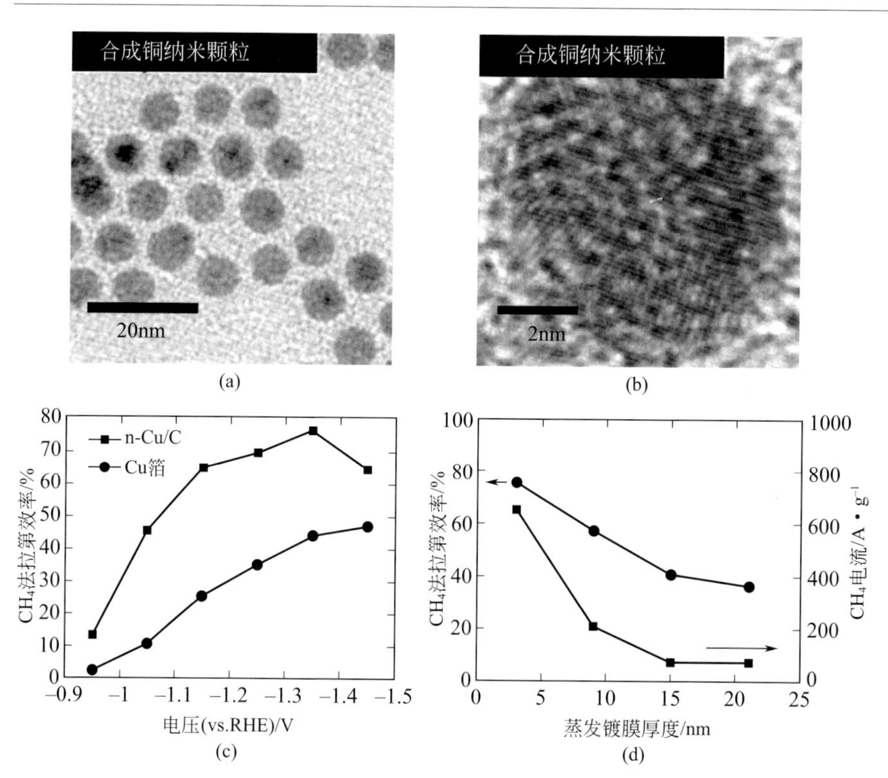

图12.5 （a）、（b）合成纳米铜的透射电子显微镜照片；（c）不同电位下铜箔和纳米铜电极上甲烷法拉第效率的比较；（d）恒电位下铜纳米颗粒尺寸与甲烷法拉第效率及电流之间的关系[39]

优于铜箔材料［如图12.5（c）所示］，在−1.35V电压下甲烷的法拉第效率高达76%。为了研究了铜颗粒尺寸与催化效果之间的关系，作者利用溅射方法在铜片表面沉积上不同尺寸的铜纳米颗粒，再以此为工作电极测试CO_2还原。结果表明颗粒尺寸显著了影响了甲烷的生成［如图12.5（d）所示］，随着尺寸增加至20nm以上，甲烷的效率急剧衰减至10%以下，同时甲烷的生成电流也明显降低。这种纳米尺寸铜颗粒催化甲烷产生的效果还不及铜箔材料，这个结果与前面Li等[38]的实验现象一致，不过作者也没有进一步研究其中的原因。

为探讨CO_2的还原机理，作者测试了针对甲烷产物的Tafel曲线［如图12.6（a）所示］，施加电位与$\lg(i_{CH_4})$在低电流区域呈现出较好的线性关系。作者通过线性拟合计算出Tafel斜率，发现纳米铜和铜箔电极上得到的值存在明显的区别，其中铜箔电极对应的Tafel斜率为175mV·dec^{-1}，而纳米铜电极对应的仅为60mV·dec^{-1}。研究人员普遍认为如果斜率接近120mV·dec^{-1}，那就意味着CO_2还原过程中的速率

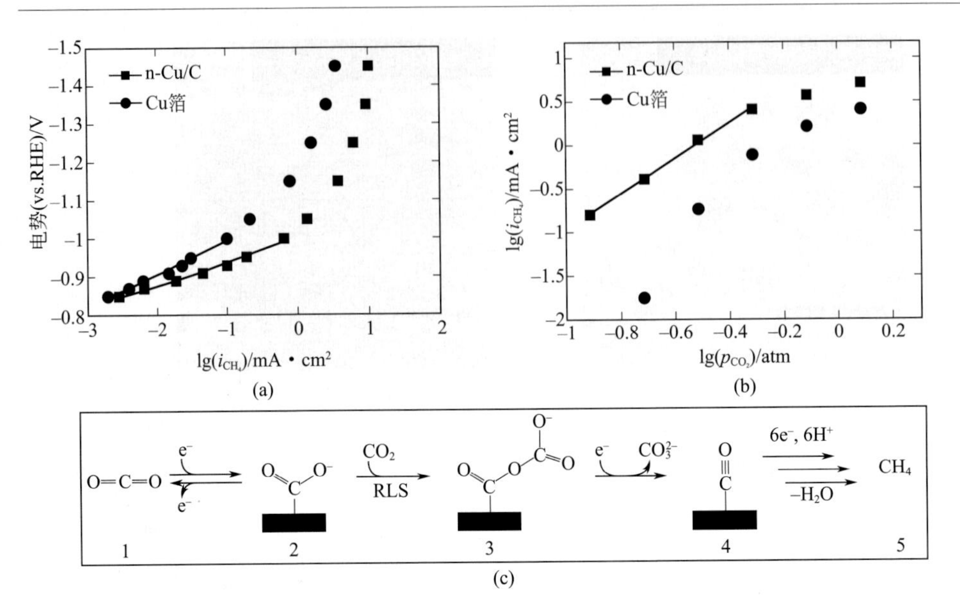

图12.6 （a）铜箔和纳米铜电极上生成甲烷的Tafel曲线；（b）铜箔和纳米铜电极上生成甲烷电流与CO_2分压之间的关系，施加电位为−1.25V；（c）CO_2在纳米铜表面电还原为甲烷的机理示意图[39]

决速步骤为第一步的单电子还原，如果接近59mV · dec^{-1}那就说明第一步的单电子还原步骤已经达到了预平衡，而紧接着的化学反应步骤为速率决速步骤。作者进而研究了不同CO_2分压条件下甲烷的生成速率，发现铜箔上甲烷的生成速率正比于CO_2分压的一次方。对于绝大多数水相体系中的CO_2还原而言，反应第1步为CO_2 + e^- ══ $CO_2^{\cdot-}$，随后的反应步骤中就不再有CO_2参与反应，因此CO_2的反应级数为一级。而让人意外的是，纳米铜电极上甲烷的生成速率却正比于CO_2分压的二次方，CO_2的反应级数为二级，这说明纳米铜电极上CO_2的还原反应历程不同于铜箔上的反应机理。作者认为在纳米铜电极上CO_2单电子还原为自由基的步骤很快达到预平衡［如图12.6（c）所示］，随后溶液中CO_2分子与电极表面吸附的$CO_2^{\cdot-}$自由基发生反应生成CO，这一步是整个反应过程的决速步骤。一旦CO生成，后续向甲烷的转化就比较容易进行。

12.4.1.3 纳米铜材料催化CO_2向醇类产物的转化

相对于其他烃类产物来说，醇具有较高的能量密度且易于存储的优点，因而备受人们关注。迄今为止，铜电极上“CO_2→烃”电化学转化已经取得了较好的进展，但“CO_2→醇”转化效率依然没有较大提高[40]。为了从分子层面解释铜在“CO_2→烃”转化中表现出的优异催化性能，人们采用计算模拟的方法并提出了相应的反应机理。Peterson等基于密度泛函理论计算提出了“CO_2→CH_4”的最低能量反应途径[20]：其中CO中间体在电极表面发生氢化形成CHO_{ads}是非常关键的一步，由此开始了CO_2向烃类的转化。CHO_{ads}陆续与（H^++e^-）反应形成H_2CO_{ads}以及CH_3O_{ads}，最后形成CH_4并离开电极表面。计算结果表明从CH_3O_{ads}生成CH_4的基元反应要比生成CH_3OH更容易进行，这也解释了为什么铜材料更有利于催化烃类的生成，而催化醇类产物的生成却很难。尽管目前对CO_2电还原成烃类的中间机理还存在不同的看法，但是这些研究结果均表明中间产物与电极材料的界面相互作用极大影响了最终产物的构成。

最近Flake研究组发现氧化亚铜（Cu_2O）可以有效地催化“CO_2→醇”这一反应的进行，甲醇的法拉第效率提高到了38%，而且选择性明显优于Cu单质[41]。研究者推测H^+与Cu_2O表面氧之间的配位有利于氢加入到CH_3O_{ads}基团中的氧位，从而促进了CH_3OH的生成。但是目前这个猜测尚存在一些疑问，研究者没有说明氢是以何种形式［H^+或是H_{ads}］与CH_3O_{ads}反应。尽管Cu_2O的催化效果很优异，但是在反应过程中会逐渐被还原成单质Cu而失去催化活性。在此研究思路的指导下，Albo等尝试了利用商业Cu_2O粉负载在活性炭纤维电极上用于催化CO_2的还原[42]，在–1.3V（相对于Ag/AgCl参比电极）下获得了较高的甲醇法拉第效率（60%左右），可是随着电解时间的延长，催化剂的活性也逐渐下降，5h后甲醇的法拉第效率仅为20%。为了解决这一问题，作者尝试了将氧化锌（ZnO）与Cu_2O混合涂覆在活性炭电极上，之所以加入氧化锌是因为在气相催化CO_2加氢还原为甲醇的反应中，ZnO作为铜的载体起到了很好的促进作用。而在电催化研究中ZnO却很少应用，原因是其自身很容易被还原成单质锌，而单质锌会促进CO_2还原为CO。在这个实验中，作者选择了比较正的电位以避免ZnO的过度还原，结果表明ZnO加入后催化剂的稳定性得到增强，在连续的电解中法拉第效率基本没有衰减，可是效率也仅维持在20%左右。尽管如此，这种催化剂的效果也比铜片或铜纳米颗粒要提高很多。

我们近年来也做了一些CO_2电化学还原的研究，其中一部分工作围绕铜纳米材料展开。为了避免采用有机物合成铜纳米颗粒带来的潜在污染问题，我们尝试了利用合金/去合金的方法在铜片表面构建纳米结构层，具体工艺路线如图12.7（a）所示。首先在铜表面电沉积一层锌，经过热处理后锌扩散进入铜基体而形成一层界面合金层，然后将此作为电极在稀盐酸溶液进行电化学去合金化处理，随着锌组分的溶出，剩余的铜组分铜迁移并团聚形成纳米结构。图12.7（b）和图12.7（c）就是

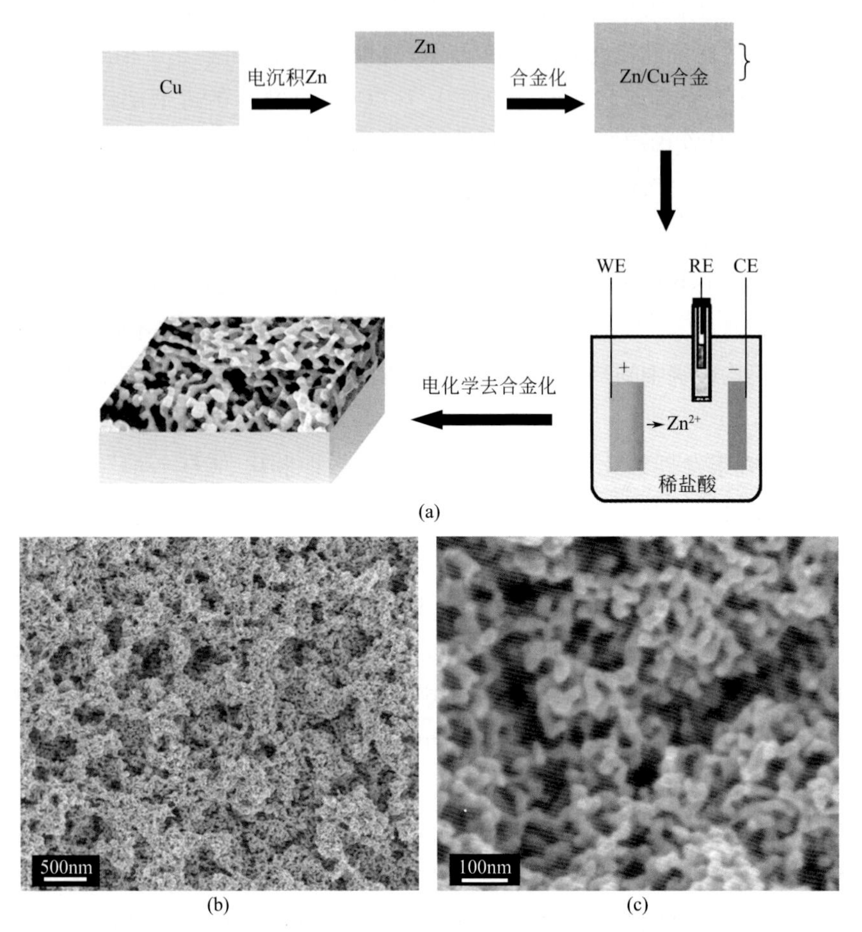

图12.7 （a）合金/去合金化方法在铜表面构建纳米结构层的流程示意图；（b）、（c）Cu-Zn样品经150℃热处理并在25mmol·L^{-1} HCl溶液中电化学去合金化后的SEM图

经过了150℃热处理并进行电化学去合金化处理后得到的样品的表面SEM图，可以看到样品表面很粗糙且分布着几百纳米尺度的孔，而高倍SEM图可以清楚地观察到其多孔骨架实际上是由更小的纳米“韧带”连接而成，这些纳米“韧带”的尺寸在50nm左右，构成了更小的孔隙结构（约30nm）。

我们以此为工作电极，在0.5mol·L^{-1} $KHCO_3$溶液中测试了其催化CO_2还原为甲醇以及乙醇的性能，在−1.1V（vs.SCE）条件下电解产生甲醇和乙醇的法拉第效率分别为1%和1.2%左右。与同样条件下块体铜片电极上得到的结果（甲醇0.8%，乙醇4%）相比，性能反而有所下降。分析结果表明制备的纳米铜层含有少量的锌（9%，原子分数），去合金化过程并不能彻底去除锌组分，残留的锌可能对CO_2还原造成了负面影响。

在参考众多研究工作的基础上，我们认为通过改变铜纳米颗粒的尺寸难以从源头上促进CO_2向醇类产物的转化，因此，我们选择了尝试铜基合金来提高醇类产物转化效率。在甲醇的电催化氧化研究中，合金材料往往表现出比纯金属更加优越的性能，我们考虑到既然催化剂能催化甲醇的氧化，那么是否也同样可以促进CO_2向甲醇的还原？我们参考其他文献合成了一系列的Cu基合金材料，例如Cu-Pt、Cu-Pd、Cu-Ni及Cu-Au等合金材料，发现仅Cu-Au促进了甲醇及乙醇的生成[43]。我们以多孔铜为三维纳米骨架，利用电化学方法沉积上了铜金合金纳米颗粒，并通过沉积电位调整铜金之间的比例。经过测试后发现，单质铜片上甲醇和乙醇电流的法拉第效率分别为0.8%和4%。与之形成鲜明对比的是，负载了铜金合金纳米颗粒（$Cu_{63.9}Au_{36.1}$）的多孔铜电极上甲醇的法拉第效率是15.9%。此外，乙醇的法拉第效率提高到了12%。同时，以相同大小的单质铜纳米粒子为催化剂用于CO_2还原反应，甲醇和乙醇的法拉第效率都远低于铜金合金纳米颗粒。至于金纳米粒子，其催化CO_2还原的主要产物是气态CO，而在液体产物中没有检测到任何醇类物质。这些结果表明，纳米铜金合金中由于有铜和金元素两种元素的协同效应，大大促进了醇类产物的产量，不过目前铜金催化CO_2向醇类物质转化的确切机理仍不清楚。

12.4.1.4
铜表面催化CO_2还原机理的研究

近年来随着相关理论的建立和计算技术的发展，CO_2还原的理论计算也取得了一定进展。通过计算还原过程中在电极上产生的不同中间体的吸附能，可以推算出可能的反应途径。例如，Peterson等通过计算推测了铜表面CO_2还原生成甲烷的可能反应历程[20]，在Cu（211）晶面上CO_2首先以碳端吸附在电极上（图12.8所示），氧端加氢后脱去一个氧而生成CO中间体。随后碳端加氢而形成CHO及H_2CO中间产物，在经过多次质子-电子对的转移后，CO_2转变为OCH_3中间物种并以氧端吸附在铜表面。在最后一个加氢步骤中，OCH_3转变为CH_4而从电极上脱附，留下来的氧原子会与质子结合生成水而离开。而在CO_2还原为CH_3OH的过程中，最初也经历了类似的反应步骤，唯一不同的是OCH_3加氢步骤。作者比较了OCH_3生成CH_4和CH_3OH这两种产物的活化能，发现OCH_3生成CH_4要比生成CH_3OH低0.27eV，在热力学的角度上CH_4更容易生成，这也解释了为什么大多数研究中烷烃类产物要比醇类产物更容易得到。

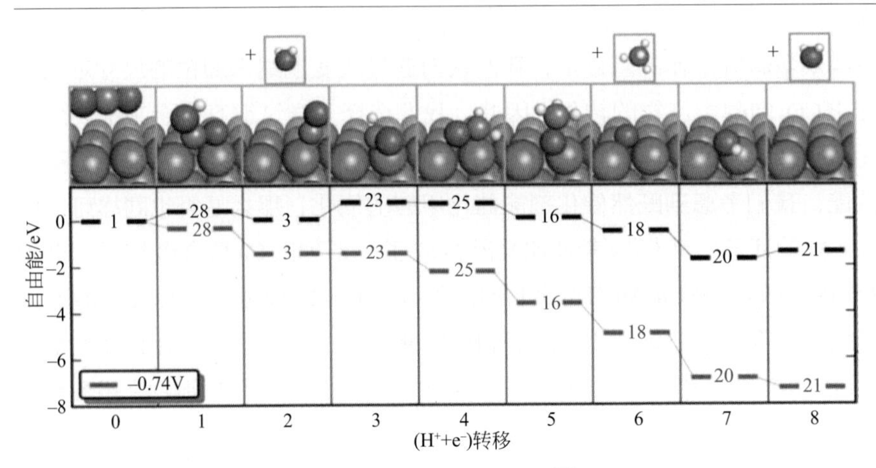

图 12.8　理论计算 CO_2 还原为 CH_4 的最低自由能路径图[20]

尽管Peterson的工作结果已被同行广泛引用，但是理论计算缺少原位检测证据，其他研究者根据实验结果提出了一些不同的观点。Schouten等利用在线电化学质谱分析了 CO_2 及相关中间物种的还原产物[30]，认为 CO_2 向 CH_4 的转化过程中不可能经历 H_2CO 中间物种，证据是当以 H_2CO 作为起始反应物时，产物中几乎都是甲醇，相比之下甲烷的量很少。在此工作基础上，Nie等进一步优化

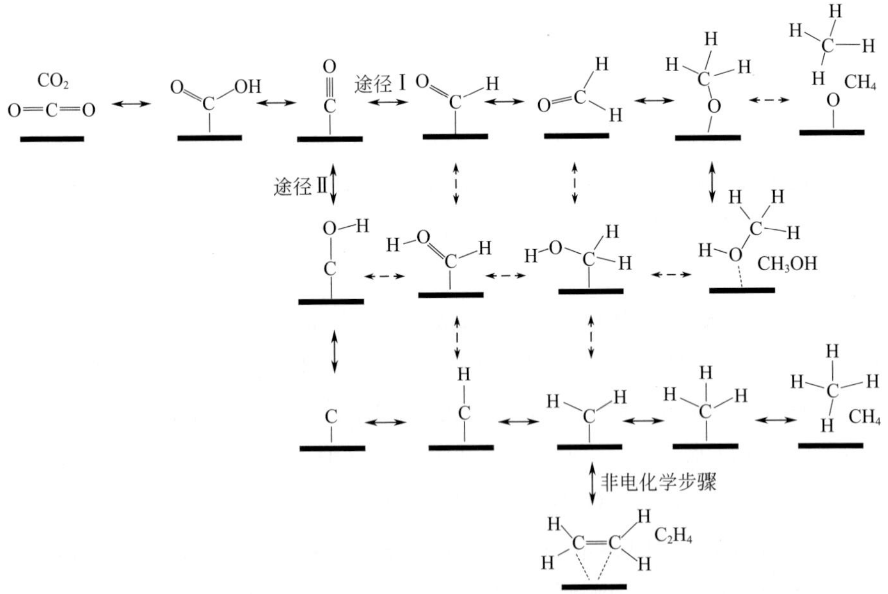

图 12.9　CO_2 还原为 CH_4、CH_3OH 及 C_2H_4 的反应途径图[44]

了计算模型并在计算过程中引入了溶剂化水分子的影响[44]，计算结果表明当界面上存在多个水分子时会对H转移途径造成影响。经过各种中间物种形成自由能的计算及比较后，作者认为CO_2沿着途径Ⅱ反应而被还原为CH_4（图12.9）：$CO^* \rightarrow COH^* \rightarrow C^* \rightarrow CH^* \rightarrow CH_2^* \rightarrow CH_3^* \rightarrow CH_4$。途径Ⅰ和途径Ⅱ最关键的区别在于$CO^*$的加氢步骤，如果不考虑水分子溶剂化影响，DFT的计算结果表明CHO^*比COH^*更稳定。而在考虑了水分子影响后，计算结果显示COH^*比CHO^*更稳定，这两个物种生成步骤伴随的自由能值相差0.23eV，室温下$CO^* \rightarrow COH^*$的概率要比$CO^* \rightarrow CHO^*$大7000倍。

12.4.1.5
纳米银材料催化CO_2向CO的转化

银材料催化CO_2还原的主要产物是CO，早期文献结果表明块体银的催化活性较好，在$KHCO_3$溶液中催化CO_2还原为CO的最高法拉第效率可达81.5%[16]。而实际中我们却发现块体银在$KHCO_3$溶液中极易失去活性，有的文献也有类似报道[45]，这也是人们合成纳米银材料以提高其催化活性的原因。

近来Jiao课题组探讨了CO_2还原过程中纳米银结构对其催化活性的影响[45]，他们将银铝合金放在稀盐酸溶液中腐蚀，利用化学去合金的方法得到了具有特殊多孔结构的纳米银（np-Ag），如图12.10所示，多孔结构中的纽带尺寸在50～200nm，孔的尺寸约为几百纳米。高分辨透射电镜的分析表明这种纳米结构的银具有较好的

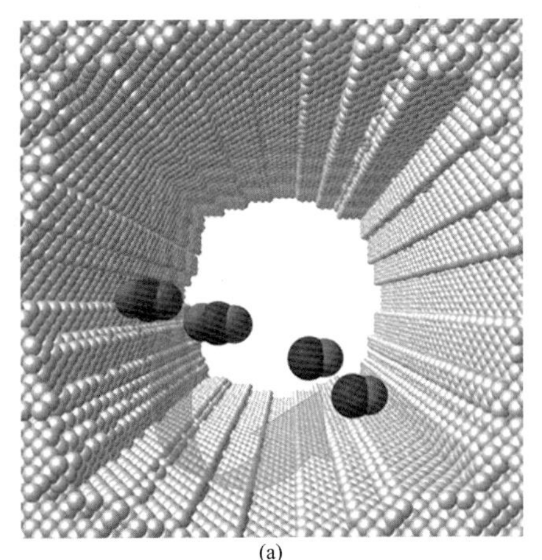
(a)

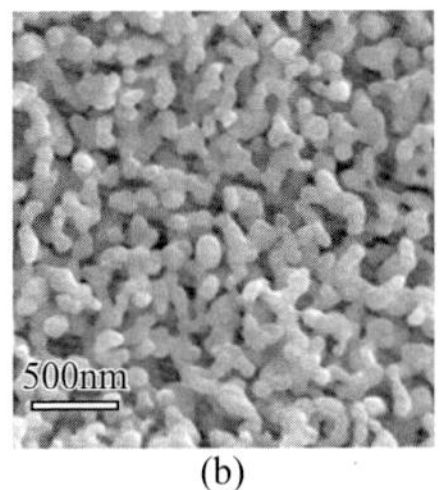

(b)

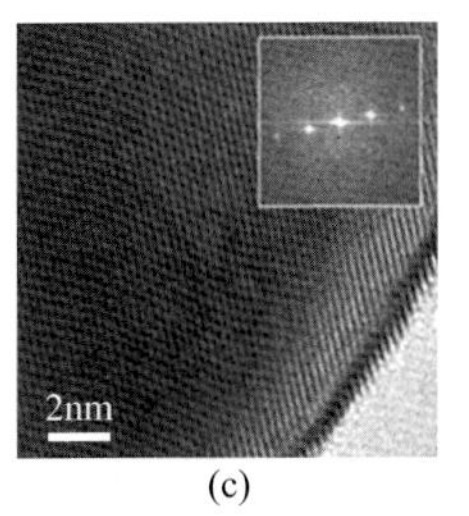

(c)

图12.10 多孔银的结构和形貌图[45]

（a）银催化剂纳米孔内高度弯曲的内表面图；（b）去合金化法制备的多孔银的SEM图；（c）高分辨透射电镜照片

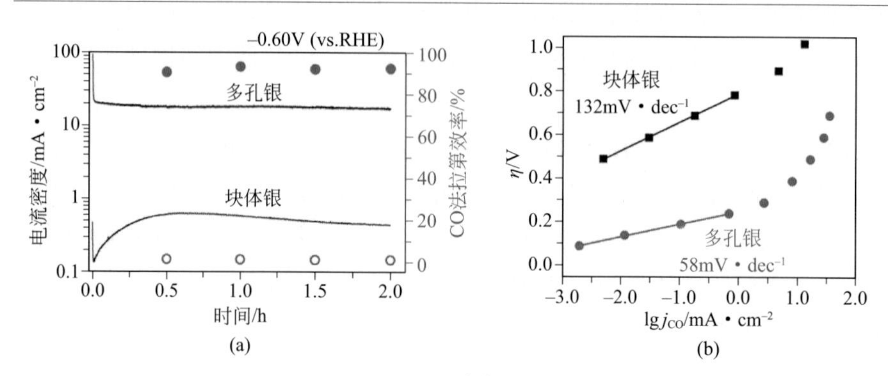

图 12.11　多孔银和块体银电极催化性能的比较[45]

（a）电流密度和CO法拉第效率随电解时间的变化曲线；（b）过电位与CO电流密之间的关系曲线

结晶性。另外，这个纳米银样品中没有任何的铝残留，通过银铝合金制备纳米银有效避免了残留金属对后续催化性能的影响。

得益于这种特殊的纳米孔结构，np-Ag催化CO_2还原为CO的能力明显优于块体银电极。作者发现在np-Ag电极上CO_2的还原过电位大大降低，如图12.11（a）所示，在–0.6V（vs.RHE）np-Ag电极就可以催化CO_2快速而且高选择性地还原为CO，法拉第效率高达92%。相比之下，块体银电极催化CO的生成效率仅为1.1%。同时作者测试了具有同样尺寸的分散银纳米颗粒，其催化效果却不及np-Ag电极，得到的CO法拉第效率仅有40%，而以银纳米线为催化剂时几乎检测不到有CO生成，这说明np-Ag高效的催化性能并不仅是由于其单纯的纳米尺度。作者认为np-Ag特殊的多孔结构有助于反应物的扩散，同时弯曲的纳米孔内表面有可能存在高指数晶面，这些因素都促使了CO_2的高效转化。作者进一步研究了不同过电位下对应的CO电流密度，结果表明在较低过电位下，$\lg(j_{CO})$与过电位呈现出较好的线性关系，np-Ag电极上对应的斜率为58mV · dec^{-1}，明显低于块体银电极上的斜率（132mV · dec^{-1}）。与前面Manthiram等人的研究结果类似[39]，催化剂纳米化后促进了$CO_2^{\cdot-}$自由基的生成。

如果排除了催化剂纳米结构的影响，纳米尺寸又是如何影响银催化剂的活性？ Richard小组在这方面做了较为细致的研究，他们直接使用商业的银纳米颗粒作为催化剂，探讨了在离子液体（EMIM-BF_4）体系中CO_2的还原过程[46]。随着银催化剂尺寸从200nm降低至70nm、40nm以及5nm时，CO电流密度逐渐增大［图12.12（a）］，说明银催化剂的活性得到增强。可是如果再继续减小颗粒的尺寸至1nm，材料的活性反而急剧衰减，几乎和块体材料的性能接近。这个结果表明银催

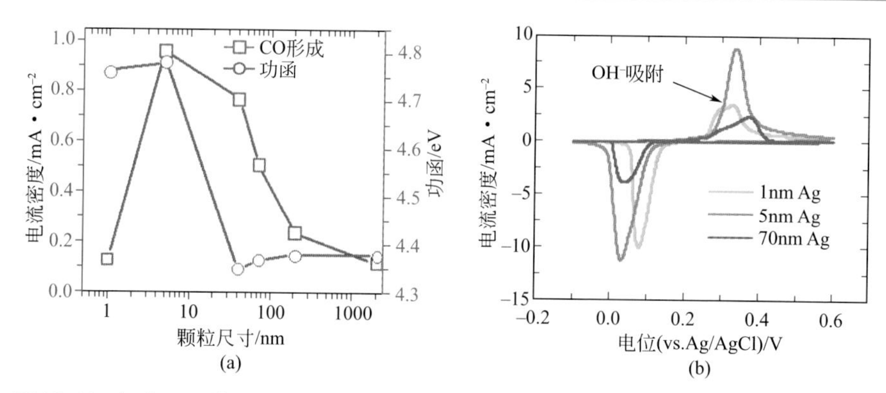

图12.12 （a）不同纳米尺寸对应的功函和CO电流密度；（b）0.1mol/L KOH溶液中不同尺寸银纳米颗粒的循环伏安曲线[46]

化剂的尺寸并非越小越好，存在一个最佳尺寸。为探究纳米尺寸影响CO_2还原效率的作用机制，作者首先分析了纳米颗粒催化活性的不同是否与功函相关。结果显示银从块体材料转变为40nm颗粒的过程中，功函值的变化幅度很小［图12.12（a）］。不过颗粒尺寸从40nm减小至5nm时，功函值却急剧增加，随后减小至1nm时功函值的变化也较小。可以看到银纳米颗粒功函随尺寸的变化关系与其催化性能的变化并不一致，说明尺寸引起的功函变化并不是导致其催化活性区别的根本原因。在此基础上，作者猜测可能是由于颗粒尺寸影响了CO_2还原中间产物在催化表面的吸附行为，不过实际测试中间产物在催化剂表面的吸附行为却存在很大难度，因此作者通过研究氢氧根离子的吸附来推测颗粒尺寸对中间产物的影响。如图12.12（b）所示，纳米银颗粒上氢氧根的吸附过电位随着尺寸增大而增加，在1nm银颗粒上氢氧根的吸附过电位最低，这个结果间接证明颗粒尺寸影响了反应物种在其表面的吸附。但是让人费解的是，为什么1nm银的实际催化效果反而不佳?

作者从机理方面分析了1nm的银颗粒催化效果反而变差的原因，CO_2首先发生单电子还原并与离子液体的阳离子（$EMIM^+$）形成配合物$complex^-_{ads}$中间体［$EMIM^+(l)+CO_2(g)+e^- \longrightarrow complex^-_{ads}(l)$］，随后此配合物继续得电子和质子生成CO产物，并释放出OH^-和$EMIM^+$。尽管减小颗粒尺寸可以促进$complex^-_{ads}$的吸附，但同时也会导致产物OH^-在催化剂表面的稳定吸附，阻碍CO_2在电极表面的还原。因此，银纳米颗粒尺寸如果太小时催化效果反而不佳，在此反应体系中最适宜的颗粒尺寸为5nm。

12.4.1.6
纳米金材料催化CO_2向CO的转化

在所有金属材料中，金的催化活性及产物选择性较为优异，并且其催化活性随着尺寸纳米化得到进一步增强。Chen等运用硫酸溶液中阳极氧化的方法在金电极表面成功地构建了一层纳米氧化金颗粒[47]，通过控制方波频率和电位可以得到较厚的氧化金纳米颗粒层，随后在电化学还原条件下氧化金颗粒逐渐转化为单质金颗粒。图12.13（a）和图12.13（b）是所制备纳米金的SEM图，纳米颗粒的平均粒径在20～40nm，厚度为1～2μm。而且，透射电镜图和选区电子衍射的分析结果表明这些纳米颗粒都为单晶结构［图12.13（c）和图12.13（d）］。与其他纳米材料制备方法相比，这个方法更简捷，而且制备条件更加温和。

所制备的纳米金材料表现出了很好的催化活性［图12.14（a）］，在–0.2V电位下就有CO产物生成，与CO_2/CO转化的理论电极电位仅相差100mV。在–0.35V下CO的法拉第效率高达96%，而且在长时间的电解过程中保持稳定。与之形成鲜明对比

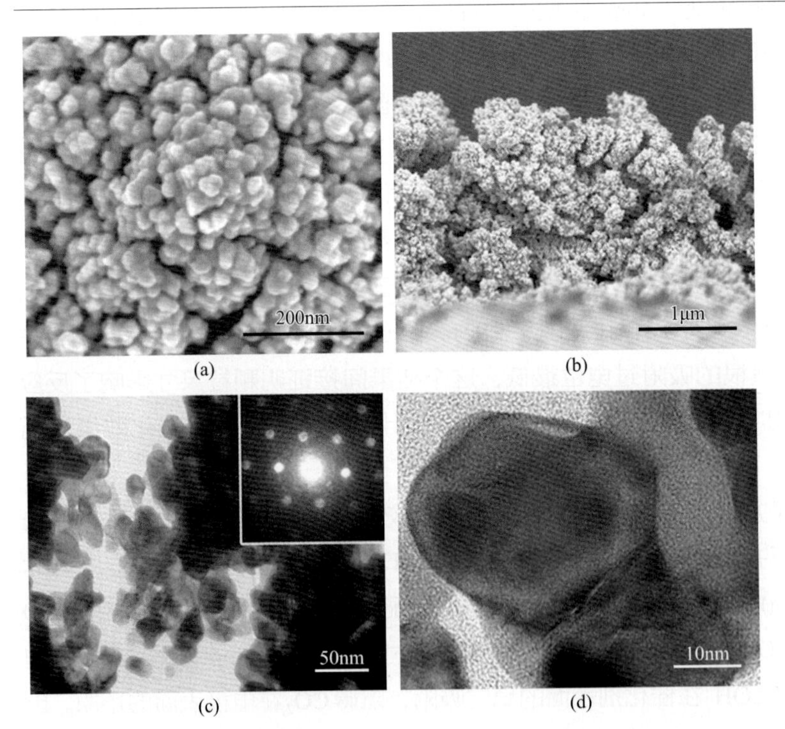

图12.13 纳米金的表征图[47]

（a）表面SEM图；（b）断面SEM图；（c）TEM图及电子衍射图；（d）高分辨TEM图

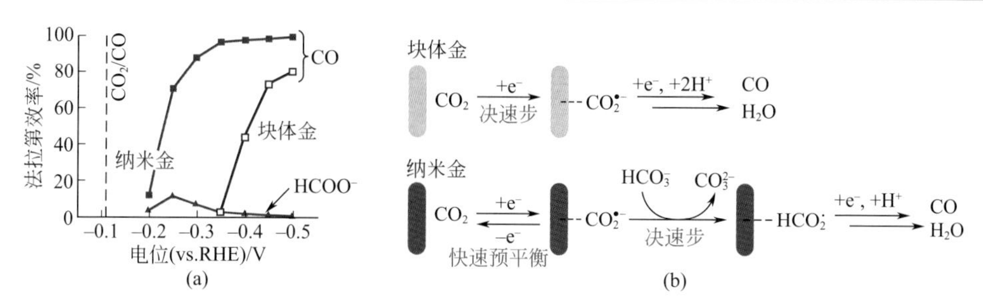

图12.14　纳米金和块体金电极催化CO_2还原的比较[47]

（a）0.5mol · L^{-1} $NaHCO_3$溶液中不同电解电位下产物的法拉第效率；（b）CO_2在金电极上电还原为CO的机理示意图

的是，块体金电极在−0.35V几乎检测不到CO_2还原产物，只有在更负的电位下才有CO生成。为了确定纳米金的催化活性来源于其尺寸的改变，作者测试了商业纳米金颗粒（15nm）的催化性能，结果发现其催化活性和块体金相比并没有明显改善，而且在−0.4V电位下持续电解2h后就丧失了活性。同时作者也改变纳米金的制备方法，在草酸溶液中阳极氧化并还原得到了多孔金材料，其催化活性比起块体材料来说有明显提高，−0.35V电位下初始的CO法拉第效率超过80%，不过在2h电解后效率迅速衰减至10%。这些对比实验结果说明硫酸溶液中制备的纳米金之所以拥有非凡的催化活性，主要原因并不仅仅是纳米尺度和形貌。作者接着研究了热处理对纳米金活性的影响，当纳米金经过140℃热处理后，虽然形貌没有任何变化，可是其催化活性却大大降低。因此，作者推测纳米金在制备过程中形成的亚稳态结构才是真正促进CO_2还原的原因。

结合Tafel曲线及不同CO_2分压和碳酸氢根浓度下反应速率的结果，作者认为纳米金和块体金表面CO_2的还原机理存在明显区别。在块体金电极表面，CO_2单电子还原为$CO_2^{\cdot-}$自由基仍然是速率决速步骤，随后$CO_2^{\cdot-}$自由基得电子和质子而生成CO。但在纳米金表面，$CO_2^{\cdot-}$自由基的生成步骤快速达到平衡，而后续$CO_2^{\cdot-}$自由基进一步得质子生成$HCO_2^{\cdot}$自由基成为了速控步骤，并且在这个步骤中溶液中HCO_3^-是质子供体。最后，$HCO_2^{\cdot}$自由基继续得电子和质子后生成CO。

Zhu等[48]通过有机物控制氯金酸还原的方法合成了一系列金纳米颗粒，并负载在活性炭上作为催化剂，探讨了$KHCO_3$溶液中CO_2的还原过程。合成的金纳米颗粒尺寸分布较为均匀，而且负载在活性炭上后基本处于单分散的状态［如图12.15（a）和图12.15（b）所示］。在10nm、8nm、6nm和4nm这几个尺寸中，8nm的金颗粒催化活性最好，在−0.67V时CO的法拉第效率高达90%［图12.15（c）］。但是从单位

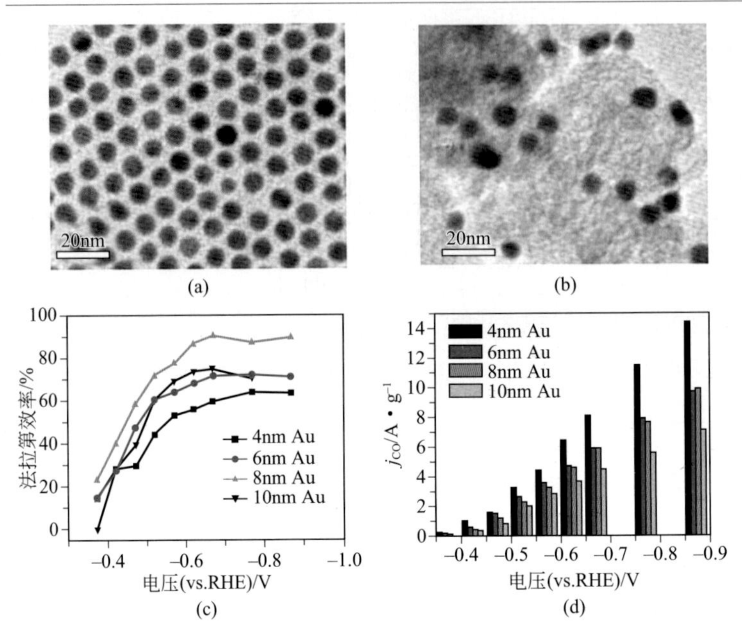

图12.15 （a）金纳米颗粒（8nm）的TEM图；（b）负载在活性炭上的TEM图；（c）不同电位下的CO法拉第效率；（d）单位质量催化剂的CO电流密度与施加电位的关系[48]

质量催化剂的CO电流密度来比较，4nm颗粒的效果最好，其原因可能是由于颗粒尺寸较小及比表面积较大。

为了解释纳米金的高催化活性，作者运用密度泛函理论计算了催化剂表面的基元反应步骤中伴随的能量变化，图12.16（a）给出了在Au（111）、Au（211）和Au_{13}表面CO_2还原的自由能图。与其他研究人员提出的CO_2还原机理不同的是，作者认为CO_2首先得电子和质子生成$COOH^*$中间产物，随后$COOH^*$中间产物继续得电子和质子生成CO^*，最后产物CO从电极表面脱附。在–0.11V电位下，Au（111）晶面CO_2活化并生成$COOH^*$中间产物所需要的ΔG较高，相比之下Au（211）晶面上生成$COOH^*$所需要的ΔG较低，说明此晶面更有利于CO_2的还原。尽管Au_{13}团簇上更有利于$COOH^*$的生成，但是其对CO的吸附能力太强而不利于CO产物的脱附，所以催化效果反而比Au（211）要差。从析氢反应的计算结果来看［图12.16（b）］，Au_{13}团簇上H^*中间产物的ΔG反而明显低于$COOH^*$的ΔG，说明在Au_{13}团簇表面更容易发生析氢反应而不是CO_2还原。另外，可以看到Au（211）晶面上表面生成H^*的ΔG最大，结合前面CO_2还原的计算结果，Au（211）晶面更有利于催化CO_2向CO的转化。而在测试的各种尺寸金纳米颗粒中，8nm金恰恰具有最佳催化活性晶面，因此促进了CO_2还原的同时抑制了析氢反应，最终实现高效的CO电流效率。

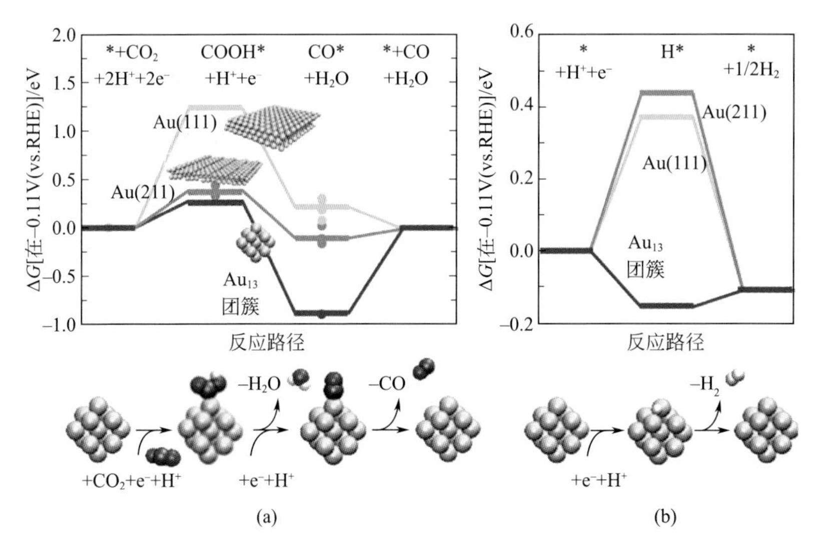

图12.16 （a）Au（111）、Au（211）和Au_{13}催化CO_2还原为CO和（b）质子还原为氢气的自由能级图[48]

12.4.2 铂族纳米材料

由于铂族金属材料（镍、钯和铂）上的析氢过电位较低，因此早期研究结果显示在块体铂族催化电极上几乎得不到任何CO_2还原产物。但是近年来有研究者发现，具有纳米尺寸的铂族材料反而能高效催化CO_2还原。

12.4.2.1 纳米钯材料催化CO_2向CO的转化

Gao等通过水相还原方法制备了纳米钯颗粒并负载在活性炭上作为催化剂[49]，通过调整柠檬酸盐的浓度控制纳米钯颗粒的尺寸，合成了一系列的纳米钯催化剂（2.4～10.3nm）。这些纳米钯颗粒在活性炭上的负载较为均匀［图12.17（a）］，而且几乎没有团聚。以此纳米钯为催化剂用于CO_2还原，作者发现即使在10.3nm尺寸下，CO的法拉第效率也仅有5%左右［图12.17（b）］。但是当尺寸继续减小时，CO的转化效率明显增加，特别是当尺寸为3.7nm时，CO的法拉第效率已经高达91%。

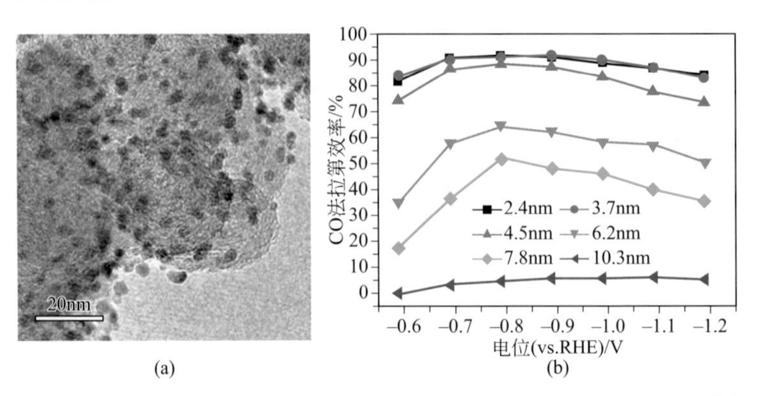

图12.17 （a）纳米钯颗粒的TEM图；（b）不同电位下的CO法拉第效率[49]

如果继续减小颗粒尺寸至2.4nm，CO的转化效率基本上维持不变。如果按质量电流密度来计算，–0.89V（vs. RHE）电位下3.7nm钯对应的CO电流密度高达23.9A・g^{-1}。

为了探讨纳米尺寸和钯催化效果之间的关系，作者通过DFT计算模拟了钯表面的CO_2还原过程。考虑到难以直接模拟不同尺寸颗粒上的CO_2还原过程，作者选择了Pd纳米颗粒的三种活性位点（平台、棱边和角）进行研究，分别以Pd(111)、Pd(211)、Pd55(Pd38)代表平台、棱边和角活性位点［如图12.18（a）所示］。CO_2还原为CO过程伴随的吉布斯自由能变化如图12.18（b）所示。在Pd(111)平台上，CO_2还原为$COOH^*$需要0.22eV的额外能量，而在Pd(211)棱边和Pd55(Pd38)角上$COOH^*$的形成却很容易，并伴随着0.15eV和0.53eV能量的释放，因此纳米Pd上角活性位点有利于CO_2向$COOH^*$的转化。计算结果表明在以上三种活性反应位点上，$COOH^*$向另一个中间产物CO^*的转化都是放热反应，而且吉布斯能量的降低幅度都明显大于之前CO_2向$COOH^*$的转化步骤，意味着$COOH^*$还原为CO^*这一步较容易进行，而且CO_2向$COOH^*$的转化是整个CO_2还原过程中的决速步骤。作者进一步计算出了不同纳米颗粒Pd上不同活性位点的比例，如图12.18（c）所示，棱边原子的比例在2nm左右达到最大，而后随着尺寸增大而逐渐减小，而平台和角上总原子比例却随着颗粒尺寸增加而快速降低。这也说明了为什么总的催化效果是随着颗粒尺寸减小而增加了。之所以在不同活性位点上的能量变化存在区别，其主要原因是$COOH^*$和CO^*的吸附行为有所不同。为了验证猜想，作者以CO为探针，测试了不同尺寸Pd纳米颗粒上预先吸附CO的氧化，实验证实随着尺寸的增大，CO的吸附能力变弱。另外，作者也以$Pd(OH)_2$的还原电位间接地推测了中间活性物种$COOH^*$在颗粒表面的吸附能力，也证实了尺寸的减小有利于活性物种的吸附。

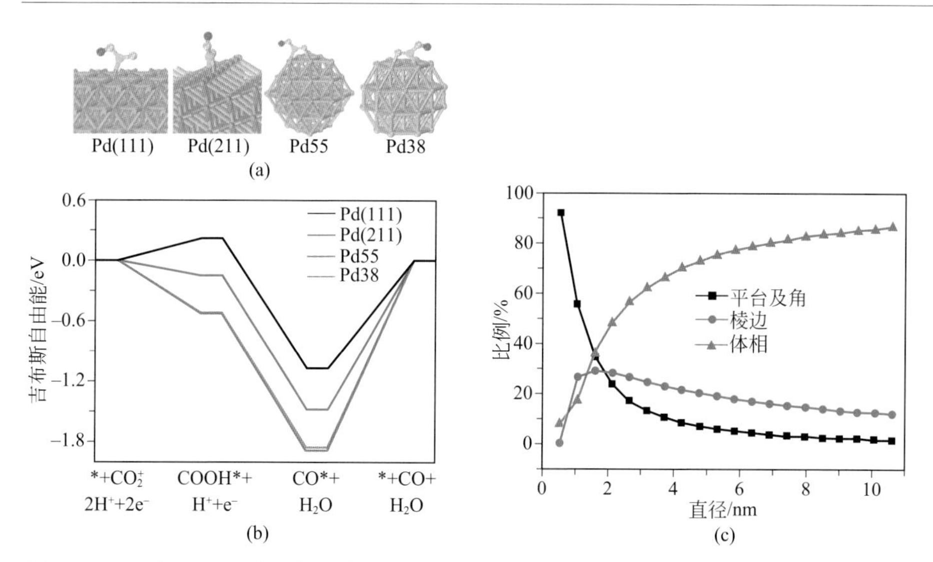

图12.18 （a）COOH中间物种在不同位点上的吸附模式；（b）Pd(111)、Pd(211)、Pd55和Pd38催化CO_2还原为CO的自由能级图；（c）不同尺寸颗粒在体相、棱边和平台及角上分布的原子比例[49]

12.4.2.2 纳米钯材料催化CO_2向甲酸的转化

以上Gao等通过调控钯纳米颗粒的尺寸，促进了CO_2向CO的高效转换。而最近Min等却发现纳米钯颗粒也可以高效地催化CO_2还原为甲酸[50]，他们直接以商业Pd/C粉末（钯颗粒尺寸为5nm左右）负载在钛电极上作为催化剂，在−0.05V（vs. RHE）电位下甲酸的法拉第效率几乎接近100%。同样条件下块体钯电极上却没有任何甲酸生成，这说明钯的纳米尺寸效应是其高催化活性的主要原因。不过随着电解时间延长电流却逐渐减小，同时甲酸的法拉第效率也明显降低。如果施加的电位负移至−0.35V，电流的衰减会更快，3h后甲酸的法拉第效率也从初始的90%左右快速衰减至30%。不过作者并没有进一步尝试更负的电位，所以无从得知在更负电位下CO_2的还原产物是否会有改变。作者尝试了不同浓度的$NaHCO_3$溶液，意外地发现在2.8mol·L^{-1} $NaHCO_3$溶液中，即使不通入CO_2也可以得到甲酸，原因是溶液中HCO_3^-的解离平衡导致溶液中存在8mmol·L^{-1}的CO_2。在如此低浓度的CO_2环境下，纳米钯仍然表现出了很好的催化活性。

与其他催化剂不同的是，Pd/C催化剂可以在接近理论还原电位的条件下实现

CO_2的高效还原，作者认为其原因主要是由于纳米钯表面CO_2的还原机理比较特殊。大多数催化剂上CO_2的还原首先是发生单电子还原，因此反应的过电位较高。而当以纳米钯为催化剂时，在阴极过程中其表面发生了可逆氢吸附形成了Pd-H物种（如图12.19所示），随后CO_2发生氢化而生成吸附态的CO_2H，进而再得电子生成甲酸根，在整个反应过程中CO_2分子的氢化步骤为决速步骤。

尽管作者仅仅利用商业的Pd/C催化剂就获得了很好的催化效果，但为什么在较负电位下CO_2还原电流和效率仍然会明显衰减？作者猜测可能是在较负电位下CO_2会同时生成CO，而CO吸附在钯表面会导致其活性下降，从而抑制了甲酸的生成。为了证实这一猜想，作者在电解过程中通入了CO，结果发现电流急剧下降［图12.20（a）］，但是一旦把电极取出暴露于空气中，重新放入一个新鲜电解液中，其电流又有大幅度提高，说明CO在钯催化剂上吸附的确导致了CO_2还原电流的衰减。为了能够维持电解过程中较高的反应电流，作者提出了如下的解决方案：在电解一

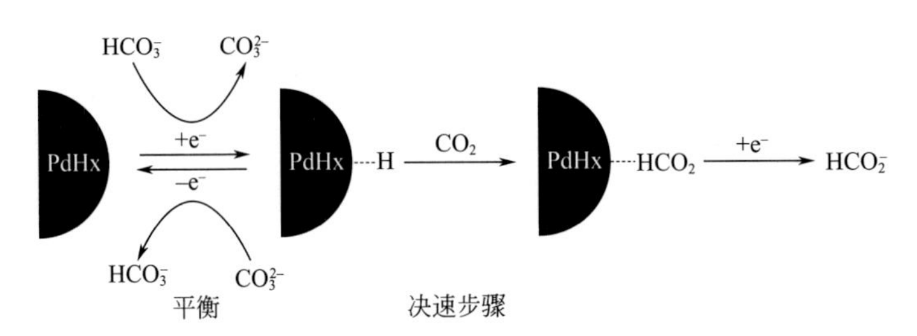

图12.19　Pd/C催化剂表面CO_2电化学加氢反应机理

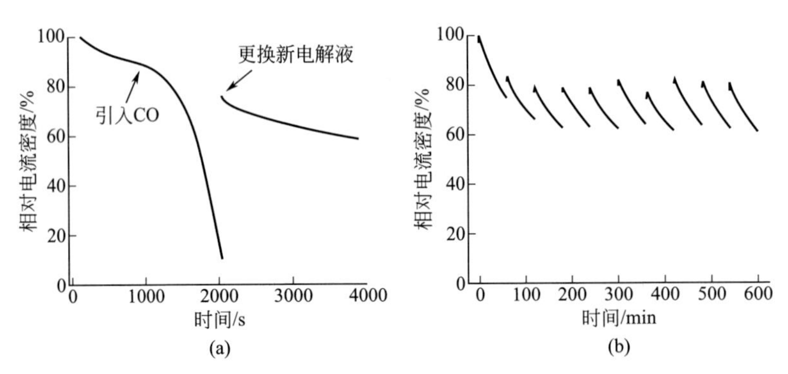

图12.20　Pd/C催化剂的CO中毒和活性恢复测试结果（施加电位为−0.25V，溶液为0.5mol·L^{-1} $NaHCO_3$）[50]

（a）相对电流密度随时间的变化图，900s时溶液中通入CO气体，2000s时电极取出暴露于空气中然后在无CO的溶液中继续电解；（b）一系列电解试验中相对电流密度随时间的变化图，每隔一段时间电极取出暴露于空气中然后放入新鲜的电解液中

段时间后将电极取出暴露于空气中，钯表面吸附的CO会与空气中氧气发生反应而被清除，随后电极重新放入溶液中就可以恢复至初始的反应电流［图12.20（b）］。此研究工作较好地解释了Pd纳米颗粒为什么在较大过电位下容易失活，也为其他催化剂失活原因的探讨提供了思路。

12.4.2.3 纳米铂材料催化CO_2的转化

块体铂电极材料几乎没有催化CO_2还原的性能，由于还原产物CO在电极上的吸附能力太强，导致后续CO_2在电极上的还原难以顺利进行，最终只能发生析氢反应。Centi等采用活性炭负载的铂纳米颗粒为催化剂[51]，发现CO_2在纳米铂上表现出了非同寻常的催化活性。绝大多数研究者认为目前仅有铜材料可以催化CO_2向高级烃类的转化，而Centi等的研究结果表明，铂纳米颗粒可以催化CO_2生成长链烃类（碳原子个数 > 5）。不过与其他研究者采用的装置有所不同，Centi等设计了气体扩散电极来承载铂催化剂，而且在反应过程中气体扩散电极并没有浸入电解质溶液中，而是CO_2/H_2O的混合气体与气体扩散电极接触。因而整个CO_2还原过程中的析氢反应非常微弱，气体产物中几乎检测不到氢气。此工作最大的亮点在于首次发现纳米铂催化剂可以催化高级烃类产物的生成，这为今后开发面向高级烃类产物的催化剂提供了新思路。

12.4.3 其他过渡金属纳米材料

12.4.3.1 纳米镍材料

在早期的CO_2研究中，镍（Ni）、铁（Fe）和锌（Zn）这些过渡金属材料的催化活性并不好，这方面的研究也很少有报道。在近二十年的研究中，仅有Yamamoto等研究了纳米Ni颗粒催化CO_2还原[52]。他们以活性炭纤维为载体浸泡在含有金属离子的溶液中，干燥后通过氢气热处理还原而制备出负载Fe和Ni等金属颗粒的催化剂。实验结果出乎意料，负载了Ni的活性炭催化CO_2还原的选择性较高，总的法拉第效率高达67%，相对于块体Ni材料来说其催化性能有大幅度的提高。作者进一步发现如果将活性炭换成非活化的碳纤维去负载Ni材料，对应的CO_2还原效率将急剧衰减，这说明催化剂的高效性并不仅与Ni材料有关，而且与载体碳纤维的微观结构紧密相关。活性炭纤维含有2nm左右的裂隙微孔，这些微孔结构会导致一个局部区域的CO_2高压，有利于CO_2的催化还原。而在Ni的表面，作者认为CO_2还原产生的$CO_2^{\cdot-}$自由基会与CO_2形成吸附态的CO_2-$CO_2^{\cdot-}$中间体，不过具体的反应机理仍需要更多的证据。

12.4.3.2
纳米铁材料

Arrigo等制备了碳纳米管负载的FeO_x催化剂[53]，并初步探讨了纳米FeO_x颗粒在CO_2还原中的潜在催化性能。在此研究中，作者主要关注的是CO_2向液体产物（如醇、脂和酮类物质）的转化，希望通过新型催化剂的设计来避免CO_2还原为CO或甲酸等低级产物。作者通过NH_3气氛下的热处理在碳纳米管表面实现了氮掺杂，以这种氮掺杂碳纳米管为载体时FeO_x可以催化CO_2向异丙醇等高级醇类产物的转化。如果采用硝酸处理的碳纳米管为载体负载FeO_x纳米颗粒，同样电解条件下异丙醇的产率下降了近50%。作者分析了这两种载体负载催化剂吸附CO_2的能力，发现氮掺杂碳纳米管有利于CO_2在其表面的可逆化学吸附，而在酸处理碳纳米管表面CO_2的吸附过于强烈，导致不可逆吸附的发生，反而使得CO_2的进一步电催化还原受到了阻碍。不过，由于此研究中电解过程采用的是恒电流方法，作者没有给出工作电极的电位，无法确认FeO_x在电还原条件下是否能稳定存在，因此不能排除FeO_x被还原成的Fe催化了CO_2的还原。

12.4.3.3
纳米锌材料

关于锌催化电极方面的研究，Ikeda等[54]最早报道了非水溶剂体系（聚丙烯碳酸酯或二甲基亚砜）中锌的催化性能。与其他金属相比，锌催化CO_2至CO的选择性非常高，其法拉第效率（90%）甚至超过了金和银等贵金属。但是在含有水的反应体系中，锌的催化效果明显下降，CO的法拉第效率低于40%。在随后近二十年内，几乎没有关于锌材料催化CO_2还原的研究工作发表。与其他催化CO_2还原为CO的金属电极（例如金和银）相比，锌电极最大的优势是成本很低。如果能以锌为催化剂实现CO_2向CO的高效转化，那么就可以解决目前催化剂成本较高的问题。我们研究小组一直尝试利用各种纳米结构的锌[55]，以期促进CO_2向CO产物的转化。与之前纳米银或纳米金催化剂不同的是，单质锌一旦减小至纳米尺度，化学性质会变得异常活泼，极易被氧化，难以在水溶液中稳定存在。因此我们采用了先合成纳米氧化锌，随后再电还原为纳米锌用于CO_2电还原的策略。

通过简易的阳极氧化方法可以在大面积锌片上直接生长一层纳米氧化锌，这些氧化锌呈现纳米片阵列结构［图12.21（a）］，大小为1μm左右，厚度约在40nm。而且高倍的SEM照片显示纳米片上分布着更细小的纳米颗粒（30～50nm），进一步的XRD分析结果证实了在锌片表面氧化后形成的这层物质为氧化锌［图12.21（c）］。这层纳米氧化锌与锌片基体的结合力较好，经过电化学还原后依然保持了原有的微观结构［图12.21（b）］。同时，我们利用电化学拉曼原位监测了纳米氧化锌在通电过程中的变化。由图12.21（d）可以看到未通电之前，纳米氧化锌的拉曼光谱在381cm^{-1}、435cm^{-1}和565cm^{-1}位置出现了氧化锌的特征峰。而在通电还原后，这些特征峰都消失了，这说明氧化锌都已经被还原成了单质锌。

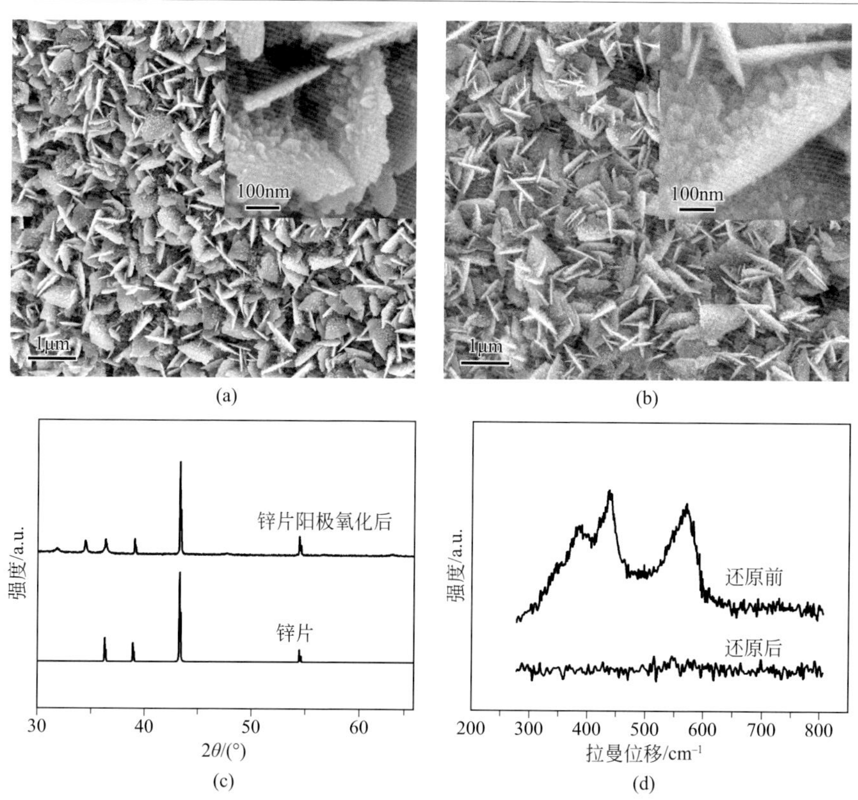

图12.21 （a）锌片表面生长氧化锌的形貌SEM图；（b）氧化锌还原后的SEM图；（c）氧化前后锌片的XRD图；（d）氧化锌电还原前后的原位拉曼表征图[55]

以此纳米结构的锌电极（n-Zn）为催化电极，我们在$NaHCO_3$溶液中测试了CO_2还原效果。在最佳还原电位−1.6V下，CO的法拉第效率从之前块体锌电极上的18%提高至57%［图12.22（a）］。在持续电解100min后，块体锌的催化性能急剧衰减（< 5%）［图12.22（b）］，而纳米锌电极的催化性能却一直稳定在50%左右，这说明纳米结构的锌催化剂不仅提高了CO_2转化效率，而且其催化稳定性也有大幅度提高。不过，这样的法拉第效率依然不能让人满意。我们在实验中意外发现当$NaHCO_3$电解质换成NaCl后，CO的法拉第效率会进一步增加至93%。这个结果让我们感到很意外，因为CO_2的电化学还原研究中碳酸氢盐是普遍采用的电解质，其原因有以下几个方面：① 碳酸氢根阴离子的溶液缓冲能力有助于稳定电极反应过程中的局部pH；② 碳酸氢根作为质子供体可以有效促进CO_2的还原[56]。而在NaCl溶液中，纳米锌电极催化CO_2还原为CO的效率反而明显高于$NaHCO_3$溶

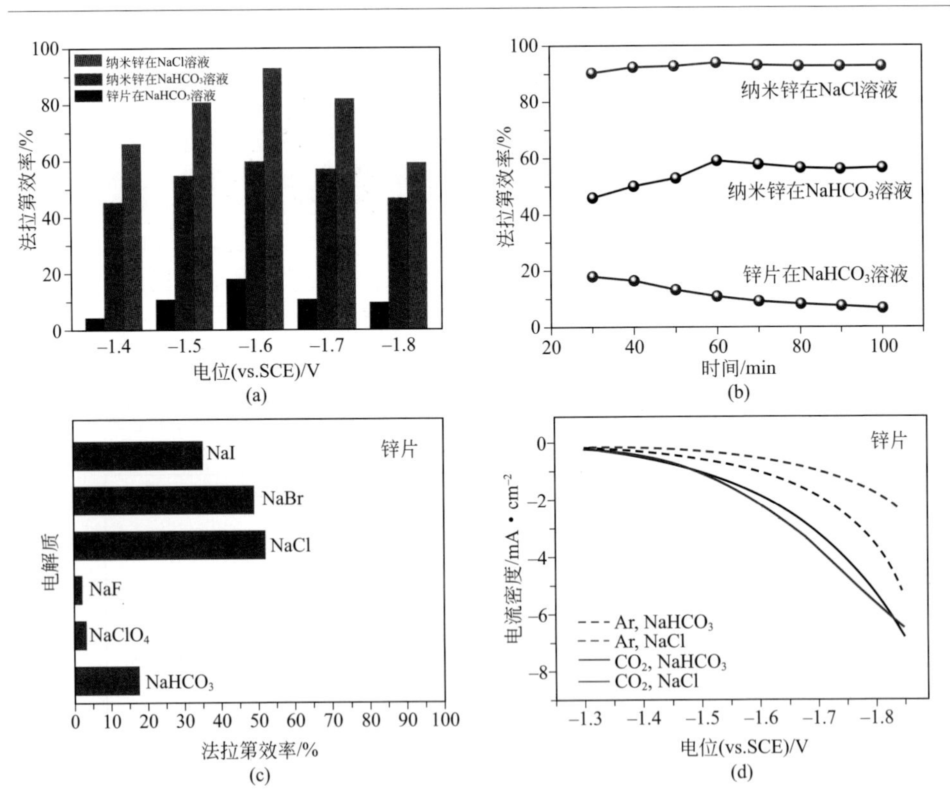

图12.22 （a）不同锌电极及电解液中CO法拉第效率和施加电位关系图；（b）不同锌电极及电解液中CO法拉第效率和电解时间关系图；（c）不同阴离子条件下锌片电极上CO的法拉第效率；（d）锌片在Ar或CO_2气氛下的线性伏安图[55]

液里的结果，这说明氯离子影响了CO_2的电还原过程。为了进一步探讨其作用机理，我们首先研究了阴离子对块体锌片电极上CO_2电还原的影响。可以看到，即使以块体锌片为工作电极，CO的法拉第效率也从$NaHCO_3$溶液中的18%显著提高至52% [图12.22（c）]，这说明氯离子的促进作用对于块体锌电极同样有效。在几种含有卤素的钠盐中，NaBr和NaI均不同程度地促进了CO的生成，但是NaF却抑制了CO_2的还原，CO的法拉第效率仅有3.5%。由于CO_2生成CO的过程伴随着得电子和质子，而卤素阴离子在电还原条件不会发生电化学反应或提供质子，因此卤素离子并不会参与CO_2的还原反应。考虑到CO_2还原过程中同时伴随着析氢副反应，我们猜想氯离子可能在锌电极上吸附抑制了析氢反应而促进了CO_2的还原，线性伏安扫描结果也证实了这一猜测 [图12.22（d）]。氟离子的抑制作用可能是由于氟离子高度水化，因此在锌电极上的吸附能力较弱，导致析氢反应更容易进行。我们尝试了另一种吸附能力较弱的阴离子ClO_4^-，得到的CO法拉第效率较低，其原因也正是如此。

其次，纳米锌电极的高催化活性也与其纳米尺寸紧密相关。以商业纳米氧化锌为前驱体得到的纳米锌催化剂中，35 ～ 45nm尺寸的催化效果最好。在此工作中，纳米锌和阴离子的共同作用促成了CO_2高效的转化效率。进一步的研究结果表明此策略同样也可以促进纳米银催化CO_2的还原，说明通过调控阴离子在电极上的吸附，在不影响CO_2还原的前提下抑制析氢反应也可以获得较高的转化效率，这为今后发展高效催化体系提供了新思路。

12.4.3.4
过渡金属纳米催化剂的展望

在目前CO_2异相电催化还原研究中，过渡金属催化剂受到了广泛关注，特别是以铜为代表的催化剂更是研究的热点。同时CO_2的还原产物也极为丰富，除了2电子还原产物之外，还有烷烃及醇类高级产物。不过目前这方面的研究仍存在一些挑战，特别是此项技术需要用到电能驱动CO_2还原，这一弊端被很多研究人员所诟病因而对此研究持排斥的态度。在最近的一个研究报道中，Kauffman等提出了太阳能驱动CO_2电化学转化这一思路[57]，装置如图12.23所示。他们合成了纳米金催化剂并负载在碳布上作为工作电极，太阳能电池为CO_2还原反应提供电力，整个过程CO产物的选择性很高，同时也保持了很高的法拉第效率（96%左右）。这为今后CO_2的绿色转化提供了思路。

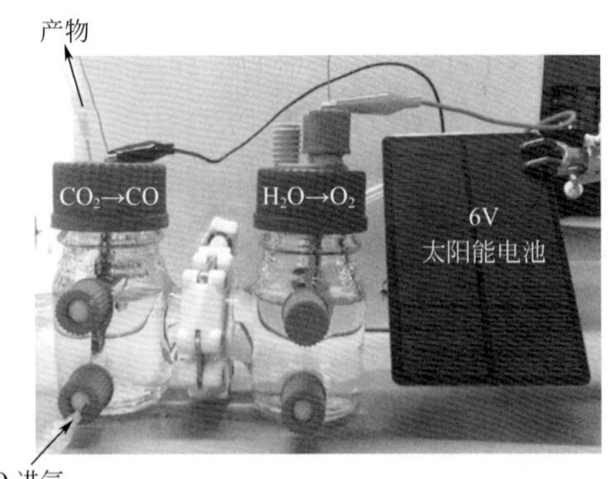

图12.23 太阳能电池直接驱动CO_2电还原装置图[57]

将CO_2电还原为甲醇一直是CO_2还原研究的难点，目前仅依靠单一金属催化剂难以获得较好的转化效率，尝试复合催化剂有可能突破这一瓶颈。不过复合催化剂的搭配组合成百上千，尝试起来工作量较大。如果从理论上筛选出具有可行性的催化剂并指导催化剂的合成，那么研究者就可以选择性合成目标催化剂，从而有助于快速开发出高效的催化剂。

例如，Back等在最近的研究中讨论了不同金属及合金催化CO_2到甲醇的活性[58]，由于CO是CO_2还原为醇过程中重要的前期中间产物，因此CO在催化剂表面的吸附强度直接影响后期的转化。理想的催化剂需要具备适当的CO吸附强度，吸附太强（例如在Pt或Pd表面）或太弱（例如在Ag或Au表面）都不利于后期CO向高级产物的转化。通过理论计算并考察CO的结合强度，作者发现V/Cu、Ta/Cu、Re/Au和W/Au这几种合金具有催化CO进一步还原的能力［图12.24（a）］。在最后一步$^*OCH_3$的还原过程中，$^*OCH_3$生成CH_3OH或CH_4的选择性取决于(*)—OCH_3和$^*O$—CH_3这两个键能的相对强度。如果$^*OCH_3$物种中O和催化剂表面作用较弱，那么$^*OCH_3$易于从表面脱附而生成CH_3OH。而O与表面结合力较强时，O—CH_3的碳氧键易发生断裂而生成CH_4。在计算过程中，作者通过OH结合能来衡量O与金属表面的相互作用。如图12.24（b）所示，在Cu表面CH_4比CH_3OH更容易生成（吉布斯自由能低0.47eV）。即使在V/Cu和Ta/Cu这类合金中，CH_4依然是热力学上易于生成的产物。但是在Re/Au和W/Au这两种合金催化剂上，$^*OCH_3$会选择性地生成CH_3OH。除了计算中考虑CO和OH吸附对CO_2还原过程的影响，析氢反应也是关系催化剂性能优劣的一个重要因素，析氢反应的存在会造成CO_2还原效率的下降。作者进一步计算了以上几个合金催化剂表面CO与H的结合能相对大小，预测出W/Au合金上的析氢能力是最弱的。综合以上各因素的分析，作者提出W/Au合金有可能是CO_2还原为甲醇的适合催化剂。

Lim等以Ag为研究对象，探讨了Ag表面掺杂其他元素后对其催化性能的影响[59]。在Ag催化CO_2还原为CO的过程中，CO_2首先经历了*COOH这个重要的中间体，由于*COOH活性物种通过C端而吸附在电极表面，经过掺杂改性后的电极会影响*COOH物种的吸附及其稳定性，进而影响CO产物的生成。在掺杂了p区元素的金属表面（图12.25），计算结果表明*COOH与掺杂元素的结合位点

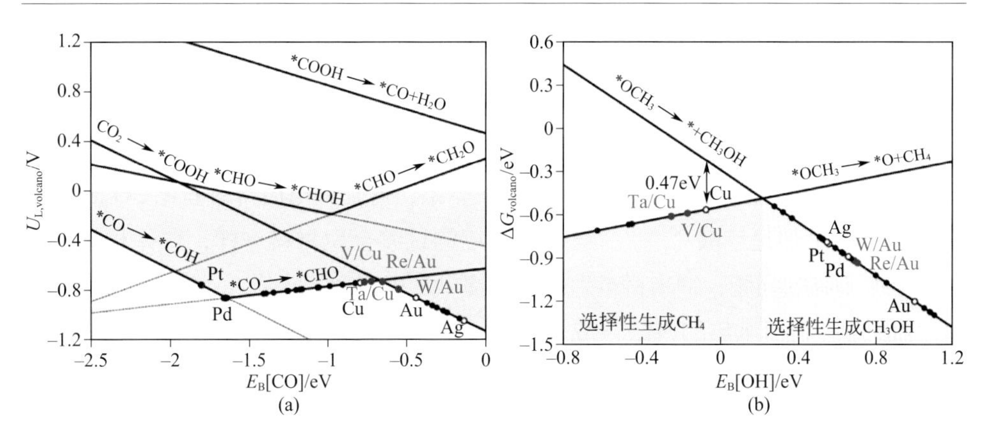

图12.24 （a）预测的极限电位（$U_{L,volcano}$）与CO结合能之间的关系图；（b）预测的吉布斯能改变值与OH结合能之间的关系图[58]

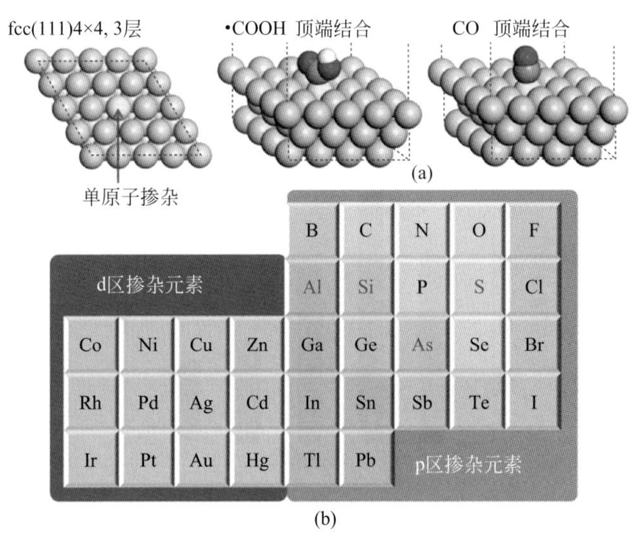

图12.25 （a）金属表面掺杂后CO_2还原中间产物*COOH及CO的吸附示意图；（b）筛选的掺杂元素列表

上，单占分子轨道$(p_z)^1$有助于稳定局域在$C2p_z$轨道的自由基电子，这有利于稳定*COOH中间物种，即促进了CO_2向*COOH的转化。不过，CO从金属表面的解吸也同样影响到整体CO_2还原过程，CO的吸附太强将不利于CO_2还原的持续进行。在综合比较了掺杂元素对于*COOH及CO的吸附能力后，作者认为p区元素中硫是最佳的掺杂组分，可以将CO_2还原为CO的过电位降低0.4 ～ 0.5V。

12.4.4
p区部分金属纳米材料

p区所有金属材料中，具有催化CO_2还原能力的主要有铟（In）、锡（Sn）、铅（Pb）和铋（Bi）这几种元素，在水相溶液体系，这几种电极材料催化CO_2还原的主要产物几乎都是甲酸[60 ～ 62]。与之前介绍的过渡金属材料一样，块体材料同样存在效率不高的问题，纳米材料为研究者提供了思路[63 ～ 66]。

Zhang等利用水热的方法合成了以活性炭为载体的纳米氧化锡[56]，通过改变反应条件合成了一系列尺寸的氧化锡［图12.26（a）］。通过电化学还原的方法将氧化锡原位还原为纳米锡并用于CO_2催化，结果表明纳米锡可以很好地催化甲酸的生成。在几种纳米尺寸中，5nm锡的催化性能最佳，对应甲酸的法拉第效率高达86%（–1.8V），如果进一步减小尺寸，转化效率反而有所下降［图12.26（b）］。不过整体上都比块体锡电极上的效率要高出很多。但是关于块体锡电极催化CO_2

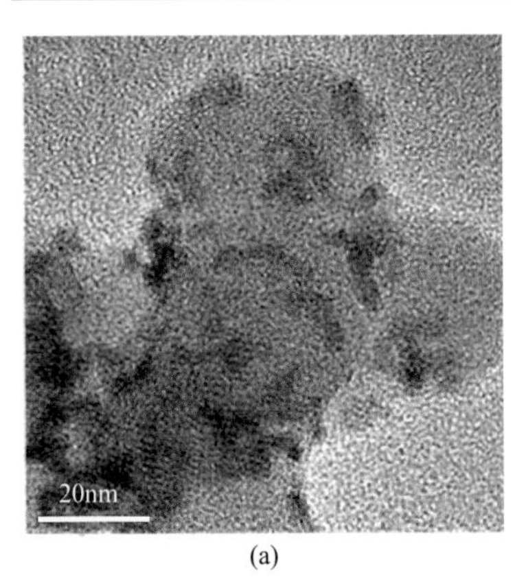

(a)

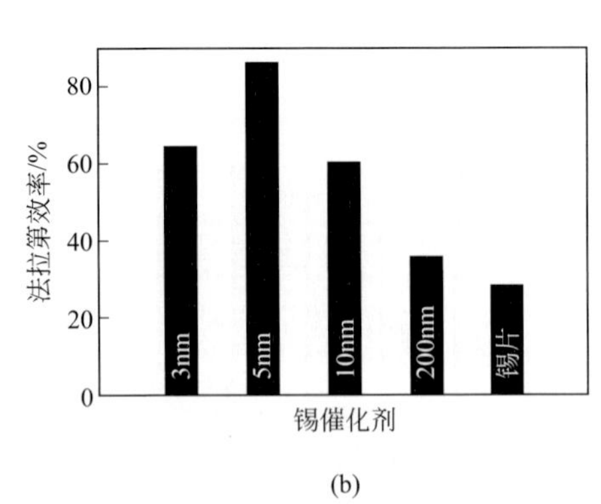

(b)

图12.26 （a）纳米氧化锡负载在活性炭颗粒上的TEM图；（b）锡催化剂尺寸与甲酸法拉第效率之间的关系[56]

的研究报道中存在着比较大的分歧，有研究者认为块体锡电极也可以高效催化甲酸的生成[16]。作者认为这是由于商业锡电极长期放置后表面形成了厚度不一的氧化层，而且氧化层的微观结构也可能存在差异，在电化学还原条件下形成了单质锡并影响了CO_2的还原效果。此实验中，作者采用硝酸溶液浸泡的方法预先去除了锡片上的氧化层，结果得到的法拉第效率较低。因此对于易氧化的金属电极材料，在电催化还原CO_2之前务必要通过机械抛光及预腐蚀方法减小氧化层对整体催化性能的干扰。

DiMeglio等在非水溶液体系中以纳米铋为催化剂[65]，获得了高效的CO效率，不过整个过程采用了非水溶剂和离子液体。我们最近以BiOCl纳米材料为前驱体通过电还原的方法原位合成了纳米铋[67]，这种纳米铋材料可以很好地催化CO_2还原为甲酸。为了避免合成过程中引入有机物控制形貌而污染产物表面，我们先通过铋盐水解的方法制备BiOCl纳米片，随后通过Nafion将BiOCl固定在电极上，通过原位电化学还原而得到纳米铋。整个合成过程没有使用任何有机添加剂，确保了催化剂表面的洁净。BiOCl经过–1.3V还原后基本上还保持着之前纳米片的形貌，但是高倍SEM照片显示其表面实际上是由大量的细小纳米颗粒构成[图12.27（a）]，进一步的TEM分析表明这些颗粒实际上是铋纳米晶体[图12.27（b）]。与商业铋粉（400目）相比，这种纳米铋材料表现出优异的催化活性[图12.27（c）]，在–1.6V电位下就可以实现CO_2向甲酸的高效转化（92%效率），比商业铋粉高出近一倍。我们研究了合成纳米铋和商业铋粉催化CO_2电化学还原过程，从N_2和CO_2不同气氛下的LSV扫描结果来看，纳米铋上的CO_2还原电流明显高于商业铋，而且CO_2的起始还原电位比商业铋粉正移了100mV，表明纳米铋更能有效地促进CO_2的还原。值得注意的是，在CO_2气氛下纳米铋的LSV曲线中，–1.5V处出现了一个微弱的CO_2还原峰。而在以往绝大多数文献中，金属为催化电极在水溶液中的LSV几乎都是平滑的曲线，出现CO_2还原峰的情况极少。这说明此纳米铋催化还原CO_2的效率非常高，以至于电极表面的CO_2浓度急剧消耗而出现了极化峰。不过，其中的作用机理目前尚不清楚，仍需进一步的研究。

由于CO_2还原过程中析氢副反应是导致其效率偏低的重要原因，如果能有效抑制析氢反应就有可能获得较高的电流效率。Kanan研究小组通过氧化-还原的策略在铅电极上构筑了纳米结构的铅[68]，纳米铅上的氢气电流密度约是块体铅的1/700，析氢过程被极大抑制。作者认为纳米铅表面存在一层氧化铅（或氢氧化铅），其覆盖率大于块体铅材料，因此在碱性溶液中这层氧化铅（或氢氧化铅）可以有效阻止质子还原为氢气。同时，由于纳米铅上CO_2的还原过程却没有受到影

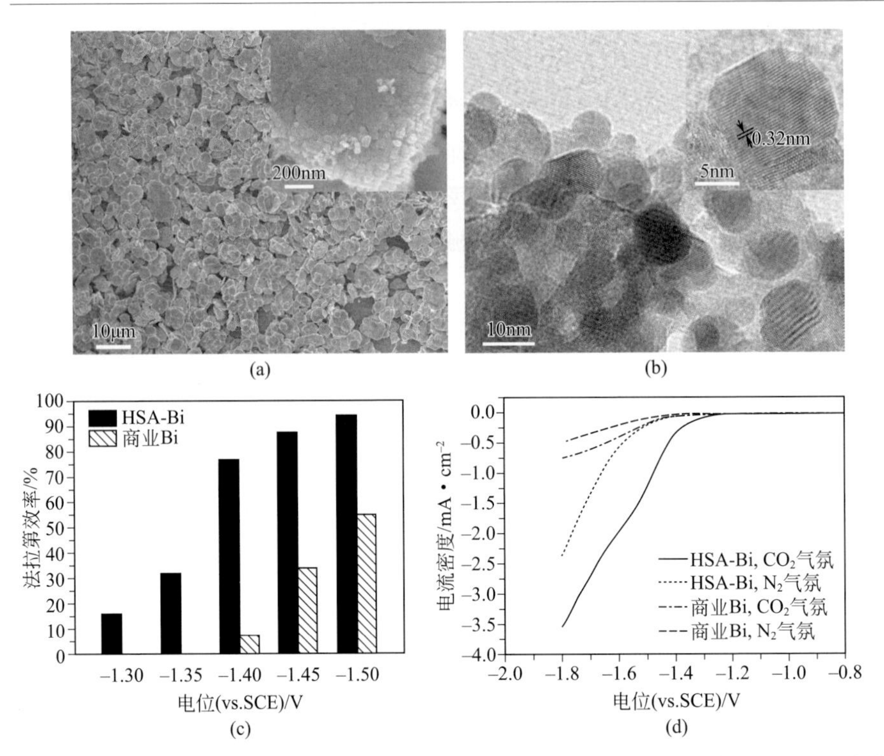

图12.27 （a）BiOCl还原后的SEM图；（b）BiOCl还原后的TEM图；（c）不同电位下合成的纳米Bi材料与商业铋粉催化CO_2还原为甲酸的法拉第效率；（d）铋催化剂在Ar和CO_2气氛下的LSV图[67]

响，因此CO_2还原为甲酸的效率得到明显改善，在–1.0V（vs.RHE）电位下几乎接近100%。

12.4.5 金属氧化物及碳材料

除了以上介绍的金属材料之外，金属氧化物及新型碳材料也引起了研究者的兴趣并将其用于CO_2电催化。

12.4.5.1 金属氧化物

Lee等利用扫描隧道显微镜研究了CO_2在TiO_2(111)晶面上的还原过程[69]，尽管此研究工作目的是解释TiO_2光催化还原CO_2过程中CO_2的活化机理，其研究结果对电催化过程同样有借鉴之处。CO_2在TiO_2表面的吸附作用很微弱，而当TiO_2表面存在氧空位缺陷时，CO_2的吸附就比较容易（图12.28），随后CO_2经过单电子还原形成吸附态的$CO_2^{\cdot-}$自由基，最终发生解离并脱去一个氧而生成CO。如果TiO_2在电化学过程中可以不断产生氧空位缺陷，那么就可以有效促进CO_2的吸附并还原。Chu等在离子液体（1-乙基-3-甲基咪唑四氟硼酸盐）和水的混合溶液中研究了CO_2在纳米TiO_2材料上的电催化过程[70]，意外发现CO_2可以还原成固体产物——低密度聚乙烯。到目前为止，这是首次观察到CO_2可以被电催化还原为固体的高级烃类产物。作者认为在此过程中离子液体起到了拓宽电位窗口和增加溶液中CO_2浓度的作用，而TiO_2特殊的电化学行为导致了高级产物的生成。作者认为在所施加的还原电位下，TiO_2中四价钛会首先被还原到三价钛（图12.29），三价钛会活化并还原CO_2为$CO_2^{\cdot-}$而同时恢复到四价状态，随后$CO_2^{\cdot-}$进一步得电子和质子而生成CO，随着还原过程不断进行，生成的$:CH_2$中间物种会不断聚合，最后生成聚乙烯。

Qu等合成了基于RuO_2和TiO_2的复合催化剂并用于CO_2还原[71]，他们以TiO_2纳米管及TiO_2纳米颗粒为载体，通过$RuCl_3$水解形成RuO_2纳米颗粒而负载在TiO_2表面，分别得到了RuO_2-TiO_2(NTs)及RuO_2-TiO_2(NPs)这两种催化剂。令人感到意外的是，这种复合催化剂可以将CO_2电催化还原为甲醇，在–0.8V（vs. SCE）电位下RuO_2-TiO_2(NTs)/Pt电极上可以获得高达60.5%的甲醇法拉第效率，

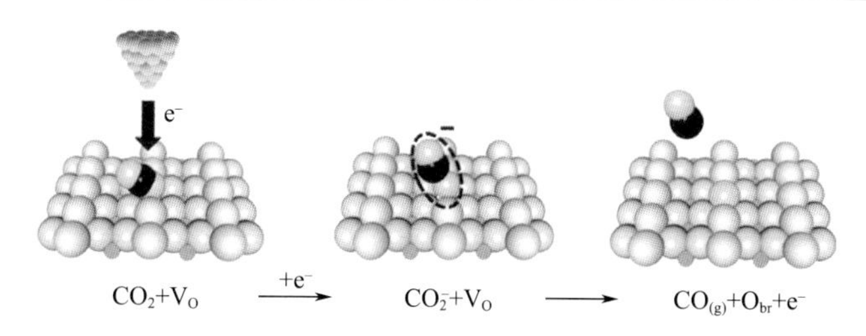

图12.28　TiO_2表面CO_2还原机理示意图[69]

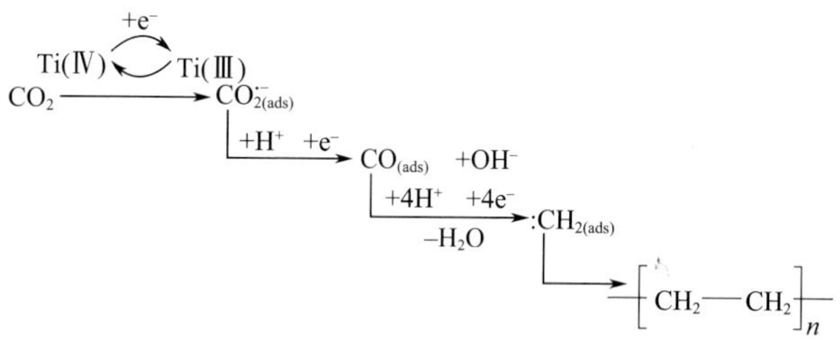

$$CO_2 \xrightarrow{Ti(IV) \rightleftarrows Ti(III),\ +e^-} CO^{\cdot-}_{2(ads)} \xrightarrow{+H^+\ +e^-} CO_{(ads)} + OH^- \xrightarrow[-H_2O]{+4H^+\ +4e^-} :CH_{2(ads)} \longrightarrow \left[CH_2 - CH_2 \right]_n$$

图12.29　TiO_2纳米颗粒电催化还原CO_2机理的示意图[70]

相比之下 RuO_2-TiO_2(NPs)/Pt的催化性能较差一些，仅有40.2%。另外，Bandi等的研究结果也表明 RuO_2 和 TiO_2 复合物（摩尔比例为35 ∶ 65）可以催化水溶液中 CO_2 向甲醇的转化[72]，同时溶液的pH对催化效率的影响很大。如果以普遍采用的0.5mol · L^{-1} $KHCO_3$ 为电解液（pH=7.5），甲醇的法拉第效率仅有5%；而在0.2mol · L^{-1} Na_2SO_4 溶液中（pH=4.0），甲醇效率急剧增加至76%。以上研究结果表明 RuO_2 和 TiO_2 复合催化剂可以选择性催化 CO_2 还原为甲醇，其性能甚至优于铜基金属催化剂。尽管目前这些催化剂仍存在电流密度低而导致反应速率慢的问题，但这仍为开发促进 CO_2 高选择转化为甲醇的催化体系提供了一些思路。

为了分析 RuO_2 催化 CO_2 还原的具体反应途径，Karamad等模拟计算了 CO_2 在 RuO_2(110)晶面上的还原过程[73]，通过计算过程中伴随的自由能变化，提出了 CO_2 还原为甲醇的可能途径（图12.30）。首先，CO_2 经过第一步质子-电子转移（H^++e^-）生成 $OCHO^*$ 或 $COOH^*$ 中间体，随后经过第二步质子-电子转移生成 $HCOOH^*$ 中间产物。接下来第三步质子-电子对的转移中 $HCOOH^*$ 的C—O键将发生断裂，理论计算表明质子倾向于加在碳原子上生成 H_2COOH^*。H_2COOH^* 进一步得质子脱去一个氧而生成 CH_3O^* 中间体，如果下一步质子加在碳端就会生成 CH_4，而加在氧端就生成 CH_3OH。虽然 CH_3O^* 生成 CH_4 或 CH_3OH 的过程中自由能均减少，但是 CH_3OH 的生成更为容易。Karamad等提出的这个甲醇生成途径与之前Cu表面甲醇的生成机理[20]有着明显不同：① 在铜电极上CO是生成甲醇或甲烷唯一的中间体，而不是 $HCOOH^*$；② 甲酸在铜电极上不能继续被还原成其他高级产物，而在 RuO_2 上却可以继续被还原；③ 在 RuO_2 上甲醇比甲烷更容易生成，而在铜电极上正好相反。

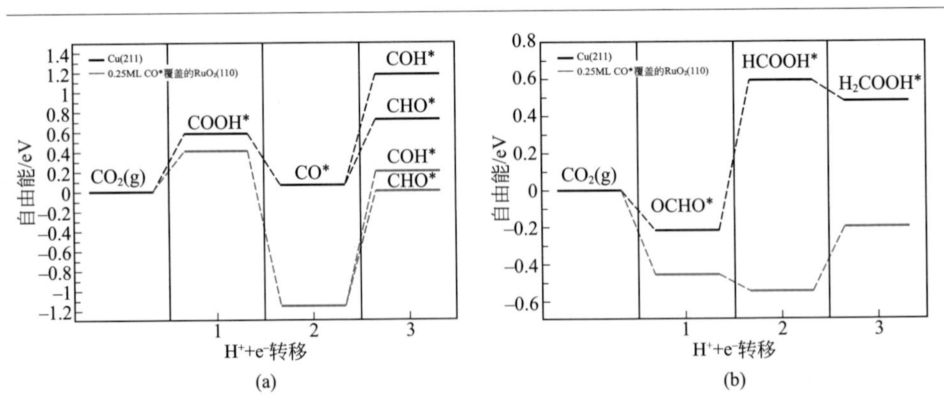

图12.30 Cu (211)和 RuO_2 (110)晶面上 CO_2 还原为（a）CHO^*/COH^* 和（b）H_2COOH^* 过程中的自由能图[73]

12.4.5.2
新型碳材料

在早期研究中，碳材料极少受到研究者的关注，其在CO_2还原过程中几乎是惰性的，而且对于其他电催化反应（例如析氢或氧还原）也是如此，所以通常是用于其他金属催化剂的载体，而没有单独作为催化电极材料来使用。随着近年来合成技术的不断发展，人们发现碳材料经过其他元素掺杂后，电催化性能得到了明显改善，尤其在氧电催化还原方面表现出优越的性能。受此启发，研究者也将此策略用于CO_2还原领域，期望通过类似方法大幅度提升碳材料的催化性能。

Kumar等通过高温处理聚丙烯腈纤维合成了碳纳米纤维束（CNFs）[74]，发现这种CNFs在离子液体-水电解液体系中可以高效催化CO_2还原为CO。图12.31给出了合成样品的相关表征结果，CNFs由直径为500nm左右的碳纳米纤维构成，具有较大的活性面积，高倍TEM照片显示其外表面有一层无序的石墨相结构。在CNFs的拉曼分析谱图中，1365cm^{-1}和1586cm^{-1}处的两个峰分别对应碳材料D带和G带的特征峰，增加的I_D/I_G的比值（0.81）说明在碳晶格中存在较多的缺陷。进一步XPS分析结果表明样品中存在与氮结合的碳，这说明在热处理过程中聚合物中的氮进入了碳的晶格中。

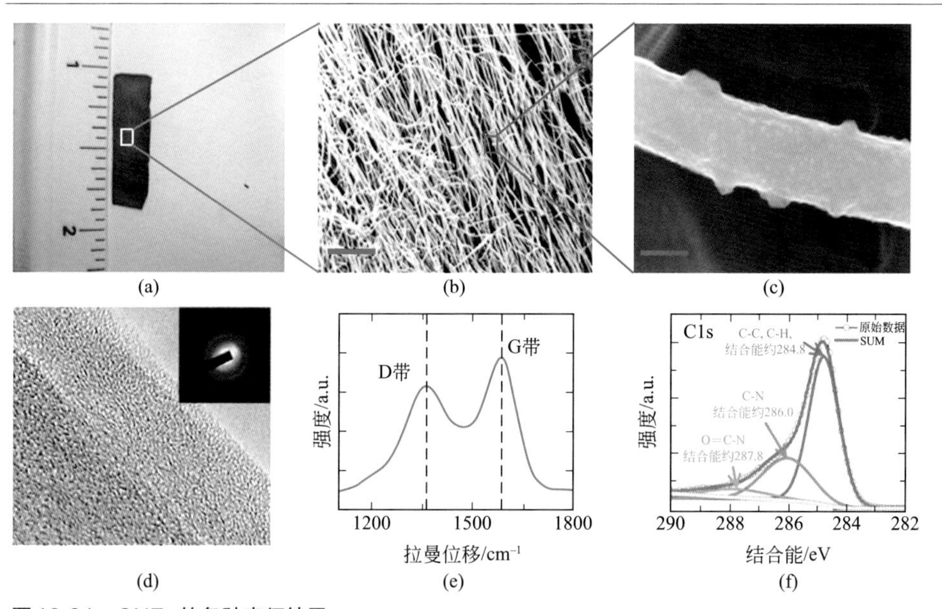

图12.31　CNFs的各种表征结果

（a）数码照片；（b）SEM照片（标尺，5μm）；（c）单根碳纤维的高倍SEM照片（标尺，200nm）；（d）碳纤维边缘的高倍TEM照片（标尺，5nm）以及选区电子衍射图；（e）拉曼光谱分析结果；（f）XPS谱图中C1s峰[74]

在随后CO_2还原试验中，作者采用了含有离子液体（EMIM-BF_4）的电解液（75%水，25%EMIM-BF_4，摩尔分数），而不是碳酸氢盐溶液，主要是考虑到EMIM-BF_4有助于提高溶液中CO_2的浓度，同时可以降低CO_2还原过电位。实验结果表明CNFs在最佳电位–0.573V（vs. SHE）下可以高效催化CO_2还原，CO的法拉第效率高达98%。相比之下，纳米银（5nm）为催化剂时的CO_2最佳还原电位为–0.75V，这说明CNFs的催化性能超过了纳米银材料。为了解释CNFs高效催化CO_2还原为CO的作用机理，作者首先考察了CNFs材料中氮对CO_2还原的影响，发现CNFs表面的氮修饰基团以及碳晶格中的氮并不是促进CO_2还原的直接原因。真正的原因是由于氮的存在导致碳带部分正电荷，而氧化的碳原子由于具有较高的电荷和自旋密度，可以有效地催化CO_2的还原。作者根据实验结果提出了相应的反应机理（图12.32），首先CNFs中氧化的碳原子经过电化学过程而被还原，同时EMIM-BF_4与CO_2形成配合物中间体（EMIM-CO_2）并吸附在还原态的碳上，夺取碳上的电子而生成CO，而被氧化的碳又参与下一轮的CO_2还原反应。

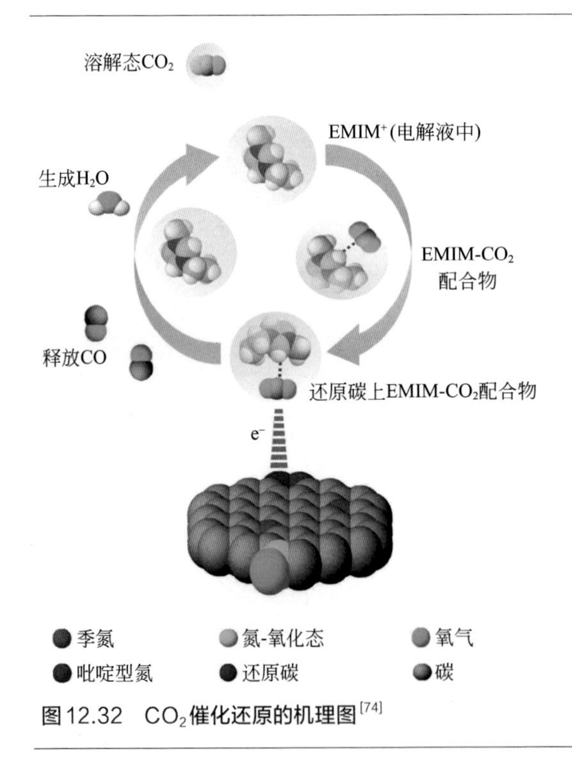

图12.32 CO_2催化还原的机理图[74]

最近Zhang等也发表了关于氮掺杂碳材料催化CO_2还原的工作[75]，不过与Kumar等研究工作[74]不同的是，整个电解过程在碳酸氢盐溶液中进行，而且CO_2还原的主要产物是甲酸，而不是CO。在这个文章中，作者认为掺杂的N对CO_2还原起到了重要的作用，由于N发生极化而带部分负电荷，从而有利于CO_2的吸附并还原。碳纳米管经过N掺杂后，甲酸的效率从5%显著提高至59%，同时作者发现在碳纳米管表面修饰聚乙烯亚胺后可以进一步提高甲酸的效率，主要原因是聚乙烯亚胺的N—H有助于稳定$CO_2^{\cdot-}$，从而降低了$CO_2^{\cdot-}$的生成过电位。

12.5 总结与展望

本章主要介绍了近年来纳米材料用于CO_2电催化还原的研究进展，选取了几类典型的纳米材料（铜族金属、铂族金属、其他过渡金属、p区部分金属、金属氧化物及碳材料）展开讨论，分析了各种催化剂上CO_2电还原效率、产物分布以及还原过程所存在的不同，这些纳米材料所表现出的特殊催化性能及其背后的作用机理为发展高效催化剂提供了思路。尽管CO_2电催化还原的研究持续了近半个世纪，但相关工作几乎都限于实验室范围，离实际工业应用还有一段距离。这个领域仍有很多问题还没有很好解决，这也为今后的研究提供了机遇。综上所述，笔者认为未来电催化还原CO_2的研究还需要在以下几个方面有所突破。

① 开发适合CO_2还原为醇类产物的催化剂。相对于CO_2电还原的其他产物而言，醇类液态产物在储存和运输方面占有优势，而且醇具有较高的能量密度，因此更适宜作为目标产物，将CO_2和电能以化学能的方式储存。然而目前众多的研究报道中，醇的转化率和生成速率都不理想。仅采用基于纯铜的催化电极难以显著增加醇类的效率，铜合金或其他金属氧化物是值得尝试的催化材料，有望催化CO_2高效且快速地还原为醇类产物。

② CO_2还原机理的解析。由于目前缺少有力的直接实验观测结果去分析反应机理（特别是水相反应体系），所以CO_2的还原过程中很多机理都是依靠理论计算来推测。理论计算不仅为解析反应机理提供了参考，而且为新型催化剂的设计提供了依据。借助理论计算结果的指导，研究者可以有目的的合成新型催化剂。不

过对于同一个还原过程，不同研究人员给出的理论计算结果也存在差异，提出的反应历程也不尽相同。如果能发展有力的原位电化学检测方法给出CO_2还原中间物种的证据，将有助于正确解析CO_2还原机理，深入理解产物的形成过程。

参考文献

[1] 丁仲礼，段晓男，葛全胜，等. 2050年大气CO_2浓度控制：各国排放权计算. 中国科学：D辑, 2009, 39(8): 1009-1027.

[2] Costentin C, Robert M, Saveant J M. Catalysis of the electrochemical reduction of carbon dioxide. Chemical Society Reviews, 2013, 42 (6): 2423-2436.

[3] Benson EE, Kubiak CP, Sathrum AJ, et al. Electrocatalytic and homogeneous approaches to conversion of CO_2 to liquid fuels. Chemical Society Reviews, 2009, 38 (1): 89-99.

[4] Whipple DT, Kenis PJA. Prospects of CO_2 utilization via direct heterogeneous electrochemical reduction. The Journal of Physical Chemistry Letters, 2010, 1 (24): 3451-3458.

[5] Wang W, Wang S, Ma X, et al. Recent advances in catalytic hydrogenation of carbon dioxide. Chemical Society Reviews, 2011, 40 (7): 3703-3727.

[6] Qiao J, Liu Y, Hong F, et al. A review of catalysts for the electroreduction of carbon dioxide to produce low-carbon fuels. Chemical Society Reviews, 2014, 43 (2): 631-675.

[7] Aresta M, Dibenedetto A, Angelini A. Catalysis for the valorization of exhaust carbon: from CO_2 to chemicals, materials, and fuels. Technological Use of CO_2. Chemical Reviews, 2013, 114 (3): 1709-1742.

[8] Oh Y, Hu X. Organic molecules as mediators and catalysts for photocatalytic and electrocatalytic CO_2 reduction. Chemical Society Reviews, 2013.

[9] Schneider J, Jia H, Muckerman JT, et al. Thermodynamics and kinetics of CO_2, CO, and H^+ binding to the metal centre of CO_2 reductioncatalysts. Chemical Society Reviews, 2012, 41 (6): 2036-2051.

[10] Tryk DA, Fujishima A. Electrochemists enlisted in war on global warming: the carbon dioxide reduction battle. The Electrochemical Society Interface, 2001, 10 (1): 32-36.

[11] Schwarz HA, Dodson RW. Reduction potentials of CO_2^- and the alcohol radicals. Journal of Physical Chemistry, 1989, 93 (1): 409-414.

[12] Pacansky J, Wahlgren U. Bagus PS. SCF ab-initio ground state energy surfaces for CO_2 and CO_2^- . The Journal of Chemical Physics, 1975, 62 (7): 2740-2744.

[13] Aylmer-Kelly AWB, Bewick A, Cantrill PR, et al. Studies of electrochemically generated reaction intermediates using modulated specular reflectance spectroscopy. Faraday Discussions of the Chemical Society, 1973, 56 (0): 96-107.

[14] Paik W, Andersen TN, Eyring H. Kinetic studies of the electrolytic reduction of carbon dioxide on the mercury electrode. Electrochimica Acta, 1969, 14 (12): 1217-1232.

[15] Ertem MZ, Konezny SJ, Araujo CM, et al. Functional role of pyridinium during aqueous electrochemical reduction of CO_2 on Pt (111) . The Journal of Physical Chemistry Letters, 2013, 4 (5): 745-748.

[16] Hori Y, Wakebe H, Tsukamoto T, et al. Electrocatalytic process of CO selectivity in electrochemical reduction of CO_2 at metal electrodes in aqueous media. Electrochimica Acta, 1994, 39 (11-12): 1833-1839.

[17] Inoue T, Fujishima A, Konishi S, et al.

Photoelectrocatalytic reduction of carbon dioxide in aqueous suspensions of semiconductor powders. Nature, 1979, 277 (5698): 637-638.
[18] Russell P, Kovac N, Srinivasan S, et al. The electrochemical reduction of carbon dioxide, formic acid, and formaldehyde. Journal of The Electrochemical Society, 1977, 124 (9): 1329-1338.
[19] Nakata K, Ozaki T, Terashima C, et al. High-yield electrochemical production of formaldehyde from CO_2 and seawater. Angewandte Chemie International Edition, 2014, 53 (3): 871-874.
[20] Peterson AA, Abild-Pedersen F, Studt F, et al. How copper catalyzes the electroreduction of carbon dioxide into hydrocarbon fuels. Energy & Environmental Science, 2010, 3 (9): 1311-1315.
[21] Nie X, Esopi MR, Janik MJ, et al. Selectivity of CO_2 reduction on copper electrodes: the role of the kinetics of elementary steps. Angewandte Chemie International Edition, 2013: 2459-2462.
[22] Ortiz R, Márquez OP, Márquez J, et al. FTIR spectroscopy study of the electrochemical reduction of CO_2 on various metal electrodes in methanol. Journal of Electroanalytical Chemistry, 1995, 390 (1-2): 99-107.
[23] Amatore C, Saveant JM. Mechanism and kinetic characteristics of the electrochemical reduction of carbon dioxide in media of low proton availability. Journal of the American Chemical Society, 1981, 103 (17): 5021-5023.
[24] Hara K, Kudo A. Sakata T. Electrochemical reduction of carbon dioxide under high pressure on various electrodes in an aqueous electrolyte. Journal of Electroanalytical Chemistry, 1995, 391 (1-2): 141-147.
[25] Hori Y, Murata A. Takahashi R. Formation of hydrocarbons in the electrochemical reduction of carbon dioxide at a copper electrode in aqueous solution. Journal of the Chemical Society, Faraday Transactions 1: Physical Chemistry in Condensed Phases, 1989, 85 (8): 2309-2326.
[26] Thorson MR, Siil KI. Kenis PJA. Effect of cations on the electrochemical conversion of CO_2 to CO. Journal of The Electrochemical Society, 2013, 160 (1): F69-F74.
[27] Hori Y, Konishi H, Futamura T, et al. “Deactivation of copper electrode” in electrochemical reduction of CO_2. Electrochimica Acta, 2005, 50 (27): 5354-5369.
[28] Wu K, Birgersson E, Kim B, et al. Modeling and experimental validation of electrochemical reduction of CO_2 to CO in a microfluidic cell. Journal of the Electrochemical Society, 2015, 162 (1): F23-F32.
[29] Schiffrin DJ. Application of the photo-electrochemical effect to the study of the electrochemical properties of radicals: CO_2 and CH. Faraday Discussions of the Chemical Society, 1973, 56 (0): 75-95.
[30] Schouten KJP, Kwon Y, van der Ham CJM, et al. A new mechanism for the selectivity to C1 and C2 species in the electrochemical reduction of carbon dioxide on copper electrodes. Chemical Science, 2011, 2 (10): 1902-1909.
[31] Rosen BA, Haan JL, Mukherjee P, et al. In situ spectroscopic examination of a low overpotential pathway for carbon dioxide conversion to carbon monoxide. The Journal of Physical Chemistry C, 2012, 116 (29): 15307-15312.
[32] Batista EA, Temperini MLA. Spectroscopic evidences of the presence of hydrogenated species on the surface of copper during CO_2 electroreduction at low cathodic potentials. Journal of Electroanalytical Chemistry, 2009, 629 (1-2): 158-163.
[33] Hori Y, Koga O, Yamazaki H, et al. Infrared spectroscopy of adsorbed CO and intermediate species in electrochemical reduction of CO_2 to hydrocarbons on a Cu electrode. Electrochimica Acta, 1995, 40 (16): 2617-2622.
[34] 洪双进，周志有，孙世刚. Rh多晶表面CO_2还原过程的电化学和原位FTIR反射光谱研究. 高等学校化学学报，1999, 20 (6): 923-927.
[35] Montoya JH, Peterson AA. Nørskov JK. Insights into C-C coupling in CO_2 electroreduction on copper electrodes. ChemCatChem, 2013, 5 (3): 737-742.
[36] Gattrell M, Gupta N, Co A. A review of

the aqueous electrochemical reduction of CO_2 to hydrocarbons at copper. Journal of Electroanalytical Chemistry, 2006, 594 (1): 1-19.

[37] Sen S, Liu D. Palmore GTR. Electrochemical reduction of CO_2 at copper nanofoams. ACS Catalysis, 2014, 4 (9): 3091-3095.

[38] Li CW, Kanan MW. CO_2 reduction at low overpotential on Cu electrodes resulting from the reduction of thick Cu_2O films. Journal of the American Chemical Society, 2012, 134 (17): 7231-7234.

[39] Manthiram K, Beberwyck BJ. Alivisatos AP. Enhanced electrochemical methanation of carbon dioxide with a dispersible nanoscale copper catalyst. Journal of the American Chemical Society, 2014, 136 (38): 13319-13325.

[40] Albo J, Alvarez-Guerra M, Castano P, et al. Towards the electrochemical conversion of carbon dioxide into methanol. Green Chemistry, 2015, 17: 2304-2324.

[41] Le M, Ren M, Zhang Z, et al. Electrochemical reduction of CO_2 to CH_3OH at copper oxide surfaces. Journal of The Electrochemical Society, 2011, 158 (5): E45-E49.

[42] Albo J, Sáez A, Solla-Gullón J, et al. Production of methanol from CO_2 electroreduction at Cu_2O and Cu_2O/ZnO-based electrodes in aqueous solution. Applied Catalysis B: Environmental, 2015, 176-177: 709-717.

[43] Jia F, Yu X. Zhang L. Enhanced selectivity for the electrochemical reduction of CO_2 to alcohols in aqueous solution with nanostructured Cu-Au alloy as catalyst. Journal of Power Sources, 2014, 252: 85-89.

[44] Nie X, Luo W, Janik MJ, et al. Reaction mechanisms of CO_2 electrochemical reduction on Cu (111) determined with density functional theory. Journal of Catalysis, 2014, 312: 108-122.

[45] Lu Q, Rosen J, Zhou Y, et al. A selective and efficient electrocatalyst for carbon dioxide reduction. Nature commun, 2014, 5: 3242.

[46] Salehi-Khojin A, Jhong HRM, Rosen BA, et al. Nanoparticle silver catalysts that show enhanced activity for carbon dioxide electrolysis. Journal of Physical Chemistry C, 2012, 117 (4): 1627-1632.

[47] Chen Y, Li CW. Kanan MW. Aqueous CO_2 reduction at very low overpotential on oxide-derived Au nanoparticles. Journal of the American Chemical Society, 2012, 134 (49): 19969-19972.

[48] Zhu W, Michalsky R, Metin Ö, et al. Monodisperse Au nanoparticles for selective electrocatalytic reduction of CO_2 to CO. Journal of the American Chemical Society, 2013, 135 (45): 16833-16836.

[49] Gao D, Zhou H, Wang J, et al. Size-dependent electrocatalytic reduction of CO_2 over Pd nanoparticles. Journal of the American Chemical Society, 2015, 137(13): 4288-4291.

[50] Min X, Kanan MW. Pd-catalyzed electrohydrogenation of carbon dioxide to formate: high mass activity at low overpotential and identification of the deactivation pathway. Journal of the American Chemical Society, 2015, 137 (14): 4701-4708.

[51] Centi G, Perathoner S, Wine G, et al. Electrocatalytic conversion of CO_2 to long carbon-chain hydrocarbons. Green Chemistry, 2007, 9 (6): 671-678.

[52] Yamamoto T, Tryk DA, Hashimoto K, et al. Electrochemical reduction of CO_2 in the micropores of activated carbon fibers. Journal of the Electrochemical Society, 2000, 147 (9): 3393-3400.

[53] Arrigo R, Schuster ME, Wrabetz S, et al. New insights from microcalorimetry on the FeO_x/CNT-based electrocatalysts active in the conversion of CO_2 to fuels. ChemSusChem, 2012, 5 (3): 577-586.

[54] Ikeda S, Takagi T. Ito K. Selective formation of formic acid, oxalic acid, and carbon monoxide by electrochemical reduction of carbon dioxide. Bulletin of the Chemical Society of Japan, 1987, 60 (7): 2517-2522.

[55] Quan F, Zhong D, Song H, et al. A highly efficient zinc catalyst for selective electroreduction of carbon dioxide in aqueous NaCl solution. Journal of Materials Chemistry A,

2015, 3(32): 16409-16413.

[56] Zhang S, Kang P. Meyer TJ. Nanostructured tin catalysts for selective electrochemical reduction of carbon dioxide to formate. Journal of the American Chemical Society, 2014, 136 (5): 1734-1737.

[57] Kauffman DR, Thakkar J, Siva R, et al. Efficient electrochemical CO_2 conversion powered by renewable energy. ACS Applied Materials & Interfaces, 2015, 7(28): 15626-15632.

[58] Back S, Kim H. Jung Y. Selective heterogeneous CO_2 electroreduction to methanol. ACS Catalysis, 2015, 5 (2): 965-971.

[59] Lim HK, Shin H, Goddard WA, et al. Embedding covalency into metal catalysts for efficient electrochemical conversion of CO_2. Journal of the American Chemical Society, 2014, 136 (32): 11355-11361.

[60] Köleli F, Atilan T, Palamut N, et al. Electrochemical reduction of CO_2 at Pb- and Sn-electrodes in a fixed-bed reactor in aqueous K_2CO_3 and $KHCO_3$ media. Journal of Applied Electrochemistry, 2003, 33 (5): 447-450.

[61] Innocent B, Liaigre D, Pasquier D, et al. Electro-reduction of carbon dioxide to formate on lead electrode in aqueous medium. Journal of Applied Electrochemistry, 2008, 39 (2): 227-232.

[62] Köleli F, Balun D. Reduction of CO_2 under high pressure and high temperature on Pb-granule electrodes in a fixed-bed reactor in aqueous medium. Applied Catalysis A: General, 2004, 274 (1-2): 237-242.

[63] Prakash GKS, Viva FA. Olah GA. Electrochemical reduction of CO_2 over Sn-Nafion® coated electrode for a fuel-cell-like device. Journal of Power Sources, 2013, 223 (0): 68-73.

[64] Detweiler ZM, White JL, Bernasek SL, et al. Anodized indium metal electrodes for enhanced carbon dioxide reduction in aqueous electrolyte. Langmuir, 2014, 30 (25): 7593-7600.

[65] DiMeglio JL, Rosenthal J. Selective conversion of CO_2 to CO with high efficiency using an inexpensive bismuth-based electrocatalyst. Journal of the American Chemical Society, 2013, 135 (24): 8798-8801.

[66] Medina-Ramos J, DiMeglio JL. Rosenthal J. Efficient reduction of CO_2 to CO with high current density using in situ or ex situ prepared bi-based materials. Journal of the American Chemical Society, 2014, 136 (23): 8361-8367.

[67] Zhang H, Ma Y, Quan F, et al. Selective electro-reduction of CO_2 to formate on nanostructured Bi from reduction of BiOCl nanosheets. Electrochem. Commun., 2014, 46 (0): 63-66.

[68] Lee CH, Kanan MW. Controlling H^+ vs CO_2 reduction selectivity on Pb electrodes. ACS Catalysis, 2015, 5 (1): 465-469.

[69] Lee J, Sorescu DC, Deng X. Electron-induced dissociation of CO_2 on TiO_2(110). Journal of the American Chemical Society, 2011, 133 (26): 10066-10069.

[70] Chu D, Qin G, Yuan X, et al. Fixation of CO_2 by electrocatalytic reduction and electropolymerization in ionic liquid-H_2O solution. ChemSusChem, 2008, 1 (3): 205-209.

[71] Qu J, Zhang X, Wang Y, et al. Electrochemical reduction of CO_2 on RuO_2/TiO_2 nanotubes composite modified Pt electrode. Electrochimica Acta, 2005, 50 (16): 3576-3580.

[72] Bandi A. Electrochemical reduction of carbon dioxide on conductive metallic oxides. Journal of the Electrochemical Society, 1990, 137 (7): 2157-2160.

[73] Karamad M, Hansen HA, Rossmeisl J, et al. Mechanistic pathway in the electrochemical reduction of CO_2 on RuO_2. ACS Catalysis, 2015, 5 (7): 4075-4081.

[74] Kumar B, Asadi M, Pisasale D, et al. Renewable and metal-free carbon nanofibre catalysts for carbon dioxide reduction. Nature Com munication, 2013, 4 (1): 94-105.

[75] Zhang S, Kang P, Ubnoske S, et al. Polyethylenimine-enhanced electrocatalytic reduction of CO_2 to formate at nitrogen-doped carbon nanomaterials. Journal of the American Chemical Society, 2014, 136 (22): 7845-7848.

NANOMATERIALS

电催化纳米材料

Chapter 13

第13章 水电催化纳米材料

胡吉明，伍廉奎
浙江大学化学系

13.1 概述

电化学反应可分为两种类型：一类是电极可直接参与电极反应，并有所消耗（如阳极溶解）或生长（如阴极电沉积），它们大多属于金属电极；另一类是电极本身并不参与电化学反应，因而被称为“惰性电极”或“不溶性电极”，但它对电化学反应速率和反应机理却有重要影响，这一作用被称为“电催化”。电催化是电化学研究中既有重要理论意义又与电解过程的生产实际密切相关的领域，如电解法制取氢气、氧气和氯气等；同时这些气体的析出都是在水溶液中进行的，即为异相水电催化反应的结果。

本章介绍水溶液中最常见的三个电催化反应（析氢、析氧、析氯）及基于上述反应所使用的电催化纳米材料。13.2 节介绍析氢反应的基本反应历程、贵金属纳米催化材料，及其他新型纳米电极材料的发展现状。13.3 节详细介绍析氧反应的基本历程与机理研究进展，重点介绍目前析氧工业中常用的Ti基纳米氧化物涂层电极的发展、现状与未来，并简要介绍新型析氧用纳米电极材料。13.4 节介绍氯碱工业中的阳极反应——析氯反应，重点介绍在工业中使用了近半个世纪的Ti/RuO_2基纳米涂层电极，同时介绍氯碱工业中其他电催化纳米材料的应用和发展。

13.2 析氢电催化纳米材料

世界经济的蓬勃发展和生活水平的大幅度提高导致能耗急剧上升，其中，化石能源是目前使用的主要能源。然而，一方面化石能源的储量有限；另一方面，化石能源造成的生态环境污染日益严重。为了开发清洁的新能源，世界各国都在因地制宜地发展核能、太阳能、地热能、风能、生物能、海洋能和氢能等新型替代能源，其中氢能备受关注[1～4]。

氢能的开发和利用首先需要解决的是廉价、大规模的氢气生产问题。氢气的制备方法包括：水电解制氢、化石能源制氢、生物质制氢及太阳能制氢等。电解制氢工艺是很古老的制氢方法，国内外水电解制氢技术已比较成熟，设备已经成套化和系列化。目前，水电解法制备氢气约占世界氢气生产总量的4%[5]。该法的优点是工艺简单，完全自动化，操作方便，制备的氢气纯度也较高，一般可达99.0%～99.9%，且所含杂质主要是H_2O和O_2。

理论上，电压超过1.229V即可进行水的电解，但是实际电解时，由于氢和氧生成反应中过电位、电解液电阻及电子回路内阻的存在，使得水分解需要更高的电压。事实上，析氢反应的研究早在19世纪后期就随着电解水技术的出现受到研究人员的高度重视，并一直被作为电化学反应动力学研究的模型反应，时至今日，析氢反应仍是被研究最多的电化学反应之一。电化学中第一个定量的动力学方程，即Tafel方程，便是Tafel于1905年对大量氢析出反应动力学数据进行分析归纳后得到的[6]。Tafel发现，在大多数金属电极表面，氢析出反应的过电位（η）与反应的电流密度（j）之间存在如下半对数关系[7～9]：

$$\eta=a+b\lg j \tag{13.1}$$

式中，a、b为常数，前者与电极材料与溶液的组成有关，后者一般仅与电极材料有关。该经验公式迄今仍是电化学动力学研究中使用最广泛的理论工具，同时为定量描述界面电化学反应动力学的Butler-Volmer理论[10,11]的产生起到了铺垫作用。

13.2.1 析氢反应及其基本反应历程

由于涉及的电子数目和中间态较少，析氢反应机理的研究比析氧反应和析氯反应机理研究成熟得多。早期的氢电极反应研究为现代分子水平的电催化科学提供了思想基础。 Tafel一开始就提出了氢析出是通过电极表面的氢原子两两结合生成氢分子的观点（$H+H \longrightarrow H_2$）。1935年，Horiuti等[12]提出金属电极上氢析出反应的活化能取决于电极与氢原子键合作用的强弱的思想。

经过一个多世纪的研究，人们积累了关于电极材料上氢电极反应的大量数据和研究结果，对这些数据和结果的分析使得对反应机理和动力学形成了较为系统的认识。对于析氢反应：

$$2H^{+}+2e^{-}=\!=\!=H_2 \tag{13.2}$$

该电极反应历程中可能涉及以下三种反应步骤（H_{ads}代表吸附在电极表面的氢原子；e^{-}代表电子；M代表电极表面）：

电化学放电步骤 $M+H^{+}+e^{-}=\!=\!=M\text{-}H_{ads}$ [13.2（a）]

复合脱附步骤 $2M\text{-}H_{ads}=\!=\!=2M+H_2$ [13.2（b）]

电化学脱附步骤 $M\text{-}H_{ads}+H^{+}+e^{-}=\!=\!=M+H_2$ [13.2（c）]

从上面的历程看出，析氢反应包括一个电化学放电步骤［式13.2（a）］和至少一个脱附步骤［式13.2（b）或式13.2（c）］。因此，析氢反应存在两种最基本的反应历程：电化学放电＋复合脱附和电化学放电＋电化学脱附。上述三个步骤都有可能成为整个电极反应的速率控制步骤，因此析氢过程的反应机理可有以下四种基本方案：

电化学步骤（快）＋复合脱附（慢） （Ⅰ）

电化学步骤（慢）＋复合脱附（快） （Ⅱ）

电化学步骤（快）＋电化学脱附（慢） （Ⅲ）

电化学步骤（慢）＋电化学脱附（快） （Ⅳ）

这四种方案中,（Ⅱ）和（Ⅳ）被称为“迟缓放电机理”，也称为Volmer机理;（Ⅰ）被称为“复合脱附机理”，也称为Tafel机理；而（Ⅲ）被称为“电化学脱附机理”，也称为Heyrovsky机理。至于以何种机理进行以及控制步骤是哪个反应，则主要依赖于电极材料，特别是其对氢原子的吸附强度[7]。

（1）迟缓放电机理

在强极化条件下，可直接得到：

$$\eta=-\frac{RT}{\alpha F}\ln j^{0}+\frac{RT}{\alpha F}\ln j=-\frac{2.3RT}{\alpha F}\lg j^{0}+\frac{2.3RT}{\alpha F}\lg j \tag{13.3}$$

式中，j^{0}为交换电流密度；α为对称系数；F为法拉第常数。取α=0.5，代入上式，则有：

$$\eta=-\frac{2.3\times 2RT}{F}\lg j^{0}+\frac{2.3\times 2RT}{F}\lg j \tag{13.4}$$

该方程与Tafel经验方程$\eta=a+b\lg j$具有完全相同的形式：

$$a=-\frac{2.3\times 2RT}{F}\lg j^{0}\text{；}b=\frac{2.3\times 2RT}{F}$$

当温度为25℃时，$b \approx 118\text{mV}$。

（2）复合脱附机理

该机理中，复合脱附步骤{式［13.2（b）］}为速控步骤，若以电极上吸附氢的表面覆盖度（θ_{MH}）表示氢原子的活度，则由电化学放电步骤{式［13.2（a）］}的能斯特方程，可写出析氢反应的平衡电位表达式：

$$\varphi_{平} = \varphi_{H}^{0} + \frac{RT}{F}\ln\frac{a_{H^+}}{\theta_{MH}^{0}} \tag{13.5}$$

式中，$\varphi_{平}$为析氢反应平衡电极电位；φ_{H}^{0}为析氢反应标准电极电位；R为理想气体常数；T为反应温度；F为法拉第常数；a_{H^+}为电极表面氢离子活度。θ_{MH}^{0}为无电流通过时氢原子在电极表面的覆盖度。

当有净电流（析氢还原电流）通过时，由于放电步骤相对较快，仍可近似认为式［13.2（a）］处于平衡，仍适用于能斯特方程：

$$\varphi = \varphi_{H}^{0} + \frac{RT}{F}\ln\frac{a_{H^+}}{\theta_{MH}} \tag{13.6}$$

因此，析氢过电位为：

$$\eta = \varphi_{平} - \varphi = \frac{RT}{F}\ln\frac{\theta_{MH}}{\theta_{MH}^{0}} \tag{13.7}$$

因而：

$$\theta_{MH} = \theta_{MH}^{0}\exp\left(\frac{F}{RT}\eta\right) \tag{13.8}$$

在强极化条件下，控制步骤{式［13.2（b）］}的逆反应可忽略，由该步骤表达出的整个电极反应的析氢电流为：

$$j = 2Fk\theta_{MH}^{2} \tag{13.9}$$

式中，k为反应速率常数。将式（13.8）代入式（13.9），经整理可得：

$$\eta = 常数 + \frac{2.3RT}{2F}\lg j \tag{13.10}$$

当温度为25℃时，式（13.10）中$b = \dfrac{2.3RT}{2F} = 29.5\text{mV}$。

（3）电化学脱附机理

该情况下，电化学脱附步骤{式［13.2（c）］}为慢步骤，而电化学放电步骤

{式 [13.2(a)]} 可近似认为处于平衡状态。在强极化条件下，可由式 [13.2(c)] 写出整个电极反应的动力学方程：

$$j = 2Fk'c_{H^+}\theta_{MH}\exp\left(\frac{\alpha F}{RT}\eta\right) \qquad (13.11)$$

式中，k' 为速率常数。将式（13.8）代入上式，经整理可得：

$$\eta = 常数 + \frac{2.3RT}{(1+\alpha)F}\lg j \qquad (13.12)$$

当温度为25℃，$\alpha = 0.5$ 时，式（13.12）中 $b = \frac{2.3RT}{(1+0.5)F} = 39\text{mV}$。

通过上述简单的推导，得到了析氢反应可能的机理所对应的Tafel曲线的斜率 b，如表13.1所示。通过极化曲线测量，依据Tafel曲线的斜率来判断反应机理，并获得电极反应的其他动力学参数，如交换电流密度等。这是早期析氢反应研究的主要手段与研究成果。为方便参考，各种电极在酸碱溶液中实际测得的 a、b 值也一并给出（表13.2）。

表13.1 Tafel曲线的斜率 b 与反应控制步骤的对应关系

反应式	b/mV	类型	代表性电极
$M + H^+ + e^- \longrightarrow M\text{-}H_{ads}$	120	Volmer	Zn、Cd、Hg、Pb、Ti
$2M\text{-}H_{ads} \longrightarrow 2M + H_2$	40	Tafel	Ag、Ni（碱性）
$M\text{-}H_{ads} + H^+ + e^- \longrightarrow M + H_2$	30	Heyrovsky	Pt、Pd、Rh

表13.2 （20 ± 2）℃时，不同金属在酸、碱溶液中发生析氢反应的 a、b 值

金属	酸性溶液		碱性溶液	
	a/V	b/V	a/V	b/V
Ag	0.95	0.10	0.73	0.12
Al	1.00	0.10	0.64	0.14
Au	0.40	0.12	—	—
Be	1.03	0.12	—	—
Bi	0.84	0.12	—	—
Cd	1.40	0.12	1.05	0.16
Co	0.62	0.14	0.60	0.14
Cu	0.87	0.12	0.96	0.12
Fe	0.70	0.12	0.76	0.11
Ge	0.97	0.12	—	—
Hg	1.41	0.114	1.54	0.11
Mn	0.80	0.10	0.90	0.12
Mo	0.66	0.08	0.67	0.14

续表

金属	酸性溶液		碱性溶液	
	a/V	b/V	a/V	b/V
Nb	0.80	0.10	—	—
Ni	0.63	0.11	0.65	0.10
Pb	1.56	0.11	2.36	0.25
Pd	0.24	0.03	0.53	0.13
Pt	0.10	0.03	0.31	0.10
Sb	1.00	0.11	—	—
Sn	1.20	0.13	1.28	0.23
Ti	0.82	0.14	0.83	0.14
Tl	1.55	0.14	—	—
W	0.43	0.10	—	—
Zn	1.24	0.12	1.20	—

在推导上述析氢反应动力学方程时，进行了两个假设：① 吸附氢原子的表面覆盖度很小，故可认为吸附氢原子的表面活度与其表面覆盖度成比例，从而可用表面覆盖度替代吸附氢原子的表面活度；② 电极具有均匀的表面，从而可使氢离子的放电反应在整个电极表面上进行。实验结果表明，对于吸附氢原子表面覆盖度小的高过电位金属，如Hg、Pb、Cd、Zn、Tl、Sn、Bi、Ga、Ag、Au、Cu等，表面氢的析出反应中电化学步骤（迟缓放电机理）可能是整个电极反应的速控步骤。

然而，对于其他金属而言，他们并不满足上述两个假设，研究这些金属表面析氢机理要困难得多。这主要有以下三方面原因：① 大多数固体电极的表面显然都不是均匀的，导致不同表面位置上吸附功往往各不相同。② 在许多金属，如低过电位金属和中过电位金属（如Pd、Pt、Ni、Fe等）表面，吸附氢原子的表面覆盖度不是很小，而往往是达到了很大的数值。研究表明，在恒电流暂态法中，以1mA·cm^{-2}的恒电流密度对铂电极进行阴极极化，测得在铂电极上吸附氢的表面覆盖度达83%，即铂电极表面几乎完全被吸附氢原子所覆盖。③ 由于在这些电极上析氢反应的交换电流较大，只有在通过较大的极化电流密度时才能达到忽略逆反应电流项的“高极化区”。由于能通过的最大电流密度不可能超过H^+的极限扩散电流密度，而且在高电流密度下电极表面液层中容易出现氢的过饱和溶解，使半对数极化曲线上线性区（Tafel区）的宽度和斜率测量的精确度受到一定的限制。

例如，在Ni电极上，当切断阴极极化电流之后，需要经过较长时间电极电位才能恢复到其平衡电位数值。显然，为了使双电层电荷恢复到相应平衡电极电位下的数值，仅需很小的电量和很短的时间；这也不可能是由于浓差极化消失而造成的，因为浓差极化消失速度也很快。因此可以认为引起Ni电极电势缓慢恢复的原因很可能是决定电势数值的某些组分的表面浓度——大量吸附的氢原子造成的。当电流切断以后，这些吸附的氢原子以较慢速度向固体Ni内部扩散，导致电极电位变化速度较缓慢。

又比如，对Pd和Pt等具有低析氢过电位的金属，当极化不大时，在光滑的Pd和Pt电极上，析氢反应过程很可能受复合脱附步骤控制，当极化较大或者电极表面被毒化时，析氢反应的速控步骤可能是电子转移步骤。而在镀铂黑的Pt电极表面，电子转移步骤和吸附氢原子脱附步骤都很快，这时的析氢过电位可能是由于氢分子不能及时变为氢气泡，在电极表面附近液层中过量积累而引起的。总之，看似简单的析氢反应，在Pt基电催化剂表面仍有许多未达成共识的理解，该方面的研究已成为近些年电催化领域的研究热点[13]。对此，《电催化》一书中专门有一个章节给予了详细归纳和评述[9]，本节将不再重复此方面的内容，感兴趣的读者可参阅。

然而，无论析氢反应以哪种机理进行以及控制步骤是哪一种，析氢反应都包含吸附态氢原子的生成和脱附。因此，析氢反应活性（或者是氢的氧化反应活性）和电极表面与氢原子的相互作用直接相关。自从Horiuti和Polanyi提出氢原子与金属之间的相互作用影响质子放电过程活化能的观点以来[12]，关于析氢反应活性与“金属-氢（M—H）”相互作用强度关系的研究一直备受关注。

研究发现，析氢反应的交换电流密度与M—H相互作用强度之间存在一个所谓的火山形（volcano）关系，即它们之间的作用太强或太弱都不利于反应的进行。在M—H作用适中的金属表面，交换电流密度达最大值。这种反应活性与反应中间体在表面吸附强度的火山形关系事实上是催化和电催化反应中普遍存在的一种规律（即Sabatier原理），也是催化剂材料设计和筛选的依据。

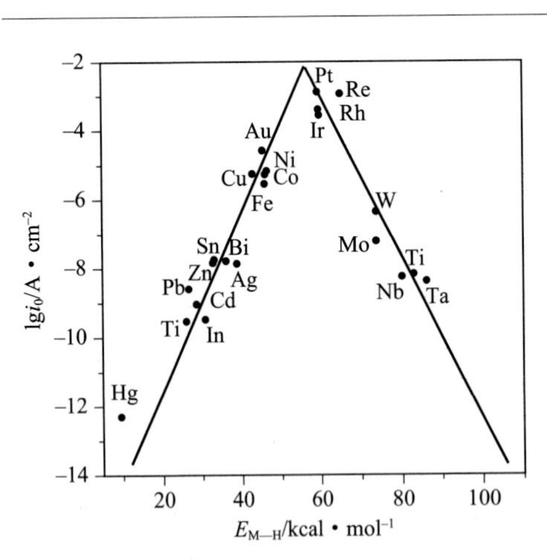

图13.1　实验交换电流密度与M—H键能之间的火山关系图[14,15]

1kcal=4.184kJ

关于析氢反应，文献中有各种形式的火山形关系报道，早期的研究都是以M—H键的键能来描述氢在金属表面的吸附强度。图13.1为Trasatti总结的实验所得交换电流密度与M—H键能之间的火山形关系图[4,8,14,15]。图中显示，不同金属表面的析氢反应交换电流密度差异非常大，如在活性最好的Pt表面的数值比在Hg等低活性金属表面高近10个数量级。

在选择合适的析氢材料时，除了电催化活性外，还需考虑另一特殊现象：氢脆。某些金属表面发生了较长时间析氢反应之后，金属将变脆，机械强度大幅度下降，并往往可以在金属内部生成充有氢气的空泡，其中氢气压力可达几百大气压，这就是所谓的“氢脆现象”。该现象出现的原因是析氢过程中，在金属电极表面生成了超过平衡数量的吸附氢，他们可通过固相扩散进入金属内部，并受到某些夹杂物的催化作用而在金属内部复合为氢分子。

13.2.2
贵金属析氢反应电催化纳米材料

由火山关系图（图13.1）可知，若金属表面对氢的吸附能力过强会导致其脱附过程较难，使得析氢活性不高；反之，若金属表面对氢的吸附能力过弱会导致其表面吸附的氢原子过少，也会造成交换电流密度过低。而铂元素与氢原子形成的Pt—H键的键能适中，对应的交换电流密度刚好处在火山关系图接近峰顶的位置，说明Pt与氢原子的吸附作用和氢原子从Pt表面的脱附强度相当，故具有优异的析氢活性。不仅如此，包括Pt、Pd及其合金在内的铂族贵金属还具有良好的化学稳定性，这些因素使得他们成为早期电解水制氢的主要阴极材料。Pt是最早被用于析氢的贵金属催化剂之一，也是活性最高的析氢电催化剂之一。而Pd被认为是电催化活性最接近Pt的金属，同时，相对于Pt而言，金属Pd的价格稍低，因此，研究人员希望在不降低析氢活性的情况下采用Pd替代Pt作为析氢催化剂[16～19]。

目前贵金属析氢催化剂的研究主要集中在以下三个方面。

（1）表面结构效应

同一种贵金属催化剂材料，其表面结构的差异可极大程度上影响其催化活性，这就是催化剂的表面结构效应。电催化剂的表面结构效应来自两个方面：首先，电催化剂的性能取决于其表面化学结构（组成和价态）、几何结构（形貌和形态）、原子排列结构和电子结构；其次，几乎所有重要的电催化反应（氢电极过程、氧电极过程、氯电极过程和有机分子氧化及还原过程）都是表面结构敏感的反应。因此，对电催化中表面结构效应的研究有利于从微观层次深入认识电催化剂的表面结构和反应动力学，同时获得反应分子与不同表面结构电催化剂的相互作用的规律。通过对不同表面原子排列结构的单晶面金属作为模型电催化剂研究和开发，获得表面结构与反应性能的内在联系规律，即晶面结构效应，进而认识表面活性位点结构和本质，阐明反应机理，可为在微观层次设计和构筑高性能电催化剂奠定基础[9]。

以金属单晶面作为模型，系统研究其电催化性能，结果发现，具有不同原子排列结构的Pt单晶面对析氢反应具有不同的电催化性能。具有开放结构和高表面能的高指数晶面的电催化活性和稳定性均显著优于原子紧密排列、低表面能的低指数晶面。对单晶Pt纳米粒子的电催化析氢活性与晶面指数关系的研究表明：有脊的(110)晶面的催化活性比平面(111)和(100)晶面催化活性高[20～23]。Marković等[20]研究了Pt单晶的晶面指数对酸性条件下析氢催化性能的影响，发现在274K时，析氢反应交换电流密度存在以下关系：(111) < (100) < (110)，且(110)晶面的交换电流密度为(110)晶面交换电流密度的3倍。析氢活化能则存在以下关系：$\Delta E_{(111)} > \Delta E_{(100)} > \Delta E_{(110)}$。不同晶面活化能的差异是由于吸附中间体$H_{ads}$对晶面结构敏感度不同所致。作者通过分析析氢反应动力学数据和结构敏感度很强的吸附态氢H_{upd}的相关数据，得出以下结论：Pt (110)晶面析氢反应服从Tafel机理；Pt (100)晶面析氢反应服从Heyrovsky机理。而仅分析动力学参数无法得出Pt (110)晶面的析氢反应机理，作者认为(110)晶面析氢活性低、活化能高的主要原因是其表面H_{ads}之间强烈的斥力。

（2）原子团簇结构效应

为提高催化剂的电催化活性，降低成本，可制备具有特殊原子团簇或原子个数的金属，即利用原子团簇结构效应构筑高催化活性贵金属催化剂材料。Liu等[24]以1nm的八面体Pt_{44}为对象，采用第一性原理计算的方法从理论上研究了Pt纳米粒子在析氢反应过程中的结构重构现象。研究结果表明，向(100)晶面的热力学转变是析氢条件下Pt纳米粒子重构的驱动力。析氢电催化活性提高是由于活性位点数目显著增大所致，因此作者认为Pt在析氢过程中催化活性提高是由于热力学重构引起的。基于这个结论，作者预测最好的Pt析氢催化剂是仅由20个原子组成的没有核的超细Pt颗粒。

Björketun等[16]从理论上研究了覆盖有单原子层Pd的Au (111)电极的电催化析氢活性。结合密度泛函计算和热力学模型研究发现Pd-Au (111)表面不同位置氢的吸附能和脱附能有很大差异。Kibler等[18]则通过实验证明了不同原子层数的Pd具有不同的电催化活性。他们在Ru (0001)基体表面通过电沉积和退火工艺制备了厚度为20个单原子层经由外延生长法形成的Au/Pd (111)合金薄膜，并研究了该法制备的Au/Pd

(111)合金在0.1mol・L^{-1} H_2SO_4溶液中的析氢活性与合金成分之间的关系。结果表明，Pd含量在10% ～ 20%时合金的电催化活性最高，此时被金原子包围的钯原子结构——Au-Pd合金的析氢活性位点数量最多。这种单原子层Pd的电催化析氢活性比层层堆积形成Pd的活性高20倍。

（3）比表面积效应

为了在进一步提高催化剂析氢活性的同时降低催化剂的成本，可通过制备高分散性、高比表面积的催化剂来提高催化剂的利用率和真实表面积，进而降低电解过程中电极的真实电流密度和析氢过电位，即比表面积效应。

制备纳米尺度的催化剂是提高催化剂比表面积的有效途径。然而，催化剂尺寸减小导致的另一个问题是使用过程中的团聚，这将直接导致其催化活性和稳定性的恶化。通过将纳米尺寸的催化剂负载、固定在多孔材料上，如碳材料（碳纤维、碳纳米管及石墨烯等）表面[25,26]，可在提高催化剂比表面积的同时获得高稳定性的结构，有效提高催化剂材料的利用率并抑制催化剂活性组分的团聚和损失。Chen和Lee等[25]首先采用水热还原法制备立方体状的Pt纳米晶（Pt-CNSs），其后通过自组装法将该纳米晶组装到氧化石墨烯（GO）上，最后经$NaBH_4$还原得到Pt-CNSs/RGO复合材料（图13.2）。研究显示，Pt-CNSs可均匀、牢固地锚在还原氧化石墨烯（RGO）表面，电化学测试表明该复合材料的析氢活性和稳定性较Pt-CNSs有所提高。

此外，Pt不仅可作为常规电解池的析氢催化剂，还可辅助微生物电解制氢[27,28]，Pd基催化剂则不仅在酸性溶液中具有良好的催化活性，而且在温和的中性溶液中也具有良好的催化活性[19]。

除了Pt、Pd及Pd-Au合金之外，也有文献报道Ru、MAu（M = Ni、Fe、Co）等金属、合金也可作为析氢反应的电催化剂[29,30]。Sun等[30]在油酸和油酰胺中加入乙酰丙酮镍[Ni(acac)$_2$]和$HAuCl_4$，采用共还原法合成了NiAu合金纳米粒子，其后在0.5mol・L^{-1} H_2SO_4中于0.6 ～ 1.0 V电位区间进行伏安扫描，将NiAu纳米粒子表面

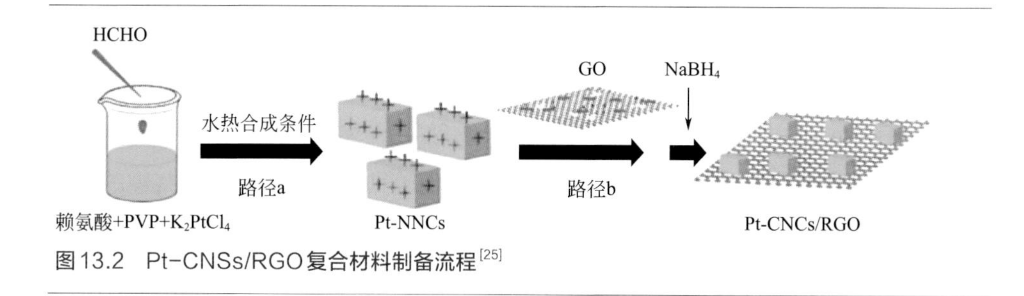

图13.2　Pt-CNSs/RGO复合材料制备流程[25]

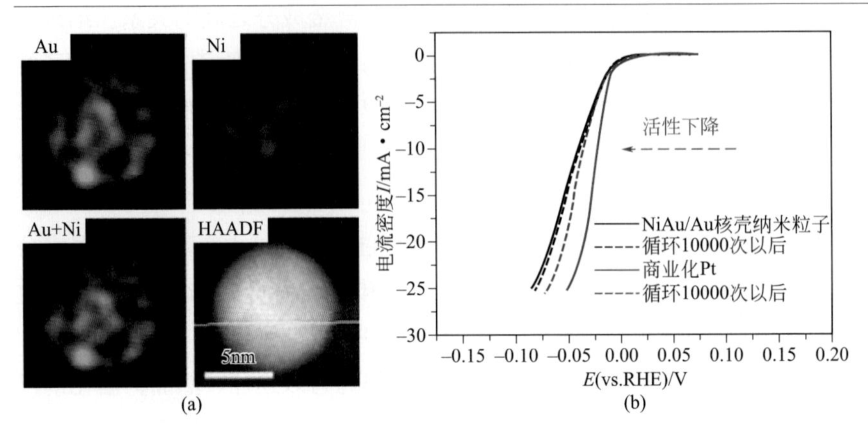

图13.3 （a）核壳结构NiAu/Au纳米粒子的TEM图片；（b）核壳结构NiAu/Au纳米粒子和商业Pt纳米粒子在0.5mol·L^{-1} H_2SO_4溶液中的极化曲线，扫速为0.2mV·s^{-1}[30]

的Ni阳极溶解制得具有核壳结构的NiAu/Au纳米粒子［图13.3（a）］。研究发现该核壳结构合金具有类似Pt的电催化析氢活性，其稳定性甚至优于Pt［图13.3（b）］。第一性原理计算表明NiAu/Au高的电催化析氢活性是由于壳上Au的配位原子Ni较少，导致氢吸附自由能下降。同时，作者还证明采用此方法合成的具有核壳结构的MAu/Au（M = Ni、Fe、Co）纳米粒子都具有良好的电催化析氢活性。

13.2.3 其他析氢反应电催化纳米材料

铂族元素虽然具有优异的电催化活性，但价格昂贵，应用于工业生产中的成本过高。因此，研究和开发性能优良且价格低廉的高效析氢电极材料意义重大。Brewer于1968年提出价键理论[31]，认为一些过渡金属如镍、钨、钴等及其合金具有特殊的d电子结构，有利于氢原子的吸附和脱附，对析氢反应有较高的电催化活性。然而，在碱性溶液中高电流密度电解条件下，镍基等过渡金属电极的析氢过电位相对较高，成为困扰电解水工业发展的技术难题[32,33]。

20世纪20年代，Raney等发现镍/铝或镍/锌合金在碱性溶液中溶去铝或锌元素后形成的多孔镍——Raney镍，具有较大的表面积（其真实表面积比光亮镍的表观面积大2 ～ 3个数量级），在较高电流密度电解下的析氢反应过程中表现出良好的电催化活性，但该电极的机械强度和电位稳定性较差，在实际应用中受到限制[34]。析氢电极真正得到较快发展是在20世纪70年代，挪威Norsk Hydro公司率先采用电沉积的方法在多孔C/Ni基体上制备了电化学活性非常高的Ni-S合金析氢电极。

需要指出的是，虽然近年来包括镍基材料在内的过渡金属用于析氢反应催化剂的研究取得了较大进展[35]，但是并没有获得类似贵金属析氢材料表现出的明确特性规律。该类析氢电极催化活性主要受两方面因素影响：① 电极材料结晶结构，即当电极具有特定的结晶结构或合理的催化成分时，能够使析氢电极与溶液中活性氢形成的化学键具有适当的吸附强度，因此在析氢反应过程中，有利于提高活性氢的吸附或脱附能力，进而有效降低析氢反反应的极化阻力，从而提高电极的析氢电催化活性[36,37]；② 电极真实表面积，当电极材料的真实表面积远大于表观面积时，可有效增加电解液和电极材料的接触面积，使电极在较高电流密度的工业电解过程中，有效降低电极表面的真实电流密度，进而降低电解反应过程中电极的析氢过电位[38,39]。常见过渡金属析氢催化剂主要包括：镍基合金、钼基合金、钨基合金和钴基合金等，下面分别进行介绍。

13.2.3.1 镍基合金析氢催化剂

镍是最早被开发用于碱性条件下析氢的电催化剂，镍基析氢电极由于析氢电催化活性高且成本低廉而备受关注[40～42]。镍基析氢催化剂经过多年的研究和开发，已形成了多种合金类型，按组成合金的元素可分为镍基二元合金和三元合金。

镍基二元析氢合金主要有Ni-P、Ni-S、Ni-Mo、Ni-Co、Ni-Sn、Ni-W、Ni-V、Ni-Ti及Ni-La等。合金元素的组成和结构对镍基析氢催化性能有很大影响，但是其作用机理并没有得到一致的认同。

Ni-S合金结晶结构与S含量有很大关系[43～46]。Narita等[44]认为在S含量较低时，只有Ni晶体结构，之后过渡到非晶态结构；S含量达到一定程度时，成为Ni和硫化镍的混晶结构。Sabela和Paseka等[45]研究表明，在Ni-S合金中S的含量为19.4%时合金为非晶态结构，此时合金具有最低的析氢过电位。其后，Paseka[46]进一步研究了硫含量对Ni-S合金电极在碱性溶液中析氢活性的影响，发现S含量高的电极具有较高的催化活性；而硫含量并不是决定析氢活性的唯一因素，还与Ni-S合金电极所形成的结晶结构以及活性表面积有关系。

许多学者认为非晶态的Ni-S合金电极具有很好的析氢活性。Vandenborre等[47]认为，只有非晶结构是不够的，还要有合理的催化活性成分，使活性阴极的电子结构和活性氢构成的化学键具有强吸附/弱脱附时，才表现出较好的析氢活性。在他们的研究中发现Ni-S合金形成了Ni_3S型的金属间化合物结晶结构，而且此结构恰恰对氢具有强烈的吸附能力，从而使镍硫合金具有高的催化活性。

Ni-P合金电极最早是作为防护性镀层出现的，在近些年才被研究用于析氢阴极[48～53]。Våland等[48]采用电沉积技术制备了Ni-P合金，XRD研究发现在此合金中纳米晶结构的Ni_3P镶嵌在非晶相的Ni中，并且发现在碱液中随着晶粒尺寸增大，电极的催化活性降低。作者推测可通过提高合金中非晶相的含量来提高电极的催化活性。非晶态的催化析氢性能较好可能是由于非晶态结构易于氢的吸附，改变了材料表面的电子状态使氢的析出变得容易进行。与Ni-S合金电极研究相似，Ni-P合金电极的催化活性与镀层的磷（硫）含量及镀层的晶型有关，但是各个研究得出的结论却不完全相同。合金组成对其析氢电催化活性和稳定性有很大影响。Burchardt[49]采用电沉积技术制备了Ni-P合金，并研究了P含量对合金析氢催化活性的影响，发现P含量为12%时合金的析氢催化性能最好。而Paseka则认为[50]，P含量为3%的合金电催化析氢性能最优。

在镍基二元析氢合金材料中，Ni-Mo合金被认为是碱性溶液中最好的析氢电催化剂和最有可能用于工业化制氢的二元合金电极材料。由于钼有半充满的d轨道而镍有未成对的d电子，二者结合起来具有很好的电子协同效应，使钼与镍形成具有最大键强的镍-钼合金[54～60]。由于d电子的共享给出适合质子结合与传递的电子结构，从而提高电极的析氢电催化活性。Chialvo等[59]认为Ni-Mo合金的高析氢催化活性与其表面状态有关，这种电极具有较高的粗糙度因子和多孔结构，使得合金比表面积更大，具有更多的析氢催化活性点。Ni-Mo合金电极的析氢电催化特性还与其电极表面结构、晶粒的微晶尺寸有关。黄令等[61]采用电沉积技术制备了纳米晶Ni-Mo合金，其析氢活性比多晶镍电极显著提高。这是由于具有高比例的表面活性原子的纳米晶，有利于反应物在其表面吸附，有效降低了电极表面氢原子的吸附活化能，因而具有高的电催化性能。

二元合金虽然具有良好的电化学催化性能，但是其电化学稳定性不够理想，而引入第三种元素是提高合金稳定性的有效途径。此外，多种元素的引入可增加合金的空间表面形态，形成活性更大的空间结构，增大电极的真实表面积，提高析氢催化活性。镍基三元析氢合金主要包括Ni-Mo-Fe、Ni-Mo-Co、Ni-Mo-B、Ni-Mo-La、Ni-Co-Fe、Ni-Co-P及Ni-W-P等。在镍的三元合金中，Ni-Mo-Fe合金[62～64]的研究最多，这是由于Mo有半充满的d轨道，Ni、Fe均有未成对的d电子，三种原子形成合金时使d电子共享，促进了质子的传递和结合，进而提高催化析氢活性。

13.2.3.2
钼基合金析氢催化剂

近年来，钼基金属及其合金作为析氢电催化剂的研究引起了人们的广泛关注[65～78]。目前，已被研究的钼基析氢催化剂主要有硫化钼合金、碳化钼合金、硼化钼合金、磷化钼合金以及由这些合金构成的复合材料。

硫化钼（MoS_x）合金具有很高的电催化析氢活性，实验和第一性原理计算结果表明硫化钼的析氢活性位点位于钼原子边缘，此处吸附的不饱和硫原子可与氢原子形成Mo-S-H结构，此时的吸附自由能较小，有利于析氢反应的进行[66,71,72,74]。硫化钼主要包括MoS_2和MoS_3两种，改变制备方法可获得不同类型的无定形MoS_x薄膜。电沉积方式不同制备的薄膜也不同，有报道显示，在$(NH_4)_2[MoS_4]$溶液中阳极电沉积可获得无定形MoS_3薄膜[75]，而阴极电沉积则可得到无定形MoS_2薄膜[76]。Hu等[77]在$(NH_4)_2[MoS_4]$溶液中采用循环伏安技术制备了无定形MoS_x薄膜，改变循环伏安次数可有效调控薄膜的厚度。此外，改变初始电位和终止电位可得到组成不同的膜层，如：沉积过程以氧化电位结束可得到MoS_3薄膜，而沉积过程以还原电位结束则可获得MoS_2薄膜。研究表明，MoS_3在析氢过程中被还原成MoS_2，因此，这两种硫化物薄膜在析氢过程中的活性组分都是MoS_2，其电催化析氢活性和稳定性基本一致。图13.4显示，该法制备的MoS_x薄膜在$1.0mol \cdot L^{-1}$ H_2SO_4中以200mV过电位电解时，在电解60min内，实验产氢量与理论产氢量高度一致，表明该过程中的法拉第效率接近100%，实验也证明该薄膜在析氢过程中具有良好的稳定性。

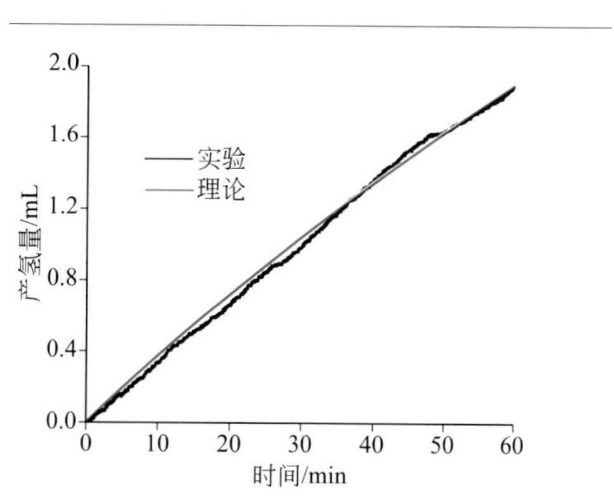

图13.4　沉积有无定形MoS_x薄膜的玻碳电极在$1.0mol \cdot L^{-1}$ H_2SO_4中200mV过电位下电解时实验产氢量和理论产氢量的关系[77]

为了进一步提高MoS_x的电催化析氢活性和稳定性，避免电解过程中催化剂颗粒之间的团聚进而导致活性下降，可考虑将纳米MoS_x固载在一些二维或三维结构材料（如石墨烯）表面，在提高催化剂有效比表面积的同时，有效防止团聚的发生[65,78]。

碳化钼（Mo_2C）合金用于析氢电催化剂的研究才刚刚开始[79]。

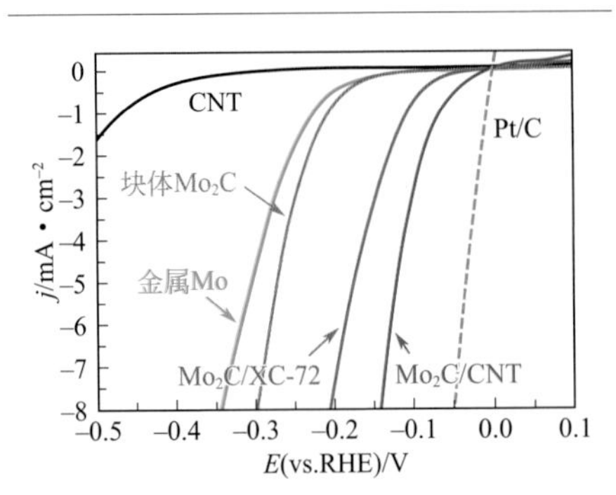

图13.5 Mo_2C/CNT、Mo_2C/XC、块体Mo_2C、金属Mo和Pt/C催化剂及原始碳纳米管CNTs在0.1mol·L^{-1} $HClO_4$中的极化曲线，扫速为2mV·s^{-1}[80]

比较常用的制备方法为CVD技术，以CH_4、C_2H_6和CO为碳源，以MoF_6、$Mo(CO)_6$和$MoCl_6$为钼源。然而，CVD法在高温热解过程中残余的炭黑可能堵塞Mo_2C的孔隙和活性位点，导致Mo_2C的电催化性能下降。

最近，Sasaki等[80]将钼酸铵与碳纳米管（CNT）或X-72R炭黑混合之后，采用原位渗碳法制备得到了负载碳化钼的碳材料：Mo_2C/CNT和Mo_2C/XC，发现Mo_2C锚固在碳纳米管和炭黑表面。研究表明，碳纳米管负载的Mo_2C，其在0.1mol·L^{-1} $HClO_4$中电流密度为1mA·cm^{-2}时的析氢过电位仅为63mV（图13.5）。而且该Mo_2C复合电极材料还具有良好的析氢稳定性，在–0.3～0.63V（vs.RHE）条件下经过3000个循环之后，电流密度为1mA·cm^{-2}时的过电位仅提高至64mV。作者认为该复合材料电催化析氢活性提高是由于其具有独特的锚固结构和良好的电子传导性所致。

硼化钼与碳化钼具有类似的性质。Hu等[79]最早研究了商业MoB作为析氢催化剂的可能，结果表明MoB在pH值为0和14的水溶液中析氢时的Tafel斜率分别为55mV·dec^{-1}和59mV·dec^{-1}，交换电流密度分别为1.4×10^{-3} mA·cm^{-2}和2.0×10^{-3}mA·cm^{-2}。

磷化钼（MoP）用于加氢、加氢脱硫和加氢脱氮催化剂的研究较多[81]。最近，Sun等[82]采用一步固相反应法在碳片表面制备了MoP，形成MoP/C复合材料，结果显示该复合材料在酸性和中性环境中都具有良好的析氢电催化活性。

除了钼基合金之外，也有文献报道钼基配合物分子在不同环境中也具有很好的电催化析氢活性[70,83]。

13.2.3.3 钨基合金析氢催化剂

钨基合金析氢催化剂主要有碳化钨合金、硫化钨合金及磷化钨合金等。自从Levy和Boudart发现低成本的WC表现出仅在Pt族金属上才有的催化活性，即“类铂”催化活性以来[84]，研究人员针对WC开展了大量研究工作。人们发现碳化钨具备替代铂等贵金属催化剂的特性和良好的抗中毒能力，并被证实对析氢反应有一定的催化性能[85～87]，但在很长一段时间内有关碳化钨对析氢反应的催化性能及机理的研究仅局限于以镍基合金材料为基体[88]。近年来，研究人员在其他材料表面制备了具有不同结构的WC催化剂[89～92]，并研究了其析氢性能。

WS_2具有与MoS_2类似的结构，早在20年前人们就发现其具有电催化析氢活性[93,94]。WS_2合成方法主要包括球磨法[95]、化学剥离法[96,97]及高温液相合成法[98]等，迄今为止，关于其析氢活性的研究仍较少[71,95～99]。Wilkinson和Wang等[95]以WO_3和S为原料通过球磨和高温烧结工艺合成了厚度不足10nm的WS_2纳米片［如图13.6（a）］，该WS_2纳米片在0.5mol·L^{-1} H_2SO_4中的初始析氢过电位为60mV［如图13.6（b）］。Chhowalla等[97]采用插层嵌锂及水化剥离法形成具有亚稳定结构的正方单层片状WS_2，这种片状结构的WS_2表现出较好的电催化析氢活性，但是使用过程中片状WS_2容易发生堆积导致活性下降。虽然在单层WS_2表面修饰纳米粒子可改善其团聚现象，但是效果有限[96]。

磷化钨合金（WP、WP_2）作为加氢、加氢脱硫和加氢脱氮催化剂的研究较多，但作为析氢催化剂的研究则刚刚开始[100,101]。Lewis和Schaak等[100]采用胶体法合成了平均直径为3nm的WP纳米粒子，在0.5mol·L^{-1} H_2SO_4中电流密度为10mA·cm^{-2}和20mA·cm^{-2}时的过电位分别为120mV和140mV。然而，该WP合成过程中需用到多种有机溶剂，且需要严格隔绝空气，制备过程较复杂。Li等[101]采用两步热解法制备了具有良好结晶性能的WP_2纳米棒，并研究了其作为析氢催化剂时的性能。结

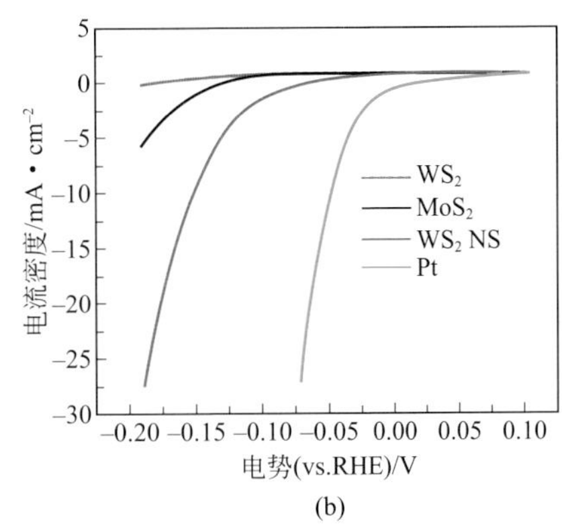

图13.6 （a）WS_2纳米片的SEM图片；（b）不同电极材料在0.5mol·L^{-1} H_2SO_4中的极化曲线，测试扫速为2mV·s^{-1}[95]

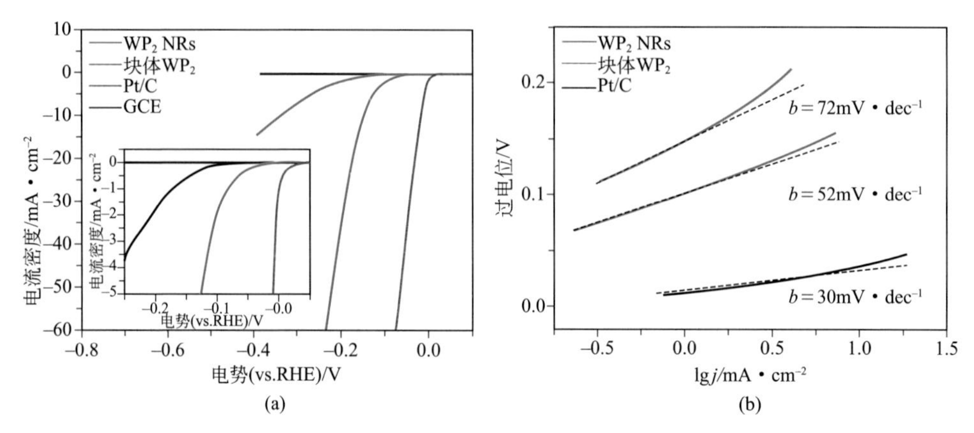

图13.7 （a）WP_2纳米棒、块体WP_2、Pt/C及裸玻碳电极（GCE）在0.5mol·L^{-1} H_2SO_4中的极化曲线，扫速为2mV·s^{-1}；（b）WP_2纳米棒、块体WP_2及Pt/C的Tafel曲线[101]

果表明（图13.7），WP_2纳米棒在酸性体系中的初始析氢过电位为56mV，Tafel斜率为52mV·dec^{-1}，在电流密度为2mA·cm^{-2}和10mA·cm^{-2}时的过电位分别为101mV和148mV，而且该催化剂还具有良好的析氢稳定性。

13.2.3.4 钴基合金析氢催化剂

由于成本低廉、资源广泛且具有良好的化学稳定性，钴基化合物被广泛应用于磁性材料、能量存储材料、锂离子电池材料及析氧阳极材料。近年来，硫化钴[102,103]、磷化钴[104～106]、硼化钴[107]及钴基配合物用于析氢催化剂的研究逐渐获得了人们的关注。

硫化钴（Co-S）具有良好的化学稳定性，可采用电沉积法和水热合成法制备[102,103]。Sun等[103]以$CoCl_2$和硫脲为原料，采用简单的水热合成法制备了具有高度结晶的硫化钴（CoS_2），结果显示该CoS_2在pH值为0～14之间都具有良好的析氢电催化活性。在0.5mol·L^{-1} H_2SO_4溶液中，其初始析氢过电位为81mV，Tafel曲线斜率为72mV·dec^{-1}。

磷化钴（CoP[104,105]、Co_2P[106]）与磷化镍具有类似的结构，分子中Co和P的电子结构可形成质子受体，使其具有良好的电催化析氢活性。Sun等[104]以CoP纳米晶和碳纳米管（CNT）为原料制备了CoP/CNT复合材料。研究表明该材料在0.5mol·L^{-1} H_2SO_4中作为析氢催化剂时Tafel斜率为54mV·dec^{-1}，交换电流密度为0.13×

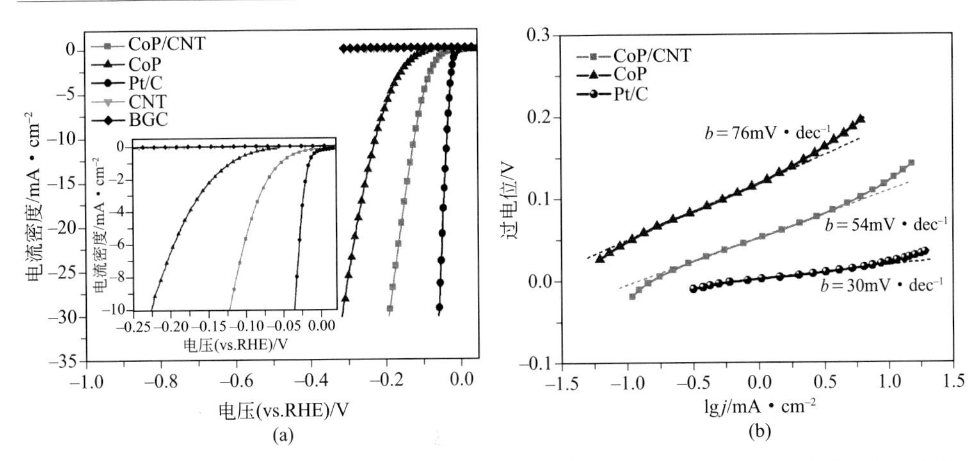

图13.8 （a）CoP/CNT、CoP、CNT、Pt/C及裸玻碳（BGC）电极在0.5mol·L^{-1} H_2SO_4溶液中的极化曲线，扫速为2mV·s^{-1}；（b）CoP/CNT、CoP及Pt/C的Tafel曲线[104]

10^{-3}mA·cm^{-2}，析氢电流效率接近100%（图13.8），在电流密度为2mA·cm^{-2}和10mA·cm^{-2}时的过电位分别为70mV和122mV。然而，该复合材料的析氢稳定性还有待进一步提高，其在过电位为122mV条件下电解18h后电流保持率为81%。

钴基配合物催化剂是指钴离子与有机络合剂形成的配合物[108～114]。配合物分子催化剂是析氢电催化剂领域的热点，具有广阔的应用前景。Vincent等[108]合成了钴的二胺-二肟配合物作为酸性非水体系的析氢催化剂，研究表明，该催化剂具有良好的析氢电催化活性和稳定性。作者认为配合物分子中络合剂上的质子交换点对析氢反应起重要作用。Winkler和Gray[109]合成了一种新型钴基分子配合物用于催化对甲苯磺酸分解产生氢气。核磁共振显示电催化过程中，Co(Ⅰ)质子化产生过渡态Co(Ⅲ)-H配合物，该过渡态配合物可通过两种相互竞争的途径产生氢气：一是两个Co(Ⅲ)-H作用释放出氢气，该过程较慢；另一个是Co(Ⅰ)与Co(Ⅲ)-H反应产生高活性的Co(Ⅱ)-H过渡态进而产生氢气，该过程在析氢过程中占主导地位。

此外，也有文献报道可采用钴基半导体（如$CoSe_2$）、钴基其他合金（如CoMoN、CoW）等作为析氢催化剂[115～117]。

13.2.3.5 碳材料析氢催化剂

非Pt基析氢电催化剂中，除了过渡金属合金外，近年来，碳材料（如碳粉、碳纳米管、石墨烯等）作为金属催化剂载体或基于碳材料制备的“无金属”析氢催化剂的研究也逐渐引起了人们的广泛关注[118]。需要指出的是碳材料本身是电催化析氢惰性的，但是碳材料通常具有大的比表面积和良好的导电性，因此可作为活性催化剂的载体。

碳粉原料储量丰富，制备成本低廉，在各领域被广泛使用。利用其良好的导电性和化学稳定性，可作为活性催化剂的载体[119,120]。Fournier等[119]在真空条件下将不同金属（Ni、Pt、Au、Pd和Rh）或合金（Cu-Al）沉积在悬浮的石墨粉颗粒表面，采用电化学阻抗和稳态极化曲线研究了这些电极在1mol · L^{-1} KOH中的析氢反应行为，发现它们都遵从Heyrovsky反应机理。

自2004年石墨烯首次从石墨中被分离出来后[121]，研究人员陆续发现其在诸多领域都具有优异的性质，比如利用其优异的化学稳定性、导电性及高机械强度，可作为催化剂载体使用[122～124]。Qiao等[122]首次以石墨-C_3N_4和氮掺杂石墨烯为原料制备了无金属复合材料析氢催化剂，该材料具有良好的电催化析氢活性［图13.9（a）］，其析氢过电位和Tafel斜率可与一些金属催化剂相媲美，实验和密度泛函计算［图13.9（b）］证实该材料良好的电催化活性主要是由于材料之间化学和电子对的协同作用促进了质子吸收和还原过程。

虽然Fe、Co和Ni基过渡金属及其合金在碱性环境中具有较好的电催化析氢活

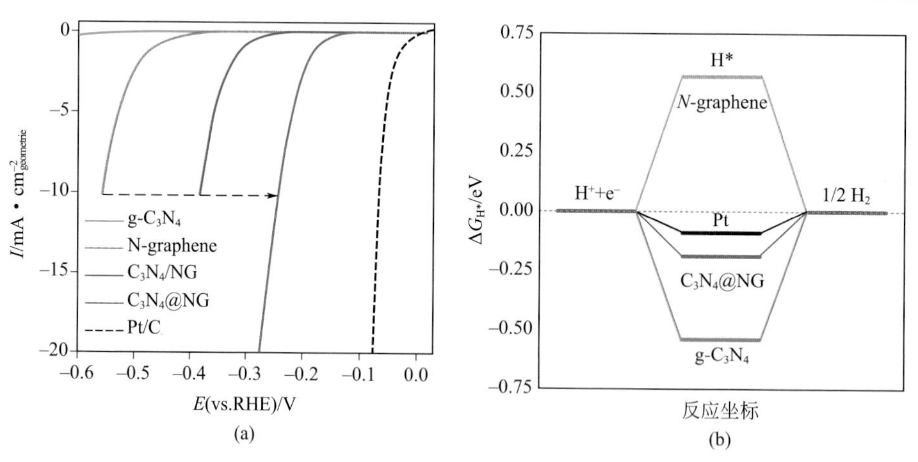

图13.9 （a）0.5mol · L^{-1} H_2SO_4中不同电极析氢反应Tafel曲线（扫速为5mV · s^{-1}）；（b）采用密度泛函计算平衡电位下不同电极发生析氢反应时的自由能

C_3N_4@NG为石墨-C_3N_4和氮掺杂石墨烯；Pt/C为商业铂碳；C_3N_4/NG表示C_3N_4与氮掺杂石墨烯直接简单混合；N-graphene为氮掺杂石墨烯[122]

性，但是这些材料在酸性溶液中稳定性较差，而碳纳米管具有良好的导电性和化学稳定性，可作为贱金属析氢催化剂的载体[125,126]。为此，Deng和Bao[125]等提出将Fe、Co和Fe-Co合金包覆在氮掺杂的碳纳米管中并研究了其在0.1mol·L^{-1} H_2SO_4溶液中的电催化析氢活性。该电极经过10000次极化曲线测试后电流衰减很小。密度泛函计算表明引入金属和氮元素可改善碳纳米管的电子结构和碳纳米管吸附氢原子的自由能，从而促进析氢反应的进行。

13.3 析氧电催化纳米材料

由于诸多电化学过程，如：水分解制氢、电解、氯碱工业等均涉及析氧反应，因此，析氧反应在电化学中扮演非常重要的角色，长久以来备受关注。然而，析氧反应大规模工业应用的一个最大问题是电催化剂的催化效率过低。因此，在过去的几十年里，研究人员投入了大量精力研究和开发具有高活性和稳定性的析氧电催化剂。

从科学角度来看应该从以下几个方面选择合适的催化剂电极材料[127]：① 催化活性和抗中毒性；② 反应选择性；③ 表面状态及其随时间变化。从生产工艺及实用角度选择应考虑以下几个方面：① 耐腐蚀性和耐磨损性；② 电极材料的稳定性和耐久性；③ 良好的导电性；④ 机械强度及密度；⑤ 加工性能；⑥ 再生及原料回收可能性；⑦ 价格及经济性。

传统使用的析氧阳极材料大致可分为三类：贵金属（铂、金等）、石墨、铅及铅基合金。石墨电极被广泛地应用在电解工业领域长达数十年之久。但在长时间的使用中发现石墨阳极存在很多不足之处：电能消耗大；随着电化学反应的进行，石墨电极损耗量大，电极极距发生变化，造成电解生产不稳定；石墨材料机械强度差，不易进行机械加工。为了适应发展的需要，石墨电极逐渐被金属电极所取代。首先是铂族金属，因其良好的耐氯腐蚀性、导电性引起了研究人员的注意。但是贵金属价格昂贵，且该类电极的析氧活性并不理想。铅合金阳极不稳定，容易发生变形，导电性不够好，电能消耗比较大，且铅合金阳极中有毒的铅离子会溶解在溶液中，造成二次污染。这就促使人们去探索和发展更高效、稳定的阳极材料。

本节将主要介绍金属（氧化物）析氧反应的基本特征、电催化活性理论、电催化析氧机制、传统电催化析氧材料和钛基氧化物涂层电极材料，最后介绍其他类型析氧催化剂材料。

13.3.1 析氧反应的基本特征

金属电极上的阳极过程动力学规律远比阴极过程复杂，导致对析氧反应的研究远不如对析氢反应过程的研究那样深入。总的来说，阳极析氧反应具有以下典型特征。

（1）过程复杂

在酸性溶液中，析氧反应总反应式为：

$$2H_2O = O_2 + 4H^+ + 4e^- \qquad (13.13)$$

在碱性溶液中，析氧反应总反应式为：

$$4OH^- = O_2 + 2H_2O + 4e^- \qquad (13.14)$$

由此可见，无论是酸性溶液还是碱性溶液中，析氧反应都是一个四电子复杂反应，过程中可能涉及多个电化学单元步骤，而且还要考虑氧原子的复合或电化学脱附步骤。因此析氧反应过程要比析氢反应过程步骤多，而且每一步都可能是速控步骤，使得关于析氧反应机理的研究相当困难。

一般认为，在酸性和中性溶液中析氧历程为[128～130]：

$$S + H_2O \longrightarrow S\text{-}OH_{ads} + H^+ + e^- \qquad (13.15)$$

$$S\text{-}OH_{ads} \longrightarrow S\text{-}O_{ads} + H^+ + e^- \qquad (13.16)$$

$$S\text{-}O_{ads} \longrightarrow S + 1/2O_2 \qquad (13.17)$$

碱性溶液中析氧的某些历程：

$$S + OH^- \longrightarrow S\text{-}OH_{ads} + e^- \qquad (13.18)$$

$$S\text{-}OH_{ads} + OH^- \longrightarrow S\text{-}O_{ads} + H_2O + e^- \qquad (13.19)$$

$$S\text{-}O_{ads} \longrightarrow S + 1/2O_2 \qquad (13.20)$$

上面提到的电极表面的析氧历程是一种近乎抽象化、理想化的过程，从整个历程来看，电极的反应只有氧气析出，电极本身在反应前后没有任何变化。虽然这是人们所希望的，但是在实际反应中并不是这样。电极自身可能发生溶解和钝化，同时可能发生其他中间价态粒子（H_2O_2、H_2O^-、含氧吸附粒子及金属氧化物）的生成等一些复杂的阳极过程。因此，析氧反应的历程相当复杂。

（2）可逆性差

析氧反应的可逆性很小，要想在实验条件下建立一个可逆的氧电极相当困难。即使是在Pt、Pd、Ag及Ni等常用作氧电极反应的金属电极上，氧电极反应的交换电流密度很小，一般不超过10^{-10}～10^{-9}A·cm^{-2}。即析氧反应总是伴随着很高的过电位，从而几乎无法在热力学平衡电位附近研究析氧反应的动力学规律，甚至很难直接用实验手段测定准确的析氧反应平衡电极电位。通常所用的氧电极的平衡电位大多是由理论计算得到的。

由于析氧过程过电位较大，导致研究中涉及的电位较正，而在电位较正区域，电极表面通常会发生氧或含氧粒子的吸附，甚至会生成氧化物新相。这使得电极电位发生变化，电极表面状态不断发生变化，给反应机理研究带来很大困难[8]。

（3）存在双Tafel区

极化曲线是研究电极反应机理的重要工具，不同电极表面的析氧极化曲线有不同的形态，但大多有一个共同点，即极化曲线通常都存在两个Tafel区[131,132]，在低电流（或低过电位）区的Tafel斜率较小，在高电流（或高电流密度）区的Tafel斜率较大。对此现象的认识主要存在四种观点：① 电极反应发生了变化；② 出现了另一个控制步骤；③ 电极表面状态发生了突变；④ 释放的氧气气泡对电极/溶液界面的冲击所致。其中，第二个观点较为人们所接受。

13.3.2 析氧反应电催化活性理论

在一定电解条件下，析氧反应的难易程度主要取决于阳极材料（电催化剂）的选择。图13.10和图13.11分别给出了一些金属及其氧化物在酸性和碱性溶液中的析氧极化曲线[133～135]。从图中看出，在一定的过电位下不同材料表面的析氧电流值可以相差几个数量级。在酸性溶液中Ru及RuO_2电极是最佳电催化剂；而在碱性溶液中则以$NiCo_2O_4$阳极最佳。虽然Pt是最佳的析氢用电极材料，但其用在析氧上却表现出很高的阳极过电位。一些贵金属（氧化物）的析氧催化活性顺序为：$PdO > RuO_2 > IrO_2 > Rh_2O_3 > Pt$[135]。

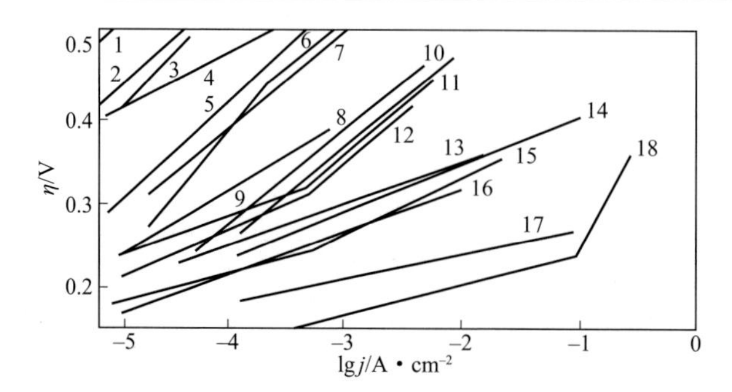

图13.10　不同金属及金属氧化物在酸性溶液中的析氧极化曲线[136]

1—Fe_3O_4；2—Pt；3—PbO_2；4—$SrFeO_3$；5—Ni；6—β-MnO_2；7—Pt/MnO_2；8—RuO_2(111)；9—β-MnO_2+Mn_2O_3；10—PtO_2；11—Ir；12—Co_3O_4；13—IrO_2；14—IrO_3；15—30%RuO_2(TiO_2)；16—RuO_2(compact)；17—Ru；18—RuO_2

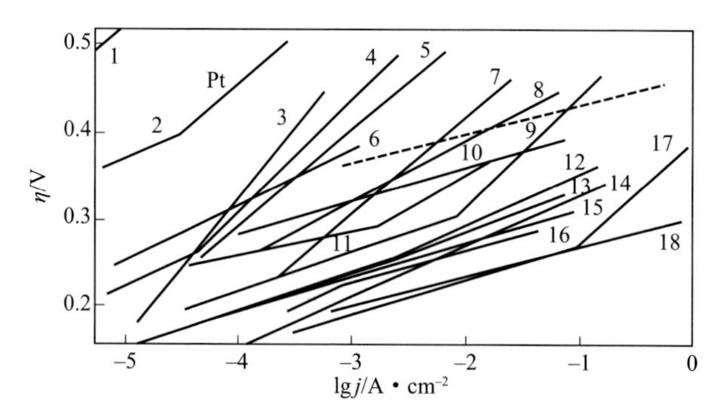

图13.11　不同金属及金属氧化物在碱性溶液中的析氧极化曲线[134]

1—PbO_2；2—Pt；3—$La_{0.8}Sr_{0.2}MnO_3$；4—PtO_2；5—β-MnO_2；6—Co_3O_4；7—Pt/MnO_2；8—$SrFeO_3$；9—β-MnO_2+Mn_2O_3；10—Ni；11—30%RuO_2(TiO_2)；12—Ni；13—IrO_2；14—$Ba_{0.5}La_{0.5}CoO_{3-y}$；15—$RuO_2$；16—$NiO_x$；17—$NiLa_2O_4$；18—$NiCo_2O_4$

曲线10和曲线12的数据来自不同文献

电极的析氧活性由电催化剂自身材料因素与电极的活性表面积决定。在过去的几十年中，研究人员对由材料因素引起的不同电极表面析氧电催化活性的内在差异进行了深入研究，并提出了许多理论上的阐释。

13.3.2.1
键能理论

Ruetschi等[137]较早地研究了不同金属材料表面的析氧过电位问题。以碱性介质为例，他们设想如下的反应是析氧过程的控制步骤：

$$S+H_2O+OH^- - e^- \longrightarrow S\text{-}OH+H_2O \qquad (13.21)$$

式中，S为金属元素。此步骤之后进行一系列的快步骤，最终生成分子O_2。在$\eta \geqslant 0.1 \sim 0.2V$时，认为逆过程可忽略，从而可得出一定电流下式（13.21）的过电位：

$$\eta = (RT/\alpha F)\ln\xi + (1/\alpha\lambda F)\Delta H - (1 - 1/\alpha\lambda)\varphi_0 - e_0 \qquad (13.22)$$

式中，α是放电过程的转移系数；λ是反应（13.21）的放电OH^-数；ΔH是反应活化能；φ_0是活度$a(OH^-)=1$时的Stern双电层电位差；e_0是在OH^-放电可逆电极电位下实际的电极电位；ξ为常数，其值与电极材料无关。α、ΔH、λ可能取决于电极材料，e_0完全取决于电极性质。

对两种不同电极材料S_1、S_2，假设$\alpha_1\lambda_1 \approx \alpha_2\lambda_2$，则

$$\eta_1 - \eta_2 \approx (1/\alpha\lambda F)(\alpha\Delta H_1 - \alpha\Delta H_2) - [(e_0)_1 - (e_0)_2] \qquad (13.23)$$

又H_1–H_2≈D_{S_2-OH}–D_{S_1-OH}，其中D_{S_1-OH}为金属与OH粒子间的键能且$(e_0)_1$–$(e_0)_2$的值很小，故：

$$\eta_1 - \eta_2 \approx D_{M_2-OH} - D_{M_1-OH} \qquad (13.24)$$

即

$$\eta \propto -D_{M-OH} \qquad (13.25)$$

图13.12给出了不同金属在$1mol \cdot L^{-1}$ KOH 溶液中$i_a=1A \cdot cm^{-2}$下的析氧过电位与S—OH键能关系的实验结果。与理论分析一致，即电极表面形成的S—OH键越强，其上析氧催化活性越高。

该理论可以较好地解释在Pd、Au和Ag等电极的析氧极化曲线上发生过电位突变的现象[138]。由于这些突变的电位接近于对应的电极不同氧化态的平衡电位，因此可能在此时电极表面氧化态发生了变化，从而引起S—OH键能变化，进而导致过电

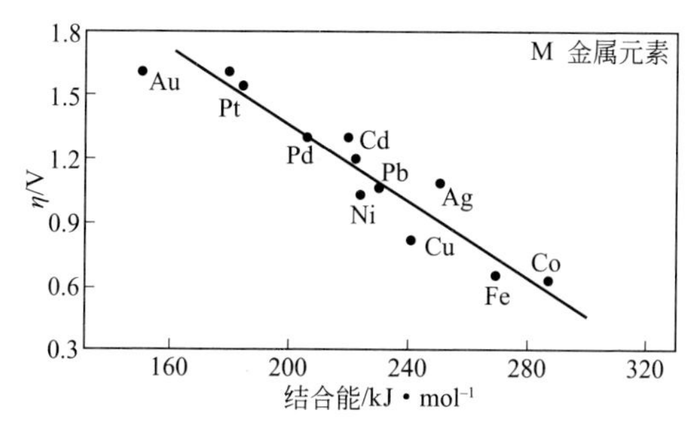

图13.12　不同金属在$1mol \cdot L^{-1}$ KOH溶液中$1A \cdot cm^{-2}$的析氧过电位与S—OH键能间的关系[138]

位发生突变。这是因为金属价态越高，S—OH键能越低，对应其上的析氧反应过电位越高。

13.3.2.2 不同价态氧化物间转化的焓变理论

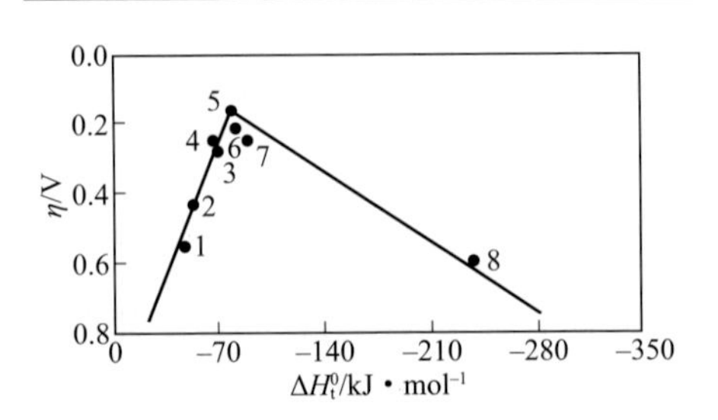

图13.13 不同氧化物在酸性溶液中于1mA・cm^{-2}析氧电流下的氧过电位与低价向高价氧化物转化的焓变间的关系[138]

1—PbO_2；2—Ni_2O_3；3—MnO_2；4—PtO_2；5—RuO_2；6—IrO_2；7—Co_3O_4；8—Fe_3O_4

Trasatti[138]总结了前人的研究结果，提出氧化物表面析氧过电位与氧化物电对转化的焓变间的关系，即著名的火山形曲线，如图13.13所示。焓变$\Delta H_t^{\ominus}$达到一定值时析氧过电位最小。表13.3列出了所涉及的各氧化物转化电对。焓变理论基于如下设想：在阳极过程中O中间态在电极表面发生吸附，与电极表面的活性态组元SO_x反应生成高价态的活性组元SO_{x+1}，此转化过程涉及化学反应的焓变。然而在图13.13中出现火山形山峰的原因还未得到解释，该理论仅建立在实验结果的基础上。

表13.3 火山形曲线中涉及的氧化物转化对及对应的标准焓变

氧化物	转化	$\Delta H_t^{\ominus}$(氧原子)/kJ・mol^{-1}
RuO_2	Ru_2O_3	79.5
IrO_2	Ir_2O_3	83.4
Fe_3O_4	Fe_2O_3	238.5
Co_3O_4	Co_2O_3	90.0
PtO_2	Pt_3O_4	67.0
PbO_2	Pb_2O_3	48.1
MnO_2	Mn_2O_3	71.1
Ni_2O_3	NiO	54.4

13.3.2.3 氧化物对电位控制理论

Hickling等[139]研究了不同金属在5mol・L^{-1} KOH（25℃）中的析氧过电位与所对应的低价金属氧化物/高价氧化物对的标准平衡电位间的关系。结果发现，在一定电流下，析氧过电位与低价金属氧化物/高价氧化物对的平衡电位间呈线性关系。这说明，在高电流密度下（如1A・cm^{-2}），金属表面析氧电位由低价金属氧化物/高价氧化物对的标准平衡电位决定。后来，Tseung等[140]与Rasiyah等[141]先后提出金属以及氧化物表面的氧气析出电位必须高于所对应的金属低价氧化物/高价氧化物对的标准平衡电极电位，其中上述氧化物对被称为析氧反应的控制对。表13.4列出了一些金属及金属氧化物的析氧控制对与一定电流密度下的析氧电位。

表13.4 金属及金属氧化物在25℃、5mol·L^{-1} KOH溶液中于1A·cm^{-2}电流下析氧电位与对应的析氧控制电对

金属及氧化物	析氧电位 (vs.RHE)/V	析氧控制电对	析氧控制电对标准平衡电位 (vs.RHE)/V
Co	1.84	Co_2O_3/CoO_3	1.477
Cu	2.00	Cu_2O/CuO	0.669
Au	2.86	Au_2O_3/AuO_2	2.630
Pb	2.27	OH^-/HO_2^-	1.760
Fe	1.86	FeO/Fe_2O_3	0.271
Ni	2.27	Ni_2O_3/NiO_2	1.434
Pd	2.51	PdO_2/PdO_3	2.030
Pt	2.14	OH^-/HO_2^-	1.760
Ag	2.29	AgO/Ag_2O_3	1.569
RuO_2	1.394	RuO_2/RuO_4	1.387
PtO_2	1.725	OH^-/HO_2^-	1.760
IrO_2	1.360	IrO_2/IrO_3	1.350
PbO_2	1.810	OH^-/HO_2^-	1.760
$Li_{0.3}Co_{2.7}O_4$	1.530	Co_2O_3/CoO_3	1.447
$Li_{0.1}Ni_{0.9}O$	1.550	Ni_2O_3/NiO_2	1.434

图13.14和图13.15则分别给出了1A·cm^{-2}电流下金属及金属氧化物电极表面的析氧电位与对应控制对平衡电位间的关系曲线。

应该指出的是，由于在PtO_2、PbO_2中各自金属元素的氧化态处于最稳定状态，价态从Ⅳ→Ⅵ转化的可能性不大，因此Pt、Pb及其氧化物的析氧控制对不再是相应的金属氧化物对，而更可能是吸附粒子的电化学转化反应对OH^-/HO_2^-。从图13.14和

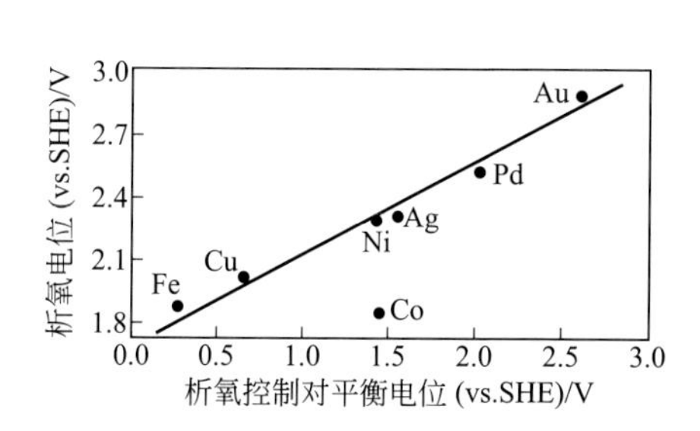

图13.14 7种金属在5mol·L^{-1} KOH溶液（25℃）中于1A·cm^{-2}电流下的析氧电位与对应析氧控制对平衡电位间的关系[37]

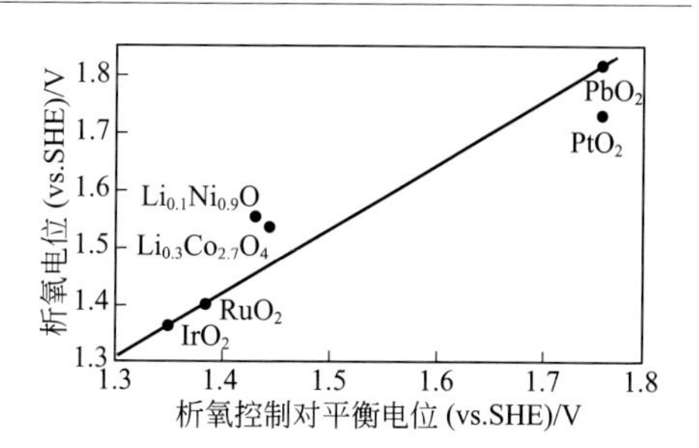

图13.15 6种氧化物在5mol·L^{-1} KOH溶液（25℃）中于1A·cm^{-2}电流下的析氧电位与对应析氧控制对平衡电位间的关系[37]

图13.15中看出，控制对的标准平衡电位越低，则金属或氧化物表面的析氧越容易发生。

该理论表明，在析氧前金属或氧化物将经历向高价态转变的过程。Kötz等[142]的工作验证了这一观点。图13.16给出了金属Ir电极表面氧化态相对含量随电极电位的变化关系。从图中看出在析氧电位之前电极表面的氧化态含量随电位上升逐渐升高，在析氧电位附近达到最大，在此电位之后氧化态含量反而下降，即氧化物发生了分解，从而实现催化析氧过程。Hüppauff等[143]也得到了相似的实验结果。根据这样的设想，Kötz等提出了Ir及IrO_2电极表面自身氧化态间的转化与最终发生析氧从而实现活性组元的电催化循环过程（如图13.17所示）。

胡吉明等[144]运用“氧化物对电位控制理论”较好地解释了不同IrO_2含量的IrO_2+Ta_2O_5混合氧化物阳极析氧电催化活性的差异。不同IrO_2含量电极在0.5mol·L^{-1} H_2SO_4溶液中的稳态开路电位（E_{oc}）值的测试结果显示，随IrO_2含量升高，E_{oc}先增大，而后减小，在IrO_2含量为70%（摩尔分数）时达到最大。由于在开路电位下对应Ir(Ⅳ)/Ir(Ⅲ)电极对间的平衡反应：

$$2IrO_2+2H^++2e^- \rightleftharpoons Ir_2O_3+H_2O \qquad (13.26)$$

$$E_{平}(V,vs.SHE)=0.93-0.059pH+0.029lg\left(\frac{a_{IrO_2}^2}{a_{Ir_2O_3}}\right) \qquad (13.27)$$

式中，a_{IrO_2}表示IrO_2的活度。

高活性IrO_2电极在氧去极化体系有如下近似等式[144]：

$$E_{oc} \approx E_{平} \qquad (13.28)$$

式中，$E_{平}$是指Ir(Ⅲ)与Ir(Ⅳ)平衡时的电位。比较式（13.27）、式（13.28）看出，从E_{oc}的数值大小可以比较电极表面各活性态组元浓度的比例关系。可以推测，IrO_2

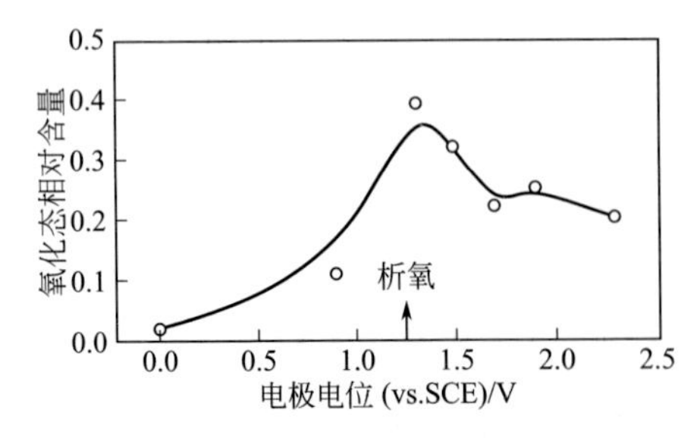

图13.16　在0.5mol·L^{-1} H_2SO_4溶液中Ir电极表面氧化态的相对含量随电极电位的变化关系[142]

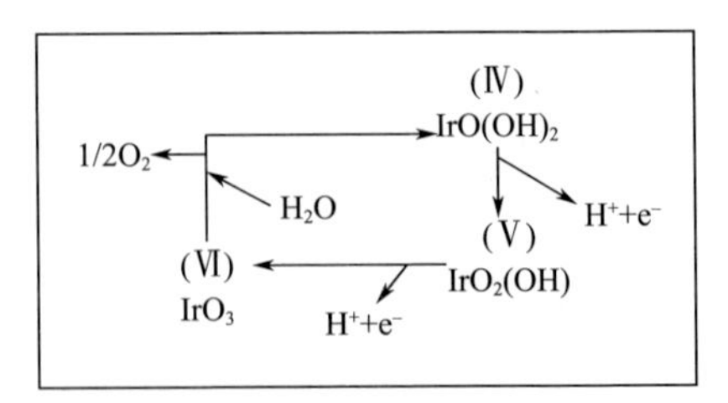

图13.17　Ir及IrO_2电极析氧电催化的循环过程[142]

含量为70%时阳极表面对应的IrO_2组元真实浓度最高。根据“氧化物对电位控制理论”，在IrO_2电极上析氧发生电位受IrO_2/IrO_3电极对控制，其电极反应式为：

$$2H^++IrO_3+2e^- \rightleftharpoons IrO_2+H_2O \quad (13.29)$$

平衡电位为：

$$E_{平}(V,vs.SHE)=1.35-0.059pH+0.029\lg\left(\frac{a_{IrO_3}}{a_{IrO_2}}\right) \quad (13.30)$$

可见由于具有最高的表面IrO_2活度，IrO_2含量70%时对应于决定析氧发生的电极对IrO_2/IrO_3的平衡电位[式（13.30）]将为最低，从而电极表面析氧反应将最易发生。在0.5mol·L^{-1} H_2SO_4溶液中对该种阳极的析氧电催化活性进行了测试。结果显示，IrO_2含量为70%时具有最高的析氧活性。

13.3.3 析氧反应的电催化机制

氧电极反应的历程较复杂，且不同电极的析氧反应机制也存在较大差异。Bockris等[131,132,145]详细研究了Ir、Rh-Pt、Pt等电极表面的阴阳极过程，提出了多种可能的反应历程。

如13.3.1节所述，在酸性介质中，以下反应历程被认为是活性氧化物阳极催化析氧的基本历程：

$$S+H_2O = S\text{-}OH_{ads}+H^++e^- \quad (S1)$$

$$S\text{-}OH_{ads} = S\text{-}O_{ads}+H^++e^- \quad (S2)$$

$$S\text{-}O_{ads} = S+1/2O_2 \quad (S3)$$

式中，S表示金属氧化物的活性位点；$S\text{-}OH_{ads}$和$S\text{-}O_{ads}$分别表示两种吸附中间态。

假设在电极反应过程中的H^+浓度及O_2压力不变，在此条件下，可以得到反应（S1）、（S2）和（S3）各式的净反应速率（V_1，V_2，V_3），如下所示：

$$V_1=v_{+1}-v_{-1}=k_{+1}(1-\theta_1-\theta_2)\exp\left(\frac{\alpha_1 FE}{RT}\right)-k_{-1}\theta_1\exp\left[\frac{(\alpha_1-1)FE}{RT}\right] \quad (13.31)$$

$$V_2=v_{+2}-v_{-2}=k_{+2}\theta_1\exp\left(\frac{\alpha_2 FE}{RT}\right)-k_{-2}\theta_2\exp\left[\frac{(\alpha_2-1)FE}{RT}\right] \quad (13.32)$$

$$V_3=v_{+3}-v_{-3}=k_{+3}\theta_2-k_{-3}(1-\theta_1-\theta_2) \quad (13.33)$$

式中，$v_{\pm i}$，i=1，2，3，分别代表每一步反应的正逆反应速率；$k_{\pm i}$，i=1，2，3，代表每一步反应的正逆反应速率常数，mol · cm^{-2} · s^{-1}；α_1和α_2代表反应（S1）和（S2）的传递系数；θ_1，θ_2分别表示电极表面被中间产物S-OH$_{ads}$、S-O$_{ads}$覆盖的程度。

（1）若S1为速控步骤

此时$V_1 \approx v_{+1}$，且$v_{+2} \approx v_{-2}$，$v_{+3} \approx v_{-3}$，令$\alpha_1 = 0.5$，则有：

$$k_{+2}\theta_1 \exp\left(\frac{FE}{2RT}\right) = k_{-2}\theta_2 \exp\left(-\frac{FE}{2RT}\right) \tag{13.34}$$

$$k_{+3}\theta_2 = k_{-3}(1-\theta_1-\theta_2) \tag{13.35}$$

可得

$$\theta_2 = \frac{k_{+2}k_{-3}}{k_{+2}k_{+3} + k_{+2}k_{-3} + k_{-2}k_{-3}\exp\left(-\frac{FE}{RT}\right)} \tag{13.36}$$

故

$$V_1 = k_{+1}(1-\theta_1-\theta_2)\exp\left(\frac{FE}{2RT}\right) = \frac{k_{+1}k_{+2}k_{+3}\exp\left(\frac{FE}{2RT}\right)}{k_{+2}k_{+3} + k_{+2}k_{-3} + k_{-2}k_{-3}\exp\left(-\frac{FE}{RT}\right)} \tag{13.37}$$

① 在低过电位区，式（13.37）中$k_{+2}k_{+3} + k_{+2}k_{-3}$可忽略，则：

$$V = \frac{k_{+1}k_{+2}k_{+3}}{k_{-2}k_{-3}}\exp\left(\frac{3FE}{2RT}\right) \tag{13.38}$$

此时，总析氧电流

$$i_F = 2FV = 2F\frac{k_{+1}k_{+2}k_{+3}}{k_{-2}k_{-3}}\exp\left(\frac{3FE}{2RT}\right) \tag{13.39}$$

则有：

$$\partial \Delta E/\partial \lg i = \frac{2\times 2.3RT}{3F} = 40\,\text{mV} \cdot \text{dec}^{-1}$$

② 在高过电位区，则上式中$k_{-2}k_{-3}\exp\left(-\frac{FE}{RT}\right)$可忽略，则：

$$V = \frac{k_{+1}k_{+3}}{k_{+3}+k_{-3}}\exp\left(\frac{FE}{2RT}\right) \tag{13.40}$$

此时，总析氧电流

$$i_F = 2FV = 2F\frac{k_{+1}k_{+3}}{k_{+3}+k_{-3}}\exp\left(\frac{FE}{2RT}\right) \quad (13.41)$$

则有：

$$\partial\Delta E/\partial \lg i = \frac{2\times 2.3RT}{F} = 120\,\text{mV}\cdot\text{dec}^{-1}$$

（2）若S2为速控步骤，采用类似过程可推导出：

① 在低过电位区，$\partial\Delta E/\partial \lg i = \frac{2\times 2.3RT}{3F} = 40\,\text{mV}\cdot\text{dec}^{-1}$

② 在高过电位区，$\partial\Delta E/\partial \lg i = \frac{2\times 2.3RT}{F} = 120\,\text{mV}\cdot\text{dec}^{-1}$

（3）若S3为速控步骤，采用类似过程可推导出：

① 在低过电位区，$\partial\Delta E/\partial \lg i = \frac{2.3RT}{2F} = 30\,\text{mV}\cdot\text{dec}^{-1}$。目前实验还未观察到如此低的Tafel斜率。

② 在高过电位区，θ_2=1，此时电极表面完全被中间产物S-O_{ads}覆盖，反应无法进行，这是不符合实际情况的。可见，S3为析氧反应的速控步骤的可能性不大。

从上面的推导看，以式（S1）或式（S2）中的任一个基元步骤为速率控制步骤，均可得到“标准”Tafel斜率（高过电位下为：120mV·dec^{-1}，低过电位下为：40mV·dec^{-1}）。

由以上机理推导出的Tafel斜率数值与大部分金属或氧化物上实际测得的数值可较好吻合。然而，上述机理无法解释某些电极材料（如IrO_2基氧化物电极）在低过电位区间的Tafel斜率为60mV·dec^{-1}的事实，而且这个数值与Bockris提出的析氧反应所有可能的反应机理均不相符[132]。

为此，胡吉明等[146,147]提出了IrO_2基表面新的析氧历程，考虑了去质子步骤后中间产物的重排过程（即S-OH^*_{ads} ⟶ S-OH_{ads}），其具体过程如下所示[146,148]：

$$\text{S+H}_2\text{O} \longrightarrow \text{S-OH}^*_{ads}\text{+H}^+\text{+e}^- \quad [13.42(a)]$$

$$\text{S-OH}^*_{ads} \longrightarrow \text{S-OH}_{ads} \quad [13.42(b)]$$

$$\text{S-OH}_{ads} \longrightarrow \text{S-O}_{ads}\text{+H}^+\text{+e}^- \quad (13.43)$$

$$\text{S-O}_{ads} \longrightarrow \text{S+1/2O}_2 \quad (13.44)$$

式中，S-OH^*_{ads}和S-OH_{ads}表示具有相同的化学结构但能量状态不同的中间态吸附产物。反应式［13.42（a）］和反应式［13.42（b）］曾在研究$RuTiCeO_2$电极表面析氧时被提及[149]。

根据上述反应历程，并假设第一步水的放电步骤［13.42（a）］和吸附态的转化步骤（13.42）同时为慢步骤，可推导出：

① 在低过电位区

$$\partial \Delta E / \partial \lg i = \frac{2.3RT}{F} = 60\,\mathrm{mV \cdot dec^{-1}}$$

② 在高过电位区

$\partial \Delta E / \partial \lg i = \frac{2.3 \times 2RT}{F} = 120\,\mathrm{mV \cdot dec^{-1}}$。与实验结果完全吻合。

Ringh等[150]发现Ni/Co_3O_4电极析氧时也表现出两个Tafel区，认为其析氧的基本历程为：

$$\mathrm{S + OH^- \longrightarrow S\text{-}OH_{ads} + e^-} \quad (13.45)$$

$$\mathrm{S\text{-}OH_{ads} + OH^- \longrightarrow S\text{-}O_{ads}^- + H_2O} \quad (13.46)$$

$$\mathrm{S\text{-}O_{ads}^- \longrightarrow S\text{-}O_{ads} + e^-} \quad (13.47)$$

$$\mathrm{2S\text{-}O_{ads} \longrightarrow S + 1/2O_2} \quad (13.48)$$

并认为以上反应第二步为速控步骤，由此解释了析氧反应在低过电位下的Tafel斜率为60mV · dec^{-1}的实验事实。

13.3.4
钛基氧化物涂层电极

自1957年起，研究人员已开始尝试采用金属钛作为阳极取代石墨电极，因为钛在水溶液中具有良好的耐腐蚀性[9]。然而，钛表面由于氧化作用生成的保护性氧化膜电阻太高，钛金属并不能直接用作阳极。后来研究发现钛可与其他金属及导电氧化物形成电阻很小的接触界面，此特点奠定了在钛基体表面上覆盖贵金属或氧化物的基本结构，是钛基涂层阳极的基本雏形。另一方面，研究人员尝试在Ti基体上涂覆Pt或Ir/Pt合金涂层电极，但发现这些贵金属在使用过程中消耗大、成本高且寿命短，因此在工业中并未得到实际应用。然而，该贵金属阳极研究产生的积极影响是使研究人员意识到少量贵金属可达到“电极活化”的作用。以上两方面的工作直接促成了钛基涂层阳极的发明。

20世纪60年代H.Beer发明的钛基金属氧化物涂层电极是电化学工业的一次重大

技术进步[151～153]。真正使钛涂层电极实现工业化的是De Nora和Nidola，并推动电化学工业进入钛电极时代[154]。实际上，在初期，有关这类电极的研究和开发完全是在工业实验室中秘密进行的，而从事基础研究的科学工作者直到有关DSA的专利公开发表之后才开展了RuO_2等氧化物阳极的研究工作。这在电化学科学发展史中是一个罕见的事例[7]。

钛基金属氧化物涂层阳极也称为尺寸稳定阳极（dimensionally stable anode，DSA）、金属阳极或Ti阳极。DSA的制备方法包括热分解法、电沉积法及溶胶凝胶法等。其中，热分解法制备的电极结合力较好，使用时间长，成为DSA涂层阳极最传统和典型的制备方法。一般情况下，将一定量的金属（一般为贵金属）盐按一定摩尔比溶解于特定的溶剂中得到涂覆液，然后采用刷涂、喷涂、浸涂等方法将涂覆液涂覆于Ti基体表面，在空气气氛中烘干、焙烧后即可得到氧化物涂层。上述步骤重复若干次，直到获得最终涂层厚度为止。以上过程中基体预处理、前驱体溶液组成、涂覆工艺、热处理工艺等参数都将直接影响钛基电极材料的性能。

与传统的铂电极、石墨电极、铅基合金电极相比，DSA阳极具有以下优势：① 阳极尺寸稳定，电解过程中电极间距离不会发生变化，可以保证电解操作在槽电压稳定的情况下进行；② 析氧电催化活性高，工作电压低，电能消耗少；③ 工作寿命长；④ 可克服石墨电极和铅基合金电极的溶解问题，避免对电解液和阴极产物造成污染，提高产品质量；⑤ 可以在高电流密度下工作，从而提高生产效率。

DSA中所涂覆的一般为铂族金属氧化物，如RuO_2、IrO_2等，这与铂族金属氧化物独特的物理化学性质相关。

① 铂族金属容易形成配合物。如Ir(Ⅲ)可与CN^-、NO_2^-形成络合离子，同卤化物容易形成八面体配合物如淡黄色的$[IrCl_3]^{3-}$；通过水合作用能形成如$[Ir(H_2O)Cl_5]^{2-}$、$[Ir(H_2O)Cl_4]^-$和$[Ir(H_2O)Cl_3]$等；Ir(IV)较重要的配合物有$[IrCl_6]^{2-}$，水合物有$[IrCl_3(H_2O)_3]^+$、$[IrCl_5(H_2O)]^-$和$[IrCl_4(H_2O)_2]$等。

② 铂族金属都有很高的稳定性。从水系中的E-pH图看出，这些金属的平衡放电电位都在氢平衡电位上，因此铂族金属不与一般的酸发生析氢反应。但这些金属与其低价氧化物电极对的平衡电位又都在析氧曲线之下，因此，这些低价氧化物在水溶液体系下是可以稳定存在的，这是他们被应用于阳极材料的热力学原因。除Pt、Os外，其余铂族金属的高价/低价氧化物对的平衡电位均很正。然而，铂族金属氧化物的标准生成自由能$\Delta G^{\ominus}$却比许多普通氧化物更正（如表13.5所示），即其在大气环境下是很不稳定的。这也说明贵金属氧化物在不同的环境中表现出不同的稳定性。

表13.5　部分金属氧化物标准生成自由能

氧化物	CrO_2	IrO_2	β-MnO_2	MoO_2	OsO_2	ReO_2	RuO_2	TeO_2	VO_2	WO_2
$\Delta G_{298}^{\ominus}$ /kJ·mol^{-1}	–583.2	–186.4	–466.5	–531	–239.7	–373.2	–257.3	–382.2	–659.3	–540

③ 贵金属氧化物（除PtO_2外）均具有金属导电性，这是其被应用于阳极的另一原因。表13.6列出了贵金属氧化物及其他常见氧化物的室温电导率。一般来说，纯化学计量的氧化物在室温下是绝缘体，贵金属氧化物的金属导电性缘于其d轨道外层电子非完全充满和非化学计量的结果（或是杂质的掺入）。

表13.6　部分金属氧化物的电导率

氧化物	CrO_2	IrO_2	β-MnO_2	MoO_2	OsO_2	PtO_2
$\rho/\Omega^{-1}\cdot mol^{-1}$	$(4\sim8)\times10^3$	$(1\sim3)\times10^4$	$10\sim100$	$(0.5\sim1)\times10^4$	1.6×10^4	10^{-6}
导电类型	M	M	S	M	M	S
氧化物	$ReO_2(\beta)$	RhO_2	RuO_2	TiO_2	WO_2	Cu
$\rho/\Omega^{-1}\cdot mol^{-1}$	10^4	$>10^4$	$(2\sim3)\times10^4$	10^{-8}	$>10^4$	6×10^4
导电类型	M	M	M	S	M	M

注：M表示金属，S表示半导体。

目前，DSA阳极已被广泛地应用于氯碱工业、水电解、污水处理、有机合成及电沉积工业中[146,154～156]。实际上，最早实现工业化的金属阳极是析氯型金属阳极，如以钛为基体、RuO_2-TiO_2为活性涂层的钌钛阳极（Ti/RuO_2-TiO_2）。随着析氯型金属阳极在氯碱工业的成功应用，启发人们探索开发析氧用DSA阳极，但由于在析氧条件下工作寿命低，钌钛氧化物涂层阳极在析氧领域的使用并未取得成功。后来研究发现IrO_2是一种优良的析氧催化剂并能在酸性溶液中保持很高的稳定，且对阳极表面析出氧气的机械作用和化学作用有足够的抗御能力。因此，研究人员逐渐将研究析氧电极的重点放在以IrO_2为基础的铱系氧化物上，并取得了实质性的进展。

13.3.4.1
铱系氧化物涂层钛阳极

铱系涂层钛阳极是指在钛基体上涂覆IrO_2的电极[127]。目前，已有许多种以IrO_2作为活性氧化物涂层的析氧金属阳极在工业中得到了应用。根据涂层的成分可将铱系涂层钛阳极分为以下四类：① 纯IrO_2涂层阳极，即Ti/IrO_2；② 基于IrO_2的二元铱系复合氧化物涂层阳极：Ti/IrO_2-MO_x（M表示其他金属元素），如钌铱阳极（Ti/

RuO_2-IrO_2）、铱锡阳极（Ti/IrO_2-SnO_2）、铱钽阳极（Ti/IrO_2-Ta_2O_5）、铱硅阳极（Ti/IrO_2-SiO_2）等，这些二元复合氧化物涂层中IrO_2是活性氧化物，而其他组元氧化物仅起到提高活性氧化物电催化活性和稳定性的作用；③ 基于IrO_2的三元铱系复合氧化物涂层阳极：Ti/IrO_2-MO_x-NO_y（M、N表示其他金属元素）；④ 含有中间层的IrO_2涂层阳极Ti/MO_x(M)/IrO_2，中间层的存在可提高整个氧化物涂层的稳定性。

（1）Ti/IrO_2析氧电极

根据Tseung等[141]提出析氧与电极表面低价氧化物/高价氧化物电极对的平衡电位间存在内在关联的思想，结合Ir_2O_3/IrO_2的标准电位在铂族金属氧化物中最低的特点，可以预测IrO_2电极在酸性介质中应该具有很高的析氧电催化活性。研究证实，酸性环境中IrO_2的析氧电催化活性仅次于RuO_2，同时使用寿命约为RuO_2涂层阳极的20倍，是析氧用阳极的理想电催化材料[157～159]。

热分解法制备IrO_2涂层常以氯化铱和氯铱酸为原料。$IrCl_3 \cdot nH_2O$在300℃前主要发生失水过程，失水焓为（38.0 ± 1.5）kcal·mol^{-1}（1kcal=4.184kJ），而后发生热分解与氧化反应生成氧化铱[160]：

$$IrCl_3+O_2 = IrO_2+3/2Cl_2 \quad (13.49)$$

$H_2IrCl_6 \cdot nH_2O$分解的初级阶段除失水外，还会有HCl、Cl_2产生，反应式如下[160]：

$$H_2IrCl_6 \cdot nH_2O = IrCl_3+1/2Cl_2+2HCl+nH_2O \quad (13.50)$$

（2）Ti/IrO_2-MO_x析氧电极

纯IrO_2涂层除了析氧过电位低外，其他电极性能并不理想。特别是在较高电流密度和较高温度下使用，其使用寿命不尽如人意。另外，电解液中含有有机物质时电极电位会大幅升高，电极腐蚀速率加快。因此，研究人员尝试向IrO_2涂层中掺杂一种或几种活性/惰性氧化物，以增大涂层阳极的表观催化活性和稳定性。一般来说，惰性氧化物的掺杂往往降低涂层相的真实电化学活性，其一，IrO_2相受到屏蔽，其二，惰性组元的加入使涂层阳极的电导率下降。但是许多的研究表明，惰性组元的加入也可能使氧化物电极的表面积增大，从而提高阳极的析氧催化活性[161]。若惰性组元与IrO_2间能生成固溶体、化合物等合金氧化物相，则可以增强涂层阳极的稳定性。活性氧化物掺杂主要是希望形成复合活性氧化物，利用二者之间的协同效应改善氧化物涂层的电催化活性和稳定性。基于惰性氧化物掺杂的涂层主要有IrO_2-SnO_2[162]、IrO_2-SiO_2[147,163,164]、IrO_2-Ta_2O_5[144,165～170]、IrO_2-TiO_2[171]、IrO_2-ZrO_2[169]及IrO_2-Pt[172～174]涂层等。其中IrO_2-TiO_2涂层为有限互溶，IrO_2-ZrO_2涂层为各自晶体形态物理混合，而IrO_2-Ta_2O_5涂层为晶体和非晶共混[169]。基于活性氧化物掺杂的涂层主要有IrO_2-RuO_2固溶体[148,159,175,176]。

如前所述，虽然酸性环境中RuO_2涂层析氧稳定性较IrO_2差，但其电催化活性比IrO_2高，且成本比IrO_2低。因此，早在1980年，Stucki和Muller就开始研究制备Ti/IrO_2-RuO_2复合涂层阳极[159]，以在IrO_2高稳定性和RuO_2高活性与低成本之间达到平衡，获得电催化性能优异的复合涂层。Trasatti等[148]研究了IrO_2含量对Ti/IrO_2-RuO_2复合涂层阳极结构、形貌及电催化活性的影响，发现当IrO_2含量为60%时复合涂层阳极的积分电荷达到最大值，即此时电极的活性最高。

胡吉明等[147,163]将正硅酸乙酯和H_2IrCl_6混合后得到溶胶，采用热分解技术在Ti基体表面制备了IrO_2-SiO_2涂层。研究发现IrO_2涂层中掺杂50%（摩尔分数）SiO_2之后复合涂层的电催化析氧活性和稳定性均得到极大程度提高。电化学测试表明，活性IrO_2中引入惰性SiO_2之后电化学活性提高主要是几何面积效应所致，即SiO_2的加入显著提高了IrO_2的孔隙率和活性面积，有利于IrO_2活性位点与溶液的接触，进而使其表观电催化活性提高。

在已开发的诸多IrO_2基二元涂层氧化物中，IrO_2-Ta_2O_5复合涂层被认为是最理想的析氧用阳极材料[144,165～167]。图13.18显示，酸性体系中，IrO_2和Ta_2O_5摩尔比为7 ∶ 3的Ti/IrO_2-Ta_2O_5涂层阳极电催化活性最高。此外，该涂层电极还具有优异的耐用性，使用寿命高达5～10年[168,169]。该涂层电极可在许多不同条件下取得应用，从适度的电解环境（如水电解、电极金属、有机电合成），到非常苛刻的电解环境（如快速电镀工艺、高电流密度下钢板镀锌生产）中都有工业应用。目前，该复合电极在铝箔电合成、铜箔制造、钢板镀锌（锡）、有机电合成、水处理、镀铬、镀铑、电解酸洗钢板、电冶金、阴极保护、酸碱盐回收、电渗析等许多行业中获得广泛应用[177]。

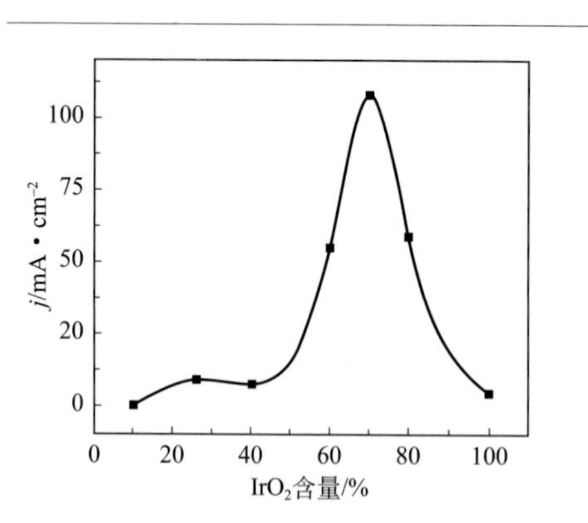

图13.18 Ti/IrO_2-Ta_2O_5阳极在1.4V（vs.SCE）下的析氧电流与电极成分的关系[144]

为了改善氧化物涂层催化剂的导电性和稳定性，进而提高其析氧电催化活性，可向氧化物中加入Pt等贵金属[172～174]。Wang等[174]采用浸渍-烧结工艺制备了Ti/IrO_2-Pt涂层作为析氧催化剂，其中具有良好导电性和催化活性的金属Pt作为分散剂和催化剂，IrO_2作为催化剂。研究表明，该复合涂层导电性和电催化活性与Ti/IrO_2相比，显著提高，当Pt掺杂量达30%时催化活性最高，其循环伏安积分电荷几乎为纯Ti/IrO_2电极的两倍。

（3）Ti/IrO_2-MO_x-NO_y析氧电极

尽管Ti/IrO_2-Ta_2O_5涂层电极在酸性体系析氧研究中取得了巨大成功，但其中贵金属铱含量仍较高（70%，摩尔分数）。基于此，研究者希望开发出在改善（或不降低）电极电催化性能的同时成本显著下降的涂层电极体系，在这种背景下，IrO_2基多元氧化物涂层体系应运而生。涂层多元化是指向IrO_2涂层阳极中掺杂第三组元制备三元复合涂层，如IrO_2-TiO_2-CeO_2[178]、IrO_2-Sb_2O_5-SnO_2[159,179]、IrO_2-Ta_2O_5-SiO_2[180]，以降低涂层阳极的制作成本，改进电极的性能。

Trasatti等[178]研究发现，Ti/IrO_2-TiO_2-CeO_2三元复合氧化物涂层电极的电催化析氧活性较单一氧化物涂层高，但电极的稳定性较差。Chen等[159,179]制备了Ti/IrO_2-Sb_2O_5-SnO_2三元复合氧化物涂层电极用于酸性体系中的析氧阳极。结果表明IrO_2-Sb_2O_5-SnO_2三元氧化物可形成固溶体，改善涂层与基体的结合力，同时Sb_2O_5和SnO_2组分的引入不仅降低了IrO_2的用量导致涂层成本下降，而且这三种氧化物之间的协同作用使得涂层的寿命显著提高。如图13.19所示，在35℃的3mol·L^{-1} H_2SO_4溶液中，以1A·cm^{-2}电流密度进行加速寿命试验时，Ti/IrO_x-Sb_2O_5-SnO_2三元复合氧化物涂层电极的寿命达1600h，而相同条件下Ti/IrO_2涂层电极的寿命仅为335h[159]。

（4）$Ti/MO_x(M)/IrO_2$析氧电极

钛涂层阳极中起电化学作用的只是活性氧化物，当涂层剥落/消耗到一定程度或Ti基体被电极反应产生的氧原子氧化形成TiO_2绝缘体，导致涂层导电性和结合力下降时钛阳极将会失效。因此，在钛基体上制备中间层增强涂层与基体的结合力，避免钛基体的钝化，以获得良好的导电性、抗蚀性的金属氧化物涂层，可进一步提高氧化物涂层电极寿命[181,182]。中间层大体可分为金属中间层、氮化物中间层和氧化物

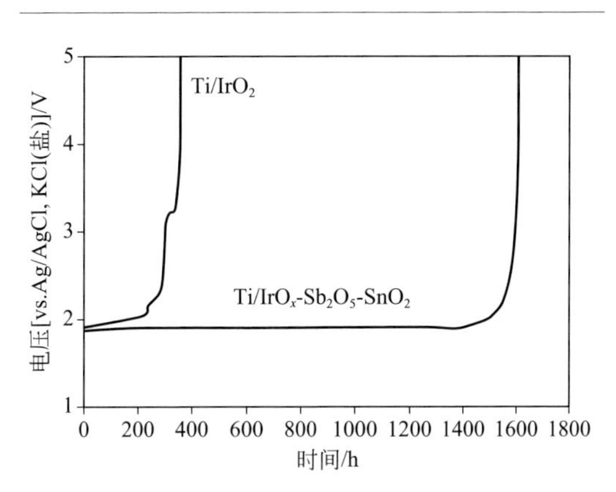

图13.19　35℃时，Ti/IrO_x-Sb_2O_5-SnO_2和Ti/IrO_2涂层电极在3mol·L^{-1} H_2SO_4溶液中以1A·cm^{-2}电流密度进行加速寿命试验时电极电位的变化情况[159]

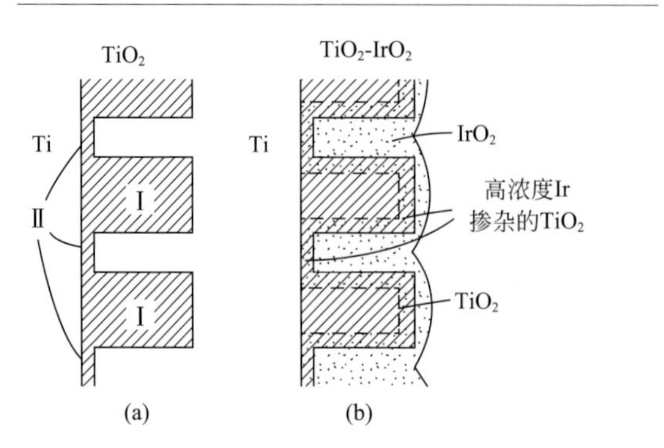

图13.20 （a）Ti/TiO_2和（b）Ti/TiO_2/IrO_2电极模型

Ⅰ和Ⅱ分别表示较厚和较薄的TiO_2薄膜[185]

中间层三类。金属中间层一般为贵金属，如铂、铱、钯等[183]，氮化物中间层主要有TiN等[184]，氧化物中间层为IrO_2、TiO_2等一元或二元及以上氧化物[185～187]。

Sato等[185]通过火花放电阳极氧化技术在Ti基体表面制备多孔TiO_2氧化膜之后，热分解制备IrO_2涂层，进而制备得到含有TiO_2中间层的Ti/TiO_2/IrO_2氧化物涂层电极，该电极的电催化析氧活性和稳定性与Ti/IrO_2涂层电极相比均得到显著提高。这是因为火花放电制备的TiO_2呈现高度多孔性，部分区域TiO_2膜层较厚［图13.20（a）中的区域Ⅰ］，而其他区域TiO_2膜层较薄［图13.20（a）中的区域Ⅱ］。热分解制备IrO_2过程中Ir可渗透到TiO_2内部，在TiO_2较薄区域可得到高浓度Ir掺杂的TiO_2［图13.20（b）］，使其导电性显著提高。加之原位阳极氧化制备的TiO_2膜层与Ti基体具有良好的结合力，使得Ti/TiO_2/IrO_2涂层阳极的活性和稳定性都得到显著提高。

13.3.4.2
其他金属氧化物涂层钛阳极

除铱系氧化物涂层钛阳极之外，析氧研究领域已被研究过或正在开发的金属氧化物涂层还包括Ti/RuO_2、Ti/MnO_2、Ti/PbO_2和Ti/SnO_2及其复合系列电极。

（1）Ti/RuO_2系列析氧电极

钌是一种贵金属，价格比较昂贵，在世界上的产量不多，在自然界中的储存量也非常有限。钌系涂层钛阳极是指在钛基体上涂覆氧化钌的电极。事实上，Beer在1965年发明的DSA阳极即为钌系的Ti/RuO_2-TiO_2，该电极在1968年即实现了在氯碱工业的应用。由于RuO_2的析氯过电位和析氧过电位都很低，成为当时析氯和析氧领域最引人关注的催化剂之一。

然而，RuO_2不适合作为析氧阳极材料，因为它可与氧气反应生成可溶性的RuO_4，并且RuO_2具有较高的电化学溶解趋势，导致其寿命仅为几十小时。因此，在随后的析氧钌系涂层钛阳极的研究中主要以RuO_2为基础，制备改性的二元复合氧

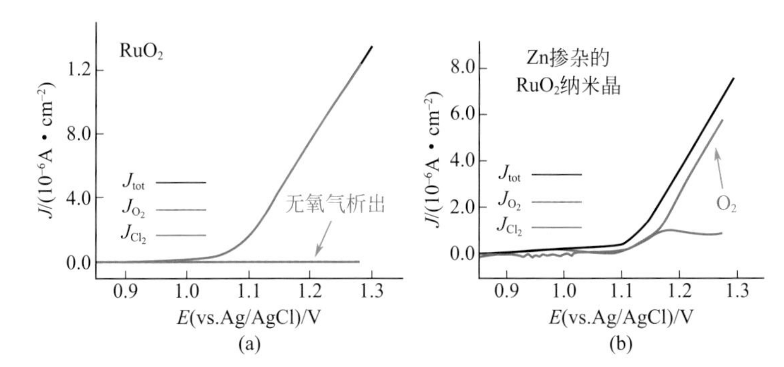

图13.21 （a）RuO_2和（b）$Ru_{0.8}Zn_{0.2}O_2$在$0.1mol \cdot L^{-1}$ $HClO_4$ + $0.15mol \cdot L^{-1}$ NaCl溶液中测试得到的伏安总电流和经差分电化学质谱计算得到的析氧和析氯反应电流[188]

化物涂层，如$Ru_{1-x}Zn_xO_2$[188]、RuO_2-Co_3O_4[149]、$RuPtO_x$[189]，以及三元复合氧化物涂层，如RuO_2-TiO_2-IrO_2[190]、$Ru_{0.3}Pb_{0.7-x}Ti_xO_2$[191]、$Ru_{0.3}Ti_{0.7-x}Sn_xO_2$[192]用于析氧催化剂。

有研究表明改变RuO_2颗粒的尺寸、形状[193]或通过掺杂改变其电子结构[194]可影响其析氧和析氯选择性。Krtil等[188]提出向RuO_2中掺杂Zn来调控氧化物的晶格参数，进而改变催化剂的电子结构和参与反应的活性点数目，使RuO_2的析氯活性被抑制，而析氧活性得到提高。伏安曲线和差分电化学质谱测试表明，即使是在含氯的电解质中，$Ru_{1-x}Zn_xO_2$(x= 0 ～ 0.3)仍然具有良好的析氧选择性，析氯反应几乎被抑制（如图13.21）。

Andrade等[192]采用Pechini法在Ti基体上制备了$Ru_{0.3}Ti_{0.7-x}Sn_xO_2$三元氧化物涂层。研究结果表明，采用该法制备的氧化物涂层颗粒更小，改善了涂层的电子导电性，进而使涂层具有良好的析氧催化活性和稳定性。该氧化物涂层与Ti基体结合力比传统的热分解法制备的DSA阳极更好，同时Tafel斜率不随涂层中SnO_2含量改变而变化，可保持在$80mV \cdot dec^{-1}$。

研究表明，向钌钛氧化物中引入稀土元素也可改善涂层的电催化析氧活性[195～197]。王清泉等[195,196]制备了Ru-Ti-La和Ru-Ti-Ce复合阳极涂层电极，研究表明，稀土元素La和Ce的加入，既可以提高涂层的电催化活性，还可以保留$RuTiO_x$涂层高电流效率的优点。

此外，通过改善RuO_2的形貌和结构也可提高涂层氧化物的析氧活性。Panić等[198]采用碱性溶胶凝胶技术制备了具有多孔细致结构的Ti/RuO_2涂层阳极，析氧电位比传统方法制备的电极低100mV左右。

（2）Ti/MnO_2系列析氧电极

按照涂层的厚度，钛基涂层电极可分为两种：一是薄涂层钛电极，涂层厚度从几微米到几十微米，如Ti/IrO_2、Ti/RuO_2电极都属于薄涂层电极；二是厚涂层钛电极，其涂层厚度在0.5mm以上，甚至可达3mm，这类电极往往涂覆贱金属氧化物，如钛基二氧化锰电极（Ti/MnO_2）、钛基二氧化铅电极（Ti/PbO_2）等[199]。

锰系涂层钛阳极是指在钛基体上涂覆MnO_2的电极。MnO_2作为电池中的活性材料早就为人们所知，但作为阳极材料则是20世纪70年代后期的事。MnO_2析氧过电位很低，具有很高的催化析氧活性，且具有很好的耐腐蚀性。因此，锰系涂层钛阳极被认为是一种很有前途的电极。然而，纯MnO_2导电性较差，为了提高其导电性能，研究者们采用两种措施：一是向MnO_2涂层中添加活性元素[200,201]；二是在基体和涂层之间涂覆各种金属氧化物，如SbO_x+SnO_2作为中间层[202]。中间层应具有高的导电性和抗氧化性，可防止在Ti和MnO_2界面生成阻挡层。中间层的存在可减小界面电阻进而降低电流通过界面时放出的热量，避免在MnO_2涂层中出现过大的内应力，从而提供锰系涂层钛阳极的使用寿命。

Ye等[200]采用热分解法制备并研究了Ti/IrO_2+MnO_2涂层阳极在0.5mol·L^{-1} H_2SO_4中的析氧行为。发现添加IrO_2可降低涂层的电阻，且IrO_2含量为70%的复合氧化物涂层电极在温度为40℃、电流密度为2A·cm^{-2}条件下的寿命高达900h［如图13.22（a）］。随后，该课题组[201]又进一步研究发现该涂层阳极的析氧失效机制与常规氧化物电极在酸性体系中的机制显著不同。他们发现该涂层失效时在Ti与涂层之间的界面并未生成明显的TiO_2绝缘层，且涂层的化学溶解并不明显。作者通过Tafel曲线分析［如图13.22（b）］和电位监测认为该涂层阳极失效是由于中间产物在电极表面的吸附导致析氧机制发生改变所致，但是作者并未指出新的析氧机制。

（3）Ti/PbO_2系列析氧电极

铅系涂层钛阳极是在钛基体上沉积二氧化铅的电极。PbO_2有类似金属的良好导

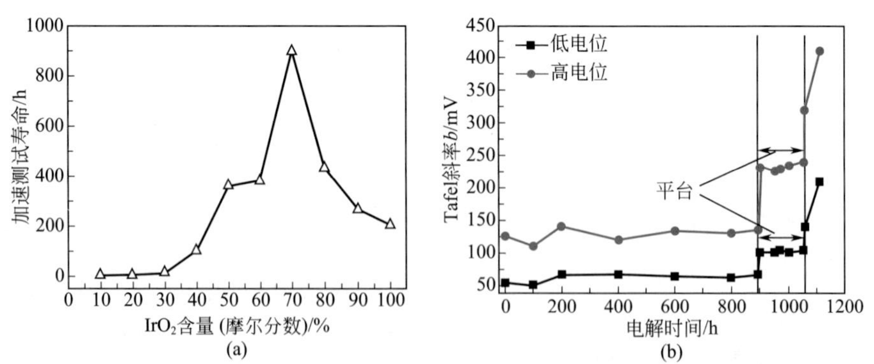

图13.22 （a）400℃下制备的Ti/IrO_2+MnO_2涂层阳极在温度为40℃，电流密度为2A·cm^{-2}条件下的寿命随IrO_2含量变化曲线[200]；（b）该涂层阳极在电极不同阶段的Tafel斜率变化[201]

电性，在水溶液中电解时具有氧化能力强、耐腐蚀性好、导电性好及可通过大电流等特点，很早就在电解工业中用作不溶性阳极[199]。与IrO_2、RuO_2、MnO_2氧化物制备方法不同的是PbO_2通常采用电沉积法制备。然而，由于PbO_2析氧电位较高，并不适合直接用于析氧阳极，而一般用于电解及有机物的电解氧化去除等领域。此外，阳极极化过程中，在铅基体与PbO_2镀层之间易形成疏松的过渡层氧化物（以TiO_2为主），导致接触电阻增大，且由于过渡层氧化物与PbO_2镀层的晶格参数相差较大，导致涂层在服役过程中易发生脱落而引起电极失效。

为了保证Ti基体与表面PbO_2镀层之间的导电性，研究人员提出在基体上复合被称为“防钝化层”的底层的改进措施。早期改进的二氧化铅电极主要是在钛基体上复合铂族金属或涂覆铂族金属氧化物，该电极也被称为“旧式二氧化铅电极”，如图13.23所示。

然而采用昂贵的铂族金属或氧化物作为底层，成本太高，因此，采用铂族金属或氧化物作为底层的旧式二氧化铅电极是不切合实际的。为进一步降低钛基二氧化铅电极的成本，研究人员开发出了新型二氧化铅电极。

Masiani等[203～206]在含有Co^{2+}/Ru^{2+}和Pb^{2+}的前驱体溶液及含有Co_3O_4的Pb^{2+}前驱体溶液中采用一步电沉积技术制备了Co_3O_4-PbO_2和RuO_2-PbO_2复合电极，发现该类电极的析氧活性比纯PbO_2的析氧活性显著提高，且活性随复合涂层中Co_3O_4和RuO_2含量增大而增大，这是由于Co_3O_4和RuO_2不仅可作为析氧反应的活性位点还可提高涂层的粗糙度。但是该类电极的析氧稳定性（即寿命）并不理想。

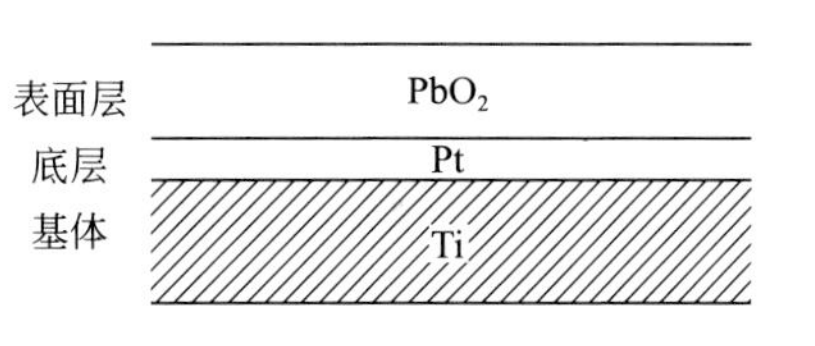

图13.23　旧式二氧化铅电极剖面图

Lin等[207]在含有纳米Co_3O_4的Pb^{2+}前驱体溶液中以Ti/SnO_2-Sb_2O_5为基体，采用阳极电沉积技术制备了具有中间层SnO_2-Sb_2O_5的Ti/SnO_2-Sb_2O_5/Co_3O_4-PbO_2复合电极。该复合电极的在碱性环境中的析氧活性显著提高，初始析氧电位比不含纳米Co_3O_4的Ti/SnO_2-Sb_2O_5/PbO_2电极低160mV（如图13.24）。但作者并未研究该电极的析氧稳定性。

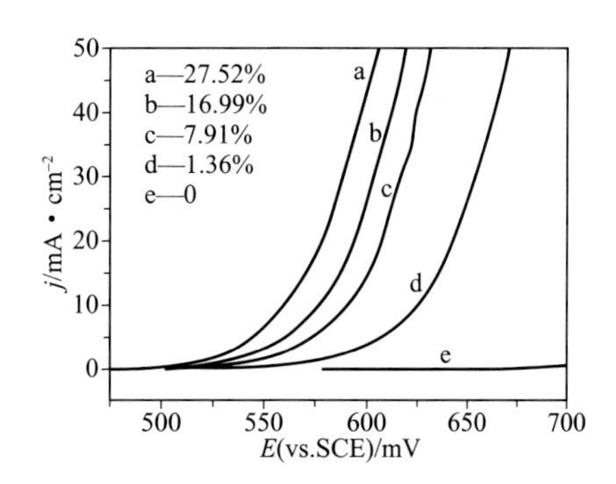

图13.24　纳米Co_3O_4质量分数对Ti/SnO_2-Sb_2O_5/Co_3O_4-PbO_2复合电极在1mol·L^{-1} NaOH中线性扫描曲线的影响（扫速为1mV·s^{-1}）[207]

（4）Ti/SnO_2系列析氧电极

锡系涂层钛阳极是在钛基体上涂覆氧化锡的电极[208]。SnO_2的析氧过电位比PbO_2的析氧过电位还高[209]，因此，更少直接用于析氧阳极。考虑到SnO_2稳定性较好，因此，研究人员通常将其作为稳定剂加入到其他活性氧化物涂层中制备复合阳极。Balko[162]和Trasatti等[176]研究发现适当组分的Ti/IrO_2-SnO_2复合涂层电极的电催化析氧活性和稳定性均比Ti/IrO_2电极好。

由于SnO_2可与TiO_2形成固溶体，近年来，随着涂层钛电极的发展，SnO_2也被单独或与其他氧化物混合作为钛基阳极的中间层用于改善基体与涂层的结合力，直接阻挡或减少在电镀过程中产生的氧气对基体的氧化，提高氧化物涂层阳极的稳定性和导电性[181]。

13.3.5
其他电催化析氧纳米材料

铱系和钌系氧化物虽然是目前酸性体系电催化析氧性能最理想的催化剂，但是它们在地壳中含量很低，价格过于昂贵，过渡金属如钴、镍、锰等，价格低廉，自然界中分布广泛，其氧化物或氢氧化物在碱性环境中具有较高的电化学活性和稳定性，被认为是碱性环境中最具前途的Ru、Ir贵金属析氧催化剂替代品。

然而，过渡金属氧化物的电导率通常较低，而且当采用纳米尺寸金属氧化物以增加电催化活性位点时将使该问题更加突出。为了避免此问题，通常将过渡金属氧化物纳米粒子锚嵌在其他导电基体材料表面，如碳纳米材料（石墨烯、多壁碳纳米管等）。这种复合材料可提供大量的催化活性位点，有利于电荷传递，进而表现出良好的电催化析氧活性，其活性甚至可与Ir/C催化剂的活性相媲美。

最近，所谓的低成本“无金属”析氧催化剂，即基于杂原子（如氮和硼）掺杂的碳纳米材料的开发成为析氧催化剂的研究领域另一个热点。

下面将分别介绍钴基、镍基、锰基过渡金属氧化物以及金属氧化物/碳纳米复合材料在电催化析氧领域的研究。

13.3.5.1
钴基催化剂

钴基析氧催化剂主要包括钴的氧化物CoO_x[149,150,210～212]、MCo_2O_4（M = Ni、Mn等）

等[210,211,213～216]、钴的磷酸盐化合物Co-P和钴的硼酸盐化合物Co-B[217～226]以及由钴的氧化物与其他物质如石墨烯[216]、碳纳米管[227]等形成的复合化合物。目前，钴基化合物仍是碱性环境中非贵金属析氧催化剂的研究重点。

实际上，Co_3O_4是最早用于阳极析氧的催化剂之一，相关研究早在20世纪80年代就已开始。Trasatti等[210,211]采用热分解法制备了Ti/Co_3O_4电极，并研究了热分解温度和RuO_2中间层对该电极析氧活性的影响[210]，发现活性RuO_2中间层的存在可提高电极的析氧活性，且电极电催化析氧活性随Co_3O_4热分解温度升高而降低。Singh等[150]采用不同方法在Ni基体上制备了Co_3O_4薄膜，用于碱性环境析氧催化剂。他们发现不同方法制备的Ni/Co_3O_4电极在析氧时均表现出与Ti/IrO_2基阳极电催化析氧相同的现象——两个Tafel区：低过电位区斜率为51～68mV · dec^{-1}，高过电位区斜率为120～140mV · dec^{-1}。Faria等[149]在Ti基体表面采用热分解法制备的Ti/Co_3O_4电极也发现了该现象。

纳米Co_3O_4的尺寸对其电催化性能有重要影响。Bell等[212]采用化学沉淀法制备出不同尺寸的Co_3O_4纳米立方颗粒，并研究了颗粒尺寸对其在碱性环境中电化学析氧催化活性的影响。发现Co_3O_4粒径越小，在相同电流密度下的过电位越低，电催化析氧活性也越高（见图13.25）。随后，该课题组[224]采用电沉积技术在不同的金属基体上（Au、Pt、Pd、Cu、Co）上制备了Co_3O_4纳米颗粒组成的薄膜，并研究了不同电极的电化学析氧活性。研究发现Co_3O_4载体对其电催化析氧活性有很大影响，且不同基体上析氧活性的顺序为：Au > Pt > Pd > Cu > Co，其中Au/Co_3O_4电极表现出最高的催化活性。

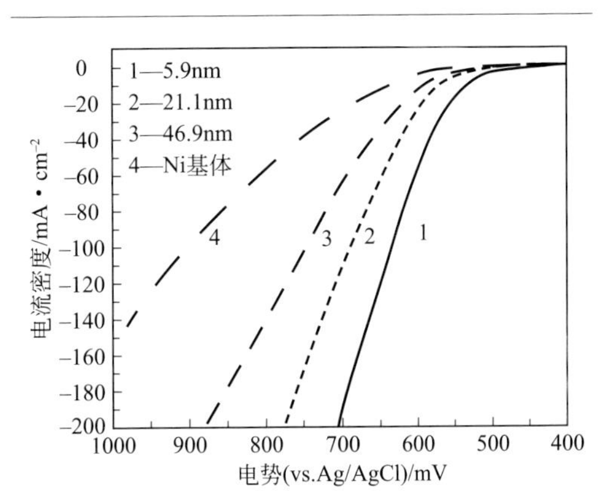

图13.25　Ni基上不同尺寸Co_3O_4纳米粒子在1.0mol · L^{-1} KOH中的极化曲线

扫速为1mV · s^{-1}，催化剂负载量为1mg · cm^{-2}[212]

近年来，麻省理工学院的Nocera等[217～226]开发了一系列具有自修复性能的Co-P、Co-B催化剂，用于催化碱性和近中性水溶液中析氧，并取得了巨大成功。图13.26（a）为该类型催化剂典型形貌，表面存在很多裂纹，作者认为该裂纹的存在是由于进行场发射SEM表征时的高真空使膜层失水所致。他们在环境扫描电镜（低真空度）下发现膜层并没有出现裂

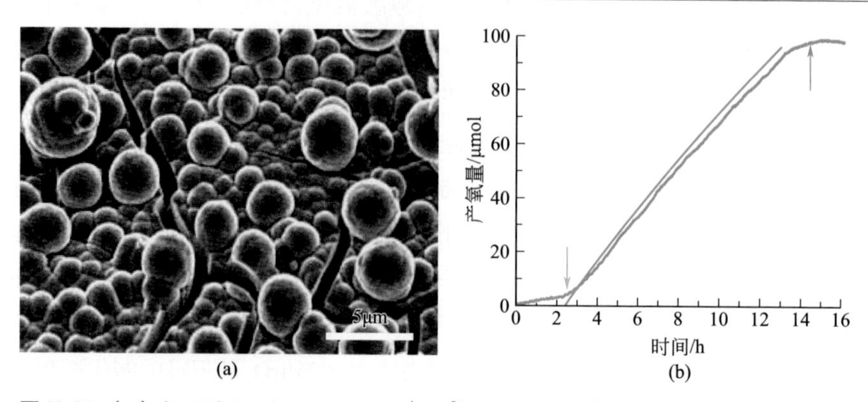

图13.26 (a)在pH为7.0含0.5mmol · L^{-1} Co^{2+}和0.1mol · L^{-1} K_3PO_4的溶液中电沉积30mC · cm^{-2} Co−P催化剂的SEM形貌;(b)采用荧光传感器测试产生的O_2与理论产生的O_2(直线)之间的关系[217]

纹，也直接证明了他们的设想。图13.26(b)表明该电极的电催化析氧效率与理论值很接近，说明该膜层催化剂具有很高的电催化效率。

13.3.5.2 镍基催化剂

镍基析氧催化剂主要包括镍的氧化物NiO_x[228,229]、氢氧化物$Ni(OH)_2$、羟基氧化物NiOOH[230]、镍的硼酸盐化合物Ni-B[231,232]以及由镍的氧化物与其他物质形成的复合化合物。镍基析氧催化剂主要采用电沉积法制备，因此，通过改变电沉积前驱体溶液中的组成，如配体类型[228]、离子种类[233]等可制备具有不同结构和活性的催化剂。

Ni基催化剂析氧活性与其制备方法密切相关，活性相差可达一个数量级[230]。镍金属置于碱液中，其表面可生成α-$Ni(OH)_2$，α-$Ni(OH)_2$在碱液或真空中老化、存放可转化成无定形β-$Ni(OH)_2$。如果在工作电极上施加的电位高于450mV(vs.Hg/HgO)，α-$Ni(OH)_2$和β-$Ni(OH)_2$会被分别氧化成γ-NiOOH和β-NiOOH，而电极电位在600mV以上β-NiOOH也会转化成而γ-NiOOH。通常，β型Ni基化合物的活性要高于α和γ型镍基化合物。Bell等[230]采用原位拉曼光谱研究镍的氧化物组成对电化学析氧活性的影响，发现β-NiOOH的活性比γ-NiOOH高3倍以上。同时他们还发现镍基氧化物载体，如Au、Pd和Ni对析氧活性有很大影响，基体为Au时电催化活性最高(如图13.27)，研究表明这是由于Ni与高电负性的Au基体之间存在着强烈的相互作用所致。

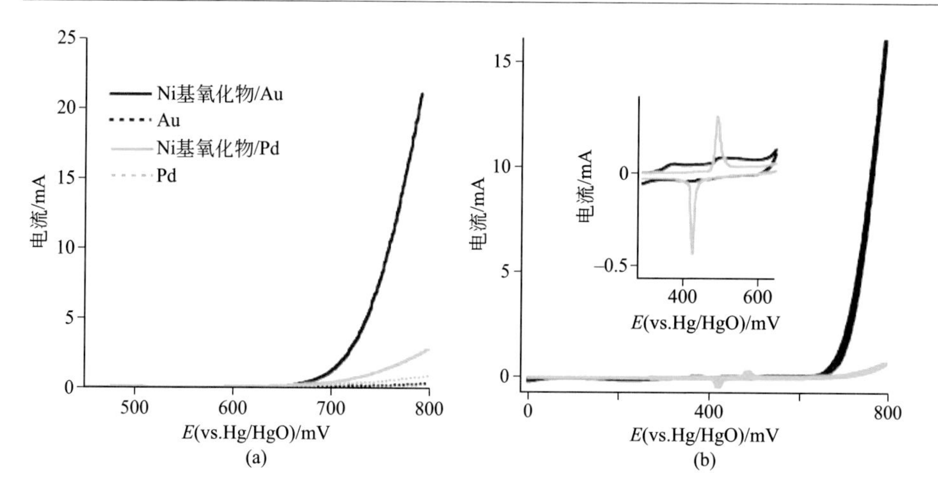

图13.27 Au和Pd电极表面沉积2mC α-$Ni(OH)_2$后在1.0mol · L^{-1} KOH中进行（a）线性扫描和（b）循环伏安扫描的曲线[230]

在成功开发了Co-P和Co-B催化剂之后，Nocera等[231,232]又开发了可用于近中性和碱性环境使用的Ni-B催化剂。

13.3.5.3 锰基催化剂

锰基析氧催化剂主要为锰的氧化物MnO_x[234～239]，x为含氧量，一般小于2。主要包括软锰矿（MnO_2）、黑锰矿（Mn_3O_4）和水锰矿（Mn_2O_3）等。

MnO_x通常采用电沉积法制备，沉积方式对氧化膜结构和电催化性能有较大影响，采用阳极恒电位沉积可制备非活性的锰氧化物，而采用循环伏安沉积可获得具有良好电催化效果的活性锰氧化物[235]。一般，无定形MnO_x的电催化析氧活性比具有固定晶型的MnO_x高[238]，而且MnO_x薄膜的成分对电催化析氧活性有很大影响，如Mn_2O_3的电催化活性高于Mn_3O_4[239]。

Leone Spiccia等[236]首先采用氧化还原沉淀法合成纳米β-MnO_2，然后借助丝网印刷技术在FTO表面制备了β-MnO_2薄膜电极并研究了其电催化析氧性能。尽管大量研究都表明β-MnO_2的电催化析氧活性比其他锰的氧化物如δ-MnO_2和Mn_2O_3都低[235,240,241]，但是作者发现采用该法制备的β-MnO_2薄膜电极具有很高的电催化析氧活性，其活性是目前文献报道的所有MnO_x催化剂中最高的。如图13.28所示，该电极在中性和碱性环境中均表现出优良的电催化析氧活性。在pH值为13.6的

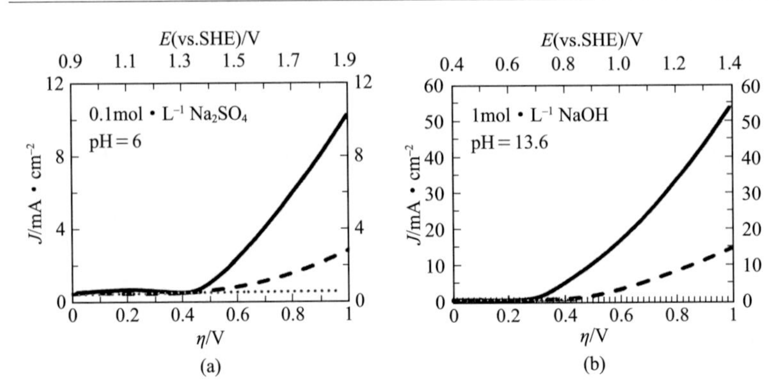

图13.28　不同环境下两种催化剂薄膜电极的线性扫描伏安曲线

点线为FTO基体，虚线和实线分别为商业β-MnO_2粒子和该法合成的β-MnO_2纳米粒子制备的电极，扫速为5mV・s^{-1}，测试温度为20℃[236]

1.0mol・L^{-1} NaOH溶液中［图13.28（b）］，该方法制备的β-MnO_2薄膜电极的初始析氧过电位为300mV，且在过电位为500mV时的电流密度为10mA・cm^{-2}，而由商业化的β-MnO_2粒子制备的电极的初始析氧过电位为500mV，且在过电位为800mV时的电流密度仅为5mA・cm^{-2}。

此外，由Co、Ni、Fe和Mn等过渡元素形成的多元氧化物[242]以及光催化析氧催化剂[243]的研究开发也逐渐引起了人们的关注。

13.4
析氯电催化纳米材料

电解氯化钠水溶液生产氯气和氢氧化钠（烧碱）的氯碱工业是当今世界上规模最大的电解工业，也是最重要的电化学工业之一，其主要产物氯气和氢氧化钠是除了硫酸和氨以外最重要的无机工业原料。氯气是PVC等有机物生产、化学品水处理、氯化中间体和无机氯化物生产及造纸等行业的重要原料；氢氧化钠主要用于有机合成、造纸、纺织、铝冶炼及多种无机化物的生产；主要副产物氢气是一种可持续的清洁能源且在无机物生产中被广泛使用。1851年，英国Watt申请了电解食盐水溶液制取氯气的专利；1890年，德国建造了世界上第一个电解法制氯工厂；1893年，美国建造了世界第一个电解食盐水同时制取氯气和氢氧化钠的工厂；2011年，全球氯气产量约5587万吨，而同期我国氯气产量约2255万吨，居世界首位[9,244]。

虽然氯碱工业具有十分重要的意义，但是存在用电量大，能耗高等问题，如何降低能耗始终是氯碱工业的核心问题。基于离子膜法的现代氯碱工业的电极反应式为：

阴极反应：$2H_2O+2e^- = H_2+2OH^-$　　E_e=0.828V，vs.NHE　　（13.51）

阳极反应：$2Cl^- = Cl_2+2e^-$　　E_e=1.359V，vs.NHE　　（13.52）

阳极副反应：$4OH^- = O_2+2H_2O+2e^-$　　E_e=0.401V，vs.NHE　　（13.53）

从热力学上来看，阳极上更易生成O_2而不是产生Cl_2。因此，必须寻求合适的阳极材料和阴极材料，对阳极来说，希望析氯反应过电位应尽可能低，而对不希望发生的析氧反应则希望其过电位尽可能高；对阴极而言，则是要求在碱性溶液中的析氢过电位尽可能低。这是氯碱工业所需解决的电催化问题。

碱性条件下阴极析氢反应催化剂在13.2节已详细介绍，本节将详细探讨氯碱工业中阳极析氯反应的基本特征和析氯反应的电催化剂。

13.4.1
析氯反应及其基本特征

从开始采用电解法生产Cl_2到1913年，工业上一直采用铂和磁性氧化铁作为阳极材料。然而，Pt价格太高，磁性氧化铁太脆，且只能在平均阳极电流密度为400A · m^{-2}的条件下工作。自1913年石墨电极发明之后至1970年将近60年时间里，氯碱工业广泛采用石墨作为阳极材料。

石墨阳极的主要缺点是析氯过电位高，同时氧化损耗会导致石墨阳极形状不稳定，极间距增大，能耗提高。石墨阳极上析氯过电位高达500mV，生产1t Cl_2引起的阳极碳剥离量大于2kg。同时电解过程中阳极在析出氯气的同时会产生少量氧气，氧与石墨作用生成CO和CO_2，使石墨阳极遭到电化学腐蚀而剥落。因此，石墨阳极的使用寿命仅有6 ～ 24个月，当其厚度减薄至2 ～ 3cm（初始厚度一般在7 ～ 12cm）时就需要更换新阳极，这使得电解槽结构和生产操作复杂化[245]。

石墨阳极在实际应用过程中遇到上述问题促使人们在开发新型高效析氯阳极方面投入大量研究精力。析氯催化剂材料必须具备以下四个基本条件：高催化活性、

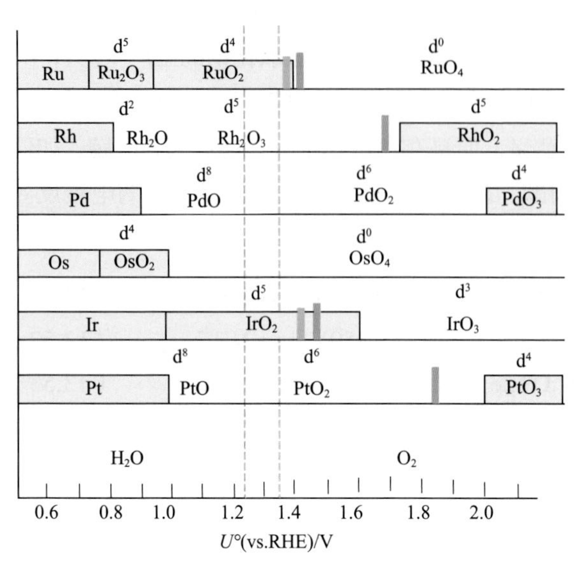

图13.29　铂族金属及其氧化物稳定性与电极电位的关系[246]

高稳定性、高选择性和高电子导电性。图13.29给出了铂族金属及其氧化物稳定性与电极电位的关系。其中，浅蓝色区域代表金属导电，红色和绿色虚线分别代表析氧和析氯电极电位。从图中可看出，IrO_2和RuO_2在析氧和析氯条件下都具有良好的导电性和稳定性，因此都是良好的电催化剂。然而，实际使用中发现IrO_2的稳定性比RuO_2稍好，但RuO_2的活性较高，尤其是在氯盐体系中。

为了获得具有实际使用价值的析氯催化剂，人们系统研究了包括石墨、金属（Pt、Ir、Ru及其合金）和金属氧化物（Co_3O_4、WO_3、Fe_3O_4、PbO_2、MnO_2、PtO_x、IrO_2及RuO_2）在内的各种潜在阳极材料的析氯动力学行为特征[154,247]。图13.30给出了不同阳极表面析氯反应的典型极化曲线，从这些曲线中，我们很直观地发现Ti/RuO_2+TiO_2阳极，即通常所说的“钌钛阳极”的电催化析氢活性最高[248]。

20世纪60年代钛基涂层氧化物电极——尺寸稳定阳极（DSA）的发明引起氯碱工业发生了巨大变革，石墨阳极逐渐被DSA钌钛阳极所取代[245]。DSA是由Beer发明的[151,152]，O.De Nora率先报道了其在工业中的应用，而V.De Nora和A.Nidola在1970年洛杉矶电化学会议上的报道打开了其在科学研究上的大门[154]。在氯碱工业典型电流密度（0.2～1.0A·cm^{-2}）下，钌钛阳极的过电位明显低于其他电极（DSA上析氯反应过电位由石墨阳极上的500mV以上降至50mV以下），而且非常稳定，工作寿命可达10年以上。RuO_2和TiO_2具有类似的晶格参数，使得它们能以共熔体形

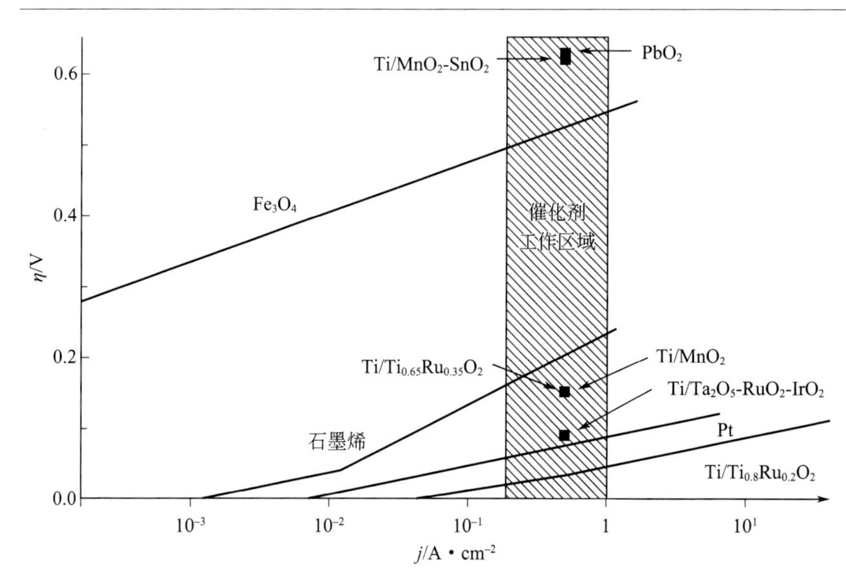

图 13.30　不同阳极材料在氯盐体系中析氯反应的典型极化曲线[248]

态存在，避免了导电性差的TiO_2直接与基体接触。而且TiO_2在腐蚀性介质中具有良好的耐腐蚀性能，RuO_2具有优异的电催化析氯活性、良好的析氯选择性和稳定性。此外，工业钌钛阳极通常为栅状或网络状结构，既降低成本又有利于气体析出，减轻气泡效应所引起的电极间电阻增大，进而引起槽压下降。这些因素促使钌钛阳极成为氯碱工业、氯酸盐和次氯酸盐电解中使用最广泛的阳极。

为了制备性能更加优异的析氯用阳极，需对阳极材料的动力学行为机理进行深入研究和探讨。在析氯反应电极过程动力学机理研究中，RuO_2、Co_3O_4和$NiCo_2O_4$等电极上得到的最基本的实验规律是比较一致的：① Tafel斜率为35 ～ 40mV・dec^{-1}；② Cl^-的动力学反应级数为1；③ 溶液pH值对反应动力学有显著影响（H^+浓度升高可抑制析氯反应进行）。

然而，钌钛涂层上的析氯实验规律和机理仍然没有一致的认识[249 ～ 251]。与析氢反应和析氧反应机理研究过程类似，析氯反应机理的确立主要以动力学参数——Tafel斜率b为依据，同时结合Cl^-甚至H^+的反应级数特征。不同Ru含量（原子分数）的RuO_2+TiO_2电极在5mol・L^{-1} NaCl溶液中的极化曲线如图13.31（a）所示[252]。当涂层中Ru含量较高时Tafel斜率为30 ～ 40mV・dec^{-1}，而当Ru含量$<10\%$时，其Tafel斜率约为120mV・dec^{-1}。同时图13.31（b）显示，由Tafel曲线计算得到的交换电流密度随氧化物涂层中Ru含量提高而增大。

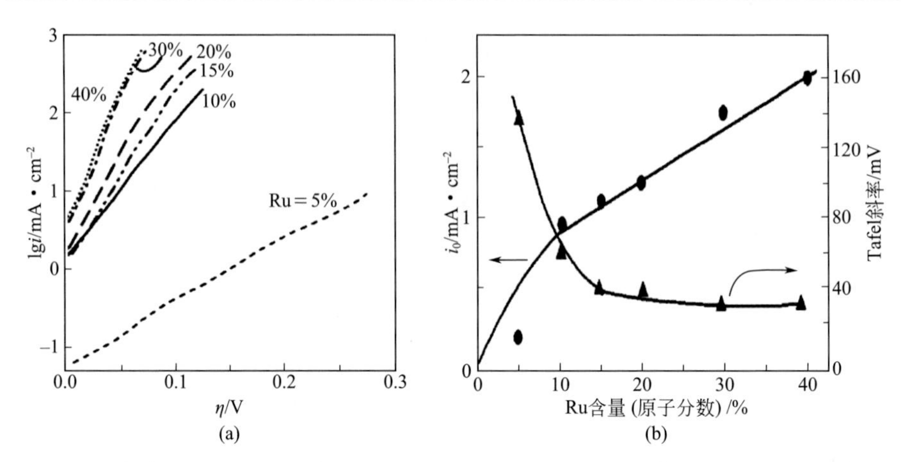

图13.31 (a)室温下不同Ru含量的RuO_2+TiO_2电极在5mol・L^{-1} NaCl(pH = 3.5)溶液中的极化曲线(iR已校正),扫速为1mV・s^{-1};(b)由Tafel曲线计算得到的交换电流密度i_0与Ru含量的关系[252]

当氧化物涂层中Ru含量较低(<10%)时,析氯反应主要包括以下基本反应步骤:

电化学步骤:$S+Cl^- \rightleftharpoons S\text{-}Cl_{ads}+e^-$ Volmer (13.54)

复合脱附步骤:$2S\text{-}Cl_{ads} \longrightarrow 2S+Cl_2$ Tafel (13.55)

电化学脱附步骤:$S\text{-}Cl_{ads}+Cl^- \longrightarrow S+Cl_2+e^-$ Heyrovsky (13.56)

其中,S表示RuO_2的活性位点,此过程与析氢反应基本步骤是一致的,其中电化学步骤(Volmer,斜率为120mV・dec^{-1})、复合脱附步骤(Tafel,斜率为30mV・dec^{-1})和电化学脱附步骤(Heyrovsky,斜率为40mV・dec^{-1})均可能成为速控步骤。因此,反应基本历程有Volmer-Tafel和Volmer-Heyrovsky两种。

然而,无论是Volmer-Tafel机理还是Volmer-Heyrovsky机理均无法解释Ru含量大于25%的RuO_2-TiO_2电极上析氯反应Tafel斜率为40mV・dec^{-1},且Cl^-的反应级数为1的现象[253,254]。为此,Erenburg和Krishtalik提出了新的析氯机理,其涉及的吸附中间态$S\text{-}Cl_{ads}$粒子可较好地解释该氧化物电极上析氯反应Cl^-的反应级数为1的现象[254]:

$$S+Cl^- \rightleftharpoons S\text{-}Cl_{ads}+e^- \quad (13.57)$$

$$S\text{-}Cl_{ads} \rightleftharpoons S\text{-}Cl^+_{ads}+e^- \quad (13.58)$$

$$S\text{-}Cl^+_{ads}+Cl^- \longrightarrow S+Cl_2 \quad (13.59)$$

此机理也被称为Volmer-Krishtalik-Tafel机理。

一般认为，钛钌氧化物DSA阳极优异的电催化性能主要是由于高氧化态钌的d电子轨道可与氧的p电子轨道重叠所致[136,199,255]。以固溶体TiO_2+RuO_2氧化物涂层为阳极时，在正电场作用下，除了施主杂质钌给出电子向阳极移动，使钌成为正电中心外，固溶体中还存在氧缺陷。阴离子缺位使点阵格子形成空位，结果等效于该处有过剩正电荷，导致钌的正电中心增强。由于上述的阳离子的掺杂和阴离子缺位的双重作用，产生了存在于固溶体中的缺陷吸附位，即Ru^{4+}，该吸附位可吸附溶液中的Cl^-形成$S\text{-}Cl_{ads}$［式（13.57）］。又由于Ru的外层电子构型为$4d^75s^1$，因而RuO_2中Ru具有未充满电子的d轨道，即“能带理论”中的“d带空穴”。未充满的d轨道具有容纳外来电子的费米能级与氧化物表面吸附物$S\text{-}Cl_{ads}$的氯原子（$3s^73p^5$）中的未满p电子配对，在Ru正电中心作用下，这个配对的p电子偏向Ru^{4+}形成$S\text{-}Cl^+_{ads}$［式（13.58）］。显然，带正电荷的Cl^+在阳极将受到排斥，很容易与溶液中的Cl^-结合形成Cl_2而从电极表面脱附［式（13.59）］。

氧化物表面吸附物$S\text{-}Cl_{ads}$的形成［式（13.57）］和氯的脱附［式（13.59）］在正电场作用下容易发生，故带正电Cl^+形成过程［式（13.58）］为速控步骤。该机理认为钌钛涂层电极对氯化钠溶液中Cl^-吸附和脱附的催化活性实质上来源于施主Ru和氧缺陷。

其后，又有研究发现当溶液pH值下降时，析氯反应的电流密度也随之下降，即H^+参与了析氯反应，且析氯反应过程中H^+反应级数为–1 ～ –2[244,256]，此时的析氯机理为：

$$S+H_2O \longrightarrow S\text{-}OH_{ads}+H^++e^- \quad (13.60)$$

$$S\text{-}OH_{ads}+Cl^- \longrightarrow Cl\text{-}S\text{-}OH+e^- \quad (13.61)$$

$$Cl\text{-}S\text{-}OH+HCl \longrightarrow S+H_2O+Cl_2 \quad (13.62)$$

或

$$S+H_2O \longrightarrow S\text{-}OH_{ads}+H^++e^- \quad (13.63)$$

$$S\text{-}OH_{ads} \longrightarrow S\text{-}O_{ads}+H^++e^- \quad (13.64)$$

$$S\text{-}O_{ads}+Cl^- \longrightarrow Cl\text{-}S\text{-}O+e^- \quad (13.65)$$

$$Cl\text{-}S\text{-}O+HCl \longrightarrow S\text{-}OH_{ads}+Cl_2 \quad (13.66)$$

此反应机理虽然较好地解释了H^+反应级数为–1的现象，但是存在一些争议[254]，且该机理要求满足析氯反应时电流密度随pH值降低而降低，这与实际工业生产观察到的现象不吻合[256]。因此，析氯反应机理至今仍无完全一致的看法。

此外，电极/电解质界面气体析出反应过程的表征，包括该过程中电极表面状态变化、析氯选择性原因等也是气体电极研究领域的难点。对此，Schuhmann等[257～261]做了大量工作，他们提出采用电化学噪声和扫描电化学显微镜等技术监测该过程行为特点。发现电化学噪声是一种行之有效的监测气体析出电极表面催化剂效率的手段[257]。通过高灵敏的测试系统监测气泡在离开电极表面过程中造成的电流波动，进一步通过傅里叶转换分析该电流响应，可获得气体析出电极的特征频率。该特征频率可用于评价催化剂的性能并可估计在气体析出反应过程中被激活的催化剂的比例。借助扫描电化学显微镜竞争模式原位分析电极表面析氯行为特征，可研究电极表面活性点分布情况及催化性能[261]。

13.4.2
Ti基RuO_2纳米涂层电极

RuO_2为金红石结构，其中Ru^{4+}呈现出八面体配位（如图13.32）。室温下，XRD测试的RuO_2的晶胞参数存在一定争议，未有统一数值，但相差无几[244,262,263]，表13.37给出了RuO_2的基本物理参数。RuO_2属于具有金属导电性的过渡金属氧化物，其电阻率为（35.2 ± 0.5）μΩ·cm，仅为金属Ru电阻率（16μΩ·cm）的两倍。

RuO_2具有良好的电催化析氯活性[264]，Beer最初发明的DSA阳极即为RuO_2+TiO_2氧化物涂层阳极。后来，为了进一步提高DSA阳极的析氯活性和稳定性，并降低电极成本，研究人员开发了不同类型的钌基氧化物析氯催化剂。根据氧化物种类可大致分为钌基二元氧化物析氯催化剂和钌基三元氧化物析氯催化剂。下文将详细介绍这些不同类型钌基析氯催化剂的析氯行为特点。

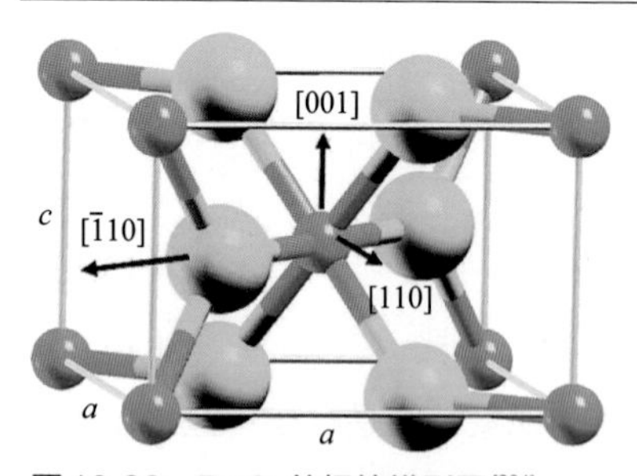

图13.32　RuO_2的棍棒模型图[264]

大尺寸圆球为氧原子，小尺寸圆球为钌原子

13.4.2.1 钌基二元氧化物析氯催化剂

RuO_2、IrO_2、TiO_2、SnO_2具有相近的晶格参数，离子半径分别为0.067nm、0.068nm、0.068nm、0.071nm。因此，向金红石RuO_2中掺杂这些过渡金属离子时，由于离子半径相近，可以互相固溶，有利于提高涂层的耐腐蚀性。

钌基二元氧化物析氯催化剂主要包括RuO_2+TiO_2、RuO_2+SnO_2、$RuO_2+Co_3O_4$等，其中RuO_2+TiO_2涂层是研究最多、电催化活性最高的二元氧化物析氯催化剂[263,265,266]。

（1）RuO_2+TiO_2涂层析氯催化剂

钌钛氧化物涂层（Ti/RuO_2+TiO_2），即钌钛阳极，是氯碱工业中广泛使用的阳极，当涂层中RuO_2摩尔分数为30%时，其在工业中的使用寿命达8～12年。

与SnO_2不同的是，文献中TiO_2与RuO_2的晶胞参数比较一致，如表13.7所示，相同的体积和半径有利于固溶体RuO_2+TiO_2的形成。

表13.7　TiO_2和RuO_2的基本物化参数

物化参数	RuO_2	TiO_2	SnO_2
晶型	四方晶系	四方晶系	四方晶系
晶体结构	金红石	金红石	金红石
a/nm	0.4490	0.4594	0.4671
c/nm	0.3195	0.2958	0.3064
V/nm^3	0.064	0.062	0.067
半径/nm	0.068	0.068	0.068
电导率/$S \cdot cm^{-1}$	$(2 \sim 3) \times 10^4$	10^{-13}	2×10^4

X射线衍射结果表明，Ti组元可能通过固溶作用进入RuO_2的金红石晶体中[263]。涂层（110）晶面和（211）晶面的面间距均随涂层中RuO_2含量不同而变。

涂层中RuO_2和Ru含量对涂层电催化析氯活性和稳定性有显著影响[267]。研究表明，涂层中RuO_2含量低至30%时也不会影响其电催化活性，但是可提高其析氯反应的选择性，而且由于TiO_2的存在降低了析氧电流密度，使得电极溶解速率下降，稳定性提高。零电荷电位与TiO_2含量的关系显示当RuO_2含量高于20%时电极表面性质主要由RuO_2决定[268]，而当RuO_2含量低于20%时，电极催化活性急剧下降[154]。密度泛函计算表明，金红石TiO_2晶格中Ru含量为25%时（$Ru_{0.25}Ti_{0.75}O_2$），电极的电子结构特征显著改变，具有类似金属的导电性[269]，其电导率为$0.78S \cdot cm^{-1}$[270]。

目前，钌钛氧化物涂层阳极主要是在含有机溶剂的$TiCl_3/RuCl_3$的混合溶液中采用热分解法制备[128,271,272]。Beer的专利中就是在$RuCl_3$和钛酸丁酯的正丁醇中采用热分解制备出钌钛阳极，这也是最经典的钌钛涂层阳极制备方法。一般采用多次涂覆-烧结工艺来获得微米级厚度的氧化物涂层。通常，在涂层粗糙度达到一定值前，涂层的活性比表面积随厚度提高而增加[273]，进一步提高涂层厚度只能改善涂层的寿命而对电催化活性几乎没有影响。此外，热分解温度对氧化物涂层电极的催化活性和稳定性有显著影响[267]。通常，热分解温度为400 ~ 550℃，温度过高（> 550℃）可能导致Ti基体被部分氧化形成绝缘的TiO_x中间层，使得涂层氧化物的接触电阻增大；除此之外，亚稳定的$Ru_xTi_{1-x}O_2$固溶体在高温（> 550℃）条件下会分解形成RuO_2和TiO_2相[265]。RuO_2的表面原子尺度分析[274]和密度泛函计算[275 ~ 277]表明，不饱和的钌原子核表面桥联的氧原子数目决定了催化剂的反应活性。因此，多孔结构有利于活性位点暴露于电解质中，获得更高的催化活性。

典型热分解法制备的氧化物涂层表面有很多裂纹（如图13.33所示）[278]，裂纹的出现是氧化物前驱体在高温烧结过程中内应力发展所致。一方面，裂纹的存在有利于活性位点与电解质充分接触，提高电极电催化活性；另一方面，裂纹的存在可能导致RuO_2+TiO_2涂层无法完全覆盖在Ti基体表面，取而代之的是覆盖绝缘的TiO_2。由于RuO_2可形成具有良好导电性的RuO_2+TiO_2固溶体，有效降低了后者的影响。但是，大量研究表明这种表面存在大量裂纹的钌钛氧化物阳极在活性Ru氧化物彻底溶解之前的电催化活性下降过程中，涂层和Ti基体界面会形成TiO_x层[128,194,271,272,279,280]。如电化学阻抗谱的Nyquist图上高频区出现新的半圆弧[194,281]，涂层出现Ti的L-edge X射线吸收光谱等[260]。有研究表明，无裂纹的$Ru_{0.25}Ti_{0.75}O_2$氧化物涂层稳定性较有裂纹的氧化物涂层高，但是电催化活性下降[265]。

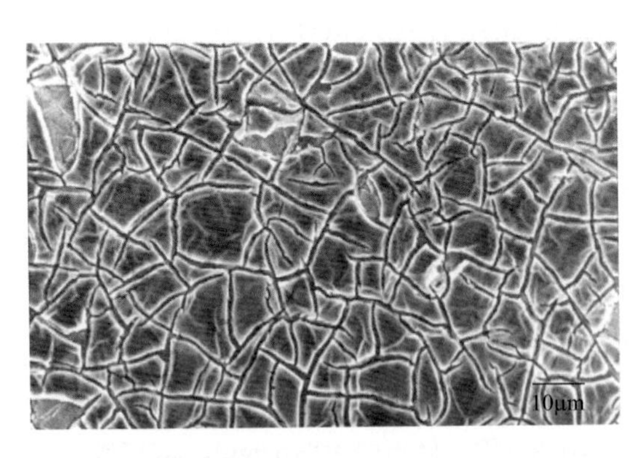

图13.33　RuO_2摩尔分数为30%的钌钛氧化物涂层阳极典型SEM形貌[278]

此外，氧化物涂层制备方法对涂层形貌、粗糙度和结构有重要影响，而这些因素将直接影响涂层的电催化活性和稳定性。除热分解法外，也有研究采用Pechini法[192,282]、旋涂法[283]、电沉积法[284 ~ 286]、电泳沉积法[287]、Ti基体在含Ru盐的体系中一步阳极氧化法[288]和基于无机体系的溶胶凝胶法[289 ~ 294]等制备钌基氧化物涂层阳极。其中，溶胶凝胶法似乎是一种更有前景的方法，这是因为通过控制水解和缩合条件，可促进不同氧化物在分子水平充分混合，形成均一结构。此外，溶胶凝胶法通常可制备纳米尺度氧化物，而氧化物涂层的晶粒尺寸大小对涂层电催化活性有显著影响。如Hempelmann等[294]采用溶胶凝胶法结合溶剂热法制备得到了晶粒尺寸为3nm的$Ru_{0.3}Ti_{0.7}O_2$氧化物涂层，其析氯电位与传统热分解法制备的$Ru_{0.3}Ti_{0.7}O_2$氧化物涂层电极相比，下降了86mV[265]。需要指出的是，溶胶凝胶法提高氧化物涂层电催化活性是几何面积效应所致[295]，即采用该法制备的涂层多孔性较高，使得单位面积电流密度更大，但经真实面积校正之后，溶胶凝胶法和热分解法制备的DSA析氯电流几乎一致。

钌钛涂层阳极在电解氯化钠时，不仅析氯电位低，而且析氧电位也低，两者过电位差值约0.08V。经过多年生产实践，发现钌钛涂层阳极在氯碱工业中使用过程中存在的主要问题是所产生的氯气中含氧量随电解时间延长有所提高，一般在2% ～ 4%，甚至更高。氯气中氧含量过高，降低了氯气纯度，造成了电流效率低，同时会缩短阳极工作寿命，影响氯气液化效率，对某些有机化学工业的生产造成威胁。如何提高钌钛活性涂层的析氧电位，降低氯中含氧量已成为各国学者的重要课题。

（2）RuO_2+SnO_2涂层催化剂

SnO_2为n型半导体，电导率约为$2\times10^4 S\cdot cm^{-1}$，其导电性是由制造过程中产生的晶格缺陷和氧不足引起的，阳极氧化时具有较高的电流效率和良好的电化学稳定性及酸碱耐腐蚀性。由于RuO_2与SnO_2之间晶格常数的差异比RuO_2与TiO_2之间晶格常数差异大（见表13.7），使得固溶体RuO_2+SnO_2中晶体生长受到限制，导致$Ru_{0.3}Sn_{0.7}O_2$氧化物涂层的晶粒尺寸（5nm）比$Ru_{0.3}Ti_{0.7}O_2$氧化物涂层晶粒尺寸（10nm）更小，比表面积更大，从而提高其电催化活性[265]。

Hempelmann等[260]采用溶胶凝胶法在Ti基体表面制备了无裂纹的$Ru_{0.3}Sn_{0.7}O_2$。研究结果表明无裂纹的完整涂层可有效阻止电解质和氧向基体渗透导致绝缘TiO_2层的形成，因而该氧化物涂层具有良好的电催化稳定性。同时，基于循环伏安测试得到的积分电荷和扫描电化学显微镜检测得到的Cl_2还原电流均表明该无裂纹$Ru_{0.3}Sn_{0.7}O_2$涂层的电催化活性甚至优于商业化$Ru_{0.3}Ti_{0.7}O_2$涂层的电催化活性。

（3）RuO_2+Co_3O_4涂层析氯催化剂

目前，作为析氯催化剂的氧化物主要为金红石结构，如RuO_2、IrO_2、RuO_2+TiO_2等，也有研究采用其他晶型的氧化物，如尖晶石型的Co_3O_4与RuO_2制备混合氧化物涂层作为析氯催化剂[296]。

Ni与Co均为过渡金属，其氧化物具有类似的性质。因此，也可考虑以Ni取代

RuO_2中少量Ru来制备成本更低的析氯氧化物涂层。Krtil等[194]采用溶胶凝胶法制备了$Ru_{1-x}Ni_xO_{2-y}$（$0.02 < x < 0.30$）涂层。研究结果显示，Ni取代部分Ru对涂层结构影响很小，差分电化学质谱显示与纯RuO_2相比，该电极的析氯过电位显著降低，而析氧过程在一定程度上被抑制。增加电极中Ni含量会影响电极的电催化活性和选择性。总的来说，Ni含量提高，电催化活性增强，当Ni含量达到10%时，电极的析氯活性最高，进一步提高Ni含量将抑制析氯反应而有利于析氧反应。

13.4.2.2
钌基三元氧化物析氯催化剂

虽然RuO_2+TiO_2二元氧化物涂层发明之后很快被应用于氯碱工业中，但是后来人们在使用过程中发现，该电极在高析氯电位下工作时的稳定性不理想。这是因为高极化电位下，RuO_2可被氧化成过钌酸盐、钌酸盐和RuO_4等[297,298]，导致RuO_2稳定性下降。为此，研究人们开发出Ru-Ir-Ti、Ru-Sb-Sn等三元钌基氧化物涂层析氯催化剂。

（1）RuO_2+IrO_2+TiO_2三元氧化物涂层析氯催化剂

由于IrO_2在电催化过程中具有良好的稳定性，人们尝试向RuO_2+TiO_2二元氧化物涂层中加入适量IrO_2制备混合固溶体RuO_2+IrO_2+TiO_2三元氧化物涂层，并取得了成功[258,279,282,287,299～301]。该三元氧化物涂层与RuO_2+TiO_2二元氧化物涂层相比，具有更好的析氯催化活性和稳定性，同时也是已开发的最成功的三元钌基氧化物涂层析氯催化剂，已在工业上获得应用。

RuO_2+IrO_2+TiO_2三元氧化物涂层阳极中IrO_2含量对电极活性和稳定性有重要影响。Yi等[299]发现IrO_2含量为0.5mg·cm^{-2}时，RuO_2+IrO_2+TiO_2电极的表面微观结构比IrO_2含量更少时更加均匀，而且此时电极的寿命为IrO_2含量为0.3mg·cm^{-2}时电极的2倍。同时，涂层中RuO_2和IrO_2的颗粒尺寸和金红石型IrO_2的含量均随IrO_2含量提高而减小。Mehran等[282]比较了$Ru_{0.3}Ti_{0.7}O_2$/Ti电极和$Ru_{0.3}Ti_{0.4}Ir_{0.3}O_2$/Ti电极的析氯活性，结果表明，含30% IrO_2的Ru-Ir-Ti三元氧化物涂层阳极更加致密且裂纹更少，而且该三元氧化物涂层具有更优异的电催化析氯活性和稳定性。Schuhmann和Strasser等[258]研究了三元Ru-Ir-Ti混合氧化物涂层阳极对析氯和析氧电催化活性的选择性。差分电化学质谱测试表明电解液中Cl^-浓度增大，析氯反应选择性提高，当NaCl浓度为4mol·L^{-1}时，析氯反应选择性高达97%。然而经过一段时间电化学测试后，RuO_2在涂层表面发生富集，这将导致氧化物涂层的析氯选择性下降，更有利于涂层析氧反应的发生。作者还发现水的氧化是氧化物腐蚀和失活的初期过程。

与RuO_2+TiO_2涂层类似，RuO_2+IrO_2+TiO_2涂层通常也是通过热分解法制备，除此之外，也可采用其他技术，如电沉积法制备。Yousefpour等[287]采用电沉积法结合高温烧结技术制备了混合固溶体RuO_2+IrO_2+TiO_2涂层。研究表明，涂层结构为六层，电解液中RuO_2 ∶ IrO_2 ∶ TiO_2摩尔比为5 ∶ 25 ∶ 75时，制备的涂层具有良好的电催化析氯活性和稳定性。

（2）RuO_2+Sb_2O_5+SnO_2三元氧化物涂层析氯催化剂

以SnO_2为分散剂，Sb_2O_5为掺杂剂，RuO_2为活性组分制备的RuO_2+Sb_2O_5+SnO_2三元氧化物涂层具有较好的电催化析氧活性和稳定性[302,303]。由于RuO_2具有优异的析氯活性，考虑通过提高该三元氧化物涂层中RuO_2含量，制备具有较高析氯催化活性的氧化物涂层。

Chen等[303]制备了RuO_2含量为30%的RuO_2+Sb_2O_5+SnO_2三元氧化物涂层阳极用于海水中析氯催化剂。结果表明，该涂层呈现出微观多孔结构同时存在固溶体。该阳极在不同温度和电流密度下电解海水时电流效率在80%以上，加速寿命测试预测该阳极在电流密度为500 $A \cdot m^{-2}$条件下可服役5年以上。

（3）RuO_2+TiO_2+CeO_2三元氧化物涂层析氯催化剂

为了提高氧化物涂层析氯选择性，除了设法提高析氯反应活性外，另一个可行思路是抑制析氧反应的进行。研究表明，阳极电位高于低价氧化物/高价氧化物对的标准电位后，氧化物表面析氧过程才会发生，该标准电极电位越高，越能抑制电极表面氧的析出[304]。因此，可考虑向氧化物涂层中引入具有良好酸碱稳定性，同时不影响析氯活性的高析氧过电位物质。研究发现Ce(Ⅲ)/Ce(Ⅳ)的氧化还原电位较高[305]，可起到抑制析氧的作用。Faria等[306,307]向RuO_2+TiO_2氧化物涂层中加入稀土氧化物CeO_2制备了RuO_2+TiO_2+CeO_2三元氧化物涂层。与RuO_2+TiO_2涂层比较，CeO_2的添加大大提高了氧化反应的电催化活性，特别是涂层组成为$Ru_{0.3}Ti_{0.6}Ce_{0.1}O_2$的金属氧化物电极具有较优的电催化活性和稳定性。该三元氧化物涂层的析氯反应Tafel斜率与涂层组成无关，均为30$mV \cdot dec^{-1}$，进一步研究表明CeO_2取代部分TiO_2导致电催化活性提高是由于涂层的表面积增大所致，其实际电催化活性是下降的。

13.4.3
其他析氯反应电催化纳米材料

DSA在高浓度NaCl溶液中作为析氯阳极取得了巨大成功，但是在海水中电解制氯时遇到了困难。这是因为与氯碱电解不同，海水电解制氯过程中氯化钠浓度低，阳极反应不仅存在析氯反应，还伴随着大量析氧反应，而且电解质的腐蚀性更强，对阳极的要求要比氯碱用阳极高得多。氯碱工业所用的二元涂层阳极（Ti/RuO_2+TiO_2）不适用于海水电解，海水电解用阳极一般采用多元涂层，涂层中含有Pt或Ir等贵金属氧化物。IrO_2+Pt复合涂层阳极比常规DSA阳极（如RuO_2+TiO_2）具有更好的耐腐蚀能力，是海水电解制氯等高腐蚀性环境中被广泛使用的电极。但是Ir和Pt价格都很昂贵，为了进一步降低苛性条件下阳极的成本，同时不牺牲电极的催化活性和使用寿命，研究人员开发了其他结构的阳极材料。

13.4.3.1
Pt基金属析氯阳极材料

Pt的析氯活性并不高[248]，且在强酸性和含氯离子的溶液中长时间阳极极化的稳定性不足[308～311]。为了减缓纯Pt在酸性溶液中的腐蚀和钝化现象，Augustynski早在20世纪60年代末就研究了Pt-Ir（30% Ir）合金作为阳极析氯催化剂的可能性[308]，结果表明该合金在强酸性溶液中并未发生钝化现象。其后，该课题组[309]又研究了Pt-Ir合金中Ir含量、NaCl浓度及电解时间对Pt-Ir合金析氯性能的影响。发现短时间电解时Ir含量为0.5%即可消除电极的钝化现象，长时间电解时为了避免电极被钝化，Ir含量至少应达到10%。然而，在电催化析氯活性优异且稳定好的钌钛氧化物DSA阳极被发明之后，Pt基析氯催化剂迅速被取代，但是应用中发现，钌钛氧化物阳极在海水电解时稳定性较差，促使人们重新将研究目标投向Pt基催化剂。

Spasojević等[312]制备了具有双层结构的新型阳极作为不同NaCl浓度下的析氯阳极。首先采用热分解法在钛基体表面制备平均晶粒尺寸在30nm的RuO_2+TiO_2固溶体，作为第一层活性氧化物涂层；其后继续制备一层平均尺寸在26nm的由无定形金属Pt粒子和金红石IrO_2纳米晶组成的涂层，进而得到混合氧化物涂层。该双层结构的RuO_2+TiO_2/Pt+IrO_2阳极在不同NaCl浓度下均具有良好的析氯/氯酸盐制备活性和稳定性。

基于贵金属氧化物的DSA阳极是目前已取得应用的电催化析氯活性最高且使用寿命很长的析氯反应催化剂。然而，与贵金属作为催化剂面临的问题相同，虽然它们都具有良好的电催化活性，但是其价格昂贵，且地壳中储量很小。据估计，每年Ru产量的10%～15%都用于DSA阳极的制备，2010年制备氯碱工业DSA消耗的Ru为3t[264]。因此，开发具有高活性、高稳定性且成本低廉的非贵金属析氯催化剂具有十分重要的意义。

迄今，已被研究的非贵金属析氯催化剂有铅基涂层材料和金刚石基薄膜材料等。

13.4.3.2
铅基析氯阳极材料

PbO_2电极在水溶液中电解时具有析氧电位高，氧化能力强，耐腐蚀性好、导电性好、可通过大电流等特点。因此，铅基氧化物涂层可有效抑制氧气析出，提高析氯反应选择性。但是由于β-PbO_2固有的电积畸变使其与基体不能牢固地结合，使用过程中钛基体会产生氧化物薄膜，使金属钛钝化，导致导电困难。为了提高PbO_2电极的坚固性、导电性和耐腐蚀性，研究人员通常对电极进行掺杂改进或设置中间层。金世雄等[313]研究表明，具有中间层Sb_2O_3+PdO_x的Ti/PbO_2电极和具有中间层SnO_2+PdO_x的Ti/Co_3O_4电极的析氯活性与工业用Ti/RuO_2+TiO_2电极相近，而析氧过电位则高于Ti/RuO_2+TiO_2电极。

参考文献

[1] 丁福臣，易玉峰. 制氢储氢技术. 北京：化学工业出版社，2006.
[2] Godula-Jopek A, Stolten D. Hydrogen Production: By Electrolysis. Wiley, 2015.
[3] Sherif S A, GoswamiD Y, Stefanakos E K, SteinfeldA. Handbook of Hydrogen Energy. Taylor & Francis, 2014.
[4] TrasattiS. Electrocatalysis of Hydrogen Evolution: Progress in cathode activation//Advances in electrochemical science and engineering. Wiley-VCH Verlag GmbH, 2008.
[5]UrsuaA, Gandia L M, SanchisP. Hydrogen production from water electrolysis: current status and future trends. Proceedings of the IEEE, 2012, (100): 410-426.
[6] J Tafel. Über die Polarisation bei kathodischer Wasserstoffentwicklung. Z Phys Chem, 1905, (50A): 641-712.
[7] 查全性. 电极过程动力学导论. 第3版. 北京：科学出版社，2002.
[8] 李荻. 电化学原理（修订版）. 北京：北京航空航天大学出版社，2003.
[9] 孙世刚，陈胜利. 电催化. 北京：化学工业出版社，2013.
[10] E G T, VM Z, Zur. Theorie der Wasserstoffüberspannung. Z Phys Chem, 1930, 150A, 203.
[11] Butler JAV. The mechanism of overvoltage and its relation to the combination of hydrogen atoms at metal electrodes. Transactions of the Faraday Society, 1932, (28): 379-382.
[12] H J, P M. Grundlinien einer Theorie der Protonenübertragung. Acta Physicochim URSS, 1935, (2): 505-532.
[13] Tavares M C, Machado S A S, Mazo L H. Study of hydrogen evolution reaction in acid medium on Pt microelectrodes. Electrochim Acta, 2001, (46): 4359-4369.
[14] Trasatti S. Work function, electronegativity, and electrochemical behaviour of metals: Ⅲ. Electrolytic hydrogen evolution in acid solutions[J]. Journal of Electroanalytical Chemistry & Interfacial Electrochemistry, 1972, 39(1): 163-184.
[15] Luo Y R. Comprehensive Handbook of Chemical Bond Energies. CRC Press, 2007.

[16] Björketun M E, Karlberg G S, Rossmeisl J, et al. Hydrogen evolution on Au(111) covered with submonolayers of Pd[J]. Physical Review B: Condensed Matter, 2011, 84(4): 045407.

[17] Grigoriev S A, Millet P, Fateev V N. Evaluation of carbon-supported Pt and Pd nanoparticles for the hydrogen evolution reaction in PEM water electrolysers[J]. Journal of Power Sources, 2008, 177(2): 281-285.

[18] Pluntke Y, Kibler L A, Kolb D M. Unique activity of Pd monomers: hydrogen evolution at AuPd(111) surface alloys[J]. Physical Chemistry Chemical Physics, 2008, 10(25): 3684-8.

[19] Chorbadzhiyska E, Mitov M, Hristov G, et al. Pd-Au electrocatalysts for hydrogen evolution reaction at neutral pH[J]. International Journal of Electrochemistry, 2014, (3) .

[20] MarkovićNM, GrgurBN, RossPN. Temperature-dependent hydrogen electrochemistry on Platinum low-index single-crystal surfaces in acid solutions[J]. Journal of Physical Chemistry B, 1997, 101(27): 5405-5413.

[21] Conway B E, Barber J, Morin S. Comparative evaluation of surface structure specificity of kinetics of UPD and OPD of H at single-crystal Pt electrodes[J]. Electrochimica Acta, 1998, 44(6-7): 1109-1125.

[22] Conway B E, Tilak B V. Interfacial processes involving electrocatalytic evolution and oxidation of H_2, and the role of chemisorbed H[J]. Electrochimica Acta, 2002, 47(22): 3571-3594.

[23] Barber J H, Conway B E. Structural specificity of the kinetics of the hydrogen evolution reaction on the low-index surfaces of Pt single-crystal electrodes in 0.5 M dm^{-3} NaOH [J]. Journal of Electroanalytical Chemistry, 1999, 461(1-2): 80-89.

[24] Wei G, Liu Z. Restructuring and hydrogen evolution on Pt nanoparticle[J]. Chemical Science, 2015, 6(2): 1485-1490.

[25] Xu G R, Hui J J, Huang T, et al. Platinum nanocuboids supported on reduced graphene oxide as efficient electrocatalyst for the hydrogen evolution reaction[J]. Journal of Power Sources, 2015, 285: 393-399.

[26] Nguyen H D, Thuy L N T, Nguyen K M, et al. Preparation of the vulcan XC-72R-supported Pt nanoparticles for the hydrogen evolution reaction in PEM water electrolysers[J]. Advances in Natural Sciences Nanoscience & Nanotechnology, 2015, 6(2): 025012.

[27] Liu H, Grot S, Logan B E. Electrochemically assisted microbial production of hydrogen from acetate. Environ Sci Technol, 2005, 39: 4317-4320.

[28] Cheng S, Logan B E. Sustainable and efficient biohydrogen production via electrohydrogenesis[J]. Proceedings of the National Academy of Sciences of the United States of America, 2007, 104(47): 18871-18873.

[29] Pierozynski B, Mikolajczyk T. Hydrogen evolution reaction at Ru-modified carbon fibre in 0.5 M H_2SO_4[J]. International Journal of Electrochemical Science, 2012, 7(10): 9697-9706.

[30] Lv H, Xi Z, Chen Z, et al. A new core/shell NiAu/Au nanoparticle catalyst with Pt-like activity for hydrogen evolution reaction [J]. Journal of the American Chemical Society, 2015, 137(18): 5859-5862.

[31] Brewer L. Bonding and structures of transition metals[J]. Science, 1968, 161(3837): 115-122.

[32] Rommal H E G, Moran P J. Time-dependent energy efficiency losses at nickel cathodes in alkaline water electrolysis systems. J Electrochem Soc, 1985, (32): 325-329.

[33] Soares D M, Teschke O, Torriani I. Hydride effect on the kinetics of the hydrogen evolution reaction on nickel cathodes in alkaline media[J]. Equine Veterinary Journal, 1992, 139(1): 98-105.

[34] Choquette Y, Brossard L, Ménard H. Leaching of Raney nickel composite-coated electrodes[J]. Journal of Applied Electrochemistry, 1990, 20(5): 855-863.

[35] O Norsk Hydro. Electrolyte Cell Active Cathode

with Low Overvoltage, in, Nederlands, 1978.
[36] Hashimoto K, Sasaki T, Meguro S, et al. Nanocrystalline electrodeposited Ni-Mo-C cathodes for hydrogen production[J]. Materials Science & Engineering A, 2004, 375-377(1): 942-945.
[37] Ezaki H, Morinaga M, Watanabe S, et al. Hydrogen overpotential for intermetallic compounds, TiAl, FeAl and NiAl, containing 3d, transition metals[J]. Electrochimica Acta, 1994, 39(11-12): 1769-1773.
[38] Tanaka S, Hirose N, Tanaki T. Evaluation of Raney-nickel cathodes prepared with aluminum powder and titanium hydride powder[J]. Journal of The Electrochemical Society, 1999, 146(7): 2477-2480.
[39] Endoh E, Otouma H, Morimoto T, et al. New Raney nickel composite-coated electrode for hydrogen evolution[J]. International Journal of Hydrogen Energy, 1987, 12(7): 473-479.
[40] Nagai N, Takeuchi M, Kimura T, et al. Existence of optimum space between electrodes on hydrogen production by water electrolysis[J]. International Journal of Hydrogen Energy, 2003, 28(1): 35-41.
[41] Sanches L S, Domingues S H, Marino C E B, et al. Characterisation of electrochemically deposited Ni-Mo alloy coatings[J]. Electrochemistry Communications, 2004, 6(6): 543-548.
[42] Devanathan M A V, Selvaratnam M. Mechanism of the hydrogen-evolution reaction on nickel in alkaline solutions by the determination of the degree of coverage[J]. Chinese Journal of Rock Mechanics & Engineering, 1960, 56: 1820-1831.
[43] 曹寅亮，王峰，刘景军，等. 镍硫析氢活性阴极的电化学制备及其电催化机理[J]. 物理化学学报，2009，25(10): 1979-1984.
[44] Narita A, Watanabe T, Tanabe Y. Preparation for Ni-S amorphous alloy by electroplating method[J]. Rapidly Quenched Metals, 1985: 133-137.
[45] Sabela R, Paseka I. Properties of Ni-S_x, electrodes for hydrogen evolution from alkaline medium[J]. Journal of Applied Electrochemistry, 1990, 20(3): 500-505.
[46] Paseka I. Sorption of hydrogen and kinetics of hydrogen evolution on amorphous Ni-S_x electrodes[J]. Electrochimica acta, 1993, 38(16): 2449-2454.
[47] Vandenborre H, Vermeiren P, Leysen R. Hydrogen evolution at nickel sulphide cathodes in alkaline medium[J]. Electrochimica Acta, 1984, 29(3): 297-301.
[48] Burchardt T, Hansen V, Våland T. Microstructure and catalytic activity towards the hydrogen evolution reaction of electrodeposited NiP_x alloys[J]. Electrochimica Acta, 2002, 46(18): 2761-2766.
[49] Burchardt T. Hydrogen evolution on NiP_x alloys: the influence of sorbed hydrogen[J]. International Journal of Hydrogen Energy, 2001, 26(11): 1193-1198.
[50] Paseka I. Evolution of hydrogen and its sorption on remarkable active amorphous smooth NiP_x electrodes[J]. Electrochimica Acta, 1995, 40(11): 1633-1640.
[51] Popczun E J, Mckone J R, Read C G, et al. Nanostructured nickel phosphide as an electrocatalyst for the hydrogen evolution reaction [J]. Journal of the American Chemical Society, 2013, 135(25): 9267-9270.
[52] Feng L, Vrubel H, Bensimon M, et al. Easily-prepared dinickel phosphide(Ni_2P) nanoparticles as an efficient and robust electrocatalyst for hydrogen evolution[J]. Physical Chemistry Chemical Physics Pccp, 2014, 16(13): 5917-5921.
[53] Bai Y, Zhang H, Li X, et al. Novel peapod-like Ni_2P nanoparticles with improved electrochemical properties for hydrogen evolution and lithium storage. [J]. Nanoscale, 2015, 7(4): 1446-1453.
[54] 杨静，吴仲达等. 镍钼合金电极的析氢性能研究[J]. 稀有金属，1998, 22(4): 251-253.
[55] Huot J Y, Trudeau M L, Schulz R. Low hydrogen

overpotential nanocrystalline Ni-Mo cathodes for alkaline water electrolysis[J]. Journal of the Electrochemical Society, 1991, 138(5): 1316-1321.

[56] Highfield J G, Claude E, Oguro K. Electrocatalytic synergism in Ni/Mo cathodes for hydrogen evolution in acid medium: a new model[J]. Electrochimica Acta, 1999, 44(16): 2805-2814.

[57] Han Q, Cui S, Pu N, et al. A study on pulse plating amorphous Ni–Mo alloy coating used as HER cathode in alkaline medium[J]. International Journal of Hydrogen Energy, 2010, 35(11): 5194-52013.

[58] Birry L, Lasia A. Studies of the hydrogen evolution reaction on raney nickel——molybdenum electrodes[J]. Journal of Applied Electrochemistry, 2004, 34(7): 735-749.

[59] Chialvo M R G D, Chialvo A C. Hydrogen evolution reaction on smooth Ni_{1-x} + Mo_x alloys($0 \leqslant x \leqslant 0.25$) [J]. Journal of Electroanalytical Chemistry, 1998, 448(1): 87-93.

[60] Krstajić N V, Jović V D, Gajić-Krstajić L, et al. Electrodeposition of Ni–Mo alloy coatings and their characterization as cathodes for hydrogen evolution in sodium hydroxide solution[J]. International Journal of Hydrogen Energy, 2008, 33(14): 3676-3687.

[61] 黄令，许书楷，周绍民，等. 纳米晶镍-钼合金电沉积层的结构与性能[J]. 应用化学，1999, 16(2): 38-41.

[62] Raj I A, Vasu K I. Transition metal-based cathodes for hydrogen evolution in alkaline solution: Electrocatalysis on nickel-based ternary electrolytic codeposits[J]. Journal of Applied Electrochemistry, 1992, 22(5): 471-477.

[63] Hu W, Zhang Y, Song D, et al. Electrode properties of amorphous nickel-iron-molybdenum alloy as a hydrogen electrocatalyst in alkaline solution[J]. Materials Chemistry & Physics, 1995, 41(2): 141-145.

[64] Crnkovic F C, Machado S A S, Avaca L A. Electrochemical and morphological studies of electrodeposited Ni-Fe-Mo-Zn alloys tailored for water electrolysis[J]. International Journal of Hydrogen Energy, 2004, 29(3): 249-254.

[65] Li Y, Wang H, Xie L, et al. MoS_2 nanoparticles grown on graphene: an advanced catalyst for the hydrogen evolution reaction[J]. Journal of the American Chemical Society, 2011, 133(19): 7296.

[66] Jaramillo T F, Jørgensen K P, Bonde J, et al. Identification of active edge sites for electrochemical H_2 evolution from MoS_2 nanocatalysts[J]. science, 2007, 317(5834): 100-102.

[67] Merki D, Hu X. Recent developments of molybdenum and tungsten sulfides as hydrogen evolution catalysts[J]. Energy & Environmental Science, 2011, 4(10): 3878-3888.

[68] Karunadasa H I, Montalvo E, Sun Y, et al. A molecular MoS_2 edge site mimic for catalytic hydrogen generation. [J]. Science, 2012, 335(6069): 698-702.

[69] Hou Y, Abrams B L, Vesborg P C, et al. Bioinspired molecular co-catalysts bonded to a silicon photocathode for solar hydrogen evolution[J]. Nature Materials, 2011, 10(6): 434-438.

[70] Karunadasa H I, Chang C J, Long J R. A molecular molybdenum-oxo catalyst for generating hydrogen from water[J]. Nature, 2010, 464(7293): 1329-1333.

[71] Bonde J, Moses PG, Jaramillo TF, Nørskov JK, Chorkendorff I. Hydrogen evolution on nano-particulate transition metal sulfides[J]. Faraday Discussions, 2008, 140(1): 219-231.

[72] Hinnemann B, Moses P G, Bonde J, et al. Biomimetic hydrogen evolution: MoS_2 nanoparticles as catalyst for hydrogen evolution. [J]. Cheminform, 2005, 127(15): 5308-5309.

[73] Chen W F, Muckerman J T, Fujita E. Recent developments in transition metal carbides and nitrides as hydrogen evolution electrocatalysts. [J]. Chemical Communications, 2013, 49(79):

8896-8909.

[74] Laursen A B, Kegnæs S, Dahl S, et al. Molybdenum, sulfides——efficient and viable materials for electro-and photoelectrocatalytic hydrogen evolution[J]. Energy & Environmental Science, 2012, 5(2): 5577-5591.

[75] Bélanger D, Laperriére G, Marsan B. The electrodeposition of amorphous molybdenum sulfide[J]. Journal of Electroanalytical Chemistry, 1993, 347(1–2): 165-183.

[76] Ponomarev E A, Neumann-Spallart M, Hodes G, et al. Electrochemical deposition of MoS_2 thin films by reduction of tetrathiomolybdate[J]. Thin Solid Films, 1996, 280(1): 86-89.

[77] Merki D, Fierro S, Vrubel H, et al. Amorphous molybdenum sulfide films as catalysts for electrochemical hydrogen production in water[J]. Chemical Science, 2011, 2(7): 1262-1267.

[78] Chen S, Duan J, Tang Y, et al. Molybdenum sulfide clusters-nitrogen-doped graphene hybrid hydrogel film as an efficient three-dimensional hydrogen evolution electrocatalyst[J]. Nano Energy, 2015, 11: 11-18.

[79] Vrubel H, Hu X. Molybdenum boride and carbide catalyze hydrogen evolution in both acidic and basic solutions[J]. Angewandte Chemie International Edition, 2012, 51(51): 12703-6.

[80] Chen W F, Wang C H, Sasaki K, et al. Highly active and durable nanostructured molybdenum carbide electrocatalysts for hydrogen production[J]. Energy & Environmental Science, 2013, 6(3): 943-951.

[81] Li K, Wang R, Chen J. Hydrodeoxygenation of Anisole over Silica-Supported Ni_2P, MoP, and NiMoP Catalysts[J]. Energy & Fuels, 2011, 25(3): 854-863.

[82] Wei C, Qian L, Xing Z, et al. MoP nanosheets supported on biomass-derived carbon flake: One-step facile preparation and application as a novel high-active electrocatalyst toward hydrogen evolution reaction[J]. Applied Catalysis B Environmental, 2015, 164(Volume 164): 144-150.

[83] Cao J P, Zhou L L, Fu L Z, et al. A molecular molybdenum electrocatalyst for generating hydrogen from acetic acid or water[J]. Journal of Power Sources, 2014, 272: 169-175.

[84] Levy R B, Boudart M. Platinum-like behavior of tungsten carbide in surface catalysis[J]. Science, 1973, 181(4099): 547-549.

[85] 施晶莹，肖秀峰，朱则善.(Ni-Mo)-WC电极在碱性介质中的电催化析氢性能[J]. 福建师大学报（自然科学版），2002，18(3): 46-49.

[86] 肖秀峰，刘榕芳，朱则善. Ni-W-WC复合电极在碱性介质中的电催化析氢[J]. 物理化学学报，1999，15(8): 742-746.

[87] 朱龙章，刘淑兰，覃奇贤，等. Ni-WC复合电极在弱酸性介质中的析氢催化性能[J]. 物理化学学报，1994，10(11): 1055-1058.

[88] 盛江峰，马淳安，张诚，等. 碳化钨负载纳米铂催化剂的制备及其析氢催化性能[J]. 物理化学学报，2007，23(2): 181-186.

[89] Esposito D V, Hunt S T, Stottlemyer A L, et al. Low-cost hydrogen-evolution catalysts based on monolayer platinum on tungsten monocarbide substrates[J]. Angewandte Chemie, 2010, 49(51): 9859-9862.

[90] Esposito D V, Chen J G. Monolayer platinum supported on tungsten carbides as low-cost electrocatalysts: opportunities and limitations[J]. Energy & Environmental Science, 2011, 4(10): 3900-3912.

[91] Kelly T G, Chen J G. Metal overlayer on metal carbide substrate: unique bimetallic properties for catalysis and electrocatalysis. [J]. Cheminform, 2012, 41(24): 8021-34.

[92] Kelly T G, Hunt S T, Esposito D V, et al. Monolayer palladium supported on molybdenum and tungsten carbide substrates as low-cost hydrogen evolution reaction(HER) electrocatalysts[J]. International Journal of Hydrogen Energy, 2013, 38(14): 5638-5644.

[93] Sobczynski A, Yildiz A, Bard A J, et al. Tungsten disulfide: a novel hydrogen evolution catalyst for water decomposition[J]. The Journal of Physical Chemistry, 1988, 92(8): 2311-2315.

[94] Sobczynski A, Bard A J, Campion A, et al. Catalytic hydrogen evolution properties of nickel-doped tungsten disulfide[J]. Journal of Physical Chemistry; (USA) , 1989, 93(1): 401-403.

[95] Wu Z, Fang B, Bonakdarpour A, et al. WS_2, nanosheets as a highly efficient electrocatalyst for hydrogen evolution reaction[J]. Applied Catalysis B Environmental, 2012, 125(33): 59-66.

[96] Kim J, Byun S, Smith A J, et al. Enhanced electrocatalytic properties of transition-metal dichalcogenides sheets by spontaneous gold nanoparticle decoration[J]. Journal of Physical Chemistry Letters, 2013, 4(8): 1227-1232.

[97] Voiry D, Yamaguchi H, Li J, et al. Enhanced catalytic activity in strained chemically exfoliated WS_2 nanosheets for hydrogen evolution[J]. Nature Materials, 2013, 12(9): 850-855.

[98] Cheng L, Huang W, Gong Q, et al. Ultrathin WS_2 nanoflakes as a high-performance electrocatalyst for the hydrogen evolution reaction. [J]. Angewandte Chemie, 2014, 53(30): 7860-7863.

[99] Choi C L, Feng J, Li Y, et al. WS_2, nanoflakes from nanotubes for electrocatalysis[J]. 纳米研究（英文版），2013, 6(12): 921-928.

[100] Mcenaney J M, Crompton J C, Callejas J F, et al. Electrocatalytic hydrogen evolution using amorphous tungsten phosphide nanoparticles. [J]. Chemical Communications, 2014, 50(75): 11026-11028.

[101] Du H, Shuang G, Liu R, et al. Tungsten diphosphide nanorods as an efficient catalyst for electrochemical hydrogen evolution[J]. Journal of Power Sources, 2015, 278: 540-545.

[102] Sun Y, Liu C, Grauer D C, et al. Electrodeposited cobalt-sulfide catalyst for electrochemical and photoelectrochemical hydrogen generation from water[J]. Journal of the American Chemical Society, 2013, 135(47): 17699-17702.

[103] Zhang H, Li Y, Zhang G, et al. Highly crystallized cubic cattierite CoS_2, for electrochemically hydrogen evolution over wide pH range from 0 to 14[J]. Electrochimica Acta, 2014, 148: 170-174.

[104] Liu Q, Tian J, Cui W, et al. Carbon nanotubes decorated with CoP nanocrystals: a highly active non-noble-metal nanohybrid electrocatalyst for hydrogen evolution[J]. Angewandte Chemie, 2014, 53(26): 6710-6714.

[105] Tian J, Liu Q, Asiri A M, et al. Self-supported nanoporous cobalt phosphide nanowire arrays: an efficient 3D hydrogen-evolving cathode over the wide range of pH 0-14[J]. Journal of the American Chemical Society, 2014, 136(21): 7587-7590.

[106] Huang Z, Chen Z, Chen Z, et al. Cobalt phosphide nanorods as an efficient electrocatalyst for the hydrogen evolution reaction[J]. Nano Energy, 2014, 9: 373-382.

[107] Gupta S, Patel N, Miotello A, et al. Cobalt-boride: an efficient and robust electrocatalyst for hydrogen evolution reaction[J]. Journal of Power Sources, 2015, 279: 620-625.

[108] Jacques P A, Artero V, Pécaut J, et al. Cobalt and nickel diimine-dioxime complexes as molecular electrocatalysts for hydrogen evolution with low overvoltages. [J]. Proc Natl Acad Sci U S A, 2009, 106(49): 20627-20632.

[109] Marinescu S C, Winkler J R, Gray H B. Molecular mechanisms of cobalt-catalyzed hydrogen evolution[J]. Proceedings of the National Academy of Sciences of the United States of America, 2012, 109(38): 15127-15131.

[110] Cao J P, Fu L Z, Zhou L L, et al. Electrochemical-driven hydrogen evolution from acetic acid and water catalyzed by a mixed-valent CoⅡ-CoⅠ, complex with high turnover frequency[J]. Journal of Power Sources, 2015, 279: 107-113.

[111] Fu L Z, Zhou L L, Tang L Z, et al. Electrochemical and photochemical-driven hydrogen evolution catalyzed by a dinuclear

Co Ⅱ -Co Ⅱ , complex[J]. Journal of Power Sources, 2015, 280: 453-458.

[112] Bigi J P, Hanna T E, Harman W H, et al. Electrocatalytic reduction of protons to hydrogen by a water-compatible cobalt polypyridyl platform[J]. Chemical Communications, 2010, 46(6): 958-960.

[113] Sun Y, Bigi J P, Piro N A, et al. Molecular cobalt pentapyridine catalysts for generating hydrogen from water[J]. Journal of the American Chemical Society, 2011, 133(24): 9212-9215.

[114] King A E, Surendranath Y, Piro N A, et al. A mechanistic study of proton reduction catalyzed by a pentapyridine cobalt complex: evidence for involvement of an anation-based pathway[J]. Chemical Science, 2013, 4(4): 1578-1587.

[115] Kong D, Wang H, Lu Z, et al. $CoSe_2$ nanoparticles grown on carbon fiber paper: an efficient and stable electrocatalyst for hydrogen evolution reaction[J]. Journal of the American Chemical Society, 2014, 136(13): 4897-4900.

[116] Cao B, Veith G M, Neuefeind J C, et al. Mixed close-packed cobalt molybdenum nitrides as non-noble metal electrocatalysts for the hydrogen evolution reaction. [J]. Journal of the American Chemical Society, 2013, 135(51): 19186-19192.

[117] Rosalbino F, Macciò D, Saccone A, et al. Study of Co-W crystalline alloys as hydrogen electrodes in alkaline water electrolysis[J]. International Journal of Hydrogen Energy, 2014, 39(24): 12448-12456.

[118] Gao S, Li G D, Liu Y, et al. Electrocatalytic H_2 production from seawater over Co, N-codoped nanocarbons[J]. Nanoscale, 2015, 7(6): 2306-2316.

[119] Fournier J, Ménard H, Brossard L. Hydrogen evolution reaction on electrocatalytic materials highly dispersed on carbon powder[J]. Journal of Applied Electrochemistry, 1995, 25(10): 923-932.

[120] Liu X, Zhou W, Yang L, et al. Nitrogen and sulfur co-doped porous carbon derived from human hair as highly efficient metal-free electrocatalysts for hydrogen evolution reactions[J]. Journal of Materials Chemistry A, 2015, 3(16): 8840-8846.

[121] Novoselov K S, Geim A K, Morozov S V, et al. Electric field effect in atomically thin carbon films[J]. Science, 2004, 306(5696): 666-669.

[122] Zheng Y, Jiao Y, Zhu Y, et al. Hydrogen evolution by a metal-free electrocatalyst. [J]. Nature Communications, 2014, 5(4): 3783.

[123] Duan J, Chen S, Jaroniec M, et al. Porous C_3N_4 nanolayers@N-graphene films as catalyst electrodes for highly efficient hydrogen evolution[J]. Acs Nano, 2015, 9(1): 931-940.

[124] Ito Y, Cong W, Fujita T, et al. High catalytic activity of nitrogen and sulfur Co-doped nanoporous graphene in the hydrogen evolution reaction[J]. Angewandte Chemie, 2015, 54(7): 2131-2136.

[125] Deng J, Ren P, Deng D, et al. Highly active and durable non-precious-metal catalysts encapsulated in carbon nanotubes for hydrogen evolution reaction[J]. Energy & Environmental Science, 2014, 7(6): 1919-1923.

[126] Cui W, Liu Q, Cheng N, et al. Activated carbon nanotubes: a highly-active metal-free electrocatalyst for hydrogen evolution reaction[J]. Chemical Communications, 2014, 50(66): 9340-9342.

[127] 张招贤. 钛电极工学. 北京：冶金工业出版社，2000.

[128] Trasatti S. Physical electrochemistry of ceramic oxides[J]. Electrochimica Acta, 1991, 36(2): 225-241.

[129] Faria L A D, Boodts J F C, Trasatti S. Electrocatalytic properties of ternary oxide mixtures of composition $Ru_{0.3}\,Ti_{0.7-x}\,Ce_x\,O_2$: oxygen evolution from acidic solution[J]. Journal of Applied Electrochemistry, 1996, 26(11): 1195-1199.

[130] Silva L A D, Alves V A, Trasatti S, et al. Surface and electrocatalytic properties

of ternary oxides $Ir_{0.3}Ti_{0.7-x}Pt_xO_2$: oxygen evolution from acidic solution[J]. Journal of Electroanalytical Chemistry, 1997, 427(s 1-2): 97-104.

[131] Damjanovic A, Dey A, Bockris J O. Electrode kinetics of oxygen evolution and dissolution on Rh, Ir, and Pt-Rh alloy electrodes[J]. Journal of the Electrochemical Society, 1966, 113(7): 739-746.

[132] O&Apos J, Bockris M. Kinetics of activation controlled consecutive electrochemical reactions: anodic evolution of oxygen[J]. Journal of Chemical Physics, 1956, 24(4): 817-827.

[133] 胡吉明，张鉴清，王建明，等. 金属及活性氧化物表面的析氧电催化活性[J]. 功能材料，2002，33(4): 363-365.

[134] Trasatti S. Electrodes of Conductive Metallic Oxides, Part A and Part B. Elsevier, Amsterdam, 1980.

[135] Osullivan E J M, White J R. Electrooxidation of formaldehyde on thermally prepared RuO_2 and other noble metals oxides[J]. Journal of the Electrochemical Society; (USA) , 1989, 136: 9(9): 2576-2583.

[136] 陈康宁. 金属阳极. 上海: 华东师范大学出版社，1989.

[137] Rüetschi P, Delahay P. Influence of electrode material on oxygen overvoltage: a theoretical analysis[J]. Journal of Chemical Physics, 1955, 23(3): 556-560.

[138] Trasatti S. Electrocatalysis by oxides——attempt at a unifying approach[J]. Journal of Electroanalytical Chemistry & Interfacial Electrochemistry, 1980, 111(1): 125-131.

[139] Hickling A, Hill S. Oxygen overvoltage. Part I. The influence of electrode material, current density, and time in aqueous solution[J]. Discussions of the Faraday Society, 1947, 1: 236-246.

[140] Tseung A C C, Jasem S. Oxygen evolution on semiconducting oxides[J]. Electrochimica Acta, 1977, 22(1): 31-34.

[141] Rasiyah P, Tseung A C C. The role of the lower metal oxide/higher metal oxide couple in oxygen evolution reactions[J]. Journal of the Electrochemical Society, 1984, 131(4): 803-808.

[142] Kötz R, Lewerenz H J, Brüesch P, et al. Oxygen evolution on Ru and Ir electrodes: XPS-studies[J]. Journal of Electroanalytical Chemistry & Interfacial Electrochemistry, 1983, 150(1): 209-216.

[143] Hüppauff M, Lengeler B. Valency and structure of iridium in anodic iridium oxide films[J]. Journal of the Electrochemical Society, 1993, 140(3): 598-602.

[144] 胡吉明, 孟惠民, 曹楚南, 等. Ti基IrO_2+Ta_2O_5涂层阳极的析氧电催化活性[J]. 金属学报, 2001, 37(6): 628-632.

[145] Damjanovic A, Dey A, Bockris J O. Kinetics of oxygen evolution and dissolution on platinum electrodes[J]. Electrochimica Acta, 1966, 11(7): 791-814.

[146] Hu J M, Zhang J Q, Cao C N. Oxygen evolution reaction on IrO-based DSA type electrodes: kinetics analysis of Tafel lines and EIS[J]. International Journal of Hydrogen Energy, 2004, 29(8): 791-797.

[147] Zhang J J, Hu J M, Zhang J Q, et al. IrO–SiO binary oxide films: Geometric or kinetic interpretation of the improved electrocatalytic activity for the oxygen evolution reaction[J]. International Journal of Hydrogen Energy, 2011, 36(9): 5218-5226.

[148] Silva L A, Alves V A, Silva M A P, et al. Morphological, chemical, and electrochemical properties of Ti/(TiO_2+IrO_2) electrodes[J]. Canadian journal of chemistry, 1997, 75(11): 1483-1493.

[149] Silva L M D, Boodts J F C, Faria L A D. Oxygen evolution at $RuO_2(x)$ +$Co_3O_4(1-x)$ electrodes from acid solution[J]. Electrochimica Acta, 2001, 46(9): 1369-1375.

[150] Singh S P, Samuel S, Tiwari S K, et al. Preparation of thin Co_3O_4, films on Ni and

their electrocatalytic surface properties towards oxygen evolution[J]. International Journal of Hydrogen Energy, 1996, 21(21): 171-178.

[151] Bernard B H. Noble metal coated titanium electrode and method of making and using it[P] US, US3096272. 1963.

[152] Bernard B H. Electrode and method of making same[P]. US3234110. 1966.

[153] Beer H B. The invention and industrial development of metal anodes[J]. Journal of the Electrochemical Society, 1980, 127(8): 303C-307C.

[154] Trasatti S. Electrocatalysis: understanding the success of DSA ®[J]. Electrochimica Acta, 2000, 45(15): 2377-2385.

[155] Pauli C D, Trasatti S. Composite materials for electrocatalysis of O_2 evolution: IrO_2+SnO_2 in acid solution[J]. Journal of Electroanalytical Chemistry, 2002, 538(02): 145-151.

[156] Oliveira-Sousa A D, Silva M A S D, Machado S A S, et al. Influence of the preparation method on the morphological and electrochemical properties of Ti/IrO_2-coated electrodes[J]. Electrochimica Acta, 2000, 45(27): 4467-4473.

[157] 刘军梅，王海林. 金属氧化物涂层钛阳极的研究进展[J]. 电镀与精饰，2012，34(11): 17-23.

[158] 陶自春，罗启富，潘建跃. 铱系涂层钛阳极的研究进展[J]. 材料科学与工程学报，2003，21(1): 000138-142.

[159] Chen X, Guohua Chen A, Yue P L. Stable Ti/IrO_x-Sb_2O_5-SnO_2 anode for O_2 evolution with low Ir content[J]. Journal of Physical Chemistry B, 2001, 105(20): 4623-4628.

[160] Mann M, Howard G A, Rivele S J, et al. Thermolytic formation of noble metals and their oxides from chloride precursors: a thermal analysis study[J]. Burns, 1987, 134(7): 1830-1835.

[161] 胡吉明，吴继勋，等. 析氧用Ti基尺寸稳定性阳极的应用和发展[J]. 表面技术，1999，28(5): 1-3.

[162] Balko E N, Nguyen P H. Iridium-tin mixed oxide anode coatings[J]. Journal of Applied Electrochemistry, 1991, 21(8): 678-682.

[163] Wang X M, Hu J M, Zhang J Q. IrO-SiO binary oxide films: preparation, physiochemical characterization and their electrochemical properties[J]. Electrochimica Acta, 2010, 55(15): 4587-4593.

[164] Mushiake K, Mitsuda Y, Shida A, et al. Gradient of the silica content in IrO_2-SiO_2 catalyst layers stacked on a titanium substrate[J]. Electrochemistry, 1997, 65: 1107-1109.

[165] 胡吉明，孟惠民. Ti基IrO_2+Ta_2O_5阳极在H_2SO_4溶液中的电解时效行为[J]. 物理化学学报，2002，18(1): 14-20.

[166] Hu J M, Zhang J Q, Meng H M, et al. Microstructure, electrochemical surface and electrocatalytic properties of IrO_2 +Ta_2O_5, oxide electrodes[J]. Journal of Materials Science, 2003, 38(4): 705-712.

[167] Roginskaya Y E, Morozova O V, Loubnin E N, et al. X-ray diffraction, transmission electron microscopy and X-ray photoelectron spectroscopic characterization of IrO_2+Ta_2O_5 films[J]. Journal of the Chemical Society Faraday Transactions, 1993, 89(89): 1707-1715.

[168] Mráz R, Krýsa J. Long service life IrO_2/Ta_2O_5, electrodes for electroflotation[J]. Journal of Applied Electrochemistry, 1994, 24(12): 1262-1266.

[169] Comninellis C, Vercesi G P. Characterization of DSA ® -type oxygen evolving electrodes: choice of a coating[J]. Journal of Applied Electrochemistry, 1991, 21(4): 335-345.

[170] Rolewicz J, Comninellis C, Plattner E, et al. Characterization of DSA-type electrodes for oxygen evolution-I. Titanium/iridium dioxide-tantalum pentoxide electrode[J]. Electrochimica Acta, 1988, 33: 573-580.

[171]Silva L A D, Alves V A, Silva M A P D, et al. Oxygen evolution in acid solution on IrO_2, + TiO_2, ceramic films: a study by impedance, voltammetry and SEM[J]. Electrochimica Acta, 1997, 42(2): 271-281.

[172] Villullas H M, Mattos-Costa F I, Nascente

P A P, et al. Sol-gel prepared Pt-modified oxide layers: synthesis, characterization, and electrocatalytic activity[J]. Chemistry of Materials, 2006, 18(23): 5563-5570.

[173] Yao W, Yang J, Wang J, et al. Chemical deposition of platinum nanoparticles on iridium oxide for oxygen electrode of unitized regenerative fuel cell[J]. Electrochemistry Communications, 2007, 9(5): 1029-1034.

[174] Ye F, Li J, Wang X, et al. Electrocatalytic properties of Ti/Pt-IrO anode for oxygen evolution in PEM water electrolysis[J]. International Journal of Hydrogen Energy, 2010, 35(15): 8049-8055.

[175] Wen T, Hu C. Hydrogen and oxygen evolutions on Ru-Ir binary oxides[J]. Journal of the Electrochemical Society, 1992, 139(8): 2158-2163.

[176] De P C P, Trasatti S. Electrochemical surface characterization of IrO_2 + SnO_2 mixed oxide electrocatalysts[J]. Journal of Physical Studies, 1995, 396(1): 161-168.

[177] 张招贤. IrTa氧化物涂层钛阳极恶化原因分析[J]. 氯碱工业, 2005(1): 12-16.

[178] Alves V A, Silva L A D, Boodts J F C, et al. Kinetics and mechanism of oxygen evolution on IrO_2-based electrodes containing Ti and Ce acidic solutions[J]. Electrochimica Acta, 1994, 39(s 11–12): 1585-1589.

[179] Chen X, Chen G. Investigation of Ti/IrO_2-Sb_2O_5-SnO_2 electrodes for O_2 evolution calcination temperature and precursor composition effects[J]. Journal of the Electrochemical Society, 2005, 152(7): J59-J64.

[180] 唐益，许立坤，王均涛，等. Ti/IrO_2-Ta_2O_5-SnO_2纳米氧化物阳极的研究[C]//2008'材料腐蚀与控制学术研讨会. 2008.

[181] 宋秀丽，杨慧敏，梁镇海. 钛基氧化物阳极中间层的研究进展[J]. 电化学, 2012, 19(4): 313-321.

[182] Kamegaya Y, Sasaki K, Oguri M, et al. Improved durability of iridium oxide coated titanium anode with interlayers for oxygen evolution at high current densities[J]. Electrochimica acta, 1995, 40(7): 889-895.

[183] Hutchings R, Müller K, Kötz R, et al. A structural investigation of stabilized oxygen evolution catalysts[J]. Journal of Materials Science, 1984, 19(12): 3987-3994.

[184] 姜俊峰，徐海波，王廷勇，等. TiN基IrO_2+Ta_2O_5涂层电催化性能研究[J]. 稀有金属材料与工程，2007，36(2): 344-348.

[185] Matsumoto Y, Tazawa T, Muroi N, et al. New types of anodes for the oxygen evolution reaction in acidic solution[J]. Journal of the Electrochemical Society, 1986, 133(11): 2257-2262.

[186] Xu H B, Lu Y H, Li C H, et al. A novel IrO_2, electrode with iridium-titanium oxide interlayers from a mixture of TiN nanoparticle and H_2IrCl_6, solution[J]. Journal of Applied Electrochemistry, 2010, 40(4): 719-727.

[187] 辛永磊. 溶胶-凝胶法制备纳米铱钽氧化物阳极研究[D]. 中国海洋大学, 2008.

[188] Petrykin V, Macounova K, Shlyakhtin O. A, et al. Tailoring the selectivity for electrocatalytic oxygen evolution on ruthenium oxides by Zinc substitution[J]. Angewandte Chemie, 2010, 49(28): 4813-4815.

[189] Hu C C, Lee C H, Wen T C. Oxygen evolution and hypochlorite production on Ru-Pt binary oxides[J]. Journal of Applied Electrochemistry, 1996, 26(1): 72-82.

[190] Kameyama K, Tsukada K, Yahikozawa K, et al. Surface characterization of RuO_2-IrO_2-TiO_2 coated titanium electrodes[J]. Journal of The Electrochemical Society, 1994, 141(3): 643-647.

[191] Cestarolli D T, Andrade A R D. Electrochemical and morphological properties of Ti/$Ru_{0.7-x}$ Ti_xO_2-coated electrodes[J]. Electrochimica Acta, 2003, 48(28): 4137-4142.

[192] Forti J C, Olivi P, Andrade A R D. Characterisation of DSA®-type coatings with nominal composition Ti/$Ru_{0.7-x}$ Sn_xO_2 prepared via a polymeric precursor[J]. Electrochimica

Acta, 2003, 47(6): 913-920.

[193] Jirkovsky J, Hoffmannova H, Klementova M, et al. Particle size dependence of the electrocatalytic activity of nanocrystalline RuO_2 Electrodes[J]. Journal of the Electrochemical Society, 2006, 153(6): E111-E118.

[194] Macounová K, Makarova M, Jirkovský J, et al. Parallel oxygen and chlorine evolution on $Ru_{1-x}Ni_xO_{2-y}$, nanostructured electrodes[J]. Electrochimica Acta, 2008, 53(21): 6126-6134.

[195] 王清泉，刘贵昌，刘坤. 稀土La掺杂对Ru-La-Ti涂层阳极电催化性能的影响[J]. 材料保护，2007，40(5): 1-3.

[196] 王清泉，刘贵昌，景时. 稀土Ce对钛基Ru-Ce-Ti涂层阳极电催化性能的影响[J]. 钛工业进展，2007，24(1): 16-19.

[197] Fernandes K C, Silva L M D, Boodts J F C, et al. Surface, kinetics and electrocatalytic properties of the Ti/(Ti + Ru + Ce) O-system for the oxygen evolution reaction in alkaline medium[J]. Electrochimica Acta, 2006, 51(14): 2809-2818.

[198] Panić V V, Dekanski A B, Milonjić S K, et al. Electrocatalytic activity of sol-gel-prepared RuO 2/Ti anode in chlorine and oxygen evolution reactions[J]. Russian Journal of Electrochemistry, 2006, 42(10): 1055-1060.

[199] 张招贤. 钛电极学导论[M]. 北京：冶金工业出版社，2008.

[200] Ye Z G, Meng H M, Chen D, et al. Structure and characteristics of $Ti/IrO_{2(x)} + MnO_{2(1-x)}$ anode for oxygen evolution[J]. Solid State Sciences, 2008, 10(3): 346-354.

[201] Ye Z G, Meng H M, Sun D B. New degradation mechanism of $Ti/IrO_2 + MnO_2$ anode for oxygen evolution in 0.5 M H_2SO_4 solution[J]. Electrochimica Acta, 2008, 53(18): 5639-5643.

[202] 朱承飞，高红，解瑞. 锡锑氧化物中间层对钛基阳极氧化MnO_2电极性能的影响[J]. 材料保护，2011，44(3): 17-19.

[203] Cattarin S, Frateur I, Guerriero P, et al. Electrodeposition of PbO_2+ CoO_x composites by simultaneous oxidation of Pb^{2+} and Co^{2+} and their use as anodes for O_2 evolution[J]. Electrochimica acta, 2000, 45(14): 2279-2288.

[204] Musiani M, Furlanetto F, Guerriero P. Electrochemical deposition and properties of PbO_2 + Co_3O_4 composites[J]. Journal of Electroanalytical Chemistry, 1997, 440(1): 131-138.

[205] Musiani M, Guerriero P. Oxygen evolution reaction at composite anodes containing Co_3O_4 particles[J]. Electrochimica Acta, 1998, 44(8): 1499-1507.

[206] Musiani M. Anodic deposition of PbO_2/Co_3O_4 composites and their use as electrodes for oxygen evolution reaction[J]. Chemical Communications, 1996(21): 2403-2404.

[207] Dan Y, Lu H, Liu X, et al. Ti/PbO+nano-CoO composite electrode material for electrocatalysis of O evolution in alkaline solution[J]. International Journal of Hydrogen Energy, 2011, 36(3): 1949-1954.

[208] Lipp L, Pletcher D. The preparation and characterization of tin dioxide coated titanium electrodes[J]. Electrochimica Acta, 1997, 42(7): 1091-1099.

[209] Laurindo E A, Bocchi N, Rocha-Filho R C. Production and characterization of Ti/PbO_2 electrodes by a thermal-electrochemical method[J]. Journal of the Brazilian Chemical Society, 2000, 11(4): 429-433.

[210] Boggio R, Carugati A, Trasatti S. Electrochemical surface properties of Co_3O_4 electrodes[J]. Journal of Applied Electrochemistry, 1987, 17(4): 828-840.

[211] Trasatti S. Electrocatalysis in the anodic evolution of oxygen and chlorine [J]. Electrochimica Acta, 1984, 29(11): 1503-1512.

[212] Esswein A J, McMurdo M J, Ross P N, et al. Size-dependent activity of Co_3O_4 nanoparticle anodes for alkaline water electrolysis[J]. The Journal of Physical Chemistry C, 2009, 113(33): 15068-15072.

[213] Wu L K, Hu J M. A silica co-electrodeposition route to nanoporous Co_3O_4, film electrode for

oxygen evolution reaction[J]. Electrochimica Acta, 2014, 116(2): 158-163.

[214] Rosen J, Hutchings G S, Jiao F. Ordered mesoporous cobalt oxide as highly efficient oxygen evolution catalyst[J]. Journal of the American Chemical Society, 2013, 135(11): 4516-21.

[215] Ahn H S, Tilley T D. Electrocatalytic water oxidation at neutral pH by a nanostructured $Co(PO_3)_2$ anode[J]. Advanced Functional Materials, 2013, 23(2): 227-233.

[216] Liang Y, Wang H, Zhou J, et al. Covalent hybrid of spinel manganese-cobalt oxide and graphene as advanced oxygen reduction electrocatalysts. [J]. Journal of the American Chemical Society, 2012, 134(7): 3517-3523.

[217] Kanan M W, Nocera D G. In situ formation of an oxygen-evolving catalyst in neutral water containing phosphate and Co^{2+}[J]. Science, 2008, 321(5892): 1072-1075.

[218] Kanan M W, Surendranath Y, Nocera D G. Cobalt-phosphate oxygen-evolving compound[J]. Chemical Society Reviews, 2009, 38(1): 109-14.

[219] Lutterman D A, Surendranath Y, Nocera D G. A self-healing oxygen-evolving catalyst[J]. Journal of the American Chemical Society, 2009, 131(11): 3838-9.

[220] Kanan M W, Yano J, Surendranath Y, et al. Structure and valency of a cobalt-phosphate water oxidation catalyst determined by in situ X-ray spectroscopy[J]. Journal of the American Chemical Society, 2010, 132(39): 13692-701.

[221] Surendranath Y, Kanan M W, Nocera D G. Mechanistic studies of the oxygen evolution reaction by a cobalt-phosphate catalyst at neutral pH. [J]. Journal of the American Chemical Society, 2010, 132(46): 16501-16509.

[222] Young E R, Nocera D G, Bulovi V. Direct formation of a water oxidation catalyst from thin-film cobalt[J]. Energy & Environmental Science, 2010, 3(11): 1726-1728.

[223] Esswein A J, Surendranath Y, Reece S Y, et al. Highly active cobalt phosphate and borate based oxygen evolving catalysts operating in neutral and natural waters[J]. Energy & Environmental Science, 2011, 4(2): 499-504.

[224] Yeo B S, Bell A T. Enhanced activity of gold-supported cobalt oxide for the electrochemical evolution of oxygen[J]. Journal of the American Chemical Society, 2011, 133(14): 5587-5593.

[225] Young E R, Costi R, Paydavosi S, et al. Photo-assisted water oxidation with cobalt-based catalyst formed from thin-film cobalt metal on silicon photoanodes[J]. Energy & Environmental Science, 2011, 4(6): 2058-2061.

[226] Surendranath Y, Lutterman D A, Liu Y, et al. Nucleation, growth, and repair of a cobalt-based oxygen evolving catalyst. [J]. Journal of the American Chemical Society, 2012, 134(14): 6326-6336.

[227] Wu J, Xue Y, Yan X, et al. Co_3O_4, nanocrystals on single-walled carbon nanotubes as a highly efficient oxygen-evolving catalyst[J]. Nano Research, 2012, 5(8): 521-530.

[228] Singh A, Chang S L Y, Hocking R K, et al. Highly active nickel oxide water oxidation catalysts deposited from molecular complexes[J]. Energy & Environmental Science, 2013, 6(2): 579-586.

[229] Lyons M E G, Brandon M P. The oxygen evolution reaction on passive oxide covered transition metal electrodes in aqueous alkaline solution Part 1—Nickel[J]. International Journal of Electrochemical Science, 2008, 3(12): 1386-1424.

[230] Yeo B S, Bell A T. In situ raman study of nickel oxide and gold-supported nickel oxide catalysts for the electrochemical evolution of oxygen[J]. Journal of Physical Chemistry C, 2012, 116(15): 8394-8400.

[231] Bediako D K, Lassallekaiser B, Surendranath Y, et al. Structure-activity correlations in a nickel-borate oxygen evolution catalyst[J]. Journal of the American Chemical Society, 2012, 134(15): 6801-6809.

[232] Dincă M, Surendranath Y, Nocera D G. Nickel-borate oxygen-evolving catalyst that functions under benign conditions[J]. Proceedings of the National Academy of Sciences of the United States of America, 2010, 107(23): 10337-10343.

[233] Kumar M, Awasthi R, Pramanick A K, et al. New ternary mixed oxides of Fe, Ni and Mo for enhanced oxygen evolution[J]. International Journal of Hydrogen Energy, 2011, 36(20): 12698-12705.

[234] Wei W, Cui X, Chen W, et al. Manganese oxide-based materials as electrochemical supercapacitor electrodes. [J]. Chemical Society Reviews, 2011, 40(3): 1697-1721.

[235] Zaharieva I, Chernev P, Risch M, et al. Electrosynthesis, functional, and structural characterization of a water-oxidizing manganese oxide[J]. Energy & Environmental Science, 2012, 5(5): 7081-7089.

[236] Fekete M, Hocking R K, Chang S L Y, et al. Highly active screen-printed electrocatalysts for water oxidation based on β-manganese oxide[J]. Energy & Environmental Science, 2013, 6(7): 2222-2232.

[237] Takashima T, Hashimoto K, Nakamura R. Inhibition of charge disproportionation of MnO_2 electrocatalysts for efficient water oxidation under neutral conditions. [J]. Journal of the American Chemical Society, 2012, 134(44): 18153-18156.

[238] Iyer A, Delpilar J, King' Ondu C K, et al. Water oxidation catalysis using amorphous manganese oxides, octahedral molecular sieves(OMS-2) , and octahedral layered(OL-1) manganese oxide structures[J]. Journal of Physical Chemistry C, 2015, 116(10): 6474-6483.

[239] Zhou F, Izgorodin A, Hocking R K, et al. Electrodeposited MnO_x films from ionic liquid for electrocatalytic water oxidation[J]. Advanced Energy Materials, 2012, 2(8): 1013-1021.

[240] Wiechen M, Zaharieva I, Dau H, et al. Layered manganese oxides for water-oxidation: alkaline earth cations influence catalytic activity in a photosystem II-like fashion[J]. Chemical Science, 2012, 3(7): 2330-2339.

[241] Zaharieva I, Najafpour M M, Wiechen M, et al. Synthetic manganese–calcium oxides mimic the water-oxidizing complex of photosynthesis functionally and structurally[J]. Energy & Environmental Science, 2011, 4(7): 2400-2408.

[242] Trotochaud L, Ranney J K, Williams K N, et al. Solution-cast metal oxide thin film electrocatalysts for oxygen evolution[J]. Journal of the American Chemical Society, 2012, 134(41): 17253-17261.

[243] Warren S C, Voïtchovsky K, Dotan H, et al. Identifying champion nanostructures for solar water-splitting[J]. Nature Materials, 2013, 12(9): 842-849.

[244] TF O'Brien, TV Bommaraju, F Hine. Handbook of Chlor-Alkali Technology: Volume I: Fundamentals, Volume II: Brine Treatment and Cell Operation, Volume III: Facility Design and Product Handling, Volume IV: Operations, Volume V: Corrosion, Environmental Issues, and Future Developments. Springer, 2007.

[245] Hass K, Schmittinger P. Developments in the electrolysis of alkali chloride solutions since 1970[J]. Electrochimica Acta, 1976, 21(12): 1115-1126.

[246] S Stucki, A Menth, Physical Chemistry Problems in the Production and Storage of Chemical Secondary Energy Carriers, Berichte der Bunsengesellschaft/Physical Chemistry Chemical Physics, 84(1980) 1008-1013.

[247] Wieckowski A. Interfacial electrochemistry: theory, experiment, and applications[M]. CRC Press, 1999.

[248] Nikolić B Ž, Panić V. Electrocatalysis of Chlorine Evolution. //KreysaG, OtaK-i, Savinell R. Encyclopedia of Applied Electrochemistry. New York: Springer, 2014: 411-417.

[249] Trasatti S. ChemInform Abstract: Progress

in the Understanding of the Mechanism of Chlorine Evolution at Oxide Electrodes[J]. Electrochimica Acta, 1987, 32(3): 369-382.

[250] Janssen L J J, Starmans L M C, Visser J G, et al. Mechanism of the chlorine evolution on a ruthenium oxide/titanium oxide electrode and on a ruthenium electrode[J]. Electrochimica Acta, 1977, 22(10): 1093-1100.

[251] Mills A. Heterogeneous redox catalysts for oxygen and chlorine evolution[J]. Chemical Society Reviews, 1989, 18(3): 285-316.

[252] Tilak B V, Chen C P, Birss V I, et al. Capacitive and kinetic characteristics of Ru-Ti oxide electrodes: influence of variation in the Ru content[J]. Canadian Journal of Chemistry, 1997, 75(75): 1773-1782.

[253]Cornell A, Bo H, Lindbergh G. Ruthenium based DSA® in chlorate electrolysis——critical anode potential and reaction kinetics [J]. Electrochimica Acta, 2003, 48(5): 473-481.

[254] Kelly E J, Heatherly D E, Vallet C E, et al. Application of ion implantation to the study of electrocatalysis I. chlorine evolution at Ru——implanted titanium electrodes[J]. Journal of the Electrochemical Society, 1987, 134(7): 1667-1675.

[255] TrasattiS, O'GradyWE. Properties and Applications of RuO_2-Based Electrodes. // Gerischer H, Tobias C W. Advances In Electrochemistry and Electrochemical Engineering. New York: Wiley, 1982.

[256] Conway B E, Tilak B V. Behavior and characterization of kinetically involved chemisorbed intermediates in electrocatalysis of gas evolution reactions[J]. Advances in Catalysis, 1992, 38: 1-147.

[257] Zeradjanin A R, Ventosa E, Bondarenko A S, et al. Evaluation of the catalytic performance of gas-evolving electrodes using local electrochemical noise measurements. [J]. ChemSusChem, 2012, 5(10): 1905-1911.

[258] Zeradjanin A R, Menzel N, Schuhmann W, et al. On the faradaic selectivity and the role of surface inhomogeneity during the chlorine evolution reaction on ternary Ti-Ru-Ir mixed metal oxide electrocatalysts[J]. Physical Chemistry Chemical Physics, 2014, 16(27): 13741-13747.

[259] Bandarenka A S, Ventosa E, Maljusch A, et al. Techniques and methodologies in modern electrocatalysis: evaluation of activity, selectivity and stability of catalytic materials[J]. Analyst, 2014, 139(6): 1274-1291.

[260] Chen R, Trieu V, Zeradjanin A R, et al. Microstructural impact of anodic coatings on the electrochemical chlorine evolution reaction. [J]. Physical Chemistry Chemical Physics Pccp, 2012, 14(20): 7392-7399.

[261] Zeradjanin A R, Schilling T, Seisel S, et al. Visualization of chlorine evolution at dimensionally stable anodes by means of scanning electrochemical microscopy[J]. Analytical Chemistry, 2011, 83(20): 7645-7650.

[262] Huang Y S, Park H L, Pollak F H. Growth and characterization of RuO_2, single crystals[J]. Materials Research Bulletin, 1982, 17(10): 1305-1312.

[263] Gerrard W A, Steele B C H. Microstructural investigations on mixed RuO_2 -TiO_2, coatings[J]. Journal of Applied Electrochemistry, 1978, 8(5): 417-425.

[264] Over H. Surface chemistry of ruthenium dioxide in heterogeneous catalysis and electrocatalysis: from fundamental to applied research[J]. Chemical Reviews, 2012, 112(6): 3356-3426.

[265] Chen R, Trieu V, Schley B, et al. Anodic electrocatalytic coatings for electrolytic chlorine production: A review[J]. Zeitschrift Für Physikalische Chemie, 2013, 227(5): 651-666.

[266] Over H. Atomic scale insights into electrochemical versus gas phase oxidation of HCl over RuO_2-based catalysts: A comparative review[J]. Electrochimica Acta, 2013, 93(4): 314-333.

[267] Spasojević M D, Krstajić N V, Jakšić M M.

Optimization of an anodic electrocatalyst: RuO_2/TiO_2 on titanium[J]. Journal of the Research Institute for Catalysis Hokkaido University, 1984, 31(2/3): 77-94.

[268] Faria L A D, Trasatti S. Effect of composition on the point of zero charge of RuO_2, + TiO_2, mixed oxides[J]. Journal of Electroanalytical Chemistry, 1992, 340(1-2): 145-152.

[269] Dy E, Hui R, Zhang J, et al. Electronic conductivity and stability of doped Titania ($Ti_{1-x}M_xO_2$, M = Nb, Ru, and Ta)——a sensity functional theory-based comparison[J]. Journal of Physical Chemistry C, 2010, 114(31): 13162-13167.

[270] Colomer M T, Jurado J R. Structural, microstructural, and electrical transport properties of TiO_2-RuO_2 ceramic materials obtained by polymeric sol-gel route[J]. Chemistry of Materials, 2000, 12(4): 923-930.

[271] JovanovićVM, DekanskiA, DespotovP, et al. The roles of the ruthenium concentration profile, the stabilizing component and the substrate on the stability of oxide coatings[J]. Journal of Electroanalytical Chemistry, 1992, 339(1–2): 147-165.

[272] Ardizzone S, Trasatti S, Ardizzone S, et al. Interfacial properties of oxides with technological impact in electrochemistry[J]. Advances in Colloid & Interface Science, 1996, 64(33): 173-251.

[273] Camara O R, Trasatti S. Surface electrochemical properties of Ti/(RuO_2, + ZrO_2) electrodes[J]. Electrochimica Acta, 1996, 41(3): 419-427.

[274] Over H, Kim Y D, Seitsonen A P, et al. Atomic-scale structure and catalytic reactivity of the RuO_2 (110) surface[J]. Science, 2000, 287(5457): 1474-1476.

[275] Seitsonen A P, Over H. Intimate interplay of theory and experiments in model catalysis[J]. Surface Science, 2009, 603(10): 1717-1723.

[276] López N, Gómez-Segura J, Marín R P, et al. Mechanism of HCl oxidation(Deacon process) over RuO_2[J]. Journal of Catalysis, 2008, 255(1): 29-39.

[277] Hansen H A, Man I C, Studt F, et al. Electrochemical chlorine evolution at rutile oxide(110) surfaces[J]. Physical Chemistry Chemical Physics Pccp, 2010, 12(1): 283-90.

[278] Aromaa J, Forsén O. Evaluation of the electrochemical activity of a Ti-RuO-TiO permanent anode[J]. Electrochimica Acta, 2006, 51(27): 6104-6110.

[279] Hoseinieh S M, Ashrafizadeh F, Maddahi M H. A Comparative investigation of the corrosion behavior of RuO_2-IrO_2-TiO_2 coated titanium anodes in chloride solutions[J]. Journal of the Electrochemical Society, 2010, 157(4): E50-E56.

[280] Milonjić S K. Colloid Particles and Advanced Materials[C]//Materials Science Forum. 1996: 197-204.

[281] Alves V A, Silva L A D, Boodts J F C. Electrochemical impedance spectroscopic studyof dimensionally stable anode corrosion[J]. Journal of Applied Electrochemistry, 1998, 28(9): 899-905.

[282] Fathollahi F, Javanbakht M, Norouzi P, et al. Comparison of morphology, stability and electrocatalytic properties of $Ru_{0.3}$ $Ti_{0.7}$ O_2, and $Ru_{0.3}$ $Ti_{0.4}$ $Ir_{0.3}$ O_2, coated titanium anodes[J]. Russian Journal of Electrochemistry, 2011, 47(11): 1281-1286.

[283] Hummelgård C, Gustavsson J, Cornell A, et al. Spin coated titanium-ruthenium oxide thin films[J]. Thin Solid Films, 2013, 536: 74-80.

[284] Zhitomirsky I. Electrolytic deposition of oxide films in the presence of hydrogen peroxide[J]. Journal of the European Ceramic Society, 1999, 19(15): 2581-2587.

[285] Zhitomirsky I. Electrolytic TiO_2-RuO_2 deposits[J]. Journal of Materials Science, 1999, 34(10): 2441-2447.

[286] Chu S Z, Wada K, Inoue S, et al. Fabrication and structural characteristics of ordered TiO_2-Ru(-RuO_2) nanorods in porous anodic alumina films on ITO/glass substrate[J]. Journal of

Physical Chemistry B, 2003, 107(37): 10180-10184.

[287] Yousefpour M, Shokuhy A. Electrodeposition of TiO_2-RuO_2-IrO_2 coating on titanium substrate [J]. Superlattices & Microstructures, 2012, 51(6): 842-853.

[288] Shin S, Kim K, Choi J. Fabrication of ruthenium-doped TiO_2, electrodes by one-step anodization for electrolysis applications[J]. Electrochemistry Communications, 2013, 36(6): 88-91.

[289] Panic V V, Nikolic B Z. Electrocatalytic properties and stability of titanium anodes activated by the inorganic sol–gel procedure[J]. Journal of the Serbian Chemical Society, 2008, 73(11): 1083-1112.

[290] Panić V, Dekanski A, Mišković-Stanković V B, et al. On the deactivation mechanism of RuO_2-TiO_2/Ti anodes prepared by the sol-gel procedure[J]. Journal of Electroanalytical Chemistry, 2005, 579(1): 67-76.

[291] Panić V V, Dekanski A, Milonjić S K, et al. RuO_2-TiO_2, coated titanium anodes obtained by the sol–gel procedure and their electrochemical behaviour in the chlorine evolution reaction[J]. Colloids & Surfaces A Physicochemical & Engineering Aspects, 1999, 157(157): 269-274.

[292] Panić V, Dekanski A, Milonjić S, et al. The influence of the aging time of RuO_2, and TiO_2, sols on the electrochemical properties and behavior for the chlorine evolution reaction of activated titanium anodes obtained by the sol-gel procedure[J]. Electrochimica Acta, 2000, 46(2): 415-421.

[293] Panic V V, Nikolic B Z. Sol-gel prepared active ternary oxide coating on titanium in cathodic protection[J]. Journal of the Serbian Chemical Society, 2007, 72(12): 1393-1402.

[294] Chen R, Trieu V, Natter H, et al. In situ supported nanoscale $Ru_xTi_{1-x}O_2$ on anatase TiO_2 with improved electroactivity[J]. Chemistry of Materials, 2010, 22(22): 6215-6217.

[295] Panić V, Dekanski A, Mišković-Stanković V B, et al. The role of sol-gel procedure conditions in electrochemical behavior and corrosion stability of Ti/[RuO_2-TiO_2] anodes[J]. Materials and manufacturing processes, 2005, 20(1): 89-103.

[296] Silva L M, Boodts J F C, Faria L A. Chlorine evolution reaction at Ti/(RuO_2+ Co_3O_4) electrodes[J]. Journal of the Brazilian Chemical Society, 2003, 14(3): 388-395.

[297] Mills A, Davies H. Kinetics of corrosion of ruthenium dioxide hydrate by bromate ions under acidic conditions[J]. Journal of the Chemical Society, Faraday Transactions, 1990, 86(6): 955-958.

[298] Kötz R, Stucki S, Scherson D, et al. In-situ identification of RuO_4, as the corrosion product during oxygen evolution on ruthenium in acid media[J]. Journal of Electroanalytical Chemistry & Interfacial Electrochemistry, 1984, 172(1): 211-219.

[299] Yi Z, Chen K, Wei W, et al. Effect of IrO loading on RuO-IrO-TiO anodes: A study of microstructure and working life for the chlorine evolution reaction[J]. Ceramics International, 2007, 33(6): 1087-1091.

[300] Barison S, Daolio S, Fabrizio M, et al. Surface chemistry study of RuO_2/IrO_2/TiO_2 mixed-oxide electrodes[J]. Rapid Communications in Mass Spectrometry, 2004, 18(3): 278-284.

[301] Barison S, De B A, Fabrizio M, et al. Surface chemistry of RuO_2/IrO_2/TiO_2 mixed-oxide electrodes: secondary ion mass spectrometric study of the changes induced by electrochemical treatment[J]. Rapid Communications in Mass Spectrometry, 2000, 14(23): 2165-2169.

[302] Chen X, Chen G. Stable Ti/RuO_2-Sb_2O_5-SnO_2 electrodes for O_2 evolution[J]. Electrochimica Acta, 2005, 50(20): 4155-4159.

[303] Chen S, Zheng Y, Wang S, et al. Ti/RuO_2-Sb_2O_5-SnO_2, electrodes for chlorine evolution from seawater[J]. Chemical Engineering Journal, 2011, 172(1): 47-51.

[304] Smith C G, Okinaka Y. High speed gold plating:

anodic bath degradation and search for stable low polarization anodes[J]. Journal of the Electrochemical Society, 1983, 130(11): 2149-2157.

[305] De Faria L A, Boodts J F C, Trasatti S. Effect of composition on the point of zero charge of RuO_2+ TiO_2+ CeO_2 mixed oxides[J]. Colloids and Surfaces A: Physicochemical and Engineering Aspects, 1998, 132(1): 53-59.

[306] Santana M H P, Faria L A D. Oxygen and chlorine evolution on RuO_2 + TiO_2 + CeO_2 + Nb_2O_5 mixed oxide electrodes[J]. Electrochimica Acta, 2006, 51(17): 3578-3585.

[307] De Faria L A, Boodts J F C, Trasatti S. Electrocatalytic properties of Ru+ Ti+ Ce mixed oxide electrodes for the Cl_2 evolution reaction[J]. Electrochimica acta, 1997, 42(23-24): 3525-3530.

[308] Faita G, Fiori G, Augustynski J W. Electrochemical processes of the chlorine-chloride system on platinum-iridium-coated titanium electrodes[J]. Journal of the Electrochemical Society, 1969, 116(7) 928-932.

[309] Faita G, Fiori G, Nidola A. Anodic discharge of chloride ions on Pt-Ir alloy electrodes[J]. Journal of The Electrochemical Society, 1970, 117(10): 1333-1335.

[310] Atanasoski R T, Nikolić B Ž, Jakšic M M, et al. Platinum-iridium catalyzed titanium anode. I. Properties and use in chlorate electrolysis[J]. Journal of Applied Electrochemistry, 1975, 5(2): 155-158.

[311] Bernfeld G J, Bird A J, Edwards R I, et al. Platinum-Group Metals, Alloys and Compounds in Catalysis[M]//AcresGK, SwarsK. Pt Platinum. Berlin Heidelberg: Springer, 1985: 92-317.

[312] M Spasojević, L Ribic-Zelenović, P Spasojević. Microstructure of new composite electrocatalyst and its anodic behavior for chlorine and oxygen evolution[J]. Ceramics International, 2012, 38(7): 5827-5833.

[313] 王岚，金世雄. 钛基氧化物电极的性能及电化学行为[J]. 应用化学，1993(3): 35-38.

索 引

F

G

H

J

K

L

M

N

T

W

X

Y

Z

其他